大数据处理技术

张德海　张德刚　何　俊　编著

科学出版社
北京

内 容 简 介

本书介绍了大数据处理技术核心栈的全部内容。主要从大数据处理技术的流程出发，围绕大数据的获取、存储、分析到可视化展示的完整过程，以目前主流的 Hadoop、Spark 等开源大数据处理平台为核心内容，从大数据技术应用的角度，提供主流厂商的大数据平台的对比分析，并提供行业应用案例和大数据处理的完整实例，以帮助新手从零基础开始学习大数据技术。除此之外，在大数据分析部分，除常用数据分析算法外，特别增加了文本大数据分析、图像大数据分析和视频大数据分析等非结构化数据分析算法及应用场景。针对大型的大数据处理应用场景，增加了大数据集成、大数据治理、大数据安全等章节。最后对大数据处理技术的发展趋势做了介绍。

本书内容全面，图文并茂，内容由浅入深，适合作为计算机、数据科学、统计学及相关专业本科生、研究生、工程技术人员及培训机构的教材。

图书在版编目(CIP)数据

大数据处理技术 / 张德海，张德刚，何俊编著.—北京:科学出版社, 2020.9

ISBN 978-7-03-064672-9

Ⅰ. ①大…　Ⅱ. ①张…　②张…　③何…　Ⅲ. ①数据处理　Ⅳ. ①TP274

中国版本图书馆 CIP 数据核字（2020）第 043424 号

责任编辑：孟　锐 / 责任校对：彭　映

责任印制：罗　科 / 封面设计：墨创文化

科 学 出 版 社 出版

北京东黄城根北街16 号

邮政编码：100717

http://www.sciencep.com

成都锦瑞印刷有限责任公司印刷

科学出版社发行　各地新华书店经销

*

2020 年 9 月第　一　版　　开本：787×1092　1/16

2020 年 9 月第一次印刷　　印张：31 1/2

字数：734 000

定价：85.00 元

（如有印装质量问题，我社负责调换）

前　　言

随着移动互联网、物联网等新一代信息技术在各领域的普及应用，大数据时代来临，数据无处不在，无所不包。数据渗透到社会的所有领域，可以对一切事物进行描述、记录、分析和重组，数据将重塑一切行业的原有价值，大数据将是推动企业创新和社会变革的重要力量。特别是基于大数据的深度学习的应用，直接引发了新一轮的人工智能浪潮的到来。对各行各业的决策者而言，对大数据分析应用的能力已成为成功的关键因素。

对大数据的处理和分析是一件复杂的事情，需要特殊的技术去有效地处理大量的复杂多样的数据。本书力图从大数据处理技术的流程出发，围绕大数据的获取、存储、分析到可视化展示的完整过程，以目前主流的大数据处理技术为核心内容，为读者完整地勾画出大数据处理技术的知识地图，帮助新手从零基础开始学习大数据技术。除此之外，从大数据技术应用的角度出发，提供主流厂商的大数据平台的对比分析，并提供行业应用案例和实例分析。适合作为本科生、研究生、工程技术人员及培训机构的教材。

全书共分为 16 章。

第 1 章简要介绍大数据的基本概念和特性；分析大数据与云计算和人工智能的关系；描述大数据的典型应用场景；以大数据处理过程为主线，介绍大数据处理的主要技术体系，给出大数据处理技术的知识结构思维导图与学习路径。

第 2 章介绍几种目前主流的大数据处理框架，对每种大数据处理框架的架构和核心部件进行介绍。通过本章的学习，可以对原生的 Hadoop、Spark 和 Storm 大数据计算框架有所了解，同时也会对以这三种大数据处理技术为底层的商业化的大数据处理框架有所了解。

第 3 章介绍 Hadoop 的发展简史，接着深入剖析 HDFS、MapReduce 等核心技术，详细描述了 Hadoop 生态圈的主流技术 HBase、Hive、Pig、Sqoop、ZooKeeper 和 Avro 等，然后介绍 Hadoop 的常见版本，并给出 Hadoop 商用版本 Cloudera CDH 的详细安装配置过程。

第 4 章介绍 Spark 的发展简史、技术架构、总体流程。分析 RDD、Scheduler、Storage、Shuffle 等 Spark 核心模块，介绍 Spark 应用库 Spark SQL、GraphX、Spark Streaming 和 MLlib 的应用；分析对比 Spark 与 Hadoop 的区别与联系以及 Spark 如何集成在 Hadoop 上；给出 Spark 的典型应用场景。最后给出了 Spark 的安装过程。

第 5 章介绍几种流行的数据采集平台，它们大都提供高可靠和高扩展的数据收集。包括日志数据采集、网络数据采集和数据库数据采集技术。

第 6 章首先介绍传统数据中心的数据存储技术，如 DAS、NAS、SAN 和 OBS 等。接着介绍分布式文件系统 GFS、HDFS 以及分布式数据系统 NoSQL 等技术，并重点介绍分布式存储系统 Hbase、MongoDB、BigTable、Dynamo 和新型数据库系统 NewSQL。最后介绍云数据库技术。

第 7 章介绍常用的大数据分析算法，如线性回归、逻辑回归两类回归算法。接着介绍集成学习以及深度学习的基础知识，描述了卷积神经网络(CNN)、循环神经网络(RNN)以及对抗网络的基本框架。最后介绍 Mahout、Hive 等常用的数据分析工具和 Tensorflow 等深度学习框架。

第 8 章主要介绍文本大数据分析技术的主要应用场景和技术难点，文本大数据分析的主要流程，深度学习在文本分析中应用及其主要模型，最后给出一个文本分类的实例。

第 9 章介绍图像分析技术及其基本过程。对边缘检测、图像分割、目标检测与识别等图像分析的关键技术进行介绍。最后对人脸识别等典型的图像大数据分析应用作详细描述。

第 10 章介绍视频大数据应用的主要驱动力，视频大数据分析的基础和关键技术。最后介绍其主要应用领域和发展趋势。

第 11 章首先介绍大数据平台整体规划方案，然后提供三种较为完整的行业大数据解决方案。最后对十大主要行业中大数据的应用进行简要的分析。

第 12 章介绍大数据集成的概念、集成方法、集成模式和集成架构。包括批处理数据集成、实时数据集成、数据虚拟化技术等。

第 13 章主要介绍一些大数据治理准则，包括元数据、大数据隐私、大数据质量、主数据管理和数据生命周期管理等内容和大数据治理实例。

第 14 章着重介绍大数据平台安全解决方案，通过提升大数据处理平台的安全机制，从而在大数据处理过程中有效地保护数据的安全。大数据安全是大数据处理技术生命周期中要时刻重视的问题，只有提升大数据的安全性，才能实现对大数据的可持续开发和利用。

第 15 章介绍了 5 种实际的应用案例，通过对这 5 种应用案例的实战学习，可以对数据挖掘技术如何在实际项目中应用有更加深入的了解。

第 16 章对大数据处理技术的发展趋势进行总结和展望，分别从前几章介绍的生态环境演变、大数据采集、大数据存储、大数据分析、大数据可视化等方向对技术的发展趋势进行总结，对于各个环节研究的进展和亟待解决的问题进行了讨论，最后对当今大数据领域内的十大发展点进行介绍。

由于大数据技术发展日新月异，本书的写作参考了大量学术论文和 CSDN 等技术论坛的文章，并在每章给出了参考文献目录，供读者更深入地追踪细节。对这些研究成果的分享表示诚挚的谢意，希望本书的出版对传播他们的成果有所帮助，以为回报。

本书的写作也得到了广大同仁的支持和帮助。本书的编辑校对也得到了王乃尧、原野、王靖、贺云聪、夏小强、崔梦龙、王雁鹏等研究生的大力帮忙，特此感谢！

本书的出版得到了国家自然科学基金(61263043)、云南省软件工程重点实验室和昆明市数据科学与智能计算重点实验室的支持。

编写组

2018 年 12 月 29 日

目　　录

第1章 绪　　论

随着信息技术的不断发展，近年来，海量的数据成为最具价值的财富。在信息传播极其迅速的今天，各种数据渗透着我们的生活，它们以指数级的速度增长，数据爆炸将我们带入大数据时代。大数据开始蔓延到社会的各行各业，从而影响着我们的学习、工作、生活以及社会的发展，因此大数据的相关研究受到中央和地方政府、各大科研机构和各类企业的高度关注。

最早提出大数据时代到来的是全球知名咨询公司麦肯锡，麦肯锡称："数据，已经渗透到当今每一个行业和业务职能领域，成为重要的生产因素。人们对于海量数据的挖掘和运用，预示着新一波生产率增长和消费者盈余浪潮的到来。"此后，大数据的发展和研究成为了各行业的热门话题，从而带动了政府、企业和研究机构对大数据的研究热情。2008年 *Nature* 杂志推出的专刊从互联网科技、自然与环境、网络经济和金融等多个方面介绍了海量数据带来的挑战；2012 年 2 月，《纽约时报》中一篇专栏写到，在商业、经济金融和其他多方面领域中，管理者更倾向于通过大数据分析做出决策；2012 年 3 月，以奥巴马为首的美国政府发布了"大数据研究和发展倡议"；2012 年 5 月，联合国通过了政务白皮书《大数据促发展：挑战和机遇》来探讨大数据的作用和影响；在过去几年，欧盟对大数据基础建设投资 1 亿多欧元。世界各国都在加大对大数据的分析和研究。而在中国，2012 年 10 月，第十七次全国统计科学讨论会开幕，其主题就是大数据背景下的统计；2014 年 2 月在北京召开了以"科研大数据与数据科学"为主题的"科学数据大会"，研讨了大数据时代下数据的分析和应用，以及科研数据带来的挑战和机遇。

大数据的浪潮仍在继续。它渗透到了几乎所有的行业，信息像洪水一样地席卷企业，使得软件成为庞然大物。大数据处理技术是大数据时代应对各种海量数据分析应用挑战的重要手段。本章将对大数据处理技术做一个简要的介绍，包括大数据的定义、特征，大数据与云计算的关系，大数据处理的技术框架，大数据处理技术的学习路径等。

1.1　什么是大数据

大数据所涉及的内容和方面过于广泛，其中包括政治、教育、金融、传媒、医学、商业、工农业、互联网等方面，因此对于大数据的定义，不同的学者基于不同的背景和不同的理解有着不同的定义方式。大数据的发展是建立在较早经历信息爆炸学科的基础上的，用于"描述数据总量规模远远超出常用硬件环境和软件工具的处理能力的情形"。其中维基百科上大数据的定义是指"所涉及的资料量规模巨大到无法透过目前主流软件工具，在合理时间内达到撷取、管理处理并整理成为帮助企业经营决策更积极目的的资讯”。

根据麦肯锡全球研究所给出的定义，大数据是一种规模大到在获取、存储、管理、分析方面大大超出了传统数据库软件工具能力范围的数据集合，具有海量的数据规模、快速的数据流转、多样的数据类型和价值密度低四大特征。从这个角度上看，大数据指的是传统数据处理应用软件不足以处理的大或复杂的数据集的术语。在总数据量相同的情况下，与个别分析独立的小型数据集相比，将各个小型数据集合并后进行分析可得出许多额外的信息和数据关系性，可用来察觉商业趋势、判定研究质量、避免疾病扩散、打击犯罪或测定即时交通路况等。这样的用途正是大型数据集盛行的原因。

大数据处理技术的战略意义不在于掌握庞大的数据信息，而在于对这些含有意义的数据进行专业化处理。换而言之，如果把大数据比作一种产业，那么这种产业实现盈利的关键，在于提高对数据的“加工能力”，通过“加工”实现数据的“增值”。

1.1.1 大数据概念的起源

大数据概念起源于美国，是由思科、威睿、甲骨文、IBM 等公司倡议发展起来的。大约从 2009 年始，“大数据”成为互联网信息技术行业的流行词汇。事实上，大数据产业是指建立在对互联网、物联网、云计算等渠道广泛、大量数据资源收集基础上的数据存储、价值提炼、智能处理和分发的信息服务业，大数据企业大多致力于让所有用户几乎能够从任何数据中获得可转换为业务执行的洞察力，包括之前隐藏在非结构化数据中的洞察力。

最早提出“大数据时代已经到来”的机构是全球知名咨询公司麦肯锡。2011 年，麦肯锡在题为《海量数据，创新、竞争和提高生成率的下一个新领域》的研究报告中指出，数据已经渗透到每一个行业和业务职能领域，逐渐成为重要的生产因素；而人们对于海量数据的运用预示着新一波生产率增长和消费者盈余浪潮的到来。

大数据是一个不断演变的概念，当前的兴起，是因为从 IT 技术到数据积累，都已经发生重大变化。仅仅数年时间，大数据就从大型互联网公司高管嘴里的专业术语，演变成决定我们未来数字生活方式的重大技术命题。2012 年，联合国发表大数据政务白皮书《大数据促发展：挑战与机遇》；EMC、IBM、Oracle 等跨国 IT 巨头纷纷发布大数据战略及产品；几乎所有世界级的互联网企业，都将业务触角延伸至大数据产业；无论社交平台逐鹿、电商价格大战还是门户网站竞争，都有它的影子；美国政府投资 2 亿美元启动“大数据研究和发展计划”，更将大数据上升到国家战略层面。2013 年以来，大数据正由技术热词变成一股社会浪潮，将影响社会生活的方方面面。

从技术角度讲，人们通常认为，大数据处理技术起源于谷歌的“三驾马车”：谷歌文件系统、MapReduce 和 BigTable。这三篇论文分别发表于 2003 年、2004 年和 2007 年。2007 年亚马逊也发表了一篇关于 Dynamo 系统的论文。这几篇论文奠定了著名的开源大数据处理平台 Hadoop 的技术基础。

1.1.2 大数据的 4V 特性

维克托·迈尔-舍恩伯格和肯尼斯·克耶编写的《大数据时代》中提出了“大数据”的4V 特点：volume(数据量大)、velocity(输入和处理速度快)、variety(数据多样性)、value(价值密度低)。这些特点基本上得到了大家的认可，凡提到“大数据”特点的文章，基本上采用了这 4 个特点，如图 1.1 所示。

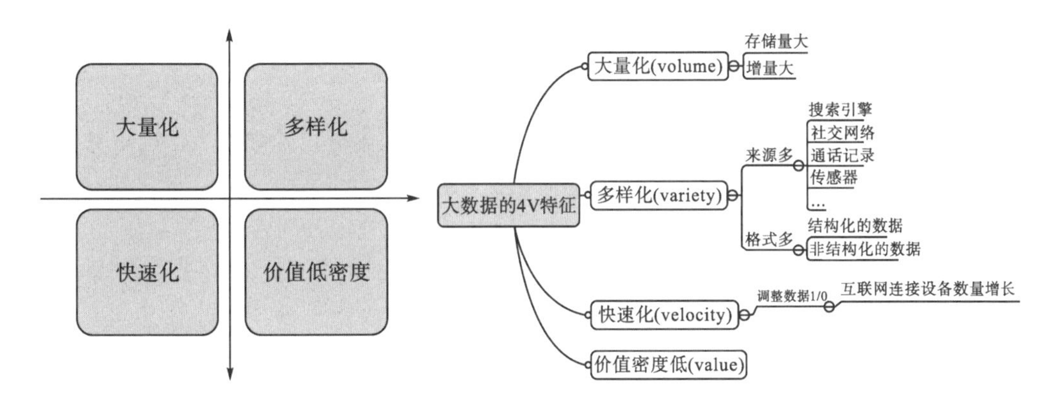

图 1.1 大数据的 4V 特性

大数据狭义上可以定义为难以用现有的一般技术管理的大量数据的集合。广义上可以定义为包括因具备 4V 特征而难以进行管理的数据，对这些数据进行存储、处理、分析的技术，以及能够通过分析这些数据获得实用意义和观点的人才和组织的综合性概念。适用于大数据的技术，包括大规模并行处理(massively parallel processor，MPP)数据库、数据挖掘电网、分布式文件系统、分布式数据库、云计算平台、互联网和可扩展的存储系统。

大数据是三种技术趋势汇聚的结果：大事务数据(事务数据量的大规模增长)；大集成数据(交互数据，例如社交媒体、传感器技术、详细呼叫记录和其他来源的激增)；大数据处理(借助 Hadoop 进行新的高度可扩展的处理)。

1.1.3 大数据与云计算

大数据和云计算这两个词非常热，并且常被放在一起讨论，导致很多人对于云计算和大数据的关系混淆不清。实际上“云计算”和“大数据”是两个完全独立的概念，但它们的关系就像一枚硬币的正反面一样密不可分。

大数据着眼于“数据”，关注实际业务，提供数据采集分析挖掘，看重的是信息积淀，即数据存储能力。云计算着眼于“计算”，关注 IT 解决方案，提供 IT 基础架构，看重的是计算能力，即数据处理能力。

云计算关键技术中的海量数据存储技术、海量数据管理技术、MapReduce 编程模型等，都是大数据技术的基础。

没有大数据的信息积淀，则云计算的计算能力再强大，也难以找到用武之地；没有云计算的处理能力，则大数据的信息积淀再丰富，也终究只是镜花水月。

大数据利用云计算的强大计算能力，可以更加迅速地处理数据、挖掘信息，提供更加及时的服务；云计算通过大数据的业务需求，为云计算找到更多更好的应用；二者通过数据挖掘技术联系到一起，相辅相成；大数据将进一步提升云计算的应用和发展。

大数据必然无法用单台的计算机进行处理，必须采用分布式架构。它的特色在于对海量数据进行分布式数据挖掘。但它必须依托云计算的分布式处理、分布式数据库和云存储、虚拟化技术。

随着云时代的来临，大数据也吸引了越来越多的关注。分析师团队认为，大数据通常用来形容一个公司创造的大量非结构化数据和半结构化数据，这些数据在下载到关系型数据库用于分析时会花费过多时间和金钱。实时的大型数据集分析需要像 MapReduce 一样的框架来向数十、数百或甚至数千台规模的电脑分配工作。

大数据需要特殊的技术，以有效地处理大量的可接受处理时间内数据。适用于大数据的技术，包括大规模并行处理数据库、数据挖掘、分布式文件系统、分布式数据库、云计算平台、互联网和可扩展的存储系统。

自从有了云计算服务器，“大数据”才有了可以运行的轨道，才可以实现其真正的价值。有人就形象地将各种“大数据”的应用比作一辆辆“汽车”，支撑起这些“汽车”运行的“高速公路”就是云计算。最著名的实例就是 Google 搜索引擎。面对海量 Web 数据，Google 于 2006 年首先提出云计算的概念。支撑 Google 内部各种“大数据”应用的，正是 Google 公司自行研发的云计算服务器。

1.1.4 大数据与人工智能

任何智能的发展，其实都需要一个学习的过程。而近期人工智能之所以能取得突飞猛进的进展，不能不说是因为这些年来大数据长足发展的结果。正是由于各类感应器和数据采集技术的发展，我们开始拥有以往难以想象的海量数据，同时，也开始在某一领域拥有深度的、细致的数据。而这些，都是训练某一领域“智能”的前提。

如果我们把人工智能看成一个嗷嗷待哺拥有无限潜力的婴儿，某一领域专业的、海量的、深度的数据就是喂养这个天才的奶粉。奶粉的数量决定了婴儿是否能长大，而奶粉的质量则决定了婴儿后续的智力发育水平。

与以前的众多数据分析技术相比，人工智能技术立足于神经网络，同时发展出多层神经网络，从而可以进行深度机器学习。与以往传统的算法相比，这一算法并无多余的假设前提(比如线性建模需要假设数据之间的线性关系)，而是完全利用输入的数据自行模拟和构建相应的模型结构。这一算法特点决定了它是更为灵活的且可以根据不同的训练数据而拥有自优化的能力。

但这一显著的优点带来的便是显著增加的运算量。在计算机运算能力取得突破以前，这样的算法几乎没有实际应用的价值。十几年前，我们尝试用神经网络运算一组并不海量的数据，整整等待三天都不一定会有结果。但今天的情况却大大不同了。高速并行运算、海量数据、更优化的算法共同促成了人工智能发展的突破。

这一突破，如果我们在三十年以后回头来看，将会是不弱于互联网对人类产生深远影响的另一项技术，它所释放的力量将再次彻底改变我们的生活。

1.1.5　大数据的典型应用场景

大数据技术如此引人注目的部分原因是，它们让企业找到问题的答案，而在此之前他们甚至不知道问题是什么。这可能会产生引出新产品的想法，或者帮助确定改善运营效率的方法。不过，也有一些已经明确的大数据用例，无论是互联网巨头(如谷歌、Facebook 和 LinkedIn)还是更多的传统企业。它们包括：

- **推荐引擎**：网络资源和在线零售商使用 Hadoop 根据用户的个人资料和行为数据匹配和推荐用户、产品和服务。LinkedIn 使用此方法增强其“你可能认识的人”这一功能，而亚马逊利用该方法为网上消费者推荐相关产品。
- **情感分析**：Hadoop 与先进的文本分析工具结合，分析社会化媒体和社交网络发布的非结构化的文本，包括 Tweets 和 Facebook，以确定用户对特定公司、品牌或产品的情绪。分析既可以专注于宏观层面的情绪，也可以细分到个人用户的情绪。
- **风险建模**：财务公司、银行等公司使用 Hadoop 和下一代数据仓库分析大量交易数据，以确定金融资产的风险，模拟市场行为为潜在的“假设”方案做准备，并根据风险为潜在客户打分。
- **欺诈检测**：金融公司、零售商等使用大数据技术将客户行为与历史交易数据结合来检测欺诈行为。例如，信用卡公司使用大数据技术识别可能的被盗卡的交易行为。
- **营销活动分析**：各行业的营销部门长期使用技术手段监测和确定营销活动的有效性。大数据让营销团队拥有更大量的、越来越精细的数据，如点击流数据和呼叫详情记录数据，以提高分析的准确性。
- **客户流失分析**：企业使用 Hadoop 和大数据技术分析客户行为数据并确定分析模型，该模型指出哪些客户最有可能流向存在竞争关系的供应商或服务商，企业就能采取最有效的措施挽留欲流失客户。
- **社交图谱分析**：Hadoop 和下一代数据仓库相结合，通过挖掘社交网络数据，可以确定社交网络中哪些客户对其他客户产生最大的影响力。这有助于企业确定其“最重要”的客户，并不总是那些购买最多产品或花最多钱的，而是那些最能够影响他人购买行为的客户。
- **用户体验分析**：面向消费者的企业使用 Hadoop 和其他大数据技术将之前单一客户互动渠道(如呼叫中心、网上聊天、微博等)数据整合在一起，以获得对客户体验的完整视图。这使企业能够了解客户交互渠道之间的相互影响，从而优化整个客户生命周期的用户体验。
- **网络监控**：Hadoop 和其他大数据技术被用来获取、分析和显示来自服务器、存储设备和其他 IT 硬件的数据，使管理员能够监视网络活动，诊断瓶颈等问题。这种类型的分析，也可应用到交通网络，以提高燃料效率，当然也可以应用到其他网络。
- **研究与发展**：有些企业(如制药商)使用 Hadoop 技术进行大量文本及历史数据的

研究，以协助新产品的开发。

当然，上述这些都只是大数据用例的举例。事实上，在所有企业中大数据最引人注目的用例可能尚未被发现。这就是大数据的希望。

1.2 大数据处理技术体系

1.2.1 大数据处理基础框架

大数据处理框架负责对系统中的数据进行计算，例如处理从不易丢失的存储中读取的数据，或处理刚刚摄入到系统中的数据。数据的计算则是指从大量单一数据点中提取信息和见解的过程。常见的大数据处理框架分为：

- 仅批处理框架。例如：Apache Hadoop。
- 仅流处理框架。例如：Apache Storm，Apache Samza。
- 混合框架。例如：Apache Spark，Apache Flink。

处理框架和处理引擎负责对数据系统中的数据进行计算。虽然“引擎”和“框架”之间的区别没有什么权威的定义，但大部分时候可以将前者定义为实际负责处理数据操作的组件，后者则可定义为承担类似作用的一系列组件。

例如 Apache Hadoop 可以看作一种以 MapReduce 作为默认处理引擎的处理框架。引擎和框架通常可以相互替换或同时使用。例如另一个框架 Apache Spark 可以纳入 Hadoop 并取代 MapReduce。组件之间的这种互操作性是大数据系统灵活性如此之高的原因之一。

虽然负责处理生命周期内这一阶段数据的系统通常都很复杂，但从广义层面来看它们的目标是非常一致的：通过对数据执行操作提高理解能力，揭示出数据蕴含的模式，并针对复杂互动获得见解。

为了简化对这些组件的讨论，我们会通过不同处理框架的设计意图，按照所处理的数据状态对其进行分类。一些系统可以用批处理方式处理数据，一些系统可以用流方式处理连续不断地流入系统的数据。此外，还有一些系统可以同时处理这两类数据。

在深入介绍不同已实现的指标和结论之前，首先需要对不同处理类型的概念进行一个简单的介绍。

1.批处理系统

批处理在大数据世界有着悠久的历史。批处理主要操作大容量静态数据集，并在计算过程完成后返回结果。

批处理模式中使用的数据集通常符合下列特征：

- **有界**：批处理数据集代表数据的有限集合。
- **持久**：数据通常始终存储在某种类型的持久存储位置中。
- **大量**：批处理操作通常是处理极为海量数据集的唯一方法。

批处理非常适合需要访问全套记录才能完成的计算工作。例如在计算总数和平均数时，必须将数据集作为一个整体加以处理，而不能将其视作多条记录的集合。这些操作要求数据在计算进行过程中维持自己的状态。

需要处理大量数据的任务通常最适合用批处理操作进行处理。无论直接从持久存储设备处理数据集，或首先将数据集载入内存，批处理系统在设计过程中都充分考虑了数据的量，可提供充足的处理资源。由于批处理在应对大量持久数据方面的表现极为出色，因此经常被用于对历史数据进行分析。大量数据的处理需要付出大量时间，因此批处理不适合对处理时间要求较高的场合。

Apache Hadoop 是一种专用于批处理的处理框架。Hadoop 是首个在开源社区获得极大关注的大数据框架。基于谷歌有关海量数据处理所发表的多篇论文与经验的 Hadoop 重新实现了相关算法和组件堆栈，让大规模批处理技术变得更易用。本书后面章节会对 Hadoop 框架进行全面介绍。

2.流处理系统

流处理系统会对随时进入系统的数据进行计算。相比批处理模式，这是一种截然不同的处理方式。流处理方式无需针对整个数据集执行操作，而是对通过系统传输的每个数据项执行操作。

(1)流处理中的数据集是“无边界”的，这就产生了一些重要的影响。

(2)完整数据集只能代表截至目前已经进入到系统中的数据总量。

(3)工作数据集也许更相关，在特定时间只能代表某个单一数据项。

处理工作是基于事件的，除非明确停止否则没有“尽头”。处理结果立刻可用，并会随着新数据的抵达继续更新。

流处理系统可以处理几乎无限量的数据，但同一时间只能处理一条(真正的流处理)或很少量(微批处理，micro-batch processing)数据，不同记录间只维持最少量的状态。虽然大部分系统提供了用于维持某些状态的方法，但流处理主要针对副作用更少、更加功能性的处理(functional processing)进行优化。

功能性操作主要侧重于状态或副作用有限的离散步骤。针对同一个数据执行同一个操作会忽略其他因素产生相同的结果，此类处理非常适合流处理，因为不同项的状态通常是某些困难、限制，以及某些情况下不需要的结果的结合体。因此虽然某些类型的状态管理通常是可行的，但这些框架通常在不具备状态管理机制时更简单也更高效。

此类处理非常适合某些类型的工作负载。有近实时处理需求的任务很适合使用流处理模式。分析、服务器或应用程序错误日志，以及其他基于时间的衡量指标是最适合的类型，因为对这些领域的数据变化做出响应对于业务职能来说是极为关键的。流处理很适合用来处理必须对变动或峰值做出响应，并且关注一段时间内变化趋势的数据。

Apache Storm 是一种侧重于极低延迟的流处理框架，也许是要求近实时处理的工作负载的最佳选择。该技术可处理非常大量的数据，通过比其他解决方案更低的延迟提供结果。

Apache Samza 是一种与 Apache Kafka 消息系统紧密绑定的流处理框架。虽然 Kafka 可用于很多流处理系统，但按照设计，Samza 可以更好地发挥 Kafka 独特的架构优势和保障。该技术可通过 Kafka 提供容错、缓冲，以及状态存储。

Samza可使用YARN作为资源管理器。这意味着默认情况下需要具备Hadoop集群(至少具备HDFS和YARN)，但同时也意味着Samza可以直接使用YARN丰富的内建功能。

3.混合处理系统：批处理和流处理

一些处理框架可同时处理批处理和流处理工作负载。这些框架可以用相同或相关的组件和API处理两种类型的数据，借此让不同的处理需求得以简化。

这一特性主要是由Spark和Flink实现的，下文将介绍这两种框架。实现这样的功能重点在于两种不同处理模式如何进行统一，以及要对固定和不固定数据集之间的关系进行何种假设。

虽然侧重于某一种处理类型的项目会更好地满足具体用例的要求，但混合框架意在提供一种数据处理的通用解决方案。这种框架不仅可以提供处理数据所需的方法，而且提供了自己的集成项、库、工具，可胜任图形分析、机器学习、交互式查询等多种任务。

Apache Spark是一种包含流处理能力的下一代批处理框架。与Hadoop的MapReduce引擎基于各种相同原则开发而来的Spark主要侧重于通过完善的内存计算和处理优化机制加快批处理工作负载的运行速度。Spark可作为独立集群部署(需要相应存储层的配合)，也可与Hadoop集成并取代MapReduce引擎。

Apache Flink是一种可以处理批处理任务的流处理框架。该技术可将批处理数据视作具备有限边界的数据流，借此将批处理任务作为流处理的子集加以处理。

对于仅需要批处理的工作负载，如果对时间不敏感，比其他解决方案实现成本更低的Hadoop将会是一个好选择。

对于仅需要流处理的工作负载，Storm可支持更广泛的语言并实现极低延迟的处理，但默认配置可能产生重复结果并且无法保证顺序。Samza与YARN和Kafka紧密集成可提供更大灵活性、更易用的多团队使用，以及更简单的复制和状态管理。

对于混合型工作负载，Spark可提供高速批处理和微批处理模式的流处理。该技术的支持更完善，具备各种集成库和工具，可实现灵活的集成。Flink提供了真正的流处理并具备批处理能力，通过深度优化可运行针对其他平台编写的任务，提供低延迟的处理，但实际应用方面还为时过早。

最适合的解决方案主要取决于待处理数据的状态，对处理所需时间的需求，以及希望得到的结果。具体是使用全功能解决方案或主要侧重于某种项目的解决方案，这个问题需要慎重权衡。随着其逐渐成熟并被广泛接受，在评估任何新出现的创新型解决方案时都需要考虑类似的问题。

1.2.2 大数据处理过程概述

1.大数据获取

数据采集处于大数据生命周期中的第一个环节，它通过射频数据、传感器数据、社交网络数据、移动互联网数据等方式获得各种类型的结构化、半结构化及非结构化的海量数据。由于可能有成千上万的用户同时进行并发访问和操作，因此，必须采用专门针对大数据的采集方法，主要包括以下三种：

1) 系统日志采集

许多公司的业务平台每天都会产生大量的日志数据。日志收集系统要做的事情就是收集业务日志数据供离线和在线的分析系统使用。高可用性、高可靠性、可扩展性是日志收集系统所具有的基本特征。

目前常用的开源日志收集系统有 Flume、Scribe 等。Flume 是 Cloudera 提供的一个高可用的、高可靠的、分布式的海量日志采集、聚合和传输系统，目前是 Apache 的一个子项目。Scribe 是 Facebook 开源日志收集系统，它为日志的分布式收集、统一处理提供一个可扩展的、高容错的解决方案。

2) 网络数据采集

网络数据采集是指通过网络爬虫或网站公开 API 等方式从网站上获取数据信息的过程。这样可将非结构化数据、半结构化数据从网页中提取出来，并以结构化的方式将其存储为统一的本地数据文件。它支持图片、音频、视频等文件的采集，且附件与正文可自动关联。对于网络流量的采集则可使用 DPI 或 DFI 等带宽管理技术进行处理。

3) 数据库采集

一些企业会使用传统的关系型数据库 MySQL 和 Oracle 等来存储数据。除此之外，Redis 和 MongoDB 这样的 NoSQL 数据库也常用于数据的采集。这种方法通常在采集端部署大量数据库，并对如何在这些数据库之间进行负载均衡和分片进行深入的思考和设计。

近年来，各类大数据公司在互联网时代下如雨后春笋般涌现。不论规模大小，是否能持续地获取可供挖掘的数据是判断某公司是否有前景和价值的标准之一。互联网企业巨头存在规模庞大的用户，通过对用户的电商交易、社交、搜索等数据进行充分挖掘后，拥有了稳定且安全的数据资源。

对于不同来源的数据集，可能存在不同的结构和模式，如文件、XML 树、关系表、Web 页面等，表现为数据的异构性。对多个异构的数据集，需要做进一步集成处理或整合处理，将来自不同数据集的数据收集、整理、清洗、转换后，生成一个新的数据集，为后续查询和分析处理提供统一的数据视图。针对管理信息系统中异构数据库集成技术、Web 信息系统中的实体识别技术和 DeepWeb 集成技术、传感器网络数据融合技术已经有很多研究工作，取得了较大的进展，已经推出了多种数据清洗和质量控制工具，例如，美国 SAS 公司的 Data Flux、美国 IBM 公司的 Data Stage、美国 Informatica 公司的 Informatica Power Center。

2.大数据存储与管理

传统的数据存储和管理以结构化数据为主，因此关系数据库系统(RDBMS)可以满足各类应用需求。大数据往往是以半结构化和非结构化数据为主，结构化数据为辅，而且各种大数据应用通常是对不同类型的数据内容检索、交叉比对、深度挖掘与综合分析。面对这类应用需求，传统数据库无论在技术上还是功能上都难以为继。因此，近几年出现了 OldSQL、NoSQL 与 NewSQL 并存的局面。总体上，按数据类型的不同，大数据的存储和管理采用不同的技术路线。大数据存储技术路线最典型的共有三种：

第一种是采用 MPP 架构的新型数据库集群，重点面向行业大数据，采用 Shared Nothing 架构，通过列存储、粗粒度索引等多项大数据处理技术，再结合 MPP 架构高效的分布式计算模式，完成对分析类应用的支撑，运行环境多为低成本 PC Server，具有高性能和高扩展性的特点，在企业分析类应用领域获得极其广泛的应用。典型代表是 Teradata，这类 MPP 产品可以有效支撑 PB 级别的结构化数据分析，这是传统数据库技术无法胜任的。对于企业新一代的数据仓库和结构化数据分析，目前最佳选择是 MPP 数据库。

第二种是基于 Hadoop 的技术扩展和封装，围绕 Hadoop 衍生出相关的大数据技术，应对传统关系型数据库较难处理的数据和场景，例如针对非结构化数据的存储和计算等，充分利用 Hadoop 开源的优势，伴随相关技术的不断进步，其应用场景也将逐步扩大，目前最为典型的应用场景就是通过扩展和封装 Hadoop 来实现对互联网大数据存储、分析的支撑。这里面有几十种 NoSQL 技术，也在进一步细分。对于非结构、半结构化数据处理、复杂的 ETL 流程、复杂的数据挖掘和计算模型，Hadoop 平台更擅长。

第三种是大数据一体机，这是一种专为大数据的分析处理而设计的软、硬件结合的产品，由一组集成的服务器、存储设备、操作系统、数据库管理系统以及为数据查询、处理、分析用途而特别预先安装及优化的软件组成，高性能大数据一体机具有良好的稳定性和纵向扩展性。

新型的大数据存储技术将逐步与 Hadoop 生态系统结合混搭使用，用基于列存储+MPP 架构的新型数据库存储 PB 级别的、高质量的结构化数据，同时为应用提供丰富的 SQL 和事务支持能力；用 Hadoop HDFS 实现半结构化、非结构化数据存储。这样可同时满足结构化、半结构化和非结构化数据的处理需求，如图 1.2 所示。

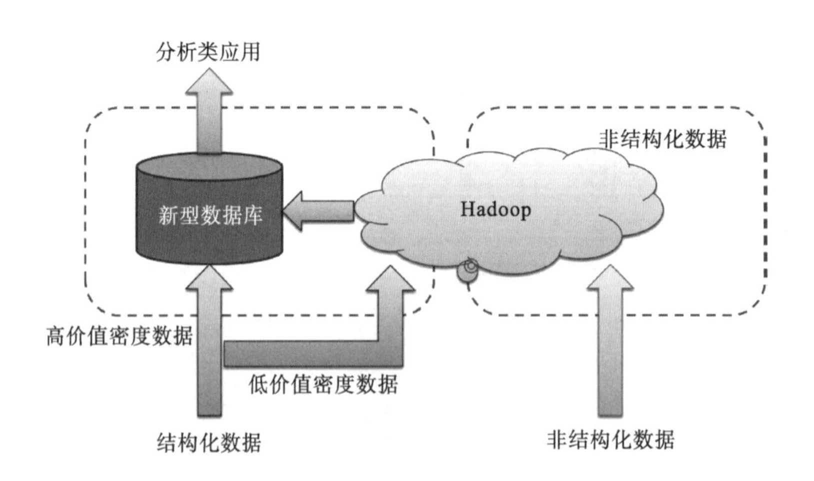

图 1.2　未来大数据存储的核心技术

3.大数据集成

一般实施大数据的单位或企业的计算环境总是由上百甚至上千离散并且不断变化的计算机系统组成的，这些系统或自行构建，或购买，或通过其他方式获得。这些系统的数据需要集成到一起，用于各种深入的数据分析。对于所有的信息技术组织来说，如何有效地管理系统之间的数据传输，并集成所需要的数据是需要面对的主要挑战之一。

大数据集成不光要考虑数据的体量问题，还要考虑集成的数据既包括结构化数据，也包括邮件、文本、图片、视频等非结构化数据。考虑到特别大的数据量和不同的数据类型，大数据集成一般需要将处理过程分布到源数据上进行并行处理，并仅仅对结果进行集成。因为，如果预先对数据进行合并会消耗大量的处理时间和存储空间。

此外，集成结构化和非结构化的数据时需要在两者之间建立共同的信息联系，这些信息可以表示为数据库中的主数据或者键值，以及非结构化数据中的元数据标签或者其他内嵌内容。

大多数据集成项目将数据库中的数据(结构化的)与存储在文档、电子邮件、网站、社会化媒体、音频，以及视频文件中的数据进行集成则成为组织的当务之急。

将各种不同类型和格式的数据进行集成通常需要使用到与非结构化的数据相关联的键或者标签(或者元数据)，而这些非结构化数据通常包含了与客户、产品、雇员或者其他主数据相关的信息。通过分析包含了文本信息的非结构化数据，就可以将非结构化数据与客户或者产品相关联。因此，一封电子邮件可能包含对客户和产品的引用，这可以通过对其包含的文本进行分析识别出来，并据此对该邮件加上标签。一段视频可能包含某个客户信息，可以通过将其与客户图像进行匹配，加上标签，进而与客户信息建立关联。

对于集成结构化和非结构化数据来说，元数据和主数据是非常重要的概念。存储在数据库外部的数据，如文档、电子邮件、音频、视频文件，可以通过客户、产品、雇员或者其他主数据引用进行搜索。主数据引用作为元数据标签附加到非结构化数据上，在此基础上就可以实现与其他数据源和其他类型的数据进行集成，如图 1.3 所示。

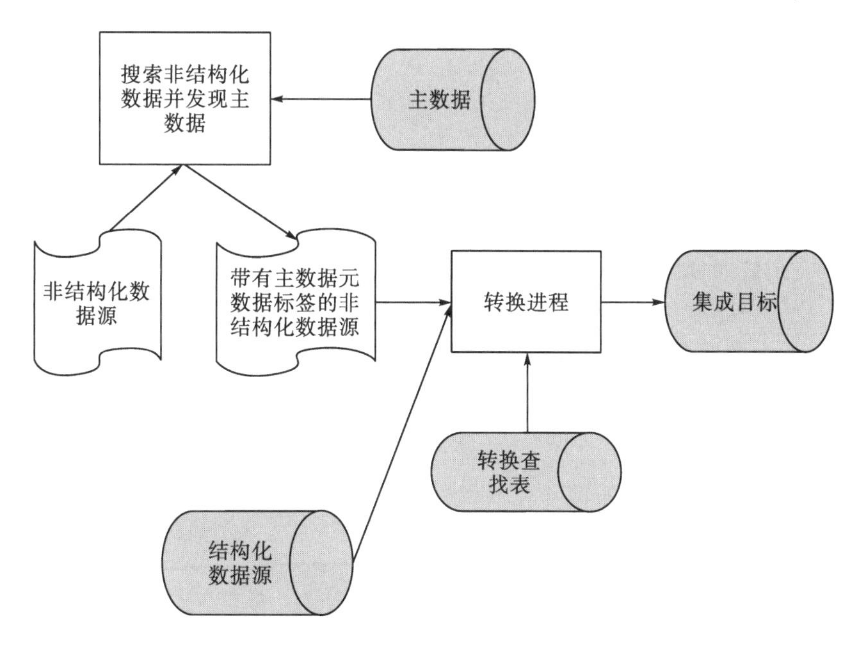

图 1.3　从非结构化数据中提取信息

大数据集成通常分为批处理数据的集成与实时数据的集成。

1)批处理数据集成

批处理的数据集成方式对于需要处理非常巨大的数据量的场合依然是比较合适并且高效的，如数据转换以及将数据快照装载到数据仓库等。可以通过适当调优，让这种数据接口获得非常快的处理速度，以便尽可能快地完成大数据量的加载。通常将其视为“紧耦合”的，因为需要在源系统和目标系统之间就文件的格式达成一致，并且只有在两个系统同时改变时才能成功地修改文件格式。

为了在变化发生时接口不至于被“破坏”或者无法正常工作，就需要非常小心地管理紧耦合系统，以便在多个系统之间进行协调以确保同时实施变化。为了管理比较巨大的应用组合系统，最好选择松耦合的系统接口，以便在不破坏当前系统的前提下允许应用发生改变，并且不需要这么一个同步变化的协调过程。因此，数据集成方案最好是“松耦合”的。

2)实时数据集成

为了完成一个业务事务处理而需要即时地贯穿多个系统的接口就是所谓的“实时”接口。一般情况下，这类接口需要以“消息”的形式传送比较小的数据量。大多数实时接口依然是点对点的，发送系统和接收系统是紧耦合的，因为发送系统和接收系统需要对数据的格式达成特殊的约定，所以任何改变都必须在两个系统之间同步实施。实时接口通常也称为同步接口，因为事务处理需要等待发送方和接口都完成各自的处理过程。

实时数据集成的最佳实践突破了点对点方案和紧耦合接口设计所带来的复杂性问题。多种不同的逻辑设计方案可以用不同的技术去实现，但是如果没有很好地理解底层的设计问题，这些技术在实施时也同样会导致比较低效的数据集成。

4.大数据分析应用

大数据处理技术最重要的部分是对大数据进行分析，只有通过分析才能获取很多智能的、深入的、有价值的信息。越来越多的应用涉及大数据，而这些大数据的属性，包括数量、速度、多样性等都是呈现了大数据不断增长的复杂性，所以大数据的分析方法在大数据领域就显得尤为重要，可以说是决定大数据是否有价值的首要因素。

如何定义大数据分析？大数据技术的核心就是大数据分析。一般地，可以将大数据分析定义为一组能够高效存储和处理海量数据，并有效达成多种分析目标的工具及技术的集合。Gartner 将大数据分析定义为追求显露模式检测和发散模式检测，以及强化对过去未连接资产的使用的实践和方法，意即一套针对大数据进行知识发现的方法。

数据挖掘分析领域最重要的能力是：能够将数据转化为非专业人士也能够清楚理解的有意义的见解。

使用一些工具来帮助大家更好地理解数据分析在挖掘数据价值方面的重要性是十分有必要的。其中的一个工具，叫作四维分析法。

简单地来说，分析可被划分为 4 种关键方法(图 1.4)。

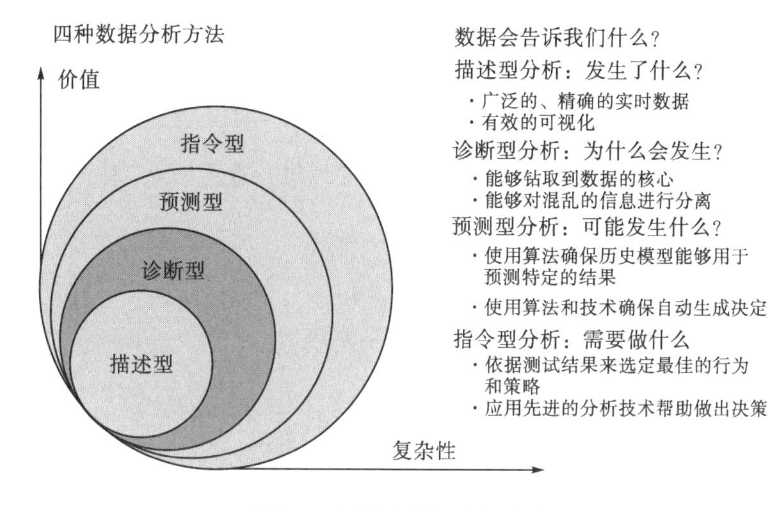
四种数据分析方法
价值
指令型
预测型
诊断型
描述型
复杂性
数据会告诉我们什么？
描述型分析：发生了什么？
· 广泛的、精确的实时数据
· 有效的可视化
诊断型分析：为什么会发生？
· 能够钻取到数据的核心
· 能够对混乱的信息进行分离
预测型分析：可能发生什么？
· 使用算法确保历史模型能够用于预测特定的结果
· 使用算法和技术确保自动生成决定
指令型分析：需要做什么
· 依据测试结果来选定最佳的行为和策略
· 应用先进的分析技术帮助做出决策

图 1.4　四种大数据分析方法

1) 描述型分析：发生了什么？

这是最常见的分析方法(图 1.5)。在业务中，这种方法向数据分析师提供了重要指标和业务的衡量方法。

例如，每月的营收和损失账单。数据分析师可以通过这些账单，获取大量的客户数据。了解客户的地理信息，就是“描述型分析”方法之一。利用可视化工具，能够有效地增强描述型分析所提供的信息。

图 1.5　描述性分析示意图

2) 诊断型分析：为什么会发生？

描述型数据分析的下一步就是诊断型数据分析。通过评估描述型数据，诊断分析工具能够让数据分析师深入地分析数据，钻取到数据的核心。

设计良好的BI dashboard能够整合按照时间序列进行数据读入、特征过滤和钻取数据等功能，以便更好地分析数据。

3) 预测型分析：可能发生什么？

预测型分析主要用于预测。事件未来发生的可能性、预测一个可量化的值，或者是预估事情发生的时间点，这些都可以通过预测模型来完成。

预测模型通常会使用各种可变数据来实现预测。数据成员的多样化与预测结果密切相关。

在充满不确定性的环境下，预测能够帮助做出更好的决定。预测模型也是很多领域正在使用的重要方法。

4) 指令型分析：需要做什么？

数据价值和复杂度分析的下一步就是指令型分析。指令模型基于对“发生了什么”、“为什么会发生”和“可能发生什么”的分析，来帮助用户决定应该采取什么措施。通常情况下，指令型分析不是单独使用的方法，而是前面的所有方法都完成之后，最后需要完成的分析方法。

例如，交通规划分析考量了每条路线的距离、每条线路的行驶速度，以及目前的交通管制等方面因素，来帮助选择最好的回家路线。

大数据分析包括以下六个基本方面：

● 可视化分析(analytic visualizations)

不管是对数据分析专家还是普通用户，数据可视化是数据分析工具最基本的要求。可视化可以直观地展示数据，让数据自己说话，让用户看到结果。

● 数据挖掘算法(data mining algorithms)

可视化是给人看的，数据挖掘就是给机器看的。集群、分割、孤立点分析，还有其他的算法让我们深入数据内部，挖掘价值。这些算法不仅要处理大数据的量，也要处理大数据的速度。

● 预测性分析能力(predictive analytic capabilities)

数据挖掘可以让分析员更好地理解数据，而预测性分析可以让分析员根据可视化分析和数据挖掘的结果做出一些预测性的判断。

● 语义引擎(semantic engines)

由于非结构化数据的多样性带来了数据分析的新的挑战，需要一系列的工具去解析、提取、分析数据。语义引擎需要被设计成能够从文档中智能提取信息。

● 数据质量和数据管理(data quality and master data management)

数据质量和数据管理是一些管理方面的最佳实践。通过标准化的流程和工具对数据进行处理可以保证一个预先定义好的高质量的分析结果。

● 数据存储——数据仓库

数据仓库是为了便于多维分析和多角度展示数据按特定模式进行存储所建立起来的

关系型数据库。在商业智能系统的设计中，数据仓库的构建是关键，是商业智能系统的基础，承担对业务系统数据整合的任务，为商业智能系统提供数据抽取、转换和加载，并按主题对数据进行查询和访问，为联机数据分析和数据挖掘提供数据平台。

5.大数据可视化

大数据时代数据的数量和复杂度的提高带来了对数据探索、分析和理解的巨大挑战。数据分析是大数据处理的核心，但是用户往往更关心结果的展示。如果分析的结果正确但是没有采用适当的解释方法，则所得到的结果很可能让用户难以理解，极端情况下甚至会误导用户。

由于大数据分析结果具有海量、关联关系极其复杂等特点，采用传统的解释方法基本不可行。目前常用的方法是可视化技术和人机交互技术。可视化技术能够迅速和有效地简化与提炼数据流，帮助用户交互筛选大量的数据，有助于用户更快更好地从复杂数据中得到新的发现。用形象的图形方式向用户展示结果，已作为最佳结果展示方式之一率先被科学与工程计算领域采用。

常用的数据可视化图表包括：柱状图、折线图、散点图、饼图、雷达图、漏斗图、箱线图、气泡图、热力图、标签云、仪表盘等。

目前的数据可视化工具有很多，下面介绍几种常用的数据可视化工具。

- Tableau

这几乎是数据分析师都会提的工具，内置常用的分析图表和一些数据分析模型，可以快速地进行探索式数据分析，制作数据分析报告。因为是商业智能，解决的问题更偏向商业分析，适合 BI 工程师、数据分析师，用 Tableau 可以快速地做出动态交互图，并且图表和配色也非常拿得出手(图 1.6)。

Tableau 用户可以创建和分发交互式和可共享的仪表板，以图形和图表的形式描绘数据的趋势、变化和密度。Tableau 可以连接到文件、关系数据源和大数据源来获取和处理数据。该软件允许数据混合和实时协作，这使它非常独特。它被企业、学术研究人员和许多政府用来进行视觉数据分析。它还被定位为 Gartner 魔力象限中的领导者商业智能和分析平台。

- ECharts

这是一个纯 Javascript 的数据可视化库，百度的产品，常应用于软件产品开发或网页的统计图表模块。可在 Web 端高度定制可视化图表，图表种类多，动态可视化，各类图表各类形式都完全开源免费(图 1.7)。能处理大数据量和 3D 绘图，结合百度地图的使用很出色。

ECharts 多用于一些开发场景，但它也衍生了一个零代码的图表生成器——“百度图说”，操作基本上就是选择图标，把数据复制过去，然后生成图表，保存为图或者代码嵌入。

- Highcharts

Echarts 与 Hicharts 的关系有点像 WPS 和 Office 的关系。Highcharts 同样是可视化库，是国外的可视化工具，商用的话需要付费。其优势是文档详细，实例也很详细，文档中依赖哪些 JS 脚本、CSS 都十分详细，学习和开发都比较省时省力，相应的产品稳定性较强。

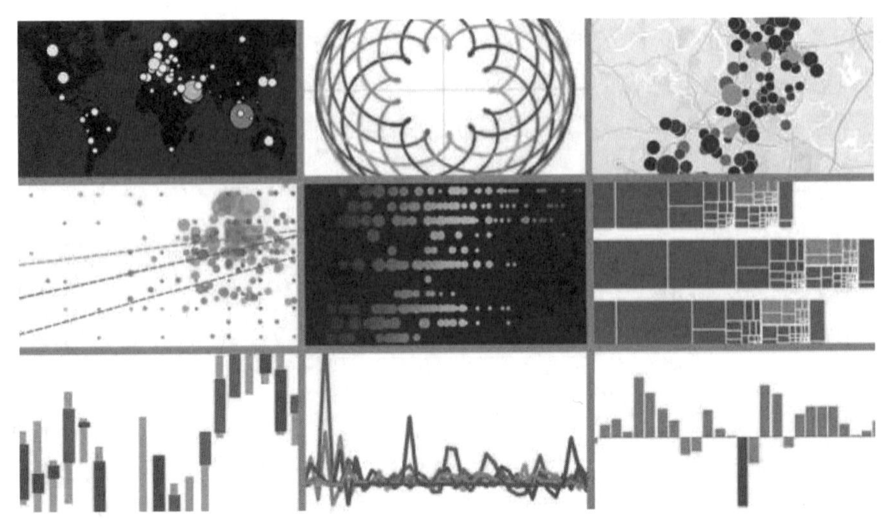

图 1.6　Tableau 数据可视化示例

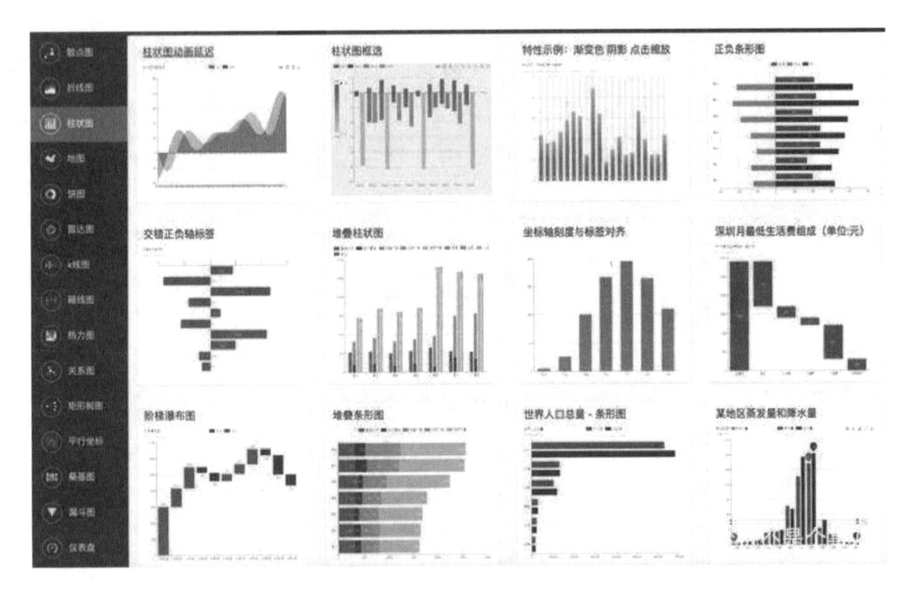

图 1.7　ECharts 数据可视化示例

● FineReport

FineReport 是一个企业级的报表软件应用。用于系统的开发业务报表、数据分析报表。也可集成在 OA、ERP、CRM 等应用系统内，做数据报表模块，也可以开发成财务分析系统。其两大核心功能是填报和数据展示，它内置了大量的图表和可视化动效，可视化很丰富。多以它能做出各式各样的 Dashboard，甚至是可视化大屏。

FineReport 报表软件具有完备的报表填报功能，支持多级汇总填报。利用这一报表工具，用户即可把企业的业务模型、数据分析变成实际可操作的信息系统。利用报表展现、填报、汇总、统计分析、打印输出等功能搭建出轻量级企业报表平台。特别是采用主流的数据双向扩展、多源分片、纯拖拽等方式来进行报表设计，报表设计人员无需掌握复杂的代码编写技能，从而使业务人员也可以随时根据需要设计符合业务逻辑的报表，满足报表使用者的最终需求，无形中也降低了企业的运营成本。

● FineBI

FineBI 是一个自助式 BI 工具，也是一款成熟的数据分析产品。内置丰富图表，不需要代码调用，可直接拖拽生成。可用于业务数据的快速分析、制作 Dashboard，也可构建可视化大屏。有别于 Tableau 的是，它更倾向于企业应用，从内置的 ETL 功能以及数据处理方式上看出，FineBI 侧重业务数据的快速分析以及可视化展现(图 1.8)，可与大数据平台、各类多维数据库结合，所以在企业级 BI 应用上广泛，个人使用免费。

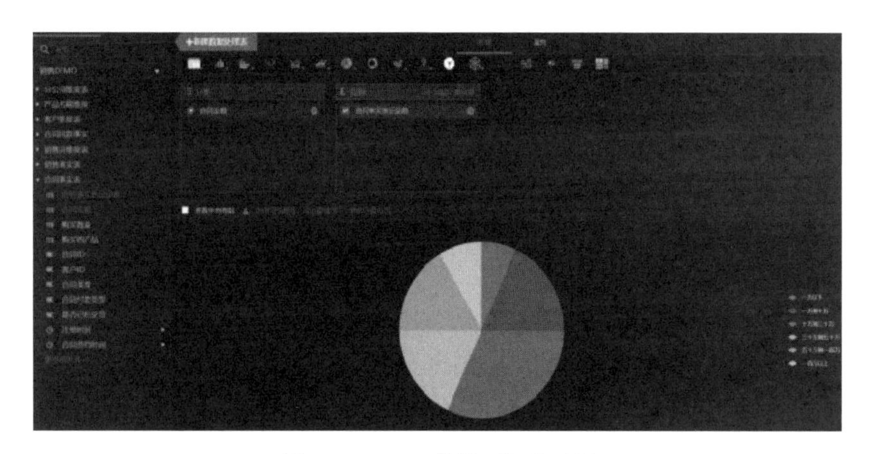

图 1.8　FineBI 数据可视化示例

● PowerBI

PowerBI 是微软继 Excel 之后推出的 BI 产品，可以和 Excel 无缝连接使用，创建个性化的数据看板(图 1.9)。

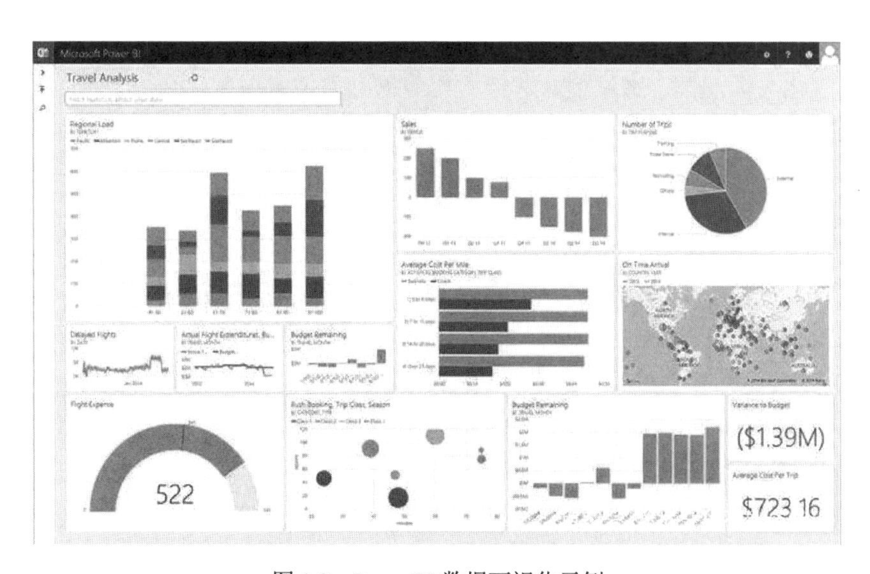

图 1.9　PowerBI 数据可视化示例

1）数据可视化面临的挑战

伴随着大数据时代的到来，数据可视化日益受到关注，可视化技术也日益成熟。然而，数据可视化仍存在许多问题，且面临着巨大的挑战。大数据可视化存在以下问题：

(1)视觉噪声。在数据集中，大多数数据具有极强的相关性，无法将其分离作为独立的对象显示。

(2)信息丢失。减少可视数据集的方法可行，但会导致信息的丢失。

(3)大型图像感知。数据可视化不单单受限于设备的长宽比及分辨率，也受限于现实世界的感受。

(4)高速图像变换。用户虽然能够观察数据，却不能对数据强度变化做出反应。

(5)高性能要求。静态可视化对性能要求不高，因为可视化速度较低，性能要求不高，然而动态可视化对性能要求会比较高。

目前，数据简约可视化研究中，高清晰显示、大屏幕显示、高可扩展数据投影、维度降解等技术都试着从不同角度解决上述难题。

此外，可感知的交互的扩展性也是大数据可视化面临的挑战之一。从大规模数据库中查询数据可能导致高延迟，使交互率降低。在大数据应用程序中，大规模数据及高维数据使数据可视化变得十分困难。在超大规模的数据可视化分析中，需要构建更大、更清晰的视觉显示设备，但是人类的敏锐度制约了大屏幕显示的有效性。由于人和机器的限制，在可预见的未来，大数据的可视化问题会是一个重要的挑战。

2）数据可视化技术的发展方向

(1)可视化技术与数据挖掘技术深度结合。数据可视化可以帮助人们洞察出数据背后隐藏的潜在信息，提高了数据挖掘的效率。因此，可视化与数据挖掘紧密结合是可视化研究的一个重要发展方向。

(2)可视化技术与人机交互技术深度结合。实现用户与数据的交互，方便用户控制数据，更好地实现人机交互是我们一直追求的目标。因此，可视化与人机交互相结合是可视化研究的一个重要发展方向。

(3)可视化与大规模、高维度、非结构化数据处理技术深度结合。目前，我们身处于大数据时代，大规模、高纬度、非结构化数据层出不穷，要将这样的数据以可视化形式完美地展示出来并非易事。因此，可视化与大规模、高维度、非结构化数据结合是可视化研究的一个重要发展方向。

6.大数据安全

1）为什么大数据安全那么重要？

大数据技术使得产率提高和生活方式改变的同时，随之而来的安全挑战已无法忽视。在大数据时代新形势下，数据安全、隐私安全乃至大数据平台安全等均面临新威胁与新风险，做好大数据安全保障工作面临严峻挑战。

随着网络大数据应用的深入发展，数据安全成为十分重大的问题。商业网站的海量用户数据是企业的核心资产，成为黑客甚至国家级攻击的重要对象。重点企业数据安全管理面临更高的要求，必须建立严格的安全能力体系，需要确保对用户数据进行加密处理，对数据的访问权限进行精准控制，并为网络破坏事件、应急响应建立弹性设计方案，与监管部门建立应急沟通机制。

2014 年以来国内外发生了以下几个影响重大的大数据安全方面的案例：

(1) 12306 网站数据泄露；

(2) 上海疾控中心出“内鬼”买卖数十万新生儿信息；

(3) 雅虎遭黑客攻击 10 亿用户账户信息泄露；

(4) 美国职业社交网站 LinkedIn 数据泄露 1.67 亿个用户的信息。

因此，大数据技术和大数据安全管理的每个环节对大数据安全都显得尤为重要。

2) 大数据安全的主要构成

大数据安全主要表现在以下四个方面：

(1) 网络安全：大数据与网络密不可分，针对大数据的网络犯罪行为日益猖獗，目前我国针对大数据的网络安全防护不够，无论是软件还是硬件大多使用国外的产品或技术，容易造成信息泄露。

(2) 系统安全：在大数据时代，云平台是大数据汇集和存储的主要载体，云平台数据安全是保证数据安全的重要环节；去旅游、住宿、上社交网络、购物等都可能泄露个人信息。

(3) 终端安全：数据的搜集、存储、访问、传输必不可少地需要借助 PC、移动等终端设备，攻击终端设备可能获得操作大数据的权限。

(4) 数据安全：大数据时代，看似无用的数据，经过大数据分析技术极有可能转化为有高价值的信息资产。这种信息一旦泄露，将严重威胁个人隐私安全，甚至对国家经济走势、政治稳定产生影响。

3) 大数据安全应对策略

大数据安全管理包括技术、管理、法律三个方面。目前的情况是，技术、管理与法律都滞后于应用。应该先从管理入手，再解决技术与法律的问题，实行分级保护等级保护，加强专业的网络安全与数据安全管理人员的培养。

首先，因为数据是资产，是宝贵的资源，加强数据安全管理，一是要明确数据安全治理目标，解决“云、管、端”三类数据的违规监控和泄漏防护问题，对涉及敏感内容的数据存储、传输、使用过程进行全方位监控、审计、实时防护，防止敏感数据泄露、丢失，确保数据的价值实现、运营合规和风险可控。

其次，要建立数据安全治理的保障机制，包括确立数据安全治理的战略，健全数据安全治理的组织机制，明确数据安全管理的角色和责任，建立满足业务战略的数据架构和架构管理策略；识别政策、法律、法规要求，跟踪相关标准规范的进展并采取措施予以积极落实。

最后，要采取相关技术措施，加强对敏感数据的管控。首先要开展数据分级分类，对敏感数据进行识别定义，为采用技术手段实现对敏感数据的安全管控提供基础；在数据分级分类基础上，建设数据安全管控系统，对传统环境和云计算环境下的数据进行深度内容识别，并通过展示界面，实时、动态展示敏感信息分布态势、传输态势、使用态势及整体安全风险态势；还要对涉及敏感内容的数据存储、传输、使用过程实现全方位监控、审计和实时防护。

7.大数据治理

1)什么是大数据治理?

很多人都对大数据耳熟能详，但对大数据治理的概念却比较陌生。事实上，由于大数据涉及不同来源的复杂数据，如果缺乏得当的数据治理，就很难正确地整合数据。特别是在大型组织或面向复杂大数据集成分析的应用，大数据治理都是非常重要的基础。

大数据治理是指制定与大数据有关的数据优化、隐私保护与数据变现的政策，是传统信息治理的延续和扩展，也是大数据分析的基础，还是连接大数据科学和应用的桥梁。

大数据治理是一项系统工程，大到大数据技术平台的搭建、组织的变革、政策的制定、流程的重组，小到元数据的管理、主数据的整合、各种类型大数据的个性化治理和大数据的行业应用。

大数据治理的目标是提高数据的质量(准确性和完整性)，保证数据的安全性(保密性、完整性及可用性)，实现数据资源在各组织机构部门的共享；推进信息资源的整合、对接和共享，从而提升组织信息化水平，充分发挥信息化作用。

2)大数据治理的准则

大数据治理应遵循以下准则：

(1)统一规范。数据治理应遵循统一的标准或规范。应制定的规范包括：数据标准、数据采集、数据审核、数据维护、数据分析、数据应用、数据发布、数据传输、数据存储(备份、恢复)、数据安全管理、数据质量监控、数据管理考核等。

(2)分级管理。实行分层级的数据管理模式，明确职责分工，层层落实责任。

(3)过程控制。建立数据从采集、报送、审核到应用、维护全过程的控制规范，保证数据质量，提高应用效果。

(4)保障安全。建立数据访问的身份验证、权限管理及定期备份等安全制度，规范操作，做好病毒预防、入侵检测和数据保密工作。

(5)数据共享。整合应用系统，做到入口唯一，实现数据一次采集，集中存储，共享使用。

3)大数据治理体系

大数据治理体系包含两个方面，一是数据质量核心领域，二是数据质量保障机制。两者具体内容及相互关系可以参见图1.10。

大数据治理体系包含数据治理组织、数据构架管理、主数据管理、数据质量管理、数据服务管理及数据安全管理内容，这些内容既有机结合，又相互支撑。

(1)数据模型。数据模型是数据构架中重要的一部分，包括概念数据模型和逻辑数据模型，是数据治理的关键、重点。理想的数据模型应该具有非冗余、稳定、一致、易用等特征。

(2)数据生命周期。数据的生命周期一般包括数据生成及传输、数据存储、数据处理及应用、数据销毁四个方面。

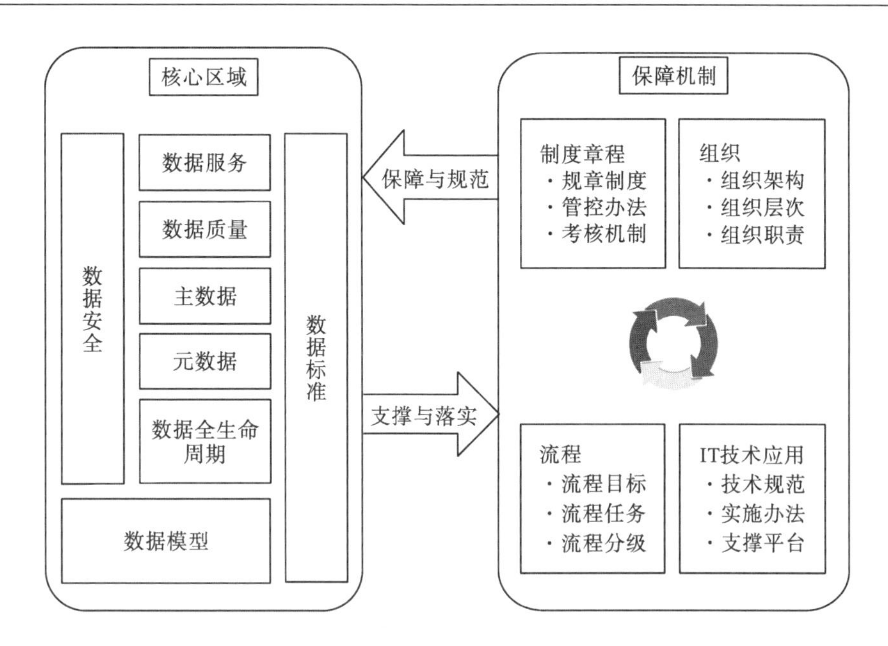

图 1.10　大数据治理体系

(3)数据标准。数据标准是单位或组织建立的一套符合自身实际，涵盖定义、操作、应用多层次数据的标准化体系。行业的各类数据必须遵循一个统一的标准进行组织，才能构成一个可流通、可共享的信息平台。

(4)主数据。主数据管理要做的就是从各部门的多个业务系统中整合最核心的、最需要共享的数据。集中进行数据的清洗和丰富，并且以服务的方式把统一的、完整的、准确的、具有权威性的主数据传送给整个单位范围内需要使用这些数据的操作型应用系统和分析型应用系统。

(5)数据质量。数据质量关系到建设有关分析型信息系统的成败，同时数据资源是单位或组织的战略资源，合理有效地使用正确的数据能指导单位或组织做出正确的决策，提高综合竞争力。

数据质量管理包含对数据的绝对质量管理、过程质量管理。绝对质量即数据的真实性、完备性、自治性是数据本身应具有的属性。过程质量即使用质量、存储质量和传输质量，数据的使用质量是指数据被正确的使用。

(6)数据服务。数据服务管理是指针对内部积累多年的数据，研究如何能够充分利用这些数据，分析行业业务流程，优化业务流程。通过建立统一的数据服务平台来满足针对跨部门、跨系统的数据应用。通过统一的数据服务平台来统一数据源，变多源为单源，加快数据流转速度，提升数据服务的效率。

(7)数据安全。数据安全管理主要解决的就是数据在保存、使用和交换过程中的安全问题。数据安全管理主要体现在数据使用安全、数据隐私安全、访问权限管理、数据安全审计、数据安全制度及流程等方面。

(8)保障机制。大数据治理的保障机制应包括制度章程、组织保障、流程规范和技术规范。

1.3 大数据处理技术学习路线

大数据处理技术的知识结构如图 1.11 所示，包括基础知识、基础架构、数据采集、数据存储、数据集成、数据治理、数据分析、数据展现与交互、数据安全等核心板块。

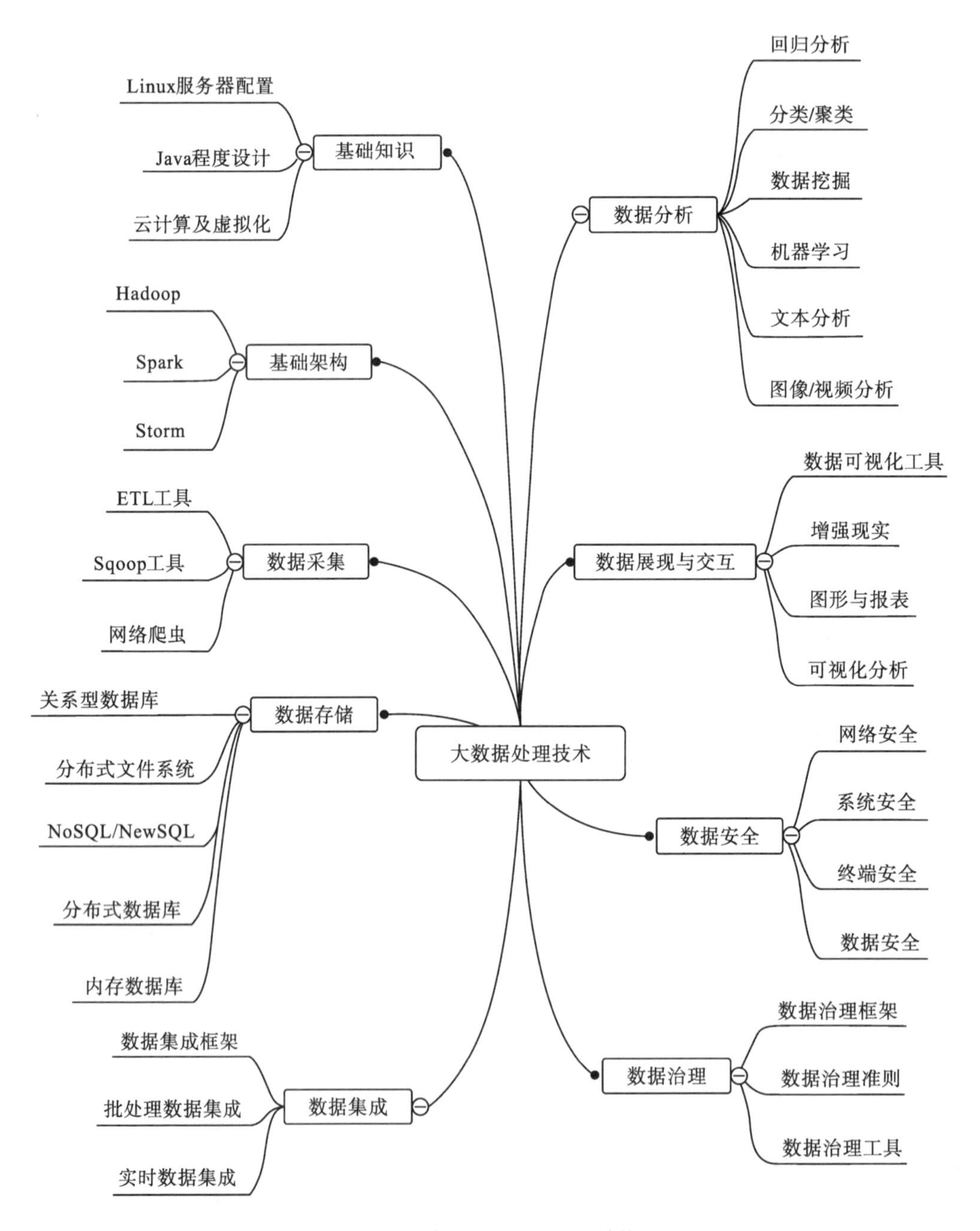

图 1.11 大数据处理技术知识结构图

大数据处理技术的学习路线如下。

1）第一阶段：掌握预备知识

主要掌握 Linux 服务器配置、Java 程序设计语言、云计算及虚拟化等基础概念。此阶段需要掌握的核心能力包括：熟练使用 Linux，熟练安装 Linux 上的软件；熟悉 Java 编程；熟悉云计算及虚拟化基本原理；了解熟悉负载均衡、高可靠等集群相关概念；搭建互联网高并发、高可靠的服务架构。

此阶段可解决的现实问题：搭建负载均衡、高可靠的服务器集群，可以增大网站的并发访问量，保证服务不间断地对外服务；具备初级程序员必须具备的 Linux 服务器运维能力。

2）第二阶段：掌握数据分析系统集群搭建

主要了解 Hadoop 不同版本，如原生 Hadoop、CDH、HDP 等商用版本，掌握网络环境设置、服务器系统环境设置、JDK 环境安装、Hadoop 集群安装部署、集群启动、集群状态测试、Hive 的配置安装、Hive 启动、Hive 使用测试等能力。

3）第三阶段：掌握 Hadoop 应用

此阶段主要学习 Hadoop 生态圈原理和工具，需要掌握的核心能力包括：

(1) 通过对大数据技术产生的背景和行业应用案例了解 Hadoop 的作用；

(2) 掌握 Hadoop 底层分布式文件系统 HDFS 的原理、操作和应用开发；

(3) 掌握 MapReduce 分布式运算系统的工作原理和分布式分析应用开发；

(4) 掌握 Hive 数据仓库工具的工作原理及应用开发。

4）第四阶段：掌握数据采集、存储、集成方法

此阶段主要学习大数据的采集、存储、集成的原理和方法，需要掌握的核心能力包括：

(1) 掌握 ETL、Sqoop、Flume、网络爬虫等数据导入与采集工具；

(2) 根据具体业务场景设计、实现海量数据存储方案；

(3) 掌握不同应用场景的数据集成方法。

5）第五阶段：掌握 Spark 内存计算框架与 Storm 流处理框架

此阶段主要学习 Spark 大数据处理平台的原理、方法与工具的使用，了解 Storm 技术原理与应用场景。需要掌握的核心能力包括：

(1) 熟练掌握 Spark 原理，搭建 Spark 集群；

(2) 能使用 Scala 编写 Spark 计算程序；

(3) 熟练使用 Spark SQL 处理结构化数据；

(4) 熟练使用 Scala 快速开发 Spark 大数据应用，通过计算分析大量数据，挖掘出其中有价值的数据，为企业提供决策依据；

(5) 了解 Storm 框架与 Spark Streaming 之间的区别，并会使用 Strom 进行实时数据分析。

6）第六阶段：掌握大数据可视化相关概念和技术

主要学习大数据可视化的原理，掌握主要的数据可视化工具，主要能力包括：

(1) 可根据不用应用场景选择合适的可视化方法；

(2) 掌握常用的 Tableau、ECharts 等常用的报表可视化工具；

(3) 能进行大数据可视化分析。

7）第七阶段：掌握大数据分析的主要算法

主要学习分类、聚类、回归、数据挖掘、机器学习、深度学习等概念，以及主要算法原理和常用算法，学习文本分析、图像/视频分析等非结构化数据分析技术的原理和方法。要掌握的能力包括：

(1)熟练掌握ID3、逻辑回归、线性回归、K-means等常用数据分析算法；

(2)熟悉数据挖掘、深度学习等技术，掌握BP、CNN、LSTM等主要算法和Tensor-Flow深度学习框架；

(3)熟悉文本分析、图像/视频分析技术，并能够根据应用场景对非结构化数据进行分析。

8）第八阶段：掌握大数据治理与大数据安全的原理和方法

主要学习大数据治理、大数据安全的原理和方法，要掌握的能力包括：

(1)熟练掌握大数据治理的概念、原理和方法，并会根据不同应用场景制定大数据治理方案；

(2)掌握大数据安全的概念、原理和方法，并会根据不同应用场景制定大数据安全方案。

本 章 小 结

大数据已成为当前IT领域的热点，大数据处理技术是大数据时代应对各种海量数据分析应用挑战的重要手段。大数据的概念内涵丰富，外延复杂，大数据处理技术更是多种技术融合发展的产物。深入理解大数据概念，理清大数据处理技术的体系和发展脉络是学好本书后续内容的基础。

本章主要介绍了大数据的基本概念和特性；分析了大数据与云计算和人工智能的关系；描述了大数据的典型应用场景；以大数据处理过程为主线，介绍了大数据处理的主要技术体系。最后给出了大数据处理技术的知识结构思维导图与学习路径。

思 考 题

1.大数据有什么特点？哪种类型的数据增长最快？

2.大数据与云计算是什么关系？

3.大数据有哪些典型的应用场景？试举几例说明。

4.大数据处理流程通常包括哪些阶段？各阶段的任务是什么？

5.大数据处理的基础框架有哪些？

6.大数据存储有哪几种技术路线？

7.大数据分析有哪几种类型？

8.大数据可视化有什么作用？列举常用的大数据可视化分析工具。

参考文献

程学旗, 靳小龙, 王元卓, 等. 2014. 大数据系统和分析技术综述. 软件学报, 25(9): 1889-1908

李国杰. 2012. 大数据研究的科学价值. 中国计算机学会通讯, 8(9): 8-15.

梁吉业, 冯晨娇, 宋鹏, 等. 2016. 大数据相关分析综述. 计算机学报, 39(1): 1-18.

宋亚奇, 周国亮, 朱永利. 2013. 智能电网大数据处理技术现状与挑战. 电网技术, 37(4): 104-105.

Agrawal D, Bernstein P, Bertino E, et al. 2012. Challenges and opportunities with big data. Proceedings of the VLDB Endowment, 5(12): 2032-2033.

Chen M, Mao S, Liu Y. 2014. Big data: a survey. Mobile Networks and Applications, 19(2): 171-209.

Chen X W, Lin X T. 2014. Big data deep learning: challenges and perspectives. IEEE ACCESS, 2: 514-525.

Dean J, Ghemawat S. 2004. MapReduce: simplified data processing on large clusters//Proceedings of Sixth Symposium on Operating System Design and Implementation(OSD2004). USENIX Association, 6: 137-150.

Franks B. 2012. Taming the big data tidal wave: finding opportunities in huge data streams with advanced analytics//Taming The Big Data Tidal Wave: Finding Opportunities in Huge Data Streams with Advanced Analytics. New York: Wiley Publishing.

Labrinidis A, Jagadish H V. 2012. Challenges and opportunities with big data. Proceedings of the VLDB Endowment, 5(12): 2032-2033.

Wang P J. 2012. D-pro: dynamic data center operations with demand-responsive electricity prices in smart grid. IEEE Transactions on Smart Grid, 3(4): 1743-1754.

Yang M, Kiang M, Shang W. 2015. Filtering big data from social media-building an early warning system for adverse drug reactions. Journal of Biomedical Informatics, 54: 230-240.

第 2 章　主流大数据处理框架

不论是系统中存在的历史数据，还是持续不断接入系统中的实时数据，只要数据是可访问的，我们就可以对数据进行处理，而对数据进行处理需要数据处理框架，那么大数据处理框架是什么？

大数据处理框架：负责对数据系统中的数据进行分布式的计算。例如处理从非易失存储中读取的数据，或处理刚刚采集到系统中的数据。数据的计算则是指从大量单一数据点中提取信息和见解的过程。

业界将大数据处理框架的发展划分为三大阵营：第一类是以 Google、Amazon、Facebook 等互联网公司为代表，基于自身的应用平台、庞大用户群和海量用户信息，提供精准营销和个性化推荐等商业活动；第二类是以 IBM、微软、惠普、甲骨文、EMC 等为代表的传统厂商，通过“硬件+软件+数据”整体解决方案向用户提供以平台为核心的完备的基础架构与服务，并通过密集地并购大数据分析企业，以迅速增强和扩展在大数据分析领域的实力和市场份额：第三类是以云数据仓库为代表的专业商务智能公司，专注于智能数据分析。以上三大阵营各有特点和优势，形成了大数据时代三足鼎立的格局。

目前主流的大数据处理框架如图 2.1 所示。

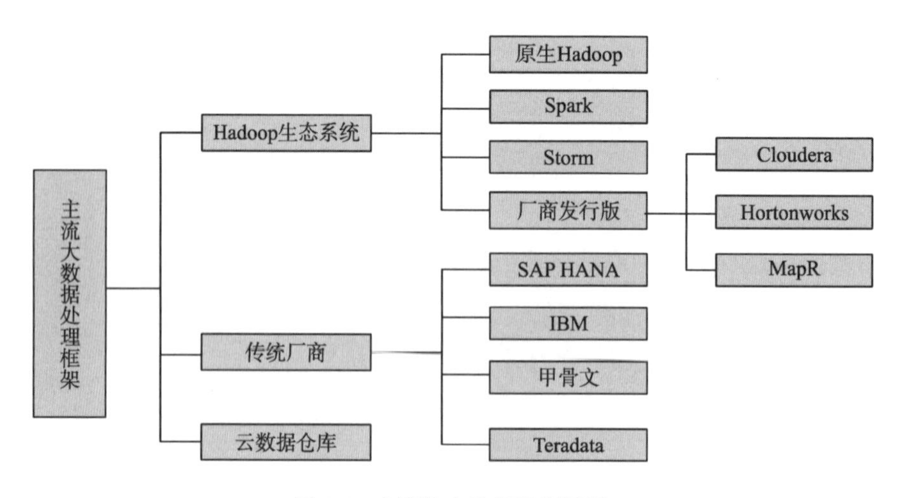

图 2.1　主流的大数据处理框架

2.1　Hadoop

说起大数据处理框架，永远也绕不开 Hadoop。Hadoop 是一个能够以可靠、高效、可伸缩的方式对大量数据进行分布式处理的软件框架。当然，Hadoop 并不等同于大数据。大数据只是一门市场语言，代表的是一种理念、一种问题解决的思路、一系列技术的集合。

2.1.1　Hadoop 起源和特点

Apache Hadoop 是一款支持数据密集型分布式应用并以 Apache2.0 许可协议发布的开源软件框架。它支持在商品硬件构建的大型集群上运行的应用程序。

2003～2004 年，Google 公布了部分 GFS 和 MapReduce 思想的细节，受此启发的 Doug Cutting 等人用 2 年的业余时间实现了 DFS 和 MapReduce 机制，使 Nutch 性能飙升。

2005 年，Hadoop 作为 Lucene 的子项目 Nutch 的一部分正式被引入 Apache 基金会。

2006 年 2 月被分离出来，成为一套完整独立的软件，起名为 Hadoop。可以看出 Hadoop 起源于 Google 的集群系统。

Hadoop 名字不是一个缩写，而是一个生造出来的词，是由 Hadoop 之父 Doug Cutting 儿子的毛绒玩具象命名的。Hadoop 提供了一个分布式文件系统 HDFS 和一个用于分析和转化大规模数据集的 MapReduce 框架，Hadoop 的一个重要特点就是通过对数据进行分割在多台主机上进行运行，并且并行地执行应用计算。其中 HDFS 用于存储数据，由 Google 的分布式文件系统 Google File System 演化而来；MapReduce 是 Google 公司的一项重要技术，由 Google 的 Google MapReduce 开源分布式并行计算框架演化而来，它主要采用并行计算的方法对大数据进行计算。以 Hadoop 分布式文件系统和 MapReduce 分布式计算框架为核心，为用户提供了底层细节透明的分布式基础设施。HDFS 的高容错性和高弹性的优点，允许用户将其部署到廉价的机器上，构建分布式系统。MapReduce 分布式计算框架允许用户在不了解分布式系统底层细节的情况下开发并行分布的应用程序，充分利用大规模的计算资源，解决传统单机无法解决的大数据处理问题。

Hadoop 是一个能够让用户轻松架构和使用的分布式计算平台。用户可以轻松地在 Hadoop 上开发和运行处理海量数据的应用程序。它主要有以下 4 个特性：

扩容能力(scalable)。Hadoop 是在可用的计算机集群间分配数据并完成计算任务的，这些集群可以方便地扩展到数以千计个节点中。

成本低(economical)。Hadoop 通过普通廉价的机器组成服务器集群来分发以及处理数据，以至于成本很低。

高效率(efficient)。通过并发数据，Hadoop 可以在节点之间动态并行的移动数据，使得速度非常快。

可靠性(rellable)。能自动维护数据的多份复制，并且在任务失败后能自动地重新部署(redeploy)计算任务。所以 Hadoop 的按位存储和处理数据的能力值得人们信赖。

2.1.2 Hadoop 架构与核心部件

Apache Hadoop 由两个子项目组成：

(1) Hadoop MapReduce：MapReduce 是一种计算模型及软件架构，是编写在 Hadoop 上运行的应用程序。这些 MapReduce 程序能够对大型集群计算节点并行处理大量的数据。

(2) HDFS (Hadoop Distributed File System)：HDFS 是处理 Hadoop 应用程序的存储部分。MapReduce 应用使用来自 HDFS 的数据。HDFS 创建数据块的多个副本，并将它们集群分发到计算节点。这种分配使得应用可靠和极其迅速的计算。

虽然 Hadoop 是因为 MapReduce 和分布式文件系统 HDFS 而出名的，随着技术的发展，Hadoop 也逐渐得到了发展，产生了许多子项目，所以 Hadoop 也变成了一种广义的概念，用来泛指大数据技术相关的开源组件或产品，如图 2.2 所示，其子项目除了 HDFS 与 MapReduce 之外还包括：

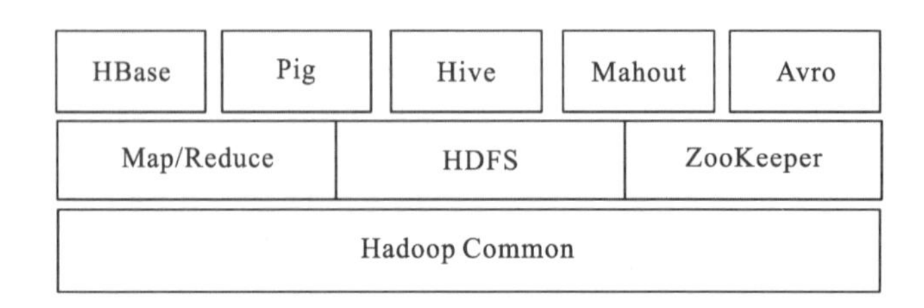

图 2.2 Hadoop 架构图

Hbase——HBase 是一个建立在 HDFS 之上，面向列的 NoSQL 数据库，一般用于快速读/写大量数据。HBase 使用 ZooKeeper 进行管理，确保所有组件都正常运行。

Avro——Avro 定义了一种用于支持大数据应用的数据格式，并为这种格式提供了不同的编程语言的支持。

ZooKeeper——用于 Hadoop 的分布式协调服务。Hadoop 的许多组件依赖于 ZooKeeper，它运行在计算机集群上面，用于管理 Hadoop 操作。

Pig——它是 MapReduce 编程的复杂性的抽象。Pig 平台包括运行环境和用于分析 Hadoop 数据集的脚本语言 (Pig Latin)。其编译器将 Pig Latin 翻译成 MapReduce 程序序列。

Hive——Hive 类似于 SQL 高级语言，用于运行存储在 Hadoop 上的查询语句，Hive 让不熟悉 MapReduce 的开发人员也能编写数据查询语句，然后这些语句被翻译为 Hadoop 上面的 MapReduce 任务。像 Pig 一样，Hive 作为一个抽象层工具，吸引了很多熟悉 SQL 而不是 Java 编程的数据分析师。

Sqoop——Sqoop 是一个连接工具，用于在关系数据库、数据仓库和 Hadoop 之间转移数据。Sqoop 利用数据库技术描述架构，进行数据的导入/导出；利用 MapReduce 实现并行化运行和容错技术。

Mahout——Mahout 是一个机器学习和数据挖掘库，它提供的 MapReduce 包含很多实现，包括聚类算法、回归测试、统计建模。通过使用 Apache Hadoop 库，可以将 Mahout 有效地扩展到云中。

2.1.3　Hadoop 的版本选择

虽然 Hadoop 是开源的 Apache 项目，但是在 Hadoop 行业仍然出现了大量的新兴公司，以帮助人们更方便地使用 Hadoop 为目标，可以说 Hadoop 催生了一个产业。这些企业大多是围绕原生 Hadoop 进行二次开发，将 Hadoop 的发行版进行打包、改进，以确保所有的软件一起工作，并提供技术支持。目前主要三大企业级的 Hadoop 发行版本有 Cloudera、Hortonworks 和 MapR（这三家公司的 LOGO 如表 2.1 所示），并成为 Hadoop 的三驾马车。其中 Cloudera 和 MapR 的发行版是收费的，它们基于开源技术，提高了稳定性，同时强化了一些功能，定制化程度较高，核心技术是不公开的，营收主要来自软件收入，这样做的弊端是一旦技术落后于开源社区，整个产品需要进行较大调整。而 Hortonworks 则走向了另一条路，人们将核心技术完全公开，用于推动 Hadoop 社区的发展。这样做的好处是，如果开源技术有很大提升，他们受益最大，因为定制化程度较低，自身不会受到技术提升的冲击。Cloudera、Hortonworks 和 MapR 的横向对比如表 2.1 所示。

表 2.1　Cloudera、Hortonworks 和 MapR 的横向对比

	cloudera		
开发特点	开源组件为辅，专注功能基础的专有技术	关注开源组件的完善	开源组件为辅，专注功能基础的专有技术
盈利模式	工具产品路线，收入依赖于软件授权费用	收入依赖于产品支持和服务	工具产品路线，收入依赖于软件授权费用
管理组件	提供额外的管理组件	提供额外的管理组件	提供额外的管理组件
发布版优点	提供用户友好界面和其他易用的工具，如 Impala	唯一支持 Windows 平台的 Hadoop 发布版本	最快的带有多节点直接访问功能的 Hadoop 发布版本
Hadoop 特性	CDH 基于 Hadoop2，包括 HDFS、YARN2、HBase、MapReduce、Hive、Impala、Pig、ZooKeeper，Oozie、Mahout、Hue 以及其他开源工具（包括实时查询引擎）。Cloudera 的个人免费版包括所有 CDH 工具，和支持高达 50 个节点的集群管理器。Cloudera 企业版提供了更复杂的管理器，支持无限数量的集群节点，能够主动监控，并额外提供了数据分析工具	Alpha2.0 基于 Hadoop2，包括 HDFS、YARN、HBase、MapReduce、Hive、Pig、HCatalog、ZooKeeper、Oozie、Mahout、Hue、Ambari、Tez，实时版 Hive（Stinger）和其他开源工具。Hortonworks 提供了高可用性支持、高性能的 Hive ODBC 驱动和针对大数据的 Talend Open Studio	基于 Hadoop1，发行版，包括 HDFS、HBase、MapReduce、Hive、Mahout、Oozie，Pig、ZooKeeper、Hue 以及其他开源工具。它还包括直接 NFS 访问、快照、“高实用性”镜像、专有的 HBase 实现，与 Apache 完全兼容的 API 和一个 MapR 管理控制台
相似点	● 均使用 Hadoop 核心框架并捆绑企业应用，提供应用支持服务和订阅服务 ● 均提供免费试用版 ● 均有相应的技术社区		

2.2 Spark

Spark 是加州大学伯克利分校 AMP 实验室开发的一个集群计算的框架，类似于 Hadoop，但有很大的区别。最大的优化是让计算任务的中间结果可以存储在内存中，不需要每次都写入 HDFS，更适用于需要迭代的 MapReduce 算法场景中，可以获得更好的性能提升。例如一次排序测试中，对 100TB 数据进行排序，Spark 比 Hadoop 快三倍，并且只需要十分之一的机器。Spark 集群目前最大的可以达到 8000 节点，处理的数据达到 PB 级别，在互联网企业中应用非常广泛。

2.2.1 Spark 的起源和特点

Spark 最初作为一个学术项目，诞生于加州大学伯克利分校 AMP 实验室(Algorithms，Machines，and People Lab)。AMP 实验室的研究人员发现在机器学习迭代算法场景下，Hadoop MapReduce 表现得效率低下。为了迭代算法和交互式查询两种典型的场景，Matei Zaharia 和合作伙伴开发了最初的 Spark 系统，通过 5 年的时间，Spark 实现了由理论到实践应用的转变。Spark 的演化历程如下：

- 2009 年由 AMP 实验室开始编写最初的源代码；
- 2010 年开放源代码；
- 2013 年 6 月进入 Apache 孵化器项目；
- 2014 年 2 月成为 Apache 的顶级项目(8 个月时间)；
- 2014 年 5 月底 Spark1.0.0 发布；
- 2014 年 9 月 Spark1.1.0 发布；
- 2014 年 12 月 Spark1.2.0 发布；
- 2015 年至今，目前 Spark 在国内 IT 行业变得越来越火爆，大量的公司开始重点部署或者使用 Spark 来替代 MapReduce、Hive、Storm 等传统的大数据计算框架。

大数据的处理场景可以分为三个类型：复杂的批量处理、基于历史数据的交互式查询和基于实时数据流的数据处理。前两种应用场景可以通过 Hadoop 中的 MapReduce 和 Impala 进行处理，第三种可以采用流处理系统来实现。而 Spark 的出现，使得上述三种处理场景可以在 Spark 平台上一站式的实现，所以 Spark 也是一种同时实现了流处理和批处理的混合式处理框架，其应用场景归纳如下：

(1) Spark 是基于内存的迭代计算框架，适用于需要多次操作特定数据集的应用场合。需要反复操作的次数越多，所需读取的数据量越大，受益越大，数据量小但是计算密集度较大的场合，受益就相对较小。

(2) 由于 RDD 的特性，Spark 不适用于那种异步细粒度更新状态的应用，例如 Web 服务的存储或者是增量的 Web 爬虫和索引。对那种增量修改的应用模型不适合。

(3) 数据量不是特别大，但是要求实时统计分析需求。

Spark 是一个用来实现快速而通用的集群计算的平台。扩展了广泛使用的 MapReduce 计算模型，而且高效地支持更多的计算模式，包括交互式查询和流处理。在处理大规模数据集的时候，速度是非常重要的，即使在磁盘上进行的复杂计算，Spark 依然比 MapReduce 更加高效，这也是 Spark 逐渐在大数据分析平台成为主流的重要原因。Spark 拥有与其他大数据平台不同的特点，如下：

(1) 易于开发和使用：Spark 支持 Java、Python 和 Scala API，并提供了 20 多种数据集操作类型，其基于 RDD 的计算模型比 MapReduce 更加易于理解和易于开发。

(2) 提供完整的解决方案：Spark 提供了 Spark RDD、Spark SQL、Spark Streaming、Spark MLlib、Spark GraphX 等技术组件，可以一站式地完成大数据领域的离线批处理、交互式查询、流式计算、机器学习、图计算等常见的任务。

(3) 可与 Hadoop 完美集成：Spark 并不是要成为一个大数据领域的“独裁者”，霸占大数据领域所有的“地盘”，而是与 Hadoop 进行了高度的集成，两者可以完美的配合使用。Hadoop 的 HDFS、Hive、HBase 负责存储，YARN 负责资源调度，Spark 负责大数据计算。实际上，Hadoop+Spark 的组合，是一种“双赢”的组合。

(4) 极高的活跃度：Spark 目前是 Apache 基金会的顶级项目，全世界有大量的优秀工程师是 Spark 的提交者，并且世界上很多顶级的 IT 公司都在大规模地使用 Spark。

2.2.2　Spark 的核心概念——RDD

RDD，全称为 resilient distributed datasets，是一个容错的、并行的数据结构，可以让用户显式地将数据存储到磁盘和内存中，并能控制数据的分区。可以分三个层次来理解：

(1) 数据集：顾名思义，RDD 是数据集合的抽象，是复杂物理介质上存在数据的一种逻辑视图。从外部来看，RDD 的确可以被看成经过封装、带扩展特性(如容错性)的数据集合。

(2) 分布式：RDD 的数据可能在物理上存储在多个节点的磁盘或内存中，也就是所谓的多级存储。

(3) 弹性：虽然在 RDD 内部存储的数据是只读的，但是，我们可以去修改(例如可以通过 repartition 转换操作)并行计算计算单元的划分结构，也就是分区的数量。

RDD 作为数据结构，本质上是一个只读的分区记录集合。一个 RDD 可以包含多个分区，每个分区就是一个数据集片段。RDD 可以相互依赖。如果 RDD 的每个分区最多只能被一个子 RDD 的一个分区使用，则称之为窄依赖；若多个子 RDD 分区都可以依赖，则称之为宽依赖。不同的操作依据其特性，可能会产生不同的依赖。例如，map 操作会产生窄依赖，而 join 操作则产生宽依赖。图 2.3 说明了窄依赖与宽依赖之间的区别。RDD 是 Spark 的核心，也是整个 Spark 的架构基础。它的特性可以总结如下：

(1) 不变的数据结构存储；

(2) 支持跨集群的分布式数据结构；

(3) 可以根据数据记录的 key 对结构进行分区；

(4) 提供了粗粒度的操作，且这些操作都支持分区；

(5) 它将数据存储在内存中，从而提供了低延迟性。

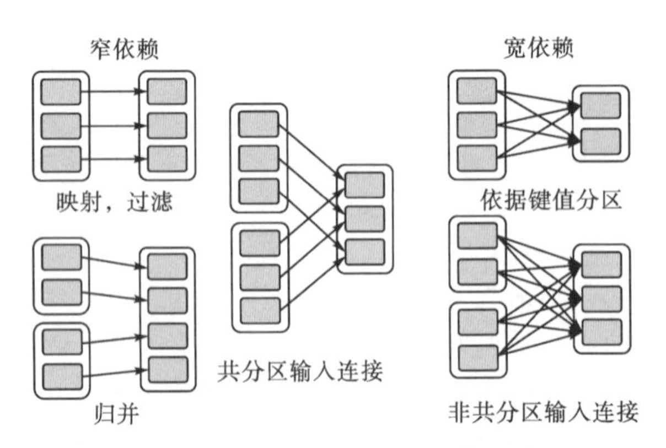

图 2.3　窄依赖与宽依赖之间的区别

RDD 包括两大类基本操作，即转换(Transformation，返回值还是一个 RDD)与动作(Action，返回值不是一个 RDD)操作，图 2.4 展示了 Transformation 和 Action 对 RDD 进行操作的转换机制。

第一类，转换(如：map、filter、groupBy、join 等)操作是“懒惰”的，也就是说从一个 RDD 转换生成另一个 RDD 的操作不是马上执行，Spark 在遇到 Transformations 操作时只会记录需要这样的操作，并不会去执行，需要等到有 Actions 操作的时候才会真正启动计算过程进行计算。

第二类，动作通过 RDD 计算得到一个或者多个值，常用算子有 countreduce、saveAsTextFile。

它们的本质区别是：Transformation 返回值还是一个 RDD。它使用了链式调用的设计模式，对一个 RDD 进行计算后，变换成另外一个 RDD，然后这个 RDD 又可以进行另外一次转换。这个过程是分布式的。Action 返回值不是一个 RDD。它要么是一个 Scala 的普通集合，要么是一个值，要么是空，最终或返回到 Driver 程序，或把 RDD 写入到文件系统中。Action 是将返回值返回给 driver 或者存储到文件，是 RDD 到 result 的变换，Transformation 是将 RDD 到 RDD 的变换。只有 Action 执行时，RDD 才会被计算生成，这是 RDD 懒惰执行的根本所在。

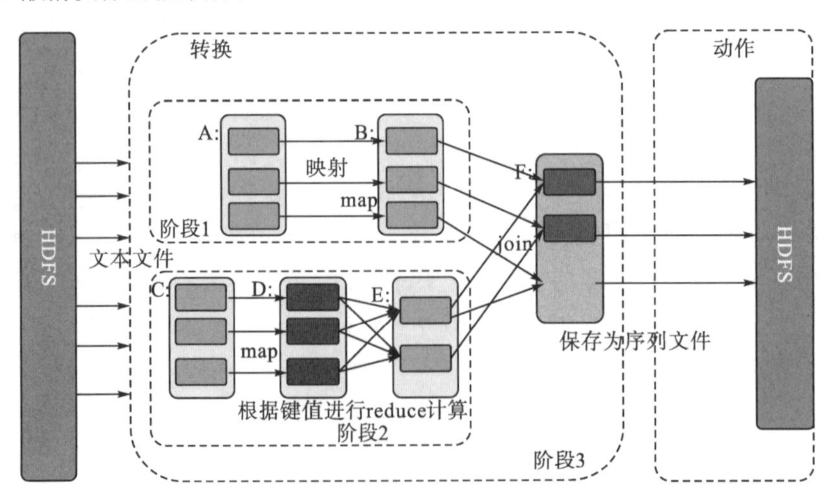

图 2.4　Transformation 和 Action 对 RDD 进行操作的转换机制

2.2.3　Spark 的生态圈

Spark 的设计目的是全栈式解决批处理、结构化数据查询、流计算、图计算和机器学习业务场景，Spark 生态圈也称为 BDAS(伯克利数据分析栈)，是伯克利 APM 实验室打造的，力图在算法(algorithms)、机器(machines)、人(people)之间通过大规模集成来展现大数据应用的一个平台。伯克利 AMP 实验室运用大数据、云计算、通信等各种资源以及各种灵活的技术方案，对海量不透明的数据进行甄别并将其转化为有用的信息，以供人们更好地理解世界。该生态圈已经涉及机器学习、数据挖掘、数据库、信息检索、自然语言处理和语音识别等多个领域。

如图 2.5 所示，Spark 生态圈以 Spark core 为核心，从 HDFS、Amazon S3 和 HBase 等持久层读取数据，以 MESS、YARN 和自身携带的 Standalone 为资源管理器调度 Job 完成 Spark 应用程序的计算。这些应用程序可以来自于不同的组件，如 Spark Shell/Spark Submit 的批处理、Spark Streaming 的实时处理应用、Spark SQL 的即席查询、BlinkDB 的权衡查询、MLlib/MLbase 的机器学习、GraphX 的图处理和 SparkR 的数学计算等。

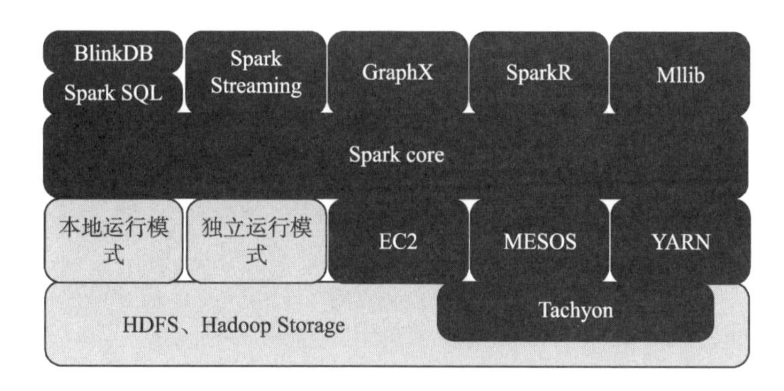

图 2.5　Spark 架构图

(1) Spark core 生态系统的核心。Spark 主要提供基于内存计算的功能，不仅包含 Hadoop 计算模型的 MapReduce，还包含很多其他的如 reduceByKey、groupByKey、foreach、join 和 filter 等 API。Spark core 内核架构为：

- 提供了有向无环图(directed acyclic graph，DAG)的分布式并行计算框架，并提供 Cache 机制来支持多次迭代计算或者数据共享，大大减少迭代计算之间读取数据局的开销，这对于需要进行多次迭代的数据挖掘和分析性能有很大提升；
- 在 Spark 中引入了 RDD 的抽象，它是分布在一组节点中的只读对象集合，这些集合是弹性的，如果数据集一部分丢失，则可以根据“血统”对它们进行重建，保证了数据的高容错性；
- 移动计算而非移动数据，RDD Partition 可以就近读取分布式文件系统中的数据块到各个节点内存中进行计算；
- 使用多线程池模型来减少任务启动开销；

● 采用容错的、高可伸缩性的 akka 作为通讯框架。

(2) Spark Streaming。Spark Streaming 是一个对实时数据流进行高通量、容错处理的流式处理系统，可以对多种数据源(如 Kdfka、Flume、Twitter、Zero 和 TCP 套接字)进行类似 map、reduce 和 join 等复杂操作，并将结果保存到外部文件系统、数据库或应用到实时仪表盘。

(3) Spark SQL。Shark 是 Spark SQL 的前身，它发布于 2015 年，那个时候 Hive 可以说是 SQL on Hadoop 的唯一选择，负责将 SQL 编译成可扩展的 MapReduce 作业，鉴于 Hive 的性能以及与 Spark 的兼容，Shark 项目由此而生。

(4) Shark 即 Hive on Spark。本质上是通过 Hive 的 HQL 解析，把 HQL 翻译成 Spark 上的 RDD 操作，然后通过 Hive 的 metadata 获取数据库里的表信息，HDFS 上的数据和文件会由 Shark 获取并放到 Spark 上运算。Shark 的最大特性就是快和与 Hive 完全兼容，且可以在 shell 模式下使用 rdd2sql() 这样的 API，把 HQL 得到的结果集，继续在 scala 环境下运算，支持自己编写简单的机器学习或简单分析处理函数，对 HQL 结果进一步分析计算。Spark SQL 的特点：

● 引入了新的 RDD 类型 SchemaRDD，可以像传统的数据库定义表一样来定义 SchemaRDD，SchemaRDD 由定义了列数据类型的行对象构成。SchemaRDD 可以从 RDD 转换过来，也可以从 Parquet 文件读入，也可以使用 HiveQL 从 Hive 中获取。

● 内嵌了 Catalyst 查询优化框架，在把 SQL 解析成逻辑执行计划之后，利用 Catalyst 包里的一些类和接口，执行了一些简单的执行计划优化，最后变成 RDD 的计算。

● 在应用程序中可以混合使用不同来源的数据，如可以将来自 HiveQL 的数据和来自 SQL 的数据进行 Join 操作。

(5) BlinkDB。BlinkDB 是一个用于在海量数据上运行交互式 SQL 查询的大规模并行查询引擎，它允许用户通过权衡数据精度来提升查询响应时间，其数据的精度被控制在允许的误差范围内。为了达到这个目标，BlinkDB 使用两个核心思想：

● 一个自适应优化框架，从原始数据随着时间的推移建立并维护一组多维样本；

● 一个动态样本选择策略，基于查询的准确性和(或)响应时间需求选择一个适当大小的示例。

与传统关系型数据库不同，BlinkDB 是一个很有意思的交互式查询系统，就像一个跷跷板，用户需要在查询精度和查询时间上做一权衡；如果用户想更快地获取查询结果，那么将牺牲查询结果的精度；同样的，用户如果想获取更高精度的查询结果，就需要牺牲查询响应时间。用户可以在查询的时候定义一个失误边界。

(6) MLlib。MLlib 是 Spark 生态圈的一部分，专注于机器学习，让机器学习的门槛更低，让一些可能并不了解机器学习的用户也能方便地使用 MLlib。MLlib 是 Spark 实现一些常见的机器学习算法和实用程序，包括分类、回归、聚类、协同过滤、降维以及底层优化，该算法可以进行可扩充；MLRuntime 基于 Spark 计算框架，将 Spark 的分布式计算应用到机器学习领域。

(7) GraphX。GraphX 是 Spark 中用于图和图并行计算的 API，跟其他分布式图计算框架相比，GraphX 最大的贡献是，在 Spark 之上提供一栈式数据解决方案，可以方便且高效地完成图计算的一整套流水作业。GraphX 最先是伯克利 AMPLAB 的一个分布式图计算框架项目，后来整合到 Spark 中成为一个核心组件。

GraphX 的核心抽象点和边都带属性的有向多重图。它扩展了 Spark RDD 的抽象，有 Table 和 Graph 两种视图，而只需要一份物理存储。两种视图都有自己独有的操作符，从而优化了操作和执行效率。如同 Spark，GraphX 的代码非常简洁。GraphX 的核心代码只有 3 千多行，而在此之上实现的 Pregel 模型，只要短短的 20 多行。GraphX 的结构都是围绕 Partition 的优化进行的，这在某种程度上说明了点分割的存储和相应的计算优化的确是图计算框架的重点和难点。

(8) SparkR。SparkR 是 AMPLab 发布的一个 R 开发包，使得 R 摆脱了单机运行的命运，可以作为 Spark 的 job 运行在集群上，极大地扩展了 R 的数据处理能力。SparkR 的几个特性：

- 提供了 Spark 中弹性分布式数据集(RDD)的 API，用户可以在集群上通过 R shell 交互性地运行 Spark job。
- 支持序化闭包功能，可以将用户定义函数中所引用到的变量自动序化发送到集群中其他的机器上。
- SparkR 还可以很容易地调用 R 开发包，只需要在集群上执行操作前用 includePackage 读取 R 开发包就可以了，当然集群上要安装 R 开发包。

(9) Tachyon。Tachyon 是一个高容错的分布式文件系统，允许文件以内存的速度在集群框架中进行可靠的共享，就像 Spark 和 MapReduce 那样。通过利用信息继承，内存侵入，Tachyon 获得了高性能。Tachyon 工作集文件缓存在内存中，并且让不同的 Jobs/Queries 以及框架都能以内存的速度来访问缓存文件”。因此，Tachyon 可以减少那些需要经常使用的数据集通过访问磁盘来获得的次数。Tachyon 兼容 Hadoop，现有的 Spark 和 MR 程序不需要任何修改即可运行。

在 2013 年 4 月，AMPLab 共享了其 Tachyon0.2.0Alpha 版本的 Tachyon，其宣称性能为 HDFS 的 300 倍，继而受到了极大的关注。Tachyon 的几个特性如下：

- JAVA-Like File API：Tachyon 提供类似 JAVA File 类的 API。
- 兼容性：Tachyon 实现了 HDFS 接口，所以 Spark 和 MR 程序不需要任何修改即可运行。
- 可插拔的底层文件系统。

Tachyon 是一个可插拔的底层文件系统，提供容错功能。Tachyon 将内存数据记录在底层文件系统。它有一个通用的接口，使得可以很容易地插入到不同的底层文件系统。目前支持 HDFS、S3、GlusterFS 和单节点的本地文件系统，以后将支持更多的文件系统。

2.3 Apache Storm

Storm 是一个免费并开源的分布式实时计算系统。利用 Storm 可以很容易做到可靠地处理无限的数据流，像 Hadoop 批量处理大数据一样，Storm 可以实时处理数据。Storm 相对简单，可以使用任何编程语言。

2.3.1 Storm 的起源和应用场景

在认识 Storm 之前，先列举一个生活中常见的实例。在电商平台中，如果买家第一天购买了一部手机，第二天想购买一些茶叶，但是买家却发现系统一直“不遗余力”地给他推荐各种手机、电脑等电子产品，而对他进行搜索茶叶的行为“视而不见”。这是因为系统后台在进行每天一次的全量处理，现在的搜索行为在第二天才可以反映出来，所以就需要实现一个实时计算系统。由于 Hadoop 的实时计算能力被人们所诟病，所以一个比较强大的分布式实时计算平台应用而生，被命名为 Storm。

2011 年著名社交网站 Twitter 公司正式开源。Twitter 公司在 2011 年的 7 月收购了 BackType 公司，Storm 就是由 BackType 公司开发的实时处理系统。Storm 的出现帮助 Twitter 解决了实时海量大数据处理的问题。自此之后，Storm 被很多大型互联网公司所采用，阿里巴巴还以此为基础，开发了适合于自己平台的 JStorm 的架构。

Apache Storm 是一个免费并开源的分布式实时大数据处理系统。Storm 设计用于在容错和水平可扩展方法中处理大量数据。它是一个流数据框架，具有最高的摄取率。Storm 是无状态的，它通过 Apache ZooKeeper 管理分布式环境和集群状态。Storm 使用简单，可以使用任何编程语言，易于实现并行地对实时数据执行各种操作。

按照 Storm 作者的说法，Storm 对于实时计算的意义类似于 Hadoop 对于批处理的意义。因此，对 Storm 最简洁的定义为：分布式实时计算系统。Storm 的使用场景非常广泛，比如实时分析、在线机器学习、分布式 RPC、ETL 等。Storm 非常高效，在一个多节点集群每秒可以轻松处理上百万条的消息。Storm 还具有良好的可扩展性和容错性以及保证数据可以至少被处理一次等特性。Storm 的适用场景分为以下三点：

(1) 流数据处理。Storm 可以用来处理源源不断进入系统的消息，处理之后将结果写入数据库中。

(2) 分布式的远程过程调用框架(remote procedure call，RPC)。由于 Storm 的处理组件是分布式的，而且处理延迟极低，所以可作为一个通用的分布式 RPC 框架来使用。例如，搜索引擎本身也是一个分布式 RPC 系统。

(3) 连续计算。Storm 可以进行连续查询并把结果即时反馈给客户，比如将热门话题发送到客户端、网站指标等。

2.3.2 Storm 的架构和原理

在 Storm 的官网上有这样一幅图来描述 Storm 的原理，如图 2.6 所示，图中水龙头和后面水管组成的拓扑图就是一个 Storm 应用(Topology)，其中的水龙头是 Spout，用来源源不断地读取消息并发送出去，水管的每一个接口就是 Bolt，通过 Storm 的分组策略转发消息流。

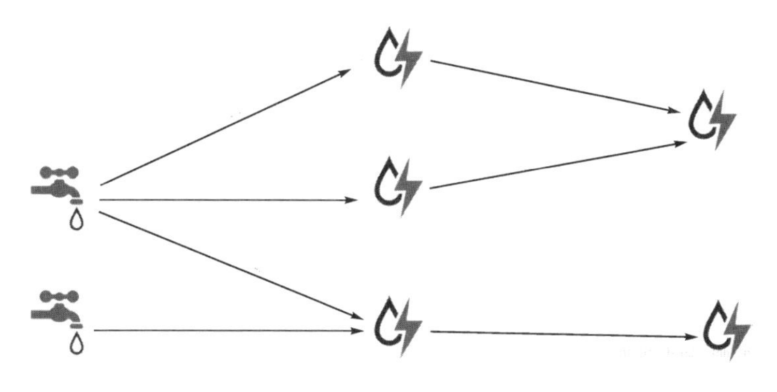

图 2.6　Storm 原理示意图

Storm 的集群表面上看和 Hadoop 的非常相似，但在 Hadoop 上运行的是 MapReduce 的作业(Job Tracker)，而在 Storm 上运行的则是 Topology。Storm 和 Hadoop 一个非常关键的区别是 Hadoop 的 MapReduce 作业最终会结束，而 Storm 的 Topology 会一直运行(除非杀掉它)。Storm 集群采用主从架构方式，主节点是 Nimbus，它负责在集群内分发代码，为每个工作结点指派任务和监控失败的任务。从节点是 Supervisor，与调度相关的信息存储到 ZooKeeper 集群中，每个工作节点都是 Topology 中一个子集的实现，Storm 中的 Topology 运行在不同机器的许多工作结点上。架构如图 2.7 所示。

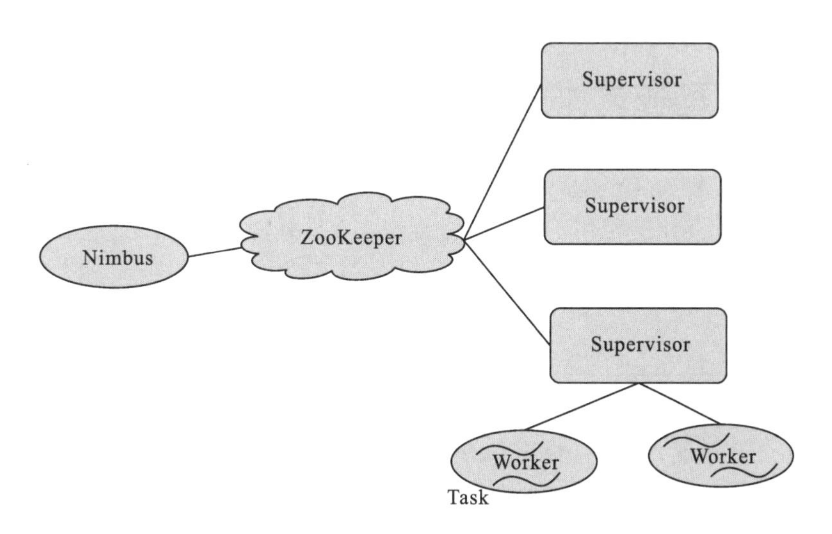

图 2.7　Storm 架构图

(1) Nimbus：负责资源分配和任务调度。

(2) Supervisor：负责接受 Nimbus 分配的任务，启动和停止属于自己管理的 Worker 进程。通过配置文件设置当前 Supervisor 上启动多少个 Worker。

(3) Worker：运行具体处理组件逻辑的进程(执行任务的具体组件)。Worker 运行的任务类型只有两种，一种是 Spout 任务，一种是 Bolt 任务。

(4) Task：每一个 Spout/Bolt 具体要做的工作，也是各个节点之间进行分组的单位。

Worker 中每一个 Spout/Bolt 的线程称为一个 Task。在 storm0.8 之后，Task 不再与物理线程对应，不同 Spout/Bolt 的 Task 可能会共享一个物理线程，该线程称为 Executor。

(5) ZooKeeper：保存任务分配的信息、心跳信息、元数据信息，是完成 Nimbus 和 Supervisor 之间协调的服务。

2.3.3 Storm 的特性

Storm 的特性：

(1) 易用性：开发非常迅速，容易上手。只要遵循 Topology、Spout 和 Bolt 的编程规范即可开发出扩展性极好的应用。对于底层 RPC、Worker 之间冗余以及数据分流之类的操作，开发者完全不用考虑。

(2) 容错性：因为 Storm 的守护进程(Nimbus、Subervistor 等)都是无状态的，所以状态保存在 ZooKeeper 中，可以随意重启。当 Worker 失效或出现故障时，Storm 自动分配新的 Worker 替换失效的 Worker。

(3) 扩展性：当某一级处理单元速度不够时，可以直接配置并发数，即可线性地扩展性能。

(4) 完整性：采用 Acker 机制，保证数据不会丢失；采用事务机制，保证数据准确性。由于 Storm 具有诸多优点，使用的业务领域和场景也越来越广泛。

2.3.4 Hadoop、Spark 和 Storm 的性能对比

Hadoop、Spark 和 Storm 是目前最重要的三大分布式计算系统，Hadoop 常用于离线的复杂的大数据处理，Spark 常用于离线的快速的大数据处理，而 Storm 常用于在线的实时的大数据处理(表 2.2)。

表 2.2　Hadoop、Spark 和 Storm 性能对比

	Hadoop	Spark	Storm
文件系统	HDFS	支持 HDFS 和 MESOS 文件系统，可以将 Spark 集成到 Hadoop 上，从 HDFS 上读写文件	Storm 对数据输入的来源和输出数据的去向没有做任何限制，不限制具体的文件系统
中间结果存储	磁盘	内存存储	不存储或小部分存储在内存中
开发语言	Java	Scala、Java、Python	多语言、简化编程
易用性	Java API、无交互式界面	Scala、Java、Python API 和交互式 Shell	开发非常迅速，容易上手
通用性	只提供了 Map 和 Reduce 两种操作	提供多种数据集操作类型	既可作批量处理，又可作流式处理
容错性	数据冗余、任务执行失败后会自动重新计算	RDD 支持重计算	状态保存在 ZooKeeper 中，可以随意重启
性能	频繁读写磁盘、效率较低	数据缓存内存、效率高	数据缓存内存、效率高
应用场景	适用于大数据量、迭代次数少、无延时要求的业务	适用于中等数据量，操作需要特定数据集，且需要频繁迭代计算的数据场合	多用于流式处理，与 Spark 应用场景类似

如今大数据的混合架构就像目前云计算市场中风头最劲的混合云一样，成为大多数公司的首选。每一种架构都有其自身的独特优缺点，就像 Hadoop，尽管数据处理的速度和难易度都远比不过 Spark 和 Storm，但是由于硬盘断电后数据可以长期保存，因此在处理需要长期存储的数据时还是需要借助 Hadoop。不过 Hadoop 由于具有非常好的兼容性，因此非常容易与 Spark 和 Storm 进行结合，从而满足公司的不同需求。

纵观技术的发展史，我们可以看到，每一项新技术的问世都有着之前技术的身影。伴随着大数据的需求增长，不同的架构依然会不断进化，并改进自身的缺点，从而使得自身架构得到进一步的完善。就目前来看，Hadoop、Spark 和 Storm 还远谈不上谁取代谁。

2.4　Oracle 大数据处理框架

甲骨文公司坚持全面、开放、集成的产品策略，旨在为企业提供全方位的大数据解决方案。Oracle 大数据机、Oracle Exadata 数据库云服务器、Oracle Exalytics 商务智能云服务器以及 Oracle Endeca Information Discovery 依托于 ERP/CRM 等关键企业管理系统的商务智能软件一起组成了甲骨文公司最广泛、高度集成化的产品组合，为企业提供了一个端到端的大数据解决方案。它可满足企业对大数据治理的所有需求，帮助客户进一步提升数据处理效率、简化管理并洞察数据的内在本质，从而最大限度地挖掘数据的商业价值。完整的 Oracle 大数据处理框架如图 2.8 所示，这个处理框架将 Oracle Times Ten 内存数据库与其硬件相配合，形成了与 SAP Hana 相竞争的局面。

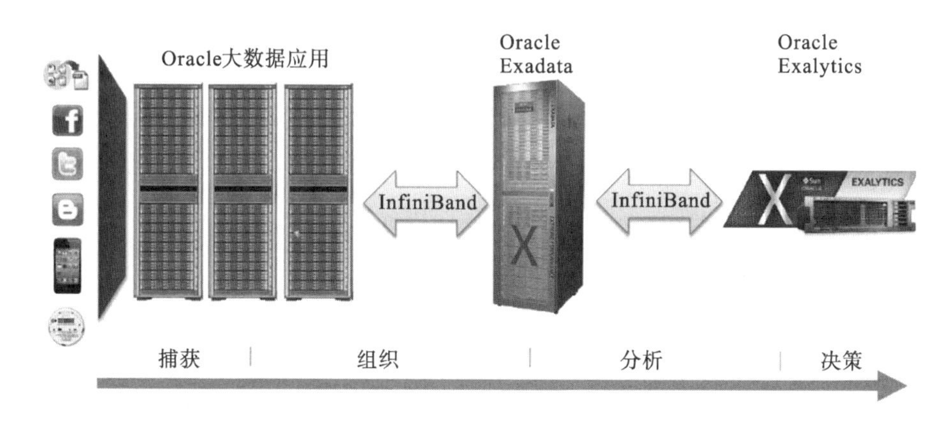

图 2.8　完整的 Oracle 大数据处理框架图

Oracle 大数据机是一款集成设计的系统，旨在简化大数据项目的实施与管理。该数据机采用 18 台 Oracle Sun 服务器的全机架式配置，总共拥有 864GB 主内存、216 核 CPU、648TB 原始磁盘存储空间，并在节点和其他 Oracle 集成化系统之间采用 40Gb/s 的 InfiniBand 网络连接以及 10Gb/s 的以太网数据中心连接，可通过 InfiniBand 网络连接多个机架进行横向升级扩展，使其能够获取、组织和分析超级海量的数据。

Oracle Exadata 数据库云服务器提供了高效数据存储和计算能力，并且配备了超大容量的内存和快速 Flash，配合特有的软硬优化技术，从而可以对大数据进行高效的数据加工、分析和挖掘。凭借其最快的数据仓库和 OLTP，Oracle Exadata 可使数据的加载和查询时间加快 10 倍，存储容量节省 10 倍，功率降低 80%，占用空间大大减少，并能通过整合降低数据中心成本。

Oracle Exalytics 商务智能云服务器采用业界标准硬件、市场领先的商务智能软件和内存数据库技术而开发，可以通过超高带宽的 InfiniBand 网络从 Oracle Exadata 上加载和读取数据。它是全球首款专门为提供高性能分析、建模、发现和规划而设计的集成系统，能够以快捷的速度、智能性和简化性帮助企业应对各种挑战。此外，Oracle Endeca Information Discover 针对 Oracle Exalytics 进行了优化和认证，可以快速、直观地分析任意来源组合产生的数据。

从软件结构来看，Oracle 大数据处理框架将现有的 Oracle 软件与 Cloudera 的相关 Hadoop 产品相结合，形成了全方位的 Oracle 大数据管理和处理体系，其体系结构如图 2.9 所示，其旨在实现 Apache Hadoop 与 Oracle 数据库、Oracle 数据集成器以及 Oracle R 分区之间的集成。由于 Oracle 数据集成 Hadoop 应用适配器通过 Oracle 数据集成器易于使用的界面，自动生成 Hadoop MapReduce 代码，简化了 Hadoop 应用与 Oracle 数据库的数据集成。增强的 Oracle 大数据连接器，提升了数据集成功能，可以更大地支持 SQL 语言从 Oracle 数据库直接访问 Hadoop 上的数据。

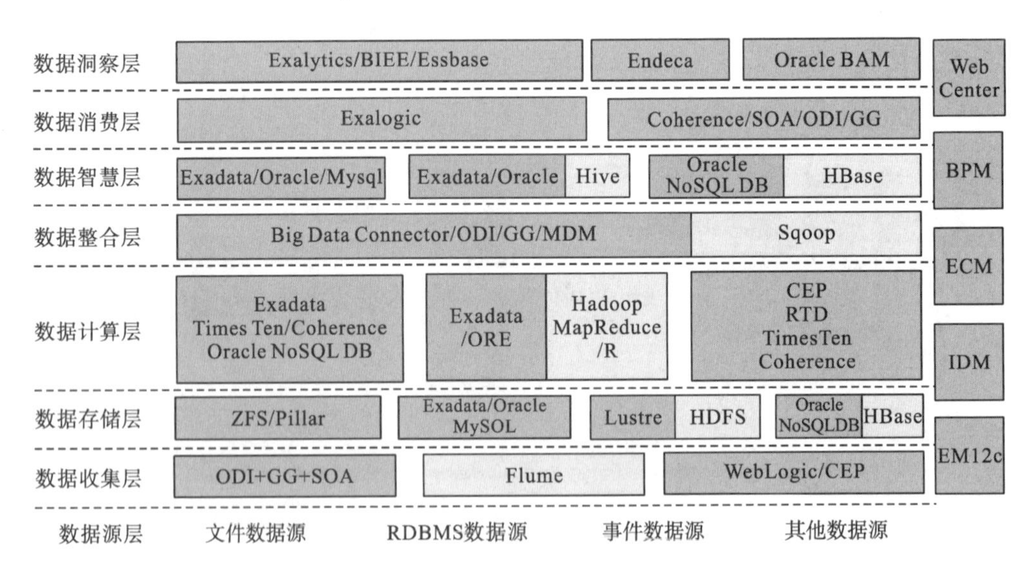

图 2.9 Oracle 大数据架构层次图

Oracle 实时决策是一种高度可扩展的服务导向型决策管理平台，可实现决策优化。它利用实时和历史数据、业务规则、预测模型、自动化以及自助学习技术，提供随时间推移不断调整的实时决策。其决策服务可嵌入企业内部的交易应用中，以优化重复发生的运营决策成效。

2.5　IBM 大数据处理框架

IBM 大数据解决方案实现了针对大数据管理的企业级可靠性和适应性实时分析，在行业中具有突出的优势：其广泛的平台能够满足各种大数据需求；与数据仓库、数据库、数据集成、业务流程管理等组件充分集成，得以将大数据融入企业；纳入并加强开源社区，提供产品支持和现场专业知识，确保客户取得成功；完备的开发和测试平台确保企业级可靠性。

IBM 大数据处理框架的战略主旨是：使分析离数据更近。其架构及产品组件如图 2.10 所示，IBM 大数据处理框架的特点有：

(1) 集成并管理不同种类、不同速率及不同流量的数据；

(2) 将高级分析应用于信息并且不改变信息的原本格式；

(3) 将所有可用信息可视化，供即席分析使用；

(4) 为新型分析应用程序建立开发环境；

(5) 优化工作负载并安排进度；

(6) 进行数据治理的同时保证数据安全。

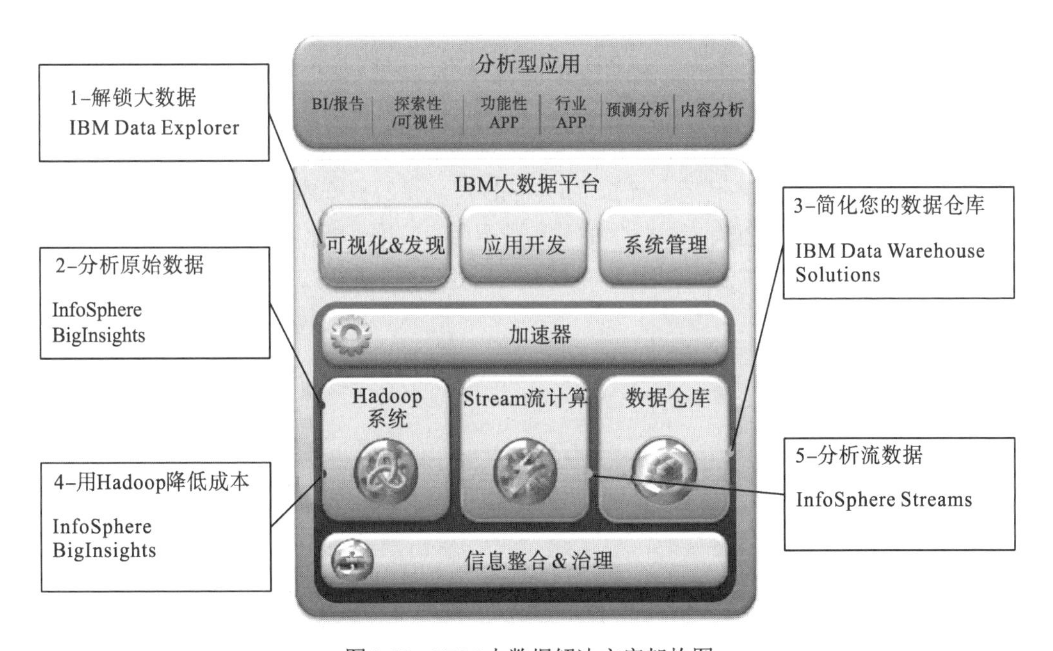

图 2.10　IBM 大数据解决方案架构图

IBM 产品组件内容如下。

(1) 解锁大数据。以满足客户的需求为目标，理解现有的数据来源，公布数据在现有的内容管理和文件系统中的新用途，从经整合的数据源中搜索并浏览大数据，其主要目的是更快地达到、运行、发现并检索相关的大数据，在新的以信息为中心的应用中使用大数据源。

(2) 分析原始数据。通过提取数据并原样导入到 Hadoop 中，在 Hadoop 中处理大量的多样数据，从中派生对数据的洞察力，将洞察力与数据仓库结合起来，用 Hadoop 进行低成本的数据分析，从多种数据源组合获取新的视角，降低将非结构化数据源结构化所耗费的过高的成本，通过引进新的数据类型或者驱动新的分析类型，来扩展数据仓库的价值。

(3)简化数据仓库。与传统的数据仓库相比，IBM 大数据解决方案的深度分析查询的性能可以提高 10～100 倍，并且管理和调优设备都更加简单，可以提高企业数据仓库的运行速度，并降低维护成本。

(4)用 Hadoop 降低成本。使用 Hadoop 来降低处理成本和存储成本，减少昂贵的用于处理和转换基础架构的费用，使硬件配置和并行处理更有价值。

(5)分析数据流。对有价值的数据进行选择和间接存储起来以备进一步处理，对易损数据进行快速处理和及时分析，在其过期之前及时做出反应。

2.6 SAP HANA 大数据处理框架

SAP HANA 是一个软硬件结合体，提供高性能的数据查询功能，用户可以直接对大量实时业务数据进行查询和分析，而不需要对业务数据进行建模、聚合等。SAP HANA 是一款支持企业预置型部署和云部署模式的内存计算平台，能够加速业务流程，实现更智能的业务运营，并简化 IT 环境。SAP HANA 可以为一切数据需求提供基础平台，消除了企业维护独立的旧系统和孤立数据的负担，便于制定更明智的业务决策。

SAP HANA 是基于内存计算技术的高性能实时数据计算平台，它不会代替 BIW(business information warehouse，商务信息仓库)，BIW 的底层就是数据仓库(data warehousing)，SAP HANA 的设计初衷是一个拥有极致性能的通用数据库和应用平台，而商务信息仓库则类似于一个构建和维护数据仓库的工具，SAP HANA 数据处理框架如图 2.11 所示。

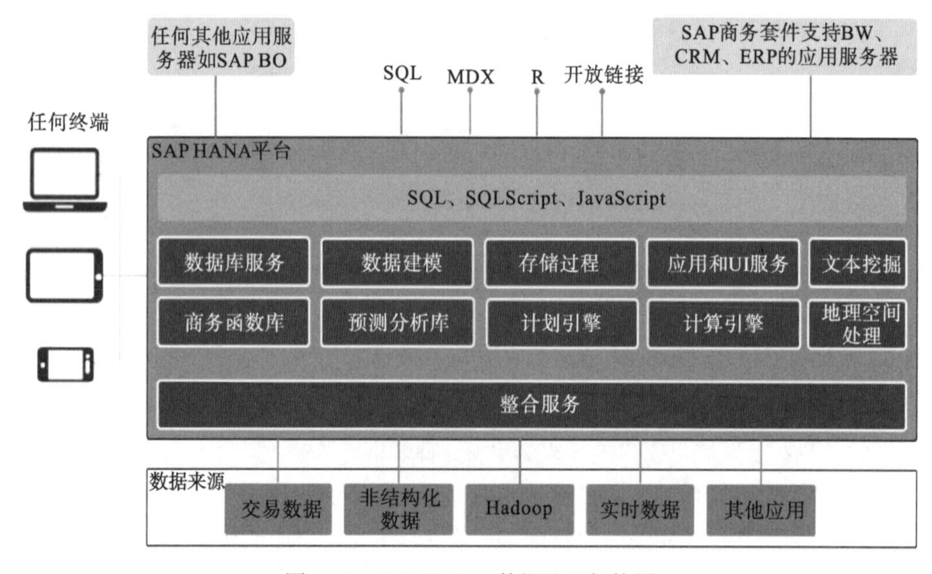

图 2.11　SAP HANA 数据处理架构图

SAP HANA 的性能特点如下。

(1) 可以加速数据访问。

- 把数据保存在内存中，内存是直接与 CPU cache 进行数据传输的，数据传输速度远远大于磁盘；
- 硬件方面，服务器采用多核架构、多刀片式大规模并行扩展；
- 软件方面，数据存储可以选择行存储或者是列存储，同时对数据进行压缩。

(2) 将数据分开处理。

- 内存本地化：把大数据量和计算量分散到不同处理器；
- 并行处理：不同的服务器之间也共享同一组数据；
- 容灾性：单一的服务器的 DOWN 机将不影响任何计算。

(3) 最小化数据传输。

- 压缩数据，SAP HANA 采用数据字典的方法对数据进行压缩，用整数来代表相应的文本。数据库可以压缩数据和减少数据的传输。
- 把应用逻辑和计算由应用层转移到数据库层。

2.7　Teradata 大数据处理框架

Teradata 是一种专门针对数据仓库应用而设计的数据库管理系统，能够把企业的交易转变成关系。它采用标准的 SQL 查询语言，但独特的内部结构特别适合于处理复杂查询数据仓库应用。其良好的扩展性能够随着业务的发展而发展，从 GB 级扩展到 100TB 以上。目前世界上最大的数据仓库是 SBC Communications Inc 的数据仓库，数据量达到 128TB，它就是采用 Teradata 数据仓库实现的。

Teradata 数据仓库配备性能最高、最可靠的大规模并行处理(massively parallel processing，MPP)平台，能够高速处理海量数据。它使得企业可以专注于业务，无需花费大量精力管理技术，因而可以更加快速地做出明智的决策，实现 ROI 最大化。Teradata 数据仓库拥有全球领先的技术，其主要软件和硬件产品包括：Teradata 数据库、Teradata 数据仓库软件、企业数据仓库、动态企业数据仓库、数据仓库专用平台。完整的 Teradata 数据处理架构如图 2.12 所示。

Teradata 采用非共享(share-nothing)的大规模并行处理(MPP)技术体系架构。在物理布局上，Teradata 系统主要包括三个部分：处理节点(Node)、用于节点间通信的内部高速互联网络(InterConnection)和数据存储介质(通常是磁盘阵列)。Teradata 将 CPU、内存、与存储虚拟化，并采用其专利的 BYNET 互联技术连接各处理单元。

Teradata 的技术优势和特点如下。

(1) 线性扩展能力。Teradata 采用并行非共享(share-nothing) MPP 架构，在数据量不变的情况下，增加一倍的系统节点平台，处理能力即能提升一倍。而 Teradata 独有的多代并存的扩展技术，也充分地保护了用户的原有投资。

(2) 易用易管理。Teradata 数据库完全自动管理，空间、数据分布自动管理，对 DBA

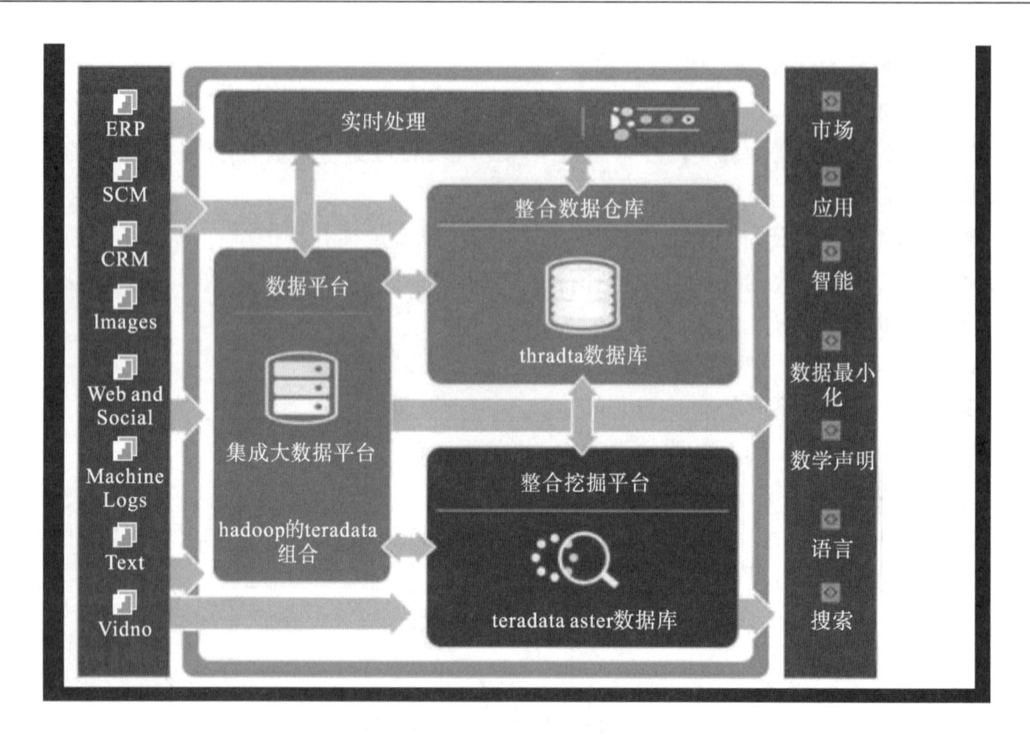

图 2.12 Teradata 数据处理架构图

的人工干预要求最低，一体机装机即可使用。另外，Teradata 提供图形化的、方便易用的整合界面，对数据仓库环境进行自助、快速且功能强大的管理工具。

(3) 混合工作负载管理。Teradata 可以对同一环境中的各种负载进行管理(报表、即席查询、动态数据加载、动态事件侦测、动态访问等)，通过完善的优先级调度机制，支持动态的负载管理，并自动进行负载均衡。

(4) 高效的数据库 SQL 优化器。最优的基于成本的数据库优化器可以处理任意复杂的 SQL 语句，通过智能的查询执行分解，既结合数据的分布情况、又结合系统的可用资源情况，并充分利用产品的并行处理机制，从而可以产生极其高效的执行步骤，最终以最快的方式返回 SQL 语句结果，支持多种方式的数据仓库应用类型。

(5) 优异的并行处理能力。Teradata 采用非共享(share-nothing)架构，其并行处理机制的实现方式称为多维并行处理机制，包括查询并行(Query 并行)、步内并行(Within-a-Step 并行)、多步并行(Multi-Step 并行)等无条件的并行处理，正是由于其不受限的并行处理机制，以及对混合负载的高度管理能力，结合最优的基于成本的 SQL 解析优化器，Teradata 可以提供最好的并发查询性能，具有在业界公认的海量数据处理性能。

(6) 系统稳定可靠。Teradata 数据库提供一系列的数据保护机制，从系统级到数据库级，全面保证数据在意外事件中能够得到保护并提供数据恢复能力。另外，Teradata 针对海量数据、并发处理、复杂负载的数据仓库环境所构建的成熟与强大的软件体系也是系统整体健壮性的保证，例如其高效的并行处理优化器，保证复杂的查询语句都能顺利地运行，不像其他系统会造成死机的现象。

2.8　主流厂商大数据处理框架对比

Oracle BigData、IBM BigData、SAP HANA 和 Teradata 都属于传统厂商开发的大数据解决方案，它们都拥有自身的优势，形成相互竞争和促进的局面，它们之间的对比如表 2.3 所示。

表 2.3　Oracle BigData、IBM BigData、SAP HANA 和 Teradata 对比

	Oracle BigData	IBM BigData	SAP HANA	Teradata
开发特点	现有 Oracle 产品与 Hadoop 平台相结合	在 Hadoop 平台的基础上进行优化的解决方案	基于内存的数据管理平台	现有 Teradata 产品与 Hadoop 平台相结合
优势	与 Oracle 自身的硬件相结合，平台完整性较好	在 Hadoop 原生平台上的改进升级；与 IBM 其他工具配合度较好	具有 SAP 专属大数据平台，数据计算效率高，与 SAP 的其他组件配合度较高	具有较强的连通性和扩展性；数据分析功能强大
不足之处	主要依靠 Oracle 原生的工具；需要大规模的硬件投资	组件和工具较高、难以全面掌握、开发难度较高	与 Hadoop 平台组件的连接和配合度不高	环境搭建复杂，扩展耗时长；价格高，ETL 需要优化
适用场景	可以进行大规模硬件投资的企业，并且具备对 Oracle 各产品组件相对熟悉的开发能力	已建立 IBM 数据仓库的公司，要求开发少，同时追求全面解决方案的公司	已使用 SAP ERP 及 SAP 其他产品的公司	数据平台的初期投资，对扩展性和灵活性要求较高的公司

本 章 小 结

本章介绍了几种目前主流的大数据处理框架，对每种大数据处理框架的架构和核心部件进行了介绍。通过本章的学习，可以对原生的 Hadoop、Spark 和 Storm 大数据计算框架有所了解，同时也会对以这三种大数据处理技术为底层的商业化的大数据处理框架有所了解。通过在性能和应用场景等方面的对比，在实际的应用中，根据不同的业务需求选择更为合适的大数据处理框架，为后续进行数据挖掘等环节提供技术平台。

思 考 题

1.什么是大数据处理框架？列举几种主流的大数据处理框架。

2.描述 Hadoop 的技术特点，并列出其核心部件。

3.什么是 RDD？为什么说它是 Spark 的核心？

4.试比较 Spark 和 Storm 在流处理方面的特点。

5.Oracle 大数据处理框架有什么特点？

6.你还知道哪些大数据处理框架？

参 考 文 献

大卫·芬雷布, 盛杨燕. 2014. 大数据云图. 中国科技信息, (6): 42.

方巍, 郑玉, 徐江. 2014. 大数据: 概念、技术及应用研究综述. 南京信息工程大学学报, (5): 405-419.

黄哲学, 陈小军, 李俊杰, 等. 2014. 面向服务的大数据分析平台解决方案. 科技促进发展, (1): 52-59.

靳永超, 吴怀谷. 2015. 基于 Storm 和 Hadoop 的大数据处理架构的研究. 现代计算机, (3): 9-12.

刘智慧, 张泉灵. 2014. 大数据技术研究综述. 浙江大学学报: 工学版, 48(6): 957-972.

宋杰, 孙宗哲, 毛克明, 等. 2017. MapReduce 大数据处理平台与算法研究进展. 软件学报, 28(3): 514-543.

覃雄派, 王会举, 杜小勇, 等. 2012. 大数据分析——RDBMS 与 MapReduce 的竞争与共生. 软件学报, 23(1): 32-45.

王珊, 王会举, 覃雄派, 等. 2011. 架构大数据: 挑战、现状与展望. 计算机学报, 34(10): 1741-1752.

维克托·迈尔-舍恩伯格, 周涛. 2013. 大数据时代: 生活、工作与思维的大变革. 人力资源管理, (3): 136.

许航. 2016. 基于 Sap Hana 内存计算的大规模数据分析系统的设计与实现. 长春: 吉林大学.

Färber F, May N, Lehner W, et al. 2012. The SAP HANA database-an architecture overview. Bulletin of the Technical Committee on Data Engineering, 35(1): 28-33.

Iqbal M H, Soomro T R. 2015. Big data analysis: apache storm perspective. International Journal of Computer Trends & Technology, 19(1): 9-14.

Meng X. 2015. Spark SQL: relational data processing in spark//ACM SIGMOD International Conference on Management of Data. ACM: 1383-1394.

Shanahan J G, Dai L. 2015. Large scale distributed data science using apache spark//ACM SIGKDD International Conference on Knowledge Discovery and Data Mining. ACM: 2323-2324.

Su X, Swart G. 2012. Oracle in-database hadoop: when mapreduce meets RDBMS//ACM SIGMOD International Conference on Management of Data. ACM: 779-790.

White T, Cutting D. 2012. Hadoop: the definitive guide. O'reilly Media Inc Gravenstein Highway North, 215(11): 1-4.

Zaharia M, Chowdhury M, Franklin M J, et al. 2010. Spark: cluster computing with working sets//Usenix Conference on Hot Topics in Cloud Computing. USENIX Association.

Zaharia M, Xin R S, Wendell P, et al. 2016. Apache spark: a unified engine for big data processing. Communications of the ACM, 59(11): 56-65.

第 3 章　Hadoop 大数据处理平台

Hadoop 是一个非常著名的开源大数据处理平台，也是目前最流行的大数据处理框架，在众多领域得到了广泛应用。由于其开源特性，是目前大多数企业架构大数据处理平台的首选，国内外很多大数据技术服务提供商所提供的产品也是基于 Hadoop 开发的。对 Hadoop 架构原理、演化过程及应用场景的深入了解，是理解大数据处理技术的基础。本章将详细介绍 Hadoop 技术的起源、核心技术与 Hadoop 生态圈以及著名的商用版本 Cloudera CDH 的安装及使用。

3.1　Hadoop 发展简史

3.1.1　发展简史

Hadoop 由 Apache Software Foundation 公司于 2005 年秋天作为 Lucene 的子项目 Nutch 的一部分被正式引入。它受到最先由 Google Lab 开发的 Map/Reduce 和 Google File System(GFS)的启发。2006 年 3 月，Map/Reduce 和 Nutch Distributed File System(NDFS)分别被纳入被称为 Hadoop 的项目中。2004 年最初的版本(现在称为 HDFS 和 MapReduce)由 Doug Cutting 和 Mike Cafarella 开始实施。2005 年 12 月，Nutch 移植到新的框架，Hadoop 在 20 个节点上稳定运行。2006 年 1 月，Doug Cutting 加入雅虎。2006 年 2 月，Apache Hadoop 项目正式启动以支持 MapReduce 和 HDFS 的独立发展。2006 年 2 月，雅虎的网格计算团队采用 Hadoop。2006 年 4 月，标准排序(10GB 每个节点)在 188 个节点上运行 47.9 个小时。2006 年 5 月，雅虎建立了一个 300 个节点的 Hadoop 研究集群。2006 年 5 月，标准排序在 500 个节点上运行 42 个小时(硬件配置比 4 月的更好)。2006 年 11 月，研究集群增加到 600 个节点。

Hadoop 实现了一个分布式文件系统(Hadoop Distributed File System)，简称 HDFS。HDFS 有高容错性的特点，并且设计用来部署在低廉的(low-cost)硬件上；而且它提供高吞吐量(high throughput)来访问应用程序的数据，适合那些有着超大数据集(large data set)的应用程序。HDFS 放宽了(relax)POSIX 的要求，可以以流的形式访问(Streaming Access)文件系统中的数据。

Hadoop 的框架最核心的设计就是：HDFS 和 MapReduce。HDFS 为海量的数据提供了存储，MapReduce 为海量的数据提供了计算。

Hadoop 是一个能够对大量数据进行分布式处理的软件框架，并且是以一种可靠、高效、可伸缩的方式进行处理的，它具有以下几个方面的特性：

(1) 高可靠性；

(2) 高效性：能把成百上千台服务器集中起来做一个并行处理，能高效的处理海量的数据集；

(3) 高可扩展性：能不断往集群里面加节点；

(4) 高容错性；

(5) 成本低：Hadoop 整个机器集群可以是很普通的低端 PC 机，不一定非要用刀片机，节省成本；

(6) 运行在 Linux 平台上；

(7) 支持多种编程语言：虽然是用 Java 开发的，依然可以用多种编程语言来完成应用开发。

图 3.1 是 Hadoop1.0 版本在企业中的架构图，它清晰明了地介绍了 Hadoop 架构各个部分的位置和彼此之间关系。

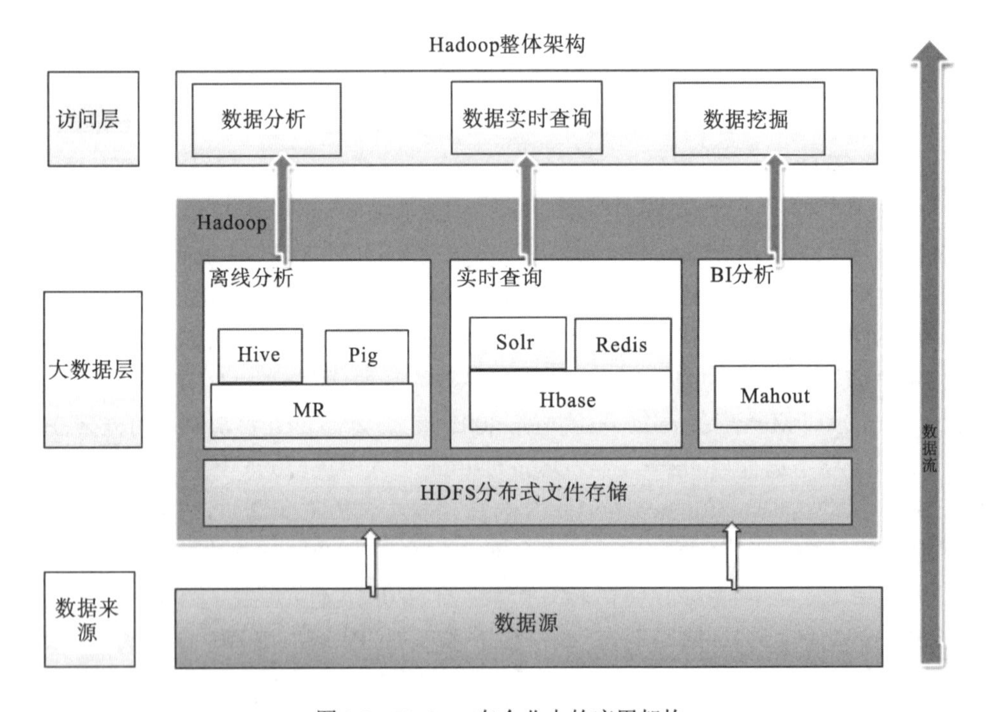

图 3.1 Hadoop 在企业中的应用架构

3.1.2 Hadoop 最新架构

如图 3.2 所示，这个框架图是 2 代以后的 Hadoop 框架图。其中，MapReduce 是专门做离线计算和批处理的，不是用来做实时计算的。Tez 将 MapReduce 的作业进行分析优化以后，构建有向无环图，可以保证获得最高的处理效率，判断哪些先做哪些后做，哪些不要做。Spark 也是做数据处理的，跟 MapReduce 的区别是：MapReduce 是基于磁盘的，它处理数据的时候要把数据写入磁盘中，处理结束以后还要把文件写到分布式文件系统当中去；Spark 整个数据处理的过程都在内存中，所以 Spark 的性能比 MapReduce 高一个数量级。所以很多企业都用 Spark 取代原来 MapReduce 的功能。Hive 是 Hadoop 平台的数据仓库，支持 SQL 语句，可以进行 SQL 语句查询等操作。Hive 可以把 SQL 语句转换成 MapReduce 作业。Pig 是进行流数据处理的，属于轻量级的分析，可以写出类似于 SQL 的语句，直接写代码，马上出结果，很方便。Oozie 是工作流管理工具。ZooKeeper 是用来做分布式集群管理的。Hbase 数据库支持随机读写，是支持实时应用的。Flume 进行日志的收集，流数据要进行实时分析，而 Flume 就是进行实时数据收集的。Sqoop 是进行数据导入导出的，关系数据库中的产品可以导入到 Hadoop 平台，可以导入到 HDFS、Hbase、Sqoop、Hive 中。也可以用 Sqoop 工具将 Hadoop 平台上 HDFS、Hbase、Hive 里的数据导出到关系型数据库里面。Ambari 是安装部署工具。

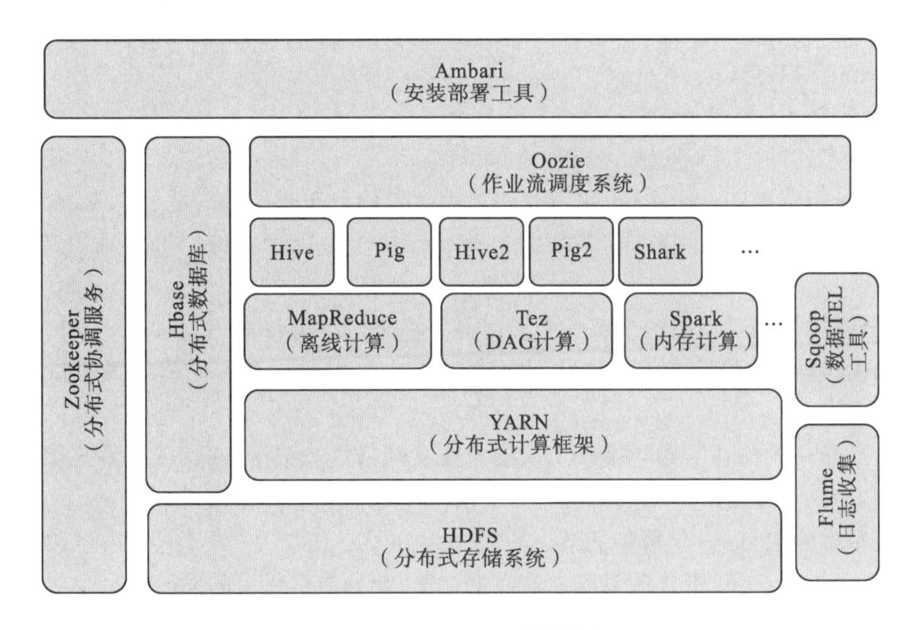

图 3.2　Hadoop 2.0 框架图

简而言之，不同组件的功能用表 3.1 可以概括。

表 3.1　Hadoop 2.0 各个组件的功能简介

组件	功能
HDFS	分布式文件系统
MapReduce	分布式并行编程模型
YARN	资源管理和调度器
Tez	运行在 YARN 之上的下一代 Hadoop 查询处理框架
Hive	Hadoop 上的数据仓库
HBase	Hadoop 上的非关系型的分布式数据库

续表

组件	功能
Pig	一个基于 Hadoop 的大规模数据分析平台，提供类似 SQL 的查询语言 Pig Latin
Sqoop	用于在 Hadoop 与传统数据库之间进行数据传递
Oozie	Hadoop 上的工作流管理系统
ZooKeeper	提供分布式协调一致性服务
Storm	流计算框架
Flume	一个高可用的、高可靠的、分布式的海量日志采集、聚合和传输的系统
Ambari	Hadoop 快速部署工具，支持 Apache Hadoop 集群的供应、管理和监控
Kafka	一种高吞吐量的分布式发布订阅消息系统，可以处理消费者规模的网站中的所有动作流数据
Spark	类似于 Hadoop MapReduce 的通用并行框架

Hadoop 安装方式：

(1) 单机模式：Hadoop 默认模式为非分布式模式(本地模式)，无需进行其他配置即可运行。非分布式即单 Java 进程，方便进行调试；

(2) 伪分布式模式：Hadoop 可以在单节点上以伪分布式的方式运行，Hadoop 进程以分离的 Java 进程来运行，节点既作为 NameNode，也作为 DataNode，同时，读取的是 HDFS 中的文件；

(3) 分布式模式：使用多个节点构成集群环境来运行 Hadoop。

Hadoop 框架中最核心的设计是为海量数据提供存储的 HDFS 和对数据进行计算的 MapReduce。

MapReduce 的作业主要包括：①从磁盘或从网络读取数据，即 IO 密集工作；②计算数据，即 CPU 密集工作。

一个基本的 Hadoop 集群中的节点主要有：

(1) NameNode：负责协调集群中的数据存储(起到数据目录的功能)。

(2) DataNode：存储被拆分的数据块。

(3) JobTracker：协调数据计算任务。

(4) TaskTracker：负责执行由 JobTracker 指派的任务。

(5) SecondaryNameNode：帮助 NameNode 收集文件系统运行的状态信息。

NameNode 和 DataNode 一起构成 HDFS。MapReduce 也有两大核心组件，即 JobTracker 和 TaskTracker，JobTracker 负责对作业的拆分管理，TaskTracker 部署在不同机器上，不同机器上的 TaskTracker 一起完成 JobTracker 分拆的任务。SecondaryNameNode 是 HDFS 中的组件，是 NameNode 的一个备份。

3.2 Hadoop 核心技术

3.2.1 HDFS

1.HDFS 的相关介绍

在介绍分布式文件系统 HDFS 之前，先介绍以下关于计算机集群基本架构的相关知识。分布式文件系统把文件分布存储到多个计算机节点上，成千上万的计算机节点构成计算机集群。如图 3.3 所示，一个机架上面有很多台机器，一台机器称为一个节点。一个机架可以放置 30～40 个节点。机架内部是用高速交换机来连接，机架与机架之间是用更高速的交换机来连接。与之前使用多个处理器和专用高级硬件的并行化处理装置不同的是，目前的分布式文件系统所采用的计算机集群，都是由普通硬件构成的，这就大大降低了硬件上的开销。

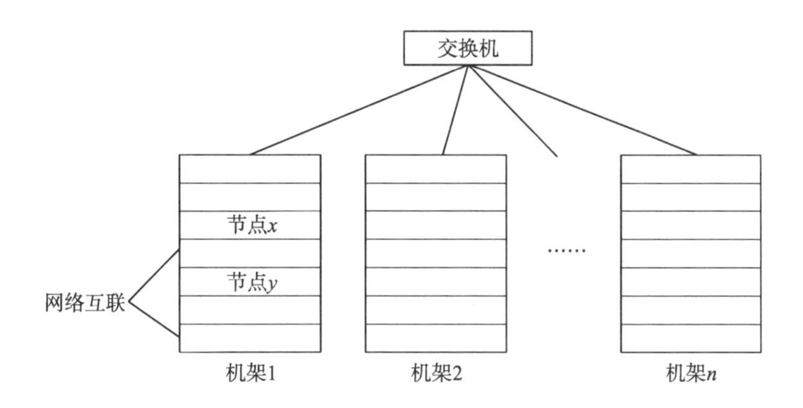

图 3.3　计算机集群的基本架构示意图

Hadoop 分布式文件系统(HDFS)被设计成适合运行在通用硬件(commodity hardware)上的分布式文件系统。它和现有的分布式文件系统有很多共同点。但同时，它和其他的分布式文件系统的区别也是很明显的。HDFS 是一个高度容错性的系统，适合部署在廉价的机器上。HDFS 能提供高吞吐量的数据访问，非常适合大规模数据集上的应用。

配置好的 HDFS 要实现以下目标：

(1)兼容廉价的硬件设备；

(2)流数据读写(海量数据读写)；

(3)大数据集；

(4)简单的文件模型；

(5)强大的跨平台兼容性。

HDFS 特殊的设计，在实现上述优良特性的同时，也使得自身具有一些应用局限性，主要包括以下几个方面：

(1)不适合低延迟数据访问(不能满足实时新的存储需求)；

(2)无法高效存储大量小文件；

(3)不支持多用户写入及任意修改文件(只允许对文件追加属性，不允许修改)。

2.HDFS 主要组件的结构

元数据(metadata)，又称中介数据、中继数据，主要是描述数据属性(property)的信息，用来支持指示存储位置、历史数据、资源查找、文件记录等功能。元数据算是一种电子式目录，为了达到编制目录的目的，必须描述并收藏数据的内容或特色，进而达成协助数据检索的目的。简而言之，元数据包含的东西比如：这个文件是什么、这个文件备份了多少块、这个文件跟其他文件是怎么映射的、每一块存储在哪些机器上，等等。NameNode 起到数据目录的作用。DataNode 起到实际存储数据的作用，每个数据节点中的数据会被保存在各自节点的本地 Linux 文件系统中。图 3.4 介绍了 HDFS 主要组件的功能。

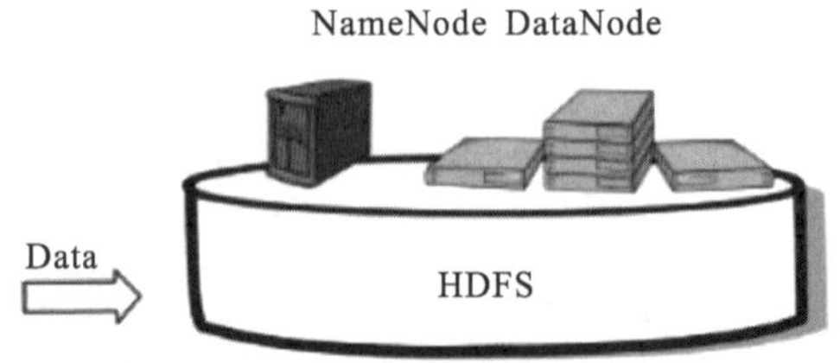

NameNode	DataNode
• 存储元数据	• 存储文件内容
• 元数据保存在内存中	• 文件内容保存在磁盘
• 保存文件，Block，DataNode 之间的映射关系	• 维护了Block ID 到DataNode本地文件的映射关系

图 3.4　HDFS 的主要组件及其功能

分布式文件系统在物理结构上是由计算机集群中的多个节点构成的，这些节点分为两类，一类叫“主节点”(MasterNode)或者也被称为“名称结点”(NameNode)，另一类叫“从节点”(SlaveNode)或者也被称为“数据节点”(DataNode)。结构图如图 3.5 所示。主节点是承担数据目录的任务，从节点是承担数据存储的任务。

在 HDFS 中，名称节点(NameNode)负责管理分布式文件系统的命名空间(Namespace)，保存了两个核心的数据结构，即 FsImage 和 EditLog。如图 3.6 所示，FsImage 用于维护文件系统树以及文件树中所有的文件和文件夹的元数据。操作日志文件 EditLog 中记录了所有针对文件的创建、删除、重命名等操作。

FsImage 文件包含文件系统中所有目录和文件 inode 的序列化形式。每个 inode 是一个文件或目录的元数据的内部表示，并包含此类信息：文件的复制等级、修改和访问时间、

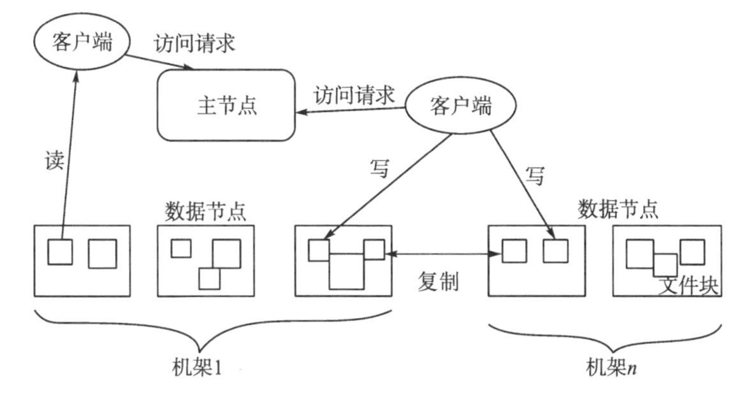

图 3.5 大规模文件系统的整体结构

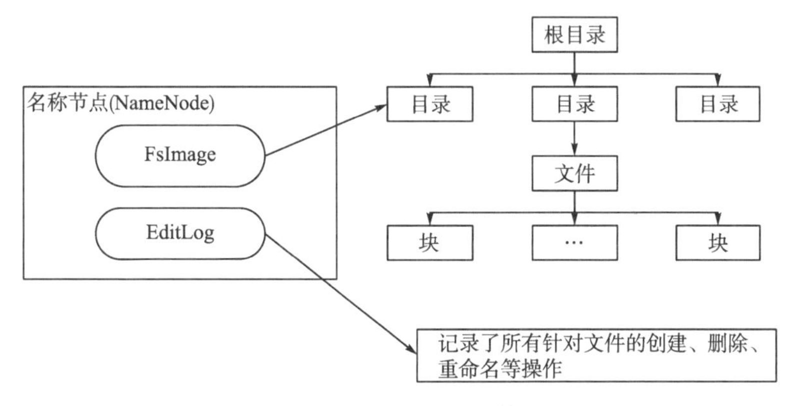

图 3.6 NameNode 结构

访问权限、块大小以及组成文件的块。对于目录，则存储修改时间、权限和配额元数据。FsImage 文件没有记录块存储在哪个数据节点，而是由名称节点把这些映射保留在内存中，当数据节点加入 HDFS 集群时，数据节点会把自己所包含的块列表告知给名称节点，此后会定期执行这种告知操作，以确保名称节点的块映射是最新的。

在名称节点启动的时候，它会将 FsImage 文件中的内容加载到内存中，之后再执行 EditLog 文件中的各项操作，使得内存中的元数据和实际的同步，存在内存中的元数据支持客户端的读操作。一旦在内存中成功建立文件系统元数据的映射，则创建一个新的 FsImage 文件和一个空的 EditLog 文件。

名称节点启动起来之后，HDFS 中的更新操作会重新写到 EditLog 文件中，因为 FsImage 文件一般都很大(GB 级别的很常见)，如果所有的更新操作都往 FsImage 文件中添加，这样会导致系统运行十分缓慢，但是，如果往 EditLog 文件里面写就不会这样，因为 EditLog 要小很多。每次执行写操作之后，且在向客户端发送成功代码之前，edits 文件都需要同步更新。

第二名称节点是 HDFS 架构中的一个组成部分，它是用来保存名称节点中对 HDFS 元数据信息的备份，并减少名称节点重启的时间。SecondaryNameNode 一般是单独运行在一台机器上。

3.HDFS 体系结构

HDFS 是一个部署在集群上的分布式文件系统，因此，很多数据需要通过网络进行传输。所有的 HDFS 通信协议都是构建在 TCP/IP 协议基础之上的，客户端通过一个可配置的端口向名称节点主动发起 TCP 连接，并使用客户端协议与名称节点进行交互。名称节点和数据节点之间则使用数据节点协议进行交互，客户端与数据节点的交互是通过 RPC(remote procedure call)来实现的。在设计上，名称节点不会主动发起 RPC，而是响应来自客户端和数据节点的 RPC 请求。

客户端是用户操作 HDFS 最常用的方式，HDFS 在部署时都提供了客户端。HDFS 客户端是一个库，暴露了 HDFS 文件系统接口，这些接口隐藏了 HDFS 实现中的大部分复杂性。严格来说，客户端并不算是 HDFS 的一部分。客户端可以支持打开、读取、写入等常见的操作，并且提供了类似 Shell 的命令行方式来访问 HDFS 中的数据。此外，HDFS 也提供了 Java API，作为应用程序访问文件系统的客户端编程接口。

HDFS 采用了主从(Master/Slave)结构模型，一个 HDFS 集群包括一个名称节点(NameNode)和若干个数据节点(DataNode)(图 3.7)。名称节点作为中心服务器，负责管理文件系统的命名空间及客户端对文件的访问。集群中的数据节点一般是一个节点运行一个数据节点进程，负责处理文件系统客户端的读/写请求，在名称节点的统一调度下进行数据块的创建、删除和复制等操作。每个数据节点的数据实际上是保存在本地 Linux 文件系统中的。

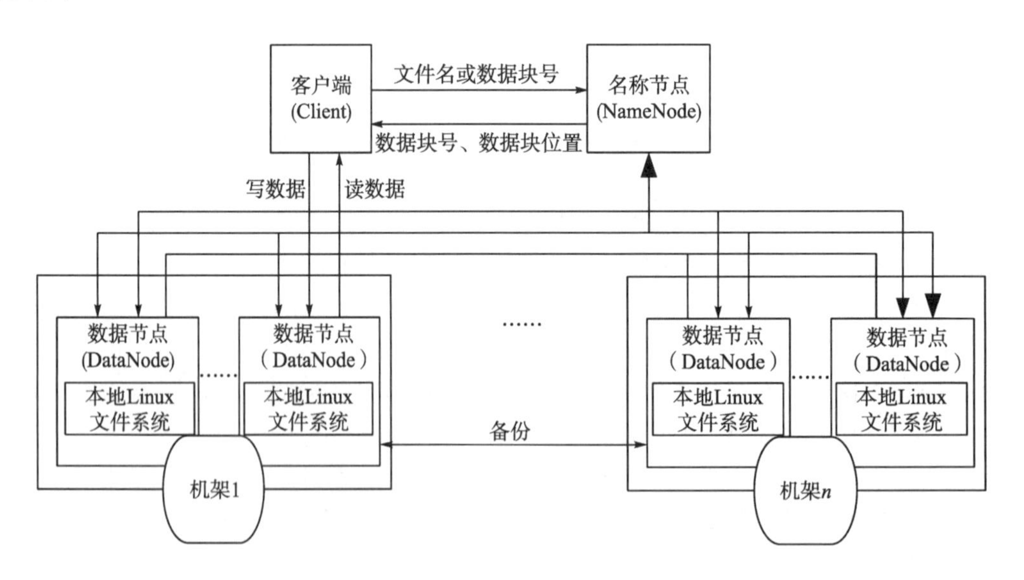

图 3.7 HDFS 体系结构

4.HDFS 存储原理

1)数据存储

(1)冗余数据保存。作为一个分布式文件系统，为了保证系统的容错性和可用性，HDFS

采用了多副本方式对数据进行冗余存储，通常一个数据块的多个副本会被分布到不同的数据节点上，如图 3.8 所示，数据块 1 被分别存放到数据节点 A 和 C 上，数据块 2 被存放在数据节点 A 和 B 上。这种多副本方式具有以下几个优点：

● 加快数据传输速度。因为存储在不同的机器上，可以并行的读取和传输，所以速度快。

● 容易检查数据错误。好几个一样的数据版本，其中一个坏掉了，可以参照其他的数据块检查数据错误。

● 保证数据可靠性。加入设置了三个副本，其余的副本坏掉了，只要有一个副本是好的，就可以自动复制生成新的副本。

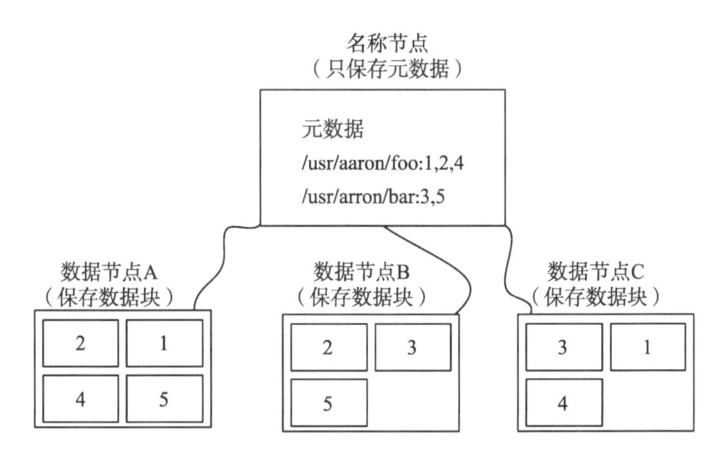

图 3.8　HDFS 数据块多副本存储

(2) 数据存取策略。

①数据存放。第一个副本：放置在上传文件的数据节点；如果是集群外提交，则随机挑选一台磁盘不太满、CPU 不太忙的节点。第二个副本：放置在与第一个副本不同的机架的节点上。第三个副本：放置在与第一个副本相同机架的其他节点上。更多副本：随机节点。

②数据读取。HDFS 提供了一个 API 可以确定一个数据节点所属的机架 ID，客户端也可以调用 API 获取自己所属的机架 ID。

当客户端读取数据时，从名称节点获得数据块不同副本的存放位置列表，列表中包含了副本所在的数据节点，可以调用 API 来确定客户端和这些数据节点所属的机架 ID，当发现某个数据块副本对应的机架 ID 和客户端对应的机架 ID 相同时，就优先选择该副本读取数据，如果没有发现，就随机选择一个副本读取数据。

2) 数据错误与恢复

(1) 名称节点出错。名称节点保存了所有的元数据信息，其中，最核心的两大数据结构是 FsImage 和 Editlog，如果这两个文件发生损坏，那么整个 HDFS 实例将失效。因此，HDFS 设置了备份机制，把这些核心文件同步复制到备份服务器 SecondaryNameNode 上。当名称节点出错时，就可以根据备份服务器 SecondaryNameNode 中的 FsImage 和 Editlog

数据进行恢复。在 HDFS2.0 中，SecondaryNameNode 已经可以做热备份了。

(2)数据节点出错。每个数据节点会定期向名称节点发送“心跳”信息，向名称节点报告自己的状态。当数据节点发生故障，或者网络发生断网时，名称节点就无法收到来自一些数据节点的心跳信息，这时，这些数据节点就会被标记为“宕机”，节点上面的所有数据都会被标记为“不可读”，名称节点不会再给它们发送任何 I/O 请求。这时，有可能出现一种情形，即由于一些数据节点的不可用，会导致一些数据块的副本数量小于冗余因子。名称节点会定期检查这种情况，一旦发现某个数据块的副本数量小于冗余因子，就会启动数据冗余复制，为它生成新的副本。HDFS 和其他分布式文件系统的最大区别就是可以调整冗余数据的位置。

(3)数据出错。网络传输和磁盘错误等因素，都会造成数据错误。客户端在读取到数据后，会采用 md5 和 sha1 对数据块进行校验，以确定读取到正确的数据。在文件被创建时，客户端就会对每一个文件块进行信息摘录，并把这些信息写入同一个路径的隐藏文件里面。当客户端读取文件的时候，会先读取该信息文件，然后利用该信息文件对每个读取的数据块进行校验，如果校验出错，客户端就会请求到另外一个数据节点读取该文件块，并且向名称节点报告这个文件块有错误，名称节点会定期检查并且重新复制这个块。

3)数据读写过程

除了可以用 shall 命令实现读取和写入文件的功能之外，还可以在虚拟机上用 Java 程序实现这个功能。

5.HDFS 的 Web 界面

在配置好 Hadoop 集群之后，可以通过浏览器登录“http：//[NameNodeIP]：50070”访问 HDFS 文件系统。获取虚拟机 IP 的方法：启动 Hadoop 之后，输入 ifconfig 命令可以查看。通过 Web 界面的“Browse the filesystem”，可以查看文件“hdfs：//localhost/home/administrator/tempfile/file1.txt”。

6.HDFS 体系结构的局限性

HDFS 只设置唯一一个名称节点，这样做虽然大大简化了系统设计，但也带来了一些明显的局限性，具体如下：

(1)命名空间的限制。名称节点是保存在内存中的，因此，名称节点能够容纳的对象(文件、块)的个数会受到内存空间大小的限制。

(2)性能的瓶颈。整个分布式文件系统的吞吐量，受限于单个名称节点的吞吐量。

(3)隔离问题。由于集群中只有一个名称节点，只有一个命名空间，因此，无法对不同应用程序进行隔离。

(4)集群的可用性。一旦这个唯一的名称节点发生故障，会导致整个集群变得不可用。

3.2.2　MapReduce

1.MapReduce 简介

Hadoop MapReduce 源于 Google 在 2004 年 12 月发表的 MapReduce 论文。Hadoop MapReduce 其实就是 Google MapReduce 的一个克隆版本。

MapReduce 是一个编程模型，也是一个处理和生成超大数据集的算法模型的相关实现。用户首先创建一个 Map 函数处理一个基于 key/value pair 的数据集合，输出中间的基于 key/value pair 的数据集合；然后再创建一个 Reduce 函数用来合并所有的具有相同中间 key 值的中间 value 值。现实世界中有很多满足上述处理模型的例子，本书将详细描述这个模型。

2.MapReduce 工作流程

如图 3.9 所示，MapReduce 流程如下：

(1) 首先，文档的数据记录(如文本中的行，或数据表格中的行)是以“键值对”的形式传入 Map 函数，然后 Map 函数对这些键值对进行处理(如统计词频)，最后输出到中间结果。

(2) 在键值对进入 Reduce 进行处理之前，必须等到所有的 Map 函数都做完，所以既为了达到这种同步又提高运行效率，在 MapReduce 中间的过程引入了 Barrier(同步障)，在负责同步的同时完成对 Map 的中间结果的统计，包括对同一个 Map 节点的相同 key 的 value 值进行合并，之后将来自不同 Map 的具有相同 key 的键值对送到同一个 Reduce 进行处理。

(3) 在 Reduce 阶段，每个 Reduce 节点得到的是从所有 Map 节点传过来的具有相同的 key 的键值对。Reduce 节点对这些键值进行合并。

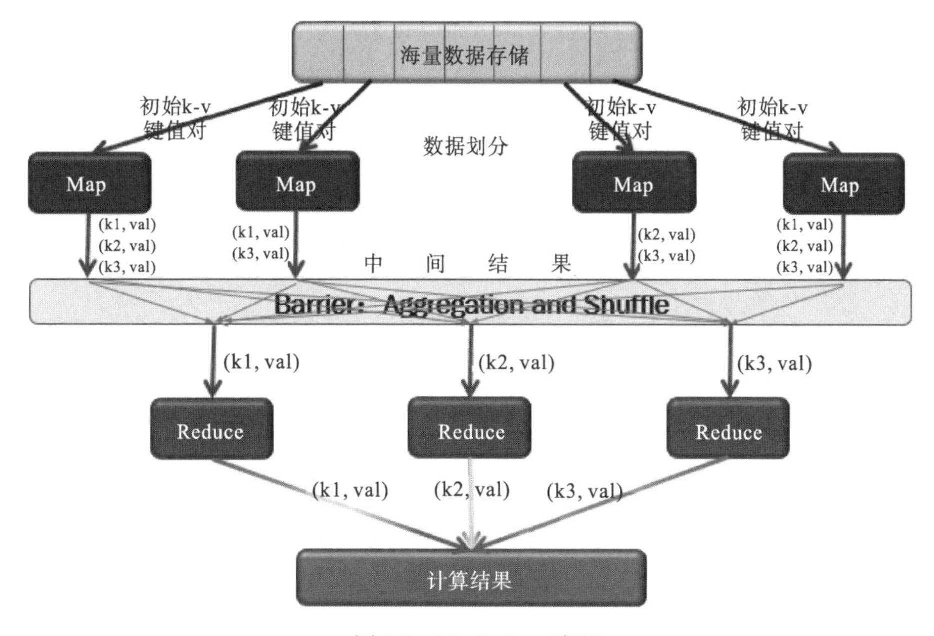

图 3.9　MapReduce 流程

MapReduce 架构的程序能够在大量的普通配置的计算机上实现并行化处理。这个系统在运行时只关心：如何分割输入数据；在大量计算机组成的集群上的调度；集群中计算机的错误处理；管理集群中计算机之间必要的通信。采用 MapReduce 架构可以使那些没有并行计算和分布式处理系统开发经验的程序员有效利用分布式系统的丰富资源。

实现一个 MapReduce 框架模型的主要贡献是通过简单的接口来实现自动的并行化和大规模的分布式计算，通过使用 MapReduce 模型接口实现在大量普通的 PC 机上进行高性能计算。

3.MapReduce 特点

MapReduce 主要有以下几个特点：

1）MapReduce 易于编程

它简单的实现一些接口，就可以完成一个分布式程序，这个分布式程序可以分布到大量廉价的 PC 机器运行。也就是说写一个分布式程序，跟写一个简单的串行程序是一模一样的。就是因为这个特点使得 MapReduce 编程变得非常流行。

2）良好的扩展性

当计算资源不能得到满足的时候，可以通过简单地增加机器来扩展它的计算能力。

3）高容错性

MapReduce 设计的初衷就是使程序能够部署在廉价的 PC 机器上，这就要求它具有很高的容错性。比如其中一台机器挂了，它可以把上面的计算任务转移到另外一个节点上面运行，不至于使这个任务运行失败，而且这个过程不需要人工参与，而完全是由 Hadoop 内部完成的。

4）适合 PB 级以上海量数据的离线处理

它适合离线处理而不适合在线处理。比如像毫秒级别的返回一个结果，MapReduce 很难做到。

4.MapReduce 的劣势

MapReduce 虽然具有很多的优势，但是它也有不擅长的地方。这里的不擅长不代表它不能做，而是在有些场景下实现的效果差，主要表现在以下几个方面：

1）实时计算

MapReduce 无法像 Mysql 一样，在毫秒或者秒级内返回结果。

2）流式计算

流式计算的输入数据是动态的，而 MapReduce 的输入数据集是静态的，不能动态变化。这是因为 MapReduce 自身的设计特点决定了数据源必须是静态的。

3）DAG（有向图）计算

多个应用程序存在依赖关系，后一个应用程序的输入为前一个的输出。在这种情况下，MapReduce 并不是不能做，而是使用后，每个 MapReduce 作业的输出结果都会写入磁盘，会造成大量的磁盘 IO，导致性能非常低下。

3.3　Hadoop 生态圈

3.3.1　HBase

1.HBase 简介

HBase 是一个高可靠、高性能、面向列、可伸缩的分布式数据库，是谷歌 BigTable 的开源实现，主要用来存储非结构化和半结构化的松散数据，HBase 和 BigTable 的底层技术对应关系如表 3.2 所示。HBase 的目标是处理非常庞大的表，可以通过水平扩展的方式，利用廉价计算机集群处理由超过 10 亿行数据和数百万列元素组成的数据表。在 Hadoop 中，HBase 与其他部分的关系如图 3.10 所示。

表 3.2　HBase 和 BigTable 的底层技术对应关系

	BigTable	HBase
文件存储系统	GFS	HDFS
海量数据处理	MapReduce	Hadoop MapReduce
协同服务管理	Chubby	ZooKeeper

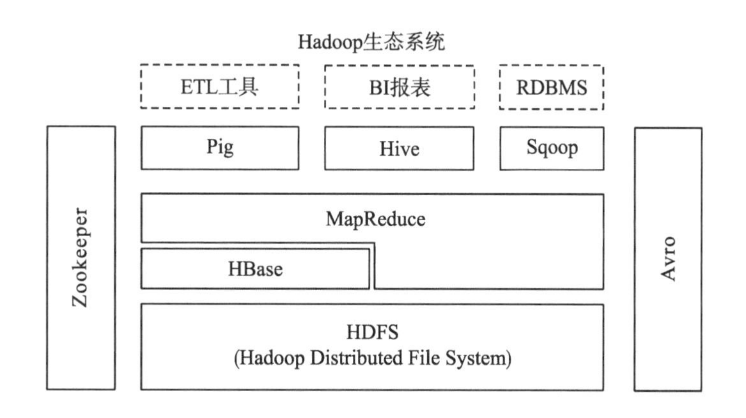

图 3.10　Hadoop 生态系统中 HBase 与其他部分的关系

关系数据库已经流行很多年，并且 Hadoop 已经有了 HDFS 和 MapReduce，为什么需要 HBase？

原因有以下几点：

(1) Hadoop 可以很好地解决大规模数据的离线批量处理问题，但是，受限于 Hadoop MapReduce 编程框架的高延迟数据处理机制，使得 Hadoop 无法满足大规模数据实时处理应用的需求；

(2) HDFS 面向批量访问模式，不是随机访问模式；

(3)传统的通用关系型数据库无法应对在数据规模剧增时导致的系统扩展性和性能问题(分库分表也不能很好解决)；

(4)传统关系数据库在数据结构变化时一般需要停机维护，空列浪费存储空间。

因此，业界出现了一类面向半结构化数据存储和处理的高可扩展、低写入/查询延迟的系统，例如，键值数据库、文档数据库和列族数据库(如 BigTable 和 HBase 等)。现在 HBase 已经成功应用于互联网服务领域和传统行业的众多在线式数据分析处理系统中。

2.HBase 与传统关系数据库的对比分析

HBase 与传统的关系数据库的区别(表 3.3)主要体现在以下几个方面：

(1)数据类型。关系数据库采用关系模型，具有丰富的数据类型和存储方式。HBase 则采用了更加简单的数据模型，它把数据存储为未经解释的字符串。

(2)数据操作。关系数据库中包含了丰富的操作，其中会涉及复杂的多表连接。HBase 操作则不存在复杂的表与表之间的关系，只有简单的插入、查询、删除、清空等，因为 HBase 在设计上就避免了复杂的表和表之间的关系。

(3)存储模式。关系数据库是基于行模式存储的。HBase 是基于列存储的，每个列族都由几个文件保存，不同列族的文件是分离的。

(4)数据索引。关系数据库通常可以针对不同列构建复杂的多个索引，以提高数据访问性能。HBase 只有一个索引——行键，通过巧妙的设计，HBase 中的所有访问方法，或者通过行键访问，或者通过行键扫描，从而使得整个系统不会慢下来。

(5)数据维护。在关系数据库中，更新操作会用最新的当前值去替换记录中原来的旧值，旧值被覆盖后就不会存在。而在 HBase 中执行更新操作时，并不会删除数据旧的版本，而是生成一个新的版本，旧的版本仍然保留。

(6)可伸缩性。关系数据库很难实现横向扩展，纵向扩展的空间也比较有限。相反，HBase 和 BigTable 这些分布式数据库就是为了实现灵活的水平扩展而开发的，能够轻易地通过在集群中增加或者减少硬件数量来实现性能的伸缩。

表 3.3 HBase 访问接口

类型	特点	场合
Native Java API	最常规和高效的访问方式	适合 Hadoop MapReduce 作业并行批处理 HBase 表数据
HBase Shell	HBase 的命令行工具，最简单的接口	适合 HBase 管理使用
Thrift Gateway	利用 Thrift 序列化技术，支持 C++、PHP、Python 等多种语言	适合其他异构系统在线访问 HBase 表数据
REST Gateway	解除了语言限制	支持 REST 风格的 Http API 访问 HBase
Pig	使用 Pig Latin 流式编程语言来处理 HBase 中的数据	适合做数据统计
Hive	简单	当需要以类似 SQL 语言方式来访问 HBase 的时候

3.HBase 数据模型

HBase 是一个稀疏、多维度、排序的映射表，这张表的索引是行键、列族、列限定符和时间戳。HBase 每个值是一个未经解释的字符串，没有数据类型。用户在表中存储数据，每一行都有一个可排序的行键和任意多的列。表在水平方向由一个或者多个列族组成，一个列族中可以包含任意多个列，同一个列族里面的数据存储在一起。列族支持动态扩展，可以很轻松地添加一个列族或列，无需预先定义列的数量以及类型，所有列均以字符串形式存储，用户需要自行进行数据类型转换。

HBase 中执行更新操作时，并不会删除数据旧的版本，而是生成一个新的版本，旧的版本仍然保留(这是和 HDFS 只允许追加不允许修改的特性相关的)。

图 3.11 展示了一个 Hbase 数据模型示例，数据模型相关概念有以下几点：

(1)表：HBase 采用表来组织数据，表由行和列组成，列划分为若干个列族；

(2)行：每个 HBase 表都由若干行组成，每个行由行键来标识；

(3)列族：一个 HBase 表被分成许多“列族”的集合，它是基本的访问控制单元；

(4)列限定符：列族里的数据通过列限定符(或列)来定位；

(5)单元格：在 HBase 表中，通过行、列族和列限定符确定一个“单元格”，单元格中存储的数据没有数据类型，总被视为字节数组 byte；

(6)时间戳：每个单元格都保存着同一份数据的多个版本，这些版本采用时间戳进行索引。

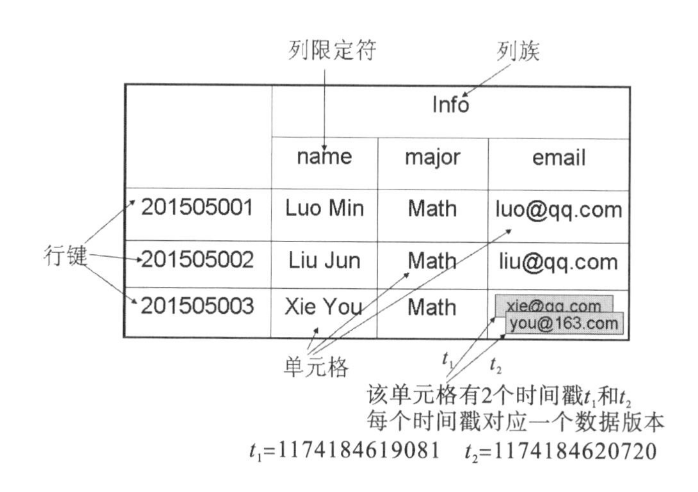

图 3.11　Hbase 数据模型示例

(7)数据坐标：如表 3.4 所示，HBase 中需要根据行键、列族、列限定符和时间戳来确定一个单元格，因此，可以视为一个“四维坐标”，即[行键，列族，列限定符，时间戳]。

表 3.4 数据库存储形式

键	值
[“201505003”，“Info”，“email”，1174184619081]	“xie@qq.com”
[“201505003”，“Info”，“email”，1174184620720]	“you@163.com”

4.概念视图和物理视图

在设计 HBase 的数据的时候，在概念上和实际底层的存储是有区别的，在概念上，HBase 表可能只有一个行健，包括若干个列族，一个列族里面有相关的列。contents 是列族的名称，html 是列的名称，列的内容是由尖括号<···>包起来的。t_1、t_2、t_3 下只有 contents 列族有数据，anchor 列族里没有数据，是空值。所以概念上认为 Hbase 是一个稀疏的表，如表 3.5 所示。

表 3.5 HBase 数据的概念视图

行键	时间戳	列族 contents	列族 anchor
"com.cnn.www"	t_5		anchor：cnnsi.com=“CNN”
	t_4		anchor：my.look.ca="CNN.com"
	t_3	contents：html="<html>..."	
	t_2	contents：html="<html>..."	
	t_1	contents：html="<html>..."	

但是实际上，物理存储的时候是以列族为单位存储的。把行键、时间戳和列族单独拿出来存储，这样不会造成大量的冗余，从而避免空间浪费，如表 3.6 和表 3.7 所示。

表 3.6 HBase 数据的物理视图，列族 contents

行键	时间戳	列族 contents
"com.cnn.www"	t_3	contents：html="<html>..."
	t_2	contents：html="<html>..."
	t_1	contents：html="<html>..."

表 3.7 HBase 数据的物理视图，列族 anchor

行键	时间戳	列族 anchor
"com.cnn.www"	t_5	anchor：cnnsi.com=“CNN”
	t_4	anchor：my.look.ca="CNN.com"

5.面向列的存储

Hbase 做存储的时候跟传统的关系型数据库有很大的不同，传统的关系型数据库存储的时候大都是采用面向行的方式进行存储的。

行式存储结构都是一行一行的来存储的，存完第一行的内容以后接着存储第二行的内容，以行为单位依次往下存储。而列式存储则是以列为单位存储，存完第一列以后再存第二列，比如所有姓名的值存为一列，所有年龄的值存为一列，如图 3.12 所示。

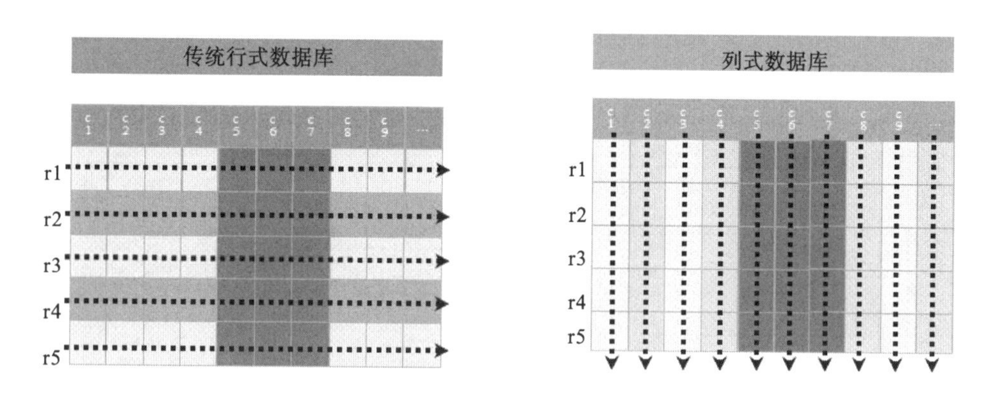

图 3.12　行式数据库和列式数据库示意图

6.面向行的存储

面向行的存储的优点是对于传统的事务性操作一目了然，比如商场在存储一个顾客购物信息的表的时候，要把顾客的姓名、年龄、性别、商品名称等信息都存入表中，信息内容一目了然。但是进行个别数据分析的时候，行式存储的局限性就表现出来了，比如，如果想要分析某件商品的顾客群体，需要把所有顾客的年龄信息单独读取出来，需要一行一行的读取年龄这个值，然后把读取的年龄这个值拼凑成一个列，为了分析年龄这一个列，需要把所有行都读取一遍，弊端就很明显了。

做分析的时候，行式存储的弊端使得列式存储得以广泛应用。列式存储的好处之一就是一列中的数据类型相似，可以有很高的压缩率。

如果事务型信息较多，最好用传统的行式存储，因为需要经常插入一条一条的数据。如果是分析型应用比较多，最好用面向列的存储，效率更高。

7.HBase 的实现原理

HBase 的实现包括三个主要的功能组件：

(1) 库函数：链接到每个客户端。

(2) 一个 Master 主服务器。

(3) 许多个 Region 服务器。

主服务器 Master 负责管理和维护 HBase 表的分区信息，维护 Region 服务器列表，分配 Region，负载均衡。Region 服务器负责存储和维护分配给自己的 Region，处理来自客户端的读写请求。客户端并不是直接从 Master 主服务器上读取数据，而是在获得 Region 的存储位置信息后，直接从 Region 服务器上读取数据。

客户端并不依赖 Master，而是通过 ZooKeeper 来获得 Region 位置信息，大多数客户端甚至从来不和 Master 通信，这种设计方式使得 Master 负载很小。

8.表和 Region

一个 Hbase 数据库对单个应用来说都会设计一个表，一开始的时候都只有一个 Region，后来不断分裂。如图 3.13 所示。

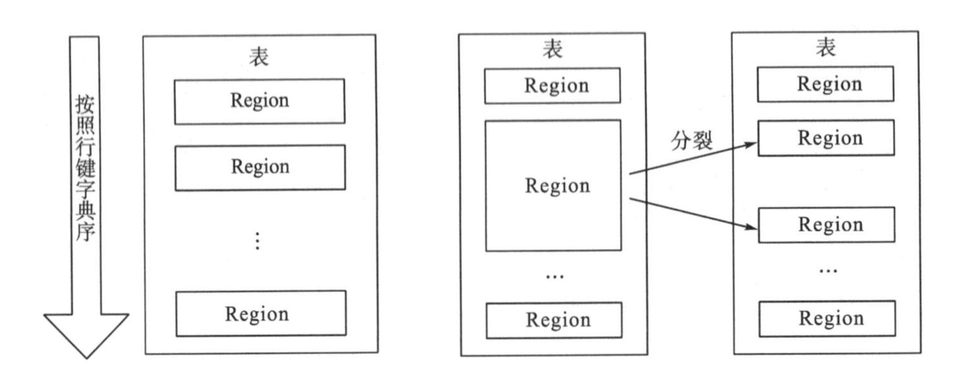

图 3.13　HBase 表被划分成多个 Region

Region 拆分操作非常快，几乎瞬间完成，因为拆分之后的 Region 读取的仍然是原存储文件，直到“合并”过程把存储文件异步地写到独立的文件之后，才会读取新文件。

目前每个 Region 最佳大小建议为 1～2GB(2013 年以后的硬件配置)。不同的 Region 可以分布在不同的 Region 服务器上(图 3.14)，同一个 Region 不会被分拆到多个 Region 服务器，每个 Region 服务器存储 10～1000 个 Region。

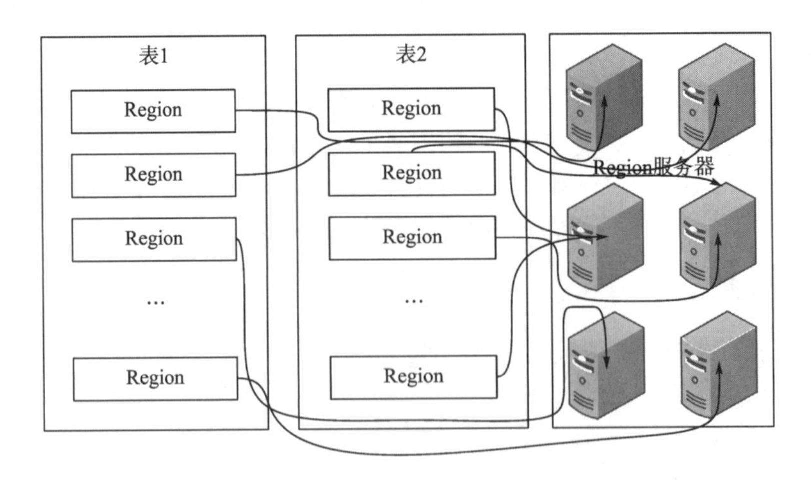

图 3.14　不同的 Region 可以分布在不同的 Region 服务器上

9.HBase 运行机制

1) HBase 系统架构

从图 3.15 可以看出来，HBase 的数据存储并不是直接和底层的磁盘打交道，而是借助于 HDFS 去完成数据存储的，HBase 是架构在 Hadoop 集群之上的。

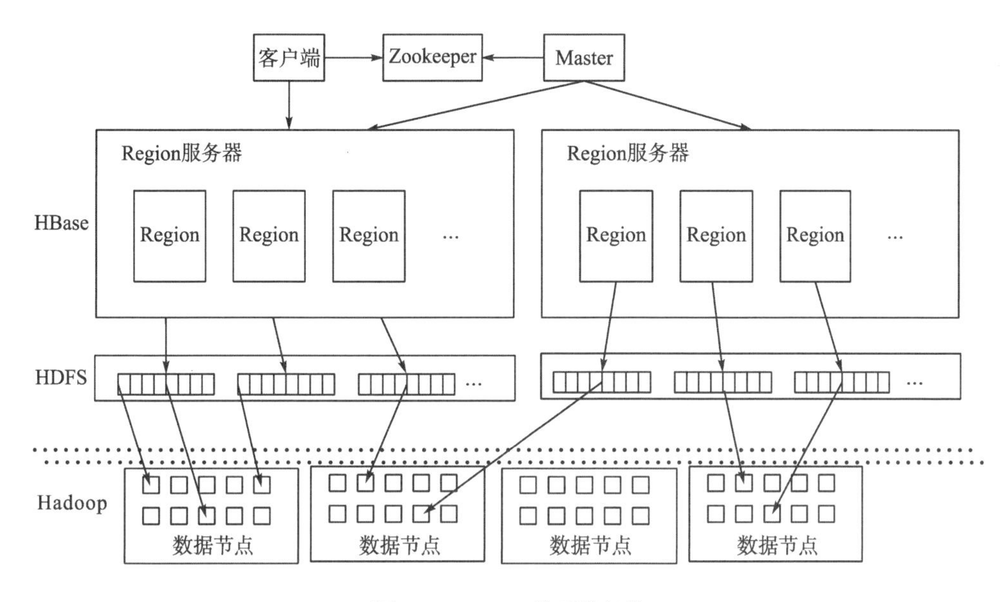

图 3.15　HBase 的系统架构

客户端包含访问 HBase 的接口，同时在缓存中维护着已经访问过的 Region 位置信息，用来加快后续数据访问过程。

ZooKeeper 可以帮助选举出一个 Master 作为集群的总管，并保证在任何时刻总有唯一一个 Master 在运行，这就避免了 Master 的“单点失效”问题。主服务器 Master 主要负责表和 Region 的管理工作：管理用户对表的增加、删除、修改、查询等操作。同时，通过 Master 实现不同 Region 服务器之间的负载均衡。在 Region 分裂或合并后，Master 负责重新调整 Region 的分布，对发生故障失效的 Region 服务器上的 Region 进行迁移。

Region 服务器是 HBase 中最核心的模块，负责维护分配给自己的 Region，并响应用户的读写请求。

2) Region 服务器工作原理

整个 Region 服务器集群是由很多台 Region 服务器构成的，每台 Region 服务器有很多个组件，可以存储 1000 个 Region，若干个 Region 共用一个 HLog。每个 Region 存储的时候是按照列族来存储，每个 Store 代表一个列族，Store 里的数据要先写到 MemStore 里面，当 MemStore 写满以后刷写到 StoreFile 文件中，每当 MemStore 缓存满了以后都会生成一个 StoreFile 文件，所以每个 Store 里面会有若干个 StoreFile 文件。每一个 StoreFile 文件在底层是借助于 HDFS 来存储的，所以每一个 StoreFile 文件在 HDFS 中以 HFile 来存储。

Region 服务器向 HDFS 文件系统中读写数据流程如图 3.16 所示。

Region 服务器工作的三个过程：

(1) 用户读写数据过程。

用户写入数据时，被分配到相应 Region 服务器去执行。用户数据首先被写入 MemStore 和 Hlog 中，只有当操作写入 Hlog 之后，commit() 调用才会将其返回给客户端。

当用户读取数据时，Region 服务器会首先访问 MemStore 缓存，如果找不到，再去磁盘上面的 StoreFile 中寻找。

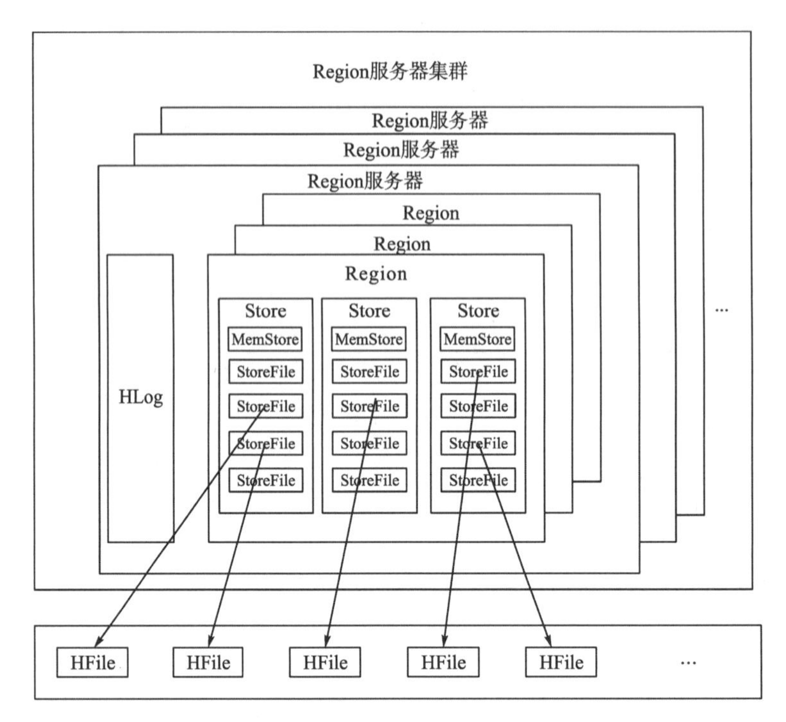

图 3.16 Region 服务器向 HDFS 文件系统中读写数据

(2)缓存的刷新。

系统会周期性地把 MemStore 缓存里的内容刷写到磁盘的 StoreFile 文件中，清空缓存，并在 HLog 里面写入一个标记。每次刷写都生成一个新的 StoreFile 文件，因此，每个 Store 包含多个 StoreFile 文件。

每个 Region 服务器都有一个自己的 HLog 文件，每次启动都检查该文件，确认最近一次执行缓存刷新操作之后是否发生新的写入操作，如果发现更新，则先写入 MemStore，再刷写到 StoreFile，最后删除旧的 HLog 文件，开始为用户提供服务。

(3)StoreFile 的合并。

每次刷写都生成一个新的 StoreFile，数量太多，影响查找速度。调用 Store.compact()把多个 StoreFile 合并成一个，合并操作比较耗费资源，只有数量达到一个阈值才启动合并(图 3.17)。Store 是 Region 服务器的核心，将多个 StoreFile 合并成一个。单个 StoreFile 过大时，又触发分裂操作，1 个父 Region 被分裂成两个子 Region。

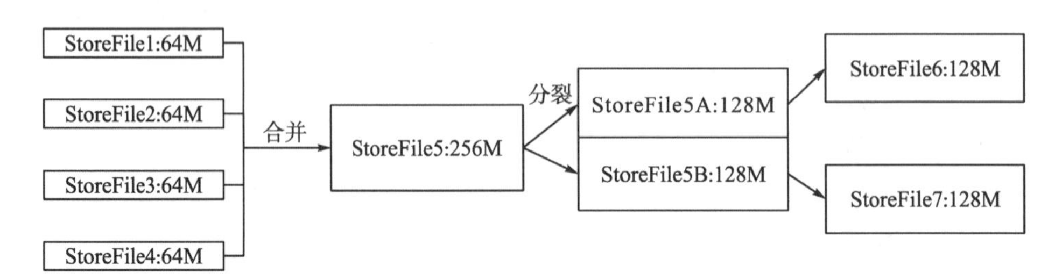

图 3.17 StoreFile 的合并和分裂过程

3) HLog 工作原理

为什么要设置 HLog？因为 Hbase 是构建一个集群去管理数据，是典型的分布式环境，底层又是廉价的低端机，故障是难免的，所以分布式环境必须要考虑系统出错的情况。通过日志的方法来恢复数据，HBase 采用 HLog 保证系统恢复。

HBase 系统为每个 Region 服务器配置了一个 HLog 文件，它是一种预写式日志。用户更新数据必须首先写入日志后，才能写入 MemStore 缓存，并且，直到 MemStore 缓存内容对应的日志已经写入磁盘，该缓存内容才能被刷写到磁盘。

10.HBase 实际应用中的性能优化方法

行键(row key)。行键是按照字典序存储，因此，设计行键时，要充分利用这个排序特点，将经常一起读取的数据存储到一块，将最近可能会被访问的数据放在一块。

举个例子：如果最近写入 HBase 表中的数据是最可能被访问的，可以考虑将时间戳作为行键的一部分，由于是字典序排序，所以可以使用 Long.MAX_VALUE-timestamp 作为行键，这样能保证新写入的数据在读取时可以被快速命中。

1) InMemory

创建表的时候，可以通过 HColumnDescriptor.setInMemory(true)将表放到 Region 服务器的缓存中，保证在读取的时候被 cache 命中。

2) Max Version

创建表的时候，可以通过 HColumnDescriptor.setMaxVersions(int MaxVersions)设置表中数据的最大版本，如果只需要保存最新版本的数据，那么可以设置 setMaxVersions(1)。这样可以节省存储空间。

3) Time To Live

创建表的时候，可以通过 HColumnDescriptor.setTimeToLive(int TimeToLive)设置表中数据的存储生命期，过期数据将自动被删除。例如，如果只需要存储最近两天的数据，那么可以设置 setTimeToLive(2*24*60*60)。

4) HBase 性能监视

有时候需要通过一些可视化的方式去实时的监视 Hbase 底层运作的性能，可以通过以下工具达到目的：

(1) Master-status(自带)

(2) Ganglia

(3) OpenTSDB

(4) Ambari

11.在 HBase 之上构建 SQL 引擎

很多人都习惯于用 SQL 语句来进行查询，我们也可以在 Hbase 上构建 SQL 引擎，然后可以直接用 SQL 语句来进行查询。NoSQL 区别于关系型数据库的一点就是它不使用 SQL 作为查询语言，至于为何在 NoSQL 数据存储 HBase 上提供 SQL 接口，有如下原因：

(1) 易使用。使用诸如 SQL 这样易于理解的语言，使人们能够更加轻松地使用 HBase。

(2) 减少编码。使用诸如 SQL 这样更高层次的语言来编写，减少了编写的代码量。

典型的方案：

(3) Hive 整合 HBase。Hive 与 HBase 的整合功能从 Hive0.6.0 版本已经开始出现，利用两者对外的 API 接口互相通信，通信主要依靠 Hive_hbase-handler.jar 工具包(Hive Storage Handlers)。由于 HBase 有一次比较大的版本变动，所以并不是每个版本的 Hive 都能和现有的 HBase 版本进行整合，所以在使用过程中特别需要注意的就是两者版本的一致性。

(4) Phoenix。Phoenix 是 Salesforce.com 的开源项目，是构建在 Apache HBase 之上的一个 SQL 中间层，可以让开发者在 HBase 上执行 SQL 查询。

12.构建 HBase 二级索引

HBase 只有一个针对行健的索引，访问 HBase 表中的行，只有三种方式：

(1) 通过单个行健访问；

(2) 通过一个行健的区间来访问；

(3) 全表扫描。

Hbase 的原生的产品只支持这三种方式，实际应用中需要对不同的列构建索引，所以采用 HBase0.92 版本之后引入了 Coprocessor 特性，充分利用这个特性来构建二级索引(图 3.18)。比如，使用其他产品为 HBase 行健提供索引功能：Hindex 二级索引；HBase+Redis；HBase+Solr。

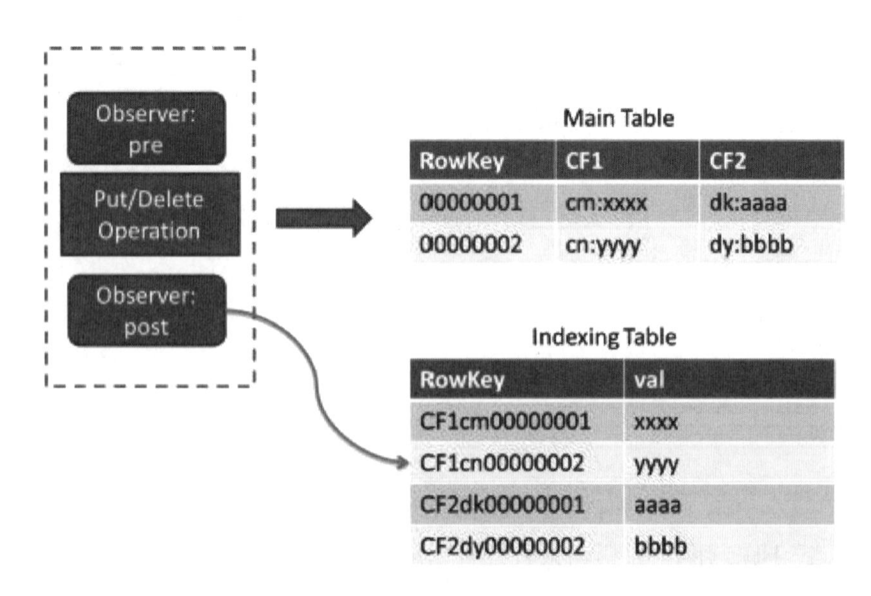

图 3.18　二级索引

Coprocessor 提供了两个实现：Endpoint 和 Observer。Endpoint 相当于关系型数据库的存储过程，而 Observer 则相当于触发器。Observer 允许我们在记录 Put 前后做一些处理，因此，我们可以在插入数据时同步写入索引表。

优点：非侵入性。引擎构建在 HBase 之上，既没有对 HBase 进行任何改动，也不需要上层应用做任何妥协。

缺点：每插入一条数据需要向索引表插入数据，即耗时是双倍的，对 HBase 的集群的压力也是双倍的。

所以在选择的时候有取舍的问题，这就看实际应用到底值不值得构建二级索引了。

1) Hindex 二级索引

Hindex 是华为公司开发的纯 Java 编写的 HBase 二级索引，兼容 Apache HBase0.94.8。当前的特性如下：

(1) 多个表索引；

(2) 多个列索引；

(3) 基于部分列值的索引。

2) HBase+Redis

(1) Redis+HBase 方案；

(2) Coprocessor 构建二级索引；

(3) Redis 做客户端缓存。

将索引实时更新到 Redis 等 KV 系统中，定期从 KV 中将索引更新到 HBase 的索引表中(图 3.19)，避免了频繁更新的问题。

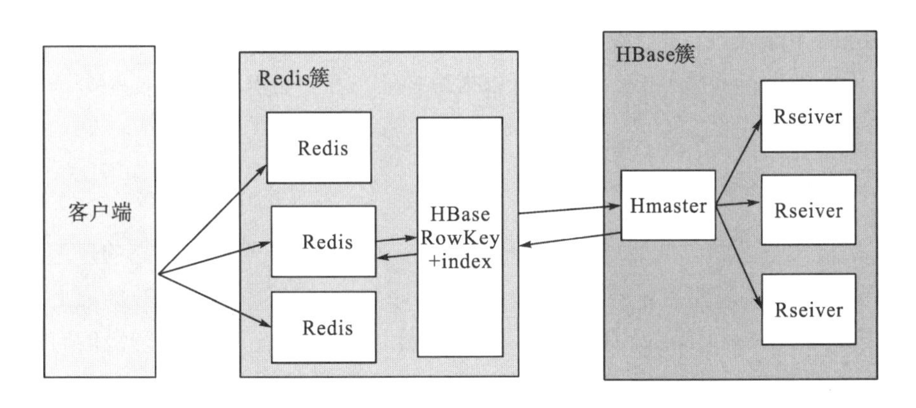

图 3.19　定期从 KV 中将索引更新到 HBase 的索引表中

3) Solr+HBase

Solr 是一个高性能、采用 Java5 开发、基于 Lucene 的全文搜索服务器(图 3.20)。同时对其进行了扩展，提供了比 Lucene 更为丰富的查询语言，实现了可配置、可扩展，并对查询性能进行了优化，并且提供了一个完善的功能管理界面，是一款非常优秀的全文搜索引擎。

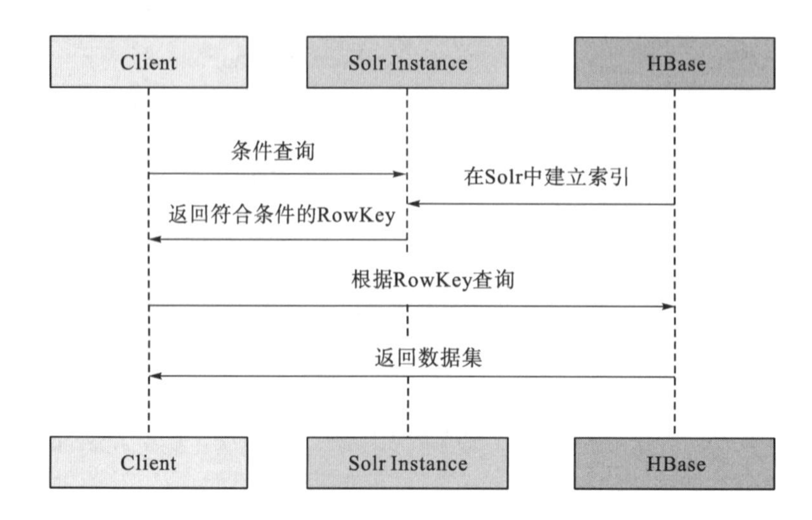

图 3.20 基于 Lucene 的全文搜索服务器

3.3.2 Hive

1.Hive 定义

Hive 是建立在 Hadoop 上的数据仓库基础构架。它提供了一系列的工具，可以用来进行数据提取转化加载(extract-transform-load，ETL)，这是一种可以存储、查询和分析存储在 Hadoop 中的大规模数据的机制。Hive 定义了简单的类 SQL 查询语言，称为 HQL，它允许熟悉 SQL 的用户查询数据。同时，这个语言也允许熟悉 MapReduce 的开发者开发自定义的 mapper 和 reducer 来处理内建的 mapper 和 reducer 无法完成的复杂的分析工作。

Hive 没有专门的数据格式。Hive 可以很好地工作在 Thrift 之上，控制分隔符，也允许用户指定数据格式。

2.Hive 的适用场景

Hive 构建在基于静态批处理的 Hadoop 之上，Hadoop 通常都有较高的延迟并且在作业提交和调度的时候需要大量的开销。因此，Hive 并不能够在大规模数据集上实现低延迟快速的查询。例如，Hive 在几百 MB 的数据集上执行查询一般有分钟级的时间延迟。因此，Hive 并不适合那些需要低延迟的应用，例如联机事务处理(on-line transaction processing，OLTP)。Hive 查询操作过程严格遵守 Hadoop MapReduce 的作业执行模型，它将用户的 HiveQL 语句通过解释器转换为 MapReduce 作业提交到 Hadoop 集群上，Hadoop 监控作业执行过程，然后返回作业执行结果给用户。Hive 并非为联机事务处理而设计，它并不提供实时的查询和基于行级的数据更新操作。Hive 的最佳使用场合是大数据集的批处理作业，例如网络日志分析。

3.Hive 的设计特征

Hive 是一种底层封装了 Hadoop 的数据仓库处理工具，使用类 SQL 的 HiveQL 语言实现数据查询，所有 Hive 的数据都存储在 Hadoop 兼容的文件系统（例如，Amazon S3、HDFS）中。Hive 在加载数据过程中不会对数据进行任何的修改，只是将数据移动到 HDFS 中 Hive 设定的目录下，因此，Hive 不支持对数据的改写和添加，所有的数据都是在加载的时候确定的。Hive 的设计特点如下：

(1) 支持索引，加快数据查询；

(2) 拥有不同的存储类型，例如，纯文本文件、HBase 中的文件；

(3) 将元数据保存在关系数据库中，大大减少了在查询过程中执行语义检查的时间；

(4) 可以直接使用存储在 Hadoop 文件系统中的数据；

(5) 内置大量用户函数 UDF 来操作时间、字符串和其他的数据挖掘工具，支持用户通过扩展 UDF 函数来完成内置函数无法实现的操作；

(6) 类 SQL 的查询方式，将 SQL 查询转换为 MapReduce 的 job 在 Hadoop 集群上执行。

4.Hive 的体系结构

Hive 主要分为以下几个部分：

1) 用户接口

用户接口主要有三个：CLI、Client 和 WUI。其中最常用的是 CLI，它启动的时候，会同时启动一个 Hive 副本。Client 是 Hive 的客户端，用户连接至 Hive Server。在启动 Client 模式的时候，需要指出 Hive Server 所在节点，并且在该节点启动 Hive Server。WUI 是通过浏览器访问 Hive。

2) 元数据存储

Hive 将元数据存储在数据库中，如 mysql、derby。Hive 中的元数据包括表的名字，表的列、分区及其属性，表的属性(是否为外部表等)，表的数据所在目录等。

解释器、编译器、优化器完成 SQL 查询语句从词法分析、语法分析、编译、优化以及查询计划的生成。生成的查询计划存储在 HDFS 中，并在随后由 MapReduce 调用执行。

3) Hadoop

Hive 的数据存储在 HDFS 中，大部分的查询由 MapReduce 完成(包含*的查询，比如 select*from tbl 不会生成 MapReduce 任务)。

5.Hive 的数据存储

首先，Hive 没有专门的数据存储格式，也没有为数据建立索引，用户可以非常自由地组织 Hive 中的表，只需要在创建表的时候告诉 Hive 数据中的列分隔符和行分隔符，Hive 就可以解析数据。

其次，Hive 中所有的数据都存储在 HDFS 中。Hive 中包含以下数据模型：表(table)、外部表(external table)、分区(partition)、桶(bucket)。

Hive 中的 Table 和数据库中的 Table 在概念上是类似的，每一个 Table 在 Hive 中都有一个相应的目录存储数据。例如，一个表 pvs，它在 HDFS 中的路径为：/wh/pvs。其中，wh 是在 Hive-site.xml 中由${Hive.metastore.warehouse.dir}指定的数据仓库的目录，所有的 Table 数据(不包括 External Table)都保存在这个目录中。

Partition 对应于数据库中的 Partition 列的密集索引，但是 Hive 中 Partition 的组织方式和数据库中的很不相同。在 Hive 中，表中的一个 Partition 对应于表下的一个目录，所有的 Partition 的数据都存储在对应的目录中。例如：pvs 表中包含 ds 和 city 两个 Partition，则对应于 ds=20090801，ctry=US 的 HDFS 子目录为：/wh/pvs/ds=20090801/ctry=US；对应于 ds=20090801，ctry=CA 的 HDFS 子目录为：/wh/pvs/ds=20090801/ctry=CA

Buckets 指定列计算 hash，根据 hash 值切分数据，目的是为了并行，每一个 Bucket 对应一个文件。将 user 列分散至 32 个 bucket，首先对 user 列的值计算 hash，对应 hash 值为 0 的 HDFS 目录为：/wh/pvs/ds=20090801/ctry=US/part-00000；hash 值为 20 的 HDFS 目录为：/wh/pvs/ds=20090801/ctry=US/part-00020

External Table 指向已经在 HDFS 中存在的数据，可以创建 Partition。它和 Table 在元数据的组织上是相同的，而实际数据的存储则有较大的差异。

Table 的创建过程和数据加载过程(这两个过程可以在同一个语句中完成)，在加载数据的过程中，实际数据会被移动到数据仓库目录中；之后对数据的访问将会直接在数据仓库目录中完成。删除表时，表中的数据和元数据将会被同时删除。

External Table 只有一个过程，加载数据和创建表同时完成(CREATE EXTERNAL TABLE…LOCATION)，实际数据是存储在 LOCATION 后面指定的 HDFS 路径中，并不会移动到数据仓库目录中。当删除一个 External Table 时，仅删除元数据，表中的数据不会真正被删除。

6.Hive 基本语法

1)Hive 基本数据类型

Hive 支持多种不同长度的整型和浮点型数据，支持布尔型，也支持无长度限制的字符串类型。例如：TINYINT、SMALINT、BOOLEAN、FLOAT、DOUBLE、STRING 等基本数据类型。这些基本数据类型和其他 SQL 方言一样，都是保留字。

2)Hive 集合数据类型

Hive 中的列支持使用 struct、map 和 array 集合数据类型。大多数关系型数据库中不支持这些集合数据类型，因为它们会破坏标准格式。为实现集合数据类型，关系型数据库由多个表之间建立合适的外键关联来实现。在大数据系统中，使用集合类型的数据的好处在于提高数据的吞吐量，减少寻址次数以提高查询速度。

3)Hive 分区表

创建分区表：create table employee(name string，age int，sex string) partitioned by(city string) row format delimited fields terminated by'\t';

分区表装载数据：load data local inpath'/usr/local/lee/employee'into table employee partition(city='hubei')；

7.Hive 常用优化方法

(1)join 连接时的优化：当三个或多个以上的表进行 join 操作时，如果每个 on 使用相同的字段，连接时只会产生一个 mapreduce。

(2)join 连接时的优化：当多个表进行查询时，从左表到右表的大小顺序应该是从小到大。原因：Hive 在对每行记录操作时会把其他表先缓存起来，直到扫描最后的表进行计算。

(3)在 where 字句中增加分区过滤器。

(4)当可以使用 left semi join 语法时不要使用 inner join，前者效率更高。原因：对于左表中指定的一条记录，一旦在右表中找到立即停止扫描。

(5)如果所有表中有一张表足够小，则可置于内存中，这样在和其他表进行连接的时候就能完成匹配，省略掉 reduce 过程。设置属性即可实现，set Hive.auto.covert.join=true；用户可以配置希望被优化的小表的大小，set Hive.mapjoin.smalltable.size=2500000。如果需要使用这两个配置可置入$HOME/.Hiverc 文件中。

(6)同一种数据的多种处理：从一个数据源产生的多个数据聚合，无须每次聚合都重新扫描一次。

例如：insert overwrite table student select*from employee；insert overwrite table person select*from employee；

可以优化成：from employee insert overwrite table student select*insert overwrite table person select*

(7)limit 调优：limit 语句通常是执行整个语句后返回部分结果(set Hive.limit.optimize.enable=true)。

(8)开启并发执行。某个 job 任务中可能包含众多的阶段，其中某些阶段没有依赖关系，可以并发执行，开启并发执行后 job 任务可以更快地完成。设置属性：set Hive.exec.parallel=true。

(9)Hive 提供的严格模式，禁止 3 种情况下的查询模式。

a)当表为分区表时，where 字句后没有分区字段和限制时，不允许执行。

b)当使用 order by 语句时，必须使用 limit 字段，因为 order by 只会产生一个 reduce 任务。

c)限制笛卡尔积的查询。

(10)合理地设置 map 和 reduce 数量。

(11)jvm 重用。可在 Hadoop 的 mapred-site.xml 中设置 jvm 被重用的次数。

3.3.3 Pig

1.Pig 简介

Pig 是 Apache 平台下的一个免费开源项目。Pig 为大型数据集的处理提供了更高层次的抽象，很多时候数据的处理需要多个 MapReduce 过程才能实现，使得数据处理过程与该模式匹配可能很困难。有了 Pig 就能够使用更丰富的数据结构。

Pig 是 MapReduce 的一个抽象。它是一个工具/平台，用于分析较大的数据集，并将它们表示为数据流。Pig 通常与 Hadoop 一起使用；可以使用 Pig 在 Hadoop 中执行所有的数据处理操作。

要编写数据分析程序，Pig提供了一种被称为Pig Latin的高级语言。该语言的编译器会把类SQL的数据分析请求转换为一系列经过优化处理的MapReduce运算。该语言提供了各种操作符，程序员可以利用它们开发自己的用于读取、写入和处理数据的功能。Pig Latin是一个相对简单的语言，一条语句就是一个操作，与数据库的表类似，可以在关系数据库中找到它(其中，元组代表行，并且每个元组都由字段组成)。

要使用Pig分析数据，程序员需要使用Pig Latin语言编写脚本。所有这些脚本都在内部转换为Map和Reduce任务。Pig有一个名为Pig Engine的组件，它接受Pig Latin脚本作为输入，并将这些脚本转换为MapReduce作业。Pig拥有大量的数据类型，不仅支持包、元组和映射等高级概念，还支持简单的数据类型，如int、long、float、double、chararray和bytearray。并且，它还有一套完整的比较运算符，包括使用正则表达式的丰富匹配模式。

2.Pig的特点

Pig具有以下特点：

(1)丰富的运算符集。它提供了许多运算符来执行诸如join、sort、filer等操作。

(2)易于编程。Pig Latin与SQL类似，如果善于使用SQL，则很容易编写Pig脚本。

(3)优化机会。Apache Pig中的任务自动优化其执行，因此程序员只需要关注语言的语义。

(4)可扩展性。使用现有的操作符，用户可以开发自己需要的功能来读取、处理和写入数据。

(5)用户定义函数。Pig提供了在其他编程语言(如Java)中创建用户定义函数的功能，并且可以调用或嵌入Pig脚本中。

(6)处理各种数据。Pig分析各种数据是结构化还是非结构化，它都将结果存储在HDFS中。

Pig Latin，是一种高级数据处理语言，它提供了一组丰富的数据类型和操作符来对数据执行各种操作。要执行特定任务时，需要用Pig Latin语言编写Pig脚本，并使用任意执行机制(Grunt Shell，UDFs，Embedded)执行它们。执行后，这些脚本将通过应用Pig框架的一系列转换来生成所需的输出。

在内部，Pig将这些脚本转换为一系列MapReduce作业，因此，它使程序员的工作变得容易。

3.Pig的架构

如图3.21所示，Pig框架中有各种组件。

1) Parser(解析器)

最初，Pig脚本由解析器处理，它进行脚本语法检查、类型检查和其他杂项检查。解析器的输出将是DAG(有向无环图)，它表示Pig Latin语句和逻辑运算符。在DAG中，脚本的逻辑运算符表示为节点，数据流表示为边。

2) Optimizer(优化器)

逻辑计划传递到逻辑优化器，逻辑优化器执行逻辑优化，例如投影和下推。

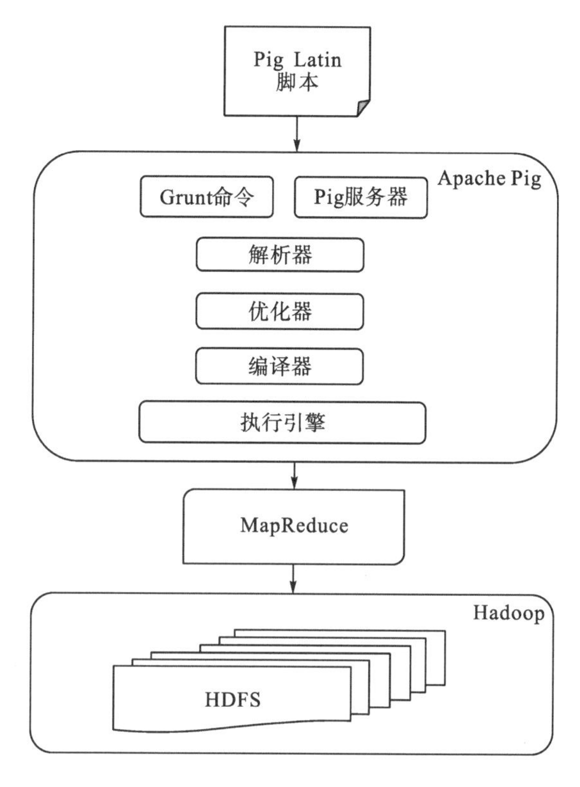

图 3.21　Apache Pig 的架构

3) Compiler(编译器)

编译器将优化的逻辑计划编译为一系列 MapReduce 作业。

4) Execution Engine(执行引擎)

MapReduce 作业以排序顺序提交到 Hadoop。这些 MapReduce 作业在 Hadoop 上执行，产生所需的结果。

5) Pig Latin 数据模型

Pig Latin 的数据模型是完全嵌套的，它允许复杂的非原子数据类型，例如 Map 和 Tuple。

3.3.4　Sqoop

1.Sqoop 介绍

Sqoop 最早是作为 Hadoop 的一个第三方模块存在，后来为了让使用者能够快速部署，也为了让开发人员能够更快速地迭代开发，Sqoop 独立成为一个 Apache 项目。

Sqoop 是一款开源的工具，主要用于在 Hadoop(Hive) 与传统的数据库 (mysql、postgresql...) 间进行数据的传递，可以将一个关系型数据库 (例如：MySQL、Oracle、Postgres 等) 中的数据导入 Hadoop 的 HDFS 中，也可以将 HDFS 的数据导入关系型数据库中。

Sqoop 是一个用来将 Hadoop 和关系型数据库中的数据相互转移的工具，可以将一个关系型数据库 (例如：MySQL、Oracle、Postgres 等) 中的数据导入 Hadoop 的 HDFS 中，也可以将 HDFS 的数据导入关系型数据库中。

对于某些 NoSQL 数据库，它也提供了连接器。类似于其他 ETL 工具，Sqoop 使用元数据模型来判断数据类型并在数据从数据源转移到 Hadoop 时确保类型安全的数据处理。Sqoop 专为大数据批量传输而设计，能够分割数据集并创建 Hadoop 任务来处理每个区块。

Sqoop是Apache顶级项目，主要用来在Hadoop和关系数据库中传递数据。通过Sqoop，我们可以方便地将数据从关系数据库导入HDFS，或者将数据从HDFS导出到关系数据库。

Sqoop 架构非常简单，其整合了 Hive、Hbase 和 Oozi。Sqoop 的进一步发展可以参考：*A New Generation of Data Transfer Tools for Hadoop*：*Sqoop*2。

Sqoop 主要通过 JDBC 和关系数据库进行交互。理论上支持 JDBC 的 database 都可以使用 Sqoop 和 hdfs 进行数据交互。

但是，只有一小部分经过 Sqoop 官方测试，如下：

Database	version	--direct support	connect string matches
HSQLDB	1.8.0+	No	jdbc：hsqldb：*//
MySQL	5.0+	Yes	jdbc：mysql：//
Oracle	10.2.0+	No	jdbc：oracle：*//
PostgreSQL	8.3+	Yes	jdbc：postgresql：//

较老的版本有可能也被支持，但未经过测试。

出于性能考虑，Sqoop 提供不同于 JDBC 的快速存取数据的机制，可以通过--direct 使用。

Sqoop 数据导入具有以下特点：

(1) 支持文本文件(--as-textfile)、avro(--as-avrodatafile)、SequenceFiles(--as-sequencefile)。RCFILE 暂未支持，默认为文本。

(2) 支持数据追加，通过--apend 指定。

(3) 支持 table 列选取(--column)，支持数据选取(--where)，和--table 一起使用。

(4) 支持数据选取，例如读入多表 join 后的数据“SELECT a.*，b.*FROM a JOIN b on(a.id==b.id)”，不可以和--table 同时使用。

(5) 支持 map 数定制(-m)。

(6) 支持压缩(--compress)。

(7) 支持将关系数据库中的数据导入 Hive(--Hive-import)、HBase(--hbase-table)。数据导入 Hive 分三步：①导入数据到 HDFS；②Hive 建表；③使用“LOAD DATA INPAHT”将数据 LOAD 到表中。数据导入 HBase 分二步：①导入数据到 HDFS；②调用 HBase put 操作逐行将数据写入表。

通常一个组织中有价值的数据都要存储在关系型数据库系统中。但是为了进一步进行处理，有些数据需要抽取出来，通过 MapReduce 程序进行再次加工。为了能够和 HDFS 系统之外的数据库系统进行交互，MapReduce 程序需要使用外部 API 来访问数据。Sqoop 就是一个开源的工具，它允许用户将数据从关系型数据库抽取到 Hadoop 中，也可以把 MapReduce 处理完的数据导回到数据库中。

2.Sqoop 使用

在学习 Sqoop 使用之前，需要查看 Sqoop 可以完成什么任务，通过键入“Sqoop help”就可以看到 Sqoop 可以提供的服务。在项目中，主要使用的是 Sqoop import 服务，在使用的过程中，还会经历很多定制修改，后文将逐一讲解。

1）将数据从数据库导入 Hadoop 中

导入指令：Sqoop import–connect jdbc：mysql：//hostname：port/database–username root–password123456–table example–m1。在这里讲解一下指令的构成，如下：

(1) --connect jdbc：mysql：//hostname：port/database，指定 mysql 数据库主机名和端口号和数据库名；

(2) --username root，指定数据库用户名；

(3) --password123456，指定数据库密码；

(4) --table example，mysql 中即将导出的表；

(5) --m1，指定启动一个 map 进程，如果表很大，可以启动多个 map 进程；

(6) 导入到 HDFS 中的路径，默认：/user/grid/example/part-m-00000。

注意：默认情况下，Sqoop 会将导入的数据保存为逗号分隔的文本文件。如果导入数据的字段内容存在分隔符，则可以另外指定分隔符、字段包围字符和转义字符。使用命令行参数可以指定分隔符、文件格式、压缩以及对导入过程进行更细粒度的控制。

2）生成代码

除了能够将数据库表的内容写到 HDFS，Sqoop 还生成了一个 Java 源文件(example.java)，保存在当前的本地目录中。在运行了前面的 Sqoop import 命令之后，可以通过 ls example.java 命令看到这个文件。代码生成时 Sqoop 导入过程的必要组成部分，这是在 Sqoop 将源数据库的表数据写到 HDFS 之前，首先用生成的代码对其进行反序列化。

生成的类中能够保存一条从被导入表中取出的记录。该类可以在 MapReduce 中使用这条记录，也可以将这条记录保存在 HDFS 中的一个 SequenceFile 文件中。在导入过程中，由 Sqoop 生成的 SequenceFile 文件会生成类，将每一个被导入的行保存在其键值对格式中“值”的位置。

也许我们不想将生成的类命名为 example，因为每一个类的实例只对应于一条记录。可以使用另外一个 Sqoop 工具来生成源代码，并不执行导入操作，这个生成的代码仍然会检查数据库表，以确定与每个字段相匹配的数据类型：

Sqoop codegen–connect jdbc：mysql：//localhost/yidong–table example–class-name example

Codegen 工具只是简单地生成代码，不执行完整的导入操作。我们指定希望生成一个名为 example 的类，这个类将被写入 example.java 文件中。在之前执行的导入过程中，还可以指定—class-name 和其他代码生成参数。如果意外地删除了生成的源代码，或希望使用不同于导入过程的设定来生成代码，都可以用这个工具来重新生成代码。

如果计划使用导入 SequenceFile 文件中的记录，将不可避免地用到生成的类(对 SequenceFile 文件中的数据进行反序列化)。在使用文本文件中的记录时，不需要生成代码。

3)深入了解数据库导入

Sqoop 是通过一个 MapReduce 作业从数据库中导入一个表，这个作业从表中抽取一行行记录，然后写入 HDFS。图 3.22 是 Sqoop 从数据库中导入到 HDFS 的原理图。

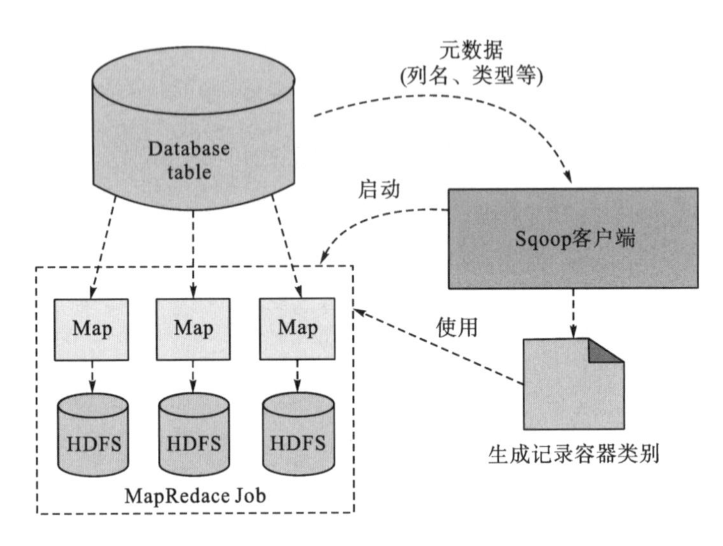

图 3.22　Sqoop 从数据库中导入到 HDFS 的原理

在导入开始之前，Sqoop 使用 JDBC 来检查将要导入的表。它检索出表中所有的列以及列的 SQL 数据类型。这些 SQL 类型(VARCHAR、INTEGER)被映射到 Java 数据类型(String、Integer 等)，在 MapReduce 应用中将使用这些对应的 Java 类型来保存字段的值。Sqoop 的代码生成器使用这些信息来创建对应表的类，用于保存从表中抽取的记录，例如前面提到过的 example 类。

对于导入来说，更关键的是 DBWritable 接口的序列化方法，这些方法能使 Widget 类和 JDBC 进行交互：

Public void readFields(resultSet_dbResults) throws SQLException;

Public void write(PreparedStatement_dbstmt) throws SQLException;

JDBC 的 ResultSet 接口提供了一个让用户从检查结果中检索记录的游标。这里的 readFields()方法将用 ResultSet 中一行数据的列来填充 Example 对象的字段。

Sqoop 启动的 MapReduce 作业用到一个 InputFormat，它可以通过 JDBC 从一个数据库表中读取部分内容。Hadoop 提供的 DataDriverDBInputFormat 能够为几个 Map 任务对查询结果进行划分。为了获取更好的导入性能，查询会根据一个“划分列”来进行划分。Sqoop 会选择一个合适的列作为划分列(通常是表的主键)。

在生成反序列化代码和配置 InputFormat 之后，Sqoop 将作业发送到 MapReduce 集群。Map 任务将执行查询并将 ResultSet 中的数据反序列化到生成类的实例，这些数据要么直接保存在 SequenceFile 文件中，要么在写到 HDFS 之前被转换成分割的文本。

Sqoop 不需要每次都导入整张表，用户也可以在查询中加入 where 句子，以此来限定需要导入的记录：Sqoop–query<SQL>。

导入和一致性：在向 HDFS 导入数据时，重要的是要确保访问的是数据源的一致性快照。从一个数据库中并行读取数据的 Map 任务分别运行在不同的进程中。因此，它们不能共享一个数据库任务。保证一致性的最好方法就是在导入时不允许运行任何进程对表中现有数据进行更新。

4) 使用导入的数据

一旦数据导入 HDFS，就可以供定制的 MapReduce 程序使用。导入的文本格式数据可以供 Hadoop Streaming 中的脚本或者以 TextInputFormat 为默认格式运行的 MapReduce 作业使用。

为了使用导入记录的个别字段，必须对字段分割符进行解析，抽取出字段值并转换为相应的数据类型。Sqoop 生成的表类能自动完成这个过程，使我们可以将精力集中在真正要运行的 MapReduce 作业上。

5) 导入的数据与 Hive

Hive 和 Sqoop 共同构成一个强大的服务于分析任务的工具链。Sqoop 能够根据一个关系数据源中的表来生成一个 Hive 表。既然已经将表的数据导入到 HDFS 中，那么就可以直接生成相应 Hive 表的定义，然后加载保存在 HDFS 中的数据，例如：

Sqoop create-Hive-table–connect jdbc: mysql: //localhoust/yidong–table example–fields-terminated-by"，"

Load data inpath 'example' into table example

在为一个特定的已导入数据集创建相应的 Hive 表定义时，需要指定该数据集所使用的分隔符。否则，Sqoop 将允许 Hive 使用自己默认的分隔符。

如果想直接从数据库将数据导入 Hive，可以将上述三个步骤(将数据导入 HDFS；创建 Hive 表；将 HDFS 中的数据导入 Hive)缩短为一个步骤。在进行导入时，Sqoop 可以生成 Hive 表的定义，然后直接将数据导入 Hive 表：

Sqoop import–connect jdbc: mysql: //localhost/Hadoopguide–table widgets–m1–Hive-import

6) 导入大对象

很多数据库都具有在一个字段中保存大量数据的能力。这取决于数据是文本还是二进制类型，通常这些类型为 CLOB 或 BLOB。数据库一般会对这些“大对象”进行特殊处理。Sqoop 将导入的大对象数据存储在 LobFile 格式的单独文件中，LobFile 格式能够存储非常大的单条记录。LobFile 文件中的每条记录保存一个大对象。

在导入一条记录时，所有的“正常”字段会在一个文本文件中一起被物化，同时还生成一个指向保存 CLOB 或 BLOB 列的 LobFile 文件的引用。

3.Sqoop 执行导出

在 Sqoop 中，导出是将 HDFS 作为一个数据源，而将一个远程的数据库作为目标。将一张表从 HDFS 导出到数据库时，必须在数据库中创建一张用于接收数据的目标表。虽然 Sqoop 可以推断出那个 Java 类型适合存储 SQL 数据类型，但反过来确实行不通。因此，必须由用户来确定哪些类型是最合适的。

例如：我们打算从 Hive 中导出 zip_profits 表到 mysql 数据库中。

(1)在 mysql 中创建一个具有相同序列顺序及适合 sql 表型的目标表：Create table sales_by_sip(volume decimal(8, 2), zip integer)；

(2)运行导出命令：Sqoop export–connect jdbc：mysql：//localhost/Hadoopguide–m1–table sales_by_zip–export-dir/user/Hive/warehouse/zip_profits–input-fields-terminated-by "\0001"；

(3)通过 mysql 命令来确认是否导出成功：mysql Hadoopguide–e'select*from sales_by_zip'。

在 Hive 中创建 zip_profits 表时，我们没有指定任何分隔符。因此，Hive 使用了自己的默认分隔符。但是直接从文件中读取这张表时，我们需要将所使用的分隔符告知 Sqoop。Sqoop 默认记录是以换行符作为分隔符。因此，可在 Sqoop export 命令中使用 --input-fields-terminated-by 参数来指定字段分隔符。

1) Sqoop 导出功能的架构

Sqoop 导出功能的架构与其导入功能非常相似，在执行导出操作之前，Sqoop 首先会根据数据库连接字符串来选择一个导出方法，一般为 jdbc。接着，Sqoop 会根据目标表的定义生成一个 Java 类。这个生成的类能够从文本文件中解析记录，并能够向表中插入类型合适的值。然后会启动一个 MapReduce 作业，从 HDFS 中读取源数据文件，使用生成的类解析记录，并且执行选定的导出方法(图 3.23)。

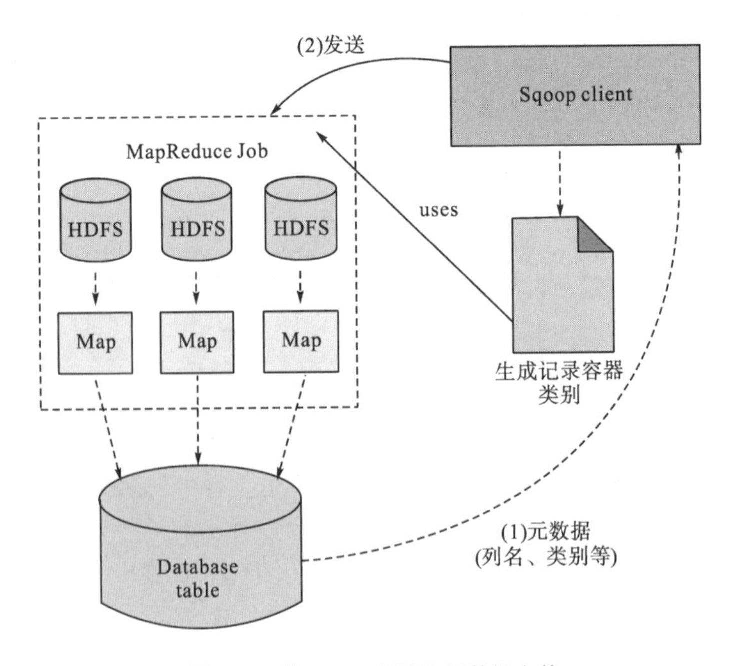

图 3.23 从 HDFS 中读取源数据文件

基于 jdbc 的导出方法会产生一批 insert 语句，每条语句都会向目标表中插入多条记录。多个单独的线程被用于从 HDFS 读取数据并与数据库进行通信，以确保涉及不同系统的 I/O 操作能够尽可能重叠执行。

虽然HDFS读取数据的MapReduce作业大多根据所处理文件的数量和大小来选择并行度(Map任务的数量)，但Sqoop的导出工具允许用户明确设定任务的数量。由于导出性能会受并行的数据库写入线程数量的影响，所以Sqoop使用combinefileinput类将输入文件分组分配给少数几个Map任务去执行。

2)导出与事务

进程的并行特性，导致导出操作往往不是原子操作。Sqoop会采用多个并行的任务导出，并且数据库系统使用固定大小的缓冲区来存储事务数据，这时一个任务中的所有操作不可能在一个事务中完成。因此，在导出操作进行过程中，提交过的中间结果都是可见的。在导出过程完成前，不要启动那些使用导出结果的应用程序，否则这些应用会看到不完整的导出结果。

另外，如果任务失败，它会从头开始重新导入自己负责的那部分数据，因此可能会插入重复的记录。目前，Sqoop还不能避免这种可能性。在启动导出作业前，应当在数据库中设置表的约束(例如，定义一个主键列)以保证数据行的唯一性。

3)导出与SequenceFile

Sqoop还可以将存储在SequenceFile中的记录导出到输出表，不过有一些限制。SequenceFile中可以保存任意类型的记录。Sqoop的导出工具从SequenceFile中读取对象，然后直接发送到OutputCollector，由它将这些对象传递给数据库，导出OutputFormat。为了能被Sqoop使用，记录必须被保存在SequenceFile键值对格式的值部分，并且必须继承抽象类com.cloudera.Sqoop.lib.SqoopRecord。

3.3.5 ZooKeeper

1.ZooKeeper简介

ZooKeeper是一种为分布式应用所设计的高可用、高性能且一致的开源协调服务，它提供了一项基本服务：分布式锁服务。由于ZooKeeper的开源特性，后来的开发者在分布式锁的基础上，摸索了出了其他的使用方法：配置维护、组服务、分布式消息队列、分布式通知/协调等。

ZooKeeper性能上的特点决定了它能够用在大型的、分布式的系统当中。从可靠性方面来说，它并不会因为一个节点的错误而崩溃。除此之外，它严格的序列访问控制意味着复杂的控制原语可以应用在客户端上。ZooKeeper在一致性、可用性、容错性方面有所保证，这也是ZooKeeper的成功之处，它获得的一切成功都与它采用的协议——Zab协议是密不可分的。

ZooKeeper是一个开放源码的分布式应用程序协调服务，是Google的Chubby开源的实现，是Hadoop和Hbase的重要组件。它是一个为分布式应用提供一致性服务的软件，提供的功能包括：配置维护、域名服务、分布式同步、组服务等。

ZooKeeper的目标就是封装好复杂易出错的关键服务，将简单易用的接口和性能高效、功能稳定的系统提供给用户。

ZooKeeper 包含一个简单的原语集，提供 Java 和 C 的接口。

ZooKeeper 代码版本中，提供了分布式独享锁、选举、队列的接口，代码在 ZooKeeper-3.4.3\src\recipes 中。其中分布锁和队列有 Java 和 C 两个版本，选举只有 Java 版本。

2.ZooKeeper 原理

ZooKeeper 是以 Fast Paxos 算法为基础的，Paxos 算法存在活锁的问题，即当有多个 proposer 交错提交时，有可能互相排斥导致没有一个 proposer 能提交成功，而 Fast Paxos 作了一些优化，通过选举产生一个 Leader(领导者)，只有 Leader 才能提交 proposer，具体算法可见 Fast Paxos。因此，要想弄懂 ZooKeeper 首先得对 Fast Paxos 有所了解。

ZooKeeper 的基本运转流程：

(1)选举 Leader；

(2)同步数据；

(3)选举 Leader 的过程中有很多算法，但要达到的选举标准是一致的；

(4)Leader 要具有最高的执行 ID，类似 root 权限；

(5)集群中大多数的机器得到响应并接受选出的 Leader。

3.ZooKeeper 的特点

在 ZooKeeper 中，znode 是一个跟 Unix 文件系统路径相似的节点，可以往这个节点存储或获取数据。如果在创建 znode 时 Flag 设置为 EPHEMERAL，那么当创建这个 znode 的节点和 ZooKeeper 失去连接后，这个 znode 将不再存在于 ZooKeeper 里。ZooKeeper 使用 Watcher 察觉事件信息。当客户端接收到事件信息，比如连接超时、节点数据改变、子节点改变，可以调用相应的行为来处理数据。ZooKeeper 的 Wiki 页面展示了如何使用 ZooKeeper 来处理事件通知，队列，优先队列，锁，共享锁，可撤销的共享锁，两阶段提交。

那么，ZooKeeper 能做什么事情呢？一个简单的例子：假设我们有 20 个搜索引擎的服务器(每个负责总索引中的一部分搜索任务)和一个总服务器(负责向这 20 个搜索引擎的服务器发出搜索请求并合并结果集)，一个备用的总服务器(当总服务器宕机时替换总服务器)，一个 web 的 cgi(向总服务器发出搜索请求)。搜索引擎的服务器中的 15 个服务器提供搜索服务，5 个服务器正在生成索引。这 20 个搜索引擎的服务器经常要让正在提供搜索服务的服务器停止提供服务开始生成索引，或生成索引的服务器已经把索引生成完成可以提供搜索服务了。使用 ZooKeeper 可以保证总服务器自动感知有多少提供搜索引擎的服务器并向这些服务器发出搜索请求，当总服务器宕机时自动启用备用的总服务器。

3.3.6 Avro

Avro 是 Hadoop 的一个子项目，由 Hadoop 的创始人 Doug Cutting(也是 Lucene、Nutch 等项目的创始人)牵头开发。Avro 是一个数据序列化系统，设计用于支持大批量数据交换的应用。它的主要特点有：支持二进制序列化方式，可以便捷，快速地处理大量数据；动态语言友好，Avro 提供的机制使动态语言可以方便地处理 Avro 数据。

Avro 支持两种序列化编码方式：二进制编码和 JSON 编码。使用二进制编码会高效序列化，并且序列化后得到的结果会比较小；JSON 一般用于调试系统或是基于 WEB 的应用。对 Avro 数据序列化/反序列化时都需要对模式以深度优先(Depth-First)，从左到右(Left-to-Right)的遍历顺序来执行。

Avro 依赖模式(Schema)来实现数据结构定义。可以把模式理解为 Java 的类，它定义每个实例的结构、包含的属性。可以根据类来产生任意多个实例对象。对实例序列化操作时必须要知道它的基本结构，也就是需要参考类的信息。这里，根据模式产生的 Avro 对象类似于类的实例对象。每次序列化/反序列化时都需要知道模式的具体结构。所以，在 Avro 可用的一些场景下，如文件存储或是网络通信，都需要模式与数据同时存在。Avro 数据以模式来读和写(文件或是网络)，并且写入的数据都不需要加入其他标识，这样序列化时速度快且结果内容少。由于程序可以直接根据模式来处理数据，所以 Avro 更适合于脚本语言的发挥。

从序列化方式来看，Apache Thrift 和 Google 的 Protocol Buffers 以及 Avro 应该是属于同一个级别的框架，都能跨语言，性能优秀，数据精简，但是 Avro 的动态模式(不用生成代码，而且性能很好)这个特点让人非常喜欢，比较适合 RPC 的数据交换。

Avro RPC 是一个支持跨语言实现的 RPC 服务框架，非常轻量级，实现简洁，使用方便，同时支持使用者进行二次开发，逻辑上该框架分为两层：

(1) 网络传输层使用 Netty 的 Nio 实现；

(2) 协议层可扩展，目前支持的数据序列化方式有 Avro、Protocol Buffers、Json、Hessian、Java 序列化，使用者可以注册自己的协议格式及序列化方式。

上面是将 Avro 对象序列化到文件的操作。与之相应的，Avro 也被作为一种 RPC 框架来使用。客户端希望同服务器端交互时，就需要交换双方通信的协议，它类似于模式，需要双方来定义，在 Avro 中被称为消息。通信双方都必须保持这种协议，以便于解析从对方发送过来的数据，即握手阶段。

3.4 Hadoop 版本介绍

目前，不收费的 Hadoop 版本主要有三个，分别是：Apache 版本，所有发行版均基于这个版本进行改进；Cloudera 版本(Cloudera's Distribution Including Apache Hadoop，CDH)；Hortonworks 版本(Hortonworks Data Platform，HDP)。

3.4.1 Cloudera CDH

1.Cloudera 简介

Cloudera 提供一个可扩展、灵活、集成的平台，可用来方便地管理企业中快速增长的多种多样的数据。业界领先的 Cloudera 产品和解决方案使我们能够部署并管理 Apache

Hadoop 和相关项目、操作，分析数据并保护数据的安全。

CDH—Cloudera 分发的 Apache Hadoop 和其他相关开放源代码项目，包括 Impala 和 Cloudera Search。CDH 还提供安全保护以及与许多硬件和软件解决方案的集成。核心部件包括：

(1) Cloudera Manager：一个复杂的应用程序，用于部署、管理、监控 CDH 部署并诊断问题。Cloudera Manager 提供 Admin Console，这是一种基于 Web 的用户界面，使企业数据管理简单而直接。它还包括 Cloudera Manager API，可用来获取群集运行状况信息和度量以及配置 Cloudera Manager。

(2) Cloudera Navigator：CDH 平台的端到端数据管理工具。Cloudera Navigator 使管理员、数据经理和分析师能够了解 Hadoop 中的大量数据。Cloudera Navigator 中强大的审核、数据管理、沿袭管理和生命周期管理使企业能够遵守严格的法规遵从性和法规要求。

(3) Cloudera Impala：一种大规模并行处理 SQL 引擎，用于交互式分析和商业智能。其高度优化的体系结构使它非常适合用于具有联接、聚合和子查询的传统 BI 样式的查询。它可以查询来自各种源的 Hadoop 数据文件，包括由 MapReduce 作业生成的数据文件或加载到 Hive 表中的数据文件。YARN 和 Llama 资源管理组件让 Impala 能够共存于使用 Impala SQL 查询并发运行批处理工作负载的群集上。可以通过 Cloudera Manager 用户界面管理 Impala 及其他 Hadoop 组件，并通过 Sentry 授权框架保护其数据。

2.Cloudera 生态系统

Cloudera 生态系统见图 3.24。

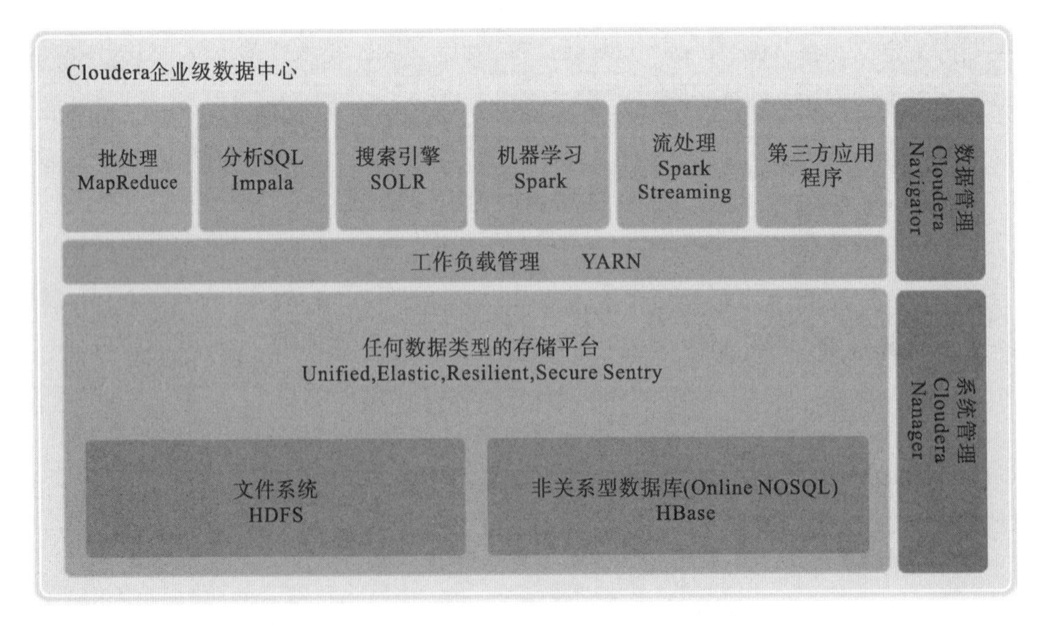

图 3.24 Cloudera 生态系统

1) Impala 分析 SQL

Cloudera Impala 提供 SQL 语句。可以在 HDFS、Hbase 上操作 PB 级的数据。在 Hadoop 中 Hive 也提供了 SQL 语句，但是 Hive 使用的是 mapreduce 引擎，mapreduce 开销大，启动任务的速度慢，最大的特点就是启动快。

(1) 特点：快于最新的 Hive；原生于 Hadoop 生态系统；兼容 ANSI SQL；兼容主流 BI 工具；安全与管治；简便的管理；开源(Apache-licensed)。

(2) 案例：交互式数据分析与挖掘；大规模并行处理 SQL 执行引擎。

(3) Impala 新特性和优势如图 3.25 所示。

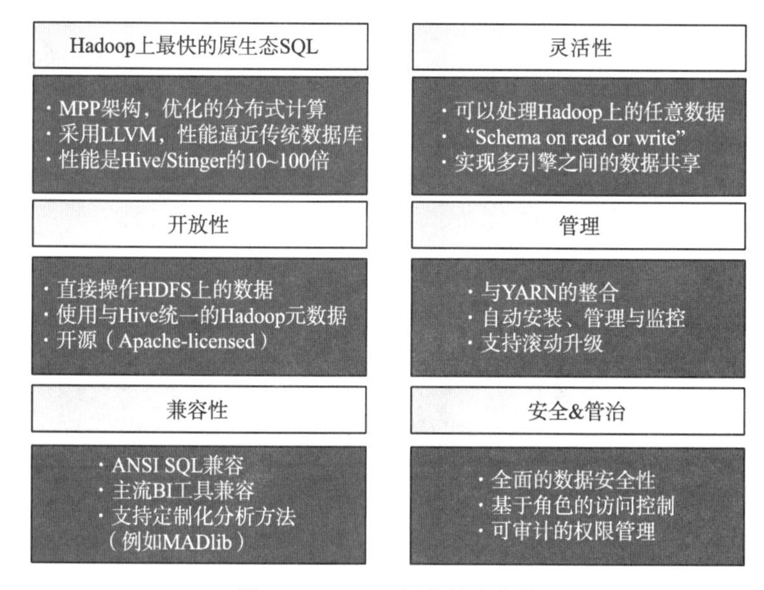

图 3.25　Impala 新特性和优势

2) 搜索引擎

搜索引擎是唯一一个提供企业级搜索解决方案的商用 Hadoop 版本，可以实现搜索、导航、数据之间的关系。

(1) 易用性：支持全文检索与切面导航；支持实时数据索引；多用户友好。

(2) 灵活性：支持批处理、实时索引；支持多类型、多格式数据源；原生，与 Hadoop 生态系统相结合；丰富的 API 与完善的生态系统 100%开源；业界标准的搜索引擎；成熟的代码，活跃的社区。

3) 机器学习

采用开源的数据并行处理框架。具有如下特点。

(1) 高效性：比 MapReduce 的数据处理快 100 倍，有效支持迭代机器学习算法。

(2) 多语言兼容性：提供 Java、Scala、Python 等多语言，丰富的 API。

(3) 完整性：集成于 CDH，可通过 Cloudera 管理器进行管理与监控。

4) 流处理计算框架

(1) 易用性：丰富的 API 加速流处理应用程序的开发与部署。

(2) 容错性：实现“Exactly-once”语意。

(3) 统一性：基于 Spark，与批处理、Spark SQL 共享数据与编程模型。

第三方应用程序 CDH 主要是针对于企业级的，所以有超过 100 个已认证的扩展产品，如：商业智能化的应用程序、可以进行分析和搜索的服务、加密管理。

3.Cloudera Manger

Cloudera Manager 有四大功能：

(1) 管理：对集群进行管理，如添加、删除节点等操作。

(2) 监控：监控集群的健康情况，对设置的各种指标和系统运行情况进行全面监控。

(3) 诊断：对集群出现的问题进行诊断，对出现的问题给出建议及解决方案。

(4) 集成：对 Hadoop 的多组件进行整合。

Cloudera Manager 的核心是管理服务器，该服务器承载管理控制台的 Web 服务器和应用程序逻辑，并负责安装软件、配置、启动和停止服务，以及管理上的服务运行群集。

如图 3.26 所示，Cloudera Manager Server 由以下几个部分组成：

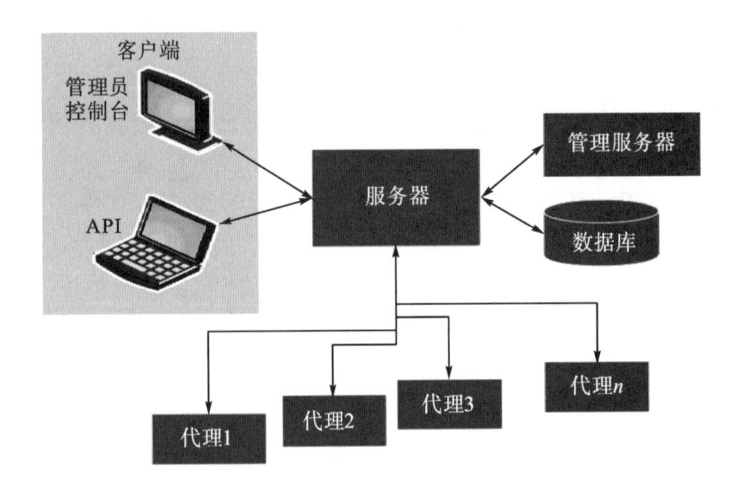

图 3.26 Cloudera Manager 架构

代理 (Agent)：安装在每台主机上。该代理负责启动和停止的过程，拆包配置，触发装置和监控主机。

管理服务器 (Management Service)：由一组执行各种监控、警报和报告功能角色的服务。

数据库 (Database)：存储配置和监视信息。通常情况下，多个逻辑数据库在一个或多个数据库服务器上运行。例如，Cloudera 的管理服务器和监控角色使用不同的逻辑数据库。

客户端 (Clients)：是用于与服务器进行交互的接口。

管理员控制台 (Admin Console)：基于 Web 的用户界面与管理员管理集群和 Cloudera 管理。

API：与开发人员创建自定义的 Cloudera Manager 应用程序的 API。

3.4.2　Hortonworks HDP

Hortonworks 数据平台是一款基于 Apache Hadoop 的开源数据平台，提供大数据云存储，大数据处理和分析等服务。该平台专门用来应对多来源和多格式的数据，并使其处理起来更简单、更有成本效益。HDP 还提供了一个开放、稳定和高度可扩展的平台，能更容易地集成 Apache Hadoop 的数据流业务与现有的数据架构。该平台包括各种 Apache Hadoop 项目以及 Hadoop 分布式文件系统(HDFS)、MapReduce、Pig、Hive、HBase、ZooKeeper 和其他各种组件，使 Hadoop 的平台更易于管理，更加具有开放性以及可扩展性。

3.5　Hadoop 安装

3.5.1　Hadoop 安装前期准备

1.环境配置

- 虚拟机：vmware workstation12
- 系统：CentOS6.4 版本 64 位操作系统镜像
- 节点：192.168.72.126hadoop11
  192.168.72.120hadoop12
  192.168.72.100hadoop13
- 包类选择：jdk-8u101-Linux-x64.gz(JDK)
  hadoop-2.6.1.tar.gz(Hadoop 包)
- 开发软件：eclipse-jee-mars-R-win32-x86_64

2.安装步骤

(1)安装虚拟机系统，并进行准备工作(可安装一个然后克隆)；
(2)修改各个虚拟机的 hostname 和 host；
(3)配置虚拟机网络，使虚拟机系统之间以及和 host 主机之间可以通过相互 ping 通；
(4)安装 JDK 和配置环境变量，检查是否配置成功；
(5)配置 SSH，实现节点间的无密码登录 ssh node1/2 指令验证时成功；
(6)Master 配置 Hadoop，并将 Hadoop 文件传输到 node 节点；
(7)配置环境变量，并启动 Hadoop，检查是否安装成功，执行 wordcount 检查是否成功；

具体安装过程可参考：https：//blog.csdn.net/shyboy716/article/details/77461914。

3.5.2 安装经验汇总

1.网页无法访问的可能原因及处理

(1)浏览器缓存出现问题。清缓存。
(2)每次关虚拟机杀死进程 sh stop-all.sh。
(3)某些进程的阻止。
(4)翻墙软件的使用导致本地浏览器无法访问。
(5)namenode 只可格式化一次。改进程，可删除 tmp，继续格式化 namenode。

2.搭建技巧

(1)集群机器要求是同一个局域网。
(2)master 发送密钥给 slave 后，slave 还需：
chmod700～/.ssh(修改.ssh 权限)
cat～/id_rsa.pub>>～/.ssh/authorized_keys
chmod600～/.ssh/authorized_keys
vi/etc/ssh/sshd_config#修改配置
RSAAuthentication yes#启用 RSA 认证
PubkeyAuthentication yes#启用公钥私钥配对认证方式
AuthorizedKeysFile.ssh/authorized_keys#公钥文件路径(和上面生成的文件同)
(3)搭建 SSH 免密码登陆应该是同名的用户名，才能实现 ssh hadoop12；否则只能是 ssh 用户名@hadoop12，但是这样 hadoop 自己没有这么智能。

把 master 的 hadoop 文件夹发送给 slave，但是如果 slave 的机器和 master 的机器的 JAVA_HOME 路径不一样，则需要修改 slave 里 yarn-env.sh，hadoop-env.sh，hadoop-config.sh 中的 JAVA_HOM。

本 章 小 结

Hadoop 是最为著名的大数据处理框架，由于其开源特性而广为流行，并形成了非常强大的生态圈。在批处理和离线数据挖掘领域有不可撼动的地位。再加上同样开源而强大的 Spark 可以与之集成共生，完善了技术体系和分析能力，使其具有了更加强大的生命力。

本章首先介绍了 Hadoop 的发展简史，接着深入剖析了 HDFS、MapReduce 等核心技术，详细描述了 Hadoop 生态圈的主流技术 HBase、Hive、Pig、Sqoop、ZooKeeper 和 Avro 等，最后介绍了 Hadoop 的常见版本，并给出了 Hadoop 商用版本 Cloudera CDH 的安装配置过程。

思　考　题

1.Hadoop2.0 和 Hadoop1.0 相比有什么不同？

2.试描述 MapReduce 的算法原理。

3.试分析 HDFS 在 Hadoop 中的地位和作用，并描述其架构和主要组件。

4.什么是 HBase？它和 HDFS 之间是什么关系？

5.Hive 是什么？适用于哪些场景？

6.Sqoop 工具有什么用途？

7.ZooKeeper 在 Hadoop 框架中是什么角色？它有什么特点？

参 考 文 献

汤姆·怀特. Hadoop 权威指南. 2010. 周敏, 曾大聃, 周傲英, 译. 北京: 清华大学出版社.

第4章　Spark大数据处理平台

Apache Spark是一种快速、通用、可扩展的大数据分布引擎，是加州大学伯克利分校AMP实验室(Algorithms，Machines，and People Lab)开发的通用内存并行计算框架。它是不断壮大的大数据分析解决方案家族中备受关注的明星成员，为分布式数据集的处理提供了一个有效框架，并以高效的方式处理分布式数据集。Spark集批处理、实时流处理、交互式查询与图计算于一体，避免了多种运算场景下需要部署不同集群带来的资源浪费。它具有运行速度快、易用性好、通用性强和随处运行等特点。

4.1　Spark概述

4.1.1　Spark发展简史

2009年，Spark诞生于伯克利大学AMP实验室。

2010年，开源。

2013年6月，Apache孵化器项目。

2014年2月，Apache顶级项目。

目前，发布的最新版本为Spark2.9.0。

Spark发展迅速，相较于其他大数据平台或框架而言，Spark的代码库最为活跃。

截至2015年6月，Spark的Contributor比2014年涨了3倍，达到730人；总代码行数也比2014年涨了2倍多，达到40万行；Spark应用也越来越广泛，最大的集群来自腾讯(8000个节点)，单个Job最大分别是阿里巴巴和Databricks(1PB)。

4.1.2　Spark的优点

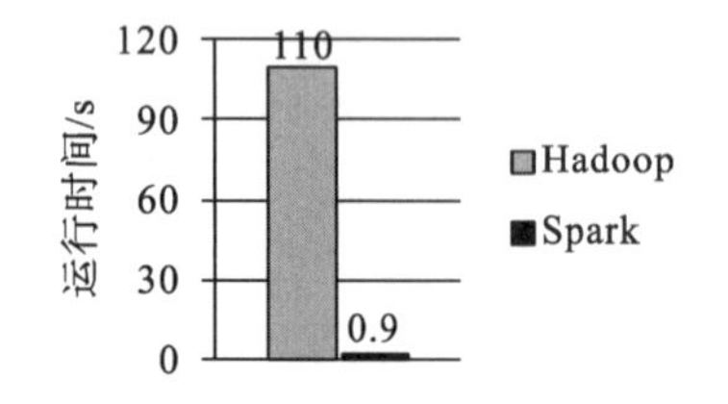

图4.1　逻辑回归在Hadoop、Spark的运算速度对比

(1)运行速度快。Spark拥有DAG执行引擎，支持在内存中对数据进行迭代计算。官方提供的数据表明，如果数据由磁盘读取，其速度是Hadoop MapReduce的10倍以上；如果数据从内存中读取，其速度是Hadoop MapReduce的100多倍，如图4.1所示。

(2)易用性好。Spark不仅支持Scala编写应用程序，而且支持Java和Python等语言进行编写，特别是Scala

是一种高效、可拓展的语言，能够用简洁的代码处理较为复杂的处理工作。

(3)通用性强。Spark 生态圈，即 BDAS(伯克利数据函数栈)包含了 Spark Core、Spark SQL、Spark Streaming、MLLib 和 GraphX 等组件。Spark Core 提供内存计算框架、Spark Streaming 的实时处理应用、Spark SQL 的即席查询、MLlib 库、MLbase 的机器学习和 GraphX 的图处理都是由 AMP 实验室提供，能够无缝地集成并提供一站式解决平台。

(4)随处运行。Spark 具有较强的适应性，能够读取 HDFS、Cassandra、HBase、S3 和 Techyon 为持久层读写原生数据，能够以 Mesos、YARN 和自身携带的 Standalone 作为资源管理器调度 job，来完成 Spark 应用程序的计算。

4.2 Spark 总体架构

4.2.1 Spark 技术架构

1.Spark 生态圈

Spark 生态圈见图 4.2。

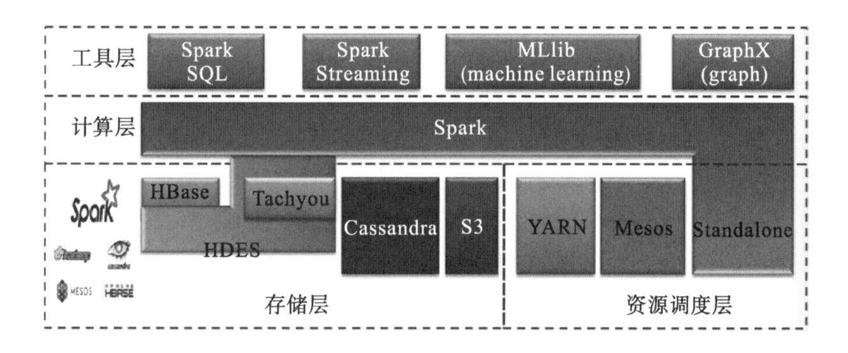

图 4.2 Spark 生态圈

(1)Spark Core：包含 Spark 的基本功能，尤其是定义 RDD 的 API、操作以及这两者上的动作。其他 Spark 的库都是构建在 RDD 和 Spark Core 之上的。

(2)Spark SQL：提供通过 Apache Hive 的 SQL 变体 Hive 查询语言(HiveQL)与 Spark 进行交互的 API。每个数据库表被当做一个 RDD，Spark SQL 查询被转换为 Spark 操作。

(3)Spark Streaming：对实时数据流进行处理和控制。Spark Streaming 允许程序能够像普通 RDD 一样处理实时数据。

(4)MLlib：一个常用机器学习算法库，算法被实现为对 RDD 的 Spark 操作。这个库包含可扩展的学习算法，比如分类、回归等需要对大量数据集进行迭代的操作。

(5)GraphX：控制图、并行图操作和计算的一组算法和工具的集合。GraphX 扩展了 RDD API，包含控制图、创建子图、访问路径上所有顶点的操作。

2.Spark 架构的组成

Spark 的整体架构如图 4.3 所示。其中，DriverProgram(简称 Driver)是用户编写的数据处理逻辑，这个逻辑中包括用户创建的 SparkContext。SparkContext 是用户逻辑与 Spark 集群主要的交互接口，它会和 ClusterManager 交互，包括向它申请计算资源等。Cluster Manager 负责集群的资源管理和调度，现在支持 Standalone、Apache Mesos 和 Hadoop 的 YARN。Worker Node 是集群中可以执行计算任务的节点。Executor 是在一个 Worker Node 上为某应用启动的一个进程，该进程负责运行任务，并且负责将数据存在内存或者磁盘上。Task 是被送到某个 Executor 上的计算单元。每个应用都有各自独立的 Executor，计算最终在计算节点的 Executor 中执行。

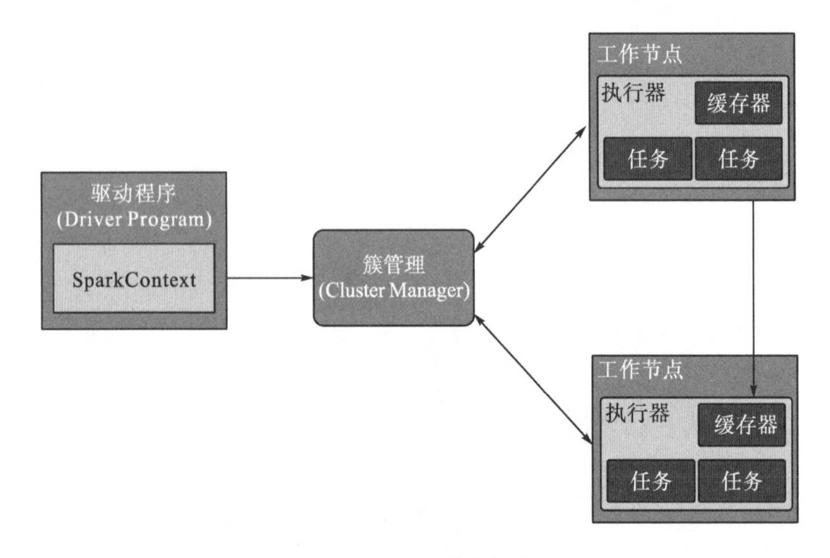

图 4.3 Spark 技术架构

(1)簇管理(ClusterManager)：在 standalone 模式中即为 Master 主节点，控制整个集群，监控 worker。在 YARN 模式中为资源管理器。

(2)工作节点(WorkerNode)：从节点，负责控制计算节点，启动 Executor 或者 Driver。

(3)驱动程序(DriverProgram)：运行 Application 的 main()函数。

(4)Executor：执行器，是为某个 Application 运行在 Worker Node 上的一个进程。

用户程序从最开始的提交到最终的计算执行，需要经历以下几个阶段：

(1)用户程序创建 SparkContext 时，新创建的 SparkContext 实例会连接到 Cluster Manager，ClusterManager 会根据用户提交时设置的 CPU 和内存等信息为本次提交分配计算资源，启动 Executor。

(2)Driver 会将用户程序划分为不同的执行阶段，每个执行阶段由一组完全相同的 Task 组成，这些 Task 分别作用于待处理数据的不同分区。在阶段划分完成和 Task 创建后 Driver 会向 Executor 发送 Task。

(3)Executor 在接收到 Task 后，会下载 Task 运行时依赖的包和库，在准备好 Task 的执行环境后，会开始执行 Task，并且将 Task 的运行状态汇报给 Driver。

(4) Driver 会根据收到的 Task 的运行状态来处理不同的状态更新。Task 分为两种：一种是 Shuffle Map Task，它实现数据的重新洗牌，洗牌的结果保存到 Executor 所在节点的文件系统中；另外一种是 Result Task，它负责生成结果数据。

(5) Driver 会不断地调用 Task，将 Task 发送到 Executor 执行，在所有的 Task 都正确执行或者超过执行次数的限制仍然没有执行成功时停止。

4.2.2 Spark 总体流程

1.Spark 的总体流程

Spark 的运行流程如下：

(1) Spark 的 Driver Program 包含用户的应用程序。

(2) Driver 完成 Task 的解析和生成。

(3) Driver 向 ClusterManager(簇管理) 申请运行 Task 需要的资源。

(4) 簇管理为 Task 分配满足要求的节点，并在节点按照要求创建 Executor。

(5) 创建的 Executor 向 Driver 注册。

(6) Driver 将 Spark 应用程序的代码和文件传送给分配的 Executor。

(7) Executor 运行 Task，运行完之后将结果返回给 Driver 或者写入 HDFS 或其他介质。Spark 运行流程示意图如图 4.4 所示。

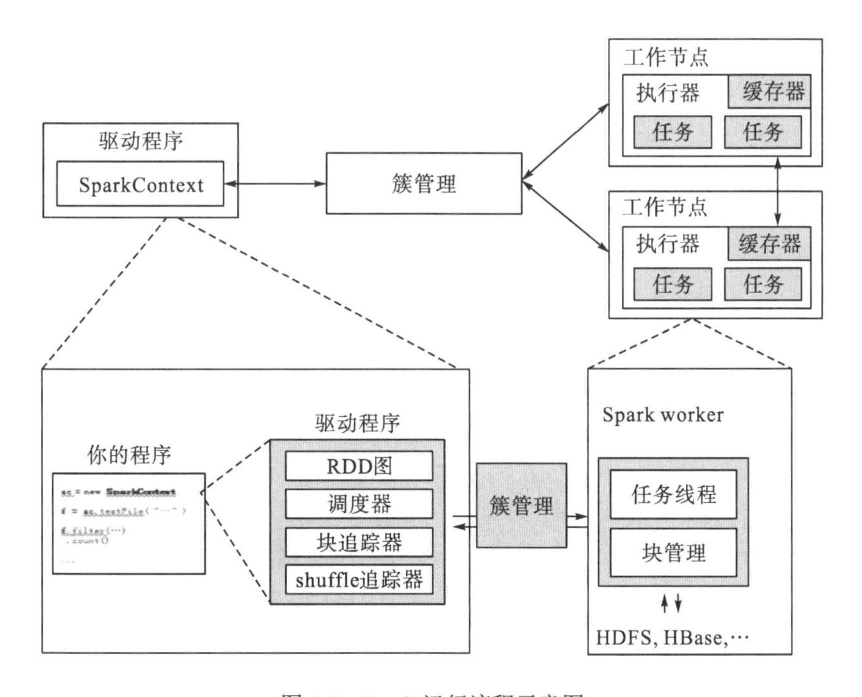

图 4.4　Spark 运行流程示意图

2.Spark 运行特点

(1)每个 Application 获取专属的 Executor 进程，该进程在 Application 期间一直驻留，并以多线程方式运行 Task。无论是从调度角度看(每个 Driver 调度它自己的任务)，还是从运行角度看(来自不同 Application 的 Task 运行在不同 JVM 中)，这种 Application 隔离机制是有优势的，当然这样意味着 SparkApplication 不能跨应用程序共享数据，除非将数据写入外部存储系统。

(2)Spark 与资源管理器无关，只需能够获取 Executor 进程，并能保持互相通信。

(3)提交 SparkContext 的 Client 应该靠近 Worker 节点(运行 Executor 的节点)，最好是在同一个 Rack 里，因为 SparkApplication 运行过程中 SparkContext 和 Executor 之间有大量的信息互换。

(4)Task 采用了数据本地性和推测执行的优化机制。

3.YARN 模式的运行流程

Spark On YARN 模式根据 Driver 在集群中的位置分为两种模式:一种是 YARN-Client 模式，另一种是 YARN-Cluster(或称为 YARN-Standalone)模式。

1)YARN-Client 模式

YARN-Client 的运行流程为:

(1)SparkYARNClient 向 YARNesourceManager 申请启动 ApplicationMaster。同时在 SparkContext 初始化中将创建 DAGScheduler 和 TASKScheduler 等，由于选择的是 YARN-Client 模式，程序会选择 YarnClientClusterScheduler 和 YarnClientSchedulerBackend。

(2)ResourceManager 收到请求后，在集群中选择一个 NodeManager，为该应用程序分配第一个 Container，要求它在这个 Container 中启动应用程序的 Application，与 YARN-Cluster 区别的是在该 Application 不运行 SparkContext，只与 SparkContext 联系，进行资源的分派。

(3)Client 中的 SparkContext 初始化完毕后，与 ApplicationMaster 建立通信，向 ResourceManager 注册，根据任务信息向 ResourceManager 申请资源(Container)。

(4)一旦 ApplicationMaster 申请到资源(也就是 Container)，便与对应的 NodeManager 通信，要求它在获得的 Container 中启动 CoarseGrainedExecutorBackend，启动后会向 Client 中的 SparkContext 注册并申请 Task。

(5)Client 中的 SparkContext 分配 Task 给 CoarseGrainedExecutorBackend 执行，CoarseGrainedExecutorBackend 运行 Task 并向 Driver 汇报运行的状态和速度，以让 Client 随时掌握各个任务的运行状态，从而可以在任务失败时重新启动任务。

(6)应用程序运行完成后，Client 的 SparkContext 向 ResourceManager 申请注销并关闭。示意图如图 4.5 所示。

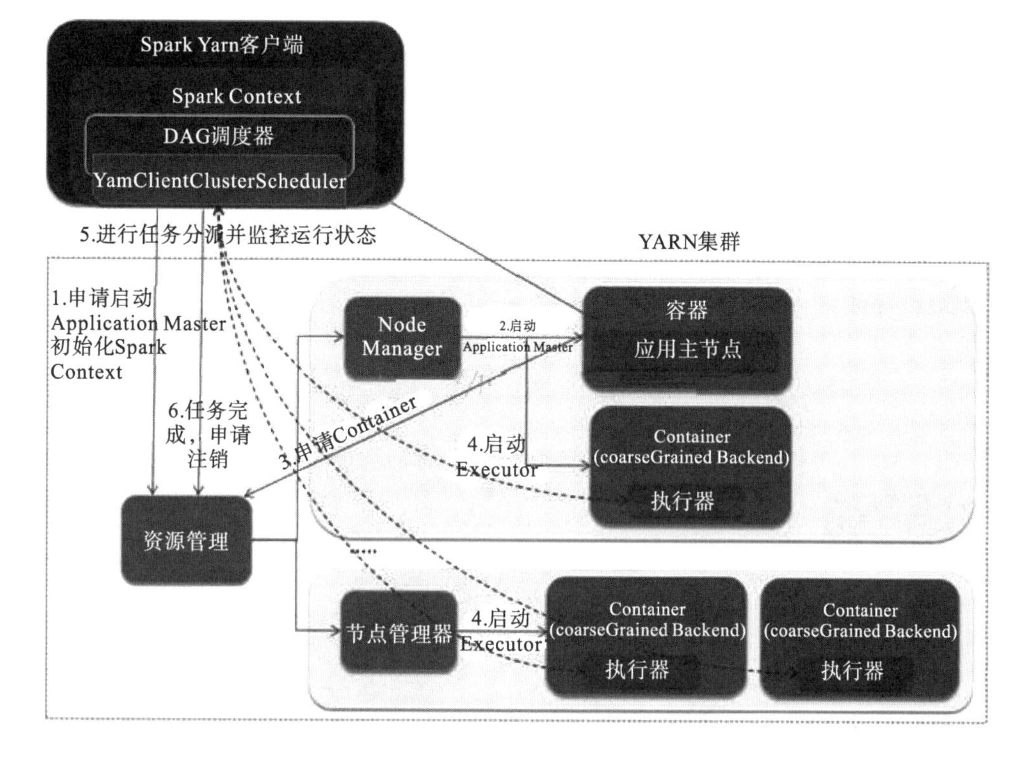

图 4.5　YARN-Client 运行流程示意图

2) YARN-Cluster 模式

在 YARN-Cluster 模式中，当用户向 YARN 提交一个应用程序后，YARN 将分两个阶段运行应用程序：

(1) 第一个阶段是把 Spark 的 Driver 作为一个 ApplicationMaster 在 YARN 集群中先启动；

(2) 第二个阶段是由 ApplicationMaster 创建应用程序，然后为它向 ResourceManager 申请资源，并启动 Executor 来运行 Task，同时监控它的整个运行流程，直到运行完成。

YARN-Cluster 的工作流程分为以下几个步骤：

(1) SparkYARNClient 向 YARN 中提交应用程序，包括 ApplicationMaster 程序，启动 ApplicationMaster 的命令、需要在 Executor 中运行的程序等。

(2) ResourceManager 收到请求后，在集群中选择一个 NodeManager，为该应用程序分配第一个 Container，要求它在这个 Container 中启动应用程序的 ApplicationMaster，其中 ApplicationMaster 进行 SparkContext 等的初始化。

(3) ApplicationMaster 向 ResourceManager 注册，这样用户可以直接通过 ResourceManager 查看应用程序的运行状态，然后它将采用轮询的方式通过 RPC 协议为各个任务申请资源，并监控它们的运行状态直到运行结束。

(4) 一旦 ApplicationMaster 申请到资源(也就是 Container)，便与对应的 NodeManager 通信，要求它在获得的 Container 中启动 CoarseGrainedExecutorBackend，CoarseGrained ExecutorBackend 启动后会向 ApplicationMaster 中的 SparkContext 注册并申请 Task。这一

点和 Standalone 模式一样，只不过 SparkContext 在 Spark Application 中初始化时，使用 CoarseGrainedSchedulerBackend 配合 YarnClusterScheduler 进行过任务的调度，其中 YarnClusterScheduler 只是对 TaskSchedulerImpl 的一个简单包装，增加了对 Executor 的等待逻辑等。

(5) ApplicationMaster 中的 SparkContext 分配 Task 给 CoarseGrainedExecutorbackend 执行，CoarseGrainedExecutorBackend 运行 Task 并向 ApplicationMaster 汇报运行的状态和速度，以让 ApplicationMaster 随时掌握各个任务的运行状态，从而可以在任务失败时重新启动任务。

(6) 应用程序运行完成后，ApplicationMaster 向 ResourceManager 申请注销并关闭。它的示意图如图 4.6 所示。

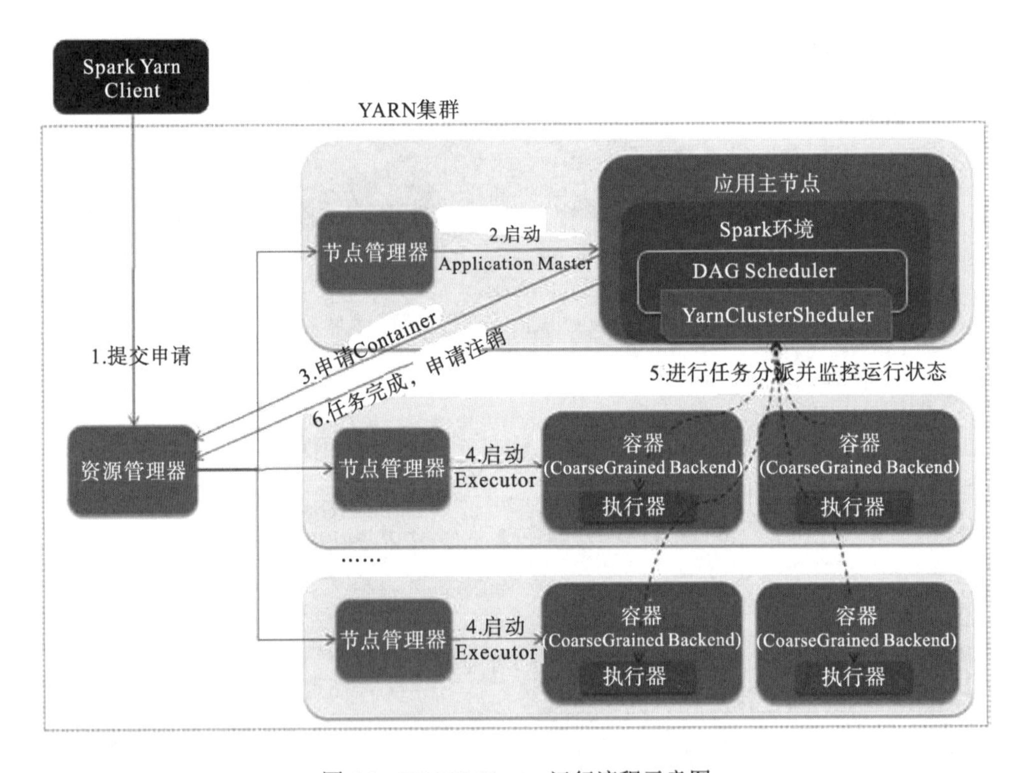

图 4.6　YARN-Cluster 运行流程示意图

3) YARN-Client 模式与 YARN-Cluster 模式的区别

(1) 理解 YARN-Client 和 YARN-Cluster 深层次的区别之前先弄清楚一个概念：ApplicationMaster。在 YARN 中，每个 Application 示例都有一个 ApplicationMaster 进程，它是 Application 启动的第一个容器，它负责和 ResourceManager 打交道并请求资源，获取资源之后告诉 NodeManager 为其启动 Container。深层次的含义中 YARN-Cluster 模式和 YARN-Client 模式的区别其实就是 ApplicationMaster 进程的区别。

(2) YARN-Cluster 模式下，Driver 运行在 AM (ApplicationMaster) 中，它负责向 YARN 申请资源，并监督作业的运行情况。当用户提交了作业之后，就可以关掉 Client，作业会继续在 YARN 上运行，因而 YARN-Cluster 模式不适合交互类型的作业。

(3) YARN-Client 模式下，ApplicationMaster 仅仅向 YARN 请求 Executor，Client 会和请求的 Container 通信来调度它们工作，也就是说 Client 不能离开。

4.Standalone 模式的运行流程

在 Standalone 模式中，Master 和 Worker 是 Standalone 的角色，Driver 和 Executor 是 Spark 的角色。Master 负责分配资源，分配 Driver 和 Executor，让 Worker 启动 Diver 和 Executor，只管理到 Executor 层，不涉及任务；Driver 负责生成 Task，并与 Executor 通信，进行任务的调度和结果跟踪，不涉及资源。

1) Driver 运行在 Worker

Driver 运行在 Worker 的运行流程如下：

(1) 客户端把作业发布到 Master。

(2) Master 让一个 Worker 启动 Driver，并将作业推送给 Driver。

(3) Driver 进程生成一系列 Task。

(4) Driver 向 Master 申请资源。

(5) Master 让调度的 Worker 启动 Exeuctor。

(6) Exeuctor 启动后向 Driver 注册。

(7) Driver 将 Task 调度到 Exeuctor 执行。

(8) Executor 执行结果写入文件或返回 Driver。

其示意图如图 4.7 所示。

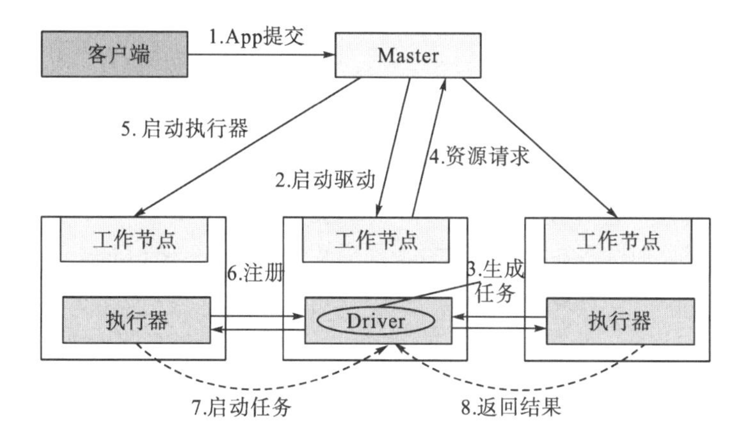

图 4.7　Driver 运行在 Worker 示意图

2) Driver 运行在 Client

Driver 运行在 Client 的运行流程如下：

(1) 客户端启动后直接运行用户程序，启动 Driver。

(2) Driver 进程生成一系列 Task。

(3) Driver 向 Master 申请资源。

(4) Master 让调度的 Worker 启动 Exeuctor。

(5) Exeuctor 启动后向 Driver 注册。

(6) Driver 将 Task 调度到 Exeuctor 执行。

(7) Executor 执行结果写入文件或返回 Driver。

其示意图如图 4.8 所示。

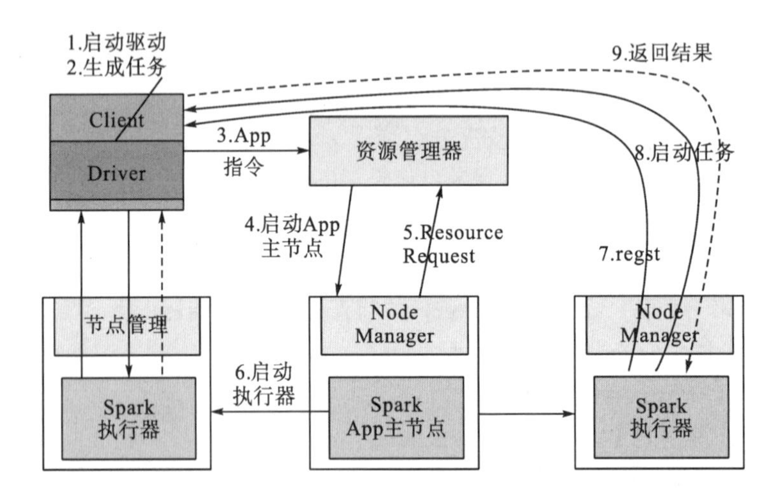

图 4.8 Driver 运行在 Client 示意图

4.3 Spark 核心模块

4.3.1 RDD

RDD，全称为 Resilient Distributed Datasets，是一个容错的、并行的数据结构，可以让用户显式地将数据存储到磁盘和内存中，并能控制数据的分区。同时，RDD 还提供了一组丰富的操作来处理这些数据。在这些操作中，诸如 map、flatMap、filter 等转换操作实现了 monad 模式，很好地契合了 Scala 的集合操作。除此之外，RDD 还提供了诸如 join、groupBy、reduceByKey 等更为方便的操作（注意，reduceByKey 是 action，而非 transformation），以支持常见的数据运算。

RDD 是 Spark 的核心，也是整个 Spark 的架构基础。它的特性包括：不变的数据结构存储；支持跨集群的分布式数据结构；可以根据数据记录的 key 对结构进行分区；提供了粗粒度的操作且这些操作都支持分区；将数据存储在内存中，从而提供了低延迟性。

通常来讲，针对数据处理有几种常见模型，包括：Iterative Algorithms、Relational Queries、MapReduce、Stream Processing。例如，Hadoop MapReduce 采用了 MapReduces 模型，Storm 则采用了 Stream Processing 模型。RDD 混合了这四种模型，使得 Spark 可以应用于各种大数据处理场景。

RDD 作为数据结构，本质上是一个只读的分区记录集合。一个 RDD 可以包含多个分区，每个分区就是一个 dataset 片段。RDD 可以相互依赖。如果 RDD 的每个分区最多只能被一个 Child RDD 的一个分区使用，则称为 narrow dependency；若多个 Child RDD 分区都可以依赖，则称之为 wide dependency。不同的操作依据其特性，可能会产生不同的依赖。例如 map 操作会产生 narrow dependency，而 join 操作则产生 wide dependency。

Spark 之所以将依赖分为 narrow 与 wide，基于两点原因：

(1) narrow dependencies 可以支持在同一个 cluster node 上以管道形式执行多条命令，例如在执行了 map 后，紧接着执行 filter。相反，wide dependencies 需要所有的父分区都是可用的，可能还需要调用类似 MapReduce 的操作进行跨节点传递。

(2) 从失败恢复的角度考虑。narrow dependencies 的失败恢复更有效，因为它只需要重新计算丢失的 parent partition 即可，而且可以并行地在不同节点进行重计算。而 wide dependencies 牵涉 RDD 各级的多个 Parent Partitions。

1.RDD 的转换和 DAG 的生成

原始的 RDD(s) 通过一系列的转化，以及它们之间的依赖关系，就形成了 DAG。RDD 之间的依赖关系，包含了 RDD 由哪些 Parent RDD 转换而来和它依赖哪些 Parent RDD 的哪些 Partitions，是 DAG 的重要属性。借助这些依赖关系，DAG 可以认为这些 RDD 形成了 Lineage(血统)。

以 Word Count 为例，在分词以及词频统计的过程中，Spark 生成了不同的 RDD。这些 RDD 有的和用户逻辑直接显式对应。假设有 5 个分片的输入文件，整个过程如图 4.9 所示。

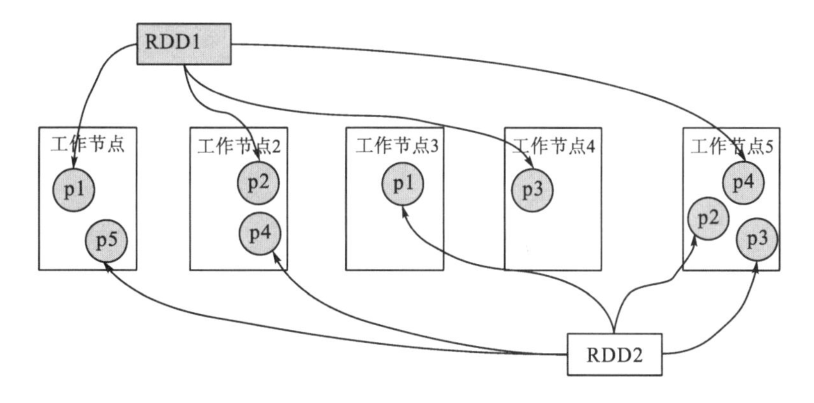

图 4.9　RDD 的物理存储结构

需要强调的是，在转换操作 reduceByKey 时会触发一个 Shuffle 的过程。在 Shuffle 开始之前，有一个本地聚合的过程，比如第三个分片的 (e, 1)、(e, 1) 聚合成了 (e, 2)。Shuffle 的结果是为下游的 Task 生成了三个分片，这三个分片就构成了 ShuffleRDD。

2.容错

支持容错通常采用两种方式：数据复制或日志记录。对于以数据为中心的系统而言，这两种方式都非常昂贵，因为它需要跨集群网络拷贝大量数据，毕竟带宽的数据远远低于内存。

RDD 天生是支持容错的。首先，它自身是一个不变的(immutable)数据集。其次，它能够记住构建它的操作图(graph of operation)，因此当执行任务的 Worker 失败时，完全可以通过操作图获得之前执行的操作，进行重新计算。由于无需采用 replication 方式支持容错，很好地降低了跨网络的数据传输成本。

不过，在某些场景下，Spark 也需要利用记录日志的方式来支持容错。例如，在 Spark Streaming 中，针对数据进行 update 操作，或者调用 Streaming 提供的 window 操作时，就需要恢复执行过程的中间状态。此时，需要通过 Spark 提供的 checkpoint 机制，以支持操作能够从 checkpoint 得到恢复。

3.RDD 作业提交

在任务提交过程中主要涉及 Driver 和 Executor 两个节点。

Driver 在任务提交过程中最主要解决以下几个问题：

1) RDD 依赖性分析，以生成 DAG。

2) 根据 RDD、DAG 将 Job 分割为多个 Stage。

3) Stage 一经确认，即生成相应的 Task，将生成的 Task 分发到 Executor 执行。

Executor 节点在接收到执行任务的指令后，启动新的线程，运行接收到的任务，并将任务的处理结果返回。

4.依赖性分析和 Stage 的划分

前面提及到 RDD 之间的依赖可分为窄依赖和宽依赖，它们之间的相互关系通过解析可以得到一个 DAG，并根据依赖性的不同，对 DAG 做 Stage 划分。Stage 的划分见图 4.10。

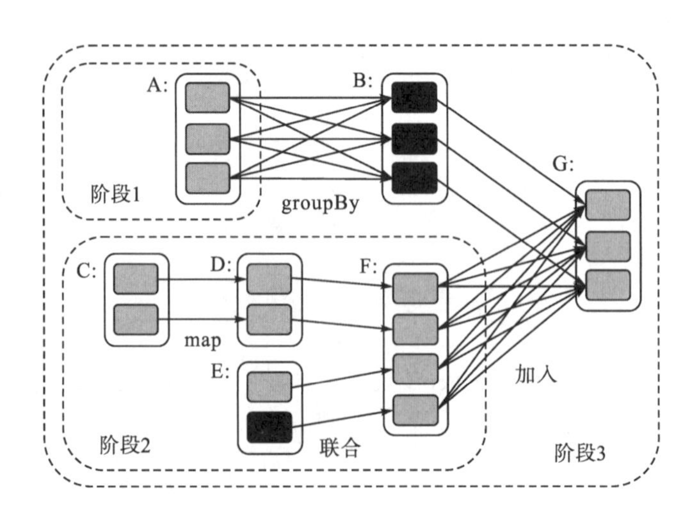

图 4.10 Stage 的划分

调度器会计算 RDD 之间的依赖关系，将拥有持续窄依赖的 RDD 归并到同一个 Stage 中，而宽依赖则作为划分不同 Stage 的判断标准。划分 Stage 的重要依据是看当前 RDD 是否存在 ShuffleDependency，如果有就创建一个新的 Stage，如 ShuffleRDD、CoGroupedRDD、SubtractedRDD 就会产生新的 Stage。而当 Stage 划分完毕之后就确定了如下内容：

(1) 产生的 Stage 需要从多少个 Partition 中读取数据。

(2) 产生的 Stage 会生成多少个 Partition。

(3) 产生的 Stage 是否属于 ShuffleMap 类型。

确认 Partition 以决定需要产生多少不同的 Task，用 ShuffleMap 类型判断来决定生成的 Task 类型。在 Spark 中共有两种 Task，即 ShuffleMapTask 和 ResultTask，可以简单地将其对应于 Hadoop 中的 Map 和 Reduce。

4.3.2　Scheduler

Spark Scheduler 为 Spark 核心实现的重要一环，其作用就是任务调度。Spark 的任务调度就是组织任务去处理 RDD 中每个分区的数据，根据 RDD 的依赖关系构建 DAG，基于 DAG 划分 Stage，将每个 Stage 中的任务发到指定节点运行。基于 Spark 的任务调度原理，我们可以合理规划资源利用，做到尽可能用最少的资源高效地完成计算任务。

Scheduler 模块作为 Spark 最核心的模块之一，充分体现了 Spark 与 MapReduce 的不同之处，体现了 Spark DAG 思想的精巧和设计的优雅。

Scheduler 模块分为两大主要部分，即 DAGScheduler 和 TaskScheduler。其运行流程如图 4.11 所示。

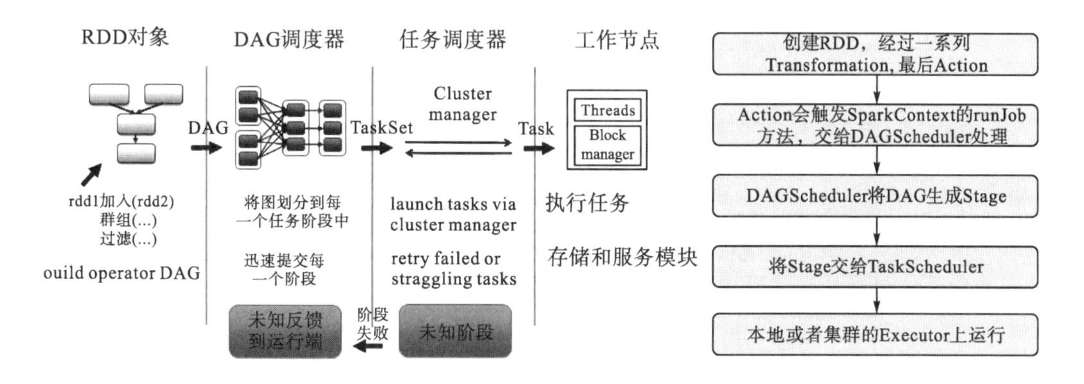

图 4.11　Scheduler 运行流程图

DAGScheduler 把一个 Spark 作业转换成 Stage 的 DAG，根据 RDD 和 Stage 之间的关系，找出开销最小的调度方法，然后把 Stage 以 TaskSet 的形式提交给 TaskScheduler。阶段 Stage 的划分如图 4.12 所示。

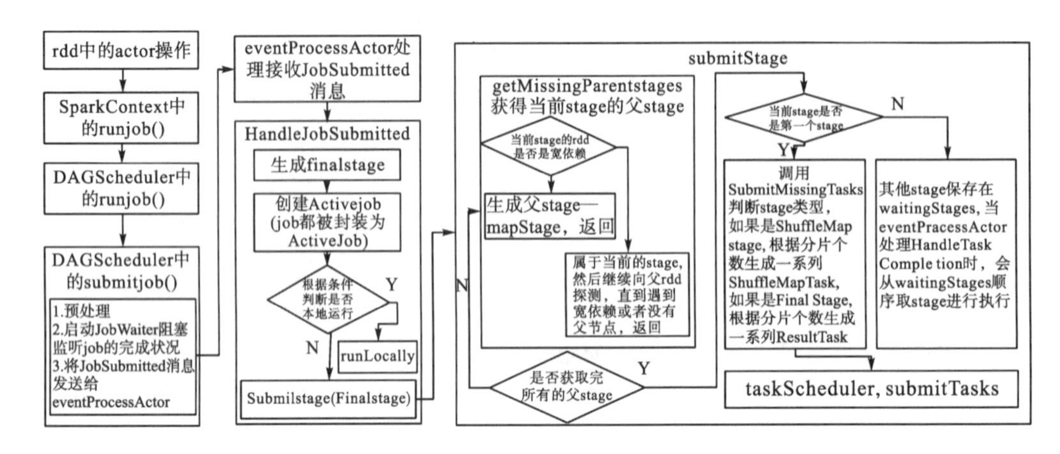

图 4.12 阶段 Stage 划分的示例图

TaskScheduler 模块用于与 DAGScheduler 交互，负责任务的具体调度和运行。

任务调度模块基于两个 Trait：TaskScheduler 和 SchedulerBackend。

TaskScheduler：定义了任务调度模块的对外接口(submitTasks 等)，供 DAGScheduler 调用。

TaskSchedulerImpl 是 TaskScheduler 的具体实现，完成资源与任务的调度。

SchedulerBackend 封装了各种 backend，用于与底层资源调度系统交互，配合 TaskSchedulerImpl 实现任务执行所需的资源分配。

SchedulableBuilder 负责 taskset 的调度。

TaskSetManager 负责一个 taskset 中 task 的调度。

模块之间的交互过程如图 4.13 所示。

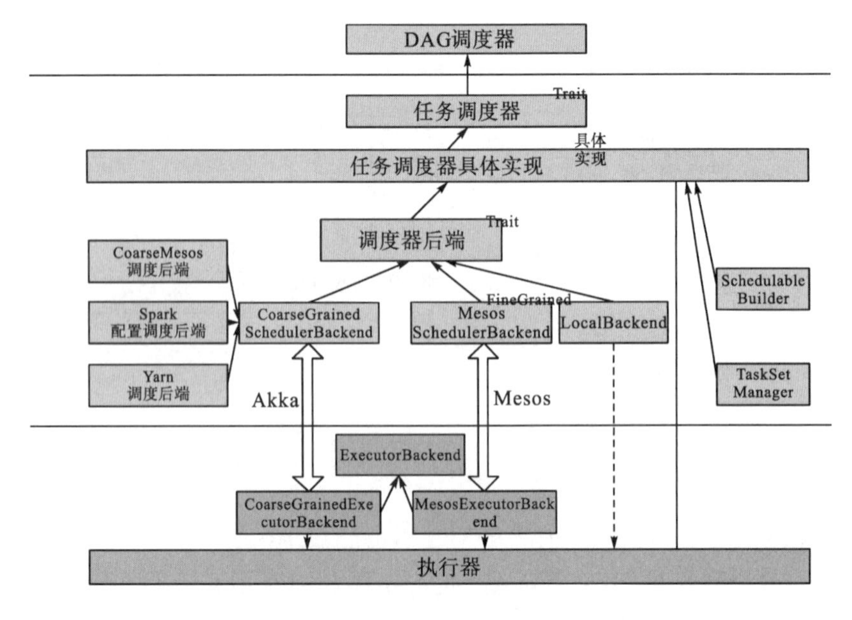

图 4.13 模块交互图

SchedulableBuilder 主要负责 TaskSet 的调度。其核心接口是 getSortedTaskSetQueue，该接口返回排序后的 TaskSetManager 队列，该接口供 TaskSchedulerImpl 调用。

SchedulableBuilder 维护的是一棵树，根节点是 rootpool，叶子节点是 TaskSetManager 对象。

TaskSet 优先级排序算法如图 4.14 所示。

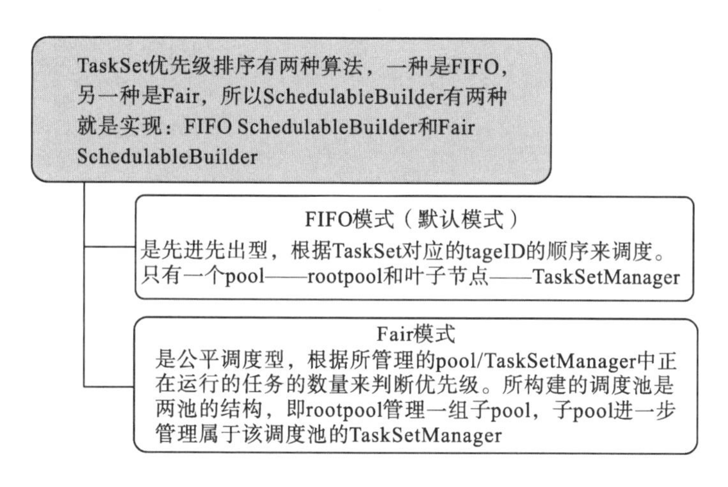

图 4.14 排序算法示意图

TaskSetManager 主要负责一个 taskset 中 task 的调度和跟踪。其核心接口是 resourceOffer，该接口根据输入的资源在 taskset 内部调度一个 task，主要考虑因素是 Locality，该接口供 TaskSchedulerImpl 调用。Locality 的优先级如图 4.15 所示。

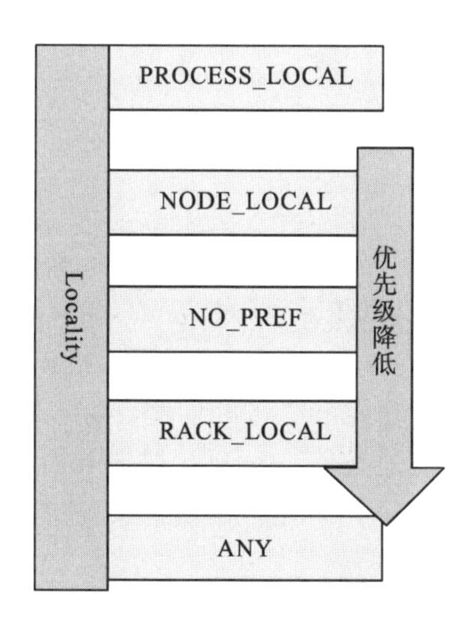

图 4.15 Locality 优先级图

根据 task 的 preferredLocations 得到每个 task 的 Locality level。

resourceOffer 根据资源和 maxLocality(最大宽松的本地化级别) 调度 task。

最终调度 task 的 allowedLocality 是该 TaskSet 允许的 Locality(最大不超过输入的 maxLocality)，该 TaskSet 允许的 Locality 最初默认值是最严格的本地化级别。如果 lastLaunchTime(最近一次该 taskset 发布 task 的时间)与当前时间差超时，会放宽 Locality 的要求，选择低一优先级的 locality。

在 allowedLocality 范围内，优先调度更 local 的 task，也就是最好在同一个进程里，其次是同一个 node(即机器)上，最后是同机架。在 allowedLocality 范围内，在该 taskset 没有找到 task 时，那么返回 None(上一层调用会继续查询其他 taskset 是否有满足指定 Locality Level 的 task)。

SchedulerBackend 是 trait，封装了多种 backend，用于与底层资源调度系统交互(如 Mesos/YARN)，配合 TaskScheduler 实现具体任务执行所需的资源分配。其核心接口是 ReviveOffers，与 TaskSchedulerImpl 交互完成 task 的 Launch。

SchedulerBackend 只关心资源，不关心 task。提交资源供 TaskSchedulerImpl 分配 task。其结构如 4.16 所示。

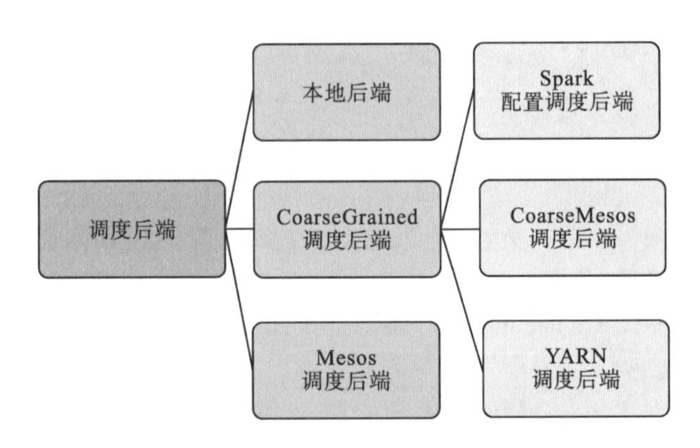

图 4.16 SchedulerBackend 图

ReviveOffers 的实现。将空闲资源(freeCore、executor、host)以 workerOffer List 形式组织。调用 TaskSchedulerImpl 的 ResourceOffers()，为 workerOffer List 空闲资源分配相应的 task。调用 launchTasks，向 executorActor 发送 LaunchTask 消息。TaskSchedulerImpl 实现了 TaskScheduler Trait 以及资源和任务的调度。其核心接口是 ResourceOffers，根据提供的资源列表 offers，返回满足条件的 tasks，供 SchedulerBackend 调用。资源和任务调度的核心思想是资源驱动。即当有空闲资源时，查看是否有 task 需要运行(遵循 Locality)。

ResourceOffers 的实现。将输入的 offers(SchedulerBackend 返回的 workerOffer List，即可用的空闲资源)添加到可用的资源类表(加入到不同级别的资源列表，比如 executor、host、rack)。将 offers 随机调整一下，调整空闲资源的顺序，避免前面的空闲资源一直被分配任务。调用 rootPool 的 getSortedTaskSetQueue 获取需要运行的 TaskSet(Schedulable Builder 提供的接口)对每个 TaskSet 循环处理(每个 TaskSet 都有一个 TaskSetManager)，调用 TaskSetManager 的 resourceOffer 给输入的空闲资源寻找 task。返回为 offers 查找的 tasks。

TaskScheduler 是 trait，用于与 DAGScheduler 交互，主要负责任务的调度和运行，无具体实现，仅仅为对外统一接口。其核心接口是 submitTasks，具体实现见 TaskScheduler Impl 中的 submitTasks。接收 DAGScheduler 的 Task 请求，分发 Task 到集群运行并监控运行状态，将结果以 event 的形式汇报给 DAGScheduler。

Task 调度与低层的资源管理器分离，仅仅根据提供的资源调度 task，不关心资源的来源。

资源调度仅仅关心资源，与多种不同的资源调度系统(YARN/Mesos/Standalone)交互，获得空闲资源。

TaskSchedulerImp 在接收到 submitTasks 时，从资源调度系统中获取到空闲资源，然后将空闲资源提交到 task 调度系统，调度满足 locality 要求的 task，并将 task 上传到 executor。

4.3.3　Storage

1.Strorage 模型简介

Storage 模块(图 4.17)在整个 Spark 中扮演着重要的角色，管理着 Spark Application 在运行过程中产生的各种数据，包括基于磁盘和内存的，比如 RDD 缓存、Shuffle 过程中缓存及写入磁盘的数据、广播变量等。Storage 模块存取的最小单位是数据块(Block)，Block 与 RDD 中的 Partition 一一对应，所以所有的转换或动作操作最终都是对 Block 进行操作。

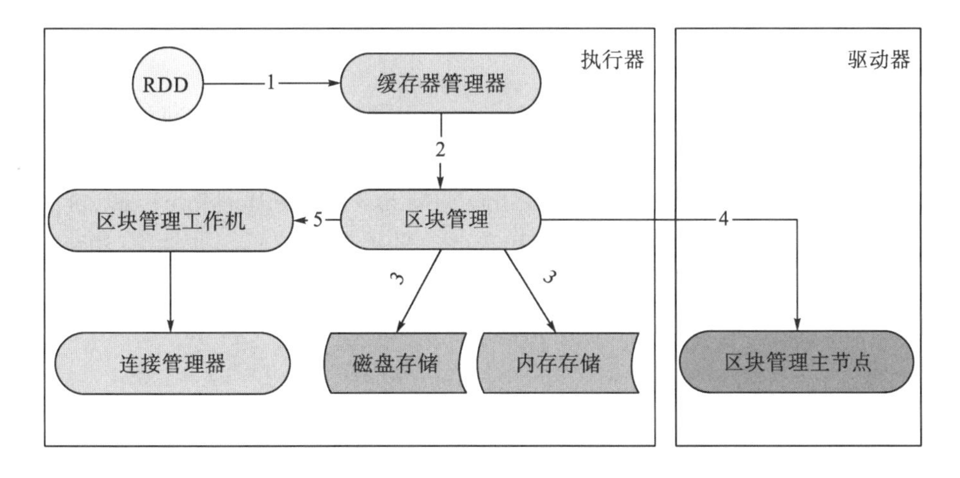

图 4.17　Storage 模块示意图

Storage 模块也是 Master/Slave 架构，Master 是运行在 Driver 上的 BlockManager 实例，Slave 是运行在 Executor 上的 BlockManager 实例。

Master 负责：

(1)接受各个 Slaves 注册；

(2)保存整个 application 各个 Blocks 的元数据；

(3)给各个 Slaves 下发命令。

Slave 负责：

(1)管理存储在其对应节点内存、磁盘上的 Blocks 数据；

(2)接收并执行 Master 的命令；

(3)更新 block 信息给 Master。

Storage 模块主要分为两层：

通信层：Storage 模块采用的是 master-slave 结构来实现通信层，master 和 slave 之间传输控制信息、状态信息，这些都是通过通信层来实现的。

存储层：Storage 模块需要把数据存储到 disk 或是 memory 上面，有可能还需 replicate 到远端，这都是由存储层来实现和提供相应接口。

Storage 模块提供了统一的操作类 BlockManager，外部类与 storage 模块打交道都需要通过调用 BlockManager 相应接口来实现。

2.Storage 数据写入过程

(1)RDD 的 iterator 调用 CacheManager 的 getOrCompute 函数；

(2)CacheManager 调用 BlockManager 的 put 接口来写入数据；

(3)BlockManager 根据输入的 storageLevel 来确定是写内存还是写硬盘；

(4)通知 BlockManagerMaster 有新的数据写入，在 BlockManagerMaster 中保存元数据；

(5)将写入的数据与其他 slave worker 进行同步(一般来说在本机写入的数据，都会另先在一台机器上进行数据的备份，即 replicanumber=1)。

3.通信层

Driver 和 Executor 都有一个 BlockManager，里面都包含了 BlockManagerMasterActor 和 BlockManagerSlaveActor。BlockManagerMasterActor 类主要负责控制消息和状态之间的传递和处理。传递的消息包括 Register、StorageStatus、updateBlockInfo、getLocation 等，消息处理包括返回或更新 block 以及 Executor 的元数据信息，并调用 BlockManager SlaveActor(ref)与 Executor 通信。

BlockManagerSlaveActor 类传递的消息主要是 removeRDD、removeBlock 等消息，消息处理主要是对本 executor 进行 rdd 和 block 的删除操作。

4.存储层

BlockManager 包含了 DiskStore 类和 MemoryStore 类。DiskStore：每一个 block 都被存储为一个 file，通过计算 block id 的 hash 值将 block 映射到文件中。MemoryStore：内部维护了一个 hash map 来管理所有的 block，以 block id 为 key 将 block 存放到 hash map 中。

4.3.4　Shuffle

Spark 中的 Shuffle 是把一组无规则的数据尽量转换成一组具有一定规则的数据。

Spark 计算模型是在分布式的环境下计算的，这就不可能在单进程空间中容纳所有的计算数据来进行计算，这样数据就按照 Key 进行分区，分配成一块一块的小分区，打散分布在集群的各个进程的内存空间中，并不是所有计算算子都满足于按照一种方式分区进行计算。

当需要对数据进行排序存储时，就有了重新按照一定的规则对数据重新分区的必要，Shuffle 就是包裹在各种需要重分区的算子之下的一个对数据进行重新组合的过程。在逻辑上还可以这样理解：由于重新分区需要知道分区规则，而分区规则按照数据的 Key 通过映射函数(Hash 或者 Range 等)进行划分，由数据确定出 Key 的过程就是 Map 过程，同时 Map 过程也可以做数据处理，例如，在 Join 算法中有一个很经典的算法叫 Map Side Join，就是确定数据该放到哪个分区的逻辑定义阶段。Shuffle 将数据进行收集分配到指定 Reduce 分区，Reduce 阶段根据函数对相应的分区做 Reduce 所需的函数处理。

Shuffle 中 Map 任务产生的结果会根据所设置的 Partitioner 算法填充到当前执行任务所在机器的每个桶中。

Reduce 任务启动时，会根据任务的 ID、所依赖的 Map 任务 ID 以及 MapStatus 从远端或本地的 BlockManager 获取相应的数据作为输入进行处理。

Shuffle 数据必须持久化磁盘，不能缓存在内存，具体有两种方式：Hash 方式和 Sort 方式。

1.Hash 方式

这种方式(图 4.18)下，Shuffle 不排序，效率高。生成 $M \times R$ 个 Shuffle 中间文件，一个分片一个文件，产生和生成这些中间文件会产生大量的随机 IO，磁盘效率低。Shuffle 时需要全部数据都放在内存，对内存消耗大。它适合数据量能全部放到内存，Reduce 操作不需要排序的场景。

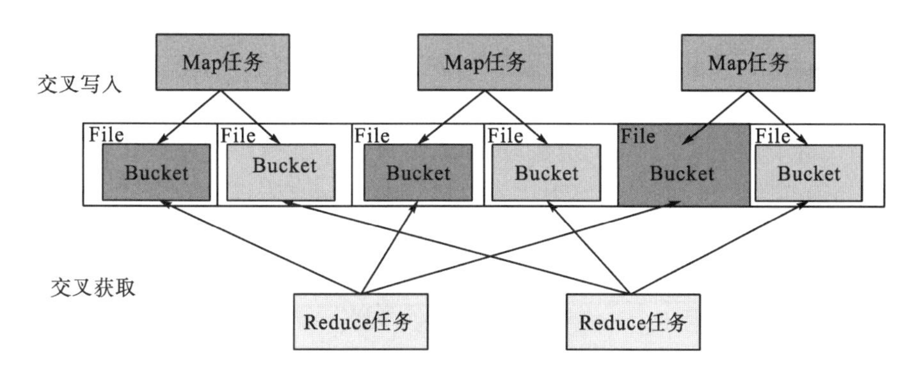

图 4.18　Hash 方式示意图

2.Sort 方式

这种方式(图 4.19)下，Shuffle 需要排序，生成 M 个 Shuffle 中间数据文件，一个 Map 的所有分片放到一个数据文件中，外加一个索引文件记录每个分片在数据文件中的偏移量。Shuffle 能够借助磁盘(外部排序)处理庞大的数据集。数据量大于内存时只能使用 Sort 方式，也适用于 Reduce 操作需要排序的场景。

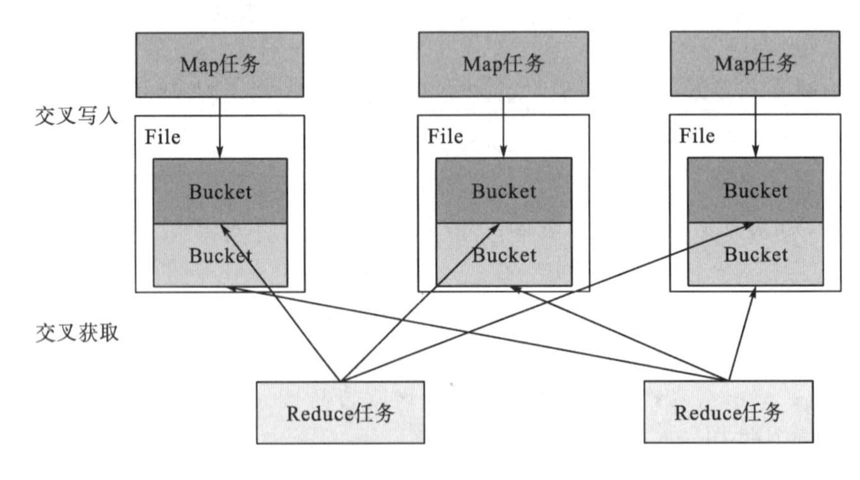

图 4.19 Sort 方式示意图

4.4 Spark 应用库

4.4.1 GraphX

Spark GraphX 是 Spark 提供的关于图和图并行计算的 API，它集 ETL、试探性分析和迭代式的图计算于一体，并且在不失灵活性、易用性和容错性的前提下获得了很好的性能。现在 Spark GraphX 已经提供了很多的算法，新的算法也在不断加入，而且很多的算法都是由 Spark 的用户贡献的。

Spark GraphX 可以轻而易举地完成基于度分布的中枢节点发现、基于最大连通图的社区发现、基于三角形计数的关系衡量、基于随机游走的用户属性传播等。得益于 Spark 的 RDD 抽象，Spark GraphX 可以无缝地与 Spark SQL、MLLib 等进行结合使用，例如我们可以使用 Spark SQL 进行数据的 ETL 之后交给 Spark GraphX 进行处理，而 Spark GraphX 在计算的时候又可以和 MLLib 结合使用来共同完成深度数据挖掘等人工智能化的操作，这些特性都是其他图计算平台所无法比拟的。在淘宝，Spark GraphX 不仅广泛应用于用户网络的社区发现、用户影响力、能量传播、标签传播等，而且也越来越多地应用到推荐领域的标签推理、人群划分、年龄段预测、商品交易时序跳转等。从技术层面讲，Spark GraphX 非常适合于微信、微博、社交网络、电子商务、地图导航等类型的产品，所以可以期待

Spark GraphX 在 Facebook、Twitter、Linkedin、腾讯、百度等平台上的大规模应用。

跟其他分布式图计算框架相比，GraphX 最大的贡献是在 Spark 之上提供一栈式数据解决方案，可以方便更高效地完成图计算的一整套流水作业。GraphX 最先是伯克利 AMPLAB 的一个分布式图计算框架项目，后来被整合到 Spark 中成为一个核心组件。

GraphX 的核心抽象是 Resilient Distributed Property Graph，一种点和边都带属性的有向多重图。它扩展了 Spark RDD 的抽象，有 Table 和 Graph 两种视图。两种视图都有自己独有的操作符，从而提高了操作灵活性和执行效率。如同 Spark，GraphX 的代码非常简洁。GraphX 的核心代码只有三千多行，而在此之上实现的 Pregel 模型只有短短的 20 多行。GraphX 的代码结构整体如图 4.20 所示，其中大部分的实现，都是围绕 Partition 的优化进行的。还在某种程度上说明了点分割的存储和相应的计算优化的确是图计算框架的重点和难点。

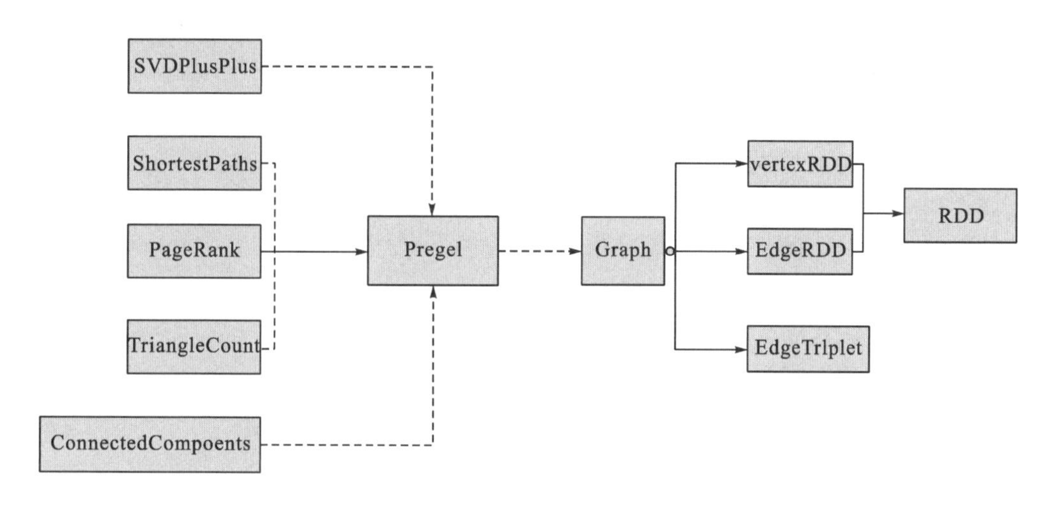

图 4.20 GraphX 的核心框架

GraphX 的底层设计有以下几个关键点：

(1) 对 Graph 视图的所有操作，最终都会转换成其关联的 Table 视图的 RDD 操作来完成。这样对一个图的计算，最终在逻辑上等价于一系列 RDD 的转换过程。因此，Graph 最终具备了 RDD 的 3 个关键特性：Immutable、Distributed 和 Fault-Tolerant。其中最关键的是 Immutable(不变性)。逻辑上，所有图的转换和操作都产生了一个新图；物理上，GraphX 会有一定程度的不变顶点和边的复用优化，对用户透明。

(2) 两种视图底层共用的物理数据，由 RDD[Vertex-Partition]和 RDD[EdgePartition]这两个 RDD 组成。点和边实际都不是以表 Collection[tuple]的形式存储的，而是由 VertexPartition/EdgePartition 在内部存储一个带索引结极的分片数据块，以加速不同视图下的遍历速度。不变的索引结极在 RDD 转换过程中是共用的，降低了计算和存储开销。

图的分布式存储采用点分割模式，而且使用 partitionBy 方法，由用户指定不同的划分策略。划分策略会将边分配到各个 EdgePartition，顶点 Master 分配到各个 VertexPartition，EdgePartition 也会缓存本地边关联点的 Ghost 副本。划分策略的不同会影响到所需要缓存的 Ghost 副本数量，以及每个 EdgePartition 分配的边的均衡程度，需要根据图的结构特征选取最佳策略。目前有 EdgePartition2d、EdgePartition1d、RandomVertexCut 和 CanonicalRandomVertexCut 这 3 种策略。在淘宝大部分的场景下，EdgePartition2d 效果最好。

对于图计算，Graph 用来描述参数之间的关系，可以自然地做 model partition/parallel，传统地用 key-value 存储参数的方式，可能会损失模型结构信息。

PageRank 算法权重如图 4.21 所示。

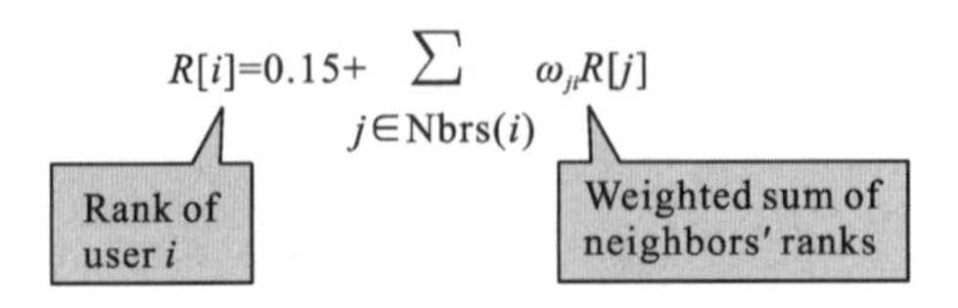

图 4.21 PageRank 算法权重

GraphX 处理流水线如图 4.22 所示，其数据迁移和复制如图 4.23 所示。GraphX 是 Spark 生态中非常重要的组件，融合了图并行以及数据并行的优势，虽然在单纯的计算机段的性能相比不如 GraphLab 等计算框架，但是如果从整个图处理流水线的视角(图构建、图合并、最终结果的查询)看，那么其性能就非常具有竞争性了。

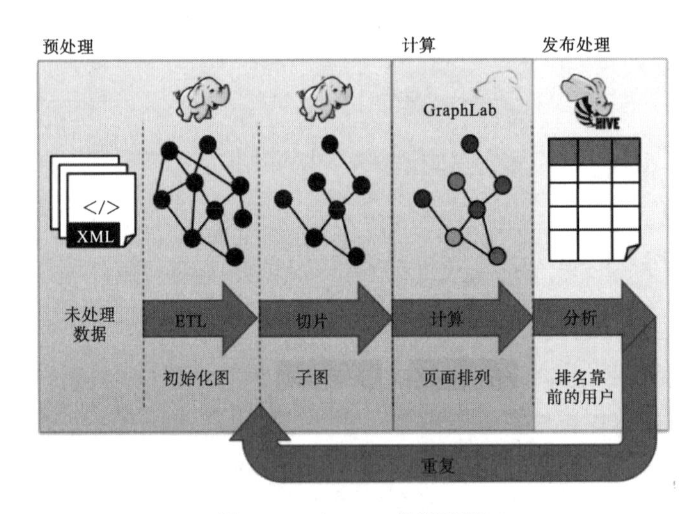

图 4.22 GraphX 分析流程

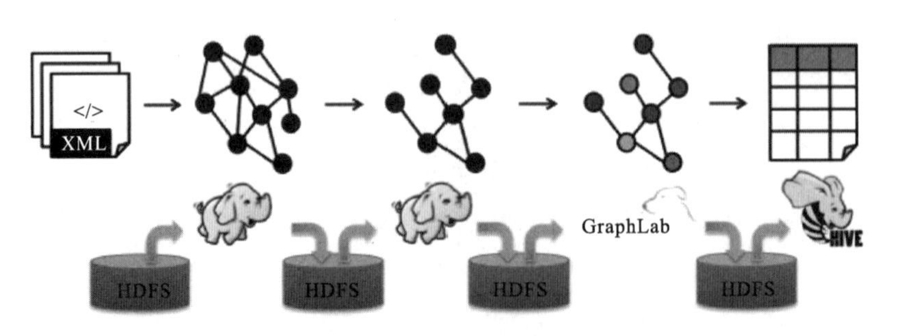

图 4.23 GraphX 数据迁移和复制

GraphX 的两种视图如图 4.24 所示。GraphX 通过引入“Resilient Distributed Property Graph”(一种点和边都带属性的有向多图)扩展了 Spark RDD 这种抽象数据结构，这种 Property Graph 拥有 Table 和 Graph 两种视图(及视图对应的一套 API)，而只有一份物理存储。

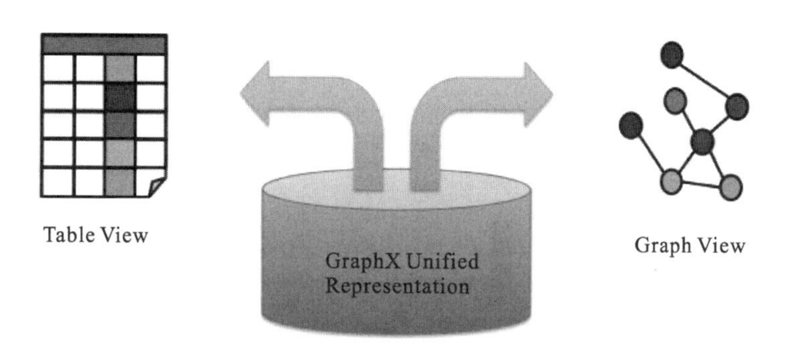

图 4.24　GraphX 的图存储

Table 视图将图看成 Vertex Property Table 和 Edge Property Table 等的组合(图 4.25)，这些 Table 继承了 Spark RDD 的 API(filter、map 等)。

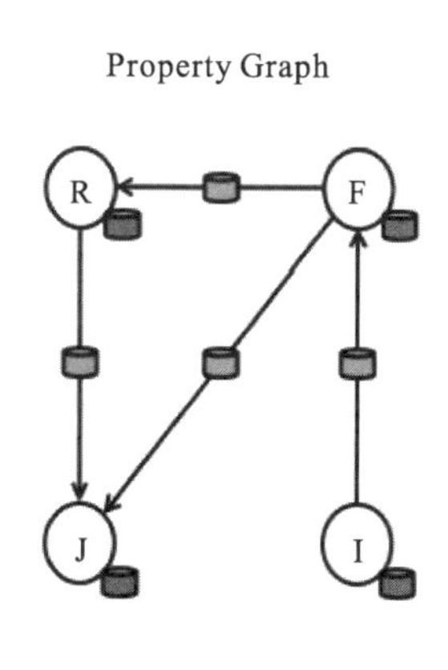

Vertex Property Table

Id	Property(V)
Rxin	(Stu., Berk.)
Jegonzal	(PstDoc, Berk.)
Franklin	(Prof., Berk.)
Istoica	(Prof., Berk.)

Edge Propeerty Table

Srcld	Dstld	Property(E)
rxin	jegonzal	Friend
franklin	rxin	Advisor
istoica	franklin	Coworker
franklin	jegonzal	Pl

图 4.25　图存储

Graph 视图上包括 reverse/subgraph/mapV(E)/joinV(E)/mrTriplets 等操作(图 4.26)。结合 PageRank 和社交网络的实例看看 mrTriplets(最复杂的一个 API)的用法。

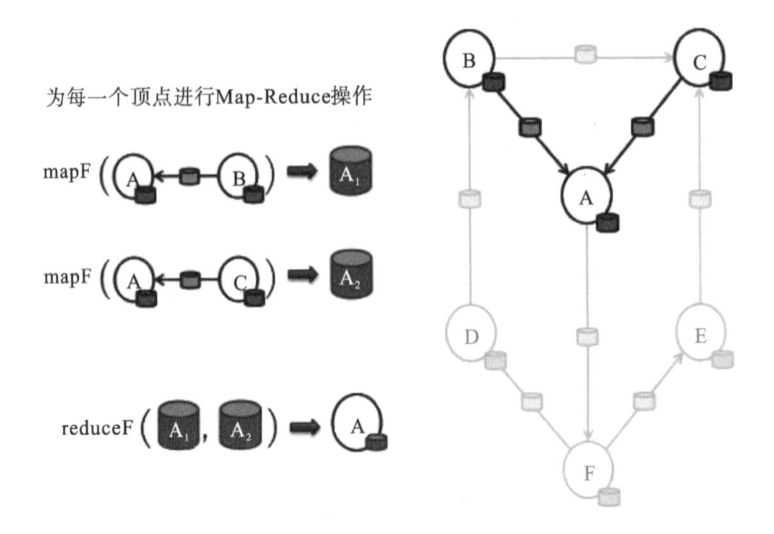

图 4.26　MapReduce 元组示意图

GraphX 优化：

(1)点分割：GraphX 借鉴 powerGraph，使用的是 vertexcut(点分割)方式存储图。这种存储方式的特点是任何一条边只会出现在一台机器上，每个点有可能分布到不同的机器上。当点被分割到不同机器上时，是相同的镜像，但是有一个点作为主点(master)，其他的点作为虚点(ghost)，当点 B 的数据发生变化时，先更新点 B 的 master 的数据，然后将所有更新好的数据发送到 B 的 ghost 所在的所有机器，更新 B 的 ghost。这样做的好处是在边的存储上是没有冗余的，而且对于某个点与它的邻居的交互操作，只要满足交换律和结合律，比如求邻居权重的和、求点的所有边的条数等操作，可以在不同的机器上并行进行，只要把每个机器上的结果进行汇总就可以了，网络开销也比较小。代价是每个点可能要存储多份，更新点要有数据同步开销。

(2)Routing Table：vertex Table 中的一个 partition 对应着 Routing Table 中的一个 partition，Routing Table 指示了一个 vertex 会涉及哪些 Edge Table partition。

4.4.2　Spark Streaming

Spark Streaming 是 Spark 核心 API 的一个扩展，可以实现高吞吐量的、具备容错机制的实时流数据的处理。支持从多种数据源获取数据，包括 Kafka、Flume、Twitter、ZeroMQ、Kinesis 以及 TCP sockets，从数据源获取数据之后，可以使用诸如 map、reduce、join 和 window 等高级函数进行复杂算法的处理。最后还可以将处理结果存储到文件系统、数据库和现场仪表盘。在“One Spack rule them all”的基础上，还可以使用 Spark 的其他子框架，如集群学习、图计算等，对流数据进行处理。

Spark Streaming 基于 Spark Core 实现了可扩展、高吞吐和容错的实时数据流处理。现在支持的数据源有 Kafka、Flume、Twitter、ZeroMQ、Kinesis、HDFS、S3 和 TCP socket。处理后的结果可以存储到 HDFS、Database 或者 Dashboard 中，如图 4.27 所示。

图 4.27　Streaming 数据接收与输出

Spark Streaming 是将流式计算分解成一系列短小的批处理作业(图 4.28)。这里的批处理引擎是 Spark，也就是把 Spark Streaming 的输入数据按照批处理尺寸(如 1 秒)分成一段一段的数据(Stream)，每一段数据都转换成 Spark 中的 RDD，然后将 Spark Streaming 中对 DStream 的转换操作变为针对 Spark 中 RDD 的转换操作，将 RDD 经过操作变成中间结果保存在内存中。整个流式计算可以根据业务的需求对中间的结果进行叠加，或者存储到外部设备。

图 4.28　Streaming 流数据处理

Spark Streaming 提供了一套高效、可容错的准实时大规模流式处理框架，它能和批处理及时查询放在同一个软件栈中，降低学习成本。对于熟悉 Spark 编程的用户，可以用较低的成本学习 Spark Streaming 编程。

随着大数据的发展，人们对大数据的处理要求也越来越高，原有的批处理框架 MapReduce 适合离线计算，却无法满足实时性要求较高的业务，如实时推荐、用户行为分析等。Spark Streaming 是建立在 Spark 上的实时计算框架，通过它提供的丰富的 API、基于内存的高速执行引擎，用户可以结合流式、批处理和交互试查询应用。本书将详细介绍 Spark Streaming 实时计算框架的原理与特点、适用场景。

1.Spark Streaming 实时计算框架

Spark 是一个类似于 MapReduce 的分布式计算框架，其核心是弹性分布式数据集，提供了比 MapReduce 更丰富的模型，可以快速在内存中对数据集进行多次迭代，以支持复杂的数据挖掘算法和图形计算算法。Spark Streaming 是一种构建在 Spark 上的实时计算框架，它扩展了 Spark 处理大规模流式数据的能力。

Spark Streaming 的优势在于：

(1)能运行在 100+的结点上，并达到秒级延迟。

(2)使用基于内存的 Spark 作为执行引擎，具有高效和容错的特性。

(3)能集成 Spark 的批处理和交互查询。

(4)为实现复杂的算法提供和批处理类似的简单接口。

基于云梯 Spark on Yarn 的 Spark Streaming 中 Spark on Yarn 的启动流程在《深入剖析阿里巴巴云梯 Yarn 集群》一文中有详细描述，这里不再赘述。Spark on Yarn 启动后，由 Spark AppMaster 把 Receiver 作为一个 Task 提交给某一个 Spark Executor；Receive 启动后输入数据，生成数据块，然后通知 Spark AppMaster；Spark AppMaster 会根据数据块生成相应的 Job，并把 Job 的 Task 提交给空闲 Spark Executor 执行。图中蓝色的粗箭头显示被处理的数据流，输入数据流可以是磁盘、网络和 HDFS 等，输出可以是 HDFS、数据库等。

Spark Streaming 的基本原理是将输入数据流以时间片(秒级)为单位进行拆分，然后以类似批处理的方式处理每个时间片数据，其基本原理如图 4.29 所示。

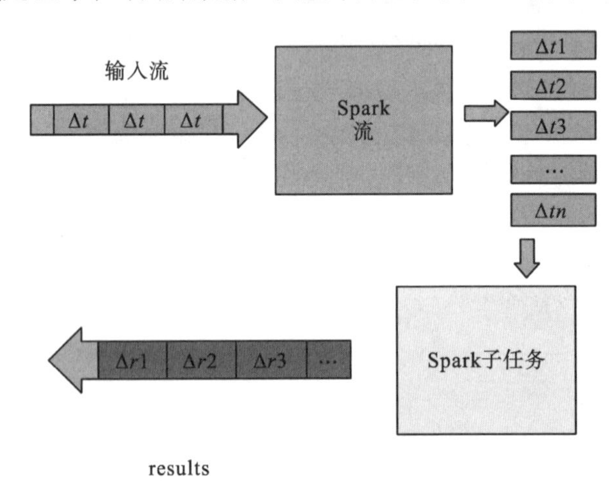

图 4.29　Spark Streaming 基本原理图

Spark Streaming 把实时输入数据流以时间片 Δt(如 1 秒)为单位切分成块。Spark Streaming 会把每块数据作为一个 RDD，并使用 RDD 操作处理每一小块数据。每个块都会生成一个 Spark Job 处理，最终结果也返回多块。

下面介绍 Spark Streaming 内部实现原理。

使用 Spark Streaming 编写的程序与编写 Spark 程序非常相似，在 Spark 程序中，主要通过操作 RDD 提供的接口，如 map、reduce、filter 等，实现数据的批处理。而在 Spark Streaming 中，则通过操作 DStream(表示数据流的 RDD 序列)提供的接口，这些接口和 RDD 提供的接口类似。图 4.30 和图 4.31 展示了由 Spark Streaming 程序到 Spark jobs 的转换图。

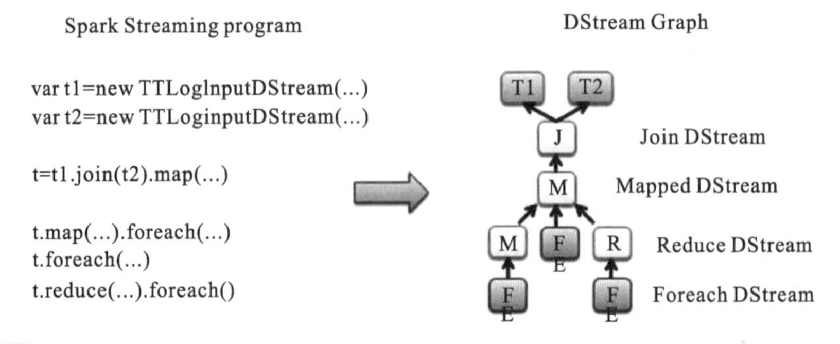

图 4.30　Spark Streaming 程序转换为 DStream Graph

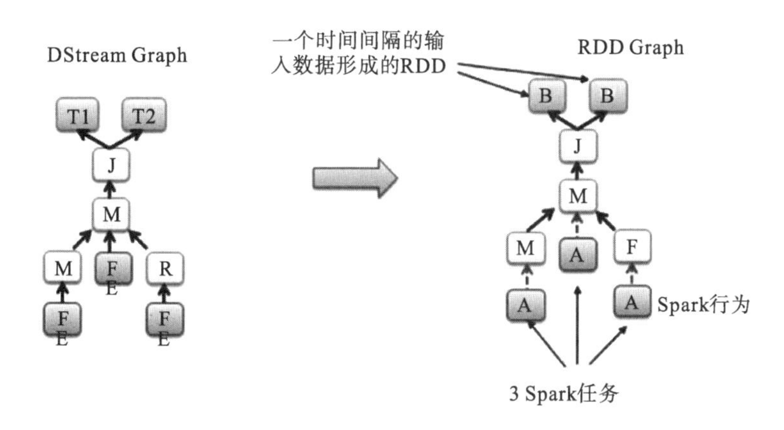

图 4.31　DStream Graph 转换为 Spark jobs

在图 4.30 中，Spark Streaming 把程序中对 DStream 的操作转换为 DStream Graph，图 4.31 中，对于每个时间片，DStream Graph 都会产生一个 RDD Graph；针对每个输出操作（如 print、foreach 等），Spark Streaming 都会创建一个 Spark action；对于每个 Spark action，Spark Streaming 都会产生一个相应的 Spark job，并交给 JobManager。JobManager 中维护着一个 jobs 队列，Spark job 存储在这个队列中，JobManager 把 Spark job 提交给 Spark Scheduler，Spark Scheduler 负责调度 Task 到相应的 Spark Executor 上执行。

Spark Streaming 的另一大优势在于其容错性。RDD 会记住创建自己的操作，每一批输入数据都会在内存中备份，如果由于某个结点故障导致该结点上的数据丢失，这时可以通过备份的数据在其他结点上重算得到最终的结果。

正如 Spark Streaming 最初的目标一样，它通过丰富的 API 和基于内存的高速计算引擎让用户可以结合流式处理、批处理和交互查询等应用。因此 Spark Streaming 适合一些需要历史数据和实时数据结合分析的应用场合。当然，对于实时性要求不是特别高的应用也能完全胜任。另外，通过 RDD 的数据重用机制可以得到更高效的容错处理。

2.Streaming 与 Storm 对比

在 Storm（图 4.32）中，先要设计一个用于实时计算的图状结构，我们称之为拓扑（topology）。这个拓扑将会被提交给集群，由集群中的主控节点（master node）分发代码，将任务分配给工作节点（worker node）执行。一个拓扑中包括 spout 和 bolt 两种角色，其中 spout 发送消息，负责将数据流以 tuple 元组的形式发送出去；而 bolt 则负责转换这些数据流，在 bolt 中可以完成计算、过滤等操作，bolt 自身也可以随机将数据发送给其他 bolt。由 spout 发射出的 tuple 是不可变数组，对应着固定的键值对。

Spark Streaming 是核心 Spark API 的一个扩展，它并不会像 Storm 那样一次一个地处理数据流，而是在处理前按时间间隔预先将其切分为一段一段的批处理作业。Spark 针对持续性数据流的抽象称为 DStream（DiscretizedStream），一个 DStream 是一个微批处理（micro-batching）的 RDD（弹性分布式数据集）；而 RDD 则是一种分布式数据集，能够以两种方式并行运作，分别是任意函数和滑动窗口数据的转换。其数据处理过程如图 4.33 所示。

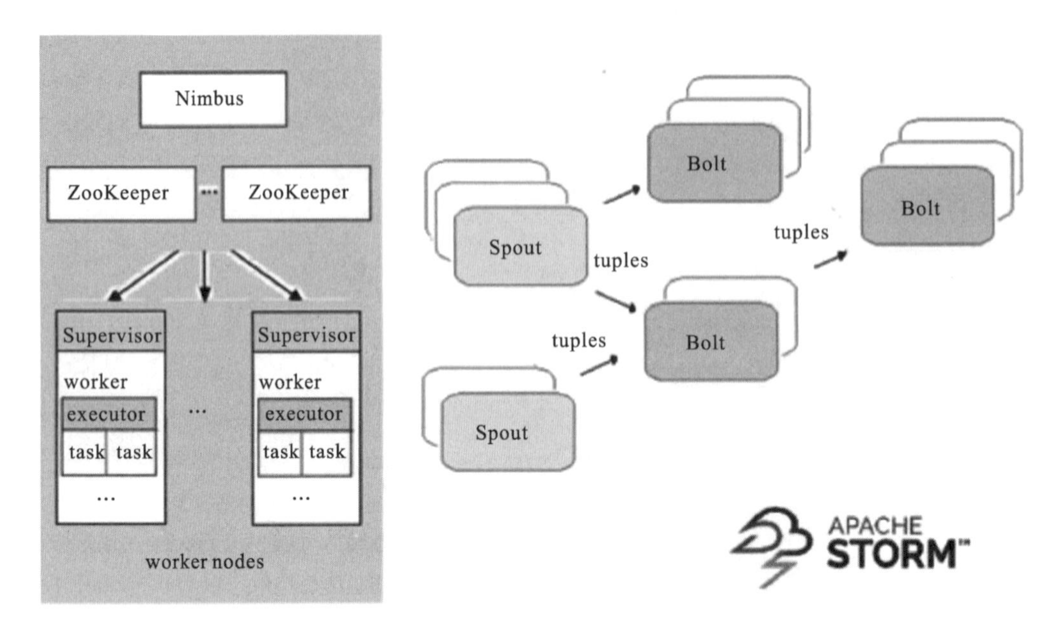

图 4.32 Storm 框架

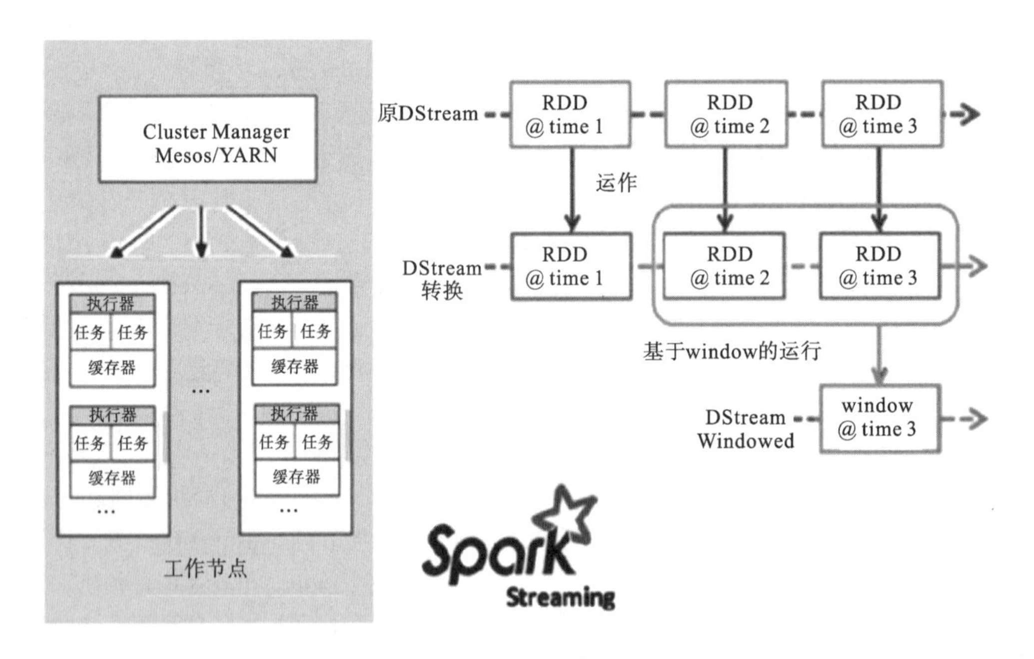

图 4.33 Streaming 数据处理

4.4.3 Spark SQL

MLlib 是 Spark 对常用的机器学习算法的实现库，同时含有相关的测试和数据生成器，包括分类、回归、聚类、协同过滤、降维以及底层基本的优化元素。

自从 Spark1.0 版本的 Spark SQL 问世以来，它最常见的用途之一就是作为一个从 Spark

平台获取数据的渠道。早期用户比较喜爱 Spark SQL 提供的从现有 Apache Hive 表以及流行的 Parquet 列式存储格式中读取数据的支持。之后，Spark SQL 还增加了对其他格式的支持，比如说 JSON。到 Spark1.2 版本，Spark 的原生资源与更多的输入源进行整合集成，这些新的整合将随着纳入新的 Spark SQL 数据源 API 而成为可能。

数据源 API 通过 Spark SQL 提供了访问结构化数据的可插拔机制。这使数据源有了简便的途径进行数据转换并加入到 Spark 平台中，由 AP 提供的密集优化器集合意味着过滤和列修剪在很多情况下都会被运用于数据源。这些综合的优化极大地减少了需要处理的数据量，因此能够显著提高 Spark 的工作效率。

数据源 API 的另一个优点就是不管数据的来源如何，用户都能够通过 Spark 支持的所有语言来操作这些数据。例如，那些用 Scala 实现的数据源，Spark 用户不需要其他的库开发人员做任何额外的工作就可以直接使用。此外，Spark SQL 可以使用单一接口访问不同数据源的数据。总之，Spark1.2 提供的这些功能进一步统一了大数据分析的解决方案。

Spark SQL 的前身是 Shark。在 Hadoop 发展过程中，为了给熟悉 RDBMS 但又不理解 MapReduce 的技术人员提供快速上手的工具，Hive 应运而生，是当时唯一运行在 Hadoop 上的 SQL-on-Hadoop 工具。但是，MapReduce 计算过程中大量的中间磁盘落地过程消耗了大量的 I/O，降低了运行效率，为了提高 SQL-on-Hadoop 的效率，大量的 SQL-on-Hadoop 工具开始产生，其中表现较为突出的是：MapR 的 Drill；Cloudera 的 Impala；Shark。其中，Shark 是伯克利实验室 Spark 生态环境的组件之一，它修改了图 4.34 所示的右下角的 Cache 管理、物理计划、执行三个模块，并使之能运行在 Spark 引擎上，从而使得 SQL 查询的速度提高了 10～100 倍。

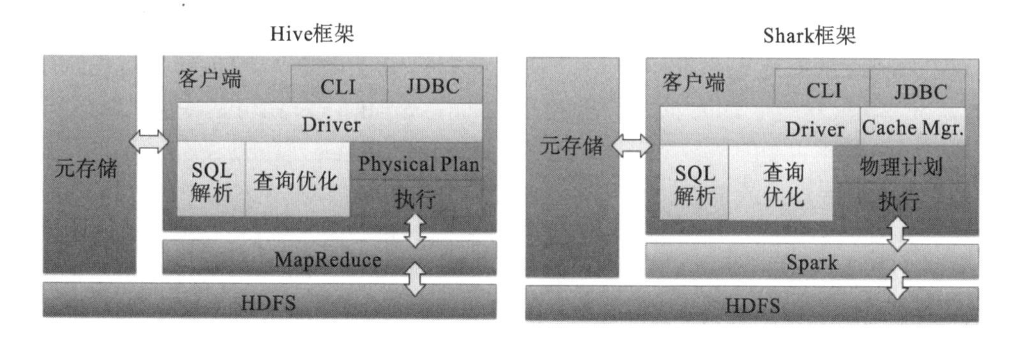

图 4.34 Hive 与 Shark 架构对比

但是，随着 Spark 的发展，对于野心勃勃的 Spark 团队来说，Shark 对于 Hive 的太多依赖(如采用 Hive 的语法解析器、查询优化器等)，制约了 Spark 的 One Stack rule them all 的既定方针，制约了 Spark 各个组件的相互集成，所以他们提出了 Spark SQL 项目。Spark SQL 抛弃原有 Shark 的代码，汲取了 Shark 的一些优点，如内存列存储(In-Memory Columnar Storage)、Hive 兼容性等，重新开发了 Spark SQL 代码。由于摆脱了对 Hive 的依赖性，Spark SQL 无论在数据兼容、性能优化、组件扩展方面都得到了极大的提升。

数据兼容方面，其不但兼容 Hive，还可以从 RDD、parquet 文件、JSON 文件中获取数据，未来版本甚至支持获取 RDBMS 数据以及 Cassandra 等。

NOSQL 数据性能优化方面，除了采取 In-Memory Columnar Storage、byte-code generation 等优化技术外，将会引进 Cost Model 对查询进行动态评估、获取最佳物理计划等。

组件扩展方面，无论是 SQL 的语法解析器、分析器还是优化器都可以重新定义，进行扩展。2014 年 6 月 1 日，Shark 项目和 Spark SQL 项目的主持人 Reynold Xin 宣布：停止对 Shark 的开发，团队将所有资源放在 Spark SQL 项目上。至此，Shark 的发展画上了句号，但也因此发展出两条直线：Spark SQL 和 Hive on Spark。

Spark SQL 的发展过程如图 4.35 所示。

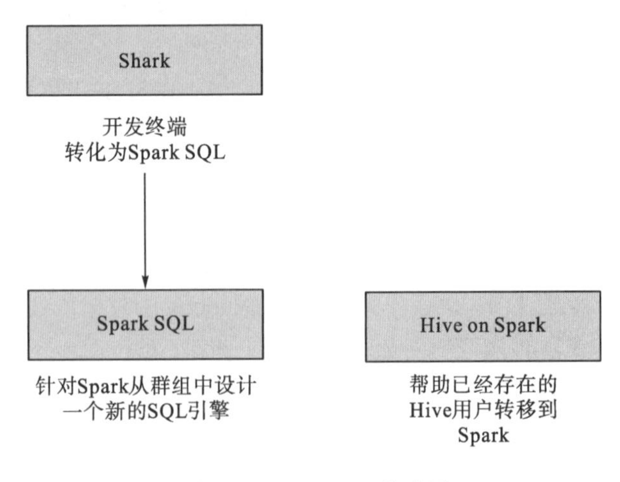

图 4.35 Spark SQL 的发展

其中，Spark SQL 作为 Spark 生态的一员继续发展，而不再受限于 Hive，只是兼容 Hive；而 Hive on Spark 是一个 Hive 的发展计划，该计划将 Spark 作为 Hive 的底层引擎之一，也就是说，Hive 将不再受限于一个引擎，还可以采用 map-reduce、Tez、Spark 等引擎。

由于 Shark 底层依赖于 Hive，所以这个架构的优势是传统 Hive 用户可以将 Shark 无缝集成到现有系统运行查询负载。但也有一些问题：随着版本升级，查询优化器依赖于 Hive，不方便添加新的优化策略，需要进行另一套系统的学习和二次开发，学习成本很高；另外，MapReduce 是进程级并行，Hive 在不同的进程空间会使用一些静态变量，当在同一进程空间进行多线程并行执行时，多线程同时写同名称的静态变量会产生一致性问题，所以 Shark 需要使用另一套独立维护的 Hive 源码分支。为了解决这个问题，AMPLab 和 Databricks 利用 Catalyst 开发了 Spark SQL。在 Spark1.0 版本中已发布 Spark SQL。机器学习、图计算、流计算如火如荼的发展吸引了大批学习者，那为什么还要重视在大数据环境下使用 SQL 呢？主要有以下几点原因：

(1) 易用性与用户惯性。在过去很多年中，有大批程序员的工作是围绕着“DB+应用”的架构来做的，SQL 的易用性提升了应用的开发效率。程序员已习惯用逻辑代码调用 SQL 的模式去写程序。提供 SQL 和 JDBC 的支持会让传统用户像以前一样编写程序，大大减少了迁移成本。

(2)生态系统的力量。很多系统软件性能好，但未取得成功，很大程度上是因为生态系统问题。传统的 SOL 在 JDBC、ODBC 等标准下形成一套成熟的生态系统，很多应用组件和工具可以迁移使用，如一些可视化工具、数据分析工具等，原有企业的 ITEK 工具可以无缝过渡。

(3)Spark SQL 正在扩展支持多种持久化层，用户可使用原有的持久化层存储数据，也可体验和迁移到 Spark SQL 提供的数据分析环境下进行大数据分析。

(4)Spark SQL 与传统“DBMS 查询优化器+执行器”的架构较为类似，只不过其执行器是在分布式环境中实现的，并采用 Spark 作为执行引擎。Spark SQL 的查询引擎是 Catalyst，其基于 Scala 语言开发，能灵活利用 Scala 原生的语言特性方便地进行功能扩展，奠定了 Spark SQL 的发展空间。Catalyst SQL 语言翻译成最终的执行计划，并在这个过程中进行查询优化。与传统方法的区别在于，SQL 经过查询优化器最终转换为可执行的查询计划(一棵查询树)，传统 DB 可以执行这个查询计划，而 Spark SQL 会在 Spark 内将这棵执行计划树转换为有向无环图(DAG)再进行执行。

除了查询优化，Spark SQL 在存储上也进行了优化，下面看看 Spark SQL 的优化策略。

内存列式存储与内存缓存表：Spark SQL 可以通过 cacheTable 将数据存储转换为列式存储，同时将数据加载到内存进行缓存。cacheTable 相当于分布式集群的内存物化视图，将数据进行缓存，这样迭代的或者交互式的查询不用再从 HDFS 读数据，直接从内存读取数据大大减少了 I/O 开销。列式存储的优势在于 Spark SQL 只需要读出用户需要的列，而不需要像行存储那样每次将所有列读出，从而大大减少了内存缓存数据量，更高效地利用内存数据缓存，同时减少 I/O 开销。并且由于是数据类型相同的数据连续存储，能够利用序列化和压缩减少内存空间的占用。

为了减少内存和硬盘空间占用，Spark SQL 采用了一些压缩策略对内存列存储数据进行压缩。Spark SQL 的压缩方式要比 Shark 丰富很多，例如它支持 PassThrough、RunLengthEncoding、DictionaryEncoding、BooleanBitSet、IntDelta 和 LongDelta 等多种压缩方式。这样能够大幅度减少内存空间占用、网络传输开销和 I/O 开销。

摆脱了 Hive 的限制，Spark SQL 的性能虽然没有 Shark 相对于 Hive 那样瞩目的性能提升，但也表现得非常优异，如图 4.36 所示。

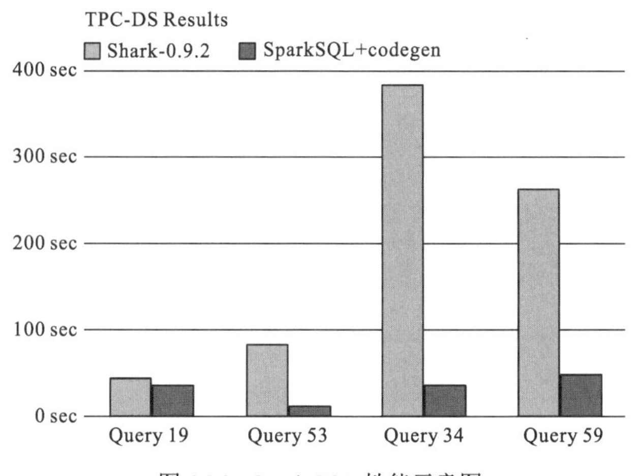

图 4.36　Spark SQL 性能示意图

4.4.4 MLLib

MLlib 是 Spark 对常用的机器学习算法的实现库，同时含有相关的测试和数据生成器，包括分类、回归、聚类、协同过滤、降维以及底层基本的优化元素。

在 Spark1.2.0 中，MLlib 最大的改进是引入了被称为 Spark.ml 的机器学习工具包，支持流水线的学习模式，即多个算法可以用不同参数以流水线的形式运行。在工业界的机器学习应用部署过程中，流水线的工作模式是很常见的。新的 ML 工具包使用 Spark 的 SchemaRDD 来表示机器学习的数据集合，提供了 Spark SQL 直接访问的接口。此外，在机器学习的算法方面，增加了两种基于树的方法，即随机森林和梯度增强树。

现在，MLlib 实现了许多常用的算法，与分类和回归相关的算法包括 SVM、逻辑回归、线性回归、朴素贝叶斯分类、决策树等。协同过滤实现了交替最小二乘法(alternating least square，ALS)；聚类实现了 K-means、高斯混合(Gaussian mixture)、Power Iteration Clustering(PIC)、Latent Dirichlet Allocation(LDA)和 Streaming 版本的 K-means；降维实现了 Singular Value Decomposition(SVD)和 Principal Component Analysis(PCA)；频繁模式挖掘(frequent pattern mining)实现了 FP-growth。

Spark 之所以在机器学习方面具有得天独厚的优势，有以下几点原因：

(1)机器学习算法一般都有很多个步骤迭代计算的过程，机器学习的计算需要在多次迭代后获得足够小的误差或者足够收敛才会停止，迭代时如果使用 Hadoop 的 MapReduce 计算框架，每次计算都要读/写磁盘以及任务的启动等工作，这会导致非常大的 I/O 和 CPU 消耗。而 Spark 基于内存的计算模型天生就擅长迭代计算，多个步骤计算直接在内存中完成，只有在必要时才会操作磁盘和网络，所以说 Spark 正是机器学习理想的平台。

(2)从通信的角度讲，如果使用 Hadoop 的 MapReduce 计算框架，JobTracker 和 TaskTracker 之间由于是通过 heartbeat 的方式来进行通信和传递数据，会导致非常慢的执行速度，而 Spark 具有出色而高效的 Akka 和 Netty 通信系统，通信效率极高。MLlib(Machine Learnig lib)是 Spark 对常用的机器学习算法的实现库，同时包括相关的测试和数据生成器。Spark 的设计初衷就是为了支持一些迭代的 Job，这正好符合很多机器学习算法的特点。

MLlib 目前支持 4 种常见的机器学习问题：分类、回归、聚类和协同过滤。MLlib 在 Spark 整个生态系统中的位置如图 4.37 所示。

MLlib 基于 RDD，天生就可以与 Spark SQL、GraphX、Spark Streaming 无缝集成，以 RDD 为基石，4 个子框架可联手构建大数据计算中心。

MLlib 是 MLBase 的一部分，其中 MLBase 分为四部分：MLlib、MLI、ML Optimizer 和 MLRuntime。

ML Optimizer 会选择它认为最适合的已经在内部实现好了的机器学习算法和相关参数来处理用户输入的数据，并返回模型或别的帮助分析的结果。

MLI 是一个进行特征抽取和高级 ML 编程抽象的算法实现的 API 或平台。

MLlib 是 Spark 实现一些常见的机器学习的算法和实用程序，包括分类、回归、聚类、协同过滤、降维以及底层优化，该算法可扩充。MLRuntime 基于 Spark 计算框架，将 Spark 的分布式计算应用到机器学习领域。

MLlib 主要包含三个部分：

(1)底层基础，包括 Spark 的运行库、矩阵库和向量库；

(2)算法库，包含广义线性模型、推荐系统、聚类、决策树和评估的算法；

(3)实用程序，包括测试数据的生成、外部数据的读入等功能。

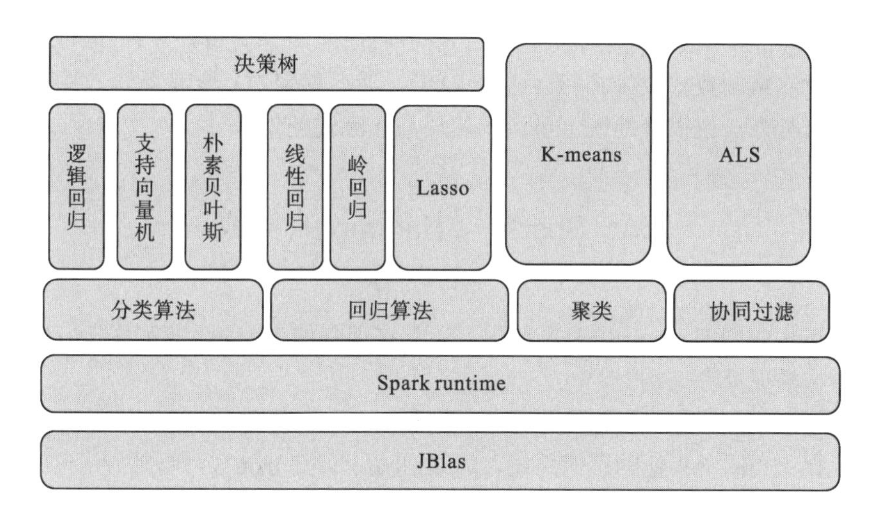

图 4.37 MLlib 生态系统

4.5 Spark 与 Hadoop 的区别

Spark 是借鉴 MapReduce 发展而来的，继承了其分布式并行计算的优点并改进了 MapReduce 明显的缺陷，具体如下：

首先，Spark 把中间数据放到内存中，迭代运算效率高。MapReduce 中计算结果需要落地，保存到磁盘上，这样势必会影响整体速度。而 Spark 支持 DAG 图的分布式并行计算的编程框架，减少了迭代过程中数据的落地，提高了处理效率。

其次，Spark 容错性高。Spark 引进了弹性分布式数据集 RDD 的抽象，它是分布在一组节点中的只读对象集合，这些集合是弹性的，如果数据集一部分丢失，则可以根据“血统”(即允许基于数据衍生过程)对它进行重建。另外，在 RDD 计算时可以通过 CheckPoint 来实现容错，而 CheckPoint 有两种方式，即 CheckPoint Data 和 Logging The Updates，用户可以控制采用哪种方式来实现容错。

最后，Spark 更加通用。不像 Hadoop 只提供了 Map 和 Reduce 两种操作，Spark 提供的数据集操作类型有很多种，大致分为 Transformations 和 Actions 两大类。Transformations 包括 Map、Filter、FlatMap、Sample、GroupByKey、ReduceByKey、Union、Join、Cogroup、MapValues、Sort 和 PartionBy 等多种操作类型，同时还提供 Count，Actions 包括 Collect、

Reduce、Lookup 和 Save 等操作。另外，各个处理节点之间的通信模型不再像 Hadoop 只有 Shuffle 一种模式，用户可以命名、物化，控制中间结果的存储、分区等。

Spark 支持内存计算、多迭代批量处理、即席查询、流处理和图计算等多种范式。Spark 内存计算框架适合各种迭代算法和交互式数据分析，能够提升大数据处理的实时性和准确性。

Spark 配有一个流数据处理模型，与 Twitter 的 Storm 框架相比，Spark 采用了一种有趣而且独特的办法。Storm 像是放入独立事务的管道，在其中事务会得到分布式的处理。相反，Spark 采用一个模型收集事务，然后在短时间内(我们假设是 5 秒)以批处理的方式处理事件。所收集的数据成为它们自己的 RDD，然后使用 Spark 应用程序中常用的一组进行处理。这种方法也很好地统一了流式处理与非流式处理部分。

4.6 Spark 与 Hadoop 的集成

将 Spark 集成到 Hadoop 生态系统中，让其在现有的 Hadoop 集群中运行是目前非常流行的一种大数据处理架构。

Spark 主要用于提高而不是取代 Hadoop 栈，从一开始 Spark 就被设计为从 HDFS 中读取存储数据，类似于其他的存储系统，例如 Hbase、Amazon S3 等，因此，Hadoop 用户可以通过结合 Spark 来提高 Hadoop MR、Hbase 及其他大数据平台的处理能力。

为使每个 Hadoop 用户充分利用 Spark 的性能，不论是用 Hadoop1.x 还是 Hadoop2.x(Yarn)，也不论有没有 Hadoop 集群的管理员权限，现在有三种方式可以把 Spark 配置到 Hadoop 集群中，如图 4.38 所示。

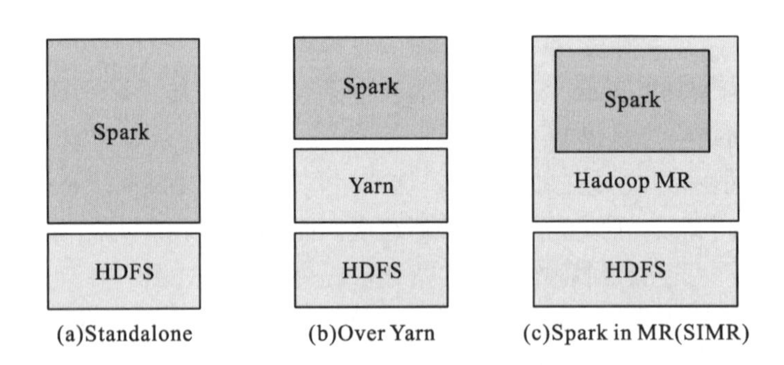

图 4.38 集群部署模式

1.独享(Standalone)配置

在独享模式下用户可以在 Hadoop 集群的一组或全部机器中静态分配资源，与 Hadoop MR 同时运行，用户可以在 HDFS 上运行专属的 Spark 任务，对 Hadoop1.x 用户这种模式配置较简单。

2.Hadoop YARN 配置

Hadoop 用户可以简单地把 Spark 运行在 YARN 中而无需任何准备工作或者管理员权限，像其他运行在 Spark 上层的模块一样充分利用 Spark 的强大计算能力。

3.基于 MR 运行配置(SIMR)

如果 Hadoop 用户没有运行 YARN，除了 Standalone 配置，还有一种就是 SIMR，也就是 Spark 运行在 MapReduce 之上。利用 SIMR，用户仅需几分钟下载 Spark Shell 就能消除配置障碍，Spark 就能运行起来。

4.与其他系统互操作

Spark 不仅能运行在 Hadoop 上，而且还可以运行在其他主流大数据技术上面。

1) Apache Hive

通过 Shark，Spark 可以让 Hive 用户查询更加快速，Hive 是基于 Hadoop 上的数据仓库挖掘技术，而 Shark 可以使用户让 Hive 框架直接运行在 Spark 上，无需 Hadoop。以此使 Hive 提高 100 倍以上的内存查询能力，10 倍以上的磁盘查询能力。

2) AWS EC2

用户可以使用脚本或者基于内嵌在 Amazon 的弹性 MapReduce 上的 Shark，容易把 Spark 运行在 EC2 上面。

3) Apache Mesos

当 Spark 运行在 Mesos 上时，集群管理系统能通过分布式应用提供有效的资源隔离，包括 MPI、Hadoop 等。Mesos 能充分利用 Spark 任务运行中的闲置资源，实现最大限度的共享，从而使性能大幅提升，尤其是当运行时间较长的 Spark 任务时。

4.7　Spark 典型应用

4.7.1　Spark 的适用场景

目前大数据处理场景有以下几个类型：

(1) 复杂的批量处理(batch data processing)，偏重点在于处理海量数据的能力，处理速度可忍受，通带的时间可能是在数十秒到数小时；

(2) 基于历史数据的交互式查询(interactive query)，通常的时间在数十秒到数十分钟之间；

(3) 基于实时数据流的数据处理(streaming data processing)，通常在数百毫秒到数秒之间。

目前对以上三种场景需求都有比较成熟的处理框架，第一种情况可以用 Hadoop 的 MapReduce 来进行海量数据处理，第二种情况可以用 Impala 进行交互式查询，对于第三种情况可以用 Storm 分布式处理框架处理实时流式数据。以上三者都比较独立，维护成本比较高，而 Spark 的出现能够以一站式平台满意以上需求。通过以上分析，总结出 Spark 场景有以下几个：

Spark 是基于内存的迭代计算框架，适用于需要多次操作特定数据集的应用场合。需要反复操作的次数越多，所需读取的数据量越大，受益越大。数据量小但是计算密集度较大的场合，受益就相对较小。

由于 RDD 的特性，Spark 不适用于那种异步细粒度更新状态的应用，例如 Web 服务的存储、增量的 Web 爬虫和索引。即对于那种增量修改的应用模型不适合，数据量不是特别大，但是要求实时统计分析需求。

4.7.2 Spark 在百度

百度构建了国内规模最大的 Spark 集群之一，最大单集群规模达 1300 台(包含数万核心和上百 TB 内存)，公司内部同时还运行着大量的小型 Spark 集群。百度分布式计算团队从 2011 年开始持续关注 Spark，并于 2014 年将 Spark 正式引入百度分布式计算生态系统中，在国内率先面向开发者及企业用户推出了支持 Spark 并兼容开源接口的大数据处理产品 BMR。

4.7.3 Spark 在阿里

阿里也是国内最早使用 Spark 的公司之一，也是最早在 Spark 中使用了 YARN 的公司之一。值得一提的是，淘宝网络数据挖掘和计算团队负责人明风先生也是国内著名的 Spark 方面的专家。明风和他的团队针对淘宝的大数据和应用场景，在 MLlib、GraphX 和 Streaming 三大块进行了广泛的模型训练和生产应用，并且取得了很好的效果。尤其是他们利用 GraphX 构建了大规模的图计算和图挖掘系统，实现了很多生产环境中的推荐算法，包括(但不局限于)以下的计算场景：基于度分布的中枢节点发现、基于最大连通图的社区发现、基于三角形计数的关系衡量、基于随机游走的用户属性传播等。可以说，淘宝技术团队在利用 Spark 来解决多次迭代的机器学习算法、高计算复杂度的算法方面，在国内居于领先的位置。此外，阿里积极“拥抱”并回馈开源社区，对 Spark 社区的各个 Feature 和 PR 选择性地进行跟进和贡献。同时，阿里的内部版本和社区版本也保持同步性和一致性。阿里也在积极打造 Spark 周边的生产环境，包括 MLStudio 调度平台，使得 Spark 在阿里巴巴的应用更具推广性，可以满足大部分算法工程师和数据科学家的需求。

4.7.4 Spark 在腾讯

腾讯 Spark 集群已经达到 8000 台的规模，是当前已知的最大的 Spark 集群。每天运行超过 10000 个作业，作业类型包括 ETL、Spark SQL、机器学习、图计算和流式计算。

腾讯的广点通是最早使用 Spark 的应用之一。腾讯大数据“精准推荐”借助 Spark 快速迭代的优势，围绕“数据+算法+系统”这套技术方案，实现了在“数据实时采集、算法实时训练、系统实时预测”的全流程实时并行高维算法，最终成功应用于广点通 pCTR 投放系统上，支持每天上百亿的请求量。

此外，腾讯使用千台规模的 Spark 集群来对千亿级的节点对进行相似度计算，通过实验对比，性能是 MapReduce 的 6 倍以上，是 GraphX 的 2 倍以上。相似度计算在信息检索、数据挖掘等领域有着广泛的应用，是目前推荐引擎中的重要组成部分。随着互联网用户数目和内容的爆炸性增长，对大规模数据进行相似度计算的需求变得日益增强。在传统的 MapReduce 框架下进行相似度计算会引入大量的网络开销，导致性能低下。腾讯借助 Spark 对内存计算的支持以及图划分的思想，大大降低了网络数据传输量；并通过在系统层次对 Spark 的改进优化，使其可以稳定地扩展至上千台规模。

4.8　Spark 安装使用

4.8.1　Scala 安装

Spark 采用 Scala 语言进行编写，因此应先安装 Scala。

从 Scala 官方网站(http: //www.scala-lang.org/download/)上下载最新版本的 Scala 安装包，本示例采用的为 scala-2.11.7.tgz。

将下载的安装包上传到服务器，解压安装包：

```
$ tar–zxvf scala-2.11.7.tgz-C/opt
```

设置环境变量：

```
$ sudo vi/etc/profile
```

增加以下内容：

```
export SCALA_HOME=/opt/scala
export PATH="$SCALA_HOME：$PATH"
```

启用环境变量：

```
$ source/etc/profile
```

备注：在所有服务器上，均需要安装 Scala。

4.8.2　Spark 安装

1.下载并解压

从官方网站(http：//spark.apache.org)上下载最新的二进制包，因本安装示例采用的 Hadoop 为 2.6.x 版本，所以下载的安装文件为 spark-1.5.2-bin-hadoop2.6.tgz。

下载后，将文件上传至服务器，进行解压操作：

```
$ tar-zxvf spark-1.5.2-bin-hadoop2.6.tgz-C/opt
```

```
$ ln-s/opt/spark-1.5.2-bin-hadoop2.6/opt/spark
```

2.修改配置文件

1) 修改环境变量

```
$ sudo vi/etc/profile
```

修改内容如下：

```
export JAVA_HOME=/opt/jdk
export SCALA_HOME=/opt/scala
export ZOOKEEPER_HOME=/opt/ZooKeeper
export HADOOP_HOME=/opt/hadoop
export HADOOP_PREFIX=$HADOOP_HOME
export HIVE_HOME=/opt/hive
export SPARK_HOME=/opt/spark

export
PATH="$JAVA_HOME/bin: $SCALA_HOME/bin: $ZOOKEEPER_HOME/bin: $HADOOP_
HOME/bin: $HIVE_HOME/bin: $SPARK_HOME/bin: $PATH"
```

启用配置：

```
$ source/etc/profile
```

2) 修改 Spark 配置文件

```
$ vi $ SPARK_HOME/conf/spark-env.sh
```

增加如下内容：

```
export SCALA_HOME=/opt/scala
export JAVA_HOME=/opt/jdk
export HADOOP_HOME=/opt/hadoop
export HADOOP_CONF_DIR=$HADOOP_HOME/etc/hadoop
export HIVE_CONF_DIR=/opt/hive/conf/
```

3) 拷贝 Hive 配置

```
$ cp $ HIVE_HOME/conf/hive-site.xml$SPARK_HOME/conf
```

备注：请将安装文件、调整后的配置同步到所有服务器。

3.独立运行模式

1) 设定 work 节点

在 master 服务器上进行如下配置：

```
$ vi $ SPARK_HOME/conf/slaves
```

增加以下内容：

```
hdfs1
hdfs2
```

```
hdfs3
```

2) 启动服务

```
$ $ SPARK_HOME/sbin/start-all.sh
```

启动后，在不同的服务器上运行：

```
$ jps
```

查看 Master 进程、Worker 进程是否在运行中。

同时可以用浏览器输入 http：//hdfs1：8080 查看 Spark 的运行状态(图 4.39)。

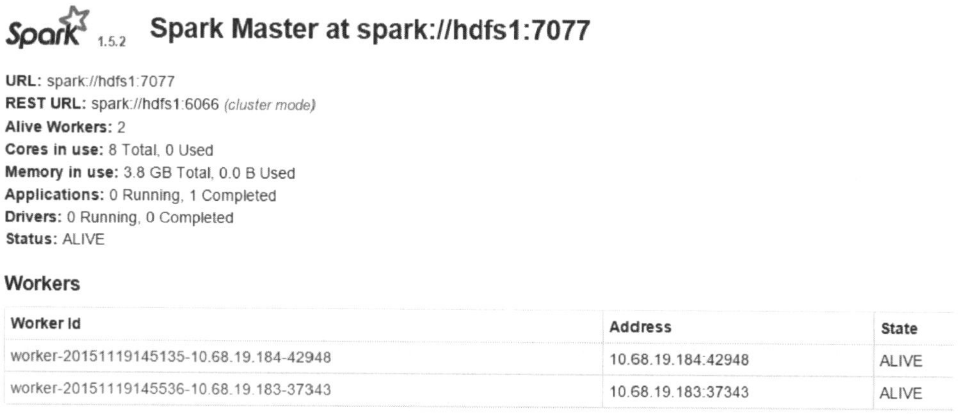

Spark 1.5.2　**Spark Master at spark://hdfs1:7077**

URL: spark://hdfs1:7077
REST URL: spark://hdfs1:6066 *(cluster mode)*
Alive Workers: 2
Cores in use: 8 Total, 0 Used
Memory in use: 3.8 GB Total, 0.0 B Used
Applications: 0 Running, 1 Completed
Drivers: 0 Running, 0 Completed
Status: ALIVE

Workers

Worker Id	Address	State
worker-20151119145135-10.68.19.184-42948	10.68.19.184:42948	ALIVE
worker-20151119145536-10.68.19.183-37343	10.68.19.183:37343	ALIVE

图 4.39　Spark 的运行状态

3) 启动 SparkSQL

```
$ $ SPARK_HOME/bin/spark-sql--master spark：//hdfs1：7077--executor-memory1g--total
-executor-cores10--driver-class-path/opt/hive/lib/mysql-connector-java-5.1.36.jar
```

启动完成后，输入 show tables 或其他 HiveQL 进行数据处理。

4) 启动 ThriftServer

启动服务：

```
$ $ SPARK_HOME/sbin/start-thriftserver.sh--master spark：//hdfs1：7077--executor-mem
ory1g--total-executor-cores10--driver-class-path/opt/hive/lib/mysql-connector-java-5.1.36.jar
```

运行 CLI：

```
$ $ SPARK_HOME/bin/beeline-u jdbc：hive2：//hdfs1：10000
```

同时，也可用浏览器输入 http：//hdfs1：4040 查看 ThriftServer 的运行情况。

4.HA 模式

在上述的独立运行模式中，Master 节点为中心节点，一旦出现故障，Spark 将无法正常运行，在 HA 模式中，采用 ZooKeeper 实现 Master 的主从。

备注：在 HA 模式下不需要修改 conf/slaves 文件，开展下列配置前，请先停止独立模式。

1) 修改 Spark 配置文件

```
$ vi $ SPARK_HOME/conf/spark-env.sh
```

增加如下内容：

```
export PARK_DAEMON_JAVA_OPTS="-Dspark.deploy.recoveryMode=ZOOKEEPER
-Dspark.deploy.ZooKeeper.url=hdfs1：2181，hdfs2：2181，hdfs3：2181"
```

备注：所有 Master 节点服务器需要配置。

2) 在 Master 节点启动 Master 服务

```
$ $ SPARK_HOME/sbin/start-master.sh
```

备注：使用 http：//master-server-ip：8080，查看服务状态，Master 节点应当有且只有一个处于活动状态。

3) 在 Worker 节点启动 Worker 服务

```
$ $ SPARK_HOME/sbin/start-slave.sh spark：//hdfs1：7077，hdfs2：7077
```

4) 启动 SparkSQL

```
$ $ SPARK_HOME/bin/spark-sql--master spark：//hdfs1：7077，hdfs2：7077--executor-me
mory1g--total-executor-cores10--driver-class-path/opt/hive/lib/mysql-connector-java-5.1.36.jar
```

5) 启动 ThriftServer

```
$ $ SPARK_HOME/sbin/start-thriftserver.sh--master spark：//hdfs1：7077，hdfs2：7077—
executor-memory1g--total-executor-cores10--driver-class-path/
opt/hive/lib/mysql-connector-java-5.1.36.jar
```

5.YARN 集群模式

采用 YARN 模式，无需进行过多的配置，直接启动相关服务即可。

1) 启动 SparkSQL

```
$ $ SPARK_HOME/bin/spark-sql--master yarn--executor-memory1g--total-executor–cor
es10--driver-class-path/opt/hive/lib/mysql-connector-java-5.1.36.jar
```

2) 启动 ThriftServer

```
$ $ SPARK_HOME/sbin/start-thriftserver.sh--master yarn--executor-memory1g
--total-executor-cores10--driver-class-path/opt/hive/lib/mysql-connector-java-5.1.36.jar
```

本 章 小 结

Spark 是继 Hadoop 后最流行的大数据处理框架，因其采用内存计算模式而在性能上远超 Hadoop。其生态系统既包括了批处理，也包括了流式计算，更因其与 Hadoop 可以集成共生而获得了强大的生命力，是目前最有前途的计算框架之一。

本章介绍了 Spark 的发展简史、技术架构、总体流程、YARN 模式和 Standalone 模型下的运行流程；分析了 RDD、Scheduler、Storage、Shuffle 等 Spark 核心模块；介绍了 Spark 应用库 Spark SQL、GraphX、Spark Streaming 和 MLlib 的应用；分析对比了 Spark 与 Hadoop 的区别与联系以及 Spark 如何集成在 Hadoop 上；给出了 Spark 的典型应用场景；为帮助初学者快速入门，给出了 Spark 的安装过程。

思　考　题

1.Spark 生态圈有哪些部件？各有什么作用？
2.Spark 和 Hadoop 相比有哪些优势？在什么情况下 Spark 可以和 Hadoop 共生？
3.简述 Spark Streaming 的核心原理。
4.Spark Scheduler 的作用是什么？简述其运行流程。
5.试分析比较 Spark 中 Shuffle 的 hash 和 sort 两种方式的特点。
6.Mllib 中有哪些常用的算法？
7.Spark 有哪些适用场景？

参 考 文 献

Karau H．2015. Spark 快速大数据分析．北京：人民邮电出版社.

刘志强, 顾荣, 袁春风, 等. 2015．基于 SparkR 的分类算法并行化研究．计算机科学与探索, 9(11)：181-194.

第 5 章　大数据获取技术

你采，或者不采，数据就在那里，闪闪发光。

数据资源被誉为 21 世纪最大的资源。就像当年的淘金者一样，无数探路者涌入大数据分析的滚滚浪潮。俗话说“巧妇难为无米之炊”，大数据要得以广泛应用，须挖掘蕴含其中的价值。数据采集处于大数据生命周期中第一个环节。传统的数据采集方法包括人工录入、调查问卷、电话随访等方式。随着大数据时代的到来，数据采集方法有了质的飞跃，对数据采集的完整性、准确性也提出了更高的要求，因此数据采集决定了数据应用的真实性和可靠性。

5.1　大数据采集

什么是数据采集？数据采集，又称数据获取，是指从传感器和其他待测设备等模拟和数字被测单元中自动采集信息的过程。新一代数据体系中，将传统数据体系中没有考虑的新数据源进行归纳与分类，可将其分为线上行为数据与内容数据两大类。

(1) 线上行为数据：页面数据、交互数据、表单数据、会话数据等。

(2) 内容数据：应用日志、电子文档、机器数据、语音数据、社交媒体数据等。

在大数据时代，数据采集一般有三个特点：一是数据采集以自动化手段为主，尽量摆脱人工录入的方式；二是采集内容以全量采集为主，摆脱对数据进行采样的方式；三是采集方式多样化、内容丰富化，摆脱以往只采集基本数据的方式。从采集数据的类型看，不仅要涵盖基础的结构化交易数据，还将逐步包括半结构化的用户行为数据、网状的社交关系数据、文本或音频类型的用户意见和反馈数据、设备和传感器采集的周期性数据、网络爬虫获取的互联网数据，以及未来越来越多有潜在意义的各类数据。

数据采集是所有数据处理技术必不可少的部分，随着大数据越来越被重视，大数据采集的挑战也变得尤为突出。如表 5.1 所示，与传统的数据采集方法相比，大数据环境下，数据源多种多样、数据量大，所以会产生各种类型的结构化、半结构化及非结构化的海量数据。此外，面对这些结构复杂、变化快速的大数据，如何保证数据采集的可靠性和数据质量也是大数据采集技术所面临的一个重要难题。因此，必须采用专门针对大数据的采集方法，主要包括三种方式：日志采集、网络数据采集和数据库采集。

表 5.1　大数据采集技术与传统数据采集技术对比

传统数据采集	大数据的数据采集
来源单一、数据量相对大、数据较小	来源广泛、数据量巨大
结构单一	数据类型丰富，包括结构化、半结构化、非结构化
关系数据库和并行数据仓库	分布式数据库

5.2　日志采集

日志采集，又称为文件采集，许多公司的平台每天会产生大量的日志(一般为流式数据，如搜索引擎的页面浏览量、查询量等)，处理这些日志需要特定的日志系统，一般而言，这些系统需要具有以下特征：

(1)构建应用系统和分析系统的桥梁，并将它们之间的关联解耦；

(2)支持近实时的在线分析系统和类似于 Hadoop 之类的离线分析系统；

(3)具有高可扩展性。即：当数据量增加时，可以通过增加节点进行水平扩展。

目前常用的开源日志收集系统有 Flume、Chukwa 和 Kafka 等。Flume 是 Cloudera 提供的一个高可用的、高可靠的、分布式的海量日志采集、聚合和传输系统，目前是 Apache 的一个子项目。Chukwa 是一个开源的用于监控大型分布式系统的数据收集系统，构建在 Hadoop 的 HDFS 和 map/reduce 框架之上，继承了 Hadoop 的可伸缩性和健壮性；Kafka 的目的是通过 Hadoop 的并行加载机制来统一线上和离线的消息处理，也是为了通过集群来提供实时的消息。本书对这三种当今较为流行的开源日志系统进行了分析。

5.2.1　Flume

1.Flume 概念和特性

Flume 最早是由 Cloudera 的工程师设计用于合并日志数据的系统，后来逐渐发展用于处理流数据事件，目前是 Apache 旗下的一款开源、高可靠、高扩展、容易管理、支持客户扩展的日志数据采集系统。

Flume 提供了高效、可靠的收集、整合、传输日志数据的服务。Flume 可以理解成一个管道，它连接数据的生产者和消费者，它从数据的生产者(Source)获取数据，保存在自己的缓存(Channel)中，然后通过 Sink 发送到消费者。它不对数据做保存和复杂的处理(可以做简单过滤和改写)。Flume 具有以下特性：

(1)基于数据流的灵活设计。这是容错和强大的多故障切换和恢复机制。Flume 有不同程度的可靠性，提供包括“尽力传输”和“端至端输送”。尽力而为的传输不会容忍任何 Flume 节点故障，而“终端到终端的传递”模式，保证传递在多个节点不出现故障的情况。

(2)支持各种接入资源数据的类型以及接出数据类型。这种数据收集可以被预定或是事件驱动。Flume 有它自己的查询处理引擎，这使得在转化每批新数据移动之前它能够到达预定接收器。

(3)将多个网站服务器中收集的日志信息存入 HDFS/HBase 中。Flume 也可以用来输送事件数据，包括但不限于网络的业务数据，也可以是通过社交媒体网站和电子邮件消息所产生的数据。

2.架构——数据流

Flume 的核心是把数据从数据源收集过来，再送到目的地。为了保证输送一定成功，在送到目的地之前，会先缓存数据，待数据真正到达目的地后，再删除自己缓存的数据。

Flume 传输的数据的基本单位是 Event，如果是文本文件，通常是一行记录，这也是事务的基本单位。Event 从 Source，流向 Channel，再到 Sink，本身为一个 byte 数组，并可携带 headers 信息。Event 代表着一个数据流的最小完整单元，从外部数据源来，向外部的目的地去。

Flume 运行的核心是 Agent。它是一个完整的数据收集工具，含有三个核心组件，分别是 Source、Channel、Sink。通过这些组件 Event 可以从一个地方流向另一个地方，如图 5.1 所示。

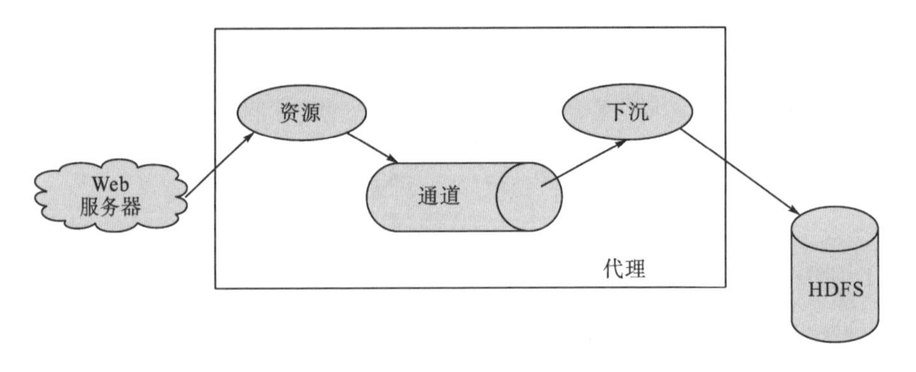

图 5.1　Flume 原理图

Source 可以接收外部源发送过来的数据。不同的 Source，可以接受不同的数据格式。比如有目录池(spooling directory)数据源，可以监控指定文件夹中的新文件变化，如果目录中有文件产生，就会立刻读取其内容。

Channel 是一个存储地，接收 Source 的输出，直到有 Sink 消费掉 Channel 中的数据。Channel 中的数据直到进入下一个 Channel 中或者进入终端才会被删除。当 Sink 写入失败后，可以自动重启，不会造成数据丢失，因此很可靠。

Sink 在设置存储数据时，会消耗 Channel 中的数据，然后送给外部源或者其他 Source。例如，可以向文件系统 HDFS 和数据库 HBase、Hadoop 中存放数据，在日志数据较少时，可以将数据存储在文件系统中，并且设定一定的时间间隔保存数据。在日志数据较多时，可以将相应的日志数据存储到 Hadoop 中，便于日后进行相应的数据分析。

Flume 允许多个 Agent 连在一起，形成前后相连的多级跳。

3.可靠性

Flume 使用事务性的方式保证传送 Event 整个过程的可靠性。Sink 必须在 Event 被存入 Channel 后，或者，已经被传达到下一站 Agent 里，又或者，已经被存入外部数据目的地之后，才能把 Event 从 Channel 中移除掉。这样数据流里的 Event 无论是在一个 Agent 里还是多个 Agent 之间流转，都能保证可靠性，因为以上的事务保证了 Event 会被成功存储起来。而 Channel 的多种实现在可恢复性上有不同的保障，也保证了 Event 不同程度的可靠性。比如，Flume 支持在本地保存一份文件 Channel 作为备份，而 Memory Channel 将 Event 存在内存队列里，速度快，但丢失的话无法恢复。

4.真实环境下的架构

图 5.2 是一个最简单的实例，在真实环境的日志情况下，会有多台机器收集 log4j 生成的日志，并统一存放到 HDFS 上。在实际使用的过程中，可以结合 log4j 使用，使用 log4j 的时候，将 log4j 的文件分割机制设为 1 分钟一次，将文件拷贝到 spool 的监控目录。log4j 有一个 TimeRolling 的插件，可以把 log4j 分割的文件存到 spool 目录。比如我们从 host1 和 host2 上都收集日志，并通过其中一台机器的 Flume 将日志保存到 HDFS 上。这样做的好处是：

(1) 分散风险，提高容错率，因为 Flume 本身有一个缓存机制，如果写入 HDFS 的 Flume 出问题了，比如关机，或者升级，web 服务器的日志还是可以收集，只是暂时先放在本机的硬盘上。

(2) 缓解 HDFS 的写入压力。由于日志在各个层级被缓存了，并以一定的速度写入 HDFS，这样不会造成 HDFS 的机器负载过大以致影响正常业务。

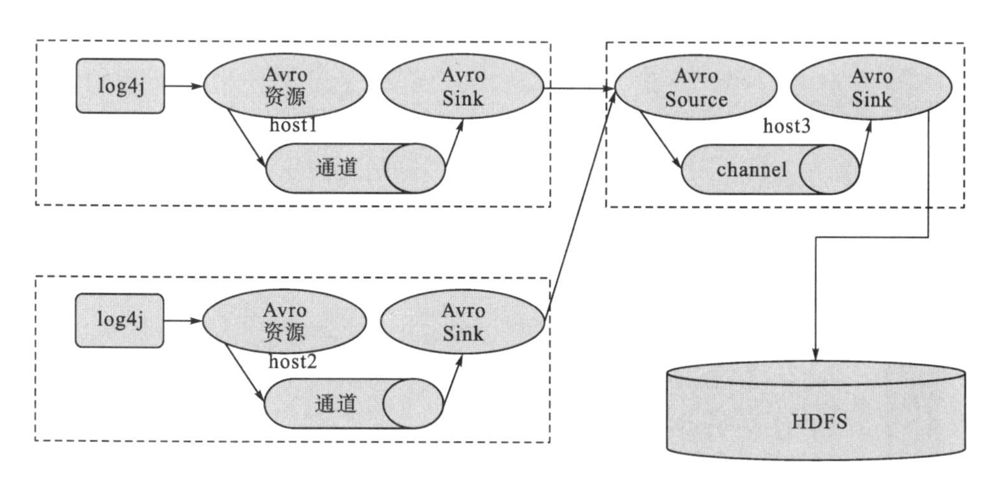

图 5.2　Flume 真实环境下的架构图

5.Flume 的安装部署

安装 Flume 需要 Java 环境，所以先行安装 jdk，这里选择运行脚本自动安装。

1）下载并解压

```
wget http://mirrors.aliyun.com/apache/flume/1.7.0/apache-flume-1.7.0-bin.tar.gz
tar -zxvf apache-flume-1.7.0-bin.tar.gz /usr/local/flume
```

2）配置 JAVA 环变量

```
cd /usr/local/flume/conf
cp flume-env.sh.templete flume-env.sh
vim flume-env.sh                         #在这里配置JAVA_HOME
```

3）编写配置文件自动安装 Flume 脚本

创建一个 example.conf 配置文件，将上面的配置信息写入配置文件中，配置文件套路解析：

（1）配置名字。

代理名字.sources=source 名字

代理名字.sinks=sink 名字

代理名字.channels=channel 名字

（2）根据选择的 source 和 channel 还有 sink 的种类来具体配置每一个模块的参数。

（3）将 source 和 sink 用 channel 来连接起来。

```
# example.conf: A single-node Flume configuration

# Name the components on this agent
a1.sources = r1
a1.sinks = k1
a1.channels = c1

# Describe/configure the source
a1.sources.r1.type = netcat
a1.sources.r1.bind = 192.168.163.128
a1.sources.r1.port = 44444

# Describe the sink
a1.sinks.k1.type = logger

# Use a channel which buffers events in memory
a1.channels.c1.type = memory
a1.channels.c1.capacity = 1000
a1.channels.c1.transactionCapacity = 100

# Bind the source and sink to the channel
a1.sources.r1.channels = c1
a1.sinks.k1.channel = c1
```

(4) 自动安装 Flume 脚本。

```
#!/bin/bash
#shell script to install flume
#check user authority
#user is root when 'id -u' is 0
if [`id -u` -eq 0 ]; then
    echo "Error: You must be root to run this script, please use root to install Fl
    exit 1
fi
#download flume
wget http://mirrors.aliyun.com/apache/flume/1.7.0/apache-flume-1.7.0-bin.tar.gz
#decompression the flume
tar -zxvf apache-flume-1.7.0-bin.tar.gz -C /usr
#delete file
rm -rf apache-flume-1.7.0-bin.tar.gz
#change file name
mv /usr/apache-flume-1.7.0-bin /usr/flume
#copy flume configuration
cp /usr/flume/conf/flume-env.sh.template /usr/flume/conf/flume-env.sh
#judge JDK
if [ -e $JAVA_HOME ]; then
  #change configuration
  sed -i -e "s|# export JAVA_HOME=/usr/lib/jvm/java-6-sun|export JAVA_HOME=$JAVA_HC
else
#install JDK
  #remove OpenJDK if exists.
  for i in $(rpm -qa | grep jdk | grep -v grep)
  do
    echo "Deleting rpm -> "$i
    rpm -e --nodeps $i
  done

  #download JDK
  wget --no-check-certificate --no-cookie --header "Cookie: oraclelicense=accept-se
  #create folder
  mkdir /usr/java
  #decompression the JDK
  tar -zxvf jdk-8u111-linux-x64.tar.gz -C /usr/java
  #delete file
  rm -rf jdk-8u111-linux-x64.tar.gz
  #change file name
  mv /usr/java/jdk1.8.0_111 /usr/java/jdk
  # backups the profile prevent make error
  cp /etc/profile /etc/profile.beforeAddJDKenverment.20161129.bak
  # modify the profile
  echo "export JAVA_HOME=/usr/java/jdk" >>/etc/profile
  echo -e 'export CLASSPATH=.:$JAVA_HOME/jre/lib/rt.jar:$JAVA_HOME/lib/dt.jar:$JAVA
  echo -e 'export PATH=$PATH:$JAVA_HOME/bin'>>/etc/profile
  source /etc/profile
  #change configuration
  sed -i -e 's|# export JAVA_HOME=/usr/lib/jvm/java-6-sun|export JAVA_HOME=/usr/jav
fi
```

4)启动测试

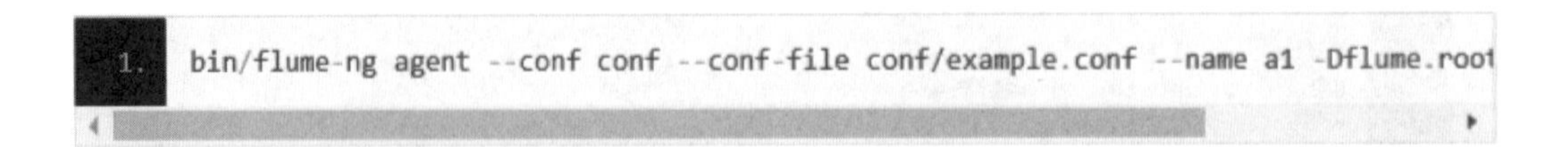

```
1. bin/flume-ng agent --conf conf --conf-file conf/example.conf --name a1 -Dflume.root
```

打开另一个终端，输入。

```
1. yum -y install telnet
2. telnet 192.168.163.128 44444
```

然后输入Hello Word，查看原来终端，得到输出“Hello Word”证明此实例搭建成功。

5.2.2 Chukwa

1.什么是Chukwa?

Chukwa是一个开源的用于监控大型分布式系统的数据收集系统。它构建在Hadoop的HDFS和MapReduce框架之上，继承了Hadoop的可伸缩性和鲁棒性。Chukwa还包含了一个强大、灵活的工具集，可用于展示、监控和分析已收集的数据。

假设要对一个规模较大的网站中产生的海量日志数据进行收集和分析，通常会选择Hadoop大数据处理框架。由于Hadoop中的节点较多，怎样将分散在这些节点上的日志数据完整地收集起来，并且无重复数据的出现，则需要花费较大的精力，而Chukwa的出现，彻底解决了这个问题，它可以帮助我们对各个节点产生的日志文件进行实时的监控，以增加的形式将新生成的日志文件写入HDFS中，同时还对数据进行去重和排序，并以SequenceFile二进制文件的形式保存在HDFS中，后面对日志进行分析时就不需要再进行转换。

(1)Chukwa可以用于监控大规模(2000个以上的节点，每天产生数据量在T级别)Hadoop集群的整体运行情况并对它们的日志进行分析。

(2)对于集群的用户而言：Chukwa展示作业已经运行了多久、占用了多少资源、还有多少资源可用、一个作业为什么失败了、一个读写操作在哪个节点出了问题。

(3)对于集群的运维工程师而言：Chukwa展示了集群中的硬件错误、集群的性能变化、集群的资源瓶颈在哪里。

(4)对于集群的管理者而言：Chukwa展示了集群的资源消耗情况、集群的整体作业执行情况，可以用以辅助预算和集群资源协调。

(5)对于集群的开发者而言：Chukwa展示了集群中主要的性能瓶颈、经常出现的错误，从而可以着力解决重要问题。

2.Chukwa 的架构设计

Chukwa 旨在为分布式数据收集和大数据处理提供一个灵活、强大的平台，这个平台不仅现时可用，而且能够与时俱进地利用更新的存储技术(比如 HDFS、HBase 等)。当这些存储技术变得成熟时，为了保持这种灵活性，Chukwa 被设计成收集和处理层级的管道线，在各个层级之间有非常明确和狭窄的界面，图 5.3 为 Chukwa 架构示意图。

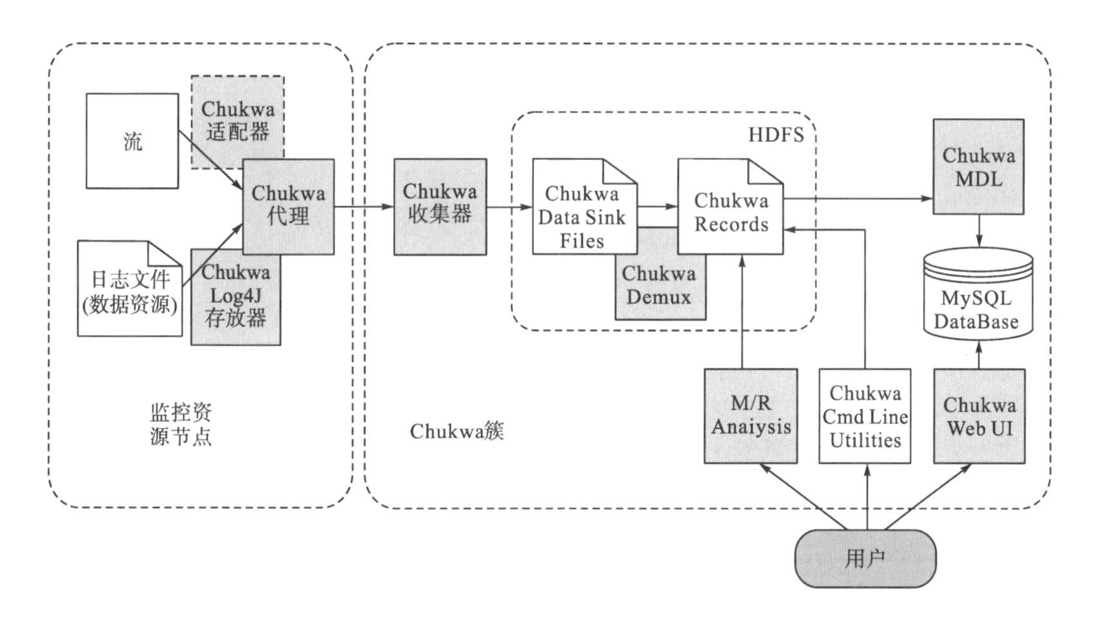

图 5.3　Chukwa 架构示意图

Chukwa 有以下 5 个主要组成部分：

(1) Agents：负责采集最原始的数据，并发送给 Collectors。

(2) Adaptor：直接采集数据的接口和工具，一个 Agent 可以管理多个 Adaptor 的数据采集。

(3) Collectors：负责收集 Agents 送来的数据，并定时写入集群中。

(4) MapReduce Jobs：定时启动，负责把集群中的数据分类、排序、去重和合并。

(5) HICC：负责数据的展示。

1) Adaptors 和 Agents

在每个数据的产生端(基本上是集群中每一个节点上)，Chukwa 使用一个 Agent 来采集它感兴趣的数据，每一类数据通过一个 Adaptor 来实现，数据的类型在相应的配置中指定。默认地，Chukwa 对以下常见的数据来源已经提供了相应的 Adaptor：命令行输出、log 文件和 httpSender 等。这些 Adaptor 会定期运行或事件驱动地执行。如果这些 Adaptor 还不够用，用户也可以方便地自己实现一个 Adaptor 来满足需求。

为防止数据采集端的 Agent 出现故障，Chukwa 的 Agent 采用了所谓的“watchdog”机制，会自动重启终止的数据采集进程，防止原始数据的丢失。另外，对于重复采集的数据，在 Chukwa 的数据处理过程中，会自动对它们进行去重。这样，就可以对关键的数据在多台机器上部署相同的 Agent，从而实现容错的功能。

2) Collectors

Agents 采集到的数据是存储到 Hadoop 集群上的。Hadoop 集群擅长于处理少量大文件，而对于大量小文件的处理则不是它的强项，针对这一点，Chukwa 设计了 Collector 这个角色，用于把数据先进行部分合并，再写入集群，防止大量小文件的写入。

另外，为防止 Collector 成为性能瓶颈或成为单点产生故障，Chukwa 允许和鼓励设置多个 Collector，Agents 随机地从 Collectors 列表中选择一个 Collector 传输数据，如果一个 Collector 失败或繁忙，就换下一个 Collector。从而可以实现负载的均衡，实践证明，多个 Collector 的负载几乎是平均的。

3) demux 和 archive

放在集群上的数据，是通过 MapReduce 作业来实现数据分析的。在 MapReduce 阶段，Chukwa 提供了 demux 和 archive 任务两种内置的作业类型。

demux 作业负责对数据分类、排序和去重。在对 Agent 的介绍中，我们提到了数据类型(DataType)的概念。由 Collector 写入集群中的数据，都有自己的类型。demux 作业在执行过程中，通过数据类型和配置文件中指定的数据处理类，相应的数据分析工作，一般是把非结构化的数据结构化，抽取中其中的数据属性。由于 demux 的本质是一个 MapReduce 作业，所以我们可以根据自己的需求制定自己的 demux 作业，进行各种复杂的逻辑分析。Chukwa 提供的 demux interface 可以用 JAVA 语言来方便地扩展。

archive 作业则负责把同类型的数据文件合并，一方面保证了同一类的数据都在一起，便于进一步分析，另一方面减少文件数量，减轻 Hadoop 集群的存储压力。

4) Dbadmin

放在集群上的数据，虽然可以满足数据的长期存储和大数据量计算的需求，但是不便于展示。为此，Chukwa 做了两方面的努力：

(1) 使用 mdl 语言，把集群上的数据抽取到 mysql 数据库中，对近一周的数据，完整保存，超过一周的数据，按数据距当前时间的长短作稀释，距当前越久的数据，所保存的数据时间间隔越长。通过 mysql 来作数据源，展示数据。

(2) 使用 HBase 或类似的技术，直接把索引化的数据存储在集群上，到 Chukwa0.4.0 版本为止，Chukwa 都是用的第一种方法，但是第二种方法更优雅也更方便一些。

5) Hicc

Hicc 是 Chukwa 的数据展示端的名称。在展示端，Chukwa 提供了一些默认的数据展示 widget，可以使用“列表”“曲线图”“多曲线图”“柱状图”“面积图式”展示一类或多类数据，给用户直观的数据趋势展示。而且，在 hicc 展示端，对不断生成的新数据和历史数据，采用 robin 策略，防止因数据的不断增长而增加服务器压力，并对数据在时间轴上“稀释”，可以提供长时间段的数据展示。

从本质上，hicc 是用 jetty 来实现的一个 web 服务端，内部用的是 jsp 技术和 javascript 技术。各种需要展示的数据类型和页面的局部都可以通过简直的拖拽方式来实现，更复杂的数据展示方式，可以使用 sql 语言组合出各种需要的数据。如果这样还不能满足需求，动手修改它的 jsp 代码就可以了。

6)默认数据支持

对于集群各节点的 cpu 使用率、内存使用率、硬盘使用率、集群整体的 cpu 平均使用率、集群整体的内存使用率、集群整体的存储使用率、集群文件数变化、作业数变化等 Hadoop 相关数据，从采集到展示的一整套流程 Chukwa 都提供了内建的支持，只需要配置一下就可以使用。可以看出，Chukwa 从数据的产生、收集、存储、分析到展示的整个生命周期都提供了全面的支持。

了解了主要部件后，读者已经在脑海中有了大致的数据流程图，如图 5.4 所示，它就是这么简单：数据被 Agent 收集，并传送到 Collector，由 Collector 写入 HDFS，然后由 Map-Reduce job 进行数据的预处理。

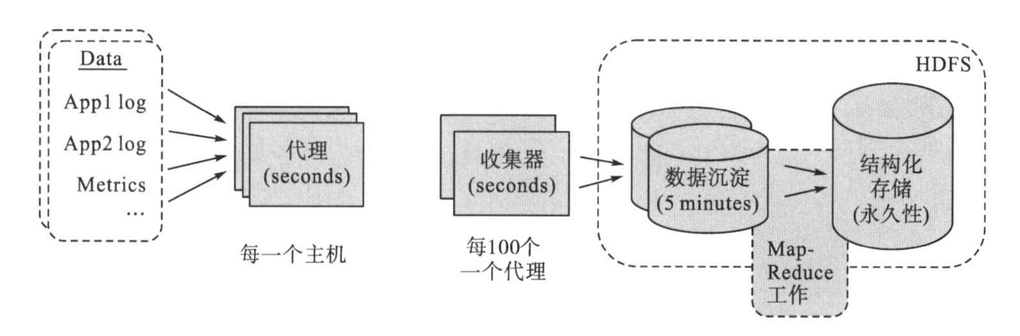

图 5.4　Chukwa 数据处理流程图

3.下载和安装 Chukwa

在 apache 基金 Chukwa 官网 http://chukwa.apache.org/，选择镜像下载地址 http://mirrors.hust.edu.cn/apache/chukwa/下载一个稳定版本，如图 5.5 所示。

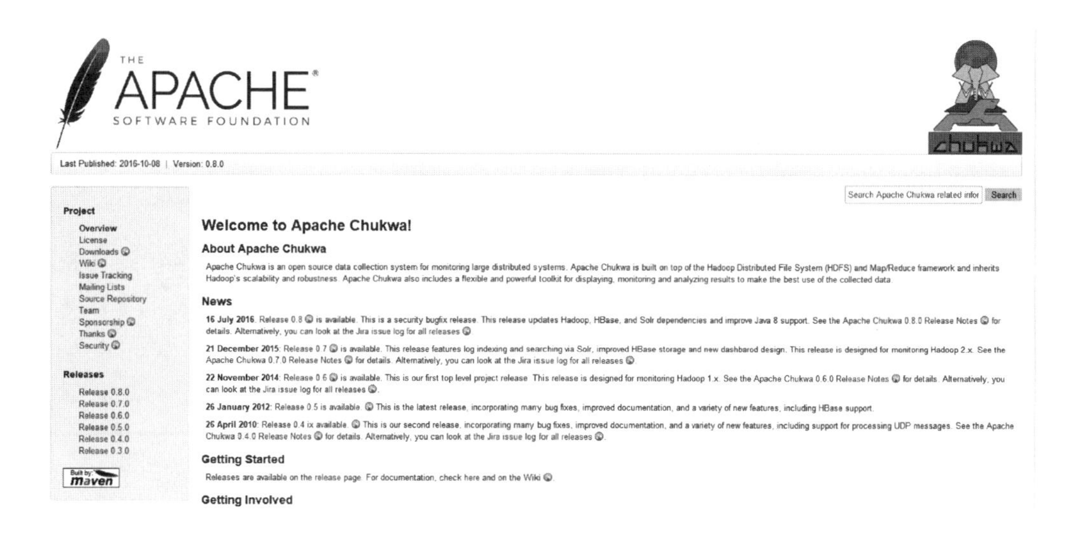

图 5.5　Apache Chukwa 官方网站

1) 设置/etc/profile 参数

编辑/etc/profile 文件，声明 Chukwa 的 home 路径和在 path 加入 bin/sbin 的路径，并确认生效。

export CHUKWA_HOME=/app/chukwa-0.6.0

export CHUKWA_CONF_DIR=$CHUKWA_HOME/etc/chukwa

export PATH=$PATH：$CHUKWA_HOME/bin：$CHUKWA_HOME/sbin

```
export FLUME_HOME=/app/flume-1.5.2
export FLUME_CONF_DIR=$FLUME_HOME/conf
export PATH=$PATH:$FLUME_HOME/bin

export CHUKWA_HOME=/app/chukwa-0.6.0
export CHUKWA_CONF_DIR=$CHUKWA_HOME/etc/chukwa
export PATH=$PATH:$CHUKWA_HOME/bin:$CHUKWA_HOME/sbin
```

2) 将 Chukwa 文件复制到 Hadoop 中

首先修改 Hadoop 配置目录中的文件 log4j.properties 和 hadoop-metrics2.properties 的文件名并备份，然后把 Chukwa 配置目录中的 log4j.properties 和 hadoop-metrics2.properties 文件复制到 Hadoop 配置目录中。

1	cd/app/hadoop-1.1.2/conf
2	mv log4j.properties log4j.properties.bak
3	mv hadoop-metrics2.properties hadoop-metrics2.properties.bak
4	cp/app/chukwa-0.6.0/etc/chukwa/hadooplog4j.properties./log4j.propertie
5	cp/app/chukwa-0.6.0/etc/chukwa/hadoop-metrics2.properties./

```
[shiyanlou@b393a04554e1 ~]$ cd /app/hadoop-1.1.2/conf
[shiyanlou@b393a04554e1 conf]$ mv log4j.properties log4j.properties.bak
[shiyanlou@b393a04554e1 conf]$ mv hadoop-metrics2.properties hadoop-metrics2.properties.bak
[shiyanlou@b393a04554e1 conf]$ cp /app/chukwa-0.6.0/etc/chukwa/hadoop-log4j.properties ./log4j
.propertie
[shiyanlou@b393a04554e1 conf]$ cp /app/chukwa-0.6.0/etc/chukwa/hadoop-metrics2.properties ./
[shiyanlou@b393a04554e1 conf]$ ls
capacity-scheduler.xml       hadoop-metrics2.properties.bak  mapred-site.xml
configuration.xsl            hadoop-policy.xml               masters
core-site.xml                hdfs-site.xml                   slaves
fair-scheduler.xml           log4j.propertie                 ssl-client.xml.example
hadoop-env.sh                log4j.properties.bak            ssl-server.xml.example
hadoop-metrics2.properties   mapred-queue-acls.xml           taskcontroller.cfg
[shiyanlou@b393a04554e1 conf]$
```

3) 将 Chukwa 中的 jar 复制到 Hadoop 中

把 Chukwa 中的 chukwa-0.6.0-client.jar 和 json-simple-1.1.jar 两个 jar 文件复制到 Hadoop 中的 lib 目录下：

-cd/app/chukwa-0.6.0/share/chukwa

-cp chukwa-0.6.0-client.jar/app/hadoop-1.1.2/lib

-cp lib/json-simple-1.1.jar/app/hadoop-1.1.2/lib

-ls/app/hadoop-1.1.2/lib

```
[shiyanlou@b393a04554e1 ~]$ cd /app/chukwa-0.6.0/share/chukwa
[shiyanlou@b393a04554e1 chukwa]$ cp chukwa-0.6.0-client.jar /app/hadoop-1.1.2/lib
[shiyanlou@b393a04554e1 chukwa]$ cp lib/json-simple-1.1.jar /app/hadoop-1.1.2/lib
[shiyanlou@b393a04554e1 chukwa]$ ls /app/hadoop-1.1.2/lib
asm-3.2.jar                          jackson-core-asl-1.8.8.jar
aspectjrt-1.6.11.jar                 jackson-mapper-asl-1.8.8.jar
aspectjtools-1.6.11.jar              jasper-compiler-5.5.12.jar
chukwa-0.6.0-client.jar              jasper-runtime-5.5.12.jar
commons-beanutils-1.7.0.jar          jdeb-0.8.jar
commons-beanutils-core-1.8.0.jar
commons-cli-1.2.jar                  jersey-core-1.8.jar
commons-codec-1.4.jar                jersey-json-1.8.jar
commons-collections-3.2.1.jar        jersey-server-1.8.jar
commons-configuration-1.6.jar        jets3t-0.6.1.jar
commons-daemon-1.0.1.jar             jetty-6.1.26.jar
commons-digester-1.8.jar             jetty-util-6.1.26.jar
commons-el-1.0.jar                   jsch-0.1.42.jar
commons-httpclient-3.0.1.jar         json-simple-1.1.jar
commons-io-2.1.jar
commons-lang-2.4.jar                 junit-4.5.jar
commons-logging-1.1.1.jar            kfs-0.2.2.jar
```

4) 修改 chukwa-config.sh

打开$CHUKWA_HOME/libexec/chukwa-config.sh 文件。

-cd/app/chukwa-0.6.0/libexec

-sudo vi chukwa-config.sh

将 export CHUKWA_HOME='pwd-P${CHUKWA_LIBEXEC}/ '改为 chukwa 的安装目录:

export CHUKWA_HOME=/app/chukwa-0.6.0

```
# convert relative path to absolute path
CHUKWA_LIBEXEC=$(cd -P -- "$(dirname -- "$this")" && pwd -P)
script="$(basename -- "$this")"
this="$CHUKWA_PREFIX/$script"

# the root of the Chukwa installation
export CHUKWA_HOME=/app/chukwa-0.6.0

#check to see if the conf dir is given as an optional argument
if [ $# -gt 1 ]
then
```

5) 修改 chukwa-env.sh

打开$CHUKWA_HOME/etc/chukwa/chukwa-env.sh 文件。

-cd/app/chukwa-0.6.0/etc/chukwa/

-sudo vi chukwa-env.sh

配置 JAVA_HOME 和 HADOOP_CONF_DIR 等变量，编译配置文件 chukwa-env.sh 使之生效。

```
1  # The java implementation to use.  Required.
2  export JAVA_HOME= /app/lib/jdk1.7.0_55/
3  # Hadoop Configuration directory
4  export HADOOP_CONF_DIR=/app/hadoop-1.1.2/conf
```

```
# The java implementation to use.  Required.
export JAVA_HOME=/app/lib/jdk_1.7.0_55

# Optional
# The location of HBase Configuration directory.  For writing data to
# HBase, you need to set environment variable HBASE_CONF to HBase conf
# directory.
export HBASE_CONF_DIR="${HBASE_CONF_DIR}"

# Hadoop Configuration directory
export HADOOP_CONF_DIR=/app/hadoop-1.1.2/conf
```

6) 修改 collectors 文件

打开$CHUKWA_HOME/etc/chukwa/collectors 文件。

-cd/app/chukwa-0.6.0/etc/chukwa/

-sudo vi collectors

该配置指定哪台机器运行收集器进程，例如修改为 http：//hadoop：8080，指定 hadoop 机器运行收集器进程。

```
http://hadoop:8080
```

7) 修改 initial_adaptors 文件

打开$CHUKWA_HOME/etc/chukwa/initial_adaptors 文件。

-cd/app/chukwa-0.6.0/etc/chukwa/

-sudo vi initial_adaptors

为了更好地显示测试效果，这里添加新建的监控服务，监控/app/chukwa-0.6.0/目录下的 testing 文件的变化情况。

-add filetailer.FileTailingAdaptor FooData/app/chukwa-0.6.0/testing0

```
add sigar.SystemMetrics SystemMetrics 60 0
add SocketAdaptor HadoopMetrics 9095 0
add SocketAdaptor Hadoop 9096 0
add SocketAdaptor ChukwaMetrics 9097 0
add SocketAdaptor JobSummary 9098 0
add filetailer.FileTailingAdaptor FooData /app/chukwa-0.6.0/testing 0
```

建立被监控的 testing 文件。

-cd/app/chukwa-0.6.0

-touch testing

```
[shiyanlou@b393a04554e1 ~]$ cd /app/chukwa-0.6.0
[shiyanlou@b393a04554e1 chukwa-0.6.0]$ touch testing
[shiyanlou@b393a04554e1 chukwa-0.6.0]$ ls
testing
[shiyanlou@b393a04554e1 chukwa-0.6.0]$
```

8) 修改 chukwa-collector-conf.xml 文件

打开$CHUKWA_HOME/etc/chukwa/chukwa-collector-conf.xml 文件

-cd/app/chukwa-0.6.0/etc/chukwa/

-sudo vi chukwa-collector-conf.xml

启用 chukwaCollector.pipeline 参数。

```
  <property>
    <name>chukwaCollector.writerClass</name>
    <value>org.apache.hadoop.chukwa.datacollection.writer.PipelineStageWriter</value>
  </property>

  <property>
    <name>chukwaCollector.pipeline</name>
    <value>org.apache.hadoop.chukwa.datacollection.writer.SocketTeeWriter,org.apache.had
oop.chukwa.datacollection.writer.SeqFileWriter</value>
  </property>

  <!-- LocalWriter parameters
  <property>
    <name>chukwaCollector.localOutputDir</name>
    <value>/tmp/chukwa/dataSink/</value>
    <description>Chukwa local data sink directory, see LocalWriter.java</description>
  </property>
```

注释 HBase 的参数(如果要使用 hbase 则不需要注释)。

```
<!-- HBaseWriter parameters -->
<!--
<property>
  <name>chukwaCollector.pipeline</name>
  <value>org.apache.hadoop.chukwa.datacollection.writer.SocketTeeWriter,org.apache.had
oop.chukwa.datacollection.writer.hbase.HBaseWriter</value>
</property>

<property>
  <name>hbase.demux.package</name>
  <value>org.apache.hadoop.chukwa.extraction.demux.processor</value>
  <description>Demux parser class package, HBaseWriter uses this package name to valid
ate HBase for annotated demux parser classes.</description>
</property>

<property>
  <name>hbase.writer.verify.schema</name>
  <value>false</value>
  <description>Verify HBase Table schema with demux parser schema, log
  warning if there are mismatch between hbase schema and demux parsers.
  </description>
</property>

<property>
  <name>hbase.writer.halt.on.schema.mismatch</name>
  <value>false</value>
  <description>If this option is set to true, and HBase table schema
  is mismatched with demux parser, collector will shut down itself.
  </description>
</property>
-->
<!-- End of HBaseWriter parameters -->

<property>
  <name>writer.hdfs.filesystem</name>
```

指定 HDFS 的位置为 hdfs：//hadoop1：9000/chukwa/logs。

```
<property>
  <name>writer.hdfs.filesystem</name>
  <value>hdfs://hadoop:9000</value>
  <description>HDFS to dump to</description>
</property>

<property>
  <name>chukwaCollector.outputDir</name>
  <value>/chukwa/logs/</value>
  <description>Chukwa data sink directory</description>
</property>
```

确认默认情况下 collector 监听 8080 端口。

```
<property>
  <name>chukwaCollector.http.port</name>
  <value>8080</value>
  <description>The HTTP port number the collector will listen on</description>
</property>
```

9) 配置 Agents 文件

打开$CHUKWA_HOME/etc/chukwa/agents 文件。

-cd/app/chukwa-0.6.0/etc/chukwa/

-sudo vi agents

编辑$CHUKWA_CONF_DIR/agents 文件，使用 hadoop。

```
hadoop
```

10）修改 chukwa-agent-conf.xml 文件

打开$CHUKWA_HOME/etc/chukwa/chukwa-agent-conf.xml 文件。

-cd/app/chukwa-0.6.0/etc/chukwa/

-sudo vi chukwa-agent-conf.xml

$CHUKWA_CONF_DIR/chukwa-agent-conf.xml 文件维护了代理的基本配置信息，其中最重要的属性是集群名，用于表示被监控的节点，这个值被存储在每一个被收集到的块中，用于区分不同的集群，如设置 cluster 名称：cluster=“chukwa”，使用默认值即可。

```
  <property>
    <name>chukwaAgent.tags</name>
    <value>cluster="chukwa"</value>
    <description>The cluster's name for this agent</description>
  </property>

  <property>
    <name>chukwaAgent.control.port</name>
    <value>9093</value>
    <description>The socket port number the agent's control interface can be contacted a
t.</description>
  </property>
```

5.2.3 Kafka

Kafka 是由 LinkedIn 开发的一个分布式的消息系统，使用 Scala 编写，它因可水平扩展和高吞吐率而被广泛使用。目前越来越多的开源分布式处理系统如 Cloudera、Apache Storm、Spark 都支持与 Kafka 集成。

1.Kafka 简介

Kafka 是一个分布式的，基于发布/订阅的消息系统，原本开发自 LinkedIn，用作 LinkedIn 的活动流和运营数据处理管道(pipeline)的基础。现在它已被多家不同类型的公司作为多种类型的数据管道和消息系统使用。官网中的 Kafka 架构图如图 5.6 所示。

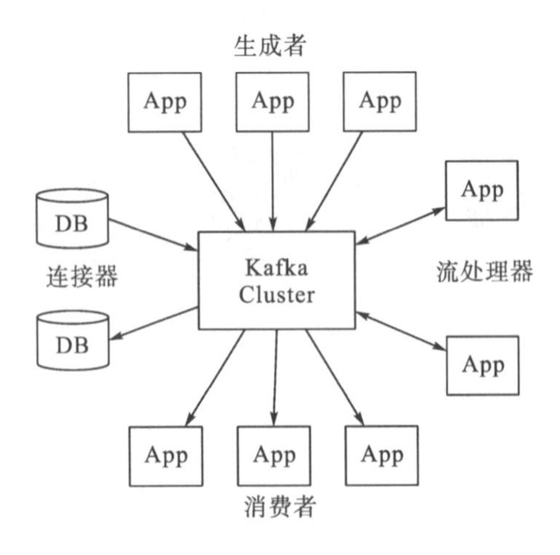

图 5.6 Kafka 的架构图

活动流数据是几乎所有站点在对其网站使用情况做报表时都要用到的数据中最常规的部分。活动数据包括页面访问量(Page View)、被查看内容方面的信息以及搜索情况等内容。这种数据通常的处理方式是先把各种活动以日志的形式写入某种文件，然后周期性地对这些文件进行统计分析。运营数据指的是服务器的性能数据(CPU、IO 使用率、请求时间、服务日志等等数据)。运营数据的统计方法种类繁多。

传统的日志分析系统提供了一种离线处理日志信息的可扩展方案，但若要进行实时处理，通常会有较大延迟。而现有的消(队列)系统能够很好地处理实时或者近似实时的应用，但未处理的数据通常不会写到磁盘上，这对于 Hadoop 之类(一小时或者一天只处理一部分数据)的离线应用而言，可能存在问题。Kafka 正是为了解决以上问题而设计的，它能够很好地离线和在线应用。

近年来，活动和运营数据处理已经成为网站软件产品特性中一个至关重要的组成部分，这就需要一套更加复杂的基础设施对其提供支持。主要设计目标如下：

(1) 以时间复杂度为 O(1) 的方式提供消息持久化能力，即使对 TB 级以上数据也能保证常数时间复杂度的访问性能。

(2) 高吞吐率。即使在非常廉价的商用机器上也能做到单机支持每秒 100K 条以上消息的传输。

(3) 支持 Kafka Server 间的消息分区，及分布式消费，同时保证每个 Partition 内的消息顺序传输。

(4) 同时支持离线数据处理和实时数据处理。

(5) Scale out：支持在线水平扩展。

2.Kafka 的应用场景

Kafka 的设计初衷是希望作为一个统一的信息收集平台，能够实时地收集反馈信息，并能够支撑较大的数据量，且具备良好的容错能力。Kafka 的应用场景可以分为三种：

(1) 消息投递：能够很好地代替传统的 message broker。它提供了更强大的吞吐量、内建分区、复本、容错等机制来解决大规模消息处理型应用程序。

(2) 用户活动追踪：通过按类型将每个 web 动作发送到指定 topic，然后由消费者去订阅各种 topic，处理器包括实时处理、实时监控、加载到 Hadoop 或其他离线存储系统用于离线处理等。

(3) 日志聚合：把物理上分布在各个机器上的离散日志数据聚集到指定区域(如 HDFS 或文件服务器等)进行处理。

3.Kafka 的基础概念

1) Broker

Kafka 集群包含一个或多个服务器，这种服务器被称为 Broker。

2) Topic

每条发布到Kafka集群的消息都有一个类别，这个类别被称为Topic。物理上不同Topic 的消息分开存储，逻辑上一个 Topic 的消息虽然保存于一个或多个 Broker 上，但用户只需指定消息的 Topic 即可生产或消费数据而不必关心数据存于何处。

3) Partition

Partition 是物理上的概念，每个 Topic 包含一个或多个 Partition。

4) Producer

负责发布消息到 Kafka Broker。

5) Consumer

消息消费者，向 Kafka Broker 读取消息的客户端。

6) Consumer Group

每个 Consumer 属于一个特定的 Consumer Group(可为每个 Consumer 指定 group name，若不指定 group name，则属于默认的 group)。

4.Kafka 的设计原理

1) 分布式协调

由于 Kafka 中一个 topic 中的不同分区只能被消费组中的一个消费者消费，就避免了多个消费者消费相同的分区时导致额外的开销(如要协调哪个消费者消费哪个消息，还有锁及状态的开销)。Kafka 中消费进程只需要在代理和同组消费者有变化时进行一次协调(这种协调不是经常性的，故可以忽略开销)。

2) 持久化

Kafka 使用文件存储消息，这就直接决定 Kafka 在性能上严重依赖文件系统的本身特性。且无论何种 OS 下，对文件系统本身的优化几乎没有可能。文件缓存/直接内存映射等是常用的手段。因为 Kafka 是对日志文件进行 append 操作，因此磁盘检索的开支是较小的；同时为了减少磁盘写入的次数，Broker 会将消息暂时 buffer 起来，当消息的个数(或尺寸)达到一定阈值时，再 flush 到磁盘，这样减少了磁盘 IO 调用的次数。

3) 传输效率

需要考虑的影响性能点很多，除磁盘 IO 之外，我们还需要考虑网络 IO，这直接关系到 Kafka 的吞吐量问题。Kafka 并没有提供太多高超的技巧；对于 Producer 端，可以将消息 buffer 起来，当消息的条数达到一定阈值时，批量发送给 Broker；对于 Consumer 端也是一样，批量 fetch 多条消息。不过消息量的大小可以通过配置文件来指定。对于 Kafka broker 端，似乎有个 sendfile 系统调用可以潜在地提升网络 IO 的性能：将文件的数据映射到系统内存中，socket 直接读取相应的内存区域即可，而无须进程再次 copy 和交换。其实对于 Producer/Consumer/Broker 三者而言，CPU 的开支应该都不大，因此启用消息压缩机制是一个良好的策略；压缩需要消耗少量的 CPU 资源，不过对于 Kafka 而言，网络 IO 更应该需要考虑。可以将任何在网络上传输的消息都经过压缩。Kafka 支持 gzip/snappy 等多种压缩方式。

5.Kafka 的拓扑结构

Kafka 对消息保存时根据 Topic 进行归类，发送消息者成为 Producer，消息接受者成为 Consumer，此外，Kafka 集群由多个 Kafka 实例组成，每个实例(Server)称为 Broker。

无论是 Kafka 集群，还是 Producer 和 Consumer 都依赖于 ZooKeeper 来保证系统的可用性，为集群保存一些 meta 信息。

图 5.7 所示为 Kafka 的拓扑结构，一个典型的 Kafka 集群中包含若干 Producer(可以是 web 前端产生的 Page View，或者是服务器日志，系统 CPU、Memory 等)、若干 broker(Kafka 支持水平扩展，一般 broker 数量越多，集群吞吐率越高)、若干 Consumer Group，以及一个 ZooKeeper 集群。Kafka 通过 ZooKeeper 管理集群配置，选举 leader，以及在 Consumer Group 发生变化时进行 rebalance。Producer 使用 push 模式将消息发布到 Broker，Consumer 使用 pull 模式从 broker 订阅并消费消息。

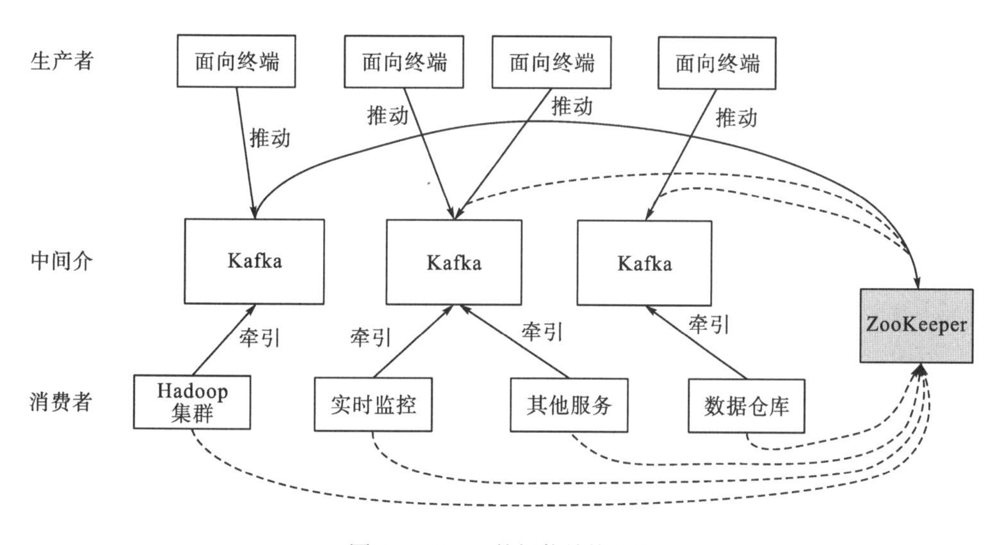

图 5.7　Kafka 的拓扑结构主题

如图 5.8 所示，Topic 在逻辑上可以被认为是一个 queue，每条消费都必须指定它的 Topic，可以简单理解为必须指明把这条消息放进哪个 queue 里。为了使得 Kafka 的吞吐率可以线性提高，物理上把 Topic 分成一个或多个 Partition，每个 Partition 在物理上对应一个文件夹，该文件夹下存储这个 Partition 的所有消息和索引文件。若创建 Topic1 和 Topic2 两个 Topic，且分别有 13 个和 19 个分区，则整个集群上会相应生成共 32 个文件夹。

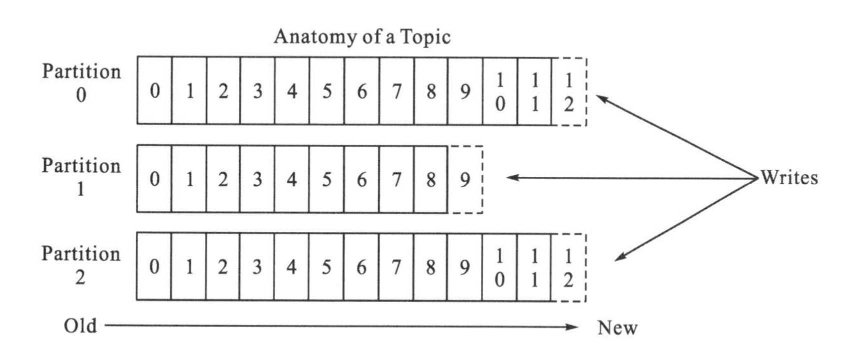

图 5.8　Topic 的逻辑分区示意图

一个 Topic 是一个用于发布消息的分类或 feed 名，Kafka 集群使用分区的日志，每个分区都是有顺序且不变的消息序列。commit 的 log 可以不断追加。消息在每个分区中都分配了一个叫 offset 的 id 序列来唯一识别分区中的消息。因为每条消息都被 Append 到该 Partition 中，属于顺序写磁盘，顺序写磁盘效率比随机写内存还要高，这是 Kafka 高吞吐率的一个很重要的保证。

1)生产者(Producer)

Producer 将消息发布到它指定的 Topic 中，并负责决定发布到哪个分区。通常简单地由负载均衡机制随机选择分区，但也可以通过特定的分区函数，通过异步发送的方式选择分区。

负载均衡：producer 将会和 Topic 下所有 partition leader 保持 socket 连接；消息由 producer 直接通过 socket 发送到 Broker，中间不会经过任何“路由层”。事实上，消息被路由到哪个 Partition 上，由 Producer 客户端决定。比如可以采用“random”“key-hash”和“轮询”等，如果一个 Topic 中有多个 Partitions，那么在 Producer 端实现“消息均衡分发”是必要的。

异步发送：将多条消息暂且在客户端 buffer 起来，并将它们批量地发送到 broker，小数据 IO 太多，会拖慢整体的网络延迟，批量延迟发送事实上提升了网络效率。不过这也有一定的隐患，比如说当 producer 失效时，那些尚未发送的消息将会丢失。

2)消费者(Consumer)

Consumer 端向 Broker 发送“fetch”请求，并告知其获取消息的 offset；此后，Consumer 将会获得一定条数的消息；Consumer 端也可以重置 offset 来重新消费消息。

传统消费一般是通过 queue 方式(消息依次被感兴趣的消费者接受)和发布订阅的方式(消息被广播到所有感兴趣的消费者)。Kafka 采用一种更抽象的方式——消费组(consumer group)来囊括传统的两种方式。首先消费者标记一个消费组名。消息将投递到每个消费组中的某一个消费者实例上。如果所有的消费者实例都有相同的消费组，这就类似传统的 queue 方式。如果所有的消费者实例都有不同的消费组，这就类似传统的发布订阅方式。消费组就好比是个逻辑的订阅者，每个订阅者由许多消费者实例构成(用于扩展或容错)。

相对于传统的消息系统，Kafka 拥有更完善的顺序保证。由于 Topic 采用了分区，故能够很好地在多个消费者进程操作时保证顺序性和负载均衡，如图 5.9 所示。

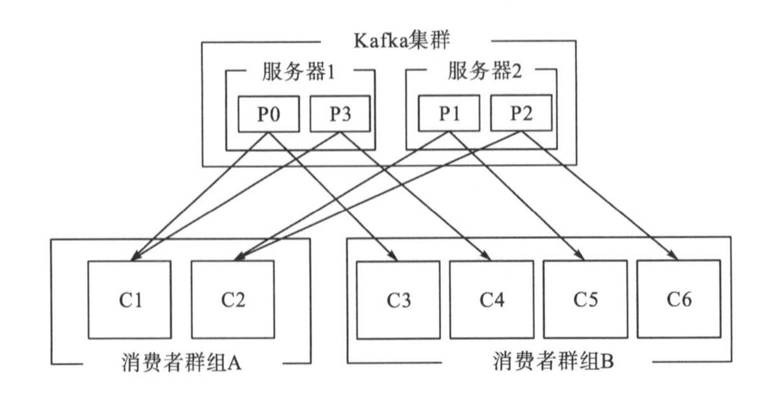

图 5.9 Kafka 的顺序性和负载均衡原理图

3)消息传送机制

对于 JMS 实现，消息传输担保非常直接：有且只有一次(exactly once)。在 Kafka 中稍有不同：

(1)At most once：消息最多发送一次，无论成败，将不会重发。消费者 fetch 消息，然后保存 offset，再处理消息。当 client 保存 offset 之后，若在消息处理过程中出现了异常，导致部分消息未能继续处理，那么此后"未处理"的消息将不能被 fetch 到，这就是"At most once"。

(2)At least once：消息至少发送一次，如果消息未能接收成功，可能会重发，直到接收成功。消费者 fetch 消息，然后处理消息，再保存 offset。如果消息处理成功之后，但是在保存 offset 阶段 ZooKeeper 异常导致保存操作未能执行成功，这就导致接下来再次 fetch 时可能获得上次已经处理过的消息，这就是"At least once"，因为 offset 没有及时地提交给 ZooKeeper，ZooKeeper 恢复正常后还是之前 offset 状态。

(3)Exactly once：消息只会发送一次。Kafka 中并没有严格地去实现，我们认为这种策略在 Kafka 中是没有必要的。

总之，Kafka 默认保证"At least once"，并且允许通过设置 Producer 异步提交来实现"At most once"。而"Exactly once"要求与外部存储系统协作，幸运的是 Kafka 提供的 offset 可以非常直接、非常容易地使用这种方式。

5.2.4　Flume、Chukwa 和 Kafka 的比较

根据这三个系统的架构设计，可以总结出典型的日志系统需具备三个基本组件，分别为 Agent(封装数据源，将数据源中的数据发送给 Collector)、Collector(接收多个 Agent 的数据，并进行汇总后导入后端的 Store 中)、Store(中央存储系统，应该具有可扩展性和可靠性，应该支持当前非常流行的 HDFS)。

本节从设计架构、负载均衡、可扩展性和容错性等方面对目前开源的日志系统(Apache 的 Chukwa、Linkedin 的 Kafka 和 Cloudera 的 Flume)进行了对比(表 5.2)。

表 5.2　Flume、Chukwa 和 Kafka 三者之间的对比

	Flume	Chukwa	Kafka
公司	Cloudera	Apache	Linkedin
开源时间	2009 年 07 月	2009 年 10 月	2010 年 12 月
开发语言	Java	Java	Scala
架构设计	push/push	push/push	push/pull
负载均衡	通过 ZooKeeper 实现	无负载均衡	通过 ZooKeeper 实现
可扩展性	好	好	好
Agent	系统直接提供多种 Agent，可直接使用	自带部分 Agent，如获取 Hadoop 的 logs 的 Agent	用户需要根据 Kafka 提供的 API 定义 Agent
Collector	系统直接提供多种 Agent，可直接使用	系统的主要组成部件	使用 sendfile 和 zero-copy 来提高性能

续表

	Flume	Chukwa	Kafka
Store	支持 HDFS	支持 HDFS	支持 HDFS
总体评价	非常优秀	属于 Hadoop 的子项目，目前版本更新较快，有待完善	架构(push/pull)设计巧妙，适合异构集群，稳定性有待验证

5.3 网络数据采集

网络数据采集是指通过网络爬虫或网站公开 API 等方式从网站上获取数据信息的过程。这样可将非结构化数据、半结构化数据从网页中提取出来，并以结构化的方式将其存储为统一的本地数据文件。它支持图片、音频、视频等文件的采集，且附件与正文可自动关联。对于网络流量的采集则可使用 DPI 或 DFI 等带宽管理技术进行处理。

5.3.1 网络爬虫技术概述

网络爬虫(又被称为网页蜘蛛，Web crawler)，是一种按照一定的规则，自动地抓取万维网信息的程序或者脚本。最常见的就是互联网搜索引擎，它们利用网络爬虫自动采集所有能够访问到的页面内容，以获取或更新这些网站的内容和检索方式。

从功能上来讲，爬虫一般分为数据采集、处理、储存三个部分。传统爬虫从一个或若干初始网页的 URL 开始，获得初始网页上的 URL，在抓取网页的过程中，不断从当前页面上抽取新的 URL 放入队列，直到满足系统的一定停止条件。所有被爬虫抓取的网页将会被系统存贮，进行一定的分析、过滤，并建立索引，以便之后的查询和检索。

5.3.2 网络爬虫原理

Web 网络爬虫系统的功能是下载网页数据，为搜索引擎系统提供数据来源。很多大型的网络搜索引擎系统都被称为基于 Web 数据采集的搜索引擎系统，比如 Google、Baidu。由此可见，Web 网络爬虫系统在搜索引擎中十分重要。网页中除了包含供用户阅读的文字信息外，还包含一些超链接信息。Web 网络爬虫系统正是通过网页中的超链接信息不断获得网络上的其他网页。正是因为这种采集过程像一个爬虫或者蜘蛛在网络上漫游，所以它才被称为网络爬虫系统或者网络蜘蛛系统，在英文中称为 Spider 或者 Crawler。

如图 5.10 所示，在网络爬虫的系统框架中，主过程由控制器、解析器、资源库三部分组成。控制器的主要工作是负责给多线程中的各个爬虫线程分配工作任务。解析器的主要工作是下载网页、进行页面的处理，主要是将一些 JS 脚本标签、CSS 代码内容、空格字符、HTML 标签等内容处理掉。爬虫的基本工作是由解析器完成。资源库是用来存放下载到的网页资源，一般都采用大型的数据库存储，如 Oracle 数据库，并对其建立索引。

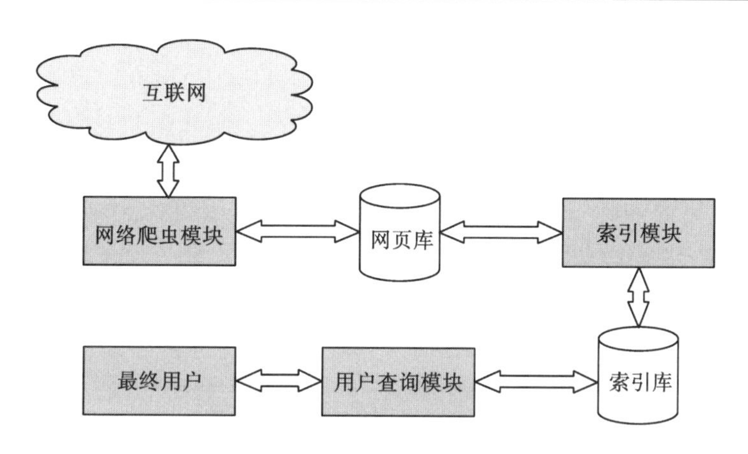

图 5.10　网络爬虫系统架构图

控制器——控制器是网络爬虫的中央控制器，它主要是负责根据系统传过来的 URL 链接，分配线程，然后启动线程调用爬虫爬取网页的过程。

解析器——解析器是负责网络爬虫的主要部分，其负责的工作主要有：下载网页，对网页的文本进行处理，如过滤功能；抽取特殊 HTML 标签；分析数据。

资源库——主要是用来存储网页中下载下来的数据记录的容器，并提供生成索引的目标源。中大型的数据库产品有：Oracle、SQL Server 等。

Web 网络爬虫系统一般会选择一些比较重要的、出度(网页中链出超链接数)较大的网站的 URL 作为种子 URL 集合。网络爬虫系统以这些种子集合作为初始 URL，开始数据的抓取。因为网页中含有链接信息，通过已有网页的 URL 会得到一些新的 URL，可以把网页之间的指向结构视为一个森林，每个种子 URL 对应的网页是森林中的一棵树的根节点。这样，Web 网络爬虫系统就可以根据广度优先算法或者深度优先算法遍历所有的网页。由于深度优先搜索算法可能会使爬虫系统陷入一个网站内部，不利于搜索比较靠近网站首页的网页信息，因此一般采用广度优先搜索算法采集网页。Web 网络爬虫系统首先将种子 URL 放入下载队列，然后简单地从队首取出一个 URL 下载其对应的网页。得到网页的内容将其存储后，再经过解析网页中的链接信息可以得到一些新的 URL，将这些 URL 加入下载队列。然后再取出一个 URL，对其对应的网页进行下载，然后再解析，如此反复进行，直到遍历整个网络或者满足某种条件后才会停止下来。

如图 5.11 所示，网络爬虫的基本工作流程如下：

(1)首先选取一部分精心挑选的种子 URL。

(2)将这些 URL 放入待抓取的 URL 队列。

(3)从待抓取的 URL 队列中取出待抓取的 URL，解析 DNS，并且得到主机的 ip，并将 URL 对应的网页下载下来，存储进已下载的网页库中。此外，将这些 URL 放进已抓取的 URL 队列。

(4)分析已抓取 URL 队列中的 URL，分析其中的其他 URL，并且将 URL 放入待抓取的 URL 队列，从而进入下一个循环。

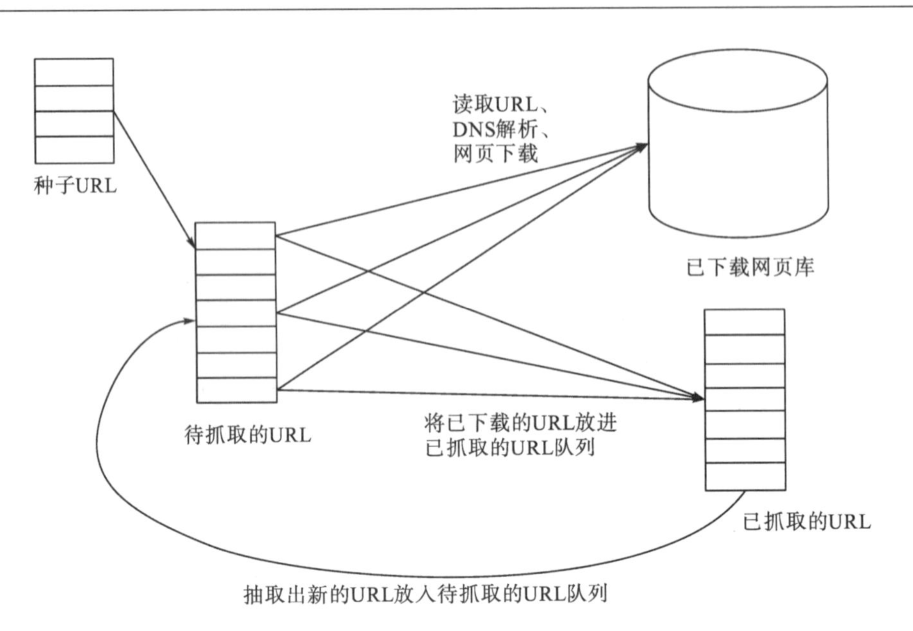

图 5.11 网络爬虫的基本工作流程图

5.3.3 网络爬虫体系结构

大数据环境下，三种网络特征使得设计网页爬虫抓取策略变得很困难：

(1) 巨大的数据量；

(2) 快速的更新频率；

(3) 动态页面的产生。

这三个特征共同产生了很多种类的爬虫以抓取链接。

巨大的数据量暗示了爬虫在给定的时间内只可以抓取所下载网络的一部分，所以，它需要对抓取页面设置优先级；快速的更新频率说明在爬虫抓取下载某网站一个网页的时候，很有可能在这个站点又有新的网页被添加进来，或者这个页面被更新，或者删除了。

最近新增的很多页面都是通过服务器端脚本语言产生的，无穷的参数组合也增加了爬虫抓取的难度，只有一小部分这种组合会返回一些独特的内容。例如，一个很小的照片存储库仅仅通过 get 方式就可能提供给用户三种操作方式。如果这里存着四种分类方式、三种缩略图方式、两种文件格式和一个禁止用户提供内容的选项，那么，同样的内容就可以通过 48 种方式访问。这种数学组合给网络爬虫造成的困难就是：为了获取不同的内容，它们必须筛选无穷仅有微小变化的组合。

正如爱德华等所说的：“用于检索的带宽不是无限的，也不是免费的；所以，如果引入衡量爬虫抓取质量或者新鲜度的有效指标的话，不但伸缩性，连有效性都将变得十分必要”。一个爬虫必须小心地选择下一步要访问什么页面。网页爬虫的行为通常是四种策略组合的结果。

● 选择策略，决定所要下载的页面；

- 重新访问策略，决定什么时候检查页面的更新变化；
- 平衡礼貌策略，指出怎样避免站点超载；
- 并行策略，指出怎么协同达到分布式抓取的效果。

一个爬虫不能仅仅只有一个好的抓取策略，还需要有一个高度优化的结构。

Shkapenyuk 和 Suel(2002)指出：设计一个一秒下载几个页面的颇慢的爬虫是一件很容易的事情，而要设计一个使用几周可以下载百万级页面的高性能的爬虫，将会在系统设计、I/O、网络效率、健壮性和易用性方面遇到众多挑战。

网络爬虫是搜索引擎的核心，它们算法和结构上的细节被当作商业机密。当爬虫的设计发布时，总会有一些为了阻止别人复制工作而缺失的细节。因此，人们也开始关注用于阻止主要搜索引擎发布排序算法的“搜索引擎垃圾邮件”。

URL 一般化表示爬虫通常会执行几种类型的 URL 规范化来避免重复抓取某些资源。URL 一般化也被称为 URL 标准化，指的是修正 URL 并且使其前后一致的过程。这里有几种一般化方法，包括转化 URL 为小写的、去除逗号(如‘.’　‘..’等)，对非空的路径，在末尾加反斜杠。

5.3.4　网络爬虫分类

网络爬虫基本可以分为 3 类：分布式爬虫(Nutch)、JAVA 爬虫(Crawler4j、WebMagic、WebCollector)和非 JAVA 爬虫(Scrapy，基于 Python 语言的爬虫框架)。

1.分布式爬虫

爬虫使用分布式，主要是解决两个问题：海量 URL 管理和网速。现在比较流行的分布式爬虫是 Apache 的 Nutch。

Nutch 是为搜索引擎设计的爬虫，大多数用户是需要一个做精准数据爬取(精抽取)的爬虫。Nutch 运行的一套流程里，有三分之二是为了搜索引擎而设计的。Nutch 依赖 Hadoop 运行(这也是它的技术难点，其本身代码非常简单)，它可以将数据持久化到数据库中，这里的数据持久化是指将 URL 信息(URL 管理所需要的数据)存放到 avro、Hbase、Mysql，并不是要抽取结构化数据。

如果不是要做搜索引擎，尽量不要选择 Nutch 作为爬虫。有些团队就喜欢跟风，非要选择 Nutch 来开发精抽取的爬虫，其实是冲着 Nutch 的名气(Nutch 作者是 Doug Cutting)而来的，当然最后的结果往往是项目延期完成。

如果要做搜索引擎，Nutch1.x 是一个非常好的选择。Nutch1.x 和 solr 或者 es 配合，就可以构成一套非常强大的搜索引擎了。如果非要用 Nutch2 的话，建议等到 Nutch2.3 发布。目前的 Nutch2 是一个非常不稳定的版本。

2.Java 爬虫

这里把 Java 爬虫单独分为一类，是因为 Java 在网络爬虫这块的生态圈是非常完善的。其实开源网络爬虫(框架)的开发非常简单，难的问题和复杂的问题都被解决了(比如 DOM

树解析和定位、字符集检测、海量 URL 去重)。

由于网页的设计结构、页面获取数据的方法，以及用户获取数据的需求不相同，所以本书对用户比较关心的问题进行了描述：

(1)开源爬虫，支持多线程、可以使用代理、可以过滤重复的 URL。

(2)怎样获取网页中 JS 生成的数据，或者对网页异步加载(Asynchronous JavaSript and XML，AJAX)产生的数据？

爬虫主要是负责遍历网站和下载页面。爬 JS 生成的信息与网页信息抽取模块有关，往往需要通过模拟浏览器(htmlunit，selenium)来完成。这些模拟浏览器往往需要耗费很多的时间来处理一个页面。所以一种策略就是，使用这些爬虫来遍历网站，遇到需要解析的页面，就将网页的相关信息提交给模拟浏览器，来完成 JS 生成信息的抽取。

网页上有一些异步加载的数据，爬取这些数据有两种方法：使用模拟浏览器或者分析 AJAX 的 http 请求，自己生成 AJAX 请求的 URL，获取返回的数据。爬虫往往都是设计成广度遍历或者深度遍历的模式，去遍历静态或者动态页面。爬取 AJAX 信息属于 deep web(深网)的范畴，虽然大多数爬虫都不直接支持，但是也可以通过一些方法来完成，比如 WebCollector 使用广度遍历来遍历网站。爬虫的第一轮爬取就是爬取种子集合(seeds)中的所有 URL。简单来说，就是将生成的 ajax 请求作为种子，放入爬虫。用爬虫对这些种子进行深度为 1 的广度遍历(默认就是广度遍历)。

(3)爬虫怎么爬取要登陆的网站？这些开源爬虫都支持在爬取时指定 cookies，模拟登陆主要是靠 cookies。至于 cookies 怎么获取，不是爬虫管的事情。可以手动获取、用 http 请求模拟登陆或者用模拟浏览器自动登陆获取 cookie。

(4)爬虫怎么保存网页的信息？有一些爬虫，自带一个模块负责持久化。比如 WebMagic，有一个模块叫 pipeline。通过简单地配置，可以将爬虫抽取到的信息持久化到文件、数据库等。还有一些爬虫，并没有直接给用户提供数据持久化的模块，比如 Crawler4j 和 WebCollector，让用户自己在网页处理模块中添加提交数据库的操作。至于使用 pipeline 这种模块好不好，就和操作数据库使用 ORM 好不好这个问题类似，取决于业务。

(5)爬虫速度怎么样？单机开源爬虫的速度，基本都可以将本机的网速用到极限。爬虫的速度慢，往往是因为用户把线程数开少了、网速慢，或者在数据持久化时，和数据库的交互速度慢。而这些东西，往往都是用户的机器和二次开发的代码决定的。这些开源爬虫的速度，都还可以。

(6)哪个爬虫可以判断网站是否爬完？哪个爬虫可以根据主题进行爬取？爬虫无法判断网站是否爬完，只能尽可能覆盖。至于根据主题爬取，爬虫把内容爬下来才知道是什么主题。所以一般都是整个爬下来，然后再去筛选内容。如果嫌爬得太泛，可以通过限制 URL 正则等方式，来缩小范围。

3.非 Java 爬虫

Scrapy，是 Python 开发的一个快速、高层次的屏幕抓取和 web 抓取框架，用于抓取 web 站点并从页面中提取结构化的数据。Scrapy 用途广泛，可以用于数据挖掘、监测和自动化测试。

Scrapy 吸引人的地方在于它是一个框架，任何人都可以根据需求方便地修改。它也提供了多种类型爬虫的基类，如 BaseSpider、sitemap 爬虫等，最新版本又提供了 web2.0 爬虫的支持。Scrapy 使用了 Twisted 异步网络库来处理网络通讯。整体架构如图 5.12 所示。

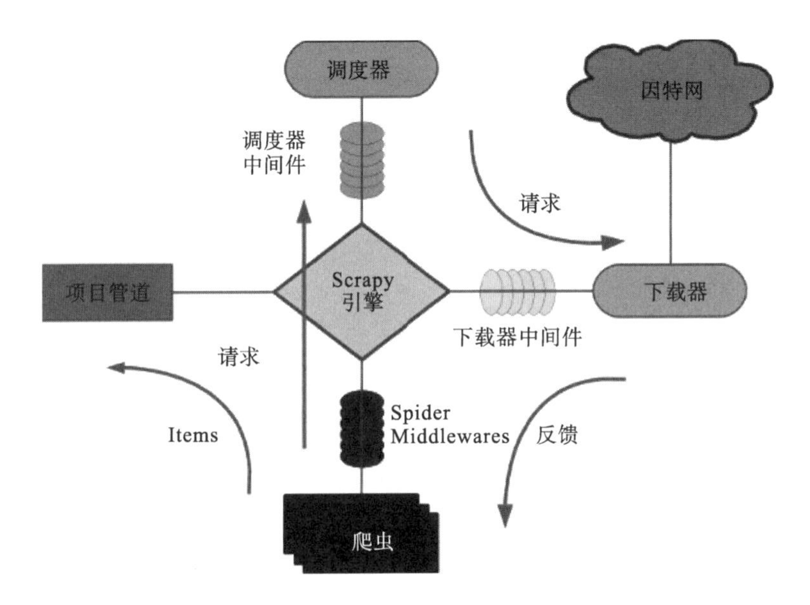

图 5.12　Scrapy 架构图

Scrapy 主要包括了以下组件：

引擎(Scrapy)——用来处理整个系统的数据流处理，触发事务(框架核心)。

调度器(Scheduler)——用来接受引擎发过来的请求，压入队列中，并在引擎再次请求的时候返回。可以想像成一个 URL(抓取网页的网址或者说是链接)的优先队列，由它来决定下一个要抓取的网址是什么，同时去除重复的网址。

下载器(Downloader)——用于下载网页内容，并将网页内容返回给蜘蛛(Scrapy)，下载器是建立在 twisted 这个高效的异步模型上的。

爬虫(Spiders)——爬虫主要是干活的，用于从特定的网页中提取自己需要的信息，即所谓的实体(Item)。用户也可以从中提取出链接，让 Scrapy 继续抓取下一个页面。

项目管道(Pipeline)——负责处理爬虫从网页中抽取的实体，主要的功能是持久化实体、验证实体的有效性、清除不需要的信息。当页面被爬虫解析后，将被发送到项目管道，并经过几个特定的次序处理数据。

下载器中间件(Downloader Middlewares)——位于 Scrapy 引擎和下载器之间的框架，主要是处理 Scrapy 引擎与下载器之间的请求及响应。

爬虫中间件(Spider Middlewares)——介于 Scrapy 引擎和爬虫之间的框架，主要工作是处理蜘蛛的响应输入和请求输出。

调度器中间件(Scheduler Middlewares)——介于 Scrapy 引擎和调度之间的中间件，从 Scrapy 引擎发送到调度的请求和响应。

Scrapy 运行流程大概如下：

(1) 引擎从调度器中取出一个链接(URL)用于接下来的抓取；

(2) 引擎把 URL 封装成一个请求(Request)传给下载器；

(3) 下载器把资源下载下来，并封装成应答包(Response)；

(4) 爬虫解析 Response；

(5) 解析出实体(Item)，则交给实体管道进行进一步的处理；

(6) 解析出的是链接(URL)，则把 URL 交给调度器等待抓取。

5.4 数据库采集

一些企业会使用传统的关系型数据库 MySQL 和 Oracle 等来存储数据。除此之外，Redis 和 MongoDB 这样的 NoSQL 数据库也常用于数据的采集。这种方法通常在采集端部署大量数据库，并对如何在这些数据库之间进行负载均衡和分片进行深入的思考和设计。

近年来，各类大数据公司在互联网时代下如雨后春笋般涌现。不论规模大小，是否能持续地获取可供挖掘的数据是判断某公司是否有前景和价值的标准之一。互联网企业巨头存在规模庞大的用户，通过对用户的电商交易、社交、搜索等数据进行充分挖掘后，拥有了稳定且安全的数据资源。

5.4.1 ETL

ETL，是英文 extract-transform-load 的缩写，用来描述将数据从来源端经过抽取(extract)、转换(transform)、加载(load)至目的端的过程。ETL 一词较常用在数据仓库，但其对象并不限于数据仓库。ETL 负责将分散的、异构数据源中的数据如关系数据、平面数据文件等抽取到临时中间层后，进行清洗、转换、集成，最后加载到数据仓库或数据集市中，是为联机分析处理、数据挖掘提供决策支持的过程。

ETL 是将业务系统的数据经过抽取、清洗转换之后加载到数据仓库的过程，目的是将企业中的分散、零乱、标准不统一的数据整合到一起，为企业的决策提供分析依据。ETL 是 BI 项目重要的一个环节。通常情况下，在 BI 项目中 ETL 会花掉整个项目至少 1/3 的时间，ETL 设计的好坏直接关系到 BI 项目的成败。

ETL 的设计分三部分：数据抽取、数据的清洗转换、数据的加载。在设计 ETL 的时候我们也是从这三部分出发。数据的抽取是从各个不同的数据源将数据抽取到 ODS(Operational Data Store，操作型数据存储)中(这个过程也可以做一些数据的清洗和转换)，在抽取的过程中需要挑选不同的抽取方法，尽可能地提高 ETL 的运行效率。ETL 三个部分中，花费时间最长的是“T”(Transform，清洗、转换)的部分，一般情况下这部分工作量是整个 ETL 的 2/3。数据的加载一般在数据清洗完了之后直接写入 DW(Data Warehousing，数据仓库)中。

ETL 的实现有多种方法，常用的有三种。第一种是借助 ETL 工具(如 Oracle 的 OWB、

SQL Server2000 的 DTS、SQL Server2005 的 SSIS 服务、Informatic 等）实现，第二种是 SQL 方式实现，第三种是 ETL 工具和 SQL 相结合。前两种方法各有各的优缺点，借助工具可以快速地建立起 ETL 工程，避免了复杂的编码任务，提高了速度，降低了难度，但是缺少灵活性。SQL 方法的优点是灵活、提高 ETL 运行效率，但是编码复杂，对技术要求比较高。第三种方法综合了前面两种的优点，会极大地提高 ETL 的开发速度和效率。

1.数据抽取

这一部分需要在调研阶段做大量的工作，首先要搞清楚数据是从哪几个业务系统中来，各个业务系统的数据库服务器运行什么 DBMS，是否存在手工数据，手工数据量有多大，是否存在非结构化的数据，等等。当收集完这些信息之后才可以进行数据抽取的设计。数据抽取是从数据源中抽取数据的过程。实际应用中，数据源较多采用的是关系数据库。从数据库中抽取数据一般有以下几种方式。

1）全量抽取

全量抽取类似于数据迁移或数据复制，它将数据源中的表或视图的数据原封不动地从数据库中抽取出来，并转换成自己的 ETL 工具可以识别的格式。全量抽取比较简单。

(1)对于与存放 DW 的数据库系统相同的数据源的处理方法。这一类数据源在设计上比较容易。一般情况下，DBMS(SQL Server、Oracle)都会提供数据库链接功能，在 DW 数据库服务器和原业务系统之间建立直接的链接关系就可以写 Select 语句直接访问。

(2)对于与 DW 数据库系统不同的数据源的处理方法。对于这一类数据源，一般情况下也可以通过 ODBC 的方式建立数据库链接，如 SQL Server 和 Oracle 之间。如果不能建立数据库链接，可以有两种方式完成，一种是通过工具将源数据导出成.txt 或者是.xls 文件，然后再将这些源系统文件导入到 ODS 中；另外一种方法是通过程序接口来完成。

2）增量抽取

对于数据量大的系统，必须考虑增量抽取。增量抽取只抽取自上次抽取以来数据库中要抽取的表中新增或修改的数据。在 ETL 使用过程中，增量抽取较全量抽取应用更广。如何捕获变化的数据是增量抽取的关键。对捕获方法一般有两点要求：准确性，能够将业务系统中的变化数据按一定的频率准确地捕获到；性能，不能对业务系统造成太大的压力，影响现有业务。

一般情况下，业务系统会记录业务发生的时间，可以用来做增量的标志，每次抽取之前首先判断 ODS 中记录最大的时间，然后根据这个时间去业务系统取大于这个时间的所有记录。应利用业务系统的时间戳，但一般情况下，业务系统没有或者部分有时间戳。

2.数据清洗和转换

从数据源中抽取的数据不一定完全满足目的库的要求，例如数据格式的不一致、数据输入错误、数据不完整等，因此有必要对抽取出的数据进行数据转换和加工。

数据的转换和加工可以在 ETL 引擎中进行，也可以在数据抽取过程中利用关系数据库的特性同时进行。一般情况下，数据仓库分为 ODS、DW 两部分。通常的做法是从业务系统到 ODS 做清洗，将脏数据和不完整数据过滤掉，在从 ODS 到 DW 的过程中转换，进行一些业务规则的计算和聚合。

1) 数据清洗

数据清洗的任务是过滤那些不符合要求的数据，将过滤的结果交给业务主管部门，确认是否过滤掉还是由业务单位修正之后再进行抽取。

不符合要求的数据主要有不完整的数据、错误的数据、重复的数据三大类。

(1) 不完整的数据。这一类数据主要是一些缺失信息的数据，如供应商的名称缺失、分公司的名称缺失、客户的区域信息缺失、业务系统中主表与明细表不能匹配等。对于这一类数据，应过滤出来，按缺失的内容分别写入不同 Excel 文件向客户提交，要求在规定的时间内补全。补全后才写入数据仓库。

(2) 错误的数据。这一类错误产生的原因是业务系统不够健全，在接收输入后没有进行判断直接写入后台数据库造成的，比如数值数据输成全角数字字符、字符串数据后面有一个回车操作、日期格式不正确、日期越界等。这一类数据也要分类，对于类似于全角字符、数据前后有不可见字符的问题，只能通过写 SQL 语句的方式找出来，然后要求客户在业务系统修正之后抽取。日期格式不正确的或者是日期越界的，会导致 ETL 运行失败，这一类错误需要去业务系统数据库用 SQL 的方式挑出来，交给业务主管部门要求限期修正，修正之后再抽取。

(3) 重复的数据。对于这一类数据——特别是维表中会出现这种情况——将重复数据记录的所有字段导出来，让客户确认并整理。

数据清洗是一个反复的过程，不可能在几天内完成，只有不断地发现问题，解决问题。对于是否过滤、是否修正，一般要求客户确认，对于过滤掉的数据，写入 Excel 文件或者将过滤数据写入数据表，在 ETL 开发的初期可以每天向业务单位发送过滤数据的邮件，促使他们尽快地修正错误，同时也可以作为将来验证数据的依据。数据清洗需要注意的是不要将有用的数据过滤掉，对于每个过滤规则认真进行验证，并要用户确认。

2) 数据转换

数据转换的任务主要是进行不一致数据的转换、数据粒度的转换，以及一些商务规则的计算。

(1) 不一致数据的转换。这个过程是一个整合的过程，将不同业务系统的相同类型的数据统一，比如同一个供应商在结算系统的编码是 XX0001，而在 CRM 中的编码是 YY0001，这样在抽取过来之后统一转换成一个编码。

(2) 数据粒度的转换。业务系统一般存储非常明细的数据，而数据仓库中数据是用来分析的，不需要非常明细的数据。一般情况下，会将业务系统数据按照数据仓库粒度进行聚合。

(3) 商务规则的计算。不同的企业有不同的业务规则、不同的数据指标，这些指标有的时候不是简单的加加减减就能完成，这个时候需要在 ETL 中将这些数据指标计算好了之后存储在数据仓库中，以供分析使用。

3.数据加载

将转换和加工后的数据装载到目的库中通常是 ETL 过程的最后步骤。装载数据的最佳方法取决于所执行操作的类型以及需要装入多少数据。当目的库是关系数据库时，一般来说有两种装载方式：

(1)直接用 SQL 语句进行 insert、update、delete 操作。

(2)采用批量装载方法，如 bcp、bulk、关系数据库特有的批量装载工具或 api。

大多数情况下会使用第一种方法，因为它们进行了日志记录并且是可恢复的。但是，批量装载操作易于使用，并且在装入大量数据时效率较高。使用哪种数据装载方法取决于业务系统的需要。

4.ETL 日志、警告发送

1)ETL 日志

ETL 日志分为三类。

第一类是执行过程日志，这一部分日志是在 ETL 执行过程中每执行一步的记录，记录每次运行每一步骤的起始时间、影响了多少行数据，流水账形式。

第二类是错误日志，当某个模块出错的时候写错误日志，记录每次出错的时间、出错的模块以及出错的信息等。

第三类日志是总体日志，只记录 ETL 开始时间、结束时间、是否成功等信息。如果使用 ETL 工具，ETL 工具会自动产生一些日志，这一类日志也可以作为 ETL 日志的一部分。

记录日志的目的是随时可以知道 ETL 运行情况，如果出错了，可以知道哪里出错。

2)警告发送

如果 ETL 出错了，不仅要形成 ETL 出错日志，而且要向系统管理员发送警告。发送警告的方式有多种，常用的就是给系统管理员发送邮件，并附上出错的信息，方便管理员排查错误。

ETL 是 BI 项目的关键部分，也是一个长期的过程，只有不断地发现问题并解决问题，才能使 ETL 运行效率更高，为 BI 项目后期开发提供准确与高效的数据。

在数据集成中该如何选择 ETL 工具(表 5.3)呢？一般来说需要考虑以下几个方面：

(1)对平台的支持程度；

(2)对数据源的支持程度；

(3)抽取和装载的性能是不是较高，且对业务系统的性能影响大不大，倾入性高不高；

(4)数据转换和加工的功能强不强；

(5)是否具有管理和调度功能；

(6)是否具有良好的集成性和开放性。

表 5.3 目前国内外较为主流的 ETL 工具对比

工具		优点	缺点
主流工具	Datastage	内嵌一种类 BASIC 语言，可通过批处理程序增加灵活性，可对每个 job 设定参数并在 job 内部引用	早期版本对流程支持缺乏考虑；图形化界面改动费事
	Powercenter	元数据管理更为开放，存放在关系数据库中，可以很容易被访问	没有内嵌类 BASIC 语言，参数值需认为更新，且不能引用参数名；图形化界面改动费事
	Automation	提供一套 ETL 框架，利用 Teradata 数据仓库本身的并行处理能力	对数据库依赖性强，选型时需要考虑综合成本（包括数据库等）
	Udis 睿智 ETL	适合国内需求，性价比高	配置复杂，缺少对元数据的管理
自主开发		相对于购买主流 ETL 工具成本较低	各种语言混杂开发，无架构可言，后期维护难度大

5.4.2 大数据平台和现有数据仓库的有效整合

目前各行各业都有自己的数据仓库或数据集市平台，而大数据平台的引入又往往独立于数据仓库，对于某些场景，将结构化数据与非结构化数据进行整体结合往往能够起到更好的效果，如何能够将大数据平台和现有数据仓库进行有效整合呢？

1.非结构化数据处理与大数据应用的关系

首先分享一下我们对“结构化”和“非结构化”的理解。

狭义的理解：结构化就是指关系型数据，其余都是非结构化数据。

广义的理解：结构化是相对于某一个程序来讲的，例如视频对于播放器来说显然是结构化的，但是对于文本编辑器来说就是非结构化的。

事实上，即使是人脑，处理的也都是“广义的”结构化数据。可以想象，自己在注视一张照片时，脑海中形成的一定不是一个一个像素点，而是抽象过的一些属性！

按照上面的理解，无论是语音、影像还是其他“狭义”的非结构化数据，只要有工具可以将这些数据转化成我们关心的数据结构，那就可以作为大数据应用的一个数据源，后续由针对这类数据的特定工具处理即可。这里举一个例子：通常我们认为 HTML 网页，例如电商的单品页面，是非结构化的，因为很难从中提取出结构化字段，例如商品名称、价格等。但通过互联网抓取系统，我们可以将这些页面转化为结构化字段，那么后续按照结构化数据处理即可。语音、影像也是一样，关键是我们期望从中提取什么信息，用什么工具提取，一旦提取成功，即可整合到大数据应用中。

在百分点的实践中，我们已经完全整合了网页、文本、JSON、XML 等非结构化数据，部分整合了图像和语音数据，这些内容都已经应用到了业务中。

2.大数据平台和现有数据仓库的整合

现有的数据仓库完全可以和大数据平台进行整合，现有数据仓库可以作为大数据平台的一个数据源和数据应用。

虽然目前大多数行业都已经实施数据仓库，这个时候如果盲目上大数据平台进行平台替换往往容易造成数据混乱，所以我们提供的建议是“混搭先行，逐步替换”，先替换那些传统手段不能解决的问题，再替换那些数据仓库已经存在的应用。现阶段数据仓库上下游生态圈丰富程度远远大于大数据生态圈，我们应该充分利用现有数据仓库上下游丰富的解决方案发挥传统数据仓库的价值，然后通过 Hadoop 等大数据产品来弥补传统数据仓库对于非结构化数据处理不足的缺陷。随着大数据技术的发展，大数据产品(Hadoop 等)各项功能和性能不断完善，再逐步把数据仓库之上已有业务应用迁移到大数据平台。

本章小结

本章介绍了几种流行的数据采集平台，它们大都提供高可靠和高扩展的数据收集。大多平台都抽象出了输入、输出和中间的缓冲架构。利用分布式的网络连接，大多数平台都能实现一定程度的扩展性和高可靠性。不同类型的数据需要采用不同的数据获取方式，选择恰当的大数据获取方式，并设计高效、合理的数据采集机制，从而提高数据获取的效率，为后续数据预处理、数据挖掘等环节提供良好的数据基础。

思考题

1.大数据采集技术与传统数据采集技术相比有什么特点？
2.试比较 Flume、Chukwa 和 Kafka 三种日志采集工具。
3.试分析网络爬虫技术的原理。
4.分布式爬虫适用于什么场景？
5.有哪些方式可用于数据库数据的采集？
6.当前主流的 ETL 工具有哪些？试分析比较其特点。

参考文献

常广炎. 2017. Chukwa 在日志数据监控方面的运用. 无线互联科技, (5): 136-137.

陈恩红, 于剑. 2014. 大数据分析专刊前言. 软件学报, (9): 1887-1888.

郝璇. 2014. 基于 Apache Flume 的分布式日志收集系统设计与实现. 软件导刊, (7): 110-111.

李洋, 吕家恪. 2017. 基于 Hadoop 与 Storm 的日志实时处理系统研究. 西南师范大学学报(自然科学版), 42(4): 119-126.

屈国庆. 2016. 基于 Storm 的实时日志分析系统的设计与实现. 南京: 南京大学.

孙寅林. 2012. 基于分布式计算平台的海量日志分析系统的设计与实现. 西安: 西安电子科技大学.

王成红, 陈伟能, 张军, 等. 2014. 大数据技术与应用中的挑战性科学问题. 中国科学基金, (2): 92-98.

王克龙, 王玲, 王平立, 等. 2005. 数据仓库中 ETL 技术的探讨与实践. 计算机应用与软件, 22(11): 30-31.

王铮, 张君玉. 2008. Web 用法挖掘数据采集方案的优化设计. 中国科学院大学学报, 25(4): 445-451.

吴黎兵, 柯亚林, 何炎祥, 等. 2011. 分布式网络爬虫的设计与实现. 计算机应用与软件, 28(11): 176-179.

邢东山, 沈钧毅. 2002. Web使用挖掘的数据采集. 计算机工程, 28(1): 39-41.

杨定中, 赵刚, 王泰. 2009. 网络爬虫在Web信息搜索与数据挖掘中应用. 计算机工程与设计, 30(24): 5658-5662.

詹玲, 马骏, 陈伯江, 等. 2010. 分布式I/O日志收集系统的设计与实现. 计算机工程与应用, 46(36): 88-90.

张宁, 贾自艳, 史忠植. 2002. 数据仓库中ETL技术的研究. 计算机工程与应用, 38(24): 213-216.

张骁, 张韬. 2018. 应用软件运行日志的收集与服务处理框架. 计算机工程与应用, (10): 86-94.

Du Y, Chowdhury M, Rahman M, et al. 2017. A distributed message delivery infrastructure for connected vehicle technology applications. IEEE Transactions on Intelligent Transportation Systems, (99): 1-15.

Nath R P D, Hose K, Pedersen T B. 2017. Towards a programmable semantic extract-transform-load framework for semantic data warehouses. Information Systems, 68: 15-24.

Su L, Wang F. 2017. Web crawler model of fetching data speedily based on Hadoop distributed system//IEEE International Conference on Software Engineering and Service Science. IEEE: 927-931.

Shkapenyuk V, Suel T, 2002. Desigen and Implentation of a High-Performance Distributed Web Crawler, Technical Report, In Proceedings of the 18th International Conference on Data Engineering (ICDE). IEEE CS Press, 2001: 357-368.

Thomsen C, Pedersen T B. Pygrametl: a powerful programming framework for extract-transform-load programmers//DOLAP 2009, ACM 12th International Workshop on Data Warehousing and OLAP, Hong Kong, China, November 6, 2009, Proceedings. ACM.

第6章　大数据存储

随着大数据时代的来临，越来越多的信息被数据化，尤其是伴随着 Internet 的发展，数据呈爆炸式增长。从存储服务的发展趋势来看，一方面，对数据存储量的需求越来越大；另一方面，对数据的有效管理提出了更高的要求。首先是存储容量的急剧膨胀，从而对存储服务器提出了更大的需求；其次是数据持续时间的增加；最后，对数据存储的管理提出了更高的要求。数据的多样化、地理上的分散性、对重要数据的保护等都对数据管理提出了更高的要求。随着数字图书馆、电子商务、多媒体传输等的不断发展，数据从 GB、TB 到 PB 量级急速增长。存储产品已不再是附属于服务器的辅助设备，而成为互联网中最主要的花费所在。海量存储技术已成为继计算机浪潮和互联网浪潮之后的第三次浪潮，磁盘阵列与网络存储成为先锋。传统的数据中心存储技术向大数据存储技术转变。分布式文件系统、分布式数据库、云数据库等正在成为新的存储方式。

本章将详细介绍当前主流的大数据存储技术。

6.1　传统数据中心存储

传统的数据中心存储技术主要有直接式存储(direct attached storage，DAS)、网络连接存储(network attached storage，NAS)、存储区域网络(storage area network，SAN)、对象存储技术(object-based storage，OBS)四种。

6.1.1　DAS

开放系统的直连式存储(DAS)已经有近四十年的使用历史。如图 6.1 所示的 DAS 存储在我们生活中是非常常见的，尤其是在中小企业应用中，DAS 是最主要的应用模式，存储系统被直连到应用的服务器中，在中小企业中，许多的数据应用是必须安装在直连的 DAS 存储器上。随着用户数据的不断增长，尤其是数百 GB 以上时，其在备份、恢复、扩展、灾备等方面的问题困扰着系统管理员。

直连式存储依赖服务器主机操作系统进行数据的 IO 读写和存储维护管理，数据备份和恢复要求占用服务器主机资源(包括 CPU、系统 IO)，数据流需要回流主机再到服务器连接着的磁带机(库)。数据备份通常占用服务器主机资源的 20%～30%，因此许多企业用户的日常数据备份常常在深夜或业务系统不繁忙时进行，以免影响正常业务系统的运行。直连式存储的数据量越大，备份和恢复的时间就越长，对服务器硬件的依赖性和影响就越大。

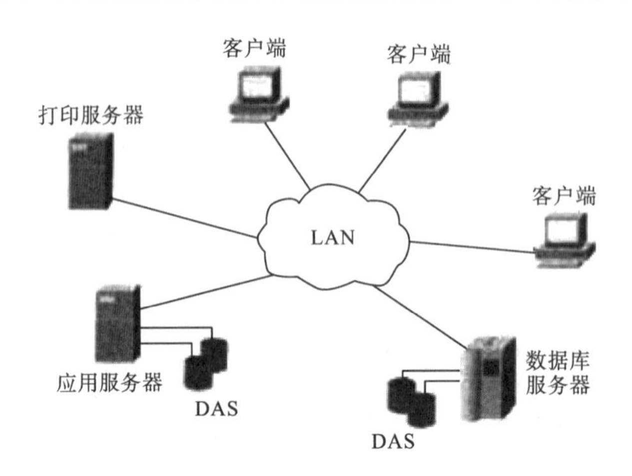

图 6.1 典型的 DAS 结构

直连式存储与服务器主机之间的连接通常采用 SCSI 连接，带宽为 10MB/s、20MB/s、40MB/s、80MB/s 等，随着服务器 CPU 的处理能力越来越强，存储硬盘空间越来越大，阵列的硬盘数量越来越多，SCSI 通道将会成为 IO 瓶颈；服务器主机 SCSI ID 资源有限，能够建立的 SCSI 通道连接有限。

无论直连式存储还是服务器主机的扩展，从一台服务器扩展为多台服务器组成的群集(Cluster)，或存储阵列容量的扩展，都会造成业务系统的停机，从而给企业带来经济损失，对于银行、电信、传媒等行业 7×24 小时服务的关键业务系统，这是不可接受的。直连式存储或服务器主机的升级扩展，只能由原设备厂商提供，往往受原设备厂商限制。

DAS 这种存储方式与我们普通的 PC 存储架构一样，外部存储设备都是直接挂接在服务器内部总线上，数据存储设备是整个服务器结构的一部分。

1.DAS 的优点

(1)能实现大容量存储，将多个磁盘合并成一个逻辑磁盘，满足海量存储的需求；

(2)可实现应用数据和操作系统的分离：操作系统一般存放在本机硬盘中，而应用数据放置于阵列中；

(3)能提高存取性能：操作单个文件资料，同时有多个物理磁盘在并行工作，运行速度比单个磁盘运行速度高；

(4)实施简单：无须专业人员操作和维护，节省用户投资。

2.DAS 的局限

(1)服务器本身容易成为系统瓶颈。

(2)服务器发生故障，数据不可访问。

(3)对于存在多个服务器的系统来说，设备分散，不便管理。同时多台服务器使用 DAS 时，存储空间不能在服务器之间动态分配，可能造成相当的资源浪费。

(4)数据备份操作复杂。

3.DAS 存储方式主要适用情景

1）小型网络

因为网络规模较小，数据存储量小，而且也不是很复杂，采用这种存储方式对服务器的影响不会很大。同时，这种存储方式也十分经济，适合小型网络的企业用户。

2）地理位置分散的网络

虽然企业总体网络规模较大，但在地理分布上很分散，通过 SAN 或 NAS 在它们之间进行互联非常困难，此时各分支机构的服务器也可采用 DAS 存储方式，这样可以降低成本。

3）特殊应用服务器

在一些特殊应用服务器上，如微软的集群服务器或某些数据库使用的原始分区，均要求存储设备直接连接到应用服务器。

4）提高 DAS 存储性能

在服务器与存储的各种连接方式中，DAS 曾被认为是一种低效率的结构，而且也不方便进行数据保护。直连式存储无法共享，因此经常出现的情况是某台服务器的存储空间不足，而其他一些服务器却有大量的存储空间处于闲置状态却无法利用。如果存储不能共享，也就谈不上容量分配与使用需求之间的平衡。

DAS 结构下的数据保护流程相对复杂，如果做网络备份，那么每台服务器都必须单独进行备份，而且所有的数据流都要通过网络传输。如果不做网络备份，那么就要为每台服务器配一套备份软件和磁带设备，所以备份流程的复杂度会大大增加。

6.1.2　NAS

NAS（network attached storage，网络连接存储）按字面简单说就是连接在网络上，具备资料存储功能的装置，因此也称为“网络存储器”，如图 6.2 所示。NAS 改进了 DAS 存储技术，可以无须服务器直接与企业网络连接，不依赖于通用的操作系统，所以存储容量可以很好地扩展，对于原来的网络服务器的性能没有任何的影响，可以确保这个网络性能不受影响。

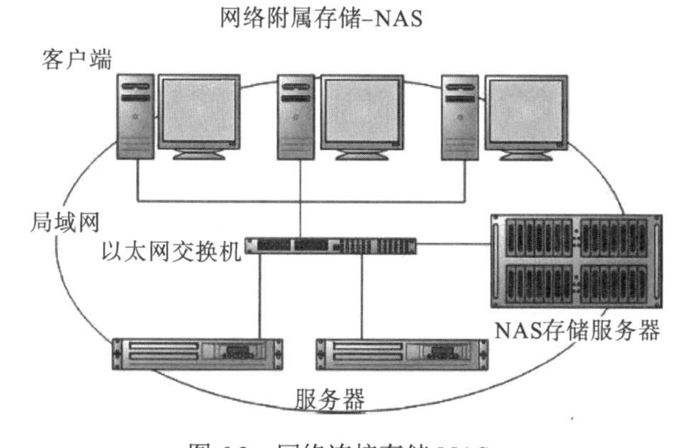

图 6.2　网络连接存储-NAS

NAS 是文件级的存储方法，它的重点在于帮助工作组和部门级机构解决需要迅速增加存储容量的问题。常被用来进行文档共享、图片共享、电影共享等，而且随着云计算的发展，一些 NAS 厂商也推出了云存储功能，大大方便了企业和个人用户的使用。它是一种专用数据存储服务器。它以数据为中心，将存储设备与服务器彻底分离，集中管理数据，从而释放带宽、提高性能、降低总拥有成本、保护投资。其成本远远低于使用服务器存储，而效率却远远高于后者。目前国际著名的 NAS 企业有 Netapp、EMC、OUO 等。

NAS 被定义为一种特殊的专用数据存储服务器，包括存储器件(例如磁盘阵列、CD/DVD 驱动器、磁带驱动器或可移动的存储介质)和内嵌系统软件，可提供跨平台文件共享功能。NAS 通常在一个 LAN 上占有自己的节点，无需应用服务器的干预，允许用户在网络上存取数据，在这种配置中，NAS 集中管理和处理网络上的所有数据，将负载从应用或企业服务器上卸载下来，有效降低总拥有成本，保护用户投资。

NAS 本身能够支持多种协议(如 NFS、CIFS、FTP、HTTP 等)，而且能够支持各种操作系统。通过任何一台工作站，采用浏览器就可以对 NAS 设备进行直观方便的管理。

1.NAS 的优点

NAS 产品是真正即插即用的产品。NAS 设备一般支持多计算机平台，用户通过网络支持协议可进入相同的文档，因而 NAS 设备无需改造即可用于混合 Unix/Windows NT 局域网内。

NAS 设备的物理位置同样是灵活的。它们可放置在工作组内，靠近数据中心的应用服务器，也可放在其他地点，通过物理链路与网络连接起来。无需应用服务器的干预，NAS 设备允许用户在网络上存取数据，这样既可减小 CPU 的开销，也能显著改善网络的性能。

2.NAS 的局限

NAS 没有解决与文件服务器相关的一个关键性问题，即备份过程中的带宽消耗。与将备份数据流从 LAN 中转移出去的存储区域网不同，NAS 仍使用网络进行备份和恢复。NAS 的一个缺点是它将存储事务由并行 SCSI 连接转移到了网络上。这就是说 LAN 除了必须处理正常的最终用户传输流外，还必须处理包括备份操作的存储磁盘请求。

由于存储数据通过普通数据网络传输，因此易受网络上其他流量的影响。当网络上有其他大数据流量时会严重影响系统性能。由于存储数据通过普通数据网络传输，因此容易产生数据泄漏等安全问题。

存储只能以文件方式访问，而不能像普通文件系统一样直接访问物理数据块，因此会在某些情况下严重影响系统效率，比如大型数据库就不能使用 NAS。

3.NAS 的适用情景

NAS 适用于那些需要通过网络将文件数据传送到多台客户机上的用户。NAS 设备在数据必须长距离传送的环境中可以很好地发挥作用。NAS 设备非常易于部署。可以使 NAS 主机、客户机和其他设备广泛分布在整个企业的网络环境中。NAS 可以提供可靠的文件级数据整合，因为文件锁定是由设备自身来处理的。NAS 应用于高效的文件共享任务中，不同的主机与客户端通过文件共享协定存取 NAS 上的资料，实现文件共享功能，例如 UNIX 中的 NFS 和 Windows NT 中的 CIFS，其中基于网络的文件级锁定提供了高级并发访问保护的功能。

6.1.3　SAN

存储区域网络(storage area network，SAN)采用网状通道(fibre channel)技术，通过 FC 交换机连接存储阵列和服务器主机，建立专用于数据存储的区域网络。存储区域网络是一种高速网络或子网络，提供在计算机与存储系统之间的数据传输。

SAN 实际是一种专门为存储建立的独立于 TCP/IP 网络之外的专用网络。目前一般的 SAN 提供 2～4Gb/s 的传输速率。同时 SAN 网络独立于数据网络而存在，因此存取速度很快。另外，SAN 一般采用高端的 RAID 阵列，使 SAN 的性能在几种专业存储方案中傲视群雄。

SAN 由于其基础是一个专用网络，因此扩展性很强，不管是在一个 SAN 系统中增加一定的存储空间还是增加几台使用存储空间的服务器都非常方便。通过 SAN 接口的磁带机，SAN 系统可以方便高效地实现数据的集中备份。

目前常见的 SAN 有 FC-SAN 和 IP-SAN，其中 FC-SAN 通过光纤通道协议转发 SCSI 协议，IP-SAN 通过 TCP 协议转发 SCSI 协议。

1.SAN 的优点

目前存储区域网络可以直接和 LAN 进行连接，然后通过专门的物理通道之后也可以支持目前广泛使用的 IP 协议。很多企业需要存储的数据都是呈爆炸性增长，而存储区域网络就可以独立地去增大它们的存储容量，由于采用的是光纤宽带，服务器在读取数据的时候是非常便捷的，并且在进行备份的时候也不需要考虑整个网络的影响。最为关键的就是通过存储区域网络可以实现集中化的控制和管理，尤其是将存储设备都集中在一起的时候，还可以对其实现简化。

(1)备份和恢复：光纤通道 SAN 提供了高性能、海量数据传输能力，它很适合于备份和恢复。SAN 卸除了 LAN 的数据备份和恢复压力，从而减少了 LAN 拥塞，极大地缩短了备份时间，提高了存储资源的利用效率。

(2)业务连续性和高可用性：为了保持业务运营的连续性，SAN 提供了多种多样经济合算的途径，包括消除单点故障、采用容错软件、整合数据备份和恢复，实现高性能远程备份、电子链接和映像等。而其内置的冗余、动态容错保护(N1)、自动再路由能力和集群是 SAN 的主要特性，它们帮助 SAN 满足服务水准协议、行业规范和其他业务需求。

(3)服务器和存储设备的整合：SAN 能够支持存储设备池配置，这些存储设备由 SAN 中的服务器共享，提高了存储利用率、减少了因需要扩大存储容量而购买服务器的需求，允许在不中断业务的情况下添加存储设备，提高了管理效率，降低了服务成本。

2.SAN 的局限

虽然说存储区域网络有着上述所提到的各类优势，但不得不说其也有着明显的局限。比如使用光纤通道的价格和成本都是比较高的，成本高昂以及复杂性是目前存储区域网络所需要突破的问题，当然目前所推出的基于 ISCSI 的新解决方案降低了成本，但性能却不佳。

目前存储区域网络技术的发展在我国已经逐渐趋向于成熟，经过了十多年的研究与改进之后，存储区域网络已经达到了业界一个比较高的水平。

6.1.4 对象存储技术

对象存储技术(object-based storage，OBS)是一种基于计算机应用对象的网络数据存储技术。它的存储基本单元是对象。对象存储的结构分成：对象、对象存储设备、元数据服务器、对象存储系统客户端。

典型的 OBS 结构图如图 6.3 所示。

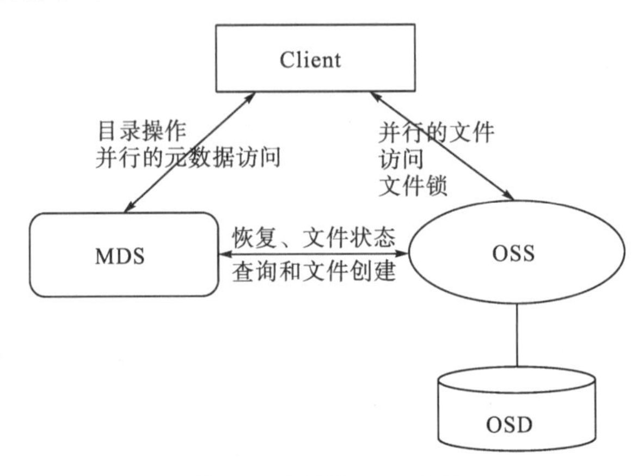

图 6.3 典型的 OBS 结构

1.OBS 的关键特性

OBS 包含着存储属性可拓展的数据存储容器和存储长度可变的存储模块，是一种重要的组织逻辑方式，能够提供多种类似于文件的访问方式，如文件的关闭、读写、打开等。OBS 数据存储技术融合了 SAN 和 NAS 技术的优点，利用计算机网络系统统一的对象接口，有效地提高了网络数据存储技术的拓展性，提高了计算机网络系统的运行性能。

2.OBS 的技术性能

由于其独特的结构，因此支持高并行、可伸缩的数据访问，便于管理，安全性高，适合于高性能集群使用。OBS 技术最主要的特点就是将计算机网络系统中相关的物理数据存储图标放置在系统的存储设备中。当前 OBS 技术是计算机网络数据存储领域关注的重点技术，其较强的拓展性和高性能，使得 OBS 技术广泛地应用在计算机网络数据存储领域。

3.OBS 存在的缺陷

由于目前这种技术还在不断地研发中，受到相应的软、硬件条件的影响，导致了这种存储方式还没有得到广泛的应用。

6.2　大数据存储技术

6.2.1　大数据存储与传统存储的不同

随着大数据应用的爆发性增长，它已经衍生出了自己独特的架构，而且也直接推动了存储、网络以及计算技术的发展。毕竟处理大数据这种特殊的需求是一个新的挑战。硬件的发展最终还是由软件需求推动的，就这个例子来说，我们很明显地看到大数据分析应用需求正在影响着数据存储基础设施的发展。

大数据应用的一个主要特点是实时性或者近实时性。类似的，一个金融类的应用，能为业务员从数量巨大、种类繁多的数据里快速挖掘出相关信息，能帮助他们领先于竞争对手做出交易的决定。数据通常以每年增长 50%的速度激增，尤其是非结构化数据。随着科技的进步，有越来越多的传感器采集数据、移动设备、社交多媒体等，所以数据只可能继续增长。总而言之，大数据需要非常高性能、高吞吐率、大容量的基础设备。

近年来，随着网络技术、多媒体技术、空间信息科学、信息管理、人工智能、软件工程技术和数据挖掘技术等领域的发展和新的社会需求的出现，信息无论从数量上还是结构上都远远超出了传统数据库能承受的范围。为了适应海量信息和复杂数据处理要求，新一代数据库应运而生，它们结合特定应用领域，分为了多媒体数据库(结合多媒体技术)、空间数据库(结合空间信息学和 GIS)、演绎数据库(结合人工智能)、工程数据库(结合软件工程)等。与传统数据库相比，它们既具有多样性，又有统一性，能够处理海量信息和复杂数据结构。

6.2.2　分布式文件系统

1.分布式文件系统的概念

文件系统是计算机中一个非常重要的组件，为存储设备提供一致的访问和管理方式。十年前，绝大多数文件系统都是单机的，在单机操作系统内为一个或者多个存储设备提供访问和管理。但是随着互联网的高速发展，单机文件系统面临很多的挑战：

(1)共享。无法同时为分布在多个机器中的应用提供访问，于是有了 NFS 协议，可以将单机文件系统通过网络的方式同时提供给多个机器访问。

(2)容量。无法提供足够空间来存储数据，数据只好分散在多个隔离的单机文件系统里。

(3)性能。无法满足某些应用需要非常高的读写性能的要求，应用只好做逻辑拆分同时读写多个文件系统。

(4)可靠性。受限于单个机器的可靠性，机器故障可能导致数据丢失。

(5)可用性。受限于单个操作系统的可用性，故障或者重启等运维操作会导致不可用。

随着互联网的高速发展，这些问题变得日益突出，因此涌现出了一些分布式文件系统来应对这些挑战。

分布式文件系统可以有效解决数据的存储和管理难题：将固定于某个地点的某个文件系统，扩展到任意多个地点/多个文件系统，众多的节点组成一个文件系统网络。每个节点可以分布在不同的地点，通过网络进行节点间的通信和数据传输。人们在使用分布式文件系统时，无需关心数据是存储在哪个节点上或者是从哪个节点获取的，只需要像使用本地文件系统一样管理和存储文件系统中的数据。

2.分布式文件系统的基本架构

大家所熟知的几种分布式文件存储系统，如 GFS、TFS、Swift 等，在系统架构的设计上大同小异，在目前的知识边界内，主要从以下两点展开：其一，有无中心管理节点；其二，存储节点是否有主从之分。

分布式存储系统可以理解为多台单机存储系统的各司其职、协同合作，统一地对外提供存储的服务。所以无论是存储非结构化数据的分布式文件系统、存储结构化数据的分布式数据库，还是半结构化数据的分布式 KV(key-value)，在系统的设计上主要需要满足以下需求(但不仅限于)：基本读写功能、性能、可扩展性、可靠性、可用性。

1)有中心管理节点和存储节点有主从

此种架构的系统以 GFS(google file system)为代表，以以下系统为例说明，整体设计和 GFS 类似，该系统架构图如图 6.4 所示。

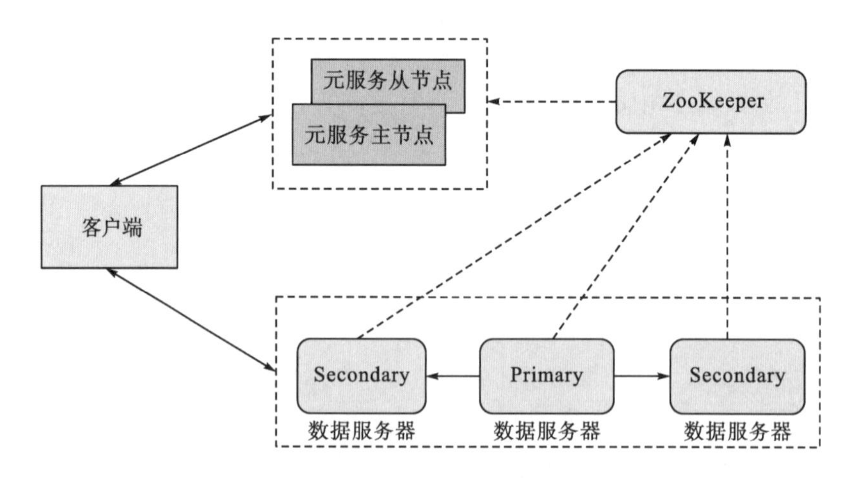

图 6.4 类 GFS 架构图

在有中心控制节点的分布式文件系统，读写的任务基本是由中心控制节点完成的，即图中的 Master 节点。为了能完成这一项核心任务，Master 节点需要做三件比较重要的事情：

(1) 存储节点信息和状态：Master节点需要保存整个集群的全局视图，为了提高性能，这个逻辑拓扑结构一般会缓存在内存中，定期地持久化在Master节点的磁盘上；Master节点需要监听系统的所有数据节点和磁盘状态，如节点的上下线等，并对事件做出相应的处理来保证系统状态的正确性。同时为了使得系统的数据分布和资源使用更均衡，Master节点可以获取数据节点的容量、负荷等状态，供读写调度模块有策略地去分配可写的资源。

(2) 文件读写的调度策略：由于没有采用类似Hash算法这种静态计算读写位置的方式，中心控制节点就需要担任起调度的角色。当客户端发起写请求时，第一步会到Master节点获取文件ID，Master节点根据客户端读写文件的大小、备份数等参数以及当前系统节点的状态和权重，选择合适的节点和备份，返回给客户端一个文件ID，而这个文件ID包含了该文件多个副本位置信息。这样的好处是不用将每个文件的映射关系都存储下来。而对于对象存储系统，由于功能的需要，这个对象和文件的映射关系是必须要保存的。

(3) 存储节点选择：Master节点除了完成以上两种主要功能，还需承担维持副本数量和内容正确性的责任，对于存储节点有主从之分的系统，每个备份的主从节点的选取也需要Master节点来控制。

StorageNode是数据存储节点，除了负责文件在单机系统上的存储，对于有主从之分的存储节点，各自还承担保持备份数据一致性的任务。归纳为以下几个要点：

(1) 单机存储引擎的实现：主从存储节点在单机存储引擎的实现上几乎没有差异，解决的是文件如何存储的问题。

(2) 保证备份一致性：在保证备份一致性上，主从存储节点的角色有一些区别。对于Master节点选出的主存储节点，它需要根据主从一致性协议将数据推送到其他从节点，一般采用存储节点分主从的系统都会选择强一致协议，即主节点将数据发送给从节点，收到响应成功后，才会将数据持久化到本地，返回用户成功，这样用户读到的数据始终是一致的。

(3) 汇报消息以及听从调度：对于存储节点，需要保持和Master节点的心跳信息，同时将自己当前的容量和资源使用情况汇报给Master节点。从控制系统的角度来说，这形成了一个负反馈系统。同时，存储节点处于待命状态，等待Master节点的派遣任务，比如说数据备份的恢复迁移等。

Client一般作为分布式文件系统的接入层，对于写操作，接受用户数据流，将数据写入存储节点；对于读操作，从多副本中随机选择副本来读取。同时为了提高系统整体性能和可用性，该系统的Client一般还会负责额外的功能：

(1) 集群信息缓存：主要为了减少与Master节点的交互，提高写的性能。可以从Master节点获取副本位置信息，缓存在本地，设置缓存过期时间。

(2) 异常处理：Client在提高系统可用性上扮演着重要的角色，在性能损耗可容忍的情况下，通过简单的重试超时方式即可解决Master、Storage节点不可用的异常，最大限度地保证系统可用性。

2) 无中心管理节点和存储节点无主从

以Swift为例说明，从其基本架构可以看出，Swift采用了完全对称、所有组件都可以扩展的分布式系统架构设计，系统无单点存在。去掉Proxy-Server层对象映射的逻辑，可被看作分布式文件系统，从另一个角度 Proxy-Server 也可以看作是分布式文件系统的客户端，只是在实现上和对象存储的逻辑耦合相对比较紧密。图 6.5 为 Swift 的基本架构图。

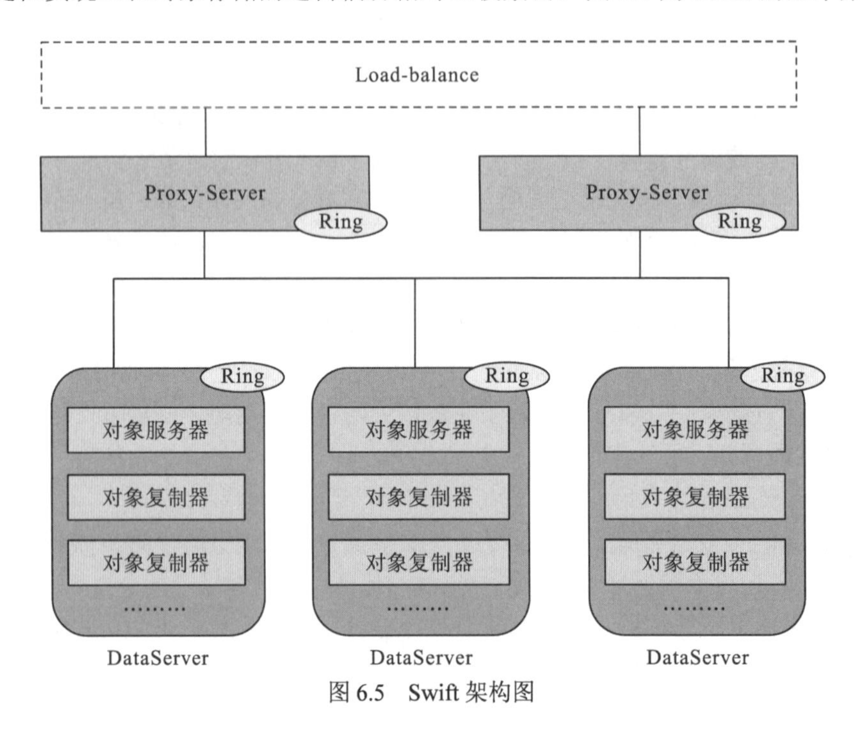

图 6.5　Swift 架构图

Swift 的 StorageNode 由以下几个组件组成：

(1) Object Server：即单机的存储引擎实现，提供文件的元数据和内容存储。每个文件的内容会以文件的形式存储在文件系统中，而元数据会作为文件属性来存储。

(2) Object-Replicator：主要用于保证副本数量和位置的正确性以及一致性。

(3) Object-Auditor：主要用于检测副本数据是否正确，若发现比特级的错误，文件将被隔离，这样远程 Object-Replicator 检测到副本缺少时会将正确的副本推送过来。

(4) Object-Updater：主要是解决对象存储的元数据的更新问题。Updater 服务主要就是负责系统恢复正常后的扫描任务，做相应的更新处理。

从性能的角度来说，对于无中心管理节点，且数据节点业务无主从之分的系统，同样也需要考虑集中典型的场景，分别考虑其性能瓶颈。同样也需要假设单机存储系统参数不当或代码实现导致的性能问题都已排除或解决，即纵向的性能优化基本满足需求。

综上可以看出，分布式文件系统的架构比较难适合于所有的场景，如何进行选择和设计，常常优先围绕需求来选择和实现，留有扩展余地，再不断地优化系统。

3.常见的分布式文件系统

1) GlusterFS

GlusterFS 是由美国的 Gluster 公司开发的 POSIX 分布式文件系统(以 GPL 开源)，2007 年发布第一个公开版本，2011 年被 Redhat 收购。

它的基本思路就是通过一个无状态的中间件把多个单机文件系统融合成统一的名字空间(namespace)提供给用户。这个中间件由一系列可叠加的转换器(Translator)实现，每个转换器解决一个问题，比如数据分布、复制、拆分、缓存、锁等，用户可以根据具体的应用场景需要灵活配置。比如一个典型的分布式架构如图 6.6 所示。

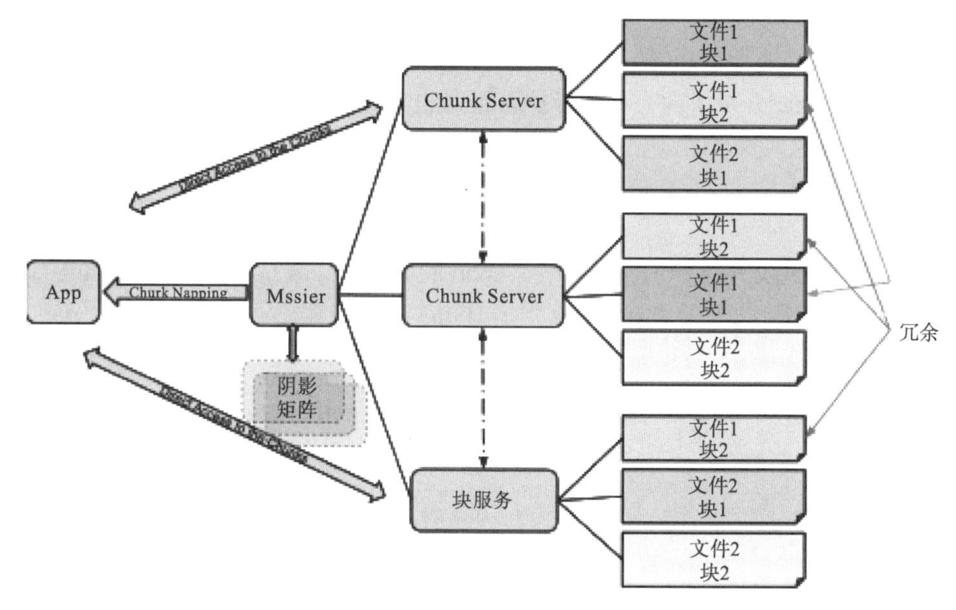

图 6.6　分布式架构图

分布式架构所具有的优点如下：

(1)数据文件最终以相同的目录结构保存在单机文件系统上，不用担心 GlusterFS 的不可用导致数据丢失；

(2)没有明显的单点问题，可线性扩展；

(3)对大量小文件的支持较好。

这种结构是相对静态的，不容易调整，也要求各个存储节点有相同的配置，当数据或者访问不均衡时没法进行空间或者负载调整。故障恢复能力也比较弱，比如 Server1 故障时，Server2 上的文件就没办法在健康的 Server3 或者 Server4 上增加拷贝以保障数据可靠。

因为缺乏独立的元数据服务，要求所有存储节点都有完整的数据目录结构，遍历目录或者做目录结构调整时需要访问所有节点才能得到正确结果，导致整个系统的可扩展能力有限，扩展到几十个节点时还行，很难有效地管理上百个节点。

2) GFS

Google 的 GFS 是分布式文件系统中的先驱和典型代表，由早期的 BigFiles 发展而来，对业界影响非常大，后来很多分布式文件系统都是参照它的设计。

顾名思义，BigFiles/GFS 是为大文件优化设计的，并不适合平均文件大小在 1MB 以内的场景。

GFS 有一个 Master 节点来管理元数据(全部加载到内存，快照和更新日志写到磁盘)，文件划分成 64MB 的 Chunk 存储到几个 ChunkServer 上(直接使用单机文件系统)。文件只能追加写，不用担心 Chunk 的版本和一致性问题(可以用长度当作版本)。这个使用完全不同的技术来解决元数据和数据的设计使得系统的复杂度大大简化，也有足够的扩展能力(如果平均文件大小大于 256MB，Master 节点每 GB 内存可以支撑约 1PB 的数据量)。放弃支持 POSIX 文件系统的部分功能(比如随机写、扩展属性、硬链接等)也进一步简化了系统复杂度，以换取更好的系统性能、鲁棒性和可扩展性。

因为GFS的成熟稳定，使得Google可以更容易地构建上层应用(MapReduce、BigTable等)。后来，Google 开发了拥有更强可扩展能力的下一代存储系统 Colossus，把元数据和数据存储彻底分离，实现了元数据的分布式(自动 Sharding)，以及使用 Reed Solomon 编码来降低存储空间占用从而降低成本。

3) HDFS

Hadoop 分布式文件系统 HDFS 出自 Yahoo 的 Hadoop，算是 GFS 的开源 Java 实现版，HDFS 也是基本照搬 GFS 的设计，图 6.7 是 HDFS 的架构图。

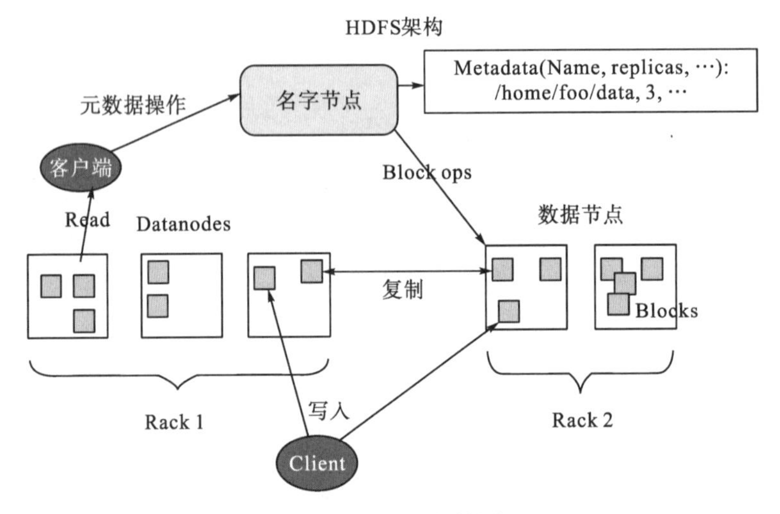

图 6.7 HDFS 架构图

HDFS 采用 master/slave 架构。一个 HDFS 集群是一个 Namenode 和一定数目的 Datanodes 组成。Namenode 是一个中心服务器，负责管理文件系统的名字空间(Namespace)以及客户端对文件的访问。集群中的 Datanode 一般是一个节点一个，负责管理它所在节点上的存储。HDFS 暴露了文件系统的名字空间，用户能够以文件的形式在上面存储数据。从内部看，一个文件其实被分成一个或多个数据块，这些块存储在一组 Datanode 上。Namenode 执行文件系统的名字空间操作，比如打开、关闭、重命名文件或目录。它也负责确定数据块到具体 Datanode 节点的映射。Datanode 负责处理文件系统客户端的读写请求。在 Namenode 的统一调度下进行数据块的创建、删除和复制。

Namenode 和 Datanode 被设计成可以在普通的商用机器上运行。这些机器一般运行着 GNU/Linux 操作系统(OS)。HDFS 采用 Java 语言开发，因此任何支持 Java 的机器都可以部署 Namenode 或 Datanode。由于采用了可移植性极强的 Java 语言，使得 HDFS 可以部署到多种类型的机器上。一个典型的部署场景是一台机器上只运行一个 Namenode 实例，而集群中的其他机器分别运行一个 Datanode 实例。这种架构并不排斥在一台机器上运行多个 Datanode，只不过这样的情况比较少见。

集群中单一 Namenode 的结构大大简化了系统的架构。Namenode 是所有 HDFS 元数据的仲裁者和管理者，这样，用户数据永远不会流过 Namenode。

分布式文件系统是大数据时代解决大规模数据存储问题的有效解决方案，HDFS 开源实现了 GFS，可以利用由廉价硬件构成的计算机集群实现海量数据的分布式存储。

HDFS 具有兼容、廉价的硬件设备、流数据读写、大数据集、简单的文件模型、强大的跨平台兼容性等特点。但是，也要注意到，HDFS 也有自身的局限性，比如不适合低延迟数据访问、无法高效存储大量小文件和不支持多用户写入及任意修改文件等。

块是 HDFS 核心的概念，一个大的文件会被拆分成很多个块。HDFS 采用抽象的块概念，具有支持大规模文件存储、简化系统设计等优点。

关于 HDFS 的详细内容请参阅第 3 章。

6.2.3　分布式数据库

分布式数据库系统，英文为 distributed database management system，简称 DDMS。

一个分布式数据库在逻辑上是一个统一的整体，在物理上则是分别存储在不同的物理节点上。一个应用程序通过网络的连接可以访问分布在不同地理位置的数据库。它的分布性表现在数据库中的数据不是存储在同一场地，更确切地讲，不存储在同一计算机的存储设备上，这就是与集中式数据库的区别。从用户的角度看，一个分布式数据库系统在逻辑上和集中式数据库系统一样，用户可以在任何一个场地执行全局应用。就好像那些数据是存储在同一台计算机上，有单个数据库管理系统(DBMS)管理一样，用户并没有什么感觉不一样。

分布式数据库通常需要安装在分布式文件系统之上。典型的分布式数据库有 MPP 数据库、HBase、MongoDB 等。

1.MPP 数据库

MPP(massively parallel processor)即大规模并行处理。是指在数据库非共享集群中，每个节点都有独立的磁盘存储系统和内存系统，业务数据根据数据库模型和应用特点划分到各个节点上，每台数据节点通过专用网络或者商业通用网络互相连接，彼此协同计算，作为整体提供数据库服务。

基于 MPP 存储的技术的数据库集群属于非共享数据库集群，并且拥有完全的可伸缩性、高可用、高性能、优秀的性价比、资源共享等优势。MPP 架构重点面向行业大数据，采用 Shared Nothing 架构，通过列存储、粗粒度索引等多项大数据处理技术，再结合 MPP 架构高效的分布式计算模式，完成对分析类应用的支撑，运行环境多为低成本 PC Server，在企业分析类应用领域获得了极其广泛的应用。

这类 MPP 产品可以有效支撑 PB 级别的结构化数据分析，这是传统数据库技术无法胜任的。对于企业新一代的数据仓库和结构化数据分析，目前最佳选择是 MPP 数据库。

主流 MPP 数据库产品(表 6.1)包括：

表 6.1 多种 MPP 架构对比图

对比项	Greenplum	Vertica	Sybase IQ	TD Aster Data
无共享MPP架构	★	★	share-everything	★
支持开放硬件平台	★	★	★	★
负载管理	★	★	★	★
按列存储	★	★	★	★
按行存储	★	不支持	不支持	★
In-DB MapReduce	★	提供Hadoop的接口	提供Mapreduce API接口	★
系统在线扩容	★	★		不确定
线性扩展	★不能动态减少节点	★可动态增减节点		★
表分区	★	★	★	
索引	★		★	★
资源分配	用户只能设定优先级，系统自动分配资源	可控制CPU/内存等系统资源分配		不确定

1) Greenplum

Greenplum 是基于 Hadoop 的一款分布式数据库产品，主要具有基于 Shared-nothing 架构、基于 gNet Software Interconnect、并行加载技术、支持行列式存储技术等技术特点。Greenplum 架构图如图 6.8 所示。

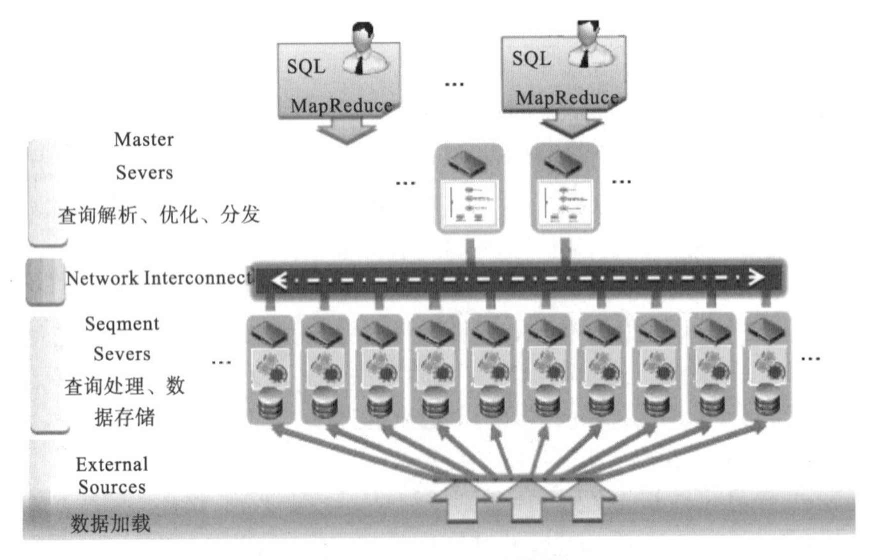

图 6.8 Greenplum 架构图

2) Vertica

Vertica 是一种基于列存储的数据库体系结构过程的数据库产品。具有列存储、压缩机制较好、读优化存储、多种排序方式的冗余存储、并行无共享设计等技术特点。

3) Sybase IQ

SYBASE IQ 是 Sybase 公司推出的特别为数据仓库设计的关系型数据库。具有更强的数据管理、丰富的应用程序数据库内分析库、扩展的生态系统等一系列特性。

4) Teradata Aster Data

Teradata 天睿公司的 Aster Data 分析平台是市场领先的大数据分析解决方案。具有 shared-nothing 架构、SQL-MapReduce、基于 MPP 的并行分析平台、可视化集成开发环境，动态加载管理，多种容错、自动恢复机制等技术特性。

2.HBase

HBase 是 Google Bigtable 的开源实现，与 Google Bigtable 利用 GFS 作为其文件存储系统类似，HBase 利用 Hadoop HDFS 作为其文件存储系统；Google 运行 MapReduce 来处理 Bigtable 中的海量数据，HBase 同样利用 Hadoop MapReduce 来处理 HBase 中的海量数据；Google Bigtable 利用 Chubby 作为协同服务，HBase 利用 ZooKeeper 作为对应。

1) HBase 的特点

(1) 大：一个表可以有上亿行，上百万列。

(2) 面向列：面向列表(簇)的存储和权限控制，列(簇)独立检索。

(3) 稀疏：对于为空(NULL)的列，并不占用存储空间，因此，表可以设计得非常稀疏。

(4) 无模式：每一行都有一个可以排序的主键和任意多的列，列可以根据需要动态增加，同一张表中不同的行可以有截然不同的列。

(5) 数据多版本：每个单元中的数据可以有多个版本，默认情况下，版本号自动分配，版本号就是单元格插入时的时间戳。

(6) 数据类型单一：HBase 中的数据都是字符串，没有类型。

2) HBase 的高并发和实时处理数据

HBase 是可以提供实时计算的分布式数据库，数据被保存在 HDFS 分布式文件系统上，由 HDFS 保证其高容错性。HBase 上的数据是以 StoreFile(HFile) 二进制流的形式存储在 HDFS 上的 Block 块中，但是 HDFS 并不知道 HBase 存的是什么，它只把存储文件视为二进制文件，也就是说，HBase 的存储数据对于 HDFS 文件系统是透明的。

关于 HBase 的详细内容请参阅第 3 章。

3.MongoDB

MongoDB 是一款为 web 应用程序和互联网基础设施设计的数据库管理系统，是由 C++语言编写的，是一个基于分布式文件存储的开源数据库系统。MongoDB 就是数据库，是 NoSQL 类型的数据库。MongoDB 是由 C++语言编写的，是一个基于分布式文件存储的开源数据库系统。

MongoDB 的特性包括：

1) 文档数据类型

SQL 类型的数据库是正规化的，可以通过主键或者外键的约束保证数据的完整性与唯一性，所以 SQL 类型的数据库常用于对数据完整性要求较高的系统。MongoDB 在这一方面是不如 SQL 类型的数据库，且 MongoDB 没有固定的 Schema，正因为 MongoDB 少了一些这样的约束条件，可以让数据的存储结构更灵活，存储速度更快。

2) 即时查询能力

MongoDB 保留了关系型数据库即时查询的能力，保留了索引(底层是基于 B tree)的能力。这一点汲取了关系型数据库的优点，而同类型的 NoSQL redis 并没有此能力。

3) 复制能力

MongoDB 自身提供了副本集，能将数据分布在多台机器上实现冗余，目的是可以提供自动故障转移、扩展读能力。

4) 速度与持久性

MongoDB 的驱动实现一个写入语义 fire and forget，即通过驱动调用写入时，可以立即得到返回(即使是报错)，这让写入的速度更加快，当然会有一定的不安全性，完全依赖网络。

MongoDB 提供了 Journaling 日志的概念，实际上像 mysql 的 bin-log 日志，当需要插入的时候会先往日志里面写入记录，再完成实际的数据操作，如果出现停电，进程突然中断的情况，可以保障数据不会错误，通过修复功能读取 Journaling 日志进行修复。

5) 数据扩展

MongoDB 使用分片技术对数据进行扩展，MongoDB 能自动分片、自动转移分片里面的数据块，让每一个服务器里面存储的数据都是一样的大小。

MongoDB 的逻辑结构是一种层次结构。主要由文档(Document)、集合(Collection)、数据库(Database)这三部分组成。逻辑结构是面向用户的，用户使用 MongoDB 开发应用程序使用的就是逻辑结构。

MongoDB 的主要目标是在键/值存储方式(提供了高性能和高度伸缩性)以及传统的 RDBMS 系统(丰富的功能)之间架起一座桥梁，集两者的优势于一身。

MongoDB 适用于以下场景：

(1) 网站数据。MongoDB 非常适合实时的插入、更新与查询，并具备网站实时数据存储所需的复制及高度伸缩性。

(2) 缓存。由于性能很高，MongoDB 也适合作为信息基础设施的缓存层。在系统重启之后，由 MongoDB 搭建的持久化缓存可以避免下层的数据源过载。

(3) 大尺寸、低价值的数据。使用传统的关系数据库存储一些数据时可能会比较贵，在此之前，很多程序员往往会选择传统的文件进行存储。

(4) 高伸缩性的场景。MongoDB 非常适合由数十或者数百台服务器组成的数据库。

(5) 用于对象及 JSON 数据的存储：MongoDB 的 BSON 数据格式非常适合文档格式化的存储及查询。

MongoDB 不适合的场景包括：

(1) 高度事物性的系统。例如银行或会计系统。传统的关系型数据库目前还是更适用于需要大量原子性复杂事务的应用程序。

(2) 传统的商业智能应用：针对特定问题的 BI 数据库会产生高度优化的查询方式。对于此类应用，数据仓库可能是更合适的选择。

MongoDB 的优点包括：

(1) 面向文档存储(类 JSON 数据模式简单而强大)；

(2) 动态查询；

(3) 全索引支持，扩展到内部对象和内嵌数组；

(4) 查询记录分析；

(5) 快速，就地更新；

(6) 高效存储二进制大对象(比如照片和视频)；

(7) 复制和故障切换支持；

(8) Auto-Sharding 自动分片支持云级扩展性；

(9) MapReduce 支持复杂聚合；

(10) 商业支持，培训和咨询。

MongoDB 的缺点包括：

(1) 不支持事务(进行开发时需要注意，哪些功能需要使用数据库提供的事务支持)；

(2) MongoDB 没有如 MySQL 那样成熟的维护工具，这对于开发和 IT 运营都是个值得注意的地方。

6.3　NoSQL

在大数据时代，Web2.0 网站要根据用户个性化信息来实时生成动态页面和提供动态信息，所以基本上无法使用动态页面静态化技术，因此数据库并发负载非常高，往往要达到每秒上万次读写请求。关系数据库应付上万次 SQL 查询还勉强顶得住，但是应付上万次 SQL 写数据请求，硬盘 IO 已经无法承受。

对于大型的 SNS 网站，每天产生海量的用户动态，对于关系数据库来说，在庞大的表里面进行 SQL 查询，效率是极其低下乃至不可忍受的。

此外，在基于 Web 的架构当中，数据库是最难进行横向扩展的，当一个应用系统的用户量和访问量与日俱增的时候，数据库却没有办法像 Web Server 和 App Server 那样简单地通过添加更多的硬件和服务节点来扩展性能和负载能力。对于很多需要提供 24 小时不间断服务的网站来说，对数据库系统进行升级和扩展是非常痛苦的事情，往往需要停机维护和数据迁移。

所以上面提到的这些问题和挑战都在催生一种新型数据库技术，这就是分布式数据系统 NoSQL 技术。

分布式数据系统有三要素：一致性(consistency)、可用性(availability)、分区容忍性(partition tolerance)。

CAP 原理：在分布式系统中，这三个要素最多只能同时实现两点，不可能三者兼顾。

对于分布式数据系统，分区容忍性是基本要求。对于大多数 web 应用，牺牲一致性而换取高可用性，是目前多数分布式数据库产品的方向。而互联网庞大的数据量和极高的峰值访问压力使得增加内存、CPU 等节点性能的垂直伸缩方案(scale-UP)走入死胡同，使用大量廉价的机器组建水平可扩展集群(scale out)成为绝大多数互联网公司的必然选择；廉价的机器失效是正常的，大规模的集群、节点之间的网络临时阻断也是常见的，因此在衡量一致性、可用性和分区容忍性时，往往倾向先满足后两者，再用其他方法满足最终的一致性。在衡量 CAP 时，BigTable 选择了 CA，用 GFS 来弥补 P，Dynamo 选择了 AP，C 弱化为最终的一致性(通过 Quorum 或者 read-your-write 机制)。

1.NoSQL 与关系型数据库设计理念比较

关系型数据库中的表都是存储一些格式化的数据结构，每个元组字段的组成都一样，即使不是每个元组都需要所有的字段，数据库也会为每个元组分配所有的字段，这样的结构可以便于表与表之间进行连接等操作，但从另一个角度来说，它也是关系型数据库性能瓶颈的一个因素。而非关系型数据库以键值对存储，它的结构不固定，每一个元组可以有不一样的字段，每个元组可以根据需要增加一些自己的键值对，这样就不会局限于固定的结构，可以减少一些时间和空间的开销。

2.NoSQL 技术特点

易扩展性：NoSQL 数据库种类繁多，但是一个共同的特点都是去掉关系数据库的关系型特性。数据之间无关系，这样就非常容易扩展，也无形之间在架构的层面上带来了可扩展的能力。

大数据量，高性能：NoSQL 数据库都具有非常高的读写性能，尤其在大数据量下，同样表现优秀。这得益于它的无关系性、数据库的结构简单。一般 MySQL 使用 Query Cache，每次表的更新 Cache 就失效，是一种大粒度的 Cache，在针对 web2.0 的交互频繁的应用，Cache 性能不高。而 NoSQL 的 Cache 是记录级的，是一种细粒度的 Cache，所以 NoSQL 在这个层面上来说性能就要高很多了。

灵活的数据模型：NoSQL 无需事先为要存储的数据建立字段，随时可以存储自定义的数据格式。而在关系数据库里，增删字段是一件非常麻烦的事情。如果是非常大数据量的表，增加字段简直就是一个噩梦。这点在大数据量的 web2.0 时代尤其明显。

高可用：NoSQL 在不太影响性能的情况，就可以方便地实现高可用的架构，比如 Cassandra，HBase 模型，通过复制模型也能实现高可用。

6.3.1 BigTable

BigTable 是一个分布式的结构化数据存储系统，它被设计用来处理海量数据：通常是分布在数千台普通服务器上的 PB 级的数据。Google 的很多项目使用 BigTable 存储数据，包括 Web 索引、Google Earth、Google Finance。这些应用对 BigTable 提出的要求差异非常大，无论是在数据量上(从 URL 到网页到卫星图像)还是在响应速度上(从后端的批量处理到实时数据服务）。尽管应用需求差异很大，但是，针对 Google 的这些产品，BigTable 还是成功地提供了一个灵活的、高性能的解决方案。

BigTable 被设计为可扩展到 PB 数据和数千台机器。BigTable 实现了几个目标：广泛应用、可扩展、高性能和高可用。目前 BigTable 已被用于超过 60 个的 Google 产品和工程，包括 Google 分析、Google 金融、Orkut、个人搜索、Writely 和 Google Earth。这些系统针对各种不同的需求使用了 BigTable，范围从面向吞吐量的批处理进程到时延敏感的面向终端用户的数据服务。这些产品使用的 BigTable 集群跨越了很多的结构，从少数到数以千计的服务器，存储多至几百 TB 的数据。

在很多方面，BigTable 很像一个数据库：它实现了很多数据库的策略。并行数据库和内存数据库已经实现了可扩展和高性能，但是 BigTable 与这些系统相比提供了不同的接口。BigTable 不支持全关系型的数据模型；作为代替，它提供了一种简单的数据模型，在数据布局和格式上提供了动态控制，并且允许客户端推出在底层存储中数据的位置属性。数据通过行和列名进行索引，这些名字可以是任意的字符串。BigTable 也将数据看成是无解释的字符串，尽管客户端经常将结构化和半结构化的数据序列化成不同的格式。客户端能够通过在它们的模式中精心的选择来控制它们的数据位置。最后，BigTable 模式参数可以使客户端动态的控制是从内存中还是从硬盘中获取数据。

1.数据模型

一个 BigTable 是一个稀疏的、分布式的、持久的多维排序映射（MAP）。这个映射（MAP）由行 key、列 key 和时间戳进行索引，每个映射值都是一个连续的 byte 数组。图 6.9 所示是存储 Web 页面的样例表中的一部分。

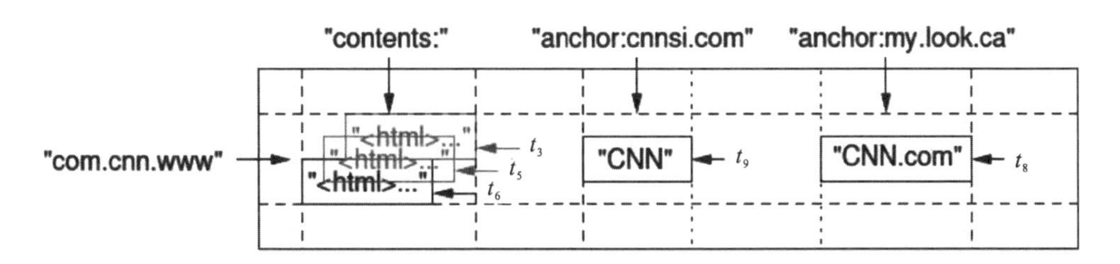

图 6.9　一个存储 Web 网页的例子的表的片段

行名是一个翻转了的 URL。contents 列族包含了页面内容，anchor 列族包含了涉及页面中的所有 anchor 的文本。CNN 主页被 Sports Illustrated 和 My-look 主页引用，所以，本行包含了名为 anchor: cnnsi.com 和 anchor: my.look.ca 的列。每个 anchor 单元都有一个版本；contents 列根据时间戳 t_3、t_5 和 t_6 有三个对应的版本。

2.行（rows）

在表中，行的 key 是任意字符串（目前最大为 64KB，尽管用户大多数只使用 10～100 字节）。每次在一行中读或写数据都是一个原子操作（尽管一行中不同列正在进行读或写），一个设计决定使客户端更加方便地推导出在并发更新相同行的系统行为。

BigTable 以 row key 的字典序保存数据。一个表的行范围是动态分配的。每个行范围被称为一个 tablet，它是分布式和负载平衡的单位。因此，小范围的读取是高效的，只需要少量机器的通信。客户端可以通过选择合适的 row key 来利用这个属性，这样可以为他们的数据访问提供良好的局域性。例如，在 Webtable 中，相同域名下的页面通过反转 URL 中的 hostname，被集中存放到连续的行中。又例如，将 maps.google.com/index.html 存放在关键字 com.google.maps/index.html 下。将相同域名的网页存储在一起可以更加高效地对一些主机和域名进行分析。

3.列族(column families)

列关键字(column keys)被聚合到一个名为列族的集合中，它形成了访问控制的基础单元。存储在一个列族中的所有数据通常有相同的类型(将在一个列族下的数据压缩到一起)。必须先创建列族，然后才能将数据存储到其下面的列；在列族创建好之后，列族中的任意一个列关键字都可用。目的是使每个表中不同的列族数量较小(最多不会多于几百个)，并且列族很少在操作中变化。相反的，一个表可以有无限数量的列。

一个列关键字使用下面的语法进行命名：family：qualify。列族名必须是可显示的，但是 qualify 可以是任意字符。例如，Webtable 的列族名是 language，用于存储页面所用到的语言。在 language 列族中只使用一个列关键字，它存储每个页面的 languageID。另外一个有用的列族是 anchor，这个族中的每个列关键字代表一个单独的 anchor，如图 6.10 所示。qualify(限定词)是引用站点，该单元的内容是链接文本。

访问控制，以及磁盘和内存的统计信息都是在列族层面上进行的。

4.时间戳(timestamps)

BigTable 中的每个单元都能够包含相同数据的多个版本，这些版本由时间戳进行索引。BigTable 时间戳是一个 64bit 的整数。它们能够由 BigTable 分配，在这种情况下，它们表现成以毫秒为单位的当前时间，或者显式的由客户端应用指定。应用必须保证时间戳的唯一性。不同版本的单元以时间戳的降序进行排列，这样可以使最近的版本最早被读取。

为了减少管理不同版本数据的工作量，支持两个列族设置，它们可以使 BigTable 自动回收单元中的版本。客户端可以指定保留最近的 n 个版本，也可以指定只保留 new-enouge 内的版本(如：只保留最近 7 天写入的数据)。

5.BigTable 的实现

BigTable 实现有三个主要的组成部分：一个连接到每个客户端的库、一个 Master 服务器和许多 Tablet 服务器。Tablet 服务器能够从集群中动态地增加(或删除)以适应工作量的变化。

Master 负责将 Tablet 分配到 Tablet 服务器上，探测增加和超时的 Tablet 服务器，平衡 Tablet 服务器的负载，以及在 GFS 上回收垃圾文件。此外，它会处理概要变化，如表和列族的创建。

每个tablet服务器管理一个Tablet集合(一般情况下在一个tablet服务器上有10～1000个 tablets)。Tablet 服务器处理它负载的 tablet 相关的读和写请求，并在 tablets 过大后进行分片。

像许多单 master 分布式存储系统一样，客户端数据不能通过 master 进行传输：客户端直接与 tablet 服务器进行读和写的通信。由于 Bigtable 客户端不依赖 master 获取 tablet 位置信息，大多数客户端不需要跟 master 进行通信。因此，在实际中 master 的负载很轻。

一个 Bigtable 集群存储了大量的表。每个表由一系列 tablet 组成，每个 tablet 包含了一个行范围内的所有数据。最初，每个表都仅仅由一个 tablet 组成。随着表的增长，它会自动地分片成多个 tablets，默认情况下，每个 tablet 的大小为 100～200MB。

1) Tablet 定位

使用三层的类似于 B+树的结构存储 Tablet 位置信息，如图 6.10 所示。

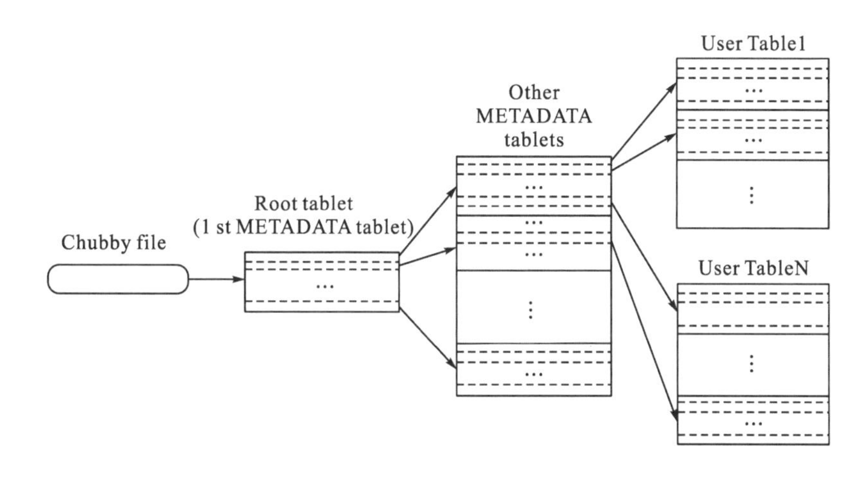

图 6.10　Tablet 位置等级

第一层是存储在 Chubby 的一个文件，它包含了 Root tablet 的位置。Root tablet 将所有 tablet 的位置包含在一个特殊的 METADATA 表中。每个 METADATA tablet 包含一系列的用户 tablet 位置。Root tablet 只是 METADATA 表的第一个 tablet，但是特殊之处在于其永远不会分裂，以此确保 tablet 位置层级不会超过 3 层。

在 METADATA 表中，每个 tablet 的位置信息都存放在一个行关键字下面，而这个关键字是由 tablet 所在的表的标示符和它的最后一行编码形成的。每个 METADATA 行在内存中存储了大约 1KB 的数据。通过限制 tablets 的大小为 128MB，三层定位方案可以满足定位 2^{34} 个 tablets(或者是 2^{61} 字节，即每个 tablet 有 128MB 数据)。

客户端库会缓存 tablet 位置。如果客户端不知道一个 tablet 的位置，或者它发现缓存的位置信息不正确，则它会递归查询 tablet 的位置信息。如果客户端的缓存是空的，定位算法需要 3 次网络交互更新数据，包括一次 Chubby 文件的读取。如果客户端缓存过时，则定位算法需要 6 次网络交互才能更新数据，因为过时的客户端缓存条目只有在没有查到数据的时候才能发现数据过期(假设 METADATA tablets 移动地不频繁)。尽管 tablet 的位置信息存在内存中，不需要访问 GFS，但是我们会通过客户端库预取 tablet 位置的方式来减少这种消耗：无论何时读取 METADATA 表都读取不止一个 METADATA tablets。

在 METADATA 表中还存储了次要的信息，包含与每个 tablet 有关的所有事件(如：什么时候一个服务器开始为该 tablet 提供服务)。这些信息对 debugging 和性能分析很有帮助。

2) Tablet 分配

每个 tablet 只能分配给一个 tablet 服务器。Master 记录了正常运行的 tablet 服务器、tablet 服务器当前的 tablet 任务和没有被分配的 tablet。当一个 tablet 没有被分配，并且有 tablet 服务器对于这个 tablet 有足够的空间可用时，master 会通过向这个 tablet 服务器发送一个 tablet 载入请求分配这个 tablet。

Master 负责检测一个 tablet 服务器何时不能继续为它的 tablets 服务，并尽快将这些 tablets 重新分配。Master 通过周期性地询问每个 tablet 服务器的状态来检测一个 tablet 服务器何时不能继续工作。如果一个 tablet 服务器报告它失去了锁，或者如果 master 在最近的几次尝试都不能到达一个服务器，则 master 会尝试获取这个服务器文件的互斥锁。如果 master 能够获取这个锁，则 Chubby 运行正常，tablet 要么是宕机了，要么就是不能与 Chubby 正常通信了，因此 master 通过删除这个 tablet 服务器的服务器文件来确保这个服务器不能再次进行服务。一旦一个服务器文件被删除，master 将之前分配到这个 tablet 服务器上的所有 tablets 移动到未被分配的 tablets 集合里面。

为了确保 BigTable 集群不易受到 master 和 Chubby 之间的网络问题的影响，master 将会在它的 Chubby 会话超时后 kill 掉自己。然而，如上所说，master 失败不会改变 tablet 服务器上的 tablet 分布。

当一个 master 被集群管理系统启动时，它需要在改变 tablet 分布之前先发现当前的分布。Master 在启动时执行下面的步骤：

第 1 步：master 从 Chubby 中抢占一个唯一的 master 锁，用来阻止其他的 master 实例化。

第 2 步：master 扫描 Chubby 中的服务器目录，来查找哪些服务器正在运行。

第 3 步：master 与每个正常运行的 tablet 服务器通信，获取每个 tablet 服务器上 tablet 的分配信息。

第 4 步：master 扫描 METADATA 表获取所有的 tablets 的集合。在扫描的过程中，如果遇到一个 tablet 没有被分配，则将其放入未被分配的 tablets 集合中，并可以进行分配。

一种复杂的情况是，在 METADATA tablets 被分配之前，不能扫描 METADATA 表。因此在开始扫描之前(第 4 步)，如果在第 3 步发现 root tablet 没有分配，则 master 将 root tablet 加入到未被分配的 tablet 集合中。这个附加的操作确保了 root tablet 将会被分配。因为 root tablet 包含了所有的 METADATA tablets 的名字，所以在扫描完 root tablet 之后，master 会得到所有 METADATA tablet 的名字。

已存在的 tablet 集合只有在创建或删除表、两个已存在的 tablet 合并成一个更大的 tablet，或者一个已存在的 tablet 分裂成两个较小的 tablet 时才会改变。Master 会记录所有的这些变化，因为上面几种情况除了最后一个，其他都是它发起的。Tablet 分裂是比较特殊的，因为它是由 tablet 服务器发起的。Tablet 服务器为 METADATA 表中记录新 tablet 的信息提交这次分裂操作。当分裂操作提交后，它会通知 master。如果分裂通知丢失(因为 tablet 服务器或者 master 宕机)，master 在询问一个 tablet 服务器载入哪个分裂的 tablet 时会检测到新的 tablet。

3) Tablet 服务

一个 tablet 的持久状态存储在 GFS 中，如图 6.11 所示。更新操作提交到 REDO 日志中。在这些更新中，最近提交的那些操作存储在一块名为 memtable 的有序缓存中；较老的更新存放在一系列的 SSTable 中。为了恢复这个 tablet，一个 tablet 服务器会从 METADATA 表中读取它的元数据(metadata)，这个元数据包含了组成这个 tablet 的 SSTable 的列表，以及一系列 redo 点，这些点指向可能含有该 Tablet 数据已提交的日志记录。服务器将 SSTable 的索引读入到内存，并通过执行从 redo 点开始的所有已提交的更新操作重构 memtable。

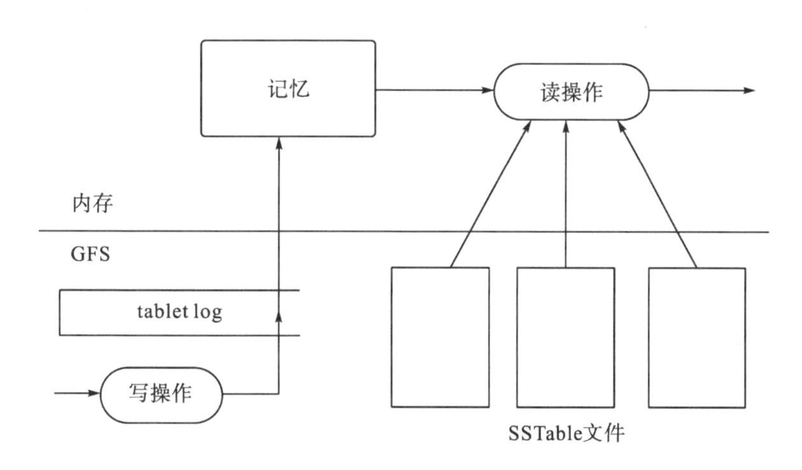

图 6.11　Tablet 表述

当一个写操作到达一个 tablet 服务器时，服务器检查其是否符合语法要求，并验证发送者是否有权限执行这个操作。验证是通过读取一个 Chubby 文件(这个文件几乎会存在客户端的缓存中)中的可写用户的列表完成的。一个有效的写操作会写入操作日志中。批处理方式可以提高大量细小操作的吞吐量。在写操作提交后，它的内容被写入 memtable 中。

当一个读操作到达一个 tablet 服务器时，同样会检查是否符合语法要求和本身的权限。一个有效的读操作会在一系列 SSTable 和 memtable 合并视图上执行。由于 SSTable 和 memtable 是按字典序排序的数据，所以能够高效地生成合并视图。

当 tablet 进行分裂和合并时，进来的读和写操作能够继续执行。

4) 合并压缩

随着写操作的执行，memtable 的大小会增加。当 memtable 的大小达到一个门限值时，这个 memtable 会被冻结，创建一个新的 memtable，并将冻结的 memtable 转换成一个 SSTable 写入 GFS 中。这里的次压缩(minor compaction)过程有两个目标：减少 tablet 服务器的内存使用；减少操作日志中在恢复tablet服务器时需要读取的数据总量。当压缩发生时，进来的读和写操作能够继续执行。

每次次压缩(minor compaction)都会创建一个新的SSTable。如果这种行为不停地进行下去，则读操作可能需要合并来自任意数量的SSTable的更新。否则，可通过在后台周期性地执行合并压缩来限制这些文件的数量。一个合并压缩读取一些SSTable和memtable中的内容，并写入一个新的SSTable中。输入SSTable和memtable可以在压缩完成后立即丢弃。

一个将所有SSTables写入一个SSTable中的合并压缩称为主压缩(major compaction)。非主压缩产生的SSTable能够包含特定的删除条目，它阻止在仍然活着的旧SSTable中删除数据。另外，主压缩产生的SSTable不会包含删除信息或已删除的数据。BigTable循环扫描所有的tablets，并定期地对它们执行主压缩。这些主压缩可以回收删除数据所使用的资源，并尽快地确保删除的数据在系统内彻底消失，对于存储的敏感数据，这是十分重要的。

6.3.2 Dynamo

Dynamo是Amazon提供的一款高可用的分布式Key-Value存储系统，其满足可伸缩性、可用性、可靠性。

CAP原理满足：通过一致性哈希(Hash)满足P，用复制满足A，用对象版本与向量时钟满足C。用牺牲C来满足高可用的A，但是最终会一致。但是，是牺牲C满足A，还是牺牲A满足C，可以根据NWR模型来调配，以达到收益成本平衡。

Dynamo内部有3个层面的概念：

(1)Key-Value：Key唯一标识一个数据对象，Value标识数据对象实体，通过Key来完成对数据对象的读写操作。

(2)节点node：节点是指一个物理主机。在每个节点上，会有3个必备组件：请求协调器(request coordination)、成员与失败检测、本地持久引擎(local persistence engine)。这些组件都由Java实现。本地持久引擎支持不同的存储引擎，最主要的引擎是Berkeley Database Transactional Data Store(存储数百K的对象更合适)，其他还有BDB Java Edtion、MySQL以及一致性内存Cache。本地持久化引擎组件是一个可插拔的持久化组件，应用程序可以根据需要选择最合适的存储引擎，比如：如果存储对象为数千字节则可以选择BDB，如果是更多尺寸则可以选择MySQL。生产中，Dynamo通常使用BDB事物数据存储。

(3)实例instance：从应用的角度来看就是一个服务，提供IO功能。每个实例由一组节点组成，这些节点可能位于不同的IDC，这样IDC出现问题也不会导致数据丢失，会有更好的容灾和可靠性。

Dynamo的关键技术包括以下几个方面。

1.数据分区

Hash 算法：使用 MD5 对 Key 进行 Hash 以产生一个 128 位的标示符，以此来确定 Key 的存储节点。

为了达到增量可伸缩性的目的，Dynamo 采用一致性哈希来完成数据分区。在一致性哈希中，哈希函数的输出范围为一个圆环，系统中每个节点映射到环中某个位置，而 Key 也被 Hash 到环中某个位置，Key 从其被映射的位置开始沿顺时针方向找到第一个位置比其大的节点作为其存储节点，换个角度说，就是每个系统节点负责从其映射的位置起到逆时针方向的第一个系统节点间的区域。

一致性哈希最大的优点在于节点的扩容与缩容，只影响其直接的邻居节点，而对其他节点没有影响。这样看似很完美了，但是亚马逊没有因此而停止脚本，这是其伟大之处，其实还存在两个问题：节点数据分布不均匀和无视节点性能的异质性。为了解决这两个问题，Dynamo 对一致性哈希进行了改进，引入了虚拟节点，即每个节点从逻辑上切分为多个虚拟节点，每个虚拟节点从逻辑上看像一个真实节点，这样每个节点就被分配到环上多个点而不是一个单点。

2.数据复制

为了实现高可用，Dynamo 将每个数据复制到 N 台主机上，其中 N 是每个实例(per-instance)的配置参数，建议值为 3。每个 Key 被分配到一个协调器(coordinator)节点，协调器节点管理其负责范围内的复制数据项，除了在本地存储其责任范围内的每个 Key 外，还复制这些 Key 到环上顺时针方向的 N-1 个后继节点。这样，系统中每个节点负责环上从其自己位置开始到第 N 个前驱节点间的一段区域。具体逻辑见图 6.12，图中节点 B 除了在本地存储键 K 外，还在节点 C 和 D 处复制键 K，这样节点 D 将存储落在范围(A，B]、(B，C]和(C，D]上的所有键。

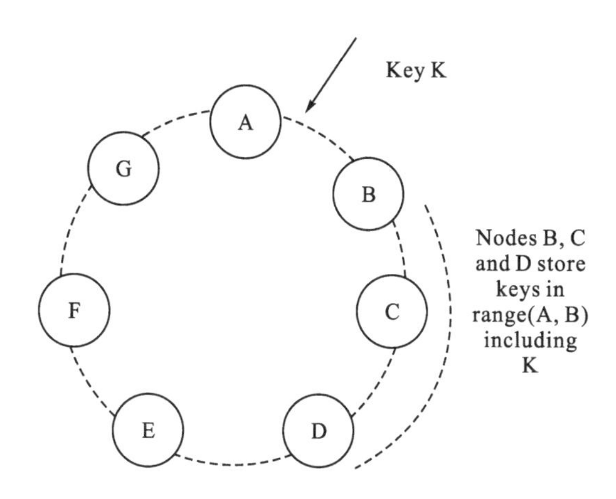

图 6.12　在 Dynamo 环上的分区与 Key 复制

对于一个特定的键都有一个首选节点列表，由于虚拟节点的存在，为了解决节点故障的问题，构建首选节点列表时会跳过环上某些位置，让这些节点分别位于不同的物理节点上，以保证高可用。

为了保证复制时数据副本的一致性，Dynamo 采用类似于 Quorum 系统的一致性协议实现。这里涉及到三个关键参数(N，R，W)。其中，N 是指数据对象复制到 N 台主机，协调器负责将数据复制到 N-1 个节点上，亚马逊建议 N 配置为 3；R 代表一次成功的读取操作中最小参与的节点数量；W 代表一次成功的写操作中最小参与的节点数量。$R+W>N$，则会产生类似于 Quorum 的效果。该模型中，读(写)延迟由最慢的 R(W)复制副本决定，为了得到比较小的延迟，R 和 W 通常配置为小于 N。亚马逊建议(N，R，W)设置为(3，2，2)，以兼顾性能与可用性。R 和 W 直接影响性能、扩展性和一致性，如果 W 设置为 1，则一个实例中只要有一个节点可用，也不影响写操作；如果 R 设置为 1，只要有一个节点可用，也不会影响读请求；R 和 W 值过小则影响一致性，过大则影响可用性。因此，需要在 R 和 W 两个值之间平衡，这也是 Dynamo 的亮点之一。

3.版本合并

Dynamo 为了保证高可用，对每份数据都复制了多份(建议 3 份)，在数据没有被异步复制到所有副本前，如果有 get 操作会取到不一致的数据，但是 Dynamo 提供最终一致性。在亚马逊平台中，购物车就是这种情况的典型应用，为了保证购物车永远可用，对任何一个副本的任何一次更改操作的结果都会当做一个数据版本存储起来，这样当用户 get 时就会取到多个版本，这样也就需要做数据版本合并了。Dynamo 将合并工作推给应用程序，在这里就是购物车 get 时处理。

Dynamo 用向量时钟来标识同一数据在不同节点上多个副本之间的因果关系。向量时钟实际上就是一个列表，列表的每个节点是一个(node，counter)对，即(节点，计数器)列表。数据版本之间的关系要么是因果关系，要么是平行关系，关系判断依赖于计数器值大小，如果第一个时钟对象的计数器小于或等于所有其他时钟对象的计数器则是因果关系，可以认为是旧版数据而直接忽略，否则是平行关系，那么就认为数据版本产生了冲突，需要协调并合并。

在 Dynamo 中，当客户端更新一个对象时，必须指定更新哪个版本数据，更新版本依赖于早期 get 操作时获得的向量时钟。

4.故障检测

1) Ring Membership

每个节点启动时存储自己在环上的映射信息并持久化到磁盘上，然后每个节点每隔一秒随机选择一个对等节点，通过 Gossip 协议传播节点的映射信息，最终每个节点都知道对等节点所处理的范围，即每个节点都可以直接转发一个 key 的读/写操作到正确的数据集节点，而不需要经过中间路由或者跳。

2) External Discovery

如果人工分别往 Dynamo 环中加入节点 A 和 B，则 Ring Membership 不会立即检测到这一变化，而出现暂时逻辑分裂的 Dynamo 环(A 和 B 都认为自己在环中，但是互相不知道对方存在)。Dynamo 用 External Discovery 来解决这个问题，即有些 Dynamo 节点充当种子节点的角色，在非种子节点中配置种子节点的 IP，所有非种子节点都与种子节点是协调成员关系。

3) Failure Detection

Dynamo 采用类 Gossip 协议来实现去中心化的故障检测，使系统中的每个节点都可以了解其他节点的加入和离开。

5.故障处理

传统的 Quorum，在节点故障或者网络故障情况下，系统不可用。为了提高可用性，Dynamo 采用 Sloppy Quorum 和 Hinted Handoff，即所有读写操作由首选列表中的前 N 个健康节点执行，而发往故障节点的数据做好标记后被发往健康节点，故障节点重新可用时恢复副本。

图 6.12 中 Dynamo 配置 N 为 3。如果在写过程中节点 A 暂时不可用(Down 或无法连接)，则发往 A 的副本将被发送到节点 D，发到节点 D 的副本在其原始数据中有一个 hint 以表明节点 A 才是副本的预期接收者，D 将副本数据保存在一个单独的本地存储中，在检测到 A 可用时，D 尝试将副本发到 A，如果发送成功，D 会将数据从本地存储中删除而不会降低系统中的副本总数。

一个高可用的存储系统具备处理整个 IDC 故障(断电、自然灾害、网络故障灯)的能力是非常重要的，Dynamo 就具备此能力。Dynamo 可以配置成跨多个 IDC 复制对象，即 key 的首选列表由跨多个 IDC 的节点组成，这些 IDC 之间由高速专线连接，跨多个 IDC 的复制方案使得 Dynamo 能够处理整个 IDC 故障。

此外，为了处理在 hinted 副本移交给预期节点之前该副本不可用的情况，Dynamo 实现了 anti-entropy 协议来保持副本同步，为了更快地检测副本之间的不一致性并减少传输量，Dynamo 采用了 MerkleTree。

6.扩容/缩容

当一个新节点 X 加入到系统中时，其得到一些随机分配到环上的 token，节点 X 会负责处理一个 key range，而这些 key 在节点 X 加入前由现有的一些节点负责，当节点 X 加入后，这些节点将这些 key 传递给节点 X。以图 6.12 为例，假设节点 X 添加到环中 A 和 B 之间的位置，当 X 加入到系统中后，其负责的 key 范围为(F，G]、(G，A]、(A，X]，节点 B、C 和 D 都各自有一部分不再需要存储 key 范围，即在 X 加入前，B 负责(F，G]、(G，A]、(A，B]，C 负责(G，A]、(A，B]、(B，C]，D 负责(A，B]、(B，C]、(C，D]，而在 X 加入后，B 负责(G，A]、(A，X]、(X，B]，C 负责(A，X]、(X，B]、(B，C]，D 负责(X，B]、(B，C]、(C，D]。节点 B、C 和 D 在收到节点 X 加入的确认信号后发出这一过程。

当从系统中删除一个节点时，key 的重新分配情况与扩容正好相反。

7.读/写操作

读取和写入由请求协调组件执行，每个客户端请求都将导致在处理该请求的节点上创建一个状态机，每个状态机都包含以下逻辑：

(1) 标识负责一个 key 的节点；
(2) 发送请求；
(3) 等待回应；
(4) 可能的重试处理；
(5) 加工和包装返回客户端响应。

每个状态机实例只处理一个客户端请求，如果是一个读请求，则状态机如下：

(1) 发送读请求到相应节点；
(2) 等待所需的最低数量的响应；
(3) 如果在给定的时间内收到的响应太少，则请求失败；
(4) 否则收集所有数据的版本，并确定要返回的版本；
(5) 如果启用版本合并，则执行语法协调并生成一个对客户端不透明的操作，其中包含一个囊括所有版本的向量时钟；
(6) 返回读取响应给客户端后，状态机等待一段时间以接受任何悬而未决的响应，如果任何响应返回了过时的版本，则协调员用最新版本更新这些节点，以完成读修复。

写请求通常跟随在读请求之后，则协调员由读操作答复最快的节点充当，这种优化能提高读写一致性。

6.4 NewSQL

NewSQL 一词是由 451Group 的分析师 Matthew Aslett 在研究论文中提出的。它代指对老牌数据库厂商做出挑战的一类新型数据库系统。NewSQL 是对各种新的可扩展/高性能数据库的简称，这类数据库不仅具有 NoSQL 对海量数据的存储管理能力，还保持了传统数据库支持 ACID 和 SQL 等特性。

1.NewSQL 的特点

NewSQL 是指一类新式的关系型数据库管理系统，针对 OLTP(读-写)工作负载，追求提供和 NoSQL 系统相同的扩展性能，且仍然保持 ACID 和 SQL 等特性。

与 NoSQL 系统相比，NewSQL 系统虽然内部结构变化很大，但是它们有两个显著的共同特点：

(1) 它们都支持关系数据模型；
(2) 它们都使用 SQL 作为其主要的接口。

已知的第一个 NewSQL 系统叫做 H-Store，它是一个分布式并行内存数据库系统。

2.NewSQL 系统的分类

1）新架构

第一类型的 NewSQL 系统是全新的数据库平台，它们均采取了不同的设计方法。它们大概分两类：

（1）数据库工作在一个分布式集群的节点上，其中每个节点拥有一个数据子集。SQL 查询被分成查询片段发送给自己所在的数据的节点上执行。这些数据库可以通过添加额外的节点来线性扩展。现有的这类数据库有：Google Spanner、VoltDB、Clustrix、NuoDB。

（2）数据库系统通常有一个单一的主节点的数据源。它们有一组节点用来做事务处理，这些节点接到特定的 SQL 查询后，会把它所需的所有数据从主节点上取回来后执行 SQL 查询，再返回结果。

2）SQL 引擎

第二类是高度优化的 SQL 存储引擎。这些系统提供了与 MySQL 相同的编程接口，但扩展性比内置的引擎 InnoDB 更好。这类数据库系统有：TokuDB、MemSQL。

3）透明分片

这类系统提供了分片的中间件层，数据库自动分割在多个节点运行。这类数据库包括：ScaleBase、dbShards、ScaleArc。

NewSQL 是对各种新的可扩展/高性能的 SQL 数据库厂商的简称。NewSQL 厂商的共同之处在于研发新的关系数据库产品和服务，通过这些产品和服务，把关系模型的优势发挥到分布式体系结构中，或者将关系数据库的性能提高到一个不必进行横向扩展的程度。

主要厂商包括 Clustrix、GenieDB、ScaleArc、Schooner、VoltDB、RethinkDB、ScaleDB、Akiban、CodeFutures、ScaleBase、Translattice 和 NimbusDB。除此之外，还有 Drizzle 的带有 NDB 的 MySQL 集群和带有 HandlerSocket 的 MySQL。后者包括 Tokutek 和 JustOne DB。相关的“NewSQL 作为一种服务”类别包括亚马逊关系数据库服务，微软的 SQL Azure、Xeround、Database.com 和 FathomDB。

3.NewSQL 实例——TiDB

TiDB 是 PingCAP 公司基于 Google Spanner/F1 论文实现的分布式 NewSQL 数据库。TiDB 具备如下 NewSQL 核心特性：

（1）SQL 支持（TiDB 是 MySQL 兼容的）；

（2）水平线性弹性扩展（容量、并发、吞吐量）；

（3）分布式事务，数据强一致性保证；

（4）故障自恢复的高可用（auto failover）。

TiDB 是传统的数据库中间件、数据库分库分表等 Sharding 方案非常优雅而理想的替换和解决方案。

1）TiDB 的整体架构

TiDB 集群主要分为三个组件，如图 6.13 所示。

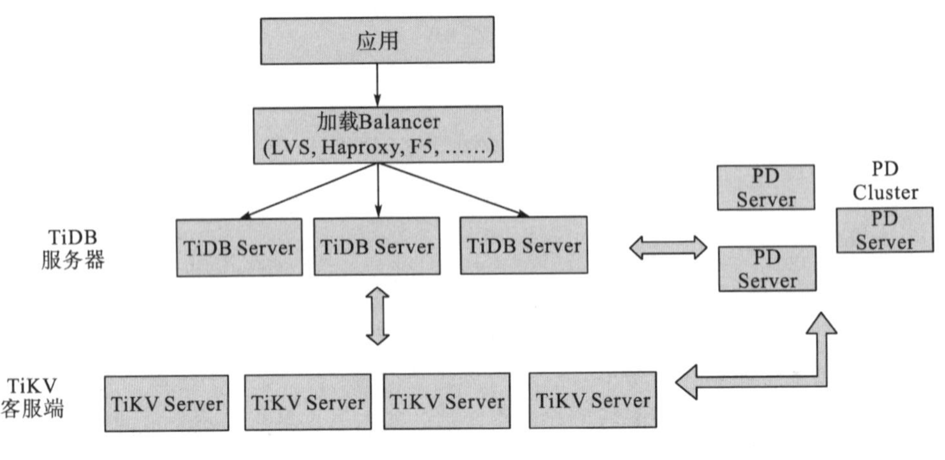

图 6.13 TiDB 整体架构图

2) TiDB Server

TiDB Server 负责接收 SQL 请求，处理 SQL 相关的逻辑，并通过 PD 找到存储计算所需数据的 TiKV 地址，与 TiKV 交互获取数据，最终返回结果。TiDB Server 是无状态的，其本身并不存储数据，只负责计算，可以无限水平扩展，可以通过负载均衡组件(如 LVS、HAProxy 或 F5)对外提供统一的接入地址。

3) PD Server

Placement Driver(简称 PD)是整个集群的管理模块，其主要工作有三个：一是存储集群的原信息(某个 Key 存储在哪个 TiKV 节点)；二是对 TiKV 集群进行调度和负载均衡(如数据的迁移、Raft group leader 的迁移等)；三是分配全局唯一且递增的事务 ID。

PD 是一个集群，需要部署奇数个节点，一般线上推荐至少部署 3 个节点。

4) TiKV Server

TiKV Server 负责存储数据，从外部看 TiKV 是一个分布式的提供事务的 Key-Value 存储引擎。存储数据的基本单位是 Region，每个 Region 负责存储一个 Key Range(从 StartKey 到 EndKey 的左闭右开区间)的数据，每个 TiKV 节点会负责多个 Region。TiKV 使用 Raft 协议做复制，保持数据的一致性和容灾。副本以 Region 为单位进行管理，不同节点上的多个 Region 构成一个 Raft Group，互为副本。数据在多个 TiKV 之间的负载均衡由 PD 调度，这里也是以 Region 为单位进行调度。

5) TiDB 的核心特性

(1) 水平扩展。无限水平扩展是 TiDB 的一大特点，这里说的水平扩展包括两方面：计算能力和存储能力。TiDB Server 负责处理 SQL 请求，随着业务的增长，可以简单地添加 TiDB Server 节点，提高整体的处理能力，提供更高的吞吐。TiKV 负责存储数据，随着数据量的增长，可以部署更多的 TiKV Server 节点解决数据 Scale 的问题。PD 会在 TiKV 节点之间以 Region 为单位做调度，将部分数据迁移到新加的节点上。所以在业务的早期，可以只部署少量的服务实例(推荐至少部署 3 个 TiKV，3 个 PD，2 个 TiDB)，随着业务量的增长，按照需求添加 TiKV 或者 TiDB 实例。

(2)高可用。高可用是 TiDB 的另一大特点，TiDB/TiKV/PD 这三个组件都能容忍部分实例失效，不影响整个集群的可用性。

6.5 云 数 据 库

云数据库是部署和虚拟化在云计算环境中的数据库。云数据库是在云计算的大背景下发展起来的一种新兴的共享基础架构的方法，它极大地增强了数据库的存储能力，消除了人员、硬件、软件的重复配置，让软、硬件升级变得更加容易。目前亚马逊、阿里都提供云数据库服务。

云数据库具有高可扩展性、高可用性、采用多种形式和支持资源有效分发等特点。将数据库部署到云可以通过简化可用信息通过 Web 网络连接的业务进程，支持和确保云中的业务应用程序作为软件即服务(SaaS)部署的一部分。另外，将企业数据库部署到云还可以实现存储整合，比如，一个有多个部门的大公司肯定也有多个数据库，可以把这些数据库在云环境中整合成一个数据库管理系统(DBMS)。

企业类型不同，对于存储的需求也千差万别，而云数据库可以很好地满足不同企业的个性化存储需求：

(1)云数据库可以满足大企业的海量数据存储需求；

(2)云数据库可以满足中小企业的低成本数据存储需求；

(3)云数据库可以满足企业动态变化的数据存储需求。

从数据模型的角度来说，云数据库并非一种全新的数据库技术，而只是以服务的方式提供数据库功能。

云数据库并没有专属于自己的数据模型，其所采用的数据模型可以是关系数据库所使用的关系模型(微软的 SQL Azure 云数据库、阿里云 RDS 都采用了关系模型)，也可以是 NoSQL 数据库所使用的非关系模型(Amazon Dynamo 云数据库采用的是“键/值”存储)。

同一个公司也可能提供采用不同数据模型的多种云数据库服务，许多公司在开发云数据库时，后端数据库都是直接使用现有的各种关系数据库或 NoSQL 数据库产品。

6.6 各类存储方式对比

本节以表格的形式给出各类存储方式的对比。如表 6.2 所示。

表 6.2　各类存储方式对比

数据库类型	分布式存储系统	NoSQL 数据库	云数据库
优势	(1) 支持大规模文件存储。文件以块为单位进行存储，文件的大小不会受到单个节点的存储容量的限制。 (2) 系统设计简化。 (3) 适合数据备份：每个文件块都可以冗余存储到多个节点上，提高了系统的容错性和可用性。	(1) 数据模型简单，每条记录拥有唯一的键，一次操作获取单个记录增强了系统可扩展性。 (2) 与并行数据库不同，NoSQL 数据系统能够基于低端硬件(通用 PC 机)进行水平扩展，灵活性高，成本低。 (3) NoSQL 数据系统吞吐量比传统关系数据管理系统要高很多。	(1) 轻松部署。用户能够在云数据库控制台轻松地完成数据库申请和创建。 (2) 高可靠。云数据库具有故障自动单点切换、数据库自动备份等功能。 (3) 低成本。云数据库支付的费用远低于自建数据库所需的成本。
劣势	(1) 需要比较强的技术能力和运维能力，甚至有开发能力的用户。 (2) 数据一致性问题。对于 ORACLE RAC 这一类对数据一致性要求比较高的应用场景，分布式存储的性能可能就稍弱了。 (3) 稳定性问题。分布式存储非常依赖网络环境和带宽，如果网络发生抖动或者故障，都可能会影响分布式存储系统运行。	(1) 不提供对 SQL 的支持。如果不支持 SQL 这样的工业标准，将会对用户产生一定的学习和应用迁移成本。 (2) 支持的特性不够丰富。现有产品所提供的功能都比较有限，大多数 NoSQL 数据库都不支持事务，也不像 MS SQL Server 和 Oracle 那样能提供各种附加功能。 (3) 现有产品不够成熟。大多数产品都还处于初创期。	(1) 传输速度问题。从多个用户对网速(取决于你选择的宽带服务水平)的争夺到网络服务供应商的网络设备的性能等等，所有这些因素都会影响宽带性能。 (2) 数据安全的隐患。当用户把数据存储于云端时，用户的数据信息就不再完全由本地电脑掌控了。 (3) 可靠性。用户能否访问到自己的云存储数据，取决于服务商的服务是否可靠。

本 章 小 结

本章对大数据存储的技术进行了介绍，首先对传统数据中心进行了简要的介绍，分别介绍了 DAS、NAS、SAN 和 OBS，但是通常用于数据分析平台的分布式计算平台内的存储不同于以往的存储，其通常是内置的直连式存储(NAS)以及组成集群的分布式计算节点。这使得管理大数据变得更为复杂，因此产生了分布式文件系统 GFS、HDFS 以及分布式数据系统 NoSQL。其中，本章重点介绍了分布式存储系统 HBase、MongoDB、BigTable 和 Dynamo，之后对新型数据库系统 NewSQL 进行了探讨。随着云计算这种新型计算模式的快速发展，以云存储技术为基础的云数据库技术也得了广泛运用。

在每一部分都尽可能介绍每种技术的优缺点及适用情景，以便在技术选型时可以快速决策。本章最后也对各类存储技术的优缺点进行了比较。

思 考 题

1.试分析大数据存储与传统数据中心存储方式相比有什么不同。

2.常见的分布式文件系统和分布式数据库有哪些？

3.什么是 NoSQL？试比较其与关系型数据库设计理念的不同。

4.什么是 NewSQL？它有什么特点？

5.什么是云数据库？试列举几种云数据库。

6.试分析比较本章中介绍的各类存储方式。

参 考 文 献

查伟. 2016. 数据存储技术与实践. 北京: 清华大学出版社.

单旭. 2014. 异构大数据存储方法研究. 北京: 北京交通大学.

范凯. 2010. NoSQL 数据库综述. 程序员, (6): 76-78.

冯小萍, 高俊. 2015. 分布式数据库 HBase. 信息通信, (7): 84-85.

郭远威. 2015. 大数据存储. 北京: 人民邮电出版社.

洪汉舒, 孙知信. 2014. 基于云计算的大数据存储安全的研究. 南京邮电大学学报(自然科学版), 34(4): 26-32.

李海波, 程耀东. 2013. 大数据存储技术和标准化. 信息技术与标准化, (5): 25-28.

林子雨, 赖永炫, 林琛, 等. 2013. 云数据库研究. 软件学报, 34(5): 1148-1166.

孟小峰, 周龙骧, 王珊. 2004. 数据库技术发展趋势. 软件学报, 15(12): 1822-1836.

徐泽同. 1998. 分布式数据库. 工程设计 CAD 及自动化, (4): 7-10.

杨俊杰, 廖卓凡, 冯超超. 2016. 大数据存储架构和算法研究综述. 计算机应用, 36(9): 2465-2471.

周可, 王桦, 李春花. 2010. 云存储技术及其应用. 中兴通讯技术, 16(4): 24-27.

Caulfield A M, Swanson S. 2013. QuickSAN: a storage area network for fast, distributed, solid state disks. ACM Sigarch Computer Architecture News, 41(3): 464-474.

Chang F, Dean J, Ghemawat S, et al. 2008. Bigtable: a distributed storage system for structured data. ACM Transactions on Computer Systems, 26(2): 1-26.

Decandia G, Hastorun D, Jampani M, et al. 2007. Dynamo: amazon's highly available key-value store. ACM Sigops Operating Systems Review, 41(6): 205-220.

Kamara S, Lauter K. 2010. Cryptographic cloud storage//International Conference on Financial Cryptograpy and Data Security. Springer-Verlag: 136-149.

Kumar R, Gupta N, Charu S, et al. 2014. Manage big data through newSQL//National Conference on Innovation in Wireless Communication and NETWORKING Technology.

Leung S T, Leung S T, Leung S T. 2003. The Google file system//Nineteenth ACM Symposium on Operating Systems Principles. ACM: 29-43.

Magoutis K, Addetia S, Fedorova A, et al. 2003. Making the most out of direct-access network attached storage//Usenix Conference on File and Storage Technologies. USENIX Association.

Ono T, Konishi Y, Tanimoto T, et al. 2015. A flexible direct attached storage for a data intensive application. Ieice Trans. Inf. & Syst., 98(12): 2168-2177.

Pavlo A, Aslett M. 2016. What's really new with NewSQL?. ACM Sigmod Record, 45(2): 45-55.

Ramanathan S, Goel S, Alagumalai S. 2012. Comparison of cloud database: Amazon's simpleDB and Google's bigtable//International Conference on Recent Trends in Information Systems. IEEE.

Sun J, Jin Q. 2010. Scalable RDF store based on HBase and MapReduce//International Conference on Advanced Computer Theory and Engineering. IEEE.

Vora M N. 2012. Hadoop-HBase for large-scale data//International Conference on Computer Science and Network Technology. IEEE.

Wu Y, Jiang Z L, Wang X, et al. 2017. Dynamic data operations with deduplication in privacy-preserving public auditing for secure cloud storage//IEEE International Conference on Computational Science and Engineering. IEEE: 562-567.

第 7 章　常用大数据分析算法

大数据分析有时又被称为大数据挖掘，是大数据处理技术中最重要的一环。大数据的价值要通过大数据分析来发现和应用。大数据收集、积累和集成的最终目的，就是为大数据分析挖掘做准备。大数据挖掘就是要从大量的、不完全的、有噪声的、模糊的、随机的数据中，提取隐含在其中的、人们事先不知道的但又是潜在有用的信息和知识的过程。常用的大数据分析算法包括分类、聚类、回归分析、机器学习，其中机器学习在大数据分析中占主要地位，特别是基于大数据的深度学习的应用，直接引发了新一轮的人工智能浪潮的到来。

本章将介绍常用的大数据分析算法，特别是机器学习的有关算法，包括分类算法、聚类算法、回归分析、集成学习、强化学习、深度学习等，以便读者对大数据分析算法有一个全景的概念。

7.1　数据挖掘与机器学习

7.1.1　数据挖掘

“数据挖掘就是对观测到的数据集进行分析，目的是发现未知的关系和以数据拥有者可以理解并对其有价值的新颖方式来总结数据。”——《数据挖掘原理》(Hand et al., 2003)

数据挖掘的任务是从数据集中发现模式，可以发现的模式有很多种，按功能可以分为两大类：预测性(predictive)模式和描述性(descriptive)模式。在应用中往往根据模式的实际作用细分为以下几种：分类、估值、预测、相关性分析、序列、时间序列、描述和可视化等。

数据挖掘涉及的学科领域和技术很多，有多种分类法。

(1)根据挖掘任务分，可分为分类或预测模型发现、数据总结、聚类、关联规则发现、序列模式发现、依赖关系或依赖模型发现、异常和趋势发现等。

(2)根据挖掘对象分，有关系数据库、面向对象数据库、空间数据库、时态数据库、文本数据源、多媒体数据库、异质数据库、遗产数据库以及环球网 Web。

(3)根据挖掘方法分，可粗分为机器学习方法、统计方法、神经网络方法和数据库方法。机器学习方法中，可细分为：归纳学习方法(决策树、规则归纳等)、基于范例学习、遗传算法等。统计方法中，可细分为：回归分析(多元回归、自回归等)、判别分析(贝叶斯判别、费歇尔判别、非参数判别等)、聚类分析(系统聚类、动态聚类等)、探索性分析(主元分析法、相关分析法等)等。神经网络方法中，可细分为：前向神经网络(BP算法等)、自组织神经网络(自组织特征映射、竞争学习等)等。数据库方法主要是多维数据分析或OLAP方法，另外还有面向属性的归纳方法等。

7.1.2 机器学习

机器学习(machine learning，ML)是一门多领域交叉学科，涉及概率论、统计学、逼近论、凸分析、算法复杂度理论等多门学科。专门研究计算机怎样模拟或实现人类的学习行为，以获取新的知识或技能，重新组织已有的知识结构使之不断改善自身的性能。

从广义上来说，机器学习是一种能够赋予机器学习的能力以此让它完成直接编程无法完成的功能的方法。但从实践的意义上来说，机器学习是一种通过利用数据，训练出模型，然后使用模型预测的一种方法。

机器学习无疑是当前数据分析领域的一个热点内容。很多人在平时的工作中都或多或少会用到机器学习的算法。从范围上来说，机器学习跟模式识别，统计学习，数据挖掘是类似的，同时，机器学习与其他领域的处理技术的结合，形成了计算机视觉，语音识别，自然语言处理等交叉学科。因此，一般说数据挖掘时，可以等同于说机器学习。同时，我们平常所说的机器学习应用，应该是通用的，不仅仅局限在结构化数据，还有图像、音频等应用。

从数据分析的角度来看，数据挖掘与机器学习有很多相似之处，但不同之处也十分明显，例如，数据挖掘并没有机器学习探索人的学习机制这一科学发现任务，数据挖掘中的数据分析是针对海量数据进行的，等等。从某种意义上说，机器学习的科学成分更重一些，而数据挖掘的技术成分更重一些。

机器学习的算法很多。按学习的方式，可以分为监督学习、无监督学习、半监督学习、强化学习、对抗学习等。

1.监督学习

在监督式学习下，输入数据被称为“训练数据”，每组训练数据有一个明确的标识或结果，如对防垃圾邮件系统中“垃圾邮件”“非垃圾邮件”，对手写数字识别中的“1”“2”“3”“4”等。在建立预测模型的时候，监督式学习建立一个学习过程，将预测结果与“训练数据”的实际结果进行比较，不断地调整预测模型，直到模型的预测结果达到一个预期的准确率。监督式学习的常见应用场景有分类问题和回归问题，常见算法有逻辑回归(logistic regression)和反向传递神经网络(back propagation neural network)、支持向量机、KNN、朴素贝叶斯方法、决策树。

2.无监督学习

无监督式学习(unsupervised learning)是人工智能网络的一种算法(algorithm)，其目的是对原始资料进行分类，以便了解资料内部结构。有别于监督式学习网络，无监督式学习网络在学习时并不知道其分类结果是否正确，亦即没有受到监督式增强(告诉它何种学习是正确的)。其特点是仅对此种网络提供输入范例，而它会自动从这些范例中找出其潜在类别规则。当学习完毕并经测试后，也可以将之应用到新的案例上。

无监督学习里典型的例子就是聚类。聚类的目的在于把相似的东西聚在一起，而我们并不关心这一类是什么。因此，一个聚类算法通常只需要知道如何计算相似度就可以开始工作了。常见算法包括 Apriori 算法以及 K-Means 算法。

3.半监督学习

半监督学习的基本思想是利用数据分布上的模型假设，建立学习器对未标签样本进行标签。半监督学习就是在样本集 S 上寻找最优的学习器。如何综合利用已标签样例和未标签样例，是半监督学习需要解决的问题。

在此学习方式下，输入数据部分被标识，部分没有被标识，这种学习模型可以用来进行预测，但是模型首先需要学习数据的内在结构以便合理的组织数据来进行预测。应用场景包括分类和回归，算法包括一些对常用监督式学习算法的延伸，这些算法首先试图对未标识数据进行建模，在此基础上再对标识的数据进行预测。如图论推理算法(Graph Inference)或者拉普拉斯支持向量机(Laplacian SVM)等。

4.强化学习

在这种学习模式下，输入数据作为对模型的反馈，不像监督模型那样，输入数据仅仅是作为一个检查模型对错的方式，在强化学习下，输入数据直接反馈到模型，模型必须对此立刻作出调整。常见的应用场景包括动态系统以及机器人控制等，常见算法包括 Q-Learning 以及时间差学习(temporal difference learning)。

7.2　回 归 分 析

在大数据分析中，回归分析是一种预测性的建模技术，它研究的是因变量(目标)和自变量(预测器)之间的关系。这种技术通常用于预测分析、时间序列模型以及发现变量之间的因果关系。例如，司机的鲁莽驾驶与道路交通事故数量之间的关系，最好的研究方法就是回归。本节主要介绍线性回归和逻辑回归模型。

7.2.1　线性回归(linear regression)

线性回归(linear regression)试图学得一个线性模型以尽可能准确地预测实值输出标记。

因为是函数训练，所以在训练之前需要将离散值属性转换为连续值属性。并且该属性的属性值之间是否存在“序”关系，会有不同的转换方式。如果是有序属性，会根据属性序数高低给予一个数字序列，比如身高，具有“高、中等、矮”三个有序属性值，那么就能将其转换为{1，0.5，0}；如果属性值之间没有序列，要将这 k 个属性值转为 k 维向量，比如天气，“下雨、晴天、多云”三个属性值之间并没有序列关系，那么就应该将其转换为 3 维向量，即(1，0，0)、(0，1，0)、(0，0，1)。

在对数据进行转换之后，为了能生成线性回归模型，我们应该如何确认 w 和 b 呢？通过分析线性回归的函数，可以发现线性回归是为了使得生成的回归函数能更贴近样本标签，也就是说当训练出来的模型 $f(x)$ 和真实值 y 之间的误差最小时，即对应于训练出来的模型 $f(x)$ 和真实值 y 之间的欧几里得距离或称“欧氏距离”（Euclidean distance）最小时，该线性回归模型就是所要找的，此时称之为函数收敛。该模型求解方法称为“最小二乘法”（least square method）。在线性回归中，最小二乘法就是试图找到一条直线，使所有样本到直线的欧氏距离之和最小（sum of square）。

7.2.2　逻辑回归（logistic regression）

逻辑回归是应用非常广泛的一个分类机器学习算法，它将数据拟合到一个 Logistic 函数中，从而能够完成对事件发生的概率进行预测。Logistic 回归就是一个线性二分类模型，它与线性回归的不同点在于：为了将线性回归输出的很大范围的数，例如从负无穷到正无穷，压缩到 0 和 1 之间，而实现这个伟大的功能其实就只需要平凡一举，也就是在输出加一个 logistic 函数。线性回归与逻辑回归的关系如图 7.1 所示。

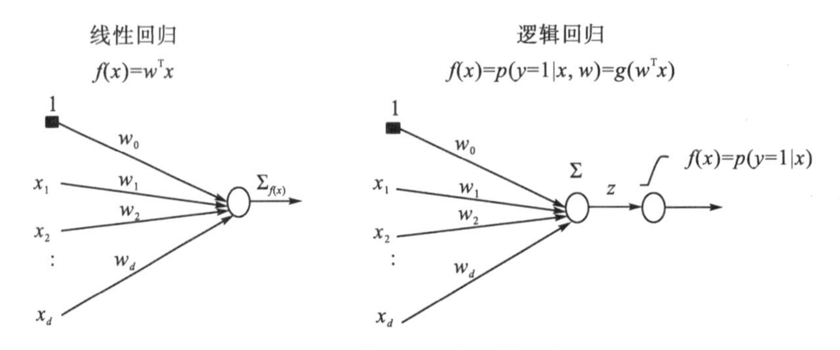

图 7.1　线性回归与逻辑回归

另外，对于二分类来说，可以简单地认为：如果样本 x 属于正类的概率大于 0.5，那么就判定它是正类，否则就是负类。

逻辑回归的应用场景很多，比如医生需要判断病人是否生病，银行判断一个人的信用程度是否达到可以给他发信用卡的程度，邮件收件箱自动判断该邮件应分类为正常邮件还是垃圾邮件，等等。

逻辑回归最基本的学习算法是最大似然。假设有 n 个独立的训练样本$\{(x_1, y_1), (x_2, y_2), \cdots, (x_n, y_n)\}$，$y=\{0, 1\}$。那每一个观察到的样本$(x_i, y_i)$出现的概率是：

$$P(y_i, x_i) = P(y_i = 1 | x_i)^{y_i}(1 - P(y_i = 1 | x_i))^{1-y_i} \tag{7.1}$$

那整个样本集，也就是 n 个独立的样本出现的似然函数为（因为每个样本都是独立的，所以 n 个样本出现的概率就是它们各自出现的概率相乘）：

$$L(\theta) = \prod P(y_i = 1 | x_i)^{y_i}(1 - P(y_i = 1 | x_i))^{1-y_i} \tag{7.2}$$

最大似然法就是求模型中使得似然函数最大的系数取值 θ^*。这个最大似然就是代价函数（cost function），下一步要做的就是使用相应的优化方法求解。

7.3　分 类 算 法

分类算法是最常用的机器学习算法，大多数预测问题都可以理解为分类问题。在大数据环境下，人们迫切需要研究出更加方便有效的工具对收集到的海量信息进行快速准确地分类，以便从中提取符合需要的、简洁的、精炼的、可理解的知识。现有的分类算法有很多种，比较常用的有决策树、支持向量机、朴素贝叶斯分类等方法。

7.3.1　决策树

1.决策树的基本概念

决策树(decision tree)算法基于特征属性进行分类，其主要的优点：模型具有可读性、计算量小、分类速度快。决策树算法包括了由 Quinlan 提出的 ID3 与 C4.5，以及 Breiman 等提出的 CART。其中，C4.5 是基于 ID3 的，对分裂属性的目标函数做出了改进。

决策树及其变种是另一类将输入空间分成不同的区域，每个区域有独立参数的算法。决策树分类算法是一种基于实例的归纳学习方法，它能从给定的无序的训练样本中，提炼出树型的分类模型。树中的每个非叶子节点记录了使用哪个特征来进行类别的判断，每个叶子节点则代表了最后判断的类别。根节点到每个叶子节点均形成一条分类的路径规则。而对新的样本进行测试时，只需要从根节点开始，在每个分支节点进行测试，沿着相应的分支递归地进入子树再测试，一直到达叶子节点，该叶子节点所代表的类别即是当前测试样本的预测类别，如图 7.2 所示。

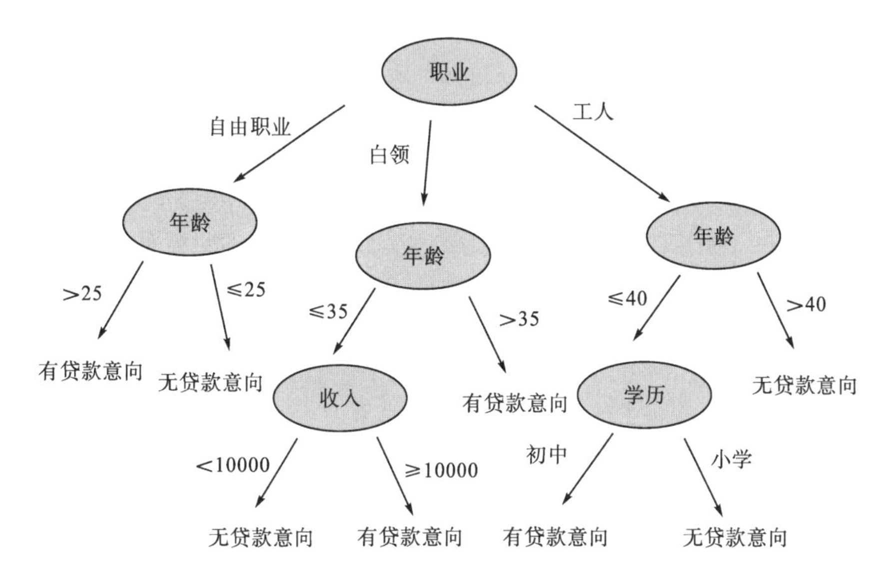

图 7.2　银行贷款意向分析决策树示意图

选择分裂类属性就是要找出能够使所有孩子节点数据最纯的属性，决策树使用信息增益或者信息增益率作为选择属性的依据。

1）信息增益

用信息增益表示分裂前后的数据复杂度和分裂节点数据复杂度的变化值，计算公式表示为

$$\text{Info\_Gain} = \text{Gain} - \sum_{i=1}^{n} \text{Gain}_i \tag{7.3}$$

其中，Gain 表示节点的复杂度，Gain 越高，说明复杂度越高。信息增益就是分裂前的数据复杂度减去孩子节点的数据复杂度的差，信息增益越大，分裂后的复杂度减小得越多，分类的效果越明显。

2）信息增益率

使用信息增益作为选择分裂的条件有一个不可避免的缺点：倾向于选择分支比较多的属性进行分裂。为了解决这个问题，引入了信息增益率这个概念。信息增益率是在信息增益的基础上除以分裂节点数据量的信息增益（听起来很拗口），其计算公式如下：

$$\text{Info\_Ratio} = \frac{\text{Info\_Gain}}{\text{InstrinsicInfo}} \tag{7.4}$$

其中，Info_Gain 表示信息增益；InstrinsicInfo 表示分裂子节点数据量的信息增益。

决策树不可能无限制地生长，总有停止分裂的时候，最极端的情况是当节点分裂到只剩下一个数据点时自动结束分裂，但这种情况下树过于复杂，而且预测的精度不高。一般情况下为了降低决策树复杂度和提高预测的精度，会适当提前终止节点的分裂。

以下是决策树节点停止分裂的一般性条件：

(1)最小节点数。当节点的数据量小于一个指定的数量时，不继续分裂有两个原因：一是数据量较少时，再做分裂容易强化噪声数据的作用；二是降低树生长的复杂性。提前结束分裂一定程度上有利于降低过拟合的影响。

(2)熵或者基尼值小于阈值。由上述可知，熵和基尼值的大小表示数据的复杂程度，当熵或者基尼值过小时，表示数据的纯度比较大，如果熵或者基尼值小于一定程度数，节点停止分裂。

(3)决策树的深度达到指定的条件。根节点的深度可以理解为节点与决策树跟节点的距离，如根节点的子节点的深度为 1，因为这些节点与根节点的距离为 1，子节点的深度要比父节点的深度大 1。决策树的深度是所有叶子节点的最大深度，当深度到达指定的上限大小时，停止分裂。

(4)所有特征已经使用完毕，不能继续进行分裂。被动式停止分裂的条件为，当已经没有可分的属性时，直接将当前节点设置为叶子节点。

2.决策树的构建方法

1）CLS 算法

CLS 算法是最原始的决策树分类算法，基本流程是，从一棵空树出发，不断地从决策表选取属性加入树的生长过程中，直到决策树可以满足分类要求为止。CLS 算法存在的主

要问题是在新增属性选取时有很大的随机性。

2) ID3 算法

ID3 算法对 CLS 算法的最大改进是摒弃了属性选择的随机性，利用信息熵的下降速度作为属性选择的度量。ID3 是一种基于信息熵的决策树分类学习算法，以信息增益和信息熵，作为对象分类的衡量标准。ID3 算法结构简单、学习能力强、分类速度快，适合大规模数据分类。但同时由于信息增益的不稳定性，容易倾向于众数属性导致过度拟合，算法抗干扰能力差。

ID3 算法的核心思想：根据样本子集属性取值的信息增益值的大小来选择决策属性(即决策树的非叶子节点)，并根据该属性的不同取值生成决策树的分支，再对子集进行递归调用该方法，当所有子集的数据都只包含于同一个类别时结束。最后，根据生成的决策树模型，对新的、未知类别的数据对象进行分类。

ID3 算法的优点：方法简单、计算量小、理论清晰、学习能力较强、比较适用于处理规模较大的学习问题。

ID3 算法的缺点：倾向于选择那些属性取值比较多的属性，在实际的应用中往往取值比较多的属性对分类没有太大价值、不能对连续属性进行处理、对噪声数据比较敏感、需计算每一个属性的信息增益值、计算代价较高。

3) C4.5 算法：基于 ID3 算法的改进，主要包括：使用信息增益率替换了信息增益下降度作为属性选择的标准；在决策树构造的同时进行剪枝操作；避免了树的过度拟合情况；可以对不完整属性和连续型数据进行处理；使用 k 交叉验证降低了计算复杂度；针对数据构成形式，提升了算法的普适性。

4) SLIQ 算法

该算法具有高可扩展性和高可伸缩性特质，适合对大型数据集进行处理。

5) CART (classification and regression trees) 算法

该算法是一种二分递归分割技术，把当前样本划分为两个子样本，使得生成的每个非叶子节点都有两个分支，因此，CART 算法生成的决策树是结构简洁的二叉树。

3.决策树的优化

一棵过于复杂的决策树很可能出现过拟合的情况，如果完全按照 2 中生成一个完整的决策树可能会出现预测不准确的情况，因此需要对决策树进行优化，优化的方法主要有两种，一是剪枝，二是组合树。

决策树的剪枝是决策树算法中最基本、最有用的一种优化方案，分为以下两类：

(1) 前置剪枝：在构建决策树的过程中，提前停止。这种策略无法得到比较好的结果。

(2) 后置剪枝：在决策树构建好后，开始剪裁，一般使用两种方案：

①用单一叶子节点代替整个子树，叶子节点的分类采用子树中最主要的分类。

②用一个子树完全替代另一个子树。后置剪枝的主要问题是存在计算效率问题，存在一定的浪费情况。

7.3.2 支持向量机

支持向量机(support vector machine，SVM)的基本模型是在特征空间上找到最佳的分离超平面使得训练集上正负样本间隔最大，线性可分的SVM分类如图7.3所示。SVM是用来解决二分类问题的有监督学习算法，在引入了核方法之后SVM也可以用来解决非线性问题。

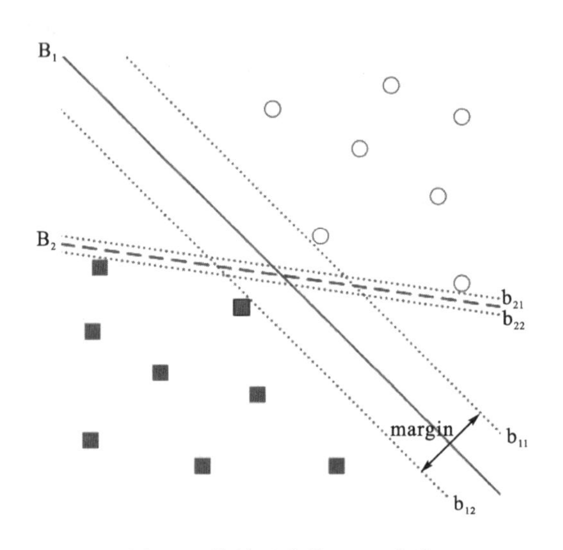

图7.3 线性可分的SVM分类

一般SVM有下面三种：

(1)硬间隔支持向量机(线性可分支持向量机)：当训练数据线性可分时，可通过硬间隔最大化学得一个线性可分支持向量机。

(2)软间隔支持向量机：当训练数据近似线性可分时，可通过软间隔最大化学得一个线性支持向量机。

(3)非线性支持向量机：当训练数据线性不可分时，可通过核方法以及软间隔最大化学得一个非线性支持向量机。

1.硬间隔支持向量机

给定训练样本集D={$(x_1\rightarrow，y_1)$，$(x_2\rightarrow，y_2)$，…，$(x_n\rightarrow，y_n)$}，$y_i\in$\{+1，−1\}，其中i表示第i个样本；n表示样本容量。分类学习最基本的想法就是基于训练集D在特征空间中找到一个最佳划分超平面将正负样本分开，而SVM算法解决的就是如何找到最佳超平面的问题。超平面可通过如下的线性方程来描述：

$$\vec{w}^{\mathrm{T}}\vec{x}+b=0 \tag{7.5}$$

对于训练数据集D，假设找到了最佳超平面$\vec{w}^*\vec{x}+b^*=0$，定义决策分类函数：

$$f(\vec{x})=\mathrm{sign}(\vec{w}^*\vec{x}+b^*) \tag{7.6}$$

该分类决策函数也称为线性可分支持向量机。

在测试时对于线性可分支持向量机可以用一个样本离划分超平面的距离来表示分类预测的可靠程度，样本离划分超平面越远则对该样本的分类越可靠，反之就不那么可靠。

2.软间隔支持向量机

在现实任务中很难找到一个超平面将不同类别的样本完全划分开，即很难找到合适的核函数使得训练样本在特征空间中线性可分。退一步说，即使找到了一个可以使训练集在特征空间中完全分开的核函数，也很难确定这个线性可分的结果是不是由于过拟合导致的。如图 7.4 所示，可能由于一个橙色和一个蓝色的异常点导致我们没法按照上述硬间隔支持向量机中的方法来分类。

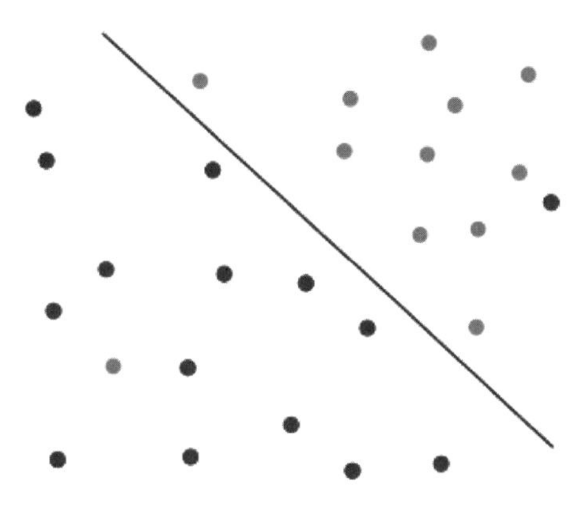

图 7.4　有噪声的 SVM 分类

另外一种情况没有糟糕到不可分类，但是会严重影响我们模型的泛化预测效果，如图 7.5 所示，如果我们不考虑异常点，SVM 的超平面应该是图中的红色线所示，但是由于有一个蓝色的异常点，导致我们学习到的超平面是图中的粗虚线所示，这样会严重影响分类模型的预测效果。

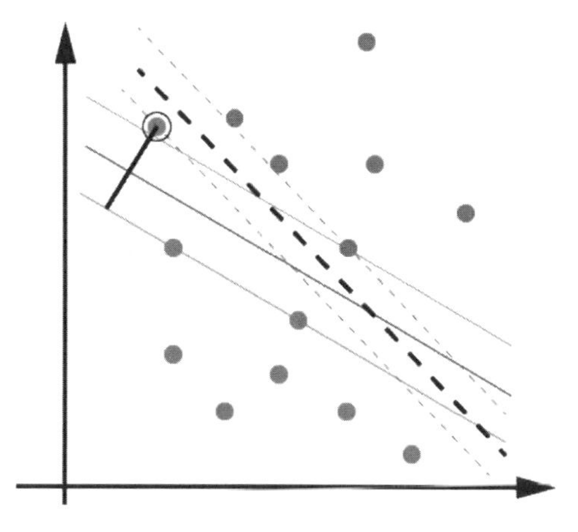

图 7.5　异常点对分类结果的影响

解决该问题的办法是在一定程度上运行 SVM 在一些样本上出错，为此引入了“软间隔”(soft margin)的概念。

SVM 对训练集里面的每个样本(x_i, y_i)引入了一个松弛变量$\xi_i \geqslant 0$，使函数间隔加上松弛变量大于等于 1，也就是说：

$$y_i(w \cdot x_i + b) \geqslant 1 - \xi_i$$

对比硬间隔最大化，可以看到我们对样本到超平面的函数距离的要求放松了，之前是一定要大于等于 1，现在只需要加上一个大于等于 0 的松弛变量能大于等于 1 就可以了。当然，松弛变量不能白加，这是有成本的，每一个松弛变量ξ_i，对应了一个代价 C，这就得到了软间隔最大化的 SVM 学习条件：

$$\begin{aligned}&\min_{w,b} \frac{1}{2}\|w\|^2 + C\sum_{i=1}^{m}\max(0, 1 - y_i(w^{\mathrm{T}}x_i + b))\\&\text{s.t.}\quad y_i(w^{\mathrm{T}}x_i + b) \geqslant 1 - \xi_i\\&\qquad \xi_i \geqslant 0, i = 1, 2, \cdots, m\end{aligned} \tag{7.7}$$

这里，$C>0$ 为惩罚参数，可以理解为一般回归和分类问题正则化时候的参数。C 越大，对误分类的惩罚越大；C 越小，对误分类的惩罚越小。

也就是说，我们希望 $1/2\times\|w\|2$ 尽量小，误分类的点尽可能地少。C 是协调两者关系的正则化惩罚系数。在实际应用中，需要调参来选择。

3.非线性支持向量机

现实任务中原始的样本空间中很可能并不存在一个能正确划分两类样本的超平面。例如图 7.6(a)中所示的问题就无法找到一个超平面将两类样本进行很好的划分。

对于这样的问题可以通过将样本从原始空间映射到特征空间使得样本在映射后的特征空间线性可分。图 7.6(a)做特征映射 $z = x^2 + y^2$ 可得到如图 7.6(b)所示的样本分布，这样就很好进行线性划分了。

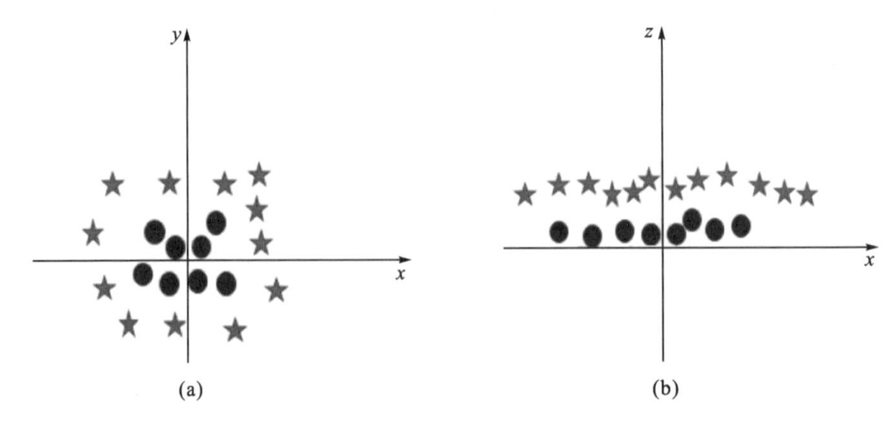

图 7.6　核函数的特征映射

简而言之：在线性不可分的情况下，支持向量机通过某种事先选择的非线性映射(核函数)将输入变量映射到一个高维特征空间，在这个空间中构造最优分类超平面。使用

SVM 进行数据集分类工作的第一步是同预先选定的一些非线性映射将输入空间映射到高维特征空间(图 7.7 很清晰地表达了通过映射到高维特征空间，把平面上本身不好分的非线性数据分开)。

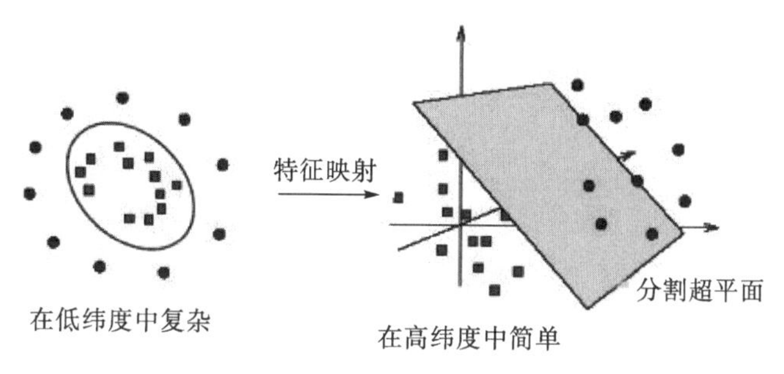

图 7.7　映射到高维特征空间以分开不同数据

使得在高维属性空间中有可能对训练数据实现超平面的分割，避免了在原输入空间中进行非线性曲面分割计算。SVM 数据集形成的分类函数具有这样的性质：它是一组以支持向量为参数的非线性函数的线性组合，因此分类函数的表达式仅和支持向量的数量有关，而独立于空间的维度，在处理高维输入空间的分类时，这种方法尤其有效。

如果有一种方式可以在特征空间中直接计算内积 $\langle \varphi(x_i)\cdot\varphi(x) \rangle$ ，就像在原始输入点的函数中一样，就有可能将两个步骤融合到一起建立一个非线性的学习器，这样直接计算的方法称为核函数方法，于是，核函数便横空出世了。

在机器学习中常用的核函数，一般有这么几类，也就是 LibSVM 中自带的这几类：

(1) 线性：*K*(v1，v2)=<v1，v2>

(2) 多项式：*K*(v1，v2)=(*γ*<v1，v2>+*c*)*n*

(3) Radial basis function：*K*(v1，v2)=exp(−*γ*||v1−v2||2)

(4) Sigmoid：*K*(v1，v2)=tanh(*γ*<v1，v2>+*c*)

4.支持向量机优缺点

优点：SVM 在中小量样本规模的时候容易得到数据和特征之间的非线性关系，可以避免使用神经网络结构选择局部极小值问题，可解释性强，可以解决高维问题。

缺点：SVM 对缺失数据敏感，对非线性问题没有通用的解决方案，核函数的正确选择不容易，计算复杂度高，主流的算法可以达到 $O(n^2)O(n^2)$ 的复杂度，这对大规模的数据是吃不消的。

7.3.3　朴素贝叶斯分类器

贝叶斯分类器是各种分类器中分类错误概率最小或者在预先给定代价的情况下平均风险最小的分类器。它的设计方法是一种最基本的统计分类方法。其分类原理是通过某对象的先验概率，利用贝叶斯公式计算出其后验概率，即该对象属于某一类的概率，选择具有最大后验概率的类作为该对象所属的类。

其思想基础是这样的：对于给出的待分类项，求解在此项出现的条件下各个类别出现的概率，哪个最大，就认为此待分类项属于哪个类别。

朴素贝叶斯分类的正式定义如下：

(1) 设 $x=\{a_1,a_2,\cdots,a_m\}$ 为一个待分类项，而每个 a 为 x 的一个特征属性。

(2) 有类别集合 $C=\{y_1,y_2,\cdots,y_n\}$。

(3) 计算 $P(y_1|x),P(y_2|x),\cdots,P(y_n|x)$。

(4) 如果 $P(y_k|x)=\max\{P(y_1|x),P(y_2|x),\cdots,P(y_n|x)\}$，则 $x\in y_k$。

那么现在的关键问题就是如何计算第3步中的各个条件概率。可以这么做：

(1) 找到一个已知分类的待分类项集合，这个集合叫做训练样本集。

(2) 统计得到在各类别下各个特征属性的条件概率估计，即

$$P(a_1|y_1),P(a_2|y_1),\cdots,P(a_m|y_1);P(a_1|y_2),P(a_2|y_2),\cdots,P(a_m|y_1);\cdots;$$
$$P(a_1|y_n),P(a_2|y_n),\cdots,P(a_m|y_n)$$

(3) 如果各个特征属性是条件独立的，则根据贝叶斯定理有如下推导：

$$P(y_i|x)=\frac{P(x|y_i)P(y_i)}{P(x)} \tag{7.8}$$

因为分母对于所有类别为常数，因此我们只要将分子最大化即可。又因为各特征属性是条件独立的，所以有

$$P(y_i|x)P(y_i)=P(a_1|y_i)P(a_2|y_i)\cdots P(a_m|y_i)P(y_i)=P(y_i)\prod_{j=1}^{m}P(a_j|y_i) \tag{7.9}$$

可以理解为 y_i 发生的条件下测试样本集合中的所有特征属性同时发生的概率。求得 $P(x|y_i)P(y_i)$ 的最大值即 y_i 作为 x 所属的类别。

根据上述分析，朴素贝叶斯分类的流程可以由图7.8表示(暂时不考虑验证)。

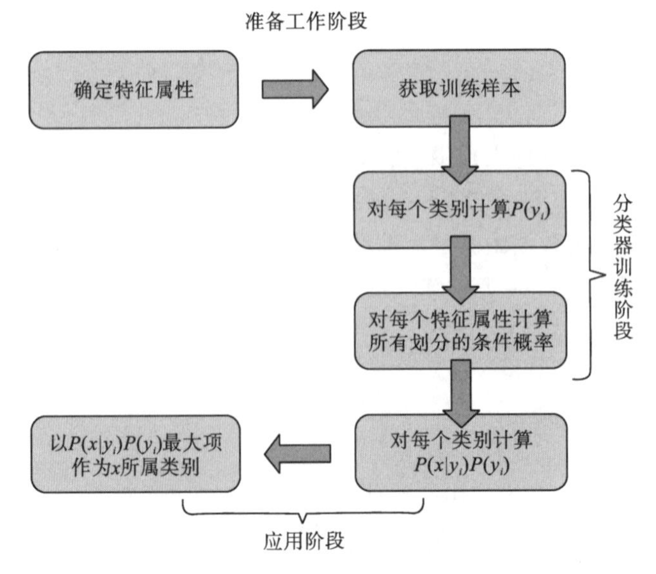

图7.8 朴素贝叶斯流程图

可以看到，整个朴素贝叶斯分类分为三个阶段：

第一阶段，准备工作阶段。这个阶段的任务是为朴素贝叶斯分类做必要的准备，主要工作是根据具体情况确定特征属性，并对每个特征属性进行适当划分，然后由人工对一部分待分类项进行分类，形成训练样本集合。这一阶段的输入是所有待分类数据，输出是特征属性和训练样本。这一阶段是整个朴素贝叶斯分类中唯一需要人工完成的阶段，其质量对整个过程将有重要影响，分类器的质量很大程度上由特征属性、特征属性划分及训练样本质量决定。

第二阶段，分类器训练阶段。这个阶段的任务就是生成分类器，主要工作是计算每个类别在训练样本中的出现频率及每个特征属性划分对每个类别的条件概率估计，并将结果记录。其输入是特征属性和训练样本，输出是分类器。这一阶段是机械性阶段，根据前面讨论的公式可以由程序自动计算完成。

第三阶段，应用阶段。这个阶段的任务是使用分类器对待分类项进行分类，其输入是分类器和待分类项，输出是待分类项与类别的映射关系。这一阶段也是机械性阶段，由程序完成。

由上文看出，计算各个划分的条件概率 $P(a|y)$ 是朴素贝叶斯分类的关键性步骤，当特征属性为离散值时，只要统计训练样本中各个划分在每个类别中出现的频率即可用来估计 $P(a|y)=0$，下面重点讨论特征属性是连续值的情况。

当特征属性为连续值时，通常假定其值服从高斯分布(也称正态分布)。即：

$$g(x,\eta,\sigma)=\frac{1}{\sqrt{2\pi}\sigma}\mathrm{e}^{-\frac{(x-\eta)^2}{2\sigma^2}} \tag{7.10}$$

而 $P(a_k|y_i)=g(a_k,\eta_{y_i},\sigma_{y_i})$。因此只要计算出训练样本中各个类别中此特征项划分的各均值和标准差，代入上述公式即可得到需要的估计值。均值与标准差的计算在此不再赘述。

另一个需要讨论的问题就是当 $P(a|y)=0$ 时怎么办，当某个类别下某个特征项划分没有出现时，就会产生这种现象，这会令分类器质量大大降低。为了解决这个问题，我们引入 Laplace 校准，它的思想非常简单，就是对每个类别下所有划分的计数加 1，这样如果训练样本集数量充分大时，并不会对结果产生影响，并且解决了上述频率为 0 的尴尬局面。

7.4　聚类算法

聚类，就像回归一样，有时候人们描述的是一类问题，有时候描述的是一类算法(图 7.9)。聚类算法通常按照中心点或者分层的方式对输入数据进行归并。简单来说，聚类算法就是计算种群中的距离，根据距离的远近将数据划分为多个族群，所有的聚类算法都试图找到数据的内在结构，以便按照最大的共同点将数据进行归类。常见的聚类算法包括 K-Means 算法以及期望最大化算法(expectation maximization，EM)。本节主要介绍 K-Means 算法的基本原理。

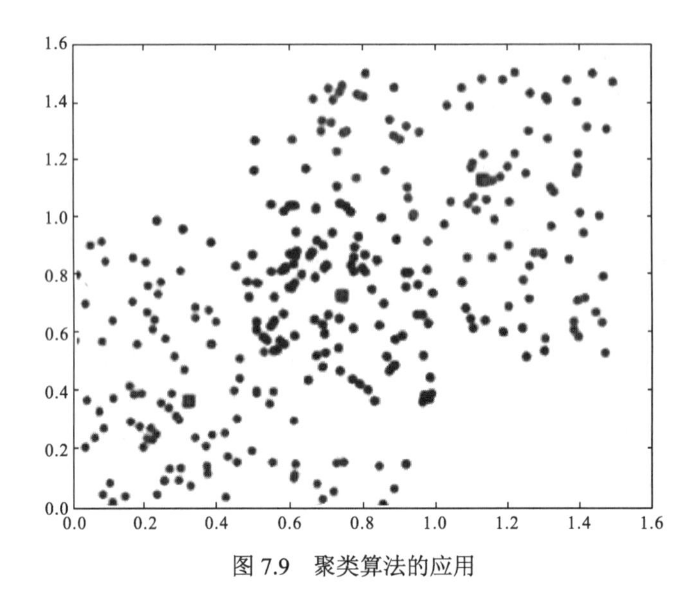

图 7.9 聚类算法的应用

7.4.1 数据划分

通过计算样本之间的相识度，将相识度大的划分为一个类别。衡量样本之间的相识度的大小的方式有下面几种：

1.闵可夫斯基距离(Minkowski 距离)

当 p=1 时为曼哈顿距离，公式如下(以二维空间为例)：

$$d=|x_1-x_2|+|y_1-y_2| \tag{7.11}$$

当 p=2 时，为欧几里得距离，公式如下：

$$d=\sqrt{(x_1-x_2)^2+(y_1-y_2)^2} \tag{7.12}$$

当 p 为无穷大时，为切比雪夫距离，公式如下：

$$d=\max(|x_1-x_2|,|y_1-y_2|) \tag{7.13}$$

一般情况下用欧几里得距离比较多，当数据量出现扁平化时候，一般用切比雪夫距离。

2.夹角余弦相识度

假设两个样本有 2 个特征，则这两个样本的夹角余弦相似度公式如下：

$$\cos(\theta)=\frac{a^{\mathrm{T}}*b}{|a||b|} \tag{7.14}$$

最常见的应用就是计算文本相似度。根据两个文本的词，建立两个向量，计算这两个向量的余弦值，就可以知道两个文本在统计学方法中的相似度情况。实践证明，这是一个非常有效的方法。

3.杰卡德(Jaccard)相似系数

杰卡德相似系数适用于样本只有(0，1)的情况，又叫二元相似性，计算公式如下：

$$\mathrm{dist}(A,B)=1-J(A,B)=1-\frac{|A\cap B|}{|A\cup B|} \tag{7.15}$$

将杰卡德相似性度量应用到基于物品的协同过滤系统中，并建立相应的评价分析方法。与传统相似性度量方法相比，杰卡德方法完善了余弦相似性只考虑用户评分而忽略了其他信息量的弊端，特别适合于应用于稀疏度过高的数据。

7.4.2 类别的定义

前面我们讲到把数据划分为不同类别，机器学习给这个类别定义了一个新的名字——簇。

将具有 M 个样本的数据划分为 k 个簇，必然 $k \leqslant M$。簇满足以下条件：

(1)每个簇至少包含一个对象；

(2)每个对象属于且仅属于一个簇；

(3)使上述条件的 k 个簇成为一个合理的聚类划分。

对于给定的类别数目 k，首先给定初始划分，通过迭代改变样本和簇的隶属关系，使每次处理后得到的划分方式比上一次的好(总的数据集之间的距离和变小了)。

下面介绍一种最常用的、最基本的算法——K-Means 算法。

7.4.3 K-Means 算法

K-Means 算法，也称为 K-平均或者 K-均值，是一种使用广泛的最基础的聚类算法，一般是掌握聚类算法的第一个算法。

1.K-Means 构建步骤

K-Means 算法的构建如图 7.10 所示。

输入: 样本集 $D=\{\boldsymbol{x}_1,\boldsymbol{x}_2,\ldots,\boldsymbol{x}_m\}$;
聚类簇数 k.
过程:
1: 从 D 中随机选择 k 个样本作为初始均值向量 $\{\boldsymbol{\mu}_1,\boldsymbol{\mu}_2,\ldots,\boldsymbol{\mu}_k\}$
2: **repeat**
3: 令 $C_i=\varnothing\ (1\leqslant i\leqslant k)$
4: **for** $j=1,2,\ldots,m$ **do**
5: 计算样本 $\boldsymbol{x}_j$ 与各均值向量 $\boldsymbol{\mu}_i\ (1\leqslant i\leqslant k)$ 的距离: $d_{ji}=\|\boldsymbol{x}_j-\boldsymbol{\mu}_i\|_2$;
6: 根据距离最近的均值向量确定 $\boldsymbol{x}_j$ 的簇标记: $\lambda_j=\arg\min_{i\in\{1,2,\ldots,k\}} d_{ji}$;
7: 将样本 $\boldsymbol{x}_j$ 划入相应的簇: $C_{\lambda_j}=C_{\lambda_j}\bigcup\{\boldsymbol{x}_j\}$;
8: **end for**
9: **for** $i=1,2,\ldots,k$ **do**
10: 计算新均值向量: $\boldsymbol{\mu}'_i=\frac{1}{|C_i|}\sum_{\boldsymbol{x}\in C_i}\boldsymbol{x}$;
11: **if** $\boldsymbol{\mu}'_i\neq\boldsymbol{\mu}_i$ **then**
12: 将当前均值向量 $\boldsymbol{\mu}_i$ 更新为 $\boldsymbol{\mu}'_i$
13: **else**
14: 保持当前均值向量不变
15: **end if**
16: **end for**
17: **until** 当前均值向量均未更新
输出: 簇划分 $\mathcal{C}=\{C_1,C_2,\ldots,C_k\}$

图 7.10 K-Means 算法

2.K-Means 算法过程

将构建 K-Means 算法的步骤用图表示出来，如图 7.11 所示。

用语言和公式来还原上述图解的过程：

(1) 原始数据集有 N 个样本，人为给定两个中心点。

(2) 分别计算每个样本到两个中心点之间的距离，可选欧几里得距离，计算公式如下：

$$d=\sqrt{(x_1-x_2)^2+(y_1-y_2)^2} \tag{7.16}$$

(3) 把样本分为了两个簇，计算每个簇中样本点的均值为新的中心点。计算公式如下：

$$a_j=\frac{1}{N(c_j)}\sum_{i\in c_1}x_i \tag{7.17}$$

(4) 重复以上步骤，直到达到前面所说的中止条件。

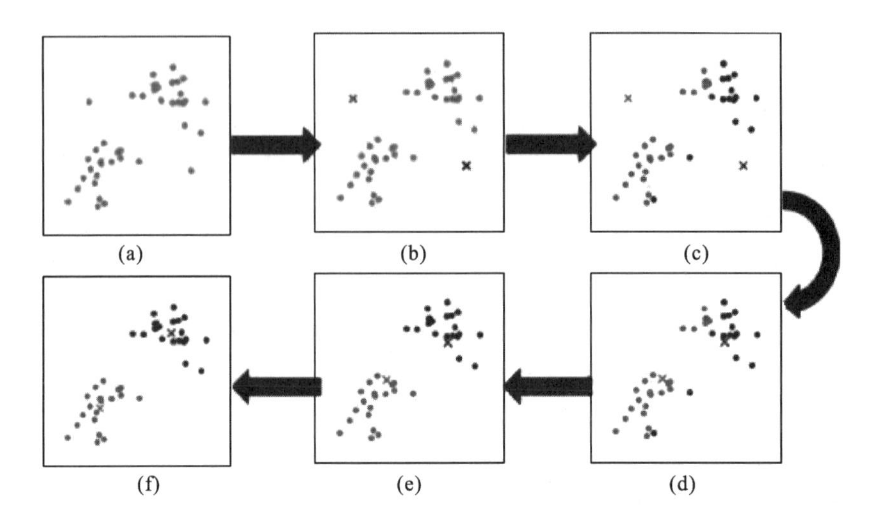

图 7.11 K-Means 流程

7.4.4 K-Means 算法遇到的问题

根据上面我们掌握的 K-Means 算法原理，发现有两个问题会影响 K-Means 算法。

(1) K-Means 算法在迭代的过程中使用所有点的均值作为新的质点(中心点)，如果簇中存在异常点，将导致均值偏差比较严重。例如：

一个簇中有 2、4、6、8、10 五个数据，那么新的质点为 24，显然这个质点离绝大多数点都比较远；在当前情况下，使用中位数 6 可能比使用均值的想法更好，使用中位数的聚类方式叫做 K-Mediods 聚类(K 中值聚类)。

(2) K-Means 算法是初值敏感的，选择不同的初始值可能导致不同的簇划分规则。为了避免这种敏感性导致的最终结果异常性，可以采用初始化多套初始节点构造不同的分类规则，然后选择最优的构造规则。又或者改变初始值的选择。

7.5 集 成 学 习

7.5.1 集成学习的简述

集成学习，顾名思义，通过将多个单个学习器集成/组合在一起，使它们共同完成学习任务，有时也被称为“多分类器系统”(multi-classifier system)、基于委员会的学习(committee-based learning)。

这里的学习器就是指机器学习算法训练得到的假设。而我们之所以有直觉要把多个学习器组合在一起，是因为单个学习器往往可能效果不那么好，而多个学习器可以互相帮助，各取所长，就可能一起合作把一个学习任务完成得比较好。

如图 7.12 所示，集成学习的一般结构是：先产生一组“个体学习器”(individual learner)，再用某种策略将它们结合起来。

个体学习器通常是由一个现有的学习算法从训练数据产生，例如 C4.5 决策树算法、BP 神经网络算法等。此时集成中只包含同种类型的个体学习器，例如“决策树集成”中的个体学习器全是决策树，“神经网络集成”中的个体学习器就全是神经网络，这样的集成是“同质”(homogeneous)的，同质集成中的个体学习器也称为“基学习器”(base learner)，相应的学习算法称为“基学习算法”(base learning algorithm)。有同质就有异质(heterogeneous)，若集成包含不同类型的个体学习器，例如同时包含决策树和神经网络，那么这时个体学习器一般不称为基学习器，而称作“组件学习器”(component leaner)或直接称为个体学习器。

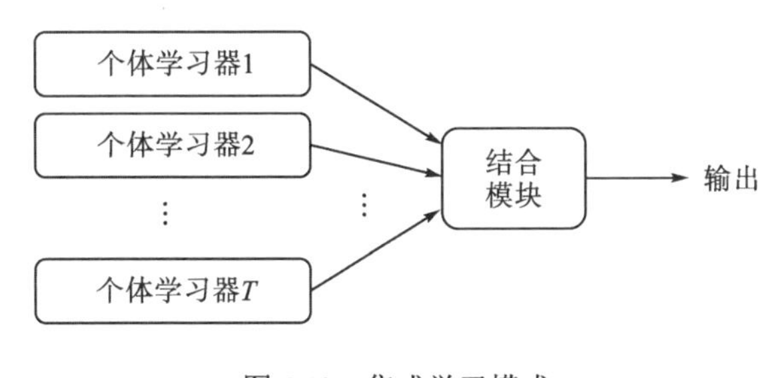

图 7.12　集成学习模式

7.5.2 弱学习器(weak learner)

弱学习器常指泛化性能略优于随机猜测的学习器，例如在二分类问题上精度略高于50%的分类器。

一般经验中，如果把好坏不一的东西掺杂在一起，那么最终结果很可能是整体效果比最坏的东西要好一些，但又比最好的那个要坏一些，那么这种情况下不如就让最好的单独去工作，而不要参与混合。但是集成学习还是对多个学习器进行了结合，那它怎么保证整体的效果会比最好的那个单一学习器的效果更好呢？

用一个简单的例子来进行说明：在一个二分类任务中，假设三个分类器在三个测试样本上的表现如图 7.13 所示。假设集成学习的结果通过三个个体学习器用投票(voting)产生，即“少数服从多数”，那么当三个个体学习器分别对三个测试例有不同的判别优势时，集成的效果也会不一样。

	测试例1	测试例2	测试例3
h_1	√	√	×
h_2	×	√	√
h_3	√	×	√
集成	√	√	√

(a)集成提升性能

	测试例1	测试例2	测试例3
h_1	√	√	×
h_2	√	√	×
h_3	√	√	×
集成	√	√	×

(b)集成不起作用

	测试例1	测试例2	测试例3
h_1	√	×	×
h_2	×	√	×
h_3	×	×	√
集成	×	×	×

(c)集成起负作用

图 7.13 集成测试效果

在图 7.13(a)中，每个分类器原本只有 66.6%的精度，集成学习却达到了 100%；图 7.13(b)中，每个分类器都是一样的，集成之后性能没有任何提高；在图 7.13(c)中，每个分类器的精度只有 33.3%，集成之后结果反而变得更糟。

这个例子表明：要获得好的集成，个体学习器应“好而不同”，即个体学习器要有一定的准确性，即学习器不能太坏，并且要有“多样性”(diversity)，即学习器间具有差异。

个体学习器的“准确性”和“多样性”本身就存在冲突。一般的，准确性很高之后，要增加多样性就需牺牲准确性。而如何产生并结合“好而不同”的个体学习器，恰是集成学习研究的核心。

而根据个体学习器生成方式的不同，目前集成学习方法大致可分为两大类，即个体学习器间存在强依赖关系、必须串行生成的序列化方法，以及个体学习器间不存在强依赖关系、可同时生成的并行化方法。前者的代表是 Boosting，后者的代表是 Bagging 和“随机森林”(random forest)。

7.5.3 Boosting

Boosting 是一族可将弱学习器提升为强学习器的算法。这一族算法的工作机制都是类似的：先从初始训练集训练出一个基学习器，再根据基学习器的表现对训练样本分布进行调整，使得先前基学习器做错的训练样本在后续受到更多关注，然后基于调整后的样本分布来训练下一个基学习器；如此重复进行，直至基学习器数目达到事先指定的值 T，最终将这 T 个基学习器进行加权结合。

Boosting 族算法最著名的代表是 AdaBoost，它的算法描述如图 7.14 所示，其中 $y_i \in (-1，+1)$是真实函数。

输入: 训练集 $D = \{(\boldsymbol{x}_1, y_1), (\boldsymbol{x}_2, y_2), \ldots, (\boldsymbol{x}_m, y_m)\}$;
　　基学习算法 $\mathfrak{L}$;
　　训练轮数 T.

过程:

1: $\mathcal{D}_1(\boldsymbol{x}) = 1/m$.　　初始化样本权值分布.

2: **for** $t = 1, 2, \ldots, T$ **do**

3: 　$h_t = \mathfrak{L}(D, \mathcal{D}_t)$;　　基于分布 $\mathcal{D}_t$ 从数据集 D 中训练出分类器 h_t.

4: 　$\epsilon_t = P_{\boldsymbol{x} \sim \mathcal{D}_t}(h_t(\boldsymbol{x}) \neq f(\boldsymbol{x}))$;　　估计 h_t 的误差.

5: 　**if** $\epsilon_t > 0.5$ **then break**

6: 　$\alpha_t = \frac{1}{2} \ln\left(\frac{1-\epsilon_t}{\epsilon_t}\right)$;　　确定分类器 h_t 的权重.

7: 　$\mathcal{D}_{t+1}(\boldsymbol{x}) = \frac{\mathcal{D}_t(\boldsymbol{x})}{Z_t} \times \begin{cases} \exp(-\alpha_t), & \text{if } h_t(\boldsymbol{x}) = f(\boldsymbol{x}) \\ \exp(\alpha_t), & \text{if } h_t(\boldsymbol{x}) \neq f(\boldsymbol{x}) \end{cases}$
$= \frac{\mathcal{D}_t(\boldsymbol{x})\exp(-\alpha_t f(\boldsymbol{x}) h_t(\boldsymbol{x}))}{Z_t}$　　更新样本分布，其中 Z_t 是规范化因子，以确保 $\mathcal{D}_{t+1}$ 是一个分布.

8: **end for**

输出: $H(\boldsymbol{x}) = \operatorname{sign}\left(\sum_{t=1}^{T} \alpha_t h_t(\boldsymbol{x})\right)$

图 7.14　AdaBoost 算法描述

Boosting 算法要求基学习器对特定的数据分布进行学习，这一点是通过“重赋权法”(re-weighting)实现的，即在训练过程的每一轮中，根据样本分布为每个训练样本重新赋予一个权重，对无法接受代全样本的基学习算法，则可通过“重采样法”(re-sampling)来处理，即在每一轮学习中，根据样本分布对训练集重新进行采样，再用重采样而得到的样本集对基学习器进行训练。一般而言，这两种做法没有显著的优劣差别。不过由于Boosting 算法在训练的每一轮都会检查当前生成的基学习器的性能是否比随机猜测好，若不符合则抛弃当前基学习器，并停止学习过程，这会导致最后的集成中只包含很少的基学习器而性能不佳。若采用“重采样阀”，则可以获得“重启动”机会以避免训练过程的过早停止，即在抛弃不满足条件的当前基学习器之后，再根据当前分布重新对训练样本进行重采样，再基于新的采样结果重新训练出基学习器，从而使得学习过程可以持续到预设的 T 轮完成。

而从偏差-方差分解的角度看，Boosting 主要关注降低偏差(避免欠拟合)，因此Boosting 能基于泛化性能相当弱的学习器构建出很强的集成。

7.5.4　Bagging

要想获得泛化性能强的集成，集成中的个体学习器应尽可能相互独立。而“独立”在现实任务中比较难以做到，不过可以设法使基学习器尽可能具有较大的差异。给定一个训练集，一种可能的做法是对训练样本进行采样，产生出若干个不同的子集，再从每个数据子集中训练出一个基学习器，这样，由于训练数据不同，获得的基学习器可能具有比较大的差异。然而，为获得好的集成，希望个体学习器不能太差。如果采样出的每个子集都完全不同，则每个基学习器只用到了一小部分训练数据，甚至不能进行有效的学习，更说不上确保产生比较好的基学习器了。于是，为了解决这个问题，可以使用相互有交叠的采样子集。

于是，我们可以采样出 T 个含 m 个训练样本的采样集，然后基于每个采样集训练出一个基学习器，再集成，这就是 Bagging 的基本流程。在对预测输出进行结合时，Bagging 通常对分类任务采用简单投票法，对回归任务使用简单平均法。若分类预测时出现两个类收到同样票数的情形，则最简单的做法是随机选择一个，也可进一步考察学习器投票的置信度来确定最终胜者。

Bagging 的算法描述如图 7.15 所示。

$\mathcal{D}_{bs}$ 是自助采样产生的样本分布.

输入： 训练集 $D=\{(\boldsymbol{x}_1,y_1),(\boldsymbol{x}_2,y_2),\ldots,(\boldsymbol{x}_m,y_m)\}$;
基学习算法 $\mathfrak{L}$;
训练轮数 T.

过程：

1: **for** $t=1,2,\ldots,T$ **do**
2: $h_t=\mathfrak{L}(D,\mathcal{D}_{bs})$
3: **end for**

输出： $H(\boldsymbol{x})=\arg\max\limits_{y\in\mathcal{Y}}\sum_{t=1}^{T}\mathbb{I}(h_t(\boldsymbol{x})=y)$

图 7.15 Bagging 算法描述

Bagging 的自助采样做法为 Bagging 带来一个优点：由于每个基学习器只使用了初始训练集中大约 63.2%的样本，剩下的约 36.8%的样本则可用作验证集来对泛化性能进行“包外估计”。为此，需记录每个基学习器所使用的训练样本，仅考虑那些未使用 x 训练的基学习器在 x 上的预测，有

$$H^{oob}(x)=\arg\max_{y\in Y}\sum_{t=1}^{T}II(h_t(x)=y)\cdot II(x\notin D_t) \tag{7.18}$$

则 Bagging 泛化误差的包外估计为

$$\in^{oob}=\frac{1}{|D|}\sum_{(x,y\in D)}II(H^{oob}(x)\neq y) \tag{7.19}$$

从偏差-方差分解的角度看，Bagging 主要关注降低方差(防止过拟合)，因此它在不剪枝决策树、神经网络等容易受样本扰动的学习器上效用更为明显。

7.5.5 随机森林

随机森林(random forest，RF)是 Bagging 的一个扩展变体。其在以决策树作为基学习器构建 Bagging 集成的基础上，进一步在决策树的训练过程中引入了随机属性选择。

具体来说，传统决策树在选择划分属性时是在当前节点的属性集合(假定有 d 个属性)中选择一个最有属性；而在随机森林中，对基决策树的每个节点，先从该节点的属性集合中随机选择一个包含 k 个属性的子集，然后再从这个子集中选择一个最优属性用于划分。这里的参数 k 控制了随机性的引入程度：若令 k=d，则基决策树的构建与传统决策树相同；若令 k=1，则是随机选择一个属性用于划分；一般情况下，推荐值 $k=\log_2 d$ 随机森林简单、

容易实现、计算开销小，而令人惊奇的是，它在很多学习任务中展现出强大的性能，被誉为“代表集成学习技术水平的方法”。

随机森林的收敛性与 Bagging 相似。如图 7.16 所示，随机森林的起始性能往往相对较差，特别是在集成中只包含一个基学习器时，这很容易理解，因为通过引入属性扰动，随机森林中个体学习器的性能往往有所降低。然而，随着个体学习器数目的增加，随机森林通常会收敛到更低的泛化误差。

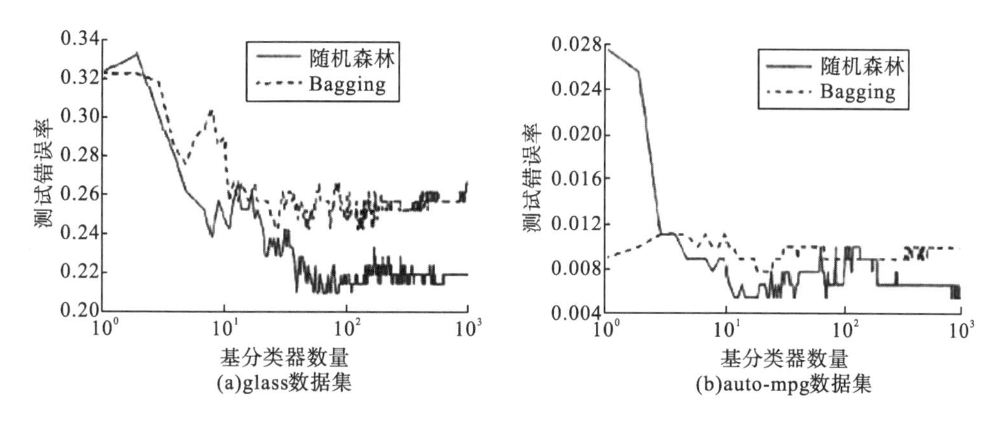

图 7.16　集成规模对随机森林与 Bagging 的影响

7.5.6　结合策略

假设集成中包含 T 个基学习器 h_1，h_2，…，h_T，其中 h_i 在示例 x 上的输出为 $h_i(x)$。那么对 h_i 进行结合的常见策略有以下几种：

1.加权平均法

加权平均法主要针对回归类任务。对数值型输出 $h_i(x)\in\mathbf{R}$，最常见的结合策略是加权平均法：

$$H(x)=\sum_{i=1}^{T}w_ih_i(x) \tag{7.20}$$

加权平均法的权重一般是从训练数据中学习而得，现实任务中的训练样本通常不充分或存在噪声，这将使得学出的权重不完全可靠。因此，实验和应用均显示出，加权平均法未必一定优于朴素的简单平均法。一般而言，在个体学习器的性能相差较大时宜使用加权平均法，而在个体学习器性能相近时宜使用简单平均法。

2.投票法

投票法主要针对分类任务。对分类任务来说，学习器 h_i 将从类别标记集合 c_1，c_2，…，c_N 中预测出一个标记，最常见的结合策略是使用投票法。

绝对多数投票法(majority voting)：

$$H(x)=\begin{cases} c_j, & \sum_{i=1}^{T} h_i^j(x) > 0.5\sum_{k=1}^{N}\sum_{i=1}^{T} h_i^k(x) \\ \text{reject}, & \text{其他} \end{cases} \tag{7.21}$$

相对多数投票法(plurality voting)：

$$H(x)=c_{\underset{j}{\arg\max}\sum_{i=1}^{T} h_i^j(x)} \tag{7.22}$$

加权投票法(weighted voting)：

$$H(x)=c_{\underset{j}{\arg\max}\sum_{i=1}^{T} w_i h_i^j(x)} \tag{7.23}$$

3.学习法

当训练数据很多时，一种更为强大的结合策略是使用“学习法”，即通过另一个学习器来进行结合。Stacking 是学习法的典型代表，这里我们把个体学习器称为初级学习器，用于结合的学习器称为次级或者元学习器。

Stacking 先从初始训练集训练出初级学习器，然后“生成”一个新数据集用于训练次级学习器。在这个新数据集中，初级学习器的输出被当作样例输入特征，而初始样本的标记仍被当做样例标记。这里假定初始学习器使用不同学习算法产生(例如可同时包含决策树，神经网络算法)，即初级集成是异质的。

7.6 深度学习基础

7.6.1 人工神经网络

深度学习(deep learning)是机器学习和人工智能研究的最新趋势之一，也是当今最流行的科学研究趋势之一。深度学习是利用多层神经网络结构，从大数据中学习现实世界中各类事物能直接用于计算机计算的表示形式(如图像中的事物、音频中的声音等)，被认为是智能机器可能的“大脑结构”。深度学习被认为是机器学习领域最重要的方向，通过大数据训练的深度学习算法模型在人脸识别、语音识别等方面的准确率已超过人类。它也是这一波人工智能浪潮形成的基础。

深度学习的基础是人工神经网络(artificial neural network，ANN)，简称神经网络。神经网络由大量的节点(或称神经元)之间相互联接构成，每个节点代表一种特定的输出函数，称为激活函数(activation function)；每两个节点间的连接都代表一个通过该连接信号的加权值，称为权重(weight)，神经网络就是通过这种方式来模拟人类的记忆。网络的输出则取决于网络的结构、网络的连接方式、权重和激活函数。而网络自身通常都是对自然界某种算法或者函数的逼近，也可能是对一种逻辑策略的表达，是对传统逻辑学演算的进一步延伸。

人工神经网络中，神经元处理单元可表示不同的对象，例如特征、字母、概念，或者一些有意义的抽象模式。网络中处理单元的类型分为三类：输入单元、输出单元和隐单元。输入单元接受外部世界的信号与数据；输出单元实现系统处理结果的输出；隐单元是处在输入和输出单元之间，不能由系统外部观察的单元。神经元间的连接权值反映了单元间的连接强度，信息的表示和处理体现在网络处理单元的连接关系中。

在深度学习中典型的神经网络模型有 BP 神经网络、卷积神经网络(CNN)、循环神经网络(RNN)、残差神经网络等。其中，BP 神经网络是一个基础模型，是理解其他模型的基础。

7.6.2　BP 神经网络

反向传播模型也称 BP 模型，是一种用于前向多层的反向传播学习算法。之所以称它是一种学习方法，是因为用它可以对组成前向多层网络的各人工神经元之间的连接权值进行不断的修改，从而使该前向多层网络能够将输入它的信息变换成所期望的输出信息。之所以将其称作反向学习算法，是因为在修改各人工神经元的连接权值时，所依据的是该网络的实际输出与其期望的输出之差，将这一差值反向一层一层地向回传播，来决定连接权值的修改。

BP 算法的网络结构是一个前向多层网络，其基本思想是，学习过程由信号的正向传播与误差的反向传播两个过程组成。正向传播时，输入样本从输入层传入，经隐含层逐层处理后，传向输出层。若输出层的实际输出与期望输出不符，则转向误差的反向传播阶段。误差的反向传播是将输出误差以某种形式通过隐层向输入层逐层反传，并将误差分摊给各层的所有单元，从而获得各层单元的误差信号，此误差信号即作为修正各单元权值的依据。这种信号正向传播与误差反向传播的各层权值调整过程，是周而复始地进行。权值不断调整的过程，也就是网络的学习训练过程。此过程一直进行到网络输出的误差减少到可以接受的程度，或进行到预先设定的学习次数为止。

1.BP 神经网络的结构

BP 网络的拓扑结构包括输入层、隐含层和输出层，它能够在事先不知道输入输出具体数学表达式的情况下，通过学习来存储这种复杂的映射关系。其网络中参数的学习通常采用反向传播的策略，借助最速梯度信息来寻找使网络误差最小化的参数组合。常见的 3 层 BP 网络模型如图 7.17 所示。

其中，输入层与隐含层的连接权为 W_{ij}，表示输入层第 j 个节点到隐含层第 i 个节点之间的权值。隐含层到输出层的连接权为 W_{ki}，表示两个节点之间的权值，i=1，…，q。隐含层每个单元的输出阈值为 θ_i，表示隐含层第 i 个节点的阈值。输出层输出阈值为 a_k，表示输出层第 k 个节点的阈值，k=1，…，L；隐含层的激活函数为 $\Phi(x)$，输出层的激活函数为 $\Psi(x)$。

1)信号的前向传播过程可表示为：

$$y_i = \Phi\left(\text{net}_i\right) = \Phi\left(\sum_{j=1}^{M} W_{ij} X_j + \theta_j\right) \tag{7.24}$$

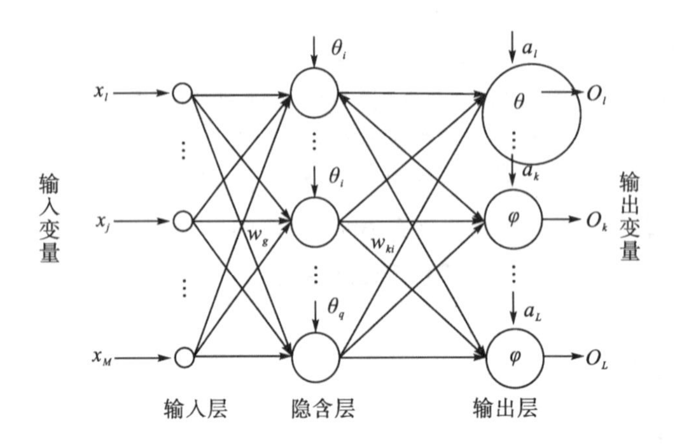

图 7.17 BP 神经网络结构图

其中，net_i表示输入隐含层第 i 个节点，y_i表示输出隐含层第 i 个节点，输出层输出结果为

$$O_k = \Psi(\text{net}_i) = \Psi\left(\sum_{i=1}^{q} W_{kj} y_i + a_k\right) = \Psi\left(\sum_{i=1}^{q} W_{ki} \Phi\left(\sum_{j=1}^{M} W_{ij} \mathrm{X}_j + \theta_i\right) + a_k\right) \tag{7.25}$$

其中，O_k表示输出层第 k 个节点。

2)误差的反向传播过程

误差能量函数为样本的输出层结点输出向量与实际测量值的误差平方和：

$$E = \frac{1}{2}\sum_{p=1}^{P}\sum_{k=1}^{L}(T_K - O_K)^2 \tag{7.26}$$

误差反向传播的过程：首先输出层逐层地计算各层神经元输出的误差值，其次按照误差梯度下降法修改每一层的权值和阈值，从而使网络最终输出尽量接近期望值。输出层权值的修正量 $\Delta w_{ki} = -\eta \frac{\partial E}{\partial w_{ki}}$，输出层阈值的修正量 $\Delta a_k = -\eta \frac{\partial E}{\partial a_k}$，隐含层权值修正量 $\Delta w_{ij} = -\eta \frac{\partial E}{\partial w_{ij}}$，隐含层阈值的修正量 $\Delta \theta_i = -\eta \frac{\partial E}{\partial \theta_i}$。其中，$\eta$ 称为网络学习率，并且满足 $0 < \eta < 1$。

2.BP 神经网络算法优化

由于传统的 BP 神经网络具有收敛速度慢、容易陷入局部极小化等不足，可以使用弹性梯度下降法优化权值调整方式改进 BP 网络，对数据进行训练，最后使用训练好的网络对误差数据进行预测，获得预测结果。其算法主要流程如下：

(1)初始化网络的权值和阈值。

(2)输入原始数据。

(3)向前传播输入，对于隐藏或输出层每个单元 j，相对于前一层 i，计算单元 j 的净输入为

$$I_j = \sum_i w_{ij} O_i + \theta_j \tag{7.27}$$

以及净输出为

$$O_j = 1/(1+\mathrm{e}^{-I_j}) \tag{7.28}$$

(4)反向传播误差，对于输出层每个单元 j 计算误差：

$$\mathrm{Err}_j = O_j(1-O_j)(T_j - O_j) \tag{7.29}$$

由最后一个到第一个隐藏层，对于每个单元 j 有

$$\mathrm{Err}_j = O_j(1-O_j)\sum_k \mathrm{Err}_k w_{kj} \tag{7.30}$$

其中 k 是 j 的下一层中的神经元。

(5)根据弹性梯度下降法对网络中权值的优化方式进行权值的更新，其中，权值与更新值的关系为

$$w_{ij} = \begin{cases} -\Delta_{ij}, \dfrac{\partial E(ij)}{\partial w} > 0 \\ \Delta_{ij}, \dfrac{\partial E(ij)}{\partial w} < 0 \\ 0, \dfrac{\partial E(ij)}{\partial w} = 0 \end{cases} \tag{7.31}$$

则相应的 $ij+1$ 时刻权值调整公式为：

$$w(ij+1) = w(ij) + \Delta w(ij) \tag{7.32}$$

(6)利用弹性梯度 BP 训练参数对关口电能计量装置测量误差数据进行训练，并对误差数据进行预测，若达到误差精度或循环次数要求，则输出结果。

梯度下降法有很多优点，其中，在梯度下降法的求解过程中，只需求解损失函数的一阶导数，计算的代价比较小，这使得梯度下降法能在很多大规模数据集上得到应用。

7.6.3　激活函数

激活函数(activation function)是神经网络中重要的组成部分。激活函数在一个神经元当中跟随在 $f(x)=wx+b$ 函数之后，用来加入一些非线性的因素。下面为大家介绍几个常用的激活函数。

1.Sigmoid 函数

Sigmoid 函数基本上是学习神经网络接触到的第一个激活函数。它的定义是这样的：

$$f(x) = \frac{1}{1+\mathrm{e}^{-(wx+b)}} \tag{7.33}$$

或者也可写成：

$$z = wx+b, f(z) = \frac{1}{1+\mathrm{e}^{-z}} \tag{7.34}$$

如图 7.18 所示，这里的横轴是 z，纵轴是 $f(z)$。从这个曲线中我们可以看到，对于一个高维的 x 向量的输入，在 wx 两个矩阵做完内积之后，再加上 b，这样的一个线性模型的结果充当自变量 z 叠加到了 $f(z)=\dfrac{1}{1+\mathrm{e}^{-z}}$ 当中去。这就使得输入 x 与输出的 $f(x)$ 关系与

前面我们所举例的内容不同，前面我们只讲了 $f(x)$ 以线性回归的方式去工作的过程，不过那不是它在神经网络中工作的状态。当一个完整的神经元被定义的时候，它通常是带有“线性模型”和“激活函数”两个部分首尾相接而成的。所以最后一个神经元大概是这么个感觉，前半部分接收外界进来的 x 向量作为刺激，经过 $wx+b$ 的线性模型后又经过一个激活函数，最后输出。这里为了看着方便，x 只画了 6 条线，实际工作中很多全连接的网络里 x 可能有几万条线。

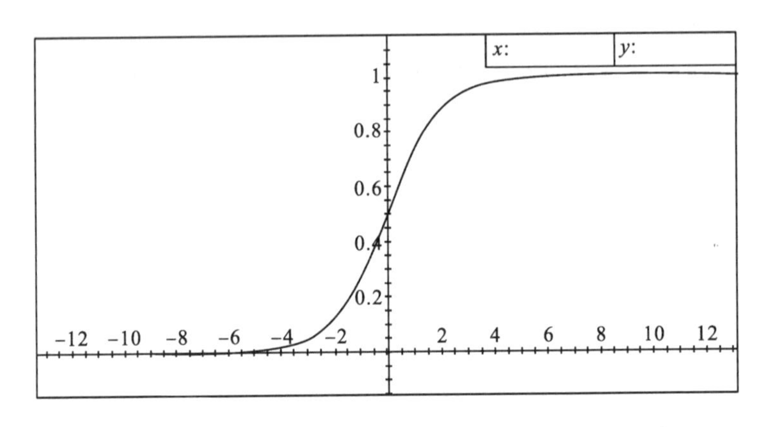

图 7.18 Sigmoid 函数

Sigmoid 函数是一种较早出现的激活函数，把激励值最终投射到了 0 和 1 两个值上。通过这种方式引入了非线性因素。其中的“1”表示完全激活的状态，“0”表示完全不激活的状态，其他各种输出值就介于两者之间，表示其激活程度不同。

说到为什么要引入非线性因素，这个可能是个比较有趣的话题。因为最终用一个大的函数“网络”去拟合一个对应的关系的时候你会发现，如果仅有线性函数来拟合的话，那么拟合的结果一定仅仅包含各种各样的线性关系。一旦这个客观的、我们要求解的关系中本就含有非线性关系的话，那么这个网络必定严重欠拟合，因为从设计出来的网络属于“先天残疾”，一开始就猜错了人家本身长的样子，那再怎么训练都不会有好结果。线性就是用形如 $f(x)=wx+b$ 的表达式来表示输入与输出的关系，而其他的都应该算作非线性关系了(图 7.19)，后面我们会看到具体的例子。

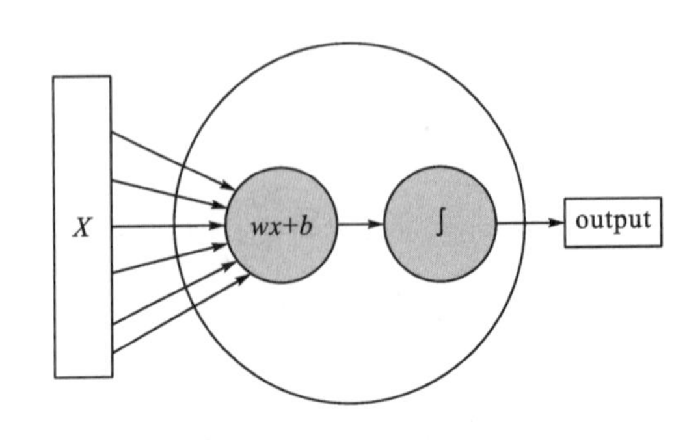

图 7.19 Sigmoid 函数模型

2.tanh 函数

tanh 函数也算是比较常见的激活函数了，在后面学习循环神经网络（recurrent neural networks，RNN）的时候我们就会接触到。tanh 函数也叫双曲正切函数，表达式如下：

$$\tanh(x)=\frac{e^{x}-e^{-x}}{e^{x}+e^{-x}} \tag{7.35}$$

函数曲线如图 7.20 所示。

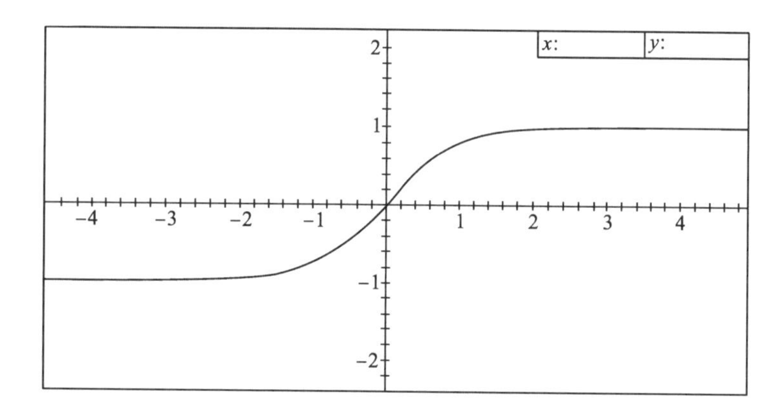

图 7.20　tanh 函数

可以看到，tanh 函数跟 Sigmoid 函数长相是很相似的，都是一条“S”形曲线。只不过 tanh 函数是把输入值投射到-1 和 1 上去。其中“-1”表示完全不激活，“1”表示完全激活，中间其他值也是不同的激活程度的描述。除了映射区间不同以外，跟 Sigmoid 似乎区别不是很大。从 x 和 y 的关系来看，Sigmoid 函数在$|x|>4$ 之后曲线就非常平缓且贴近 0 或 1，tanh 函数在$|x|>2$ 之后曲线非常平缓且贴近-1 或 1，这多多少少会影响一些训练过程中待定系数的收敛问题，其他的影响单纯从激活函数本身的特性来说还看不出来。

3.ReLU 函数

ReLU 函数是目前大部分卷积神经网络 CNN（convolutional neural networks）中喜欢使用的激活函数，它的全名是 rectified linear units，如图 7.21 所示。

这个函数的形式为 $y=\max(x, 0)$，在这个函数的原点左侧部分斜率为 0，在右侧则是一条斜率为 1 的直线。从样子上来看，这显然是非线性的函数，x 小于 0 时输出一律为 0，x 大于 0 时输出就是输入值。

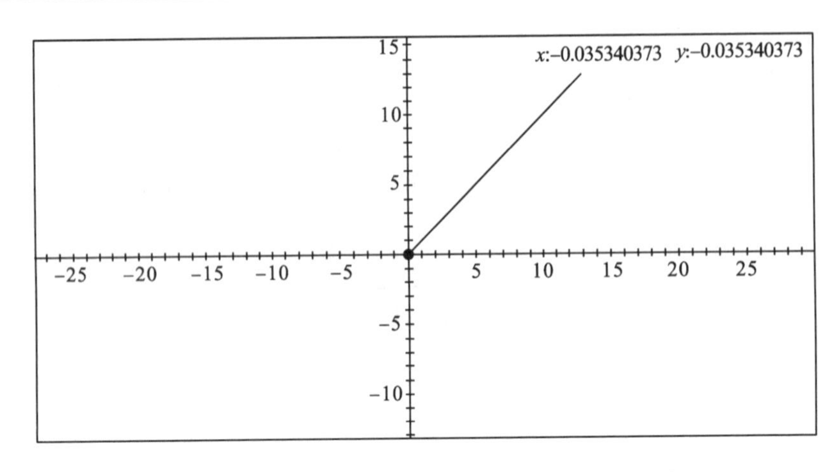

图 7.21 ReLU 函数

4.Linear 函数

Linear 函数在实际应用中并不太多，原因在前文已述及。即如果网络中前面的线性层引入的是线性关系，后面的激励层还是线性关系，那么就会让网络没办法很好地拟合非线性特性的关系，从而发生严重的欠拟合现象。

函数表达式：$f(x)=x$，如图 7.22 所示。

由于这类激活函数的局限性问题，目前主要也就是出现在一些参考资料当中做个“标本”，商用环境是比较罕见的，至少笔者到目前还较少使用这种激活函数。

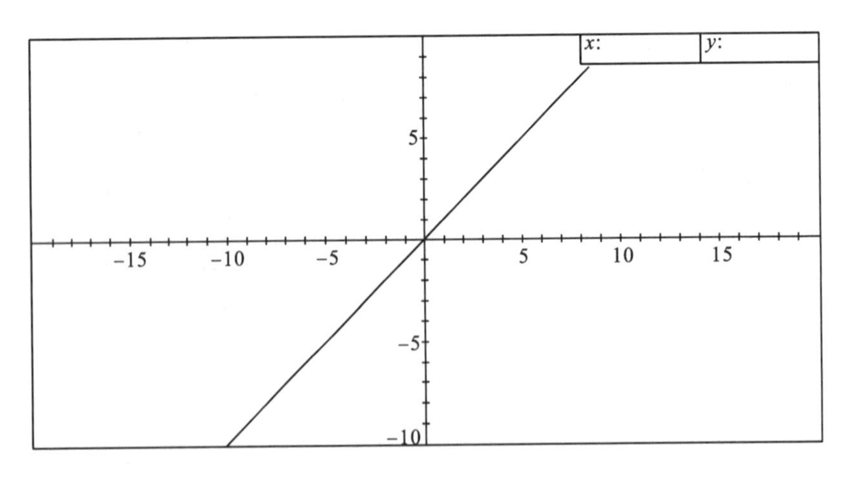

图 7.22 Linear 函数

5.Softmax 函数

Softmax 用于多分类过程中，它将多个神经元的输出，映射到(0，1)区间内，可以将其看成概率来理解。

假设有一个数组 V，V_i 表示 V 中的第 i 个元素，那么这个元素的 Softmax 值就是：

$$S_i = \frac{e^i}{\sum_j e^j} \tag{7.36}$$

Softmax 就是将原来输出如(3、1、-3)通过 Softmax 函数作用，映射成为(0，1)的值，而这些值的累和为 1(满足概率的性质)，因此可以将它理解成概率，在最后选取输出节点的时候，就可以选取概率最大(也就是值对应最大的)节点作为预测目标。

其他很多函数也可以完成选取最大值，并归一化的功能，但是为什么现在神经网络中普遍采用 Softmax 作为回归分类函数呢？之所以选择 Softmax，很大程度是因为 Softmax 中使用了指数，这样可以让大的值更大，让小的值更小，增加了区分对比度，学习效率更高。另外因为 Softmax 是连续可导的，消除了拐点，这个特性在机器学习的梯度下降法等地方非常必要。

7.7　卷积神经网络

7.7.1　从神经网络到卷积神经网络

卷积神经网络(convolutional neural networks，CNN)是一类包含卷积计算且具有深度结构的前馈神经网络(feedforward neural networks)，是深度学习的代表算法之一。

传统的神经网络都是采用全连接的方式，即输入层到隐藏层的神经元都是全部连接的，这样做将导致参数巨大，使得网络训练耗时大甚至难以训练，而 CNN 则通过局部连接、权值共享等方法避免了这一困难。近年来卷积神经网络在多个方向持续发力，在语音识别、人脸识别、通用物体识别、运动分析、自然语言处理甚至脑电波分析方面均有突破。

大家熟知的神经网络的结构如图 7.23 所示。网络由输入层、隐藏层 1 和隐藏层 2 以及输出层构成。

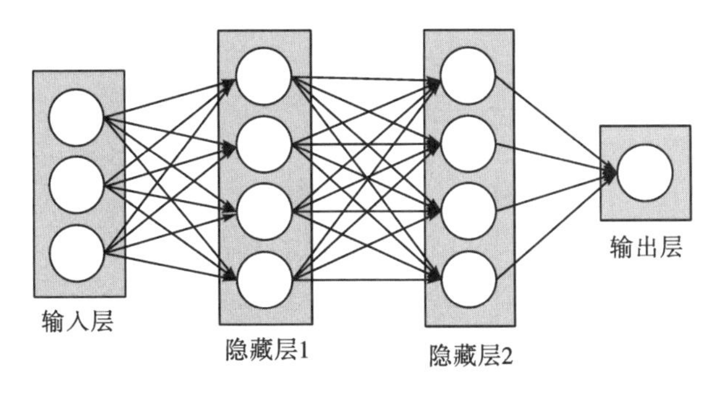

图 7.23　神经网络结构

其实卷积神经网络依旧是层级网络，只是层的功能和形式做了变化，可以说是传统神经网络的一个改进。图 7.24 中就多了许多传统神经网络没有的层次。

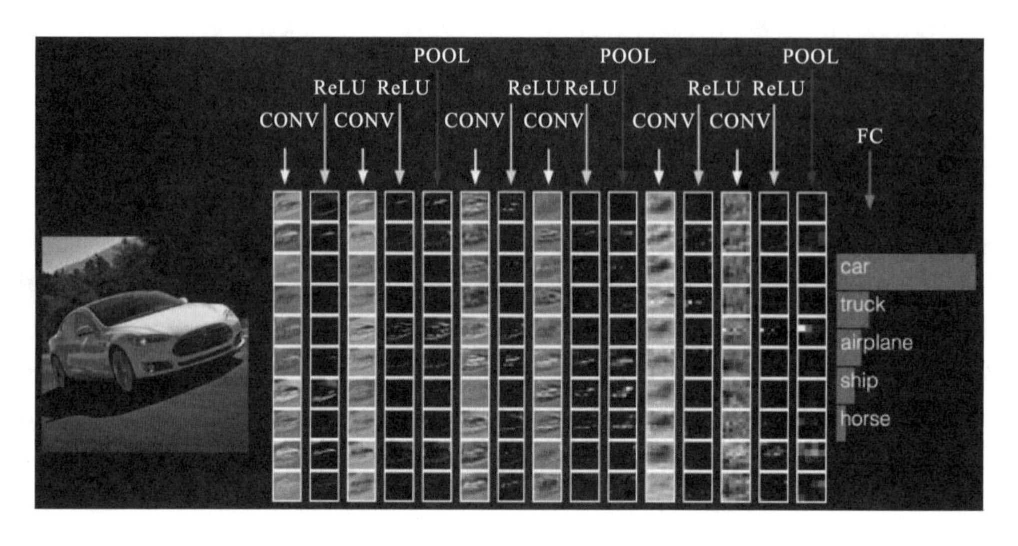

图 7.24 卷积神经网络层次

7.7.2 卷积神经网络的层级结构

1.数据输入层

该层要做的处理主要是对原始图像数据进行预处理，其中包括：

(1)去均值：把输入数据各个维度都中心化为 0，如图 7.25 所示，其目的就是把样本的中心拉回到坐标系原点上。

(2)归一化：幅度归一化到同样的范围，即减少各维度数据取值范围的差异而带来的干扰。比如，有两个维度的特征 A 和 B，A 范围是 0～10，而 B 范围是 0～10000，如果直接使用这两个特征是有问题的，好的做法就是归一化，即 A 和 B 的数据都变为 0～1 的范围。

(3)PCA/白化：用 PCA 降维；白化是对数据各个特征轴上的幅度归一化(图 7.26)。

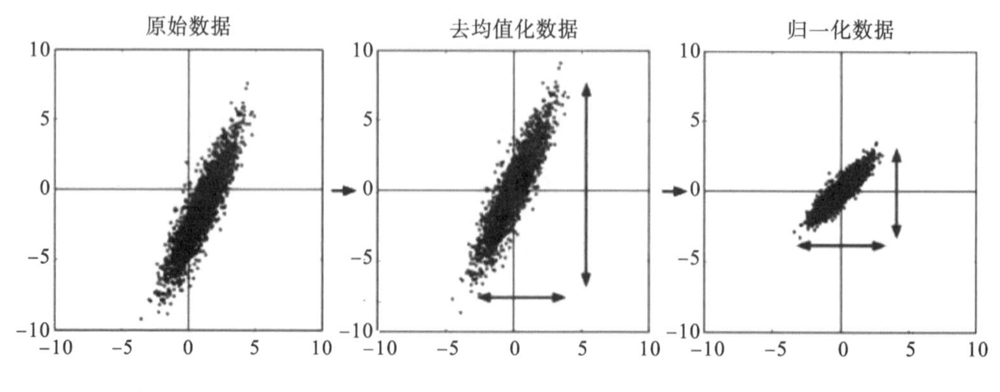

图 7.25 去均值与归一化效果

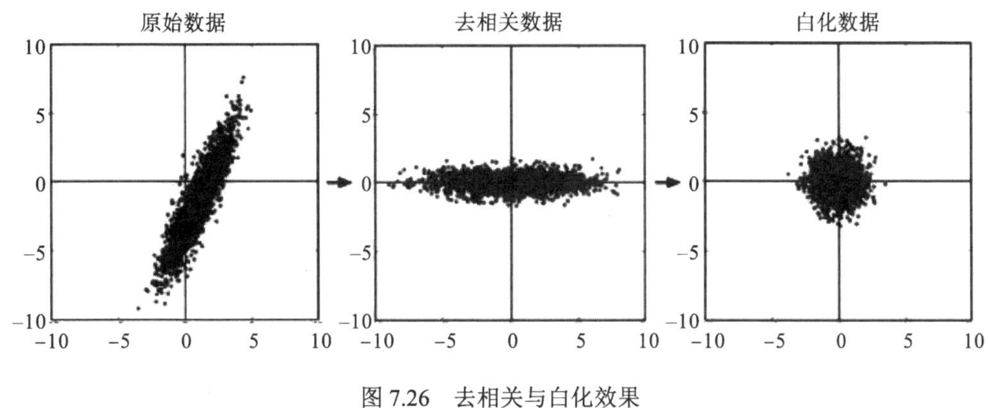

图 7.26　去相关与白化效果

2.卷积计算层

这一层就是卷积神经网络最重要的一个层次，也是“卷积神经网络”的名字来源。在这个卷积层，有两个关键操作：

(1) 局部关联。每个神经元看做一个滤波器 (filter)。

(2) 窗口 (receptive field) 滑动，filter 对局部数据计算。

先介绍卷积层遇到的几个名词：

(1) 深度/depth (解释见图 7.27)

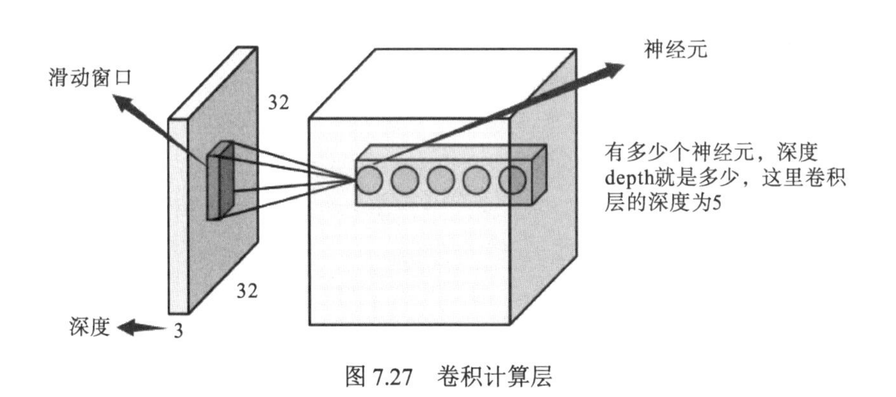

图 7.27　卷积计算层

(2) 步长/stride (窗口一次滑动的长度)。

(3) 填充值/zero-padding。

填充值是什么呢？以图 7.28 为例子，比如有一个 5×5 的图片 (一个格子表示一个像素)，我们滑动窗口取 2×2，步长取 2，那么发现还剩下 1 个像素没法滑完，那怎么办呢？

那我们在原先的矩阵加了一层填充值，变成 6×6 的矩阵，那么窗口就可以刚好把所有像素遍历。这就是填充值的作用。

下面介绍卷积的计算 (图 7.29 中蓝色矩阵周围有一圈灰色的框，那些就是上面所说到的填充值)。

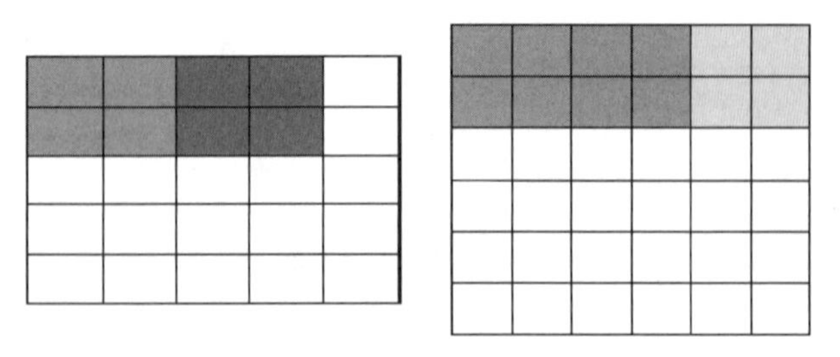

图 7.28　填充值

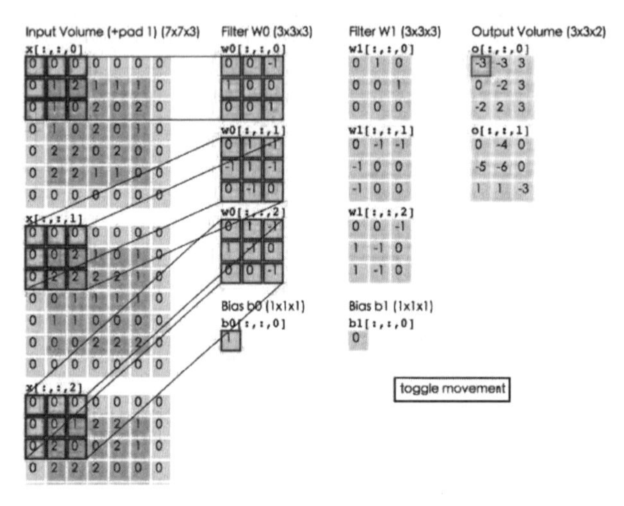

图 7.29　卷积的计算

这里的蓝色矩阵就是输入的图像，粉色矩阵就是卷积层的神经元。这里表示有两个神经元(w_0，w_1)。绿色矩阵就是经过卷积运算后的输出矩阵，这里的步长设置为 2。

蓝色的矩阵(输入图像)对粉色的矩阵(filter)进行矩阵内积计算并将三个内积运算的结果与偏置值 b 相加[比如图 7.29 的计算：2+(−2+1−2)+(1−2−2)+1=2−3−3+1=−3]，计算后的值就是绿框矩阵的一个元素(图 7.30)。

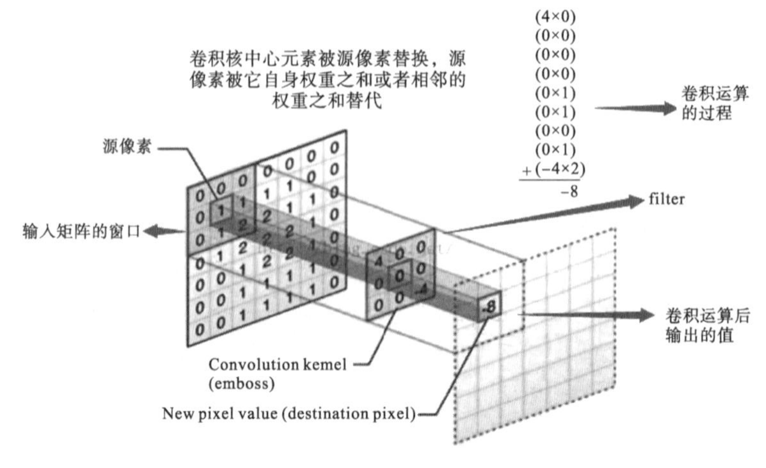

图 7.30　卷积层的计算过程

3.参数共享机制

在卷积层中每个神经元连接数据窗的权重是固定的，每个神经元只关注一个特性。神经元就是图像处理中的滤波器，比如边缘检测专用的 Sobel 滤波器，即卷积层的每个滤波器都会有自己所关注一个图像特征，比如垂直边缘、水平边缘、颜色、纹理等，这些所有神经元加起来就好比是整张图像的特征提取器集合(图 7.31)。

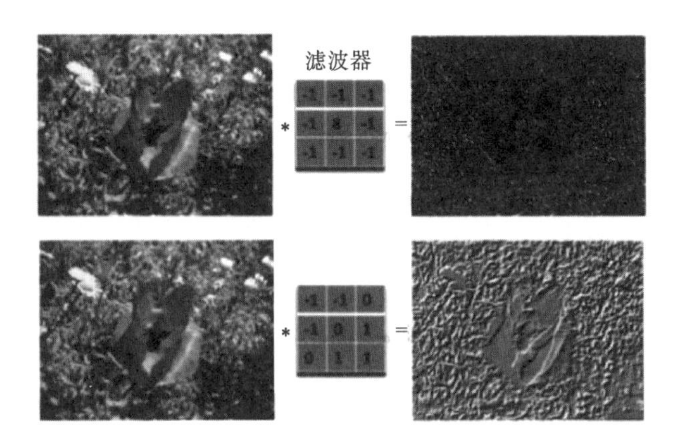

图 7.31　特征提取

4.激励层

把卷积层输出结果做非线性映射(图 7.32)。

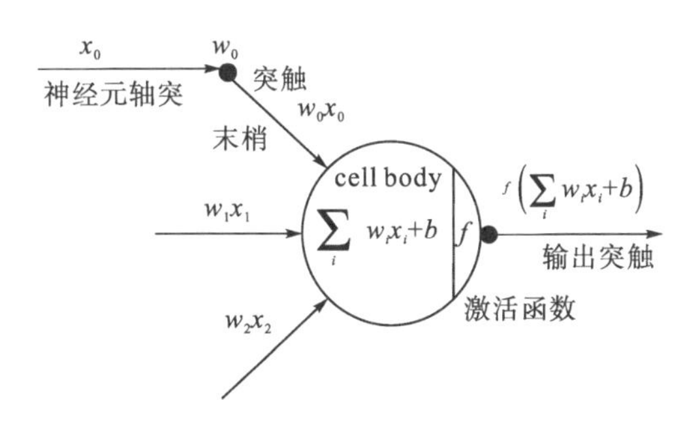

图 7.32　非线性映射

CNN 采用的激活函数一般为 ReLU，它的特点是收敛快、求梯度简单，但较脆弱，如图 7.33 所示。

激励层的实践经验：

(1)不要用 sigmoid!

(2)首先试 ReLU，因为快，但要小心点。

(3)如果(2)失效，请用 Leaky ReLU 或者 Maxout。

(4)某些情况下 tanh 倒是有不错的结果，但是这种情况很少。

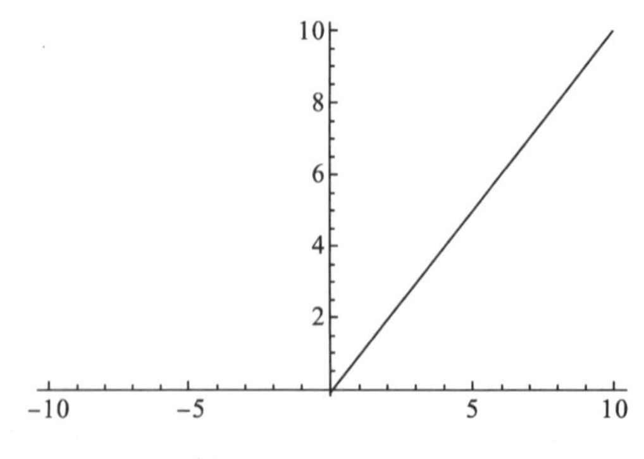

图 7.33 ReLU 函数图像

5.池化层

池化层夹在连续的卷积层中间，用于压缩数据和参数的量，减小过拟合。简而言之，如果输入是图像的话，那么池化层的最主要作用就是压缩图像(图 7.34)。

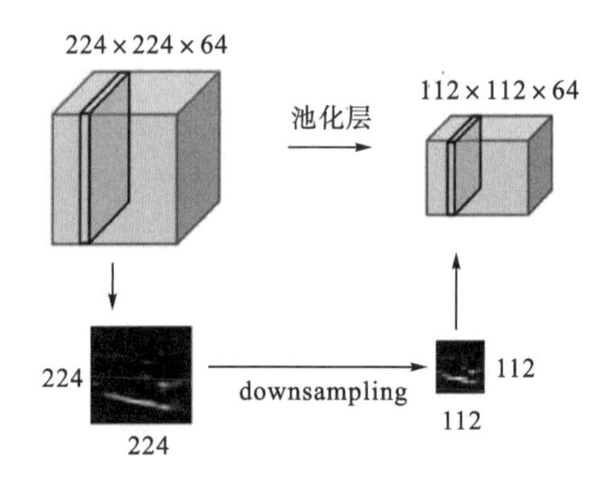

图 7.34 池化层

这里再展开叙述池化层的具体作用：

(1)特征不变性，也就是我们在图像处理中经常提到的特征的尺度不变性，池化操作就是图像的 resize，平时一张狗的图像被缩小了一半我们还能认出这是一张狗的照片，这说明这张图像中仍保留着狗最重要的特征，我们一看就能判断图像中画的是一只狗。图像压缩时去掉的信息只是一些无关紧要的信息，而留下的信息则是具有尺度不变性的特征，是最能表达图像的特征。

(2)特征降维。我们知道一幅图像含有的信息量是很大的，特征也很多，但是有些信息对于我们做图像任务时没有太多用途或者有重复，我们可以把这类冗余信息去除，把最重要的特征抽取出来，这也是池化操作的一大作用。

(3)在一定程度上防止过拟合，更方便优化。

池化层用的方法有最大池化(max pooling)和平均池化(average pooling)，而实际用得较多的是最大池化。这里就说一下最大池化(如图 7.35 所示)。

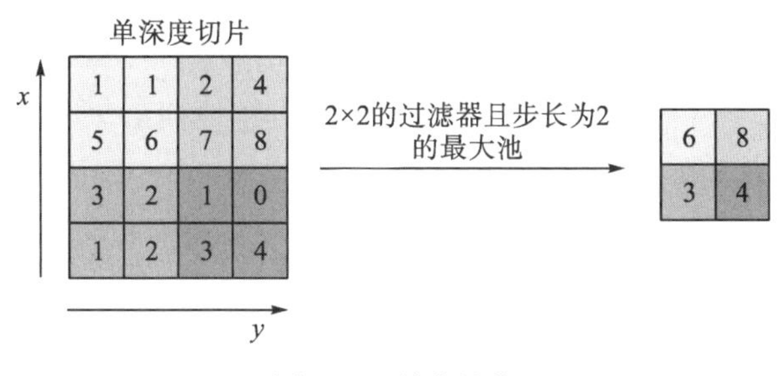

图 7.35　最大池化

对于每个 2×2 的窗口选出最大的数作为输出矩阵的相应元素的值，比如输入矩阵第一个 2×2 窗口中最大的数是 6，那么输出矩阵的第一个元素就是 6，如此类推。

6.全连接层

两层之间所有神经元都有权重连接，通常全连接层在卷积神经网络尾部，也就是跟传统的神经网络神经元的连接方式是一样的。

7.7.3　CNN 小结

卷积神经网络(CNN)在本质上是一种输入到输出的映射，它能够学习大量的输入与输出之间的映射关系，而不需要任何输入和输出之间的精确的数学表达式，只要用已知的模式对卷积网络加以训练，网络就具有对输入输出之间的映射能力。

CNN 一个非常重要的特点就是头重脚轻(越往输入权值越小，越往输出权值越大，呈现出一个倒三角的形态)，这就很好地避免了 BP 神经网络中反向传播时梯度损失得太快的问题。

CNN 主要用来识别位移、缩放及其他形式扭曲不变性的二维图形。由于 CNN 的特征检测层通过训练数据进行学习，所以在使用 CNN 时，避免了显式的特征抽取，而隐式地从训练数据中进行学习；再者，由于同一特征映射面上的神经元权值相同，所以网络可以并行学习，这也是卷积网络相对于神经元彼此相连网络的一大优势。卷积神经网络以其局部权值共享的特殊结构在语音识别和图像处理方面有着独特的优越性，其布局更接近于实际的生物神经网络，权值共享降低了网络的复杂性，特别是多维输入向量的图像可以直接输入网络这一特点避免了特征提取和分类过程中数据重建的复杂度。

7.8　循环神经网络

7.8.1　循环神经网络简介

循环神经网络(recurrent neural network，RNN)，其设计的目的就是为了处理序列数据。传统的神经网络模型是从输入层到隐含层再到输出层，层与层之间是全连接的，每层之间的节点是无连接的。但是这种普通的神经网络对于很多问题却无能无力。例如，要预测句子的下一个单词是什么，一般需要用到前面的单词，因为一个句子中前后单词并不是独立的。RNN 之所以称为循环神经网络，即一个序列当前的输出与前面的输出也有关。具体的表现形式为网络会对前面的信息进行记忆并应用于当前输出的计算中，即隐藏层之间的节点不再无连接而是有连接的，并且隐藏层的输入不仅包括输入层的输出还包括上一时刻隐藏层的输出。理论上，RNN 能够对任何长度的序列数据进行处理。

一个三层的前馈神经网络可以学到任何的函数，而 RNN 则是“turing-complete”的，它可以逼近任何算法。RNN 具有强大的计算和建模能力，因而只要合理建模，它就可以模拟任何计算过程。另外，RNN 具有记忆能力。给 RNN 同样的输入，得到的输出可能是不一样的。

7.8.2 RNN 的基本结构

RNN 包含输入单元(input units)，输入集标记为$\{x_0, x_1, \cdots, x_t, x_{t+1}, \cdots\}$，而输出单元(output units)的输出集则被标记为$\{y_0, y_1, \cdots, y_t, y_{t+1}., \cdots\}$(图 7.36)。RNN 还包含隐藏单元(hidden units)，我们将其输出集标记为$\{h_0, h_1, \cdots, h_t, h_{t+1}, \cdots\}$，这些隐藏单元完成了最为主要的工作。

y
RNN
x
$h_t=f_w(h_{t-1}, x_t)$
$h_t=\tanh(W_{hh}h_{t-1}+W_{xh}x_t)$
$y_t=W_{hy}h_t$

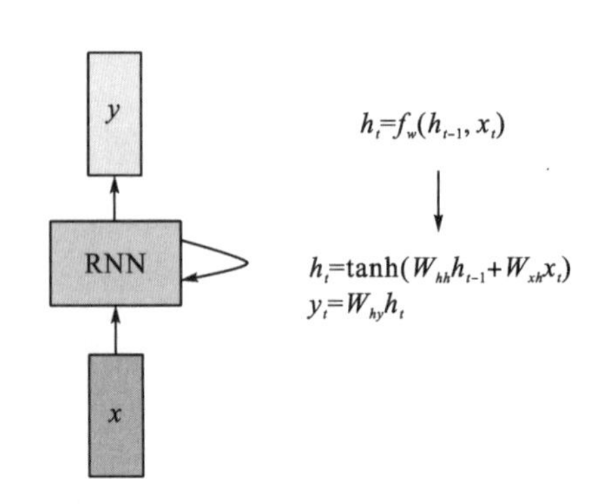

图 7.36 RNN 基本结构

各个变量的含义(图 7.37)

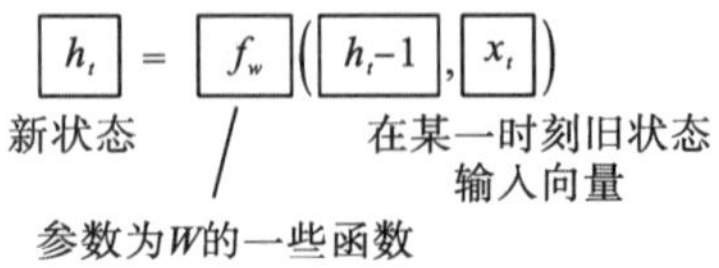

h_t = f_w (h_t-1 , x_t)
新状态
在某一时刻旧状态
输入向量
参数为W的一些函数

图 7.37 RNN 变量

展开以后形式如图 7.38 所示。

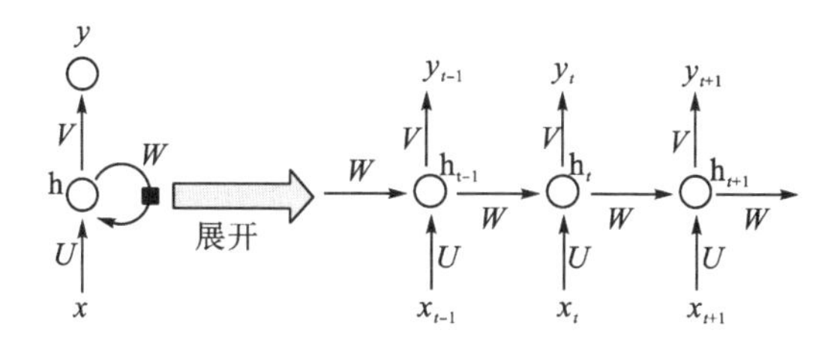

图 7.38　RNN 结构

一个 RNN 的小例子如图 7.39 所示。

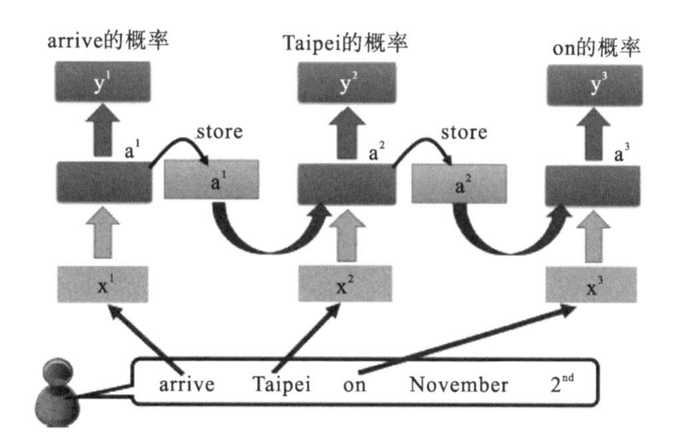

图 7.39　RNN 例子

7.8.3　RNN 的高级形式

1.双向 RNN(bidirectional RNN)

RNN 既然能继承历史信息，是不是也能吸收点未来的信息呢？因为在序列信号分析中，如果能预知未来，对识别一定也是有所帮助的。因此就有了双向 RNN(图 7.40)、双向 LSTM，同时利用历史和未来的信息。

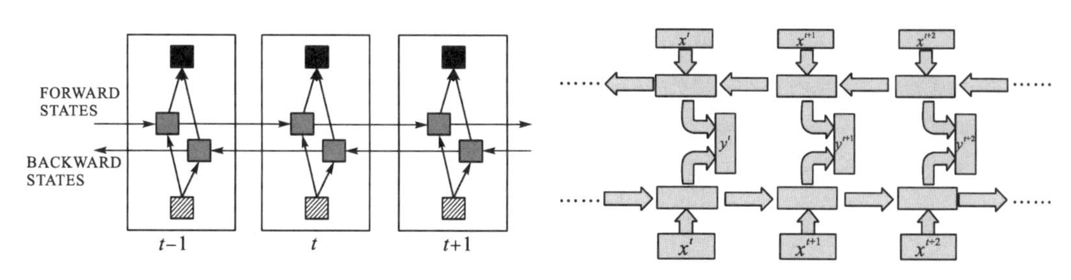

图 7.40　双向 RNN

值得一提的是，由于 RNN 建模中的遗忘性，最后一个 state 中包含的信息是有损的，且序列越靠前的信息损失可能越严重。一种比较可行的解决方法是同时训练两个 RNN，一个正向学习，一个反向学习，将正向的和反向的最后一个 state 对应向量 concate 后得到的向量作为最终产物。

正向 RNN 最后一个向量中记录的信息量从前往后依次增强，反向的最后一个 state 记录的信息从后往前依次增强，两者组合正好记录了比较完整的信息。

2.LSTM(long short-term memory)

名字很有意思，又长又短的记忆？其实不是，注意“short-term”中间有一个“-”连接，代表 LSTM 本质上还是短期记忆(short-term memory)，只是它是比较长一点的 short-term memory。

如图 7.41 所示，现在有这样一个 RNN，他的输入值是一句话：“我今天要做红烧排骨，首先要准备排骨，然后……，最后美味的一道菜就出锅了。”现在请 RNN 来分析，我今天做的到底是什么菜呢。RNN 可能会给出“辣子鸡”这个答案。由于判断失误，RNN 就要开始学习这个长序列 X 和“红烧排骨”的关系，而 RNN 需要的关键信息“红烧排骨”却出现在句子开头。

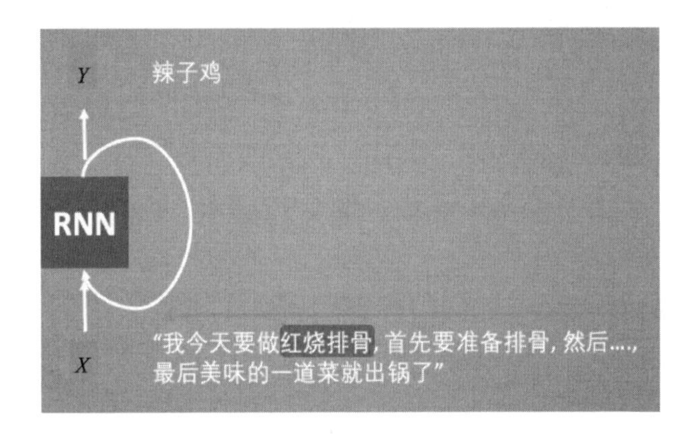

图 7.41　LSTM

再来看看 RNN 是怎样学习的吧(图 7.42)。红烧排骨这个信息源的记忆要经过长途跋涉才能抵达最后一个时间点。然后我们得到误差，而且在反向传递得到误差的时候，它在每一步都会乘以一个自己的参数 W。如果这个 W 是一个小于 1 的数，比如 0.9，这个 0.9 不断乘以误差，误差传到初始时间点也会是一个接近于零的数，所以对于初始时刻，误差相当于就消失了。我们把这个问题叫做梯度消失或者梯度弥散(gradient vanishing)。反之，如果 W 是一个大于 1 的数，比如 1.1，不断累乘之后，则到最后变成了无穷大的数，RNN 被这无穷大的数撑死了，这种情况叫做梯度爆炸(gradient exploding)。这就是普通 RNN 没有办法回忆起久远记忆的原因。

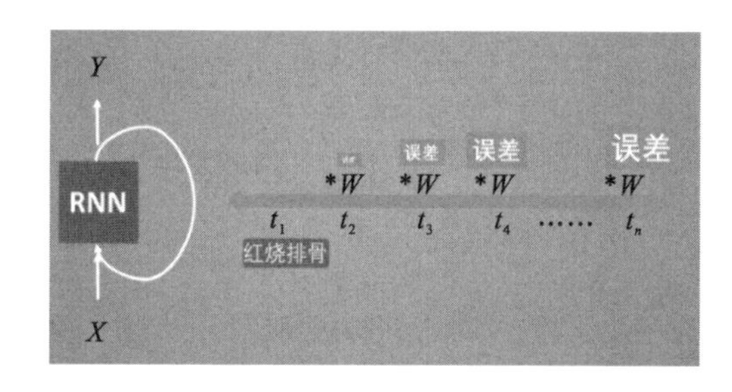

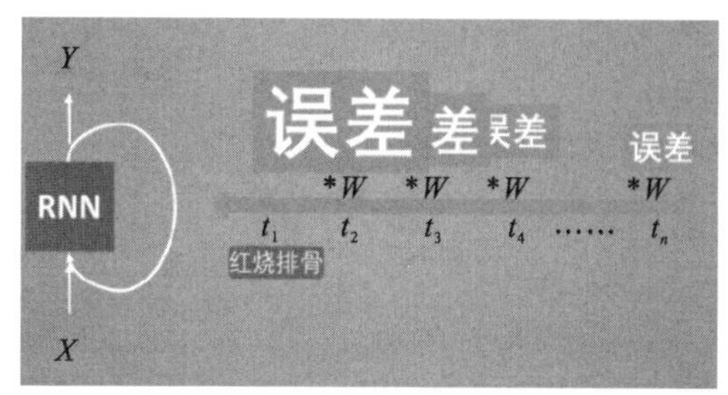

图 7.42　梯度消失和梯度爆炸

LSTM 就是为了解决这个问题而诞生的。LSTM 和普通 RNN 相比，多出了三个控制器(输入控制，输出控制，忘记控制)。现在，LSTM 内部的情况如图 7.43 所示。

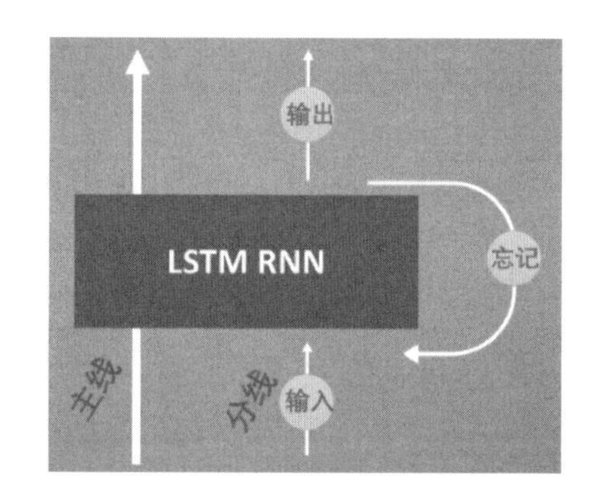

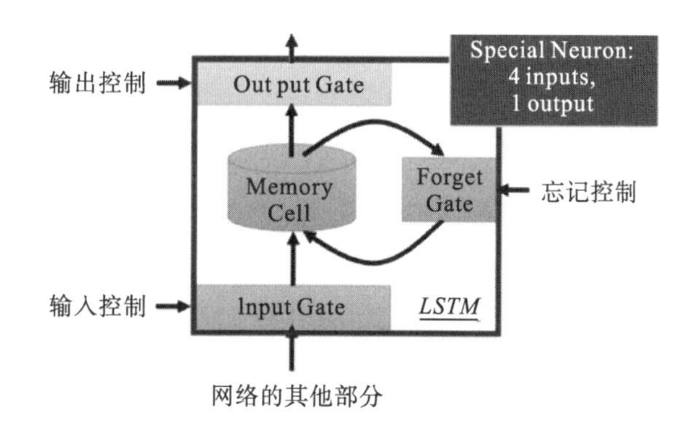

图 7.43　LSTM 内部结构

它多了一个控制全局的记忆，我们用粗线代替。为了方便理解，我们把粗线想象成电影或游戏当中的主线剧情，而原本的 RNN 体系就是分线剧情。三个控制器都是在原始的 RNN 体系上，我们先看输入方面，如果此时的分线剧情对于剧终结果十分重要，输入控制就会将这个分线剧情按重要程度写入主线剧情进行分析。再看忘记方面，如果此时的分线剧情更改了我们对之前剧情的想法，那么忘记控制就会将之前的某些主线剧情忘记，按比例替换成现在的新剧情。所以主线剧情的更新就取决于输入和忘记控制。

最后的输出方面，输出控制会基于目前的主线剧情和分线剧情判断要输出的到底是什么。基于这些控制机制，LSTM 就像延缓记忆衰退的良药，可以带来更好的结果。

7.9　对 抗 学 习

7.9.1　对抗网络简介

GAN 是 Ian Goodfellow(生成对抗性网络的发明者)在 2014 年的经典之作，在许多地方作为非监督深度学习的代表作被推广(图 7.44)。GAN 解决了非监督学习中的著名问题：

给定一批样本，训练一个系统，能够生成(generate)类似的新样本。对抗网络是个新词，全名叫生成式对抗网络(generative adversarial nets)，就像深度学习一样，发明时间并不长。Ian Goodfellow 定义了对抗网络。Yann LeCun(三巨头之一)在 Quora 上直播时表示生成对抗性网络是近期人工智能最值得期待的算法之一。对抗网络的核心是对抗式(adversarial)，两个网络互相竞争，一个负责生成样本(generator)，另一个负责判别样本(discriminator)。

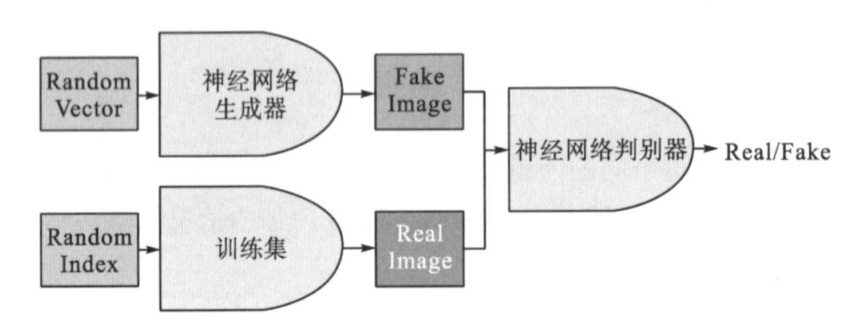

图 7.44 GAN 流程图

生成模型像“一个造假团伙试图生产和使用假币”，而判别模型像“检测假币的警察”。生成器(generator)试图欺骗判别器(discriminator)，判别器则努力不被生成器欺骗。模型经过交替优化训练，两种模型都能得到提升，直到到达一个“假冒产品和真实产品无法区分”的点。

7.9.2 GAN 的目的与设计思路

如图 7.45 所示，我们有的只是真实采集而来的人脸样本数据集，仅此而已，而且很关键的一点是我们连人脸数据集的类标签都没有，也就是我们不知道那个人脸对应的是谁。

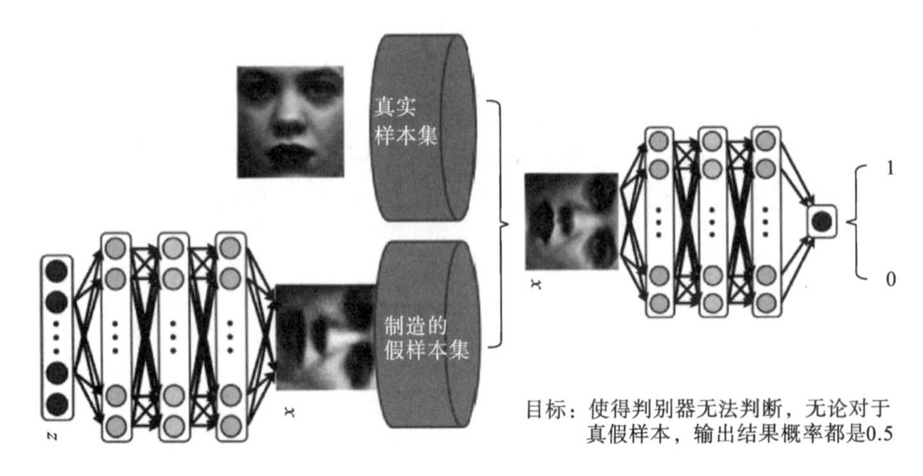

图 7.45 人脸图像模拟

不同的任务得到的东西不一样，我们只说最原始的 GAN 目的(图 7.45)，那就是通过输入一个噪声，模拟得到一个人脸图像，这个图像可以非常逼真以至于以假乱真。

再来理解下 GAN 的两个模型要做什么。首先判别模型，就是图 7.45 中右半部分的网络，直观来看就是一个简单的神经网络结构，输入就是一副图像，输出就是一个概率值，用于判断真假使用(概率值大于 0.5 就是真，小于 0.5 就是假)，真假也不过是人们定义的概率而已。其次是生成模型，生成模型要做什么呢，同样也可以看成是一个神经网络模型，输入是一组随机数 Z，输出是一个图像，不再是一个数值而已。从图中可以看到，会存在两个数据集，一个是真实数据集，这好理解，另一个是假的数据集，那这个数据集就是由生成网络造出来的数据集。根据这个图再来理解一下 GAN 的目标是要干什么：

(1)判别网络的目的，就是能判别出来一张图是来自真实样本集还是假样本集。假如输入的是真样本，网络输出就接近 1；输入的是假样本，网络输出接近 0。那么很完美，达到了判别的目的。

(2)生成网络的目的。生成网络是造样本的，它的目的就是使得自己造样本的能力尽可能强，强到什么程度呢，判别网络没法判断我是真样本还是假样本。

有了这个理解我们再来看看为什么叫做对抗网络。判别网络说，我很强，来一个样本我就知道它是来自真样本集还是假样本集。生成网络就不服了，说我也很强，我生成一个假样本，虽然我生成网络知道是假的，但是你判别网络不知道呀，我包装的非常逼真，以至于判别网络无法判断真假，那么用输出数值来解释就是，生成网络生成的假样本进到判别网络以后，判别网络给出的结果是一个接近 0.5 的值，极限情况就是 0.5，也就是说判别不出来了，这就是纳什平衡。

由这个分析可以发现，生成网络与判别网络的目的正好是相反的，一个说我能判别得好，一个说我让你判别不好。所以叫做对抗，叫做博弈。那么最后的结果到底是谁赢呢？这就要归结到设计者，也就是我们希望谁赢。作为设计者的我们，我们的目的是要得到以假乱真的样本，那么很自然的我们希望生成样本赢，也就是希望生成样本很真，判别网络能力不足以区分真假样本位置。

7.9.3　对抗网络模型

知道了 GAN 大概的目的与设计思路，那么一个很自然的问题来了，就是我们该如何用数学方法解决这么一个对抗问题。这就涉及到如何训练这样一个生成对抗网络模型了，用图 7.46 来解释最直接。

需要注意的是生成模型与对抗模型可以说是完全独立的两个模型，好比完全独立的两个神经网络模型，它们之间没有什么联系。

那么训练这样的两个模型的方法就是：单独交替迭代训练。

什么意思？因为是 2 个网络，不好一起训练，所以才去交替迭代训练。

假设现在生成网络模型已经有了(当然可能不是最好的生成网络)，那么给一堆随机数组，就会得到一堆假的样本集(因为不是最终的生成模型，那么现在生成网络可能就处于劣势，导致生成的样本就不好，可能很容易就被判别网络判别出来)，但是先不管，假设现在有了这样的假样本集，真样本集一直都有，现在人为的定义真假样本集的标签，因为我们希望真样本集的输出尽可能为 1，假样本集为 0，很明显这里我们就已经默认真样本集所有的类标签都为 1，而假样本集的所有类标签都为 0。有人会说，在真样本集里面的人脸中，可能张三人脸和李四人脸不一样，对于这个问题我们需要理解的是，我们现在的任务是什么，我们是想分样本真假，而不是分真样本中哪个是张三的标签、那个是李四的标签。况且原始真样本的标签我们是不知道的。回过头来，我们现在有了真样本集以及它们的标签(都是 1)、假样本集以及它们的标签(都是 0)，这样单就判别网络来说，此时问题就变成了一个再简单不过的有监督的二分类问题了，直接送到神经网络模型中训练就可以了。假设训练完了，下面我们来看生成网络。

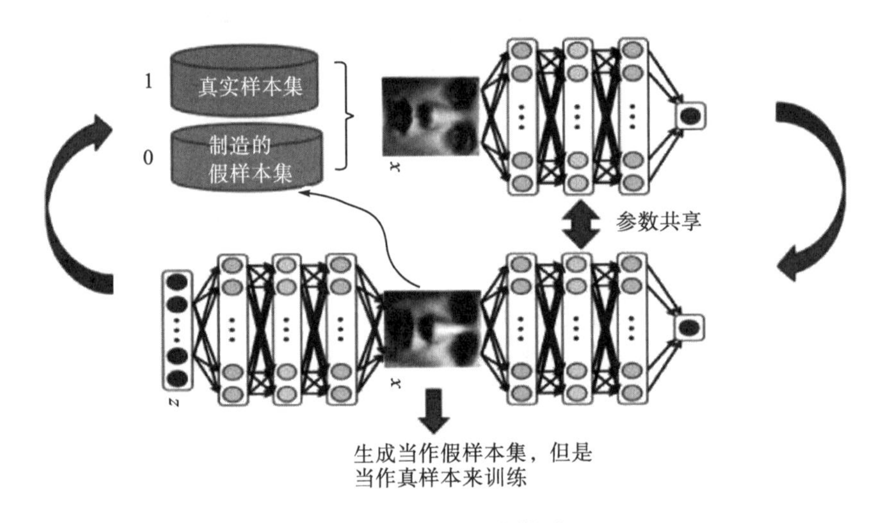

图 7.46 对抗网络模型

对于生成网络，我们的目的是生成尽可能逼真的样本。那么怎么判断原始的生成网络生成的样本真不真呢？可将其送到判别网络中，所以在训练生成网络的时候，我们需要联合判别网络才能达到训练的目的。什么意思？就是如果我们单单只用生成网络，那么想想我们怎么去训练？误差来源在哪里？细想一下，好像没有误差。但是如果我们把刚才的判别网络串接在生成网络的后面，这样我们就知道真假了，也就有了误差。所以对于生成网络的训练其实是对生成-判别网络串接的训练，就像图中显示的那样。现在来分析一下样本，原始的噪声数组 Z，也就是生成的假样本我们已经有了，此时很关键的就是，把这些假样本的标签都设置为 1，也就是认为这些假样本在生成网络训练的时候是真样本。为什么要这样呢？因为这样才能起到迷惑判别器的目的，也才能使得生成的假样本逐渐逼近为正样本。对于生成网络的训练，我们有了样本集(只有假样本集，没有真样本集)，有了对应的标签(全为 1)，是不是就可以训练了？有人会问，这样只有一类样本，训练啥呀？谁说一类样本就不能训练了，只要有误差就行。还有人说，你这样一训练，判别网络的网络参数不是也跟着变吗？没错，这很关键，所以在训练这个串接的网络的时候，一个很重要的操作就是不要让判别网络的参数发生变化，也就是不让它参数发生更新，只是把误差一直传，传到生成网络那块后更新生成网络的参数。这样就完成了生成网络的训练了。

在完成生成网络训练后，可以根据目前新的生成网络再对先前的那些噪声 Z 生成新的假样本，并且训练后的假样本更真了。然后又有了新的真假样本集(其实是新的假样本集)，这样又可以重复上述过程了。我们把这个过程称作单独交替训练。我们可以定义一个迭代次数，交替迭代到一定次数后停止即可。这个时候我们再去看一看噪声 Z 生成的假样本会发现，原来它已经很真了。

GAN 的设计真的很巧妙，最值得称赞的地方可能在于这种假样本在训练过程中的真假变换，这也是博弈得以进行的关键之处。

7.9.4　GAN 优化问题

通过文字的描述相信已经让大多数的人知道了这个过程，下面我们来看看几个重要的数学公式描述。首先目标公式：

$$\min_G \max_D V(D,G) = E_{x\sim P_{\text{data}(x)}}[\log(D(x))] + E_{z\sim p_{z(z)}}[\log(1-D(G(z)))] \tag{7.37}$$

式(7.37)本质上就是一个最大最小优化问题，其实对应的也就是上述的两个优化过程。这个公式既然是最大最小的优化，那就不是一步完成的，其实对比我们的分析过程也是这样的，这里先优化 D，然后再去优化 G，本质上是两个优化问题，拆解后就如同下面两个公式：

优化 D：

$$\max_D V(D,G) = E_{x\sim P_{\text{data}(x)}}[\log(D(x))] + E_{z\sim p_{z(z)}}[\log(1-D(G(z)))] \tag{7.38}$$

优化 G：

$$\min_G V(D,G) = E_{z\sim p_z(z)}[\log(1-D(G(z)))] \tag{7.39}$$

可以看到，优化 D 的时候，也就是判别网络，此时不涉及生成网络，后面的 $G(z)$ 就相当于已经得到的假样本。优化 D 的公式的第一项，使真样本 x 输入的时候，得到的结果越大越好，可以理解，因为需要真样本的预测结果越接近于 1 越好。对于假样本，需要优化使得其结果越小越好，也就是 $D(G(z))$ 越小越好，因为它的标签为 0。但是第一项越大，第二项越小，发生矛盾，所以呢把第二项改成 $1-D(G(z))$，这样就是越大越好，两者合起来就是越大越好。那么同样在优化 G 的时候，不涉及真样本，所以把第一项直接去掉。这个时候只有假样本，但是这个时候是希望假样本的标签是 1，所以是 $D(G(z))$ 越大越好，但是为了统一成 $1-D(G(z))$ 的形式，只能是最小化 $1-D(G(z))$，本质上没有区别，只是为了形式的统一。之后这两个优化模型可以合并起来写，就变成了最开始的那个最大最小目标函数了。

所以这个最大最小目标函数包含了判别模型的优化、生成模型的以假乱真的优化，完美地阐释了这样一个优美的理论。

7.10 常用数据分析工具简介

7.10.1 Mahout

Mahout 是 Apache Software Foundation(ASF)旗下的一个开源项目，提供一些可扩展的机器学习领域经典算法的实现，旨在帮助开发人员更加方便快捷地创建智能应用程序。Mahout 包含许多实现，包括聚类、分类、推荐过滤、频繁子项挖掘。此外，通过使用 Apache Hadoop 库，Mahout 可以有效地扩展到云中。

Mahout Taste 有完整的分布式协同过滤的实现。Mahout 最大的优点就是基于 Hadoop 实现，把很多以前运行于单机上的算法，转化为 MapReduce 模式，这样大大提升了算法可处理的数据量和处理性能。

在 Mahout 中实现的机器学习算法见表 7.1。

表 7.1 机器学习算法表

算法类	算法名	中文名
分类算法	Logistic Regression	逻辑回归
	Bayesian	贝叶斯
	SVM	支持向量机
	Perceptron	感知器算法
	Neural Network	神经网络
	Random Forests	随机森林
	Restricted Boltzmann Machines	有限波尔兹曼机
聚类算法	Canopy Clustering	Canopy 聚类
	K-Means Clustering	K 均值算法
	Fuzzy K-Means	模糊 K 均值
	Expectation Maximization	EM 聚类(期望最大化聚类)
	Mean Shift Clustering	均值漂移聚类
	Hierarchical Clustering	层次聚类
	Dirichlet Process Clustering	狄利克雷过程聚类
	Latent Dirichlet Allocation	LDA 聚类
	Spectral Clustering	谱聚类
关联规则挖掘	Parallel FP Growth Algorithm	并行 FP Growth 算法
回归	Locally Weighted Linear Regression	局部加权线性回归
降维/维约简	Singular Value Decomposition	奇异值分解
	Principal Components Analysis	主成分分析
	Independent Component Analysis	独立成分分析
	Gaussian Discriminative Analysis	高斯判别分析

续表

算法类	算法名	中文名
进化算法	并行化了 Watchmaker 框架	
推荐/协同过滤	Non-distributed Recommenders	Taste(UserCF，ItemCF，SlopeOne)
	Distributed Recommenders	ItemCF
向量相似度计算	Row Similarity Job	计算列间相似度
	Vector Distance Job	计算向量间距离
非 Map-Reduce 算法	Hidden Markov Models	隐马尔科夫模型
集合方法扩展	Collections	扩展了 java 的 Collections 类

7.10.2 Hive

Hive 是基于 Hadoop 的一个数据仓库工具，可以将结构化的数据文件映射为一张数据库表，并提供简单的 SQL 查询功能，可以将 SQL 语句转换为 MapReduce 任务进行运行。它提供了一系列的工具，可以用来进行数据提取转化加载(ETL)，这是一种可以存储、查询和分析存储在 Hadoop 中的大规模数据的机制。其优点是学习成本低，可以通过类 SQL 语句快速实现简单的 MapReduce 统计，不必开发专门的 MapReduce 应用，十分适合数据仓库的统计分析。同时，也允许熟悉 MapReduce 的开发者开发自定义的 mapper 和 reducer 来处理内建的 mapper 和 reducer 无法完成的复杂的分析工作。

由于 Hive 构建在基于静态批处理的 Hadoop 之上，而 Hadoop 通常都有较高的延迟并且在作业提交和调度的时候需要大量的开销，因此，Hive 并不能够在大规模数据集上实现低延迟快速的查询。例如，Hive 在几百 MB 的数据集上执行查询一般有分钟级的时间延迟。

因此，Hive 并不适合那些需要低延迟的应用，例如，联机事务处理(on-line transaction processing，OLTP)。Hive 查询操作过程严格遵守 Hadoop MapReduce 的作业执行模型，它将用户的 HiveQL 语句通过解释器转换为 MapReduce 作业提交到 Hadoop 集群上，Hadoop 监控作业执行过程，然后返回作业执行结果给用户。Hive 并非为联机事务处理而设计，它并不提供实时的查询和基于行级的数据更新操作。Hive 的最佳使用场合是大数据集的批处理作业，例如，网络日志分析。

Hive 提供了三种用户接口：CLI、HWI 和客户端。客户端是使用 JDBC 驱动通过 thrift 远程操作 Hive。HWI 提供 Web 界面远程访问 Hive。但是最常见的使用方式还是 CLI(在 linux 终端操作 Hive)。

Hive 有三种安装方式：

(1)内嵌模式(元数据保存在内嵌的 derby 种，允许一个会话链接，尝试多个会话链接时会报错，不适合开发环境)。

(2)本地模式(本地安装 mysql 替代 derby 存储元数据)。

(3)远程模式(远程安装 mysql 替代 derby 存储元数据)。

7.10.3 TensorFlow 深度学习框架

TensorFlow 是一个基于数据流编程(dataflow programming)的符号数学系统，被广泛应用于各类机器学习算法的编程实现，其前身是谷歌的神经网络算法库 DistBelief。

TensorFlow 拥有多层级结构，可部署于各类服务器、PC 终端和网页，并支持 GPU 和 TPU 高性能数值计算，被广泛应用于谷歌内部的产品开发和各领域的科学研究。

TensorFlow 由谷歌人工智能团队谷歌大脑(Google Brain)开发和维护，拥有包括 TensorFlow Hub、TensorFlow Lite、TensorFlow Research Cloud 在内的多个项目以及各类应用程序接口。自 2015 年 11 月 9 日起，TensorFlow 依据阿帕奇授权协议(Apache2.0open source license)开放源代码。

TensorFlow 支持多种客户端语言下的安装和运行。截至版本 1.12.0，绑定完成并支持版本兼容运行的语言为 C 和 Python，其他(试验性)绑定完成的语言为 JavaScript、C++、Java、Go 和 Swift，依然处于开发阶段的包括 C#、Haskell、Julia、Ruby、Rust 和 Scala。

TensorFlow 的特点：

(1)高度的灵活性：TensorFlow 并不仅仅是一个深度学习库，只要可以把计算过程表示为一个数据流图的过程，就可以使用 TensorFlow 来进行计算。TensorFlow 允许我们用计算图的方式建立计算网络，同时又可以很方便的对网络进行操作(计算图是什么意思，后面会有详细的介绍)。用户可以基于 TensorFlow 用 python 编写自己的上层结构和库，如果 TensorFlow 没有提供我们需要的 API，我们也可以自己编写底层的 C++代码，通过自定义操作将新编写的功能添加到 TensorFlow 中。

(2)真正的可移植性：TensorFlow 可以在 CPU 和 GPU 上运行，可以在台式机、服务器、移动设备上运行。你想在笔记本上跑一下深度学习的训练，或者又不想修改代码，想把你的模型在多个 CPU 上运行，或是想将训练好的模型放到移动设备上跑一下，这些 TensorFlow 都可以帮你做到。

(3)多语言支持：TensorFlow 采用非常易用的 Python 来构建和执行计算图，同时也支持 C++语言。我们可以直接写 Python 和 C++的程序来执行 TensorFlow，也可以采用交互式的 ipython 来方便的尝试我们的想法。当然，这只是一个开始，后续会支持更多流行的语言，比如 Lua、JavaScript 或者 R 语言。

(4)丰富的算法库：TensorFlow 提供了所有开源的深度学习框架里最全的算法库，并且在不断的添加新的算法库。这些算法库基本上已经满足了大部分的需求，对于普通的应用，基本上不用自己再去自定义实现基本的算法库了。

(5)完善的文档：TensorFlow 的官方网站提供了非常详细的文档介绍，内容包括各种 API 的使用介绍和各种基础应用的使用例子，也包括一部分深度学习的基础理论，不过这些都是英文的。

7.10.4　其他深度学习框架

除了 TensorFlow，在它之前和之后也有很多其他的深度学习框架，各个框架都有各自的优缺点，并不是说某一个框架就比其他的框架要好。这里也只是做一个简单的介绍，方便大家有个全面的了解。

1.Caffe

Caffe 是第一个在工业上得到广泛应用的开源深度学习框架，也是第一代深度学习框架里最受欢迎的框架。Caffe 是 C++/CUDA 架构，支持命令行、Python 和 MATLAB 接口；支持 CPU/GPU。

Caffe 的优势：模型与相应优化都是以文本形式而非代码形式给出。Caffe 给出了模型的定义、最优化设置以及预训练的权重，方便立即上手；Caffe 与 cuDNN 结合使用，执行速度快；方便扩展到新的任务和设置上，可以使用 Caffe 提供的各层类型来定义自己的模型。它很长一段时间都是最受欢迎的深度学习框架，有很大一批用户，有大批的用户讨论和贡献，在平时的一些论文中也会看到很多实现是基于 Caffe 框架的，并且 Caffe 的设计也影响到了在它之后的很多框架。

2.MXNET

MXNET 主要继承于 DMLC 的 CXXNET 和 Minerva 这两个项目，其名字来自 Minerva 的 M 和 CXXNET 的 XNET。MXNET 是深度学习开源领域非常优秀的项目，它借鉴了 Torch、Theano 等众多平台的设计思想，并且加入了更多新的功能，采用 C++开发，支持的接口语言多达 7 种，包括 Python、R 语言、Julia、Scala、JavaScript、Matlab、Go 语言。

MXNET 的优势：吸收在它之前的各个开源框架的精华，设计更加合理。支持分布式，非常方便的支持多机多 GPU。资源利用率高，对深度学习的计算做了专门的优化，GPU 显存和计算效率都比较高。MXNET 的单机和分布式的性能都非常好。支持众多的语言接口，使用既灵活又方便。此外，MXNET 的代码量小、灵活高效，专注于核心深度学习领域，容易深度定制。

最近亚马逊宣布将 MXNET 作为亚马逊 AWS 最主要的深度学习框架，并且还会为 MXNET 的开发提供软件代码和投资，相信在亚马逊这种巨头的支持下，MXNET 将迎来更大的发展。

3.Torch

Torch 已经诞生了十年之久，一直以来主要用于在研究机构里进行机器学习算法相关的科学计算。Torch 并没有跟随 Python 的潮流，它的操作语言是 Lua 语言。Torch 被 FaceBook 的人工智能实验室和之前英国的 DeepMind 团队广泛使用。

Torch 的特点：封装少，简单直接，前期学习和开发时的思维难度都比较低，具有比较好的灵活性和速度。由于封装少和 Lua 本身的限制，工程性不好，导致 Torch 更加适合于探索性研究开发，而不适合做大项目的开发。但是 Torch 拥有大量的用户，有很多新的算法或者论文的实现都是 Torch 实现的。采用并不是十分流行的 Lua 语言来操作，不熟悉它的用户需要一点时间来学习。

最近 FaceBook 宣布开源了基于 Torch7 的深度学习框架 TorchNet，因此 Torch 会在以后有更好的发展。

4.Theano

Theano 是一个强大的数值计算库，几乎能在任何情况下使用，从简单的 Logistic 回归到建模并生成音乐和弦序列或是使用长短期记忆人工神经网络对电影收视率进行分类。Theano 大部分代码使用 Cython 编写，Cython 是一个可编译为本地可执行代码的 Python 语言，与仅仅使用解释性的 Python 语言相比，它能够使运行速度快速提升。

最重要的是，很多优化程序已经集成到 Theano 库中，它能够优化计算量并让运行时间保持最低。Theano 派生出了大量的深度学习 Python 的软件包，最大的特点是非常的灵活，适合做学术研究，可以仅仅使用 Python 语言来创建几乎任何类型的神经网络结构。它不足的地方是其程序的编译过程比较慢，程序在导入 Theano 的时候也比较慢。

5.CNTK

CNTK 的全称是 Computational Network Toolkit。它来源于微软开源的深度学习框架，是基于 C++开发的跨多个平台的深度学习框架。支持分布式，多机多卡，使用的方式和 Caffe 类似，通过配置文件来运行，最近也开始支持 Python 的操作接口。

本章小结

对大数据的分析是实现大数据价值的最终手段，是大数据处理技术最重要的环节。对大数据的分析通常包括预测性分析、描述性分析、诊断性分析等类型，但都离不开具体的分析算法。

本章首先介绍了数据挖掘与机器学习的区别与联系以及机器学习的主要类型，接着介绍了常用的大数据分析算法，如线性回归、逻辑回归两类回归算法，分类算法主要介绍了决策树、支持向量机和朴素贝叶斯分类器，聚类算法主要介绍了 K-means。

其次，本章重点介绍了集成学习以及深度学习的基础知识，描述了卷积神经网络(CNN)、循环神经网络(RNN)以及对抗网络的基本框架。最后介绍了 Mahout、Hive 等常用的数据分析工具和 TensorFlow 等深度学习框架，以帮助读者快速理解本章中的数据分析算法。

思　考　题

1.什么是机器学习？它有哪些类型？
2.线性回归和逻辑回归有何不同？
3.决策树算法中，ID3 和 C4.5 之间是什么关系？
4.什么是集成学习？
5.试描述 AdaBoost 算法的原理。
6.深度学习中常用的神经网络模型有哪些？试分析它们的原理和特点。
7.试解释对抗学习的原理。
8.Mahout 中有哪些常用算法？
9.TensorFlow 深度学习框架有什么特点？

参 考 文 献

Aipaydin E. 2009. 机器学习导论. 范明, 昝红英, 译. 北京: 机械工业出版社.

Tan P N, Steinbach M, Kumar V. 2011. 数据挖掘导论. 范明, 范宏建, 等译. 北京: 人民邮电出版社.

曹婷. 2016. 一种基于改进卷积神经网络的目标识别方法研究. 长沙: 湖南大学.

何之源. 2018. 21 个项目玩转深度学习: 基于 Tensorflow 的实践详解. 北京: 电子工业出版社.

间祯富, 许嘉裕. 2016. 大数据分析与数据挖掘. 北京: 清华大学出版社.

李金洪. 2018. 深度学习之 TensorFlow 入门、原理与进阶实战. 北京: 机械工业出版社.

梁秀菊. 2008. 浅析统计学与数据挖掘. 经济与社会发展, 6(8): 38-42.

刘建立, 沈菁, 王蕾, 等. 2014. 织物纹理的简单视神经细胞感受野的选择特性. 计算机工程与应用, 50(1): 185-190.

吕晓玲, 宋捷. 2016. 大数据挖掘与统计机器学习. 北京: 中国人民大学出版社.

叶韵. 2017. 深度学习与计算机视觉: 算法原理、框架应用与代码实现. 北京: 机械工业出版社.

张玉宏. 2018. 深度学习之美. 北京: 电子工业出版社.

周英, 卓金武, 卞月青. 2016. 大数据挖掘: 系统方法与实例分析. 北京: 机械工业出版社.

周志华. 2016. 机器学习. 北京: 清华大学出版社, 23-397.

Fukushima K, Miyake S. 1982. Neocognitron: a new algorithm for pattern recognition tolerant of deformations and shifts in position. Pattern Recognition, 15(6): 455-469.

Fukushima K. 1980. Neocognitron: a self-organizing neural network model for a mechanism of pattern recognition unaffected by shift in position. Biological Cybernetics, 36(4): 193-202.

Fukushima K. 1988. Neocognitron: A hierarchical neural network capable of visual pattern recognition. Neural Networks, 1(2): 119-130.

Geron A. 2017. Hands-On Machine Learning with Scikit-Learn & TensorFlow. 南京: 东南大学出版社: 3-77.

Hinton G E, Osindero S, Teh Y W. 2006. A fast learning algorithm for deep belief nets. Neural Computation, 18(7): 1527-1554.

Krizhevsky A, Sutskever I, Hinton G E. 2012. Imagenet classification with deep convolutional neural networks. Proceedings of 26th Annual Conference on Neural Information Processing Systems, Nevada: NIPS: 1097-1105.

LeCun Y, Boser B, Denker J S, et al. 1989. Backpropagation applied to handwritten zip code recognition. Neural computation, 1 (4): 541-551.

Minsky M, Papert S. 1969. Perceptrons: an introduction to computational geometry. 75 (3): 3356-3362.

Rumelhart D E, Hinton G E, Williams R J. 1986. Learning representations by back-propagating errors. Nature, 323 (6088): 533-536.

第 8 章　文本大数据分析

全球多达 80%的大数据是非结构化的，如博客、微博、微信、设备日志、与客服代表的会话、各种图片、视频等都属于非结构化数据，并且这些非结构化数据的增长非常迅速，差不多每两年翻一番。抽象来看，非结构化数据包含了文本、图像、声音、影视、超媒体等典型信息，在互联网上的信息内容形式中占据了很大比例。随着“互联网+”战略的实施，将会有越来越多的非结构化数据产生。结构化数据分析挖掘技术经过多年的发展，已经形成了相对比较成熟的技术体系。也正是由于非结构化数据中没有限定结构形式，表示灵活，蕴含了丰富的信息，因此，综合看来，在大数据分析挖掘中，掌握非结构化数据处理技术是至关重要的。

传统的结构化数据，业界已经做了大量的积累，对于数据的获取、存储、处理、检索等已经具备了相当多的技术储备。但是对于非结构化的大数据，特别是文本大数据，业界正在持续加大投入。在文本大数据的源头方面，除了企业或机构内部的数据，互联网是一个巨大的来源。从互联网受众来讲，中国互联网拥有全球人数最多的网民。据中国互联网信息中心 CNNIC 发布的第 37 次《中国互联网络发展状况统计报告》中显示，截至 2015 年 12 月，中国网民规模达 6.88 亿，互联网普及率为 50.3%；手机网民规模达 6.2 亿，占比提升至 90.1%。在当今的自媒体时代，信息的传播也发生了巨大的改变，不仅量发生了爆炸式的增长，内容也更加多样化。

本章将介绍文本大数据分析的主要技术。由于语音识别技术的成熟，大多数情形下对语音数据的分析可以转换为文本分析，本书不再单独介绍语音分析技术。

8.1　文本大数据处理

8.1.1　文本大数据的特点

在大数据时代，海量文本的积累在各个领域不断涌现。从人文研究到政府决策，从精准医疗到量化金融，从客户管理到市场营销，海量文本作为最重要的信息载体之一，处处发挥着举足轻重的作用。文本是人类表达信息的一个通用手段。随着信息技术的普及，互联网和移动互联网技术的高速发展，人们在日常生活、学习和工作过程中产生了大量的文本信息。充分挖掘和利用这些文本信息，可有效帮助企业或机构理解和预测用户的潜在意图和目的，实时监测和分析商业舆情，进而实现精准营销和智能服务，驱动产品创新。

除此以外，随着计算机信息技术的普及以及互联网技术的高速发展，计算机用户逐渐从信息的浏览者变成了信息的制造者，文本数据规模急剧增长。典型的文本数据包括大规模网页中的文本内容、购物网站中的产品介绍和用户评论、新闻网站中的新闻报道、社交媒体的短文本消息、电子邮件和聊天记录、工作中产生的办公文档等。这些文本数据逐渐呈现出典型的大数据特征：体量大、更新快、格式复杂多样、质量参差不齐。一方面，这些数据中蕴含着极大的价值，人们挖掘和利用文本大数据的需求也越来越强烈；另一方面，越来越严重的信息过载问题导致了海量文本大数据的出现。

文本大数据的三个典型特征：

(1)数据来源多样化。相对于主要由政府和机构主导收集的传统数据，文本大数据的发布主体有个人(如投资者、消费者)、企业、媒体、机构和政府相关职能部门等；其具体形式丰富多样，如 Twitter、微博、论坛帖子、消费者对产品的评价、微信公众号、上市公司年报、电话录音文稿、招聘广告、公司年报、季报、公告、IPO 招股说明书、分析师研究报告、会议纪要，有影响力的政治、经济、金融领域人物的演讲，央行等政府机构定期和不定期发布的各类信息等。

(2)数据体量呈几何级增长。囿于数据收集成本，传统数据往往需要借助纸质媒介，体量较小。随着文本信息从纸质媒介向以互联网为媒介的方式转移，文本数据收集和传输成本大幅降低，为计算机领域的自然语言处理方法(natural language processing，NLP)提供了应用场景。

(3)时频高。传统数据需要经过系统性的组织和安排来收集，常用的经济和金融领域数据多为年度、季度、月度、周度数据，频率更高的数据可得性不足，不足以满足对经济和金融领域高频数据分析的应用需要。而文本大数据的频率可以高达秒级(如网民在网络平台上发布的消息和观点的时间颗粒度)，这为高频研究提供了数据基础。

8.1.2 文本分析简介

文本分析技术，又称为文本挖掘，是通过计算机技术对无结构的文本字符串中包含的词、语法、语义等信息进行表示、理解和抽取，挖掘和分析出其中存在的事实以及隐含的立场、观点和价值，进而推断出文本生成者的意图和目的。文本分析是典型的自然语言处理工作，其关键子任务主要有分词、词性标注、命名实体识别、句法分析、语义角色标注、文本分类、文本聚类、自动文摘、情感分析、信息抽取、实体匹配与消歧等。传统的文本分析技术已广泛应用在自动问答系统、搜索引擎、用户商业意图识别等领域和系统中。文本大数据处理的第一个环节就是能够迅速地获取这些数据，不论是机构内部的数据，还是互联网上相关的数据，在第一时间获取这些数据，并且是全量的数据，才是数据挖掘的根本。第二个环节就是在这些数据中进行挖掘，通过各种创新的分析工具和手段将其整合为有价值的分析结果。

文本分析的关键技术是用向量空间模型描述文本。将非结构化文本转化为结构化。为什么不用词频统计和分词算法，是因为这两种方法得到的特征向量维度非常大，后期矢量处理开销非常大，不利于后期分类、聚类。主流方法是用特征词来表示文本，特征词必须满足：能识别文本内容、去区分其他文本、个数不能太多、容易实现。特征词选取后，必须有相应的权值表示不同的影响，最好对其进行排序。另外，特征词选取的四种方式：用映射或者转换的方法将原始特征变为较少特征；在原始特征中挑选出具有代表性的特征；根据专家挑选最优影响力的特征；利用数学模型，找出最具分类型的特征，这种方式最客观、最精确。

8.1.3　文本大数据分析的主要应用场景

文本大数据蕴藏着巨大的商业价值，它在包括金融在内的多个领域中都具有广阔的市场应用前景。目前主要的应用场景有以下几类。

1.文本分类

在给定的分类体系下，根据文本的内容自动地确定文本关联的类别。从数学角度来看，文本分类是一个映射的过程，它将未标明类别的文本映射到已有的类别中，该映射可以是一一映射，也可以是一对多的映射，因为通常一篇文本可以同多个类别相关联。文本分类的映射规则是系统根据已经掌握的每类若干样本的数据信息，总结出分类的规律性而建立的判别公式和判别规则。然后在遇到新文本时，根据总结出的判别规则，确定文本相关的类别。

2.情感分析

情感分析就是用户的态度分析。现在大多数情感分析系统都是对文本进行“正负二项分类”的，即只判断文本是正向还是负向的，有的系统也能做到三分类(中立)。比如，要分析用户对 2013 年“马航 MH370 事件”的态度，只要找到该事件的话题文本，通过台大情感词典等工具判断情感词的极性，然后根据一定规则组合情感词的频度和程度即可判断文本的情感。但这种方法无法判断文本的评价刻面。比如，现在有一百万条“小米手机评价”信息，可以通过上面的方法了解大约有多大比例的用户对小米手机是不满意的，但却无法知道这些不满意的用户是对小米手机的哪一个方面不满意以及其占的比率(比如是外形还是性能)。

3.文档主题生成模型

该模型主要用于监测客户行为变化，它可以发现数据的相似性以便进行分类和分组。使用统计算法从非结构化文本中抽取主题、概念和其他含义，它不理解语法或者人类语言，而只是寻找模式。这种技术通常用于营销分析，针对提供存款、取款和购买行为的客户提取原型。如：银行可借助分析发现一些消费者虽然时常出差，但是忠诚度很高，这些客户往往会与客服代表沟通由于出差而错过还款的事由，并避免滞纳金。这样的分析可以帮助银行了解如何重视客户、降低客户流失率、提高客户忠诚度。它还可以快速、方便地应用和更新消费者相关信息，可以判断消费者的最新行为是否与他们的历史行为一致，如果消费者有不同寻常的事情发生，或者行为与他们现有的文件不一致，系统可以发出警示。

4.推荐系统

文本分析在推荐系统中的价值在于特征词权重的计算。比如给用户推荐一本新书。我们可以按照下面的方式进行建模：首先找到用户评论中关于书籍的所有特征词汇，建立特征词典；然后通过文本分析和时间序列分析结合用户评论的内容和时间紧凑度计算特征词的权重，表示某个用户关心的某个特征的程度。对建立好的用户评论特征程度表进行倒排索引，找到每个特征词的所有评价用户及其评价的权重，最后根据要推荐的书籍的特征找到可以推荐的用户列表，找到评论权重高的用户并把书籍推荐给他。

5.术语文档矩阵

术语文档矩阵(a term document matrix)这是一个需要进一步分析的结果集。例如，购买了产品的客户 A 的购买频率如何，与未购买产品的客户 B 有何区别。我们需要对术语进行排序，以便基于它们的信号强度建模。这些术语的存在和频率可以用数字显示在建模数据集，并直接并入最佳预测模型。这种语义评分卡是传统评分卡辅以非结构化信息(按属性将数据进行分类，并分配权重)。可进行复杂的数据运算，以确定哪些属于信号最强、哪些特定术语应进行组合以从原文中识别出较大的概念。

6.命名实体识别

命名实体识别(named entity extraction，NEE)是指让计算机自动识别出自己不认识的词。基于自然语言处理，借鉴了计算机科学、人工智能和语言学等学科，可以确定哪些部分可能代表人、地点、组织、职称、产品、货币金额、百分比、日期和事件等实体。NEE 算法为每个标识的实体生成一个分数，该分数表明识别正确的概率。可以视情况设定一个阈值，来达到我们的目的。

比如：“胡歌唱歌非常好听！”，计算机如何才能知道“胡歌”是一个词而不应该是“唱歌”是一个词呢？“胡歌”这个词对于绝大多数词库而言都不太可能存在，那么怎么能让机器识别出这个词并且以最大的可能认为这个词是正确的呢？在所有的方法中，CRF 的效果最好，甚至比 HMM 要好得多。CRF 又称条件随机场，它能够记录训练数据中每个特征的状态及其周围特征的状态，当多个特征同时出现的时候，找出每个特征在多个特征组合中最有可能出现的状态。也就是说，CRF 以“物以类聚”为基本论点，即大多数词出现的环境是有规律的，并不是杂乱无章的。选取特征的时候，以“字”为单位明显要比以“词”为单位好很多，因为命名实体的词是以字为单位才能理解的，比如“陈小春”，是以“陈/小/春”的意思来理解的，而不是“陈/小春”或者“陈小/春”。

7.话题识别

话题识别严格来说属于文本分类，实验中常见的例子就是把新闻文本分类成“财经、教育、体育、娱乐”等等。目前常用的方法主要是 Word2vector 和 word to bags。Word2vector 即词向量，通过计算文本中词出现的位置、词性和频率等特征，判断新文本是否来自于此类。比如识别文字是评论性文本的一种方案就是评论性语句中出现的情态动词和感叹词比较多且位置不固定。word to bags 是词袋，在 topic model 中应用的比较多。word to bags 计算每个词出现在每个类别中的概率，然后通过 TF-IDF 或者信息增益，或者概率找到类别信息含量高的词语，通过判断这些词语的共线程度进行文本分类。

8.舆情监测

舆情监测是指通过对互联网海量信息(主要是文本信息)自动抓取、自动分类聚类、主题检测、专题聚焦，实现用户的网络舆情监测和新闻专题追踪等信息需求，形成简报、报告、图表等分析结果，为客户全面掌握民众思想动态、做出正确舆论引导，提供分析依据。它是文本分析技术的一种综合应用。判断页面内容与主题的相关性主要是采用基于关键词的模型匹配方法；信息主题过滤和聚合主要采用布尔模型和向量空间模型来建立用户索引，然后对语义信息匹配度进行计算。

8.1.4　文本大数据分析的技术难点

1.单词的边界界定

在口语中，词与词之间通常是连贯的，而界定字词边界通常使用的办法是取用能让给定的上下文最为通顺且在文法上无误的一种最佳组合。在书写上，汉语也没有词与词之间的边界。

2.词义的消歧

许多字词不单只有一个意思，因而我们必须选出使句意最为通顺的解释。例如句子“我们把香蕉给猴子，因为它们饿了”和“我们把香蕉给猴子，因为它们熟透了”有同样的结构。但是代词“它们”在第一句中指的是“猴子”，在第二句中指的是“香蕉”。如果不了解猴子和香蕉的属性，无法区分。

3.句法的模糊性

自然语言的文法通常是模棱两可的，针对一个句子通常可能会剖析(parse)出多棵剖析树(parse tree)，而我们必须要仰赖语意及前后文的信息才能在其中选择一棵最为适合的剖析树。

4.有瑕疵的或不规范的输入

例如语音处理时遇到外国口音或地方口音，或者在文本的处理中处理拼写、语法或者光学字符识别的错误。

5.语言行为与计划

句子常常并不只是字面上的意思，例如“你能把盐递过来吗”，一个好的回答应当是“把盐递过去”；在大多数上下文环境中，“能”将是糟糕的回答，而回答“不”或者“太远了我拿不到”是可以接受的。再者，如果一门课程上一年没开设，对于提问“这门课程去年有多少学生没通过？”回答“去年没开这门课”要比回答“没人没通过”好。

8.2 文本大数据分析主要流程

数据挖掘中的文本挖掘不论是对于企业应用，还是研究者工作，或者是参与数据竞赛项目，都是基础的工作。注意，这里的文本挖掘任务主要指的是如文本分类、文本聚类、信息抽取、情感分类等的常规 NLP 问题。

8.2.1 获取语料

获取文本语料通常有以下几种方式：

(1)标准开放公开测试数据集，比如国内的中文汉语有搜狗语料、人民日报语料；国际 English 的有 stanford 的语料数据集、semavel 的数据集等等。

(2)爬虫抓取，获取网络文本，主要是获取网页 HTML 的形式，利用网络爬虫在相关站点爬取目标文本数据。

下面介绍几个英文语料库。

1.NLTK 语料库

NLTK 是一个包含众多系列的语料库，这些语料库可以通过 nltk.package 导入使用(图 8.1)。每一个语料库可以通过一个叫做“语料库读取器”的工具读取，例如：nltk.corpus 每一个语料库都包含许多的文件或者是很多的文档，若要获取这些文件的列表，可以通过语料库的 fileids()方法。每一个语料库都提供了众多的读取数据的方法。例如：对于文档类型的语料库提供读取原始未加工过的文本信息、文本的单词列表、句子列表、段落列表。

NLTK Modules	Functionality
nltk.corpus	Corpus
nltk.tokenize, nltk.stem	Tokenizers, stemmers
nltk.collocations	t-test, chi-squared, mutual-info
nltk.tag	n-gram, backoff,Brill, HMM, TnT
nltk.classify, nltk.cluster	Decision tree, Naive bayes, K-means
nltk.chunk	Regex,n-gram, named entity
nltk.parsing	Parsing
nltk.sem, nltk.interence	Semantic interpretation
nltk.metrics	Evaluation metrics
nltk.probability	Probability & Estimation
nltk.app, nltk.chat	Applications

图 8.1 NLTK 常用函数

NLTK 包含古腾堡项目(Project Gutenberg)电子文本档案的一小部分文本。约有 36000 本免费电子书，主要包含一些文学书籍。一般可以先用 Python 解释器加载 NLTK 包，然后尝试 nltk.corpus.gutenberg.fileids()。

2.网络和聊天文本

网络文本语料库中包括火狐交流论坛、在纽约无意听到的话、《加勒比海盗》电影剧本、个人广告以及葡萄酒评论等。即时消息聊天会话语料库最初由美国海军研究生院为研究自动检测互联网入侵者而收集的。它超过 10000 个帖子，以 userNNN 形式的通用名替换掉用户名，并手工编辑消除其他身份信息。语料库被分成 15 个文件，每个文件包含从几百个按特定日期和特定年龄分类的聊天室(青少年、20 岁、30 岁、40 岁，再加上一个通用的成年人聊天室)收集的帖子，文件名中包含日期、聊天室和帖子数量，例如：10-19-20s_706posts.xml 包含 2006 年 10 月 19 日从 20 岁聊天室收集的 706 个帖子。

3.布朗语料库

布朗语料库是一个百万词级的英语电子语料库，第一个机读语料库，也是第一个平衡语料库，由布朗大学 1961 年创建。这个语料库包含 500 个不同来源的文本，按照文体分类，如：新闻、社论等。

布朗语料库是一个研究文体之间的系统性差异(又称之为文体学的语言研究)的资源。比较中文体中情态动词的用法：首先可以对特定的问题进行计数；然后统计每一个感兴趣的文体。我们可以使用 NLTK 提供的条件频率分布函数，结果的输出如图 8.2 所示，可以发现新闻文体中最常用的情态动词是 will，而言情文体中最常用的情态动词是 could。

	can	could	may	might	must	will
news	93	86	66	38	50	389
religion	82	59	78	12	54	71
hobbies	268	58	131	22	83	264
science_fic	16	49	4	12	8	16
romance	74	193	11	51	45	43
humor	16	30	8	8	9	13

图 8.2　情态动词输出结果

4.路透社语料库

路透社语料库包含 10788 个新闻文档，共计 130 万字。文档被分成了 90 个主题，按照训练和测试分为两组。因此编号为“test/4826”的文档属于测试组。这样分割是为了方便运用训练和测试算法的自动检测文档主题。与布朗语料库不同，路特社语料库中的类别是项目重叠的，因为新闻报道往往涉及多个主题。我们可以查找由一个或者多个文档涵盖的主题，也可以查找包含在一个或多个类别中的文档。为了方便起见，语料库方法接受单个的标示列表作为参数。

5.就职演说与语料库

该语料库是 55 个文本的集合，每个文本都是一个总统的演说。这个集合的一个显著特性是时间维度。每个文本的年代都出现在它的文件名中，可以利用 fileid[：4]提取前四个字符，获得年代数据，然后利用图像输出。就职演说中所有以 america 和 citizen 开始的词都将被计数。每个演讲单独计数并绘制出图形，这样就能观察出随时间变化这些用法的演变趋势。计数没有与文档长度进行归一化处理。

6.标注文本语料库

许多文本语料库都包含语言学的标注，有词性标注、实体命名、句法结构、语义角色等。NLTK 中提供了几种很方便的方法来访问这几个语料库，而且还包含有语料库和语料样本的数据包，用于教学和科研。

7.其他语料库

NLTK 包含许多国语言语料库。某些情况下在使用这些语料库之前需要在 Python 中处理字符编码。这些语料库中的最后一个是 udhr，包含超过 300 种语言的世界人权宣言。这个语料库的 fileids 包括有关文件所使用的字符编码信息，如 UTF8 或者 Latin1。利用条件概率分布来研究“世界人权宣言”语料库中不同语言版本的字长差异。

8.2.2 文本预处理

1.数据清洗

对于爬虫爬取的 HTML 原始文本，需要进行数据清洗过滤掉标签文本。网页中存在很多不必要的信息，比如说一些广告、导航栏、html、js 代码、注释等等我们并不感兴趣的信息，可以去掉。如果是需要正文提取，可以利用标签用途、标签密度判定、数据挖掘思想、视觉网页块分析技术等策略抽取出正文。

2.分词

对于中文文本数据，比如一条中文的句子，词与词之间是连续的，而数据分析的最小单位粒度我们希望是词语，所以我们需要进行分词工作，给下一步的工作做准备。而对于英文文本句子，就不存在分词这一说法了，因为英文句子的最小单位就是词语，词语之间是有空格隔开的。

3.词性标注

词性标注的目的是为了让句子在后面的处理中融入更多有用的语言信息。词性标注是一个经典的序列标注问题。不过对于有些文本处理任务，词性标注不是必需的。

4.去停用词

停用词(stop word)是指那些对文本特征没有任何贡献的词语，比如啊、的、是的、你、我等，还有一些标点符号。这些我们不想在文本分析的时候引入，因此需要去掉，这些词就是停用词。这些词在所有的文章中都大量存在，并不能反应出文本的意思，可以处理掉。当然针对不同的应用还有很多其他词性也是可以去掉的，比如形容词等。

8.2.3　构造文本特征

接下来，需要考虑如何将文本符号转换成或者表示成能让学习模型处理的数据类型。很明显，我们需要将文本符号串转变为数字，更确切地说是向量阵列：矩阵。具体方法：

1.词袋表示

词袋表示(bag of word，BOW)，即不考虑词语原本在句子中的顺序，直接将每一个词语或者符号按照计数的方式(即出现的次数)进行统计。当然了，统计词频只是最基本的方式，还有很多的处理，常用方法包括：

(1) Count：先将关键的 keywords 作为文本特征，然后再用最直接的方式进行句子表示，即直接统计词频，再将每一个句子或者文本篇章按照每一个特征出现的频率进行统计，这样处理后将得到句子或者文档对应的一个特征向量，向量的每个元素便是对应特征词的出现频数。

(2) TF-IDF：与 Count 类似，不过对其进行了改进。TF-IDF 的主要思想是：如果某个词或短语在一篇文章中出现的频率 TF 高，并且在其他文章中很少出现，则认为此词或者短语具有很好的类别区分能力，适合用来分类。TF-IDF 实际上是：TF-IDF，TF 表示词频(term frequency)，IDF 表示反文档频率(inverse document frequency)。TF 表示词条。在文档 d 中出现的频率。IDF 的主要思想是：如果包含词条 t 的文档越少，也就是 n 越小，IDF 越大，则说明词条 t 具有很好的类别区分能力。处理后将得到一个句子的特征向量，不过每个元素应该是一个[0，1]的实数，表示一个概率。一个好的 TF-IDF 需要进行很多的处理，比如进行光滑处理。

2.词向量表示

词向量又名词嵌入(word embedding)，一般被看做是文档的特征，不同词向量有不同的用法。深度学习为自然语言处理带来的最令人兴奋的突破就是词向量技术。词向量技术是将词转化成为稠密向量，并且对于相似的词，其对应的词向量也相近。在自然语言处理应用中，词向量作为深度学习模型的特征进行输入。因此，最终模型的效果很大程度上取决于词向量的效果。

1) Word2vec

Word2vec 是从大量文本中以无监督学习的方式学习语义知识的模型，其本质就是通过学习文本来用词向量的方式表征词的语义信息，通过嵌入空间将语义上相似的单词映射到距离相近的地方，即将单词从原先所属的空间映射到新的多维空间中。举例来讲，smart 和 intelligent 意思相近，target 和 goal 在意思上比较相近，但是 target 与 apple 离得较远，映射到新的空间中后，smart 和 intelligent、target 和 goal 的词向量比较相近，而 target 与 apple 的词向量相差较远。

常见的 Word2vec 词向量有两种模式，CBOW (continuous bag of words) 和 skip-gram。CBOW 是根据目标单词所在原始语句的上下文来推测目标单词本身，而 skip-gram 则是利用该目标单词推测原始语句信息，即它的上下文。举个例子：美国对中国进口钢铁采取了反倾销调查。那么 CBOW 的目标可以是：{中国，钢铁}—>进口，{采取了，调查}—>反倾销，{美国，中国}—>对；skip-gram 的目标可以是：{进口}—>{中国，钢铁}，{了}—>{采取，反倾销}。

Word2vec 的参数包括 word embedding (词向量) 和 context embedding (上下文向量)。词典中的每一个单词都对应着一个词向量和一个上下文向量。这些向量一开始都是随机初始化的。Word2vec 训练的过程是扫描语料，让单词的 word embedding 和它局部上下文中单词的 context embedding 更加接近一些。局部上下文一般是指中心词左右两边的几个单词，如图 8.3 所示。

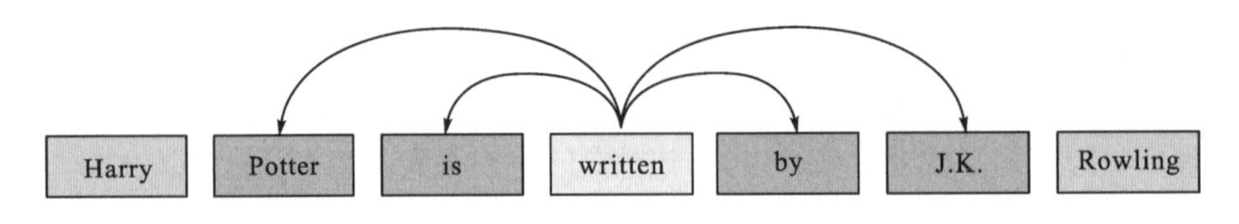

图 8.3　局部上下文示例

此外，Word2vec 还会做一个负采样。具体来说，就是会从词典中随机抽取单词，让它们接近或者疏远，最终就能得到高质量的词向量。对于没什么关系的单词，它们在语料中基本不怎么出现在彼此的局部上下文中，只是会被负采样到，所以它们的词向量会距离很远。

2) GloVe

GloVe 是词向量家族的另一个明星。它的参数和 Word2vec 一模一样，每一个单词有一个 word embedding 和一个 context embedding。GloVe 首先需要建立一个单词的共现矩阵，也就是对于每一个单词对<a，b>，统计单词 a、b 在整个语料中，在彼此的局部上下文中共现了几次。GloVe 的目标是希望利用词向量重新构造这个共现矩阵。

比如 plays 和 cat 共现了 1000 次。我们希望 cat 的 word embedding 和 plays 的 context embedding 的内积能和 log (1000) 比较接近。log (1000) 算是比较大了，训练的结果就是 cat 和 plays 的 word/context embedding 比较接近 (粗略认为内积大距离就小)。再比如 cat 和 train 共现了 5 次，那么 cat 和 train 的 word/context embedding 的内积就会比较小 (大约等于 log (5))。

如果它们的内积大于这个数字，GloVe 就会让 cat 和 train 的 word/context embedding 距离远一些。总的来说，GloVe 和 Word2vec 的基本原理差不多，GloVe 根据最终的目标 (也就是共现矩阵)，不断地去调整距离，让它们接近或者疏远。最后的结果是上下文相似的单词就会有相似的词向量。

8.2.4　特征选择处理

1.特征选择

在文本挖掘与文本分类的有关问题中，常采用特征选择方法。原因是文本的特征一般都是单词(term)，具有语义信息，使用特征选择找出的 *k* 维子集，仍然是单词作为特征，保留了语义信息，而特征提取则找 k 维新空间，将会丧失语义信息。

在解决一个实际问题的过程中，选择合适的特征或者构建特征的能力特别重要，这称为特征选择或者特征工程。特征选择是一个很需要创造力的过程，更多的依赖于直觉和专业知识，并且有很多现成的算法来进行特征的选择。对于一个语料而言，我们可以统计的信息包括文档频率和文档类比例，所有的特征选择方法均依赖于这两个统计量，目前，文本的特征选择方法主要有：

(1) 文档频率(document frequency，DF)：指在训练语料库中出现的特征词条的文档数。其基本思想是：首先设定最小和最大文档频率阈值，然后计算每个特征词条的文档频率，如果该特征词条的文档频率大于最大文本频率阈值或小于最小文档频率阈值，则删除该词条，否则保留。若文档频率过小，表示该特征词条是低频词，没有代表性；如果特征词条文档频率过大，则表示该特征词条没有区分度，这样的特征词条对分类都没有多大影响，所以删除它们不会影响分类效果。

(2) 互信息(mutual information，MI)：互信息是事件 A 和事件 B 发生相关联而提供的信息量，在处理分类问题提取特征的时候就可以用互信息来衡量某个特征和特定类别的相关性，如果信息量越大，那么特征和这个类别的相关性越大，反之也是成立的。低词频对于互信息的影响很大，一个词如果频次不够大，但是又主要出现在某个类别里，那么就会出现较高的互信息，从而给筛选带来噪声。所以为了避免出现这种情况可以采用先对词按照词频排序，然后按照互信息大小进行排序，再选择自己想要的词，这样就能比较好的解决这个问题。

(3) 信息增益(information gain，IG)：在信息增益中，重要的衡量标准就是看这个特征能够为分类系统带来多少信息，带来的信息越多，那么该特征就越重要。通过信息增益选择的特征属性只能考察一个特征对整个系统的贡献，而不能具体到某个类别上，这就使得它只能做全局特征选择，即所有的类使用相同的特征集合。

(4) 卡方检验(chi-square，CHI)：数理统计中一种常用的检验两个变量是否独立的方法。在卡方检验中使用特征与类别间的关联性来进行量化，关联性越强，特征属性得分就越高，该特征越应该被保留。其基本思想是：观察实际值和理论值的偏差来确定理论的正确性。通常先假设两个变量确实是独立的，然后观察实际值与理论值的偏差程度，如果偏差足够小，那么就认为这两个变量确实是独立的，偏差很大，那么就认为这两个变量是相关的。在文本特征属性选择阶段，一般用“词 t 与类别 c 不相关”作出假设，计算出的卡方值越大，说明假设偏离就越大，假设越不正确。文本特征属性选择过程为：计算每个词与类别 c 的卡方值，然后排序取前 k 大的即可。

(5) 期望交叉熵(expected cross entropy)：交叉熵也称 KL 距离。它反映了文本主题类

的概率分布和在出现了某特定词汇的条件下文本主题类的概率分布之间的距离，词汇 w 的交叉熵越大，对文本主题类分布的影响也越大。它与信息增益唯一的不同之处在于没有考虑单词未发生的情况，只计算出现在文本中的特征项。如果特征项和类别强相关，$P(C_i|\mathrm{w})$就大，若$P(C_i)$又很小的话，则说明该特征对分类的影响大。熵的特征选择效果都要优于信息增益。

(6)二次信息熵(quadratic entropy mutual information，QEMI)：将二次熵函数应用于互信息评估方法中，取代互信息中的 Shannon 熵，就形成了基于二次熵的互信息评估函数。基于二次熵的互信息克服了互信息的随机性，是一个确定的量，因此可以作为信息的整体测度，另外它还比互信息最大化的计算复杂度要小，所以可以比较高效地用在基于分类的特征选择上。

(7)*n*-Gram：基于 *n*-Gram 的方法是把文章序列，通过大小为 *n* 的窗口，形成一个个 Group，然后对这些 Group 做统计，滤除出现频次较低的 Group，把这些 Group 组成特征空间，传入分类器，进行分类。

2.特征降维

特征降维并非所有文本分析的必选项，对于文本类的数据挖掘项目，基本不考虑降维的问题。特征降维方法具体包括：线性特别分析(linear qiscriminant analysis)、主成分分析(principal components analysis)、因子分析(factor analysis)、奇异值分解(singular value decomposition)、非负矩阵分解(nonnegtive matrix factor)、隐性语义索引(latent semantic indexing)或者潜在语义分析(latent semantic analysis)。

8.2.5 学习模型训练

将文本表示成了常规的广义特征数据结构，接下来的工作就是跟其他类型的数据挖掘一样，将这些特征输入学习模型，然后用于测试数据集，最后得到结果。

1.模型训练学习

对于文本分类问题，可以采用 KNN、SVM、朴素贝叶斯、决策树等。对于文本聚类问题，可选择 K-means、Agent、Divided、DBSCAN 等模型。

2.模型评估

对模型进行必要的评估，以优化模型。具体指标包括：准确率、错误率、精确度、召回率以及 ROC 曲线和 AUC 曲线。

8.3 深度学习文本分类模型

文本分类是文本大数据分析的主要应用，基于深度学习的文本分类是当前文本大数据挖掘的热门研究方向。基本方法是用词向量表示文本，再利用 CNN/RNN 等深度学习网络及其变体解决自动特征提取，在此基础上进行分类。下面介绍几种深度学习的文本分类模型。

8.3.1 fastText

fastText 是 Word2vec 的作者 Mikolov 于 2016 年 7 月在其论文 *Bag of Tricks for Efficient Text Classification* 中提出的。把 fastText 放在此处并非因为它是文本分类的主流做法，而是因为它极其简单，模型见图 8.4。

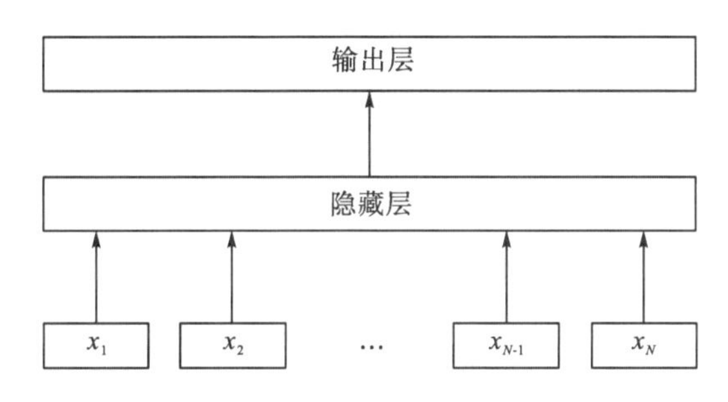

图 8.4 fastText 模型

其原理是把句子中所有的词向量进行平均，某种意义上可以理解为只有一个 avg pooling 的特殊 CNN，然后直接接 softmax 层。这个模型其实算不上深度学习，它跟 Word2vec 的模型极其相似，即输入层是文本中的单词，然后经过一个嵌入层将单词转化为词向量，接下来对文本中所有的词进行求平均的操作得到一个文本的向量，再经过一个输出层映射到所有类别中，在 Mikolov 的论文中详细论述了如何使用 *n*-gram feature 考虑单词的顺序关系，以及如何使用 Hierarchical softmax 机制加速 softmax 函数的计算速度。

这种模型的优点在于简单，无论训练还是预测的速度都很快，比其他深度学习模型高了几个量级。缺点是模型过于简单，准确度较低。但是很多公司的实际场景里面，数据量小、杂乱、甚至还没有标记，所以那些深度学习的模型并不一定能派上用场，反而这种简单快速的模型用的很多。

8.3.2 TextCNN

TextCNN 的结构见图 8.5。基本思想是将卷积神经网络(CNN)应用到文本分类任务，利用多个不同 size 的 kernel 来提取句子中的关键信息(类似于多窗口大小的 *n*-gram)，从而能够更好地捕捉局部相关性。

TextCNN 详细过程如图 8.6 所示。

第一层是图中最左边的 7×5 的句子矩阵，每行是词向量，维度为 5，这个可以类比为图像中的原始像素点。然后经过有 filter_size=(2，3，4)的一维卷积层，每个 filter_size 有

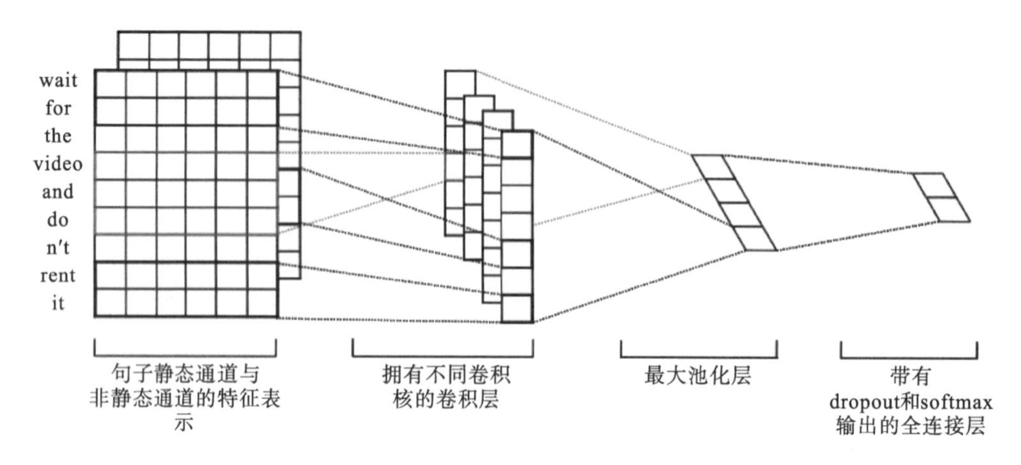

图 8.5 TextCNN 的结构

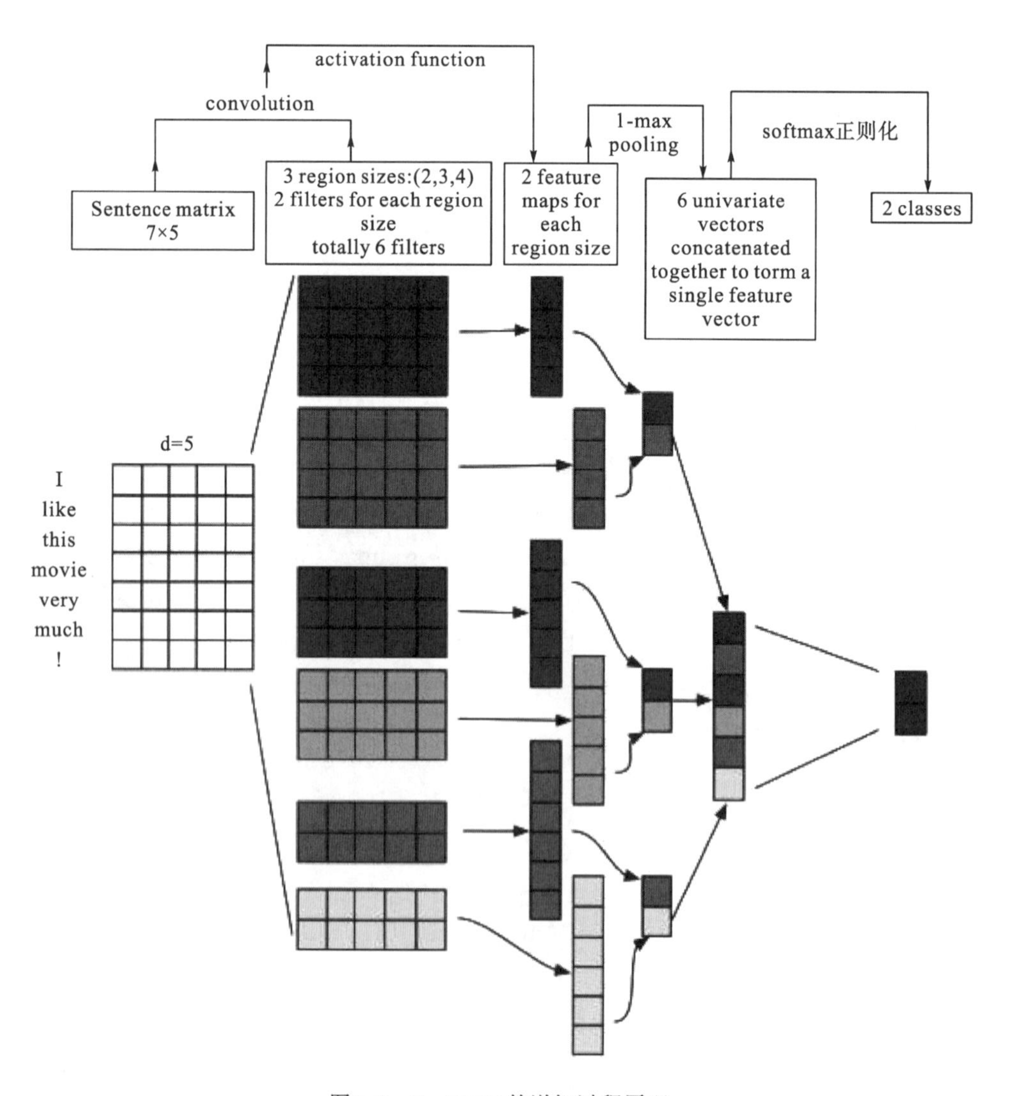

图 8.6 TextCNN 的详细过程原理

两个输出 channel。第三层是一个 1-max pooling 层，这样不同长度的句子经过 pooling 层之后都能变成了定长的表示，最后接一层全连接的 softmax 层，输出每个类别的概率。

(1) 特征：这里的特征就是词向量，有静态(static)和非静态(non-static)方式。static 方式采用比如 Word2vec 预训练的词向量，训练过程不更新词向量，实质上属于迁移学习，特别是数据量比较小的情况下，采用静态的词向量往往效果不错。non-static 则是在训练过程中更新词向量。推荐的方式是 non-static 中的 fine-tunning 方式，它是以预训练(pre-train)的 word2vec 向量初始化词向量，训练过程中调整词向量，能加速收敛，当然如果有充足的训练数据和资源，直接随机初始化词向量的效果也是可以的。

(2) 通道(Channels)：图像中可以利用(R，G，B)作为不同 channel，而文本输入的 channel 通常是不同方式的 embedding 方式(比如 Word2vec 或 Glove)，实践中也有利用静态词向量和 fine-tunning 词向量作为不同 channel 的做法。

(3) 一维卷积(conv-1D)：图像是二维数据，经过词向量表达的文本为一维数据，因此在 TextCNN 卷积用的是一维卷积。一维卷积带来的问题是需要设计通过不同 filter_size 的 filter 获取不同宽度的视野。

(4) 池化(pooling)层：利用 CNN 解决文本分类问题的文章还是很多的，比如 *A Convolutional Neural Network for Modelling Sentences*(https：//arxiv.org/pdf/1404.2188.pdf)，最有意思的输入是在 pooling 改成(dynamic)k-max pooling，pooling 阶段保留 k 个最大的信息，保留了全局的序列信息。举个例子：

“我觉得这个地方景色还不错，但是人也实在太多了”

虽然前半部分体现情感是正向的，但全局文本表达的是偏负面的情感，利用 k-max pooling 能够很好捕捉这类信息。

8.3.3　TextRNN

尽管 TextCNN 能够在很多任务里面能有不错的表现，但 CNN 有个最大问题是固定 filter_size 的视野，一方面无法建模更长的序列信息，另一方面 filter_size 的超参调节也很烦琐。CNN 本质是做文本的特征表达工作，而自然语言处理中更常用的是递归神经网络(Recurrent Neural Network，RNN)，其能够更好的表达上下文信息。具体在文本分类任务中，Bi-directional RNN(实际使用的是双向 LSTM)从某种意义上可以理解为可以捕获变长且双向的“*n*-gram”信息。

双向 LSTM 算是在自然语言处理领域的一个标配网络了，在序列标注/命名体识别/seq2seq 模型等很多场景都有应用。图 8.7 是 Bi-LSTM 用于分类问题的网络结构原理示意图，黄色的节点分别是前向和后向 RNN 的输出，示例中的是利用最后一个词的结果直接接全连接层 softmax 输出了。

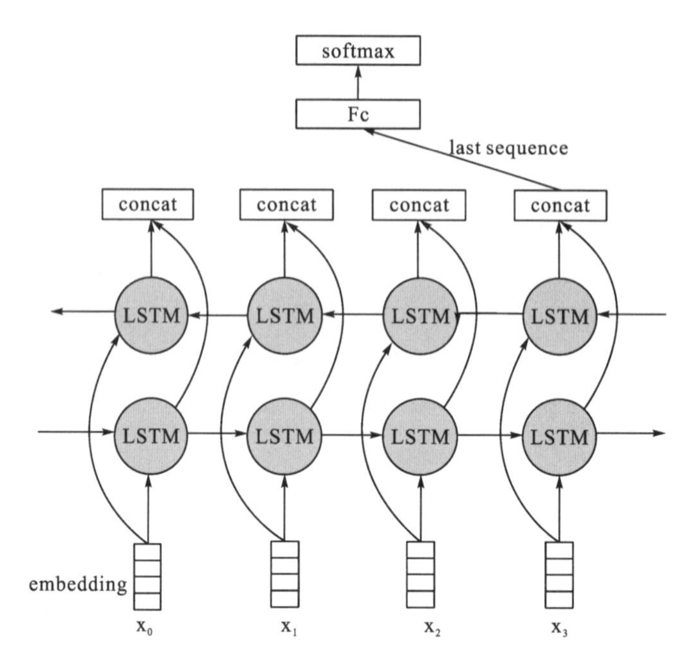

图 8.7 Bi-LSTM 网络结构原理示意图

8.3.4 TextRNN+Attention

CNN 和 RNN 用在文本分类任务中尽管效果显著，但都有一个不足的地方就是不够直观，可解释性不好，特别是在分析 badcase 时候感受尤其深刻。而注意力(Attention)机制是自然语言处理领域一个常用的长时间记忆机制，能够很直观的给出每个词对结果的贡献，基本成了 seq2Seq 模型的标配。实际上文本分类从某种意义上也可以理解为一种特殊的 seq2Seq，所以考虑把 Attention 机制引入。

1.Attention 机制介绍

下面以机器翻译为例简单介绍 Attention 机制。图 8.8 中 x_t 是源语言的一个词，y_t 是目标语言的一个词，机器翻译的任务就是给定源序列得到目标序列。翻译 t 的过程产生取决于上一个词 y_{t-1} 和源语言的词的表示 h_j(x_j 的 bi-RNN 模型的表示)，而每个词所占的权重是不一样的。比如源语言是中文“我/是/中国人”，目标语言“i/am/Chinese”，翻译出“Chinese”时显然取决于“中国人”，而与“我/是”基本无关。图 8.7 中，α_{ij} 则是翻译英文第 i 个词时，中文第 j 个词的贡献，也就是注意力。显然在翻译“Chinese”时，“中国人”的注意力值非常大。

Attention 的核心 point 是翻译每个目标词(或预测商品标题文本所属类别)所用的上下文是不同的，这样的考虑显然是更合理的。

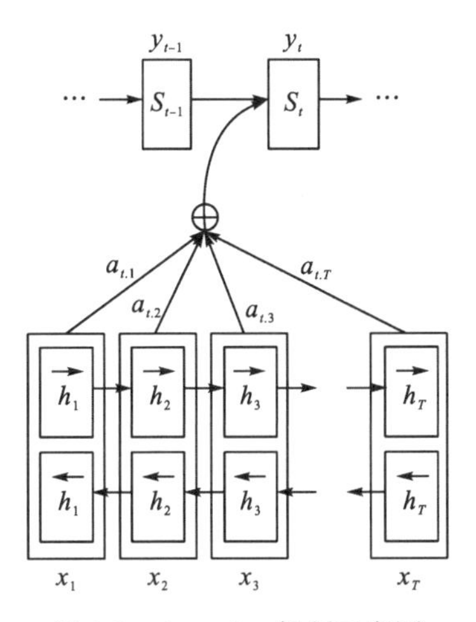

图 8.8　Attention 机制示意图

2.TextRNN+Attention 模型

TextRNN+Attention 模型的网络结构如图 8.9 所示，它一方面用层次化的结构保留了文档的结构，另一方面在 word-level 和 sentence-level。

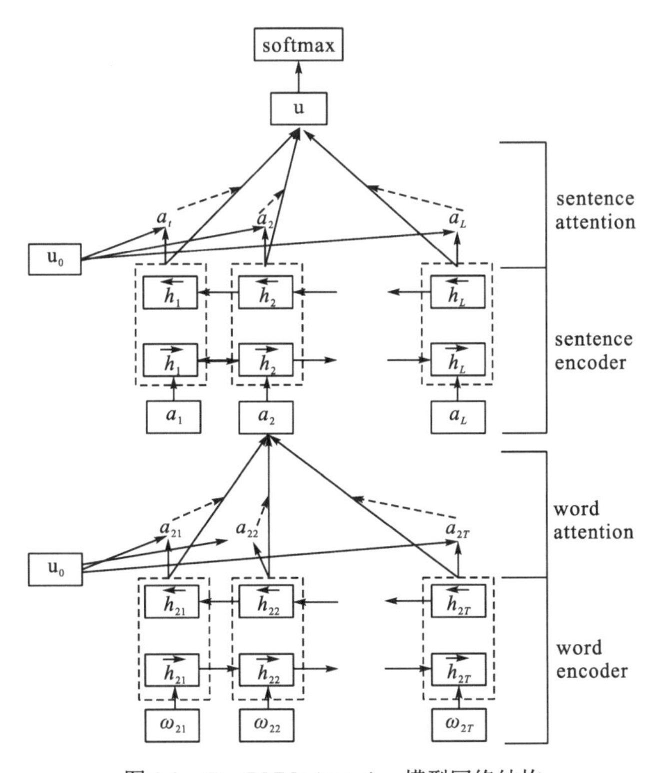

图 8.9　TextRNN+Attention 模型网络结构

加入 Attention 之后最大的好处自然是能够直观地解释各个句子和词对分类类别的重要性。

8.3.5 TextRCNN(TextRNN+CNN)

TextRCNN 是 TextRNN 和 CNN 结合的产物，其网络结构如图 8.10 所示。

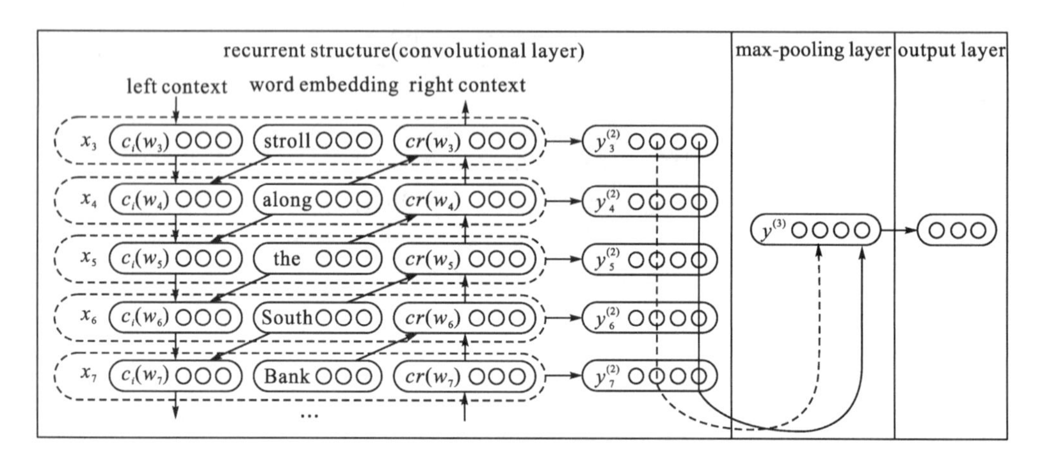

图 8.10 TextRCNN 网络结构

利用前向和后向 RNN 得到每个词的前向和后向上下文的表示：

$$c_l(w_i) = f(w^{(l)}c_l(w_{i-1}) + w^{(sl)}e(w_{i-1})) \tag{8.1}$$

$$c_r(w_i) = f(w^{(r)}c_r(w_{i+1}) + w^{(sr)}e(w_{i+1})) \tag{8.2}$$

这样词的表示就变成词向量和前向后向上下文向量 concat 起来的形式了。最后再接跟 TextCNN 相同的卷积层和池化层即可，唯一不同的是卷积层 filter_size=1 就可以了，不再需要更大 filter_size 获得更大视野，这里词的表示也可以只用双向 RNN 输出。

8.3.6 HAN

相比于 TextCNN，HAN(Hierarchy Attention Network)网络引入了注意力机制，其特点在于完整保留了文章的结构信息，同时基于 attention 结构具有更好的解释性。

HAN 模型主要分为两部分，分别是句子建模和文档建模(图 8.11)。词向量先经过双向 LSTM 网络进行编码，结合隐藏层的输出与 Attention 机制，对句子进行特征表示，经过编码的隐向量通过时间步点积得到 Attention 权重，把隐向量做加权得到句子向量，最后句子再次通过双向 LSTM 网络加上 Attention 得到文章的向量输出，最后通过分类器得到文本分类。模型结构符合人们由词理解句子，进而理解整个文章的过程。

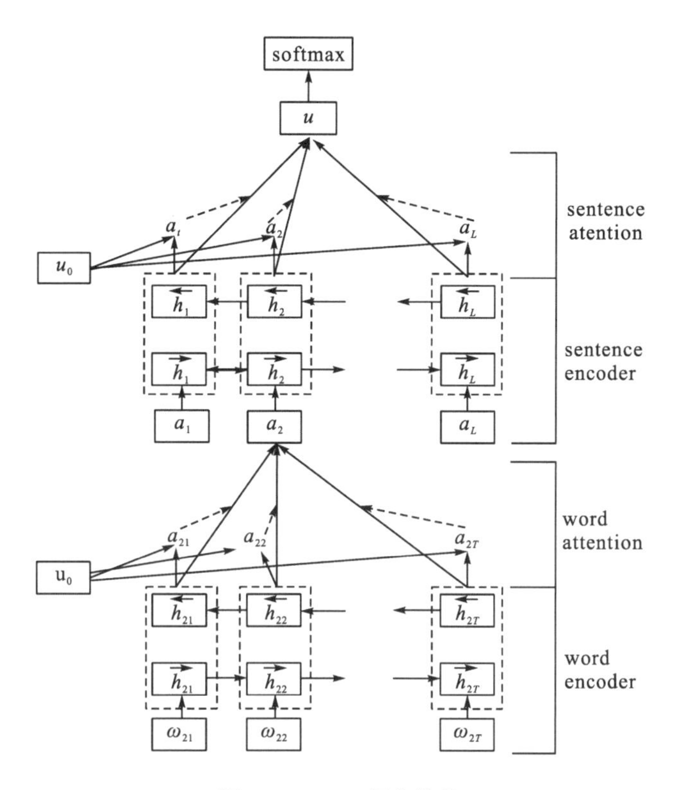

图 8.11　HAN 网络结构

8.3.7　深度学习文本分类小结

深度学习文本分类模型是一个非常复杂的过程。除了理论分析，经验也非常重要。下面是一些学者总结的经验：

(1) 模型并不是最重要的。不能否认，好的模型设计对获得好结果的至关重要，但实际使用中，模型的工作量占的时间其实相对比较少。虽然本章介绍了 5 种 CNN/RNN 及其变体的模型，实际中文本分类任务单纯用 CNN 已经足以取得很不错的结果了。最佳实践是先用 TextCNN 模型把整体任务效果调试到最好，再尝试改进模型。

(2) 理解数据。一定要理解数据，无论传统方法还是深度学习方法，数据感受始终非常重要。要重视 badcase 分析，明白数据是否适合，为什么对、为什么错。

(3) 关注迭代质量，记录和分析每次实验。迭代速度是决定算法项目成败的关键，算法项目重要的不只是迭代速度，还有迭代质量。建议记录每次实验，实验分析至少回答这三个问题：为什么要实验？结论是什么？下一步怎么实验？

(4) 超参调节。怎么最快的得到超参调节其实是一个非常重要的问题。需要注意合理性检查，确定模型，数据和其他地方没有问题。训练时跟踪损失函数值、训练集和验证集准确率。使用随机搜索 (random search) 来搜索最优超参数，分阶段从粗 (较大超参数范围训练较少周期) 到细 (较小超参数范围训练较长周期) 进行搜索。

(5) 一定要用 dropout。有两种情况可以不用：数据量特别小，或者用了更好的正则方法。实际应用中不同参数的 dropout 最好的是 0.5，所以如果计算资源很有限，默认 0.5 是一个很好的选择。

(6) Fine-tuning (微调) 是必选的：如果只是使用 Word2vec 训练的词向量作为特征表示，一定会损失很大的效果。所以对预训练网络采用 fine-tuning 来调参是比较好的方法。

(7) 未必一定要 softmax loss。这取决于数据，如果你的任务是多个类别间非互斥，可以试着训练多个二分类器，调整后准确率可以增加 1%以上。

(8) 类目不均衡问题。基本是一个在很多场景都验证过的结论：如果 loss 被一部分类别 dominate，对总体而言大多是负向的。建议可以尝试类似 booststrap 方法调整 loss 中样本的权重。

(9) 避免训练震荡。默认一定要增加随机采样因素尽可能使得数据分布均衡，默认 shuffle 机制能使得训练结果更稳定。如果训练模型仍然很震荡，可以考虑调整学习率或 mini_batch_size。

(10) 没有收敛前不要过早的下结论。最后的才是最好的，特别是一些新的角度的测试，不要轻易否定，至少要等到收敛。

8.4 文本大数据分析实例——文本分类

文本分类是自然语言处理中一个很经典也很重要的问题，它的应用很广泛，在很多领域发挥着重要作用，例如垃圾邮件过滤、舆情分析以及新闻分类等。和其他的分类问题一样，文本分类的核心问题首先是从文本中提取出分类数据的特征，然后选择合适的分类算法和模型对特征进行建模，从而实现分类。当然文本分类问题有具有自身的特点，例如文本分类需要对文本进行分词等预处理，然后选择合适的方法对文本进行特征表示，再构建分类器对其进行分类。本节通过实践的方式对文本分类中的一些重要分类模型进行总结和实践，尽可能将这些模型联系起来，利用通俗易懂的方式让大家对这些模型有所了解，方便读者在今后的工作学习中选择文本分类模型。

8.4.1 业务问题描述

一个典型的例子 (图 8.12)，图中淘宝商品的标题是“夏装雪纺条纹短袖 t 恤女春半袖衣服夏天中长款大码胖 mm 显瘦上衣夏”。淘宝网后台是通过树形的多层的类目体系管理商品的，覆盖叶子类目数量达上万个，商品量也是 10 亿量级，我们的任务是根据商品标题预测其所在叶子类目。示例中商品归属的类目为“女装/女士精品>>蕾丝衫/雪纺衫”。很显然，这是一个非常典型的短文本多分类问题。接下来分别会介绍文本分类传统和深度学习的做法，最后简单梳理实践的经验。

图 8.12　淘宝商品的例子

8.4.2　传统文本分类方法

传统的文本分类方法最早可以追溯到 20 世纪 50 年代，当时主要通过专家规则(pattern)的方式进行分类，后来发展为专家系统，但是这些方法的准确率以及覆盖范围都很有限。后来随着统计学习的发展以及 20 世纪 90 年代互联网文本数据的增长和机器学习研究的兴起，逐渐形成了一套解决大规模文本分类问题的经典方法，其特点是主要依靠人工特征工程从文本数据中抽取数据特征，然后利用浅层分类模型对数据进行训练。训练文本分类器的主要过程如图 8.13 所示。

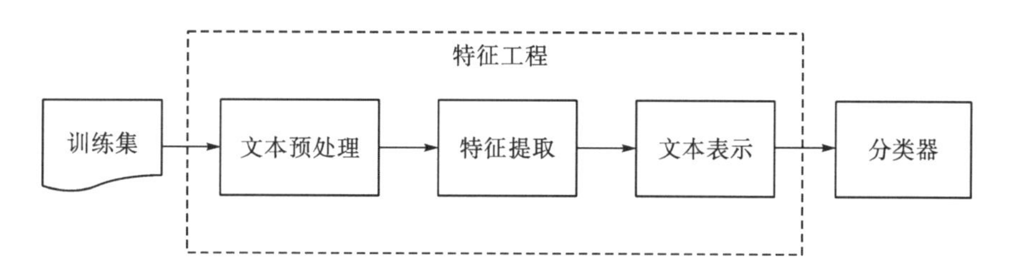

图 8.13　文本分类器训练过程

文本分类问题主要由两大部分构成：特征工程和分类器。其中特征工程又分成了文本预处理、特征提取以及文本表示三个步骤。

在利用机器学习解决问题的过程中，特征工程往往是最重要也是最费时的一个环节，实际上机器学习问题需要把数据转换成信息然后转换为知识。特征是数据的表征，对数据表征的好坏直接影响结果，也就是说特征表征的好坏直接影响结果的上限，而分类器是将信息转换为知识的手段，仅仅是逼近上限的一种方法。特征工程更特殊的地方在于需要结合特定的任务和理解进行特征构建，不同的业务场景下特征工程是不同的，不具备通用的方法。因为计算机能够直接理解和处理的是数字型变量，而文本想要转换成计算机理解的语言，同时具备足够强的表征能力。首先需要进行文本预处理，例如对文本进行分词，然后去停用词。停用词是文本中对文本分类无意义的词，通常维护一个停用词表，特征提取过程中删除停用词表中出现的词。

特征选择的主要方法是根据某个评价指标独立地对原始特征项(词项)进行评分排序，从中选择得分最高的一些特征项，过滤掉其余的特征项。常用的评价方法有文档频率、互信息、信息增益等。此外，经典的 TF-IDF 方法用来评估一个字词对于文档集或者语料库的一份文章而言的重要程度，是一种计算特征权重的方法，其主要思想是字词的重要性与它在文档中出现的次数成正比，与它在语料库中出现的频率成反比。

文本表示是希望把文本预处理成计算机可理解的方式，文本表示的好坏影响文本分类的结果。传统文本表示方法有词袋模型(BOW，bag of words)或向量空间模型(vector space model)。词袋模型的示例如下：

$$(0, 0, 0, 0, \cdots, 1, \cdots, 0, 0, 0, 0)$$

我们对词采用 one-hot 编码，假设总共 N 个词，构建 N 维零向量，如果文本中的某些词出现了，就在该词位置标记 1，表示文本包含这个词。但是通常来说词库量至少都是百万级别，因此词袋模型有两个最大的问题：高维度、高稀疏性。在词袋模型的基础上出现了向量空间模型，向量空间模型是通过特征选择来降低向量的维度，并利用特征权重计算增加稠密性，缓解了词袋模型高维度、高稀疏性的问题。

然而这两种模型都没有考虑文本的语义信息，也就是说文本中任意两个词都没有建立联系，通过向量无法表示词和词之间的关系，这实际上是不符合常理的。

分类器都是统计分类方法，大部分机器学习方法都在文本分类领域有所应用，比如朴素贝叶斯分类算法、KNN、SVM、最大熵和神经网络等等，传统分类模型已在前一章讲过，在这里就不重复展开了。

8.4.3 深度学习文本分类方法

1.基于深度神经网络的词向量特征表示

传统的文本分类方法面临的主要问题在于文本表示是高维度、高稀疏的，因此特征表达能力比较差；此外，传统文本分类需要人工特征工程，这个过程比较耗时。应用深度学习解决大规模文本分类问题最重要的是解决文本表示，利用 CNN/RNN 等网络结构自动获取特征表达能力，从而实现文本分类。为了解决文本表示，对文本做进一步的特征处理，因此引入了词向量的概念，在深度学习模型中一个词经常用一个低维且稠密的向量来表示，如下所示：

$$(0.286, 0.792, -0.177, -0.107, \cdots, 0.109, \cdots, 0.349, 0.271, -0.642)$$

词向量也叫词嵌入，属于文本的分布式表示，是 Hinton 在 1986 年提出的，基本思想是将每个词表达成 n 维稠密连续的向量。相比 one-hot 编码，分布式表示最大的优点是特征表达能力更强。词向量解决了文本表示的问题。事实上，不管是神经网络的隐层，还是多个潜在变量的概率主题模型，都是应用分布式表示。图 8.14 是 2003 年 Bengio 提出的神经概率语言模型(neural probabilistic language model，NPLM)结构。

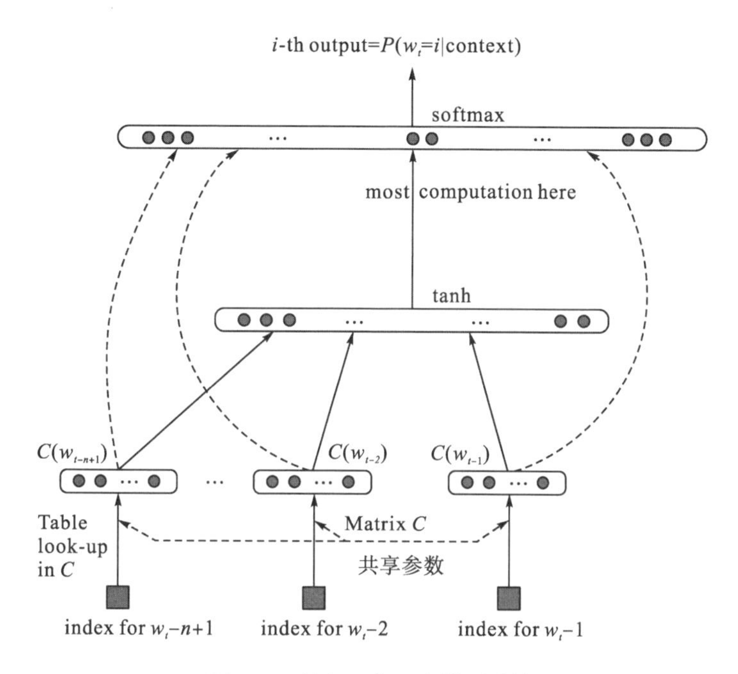

图 8.14　神经网络语言模型结构

NPLM 采用的是文本分布式表示，即每个词表示为稠密的实数向量。词的分布式表示即词向量是训练语言模型的一个附加产物，即图 8.14 中的 Matrix C。Mikolov 在 2013 年发表了两篇有关 Word2vec 及 Word2vec 工具包的文章，在语义维度上得到了很好地验证，极大地推动了文本分析的进程。其中 CBOW 和 Skip-Gram 两个模型的结构，基本类似于 NNLM，不同的是模型去掉了非线性隐层，预测目标不同，CBOW 是上下文预测当前词，Skip-Gram 则相反。

除此之外，还提出了 Hierarchical Softmax 和 Negative Sample 两个方法，很好地解决了计算有效性。实际上 Word2vec 学习的向量和真正语义还有差距，更多学到的是具备相似上下文的词，比如“good”“bad”相似度也很高，反而是文本分类任务输入有监督的语义能够学到更好的语义表示。

文本通过词向量的表示方法，把文本数据从高维度、高稀疏性的神经网络难处理的方式，变成了类似图像、语言的连续稠密数据。深度学习算法本身有很强的数据迁移性，很多之前在图像领域很适用的深度学习算法比如 CNN 等也可以很好的迁移到文本领域。

2.文本预处理

文本预处理过程是在文本中提取关键词表示文本的过程，中文文本处理中主要包括文本分词和去停用词两个阶段。之所以进行分词，是因为很多研究表明特征粒度为词粒度远好于字粒度，其实很好理解，因为大部分分类算法不考虑词序信息，基于字粒度显然损失了过多的“n-gram”信息。

具体到中文分词。不同于英文有天然的空格间隔，需要设计复杂的分词算法。传统算法主要有基于字符串匹配的正向/逆向/双向最大匹配、基于理解的句法和语义分析消歧、基于统计的互信息方法。而停用词是文本中的一些高频的代词、连词、介词等对文本分类无意义的词，通常维护一个停用词表，特征提取过程中删除停用词表中出现的词，本质上属于特征选择的一部分。经过文本分词和去停用词之后淘宝商品示例标题变成了“/”分割的一个个关键词的形式：

夏装/雪纺/条纹/短袖/t 恤/女/春/半袖/衣服/夏天/中长款/大码/胖 mm/显瘦/上衣/夏

3.基于 Keras 的实验结果

Keras 是一个基于 Tensorflow、Theano 以及 CNTK 后端的深度学习框架，对很多细节进行了封装，便于快速实验。首先我们需要用 Keras 框架搭建模型结构，搭建好网络模型后，需要对模型进行编译，确定模型的损失函数以及优化器，定义模型评估指标。然后使用 fit 函数对模型进行训练，需要指定的参数有输入数据、批量大小、迭代轮数、验证数据集等。表 8.1 是对部分模型分别进行训练的结果。

表 8.1　不同模型短文本分类结果

模型	准确率
LSTM	0.8523
FastText	0.8698
TextCNN	0.8730
HAN	0.8659

通过实验结果可以看到每个模型的训练效果，其中 TextCNN 模型的准确率最高，而更加复杂的 HAN 模型效果反而一般，在训练耗时方面，TextCNN 以及 HAN 等模型的训练速度相对更慢。实际上在真实的应用场景中，理论和实践往往有差异，理解数据很多时候比模型更重要。通过本节我们将传统文本分类方法以及深度学习模型进行了介绍和对比，并利用 Keras 框架对其中的模型进行文本分类实践。想要在实际业务中将文本分类模型用好，除了扎实的理论分析之外，还要在大量的业务实践中总结经验，通过实践将模型在业务应用中进行不断优化，才能使模型在实际场景中得到应用。

4.其他文本挖掘工具

DMC Text Filter 是 HYFsoft 推出的纯文本抽出通用程序库，DMC Text Filter 可以从各种各样的文档格式的数据中或从插入的 OLE 对象中，完全除掉特殊控制信息，快速抽出纯文本数据信息。便于用户实现对多种文档数据资源信息进行统一管理、编辑、检索和浏览。

DMC Text Filter 采用了先进的多语言、多平台、多线程的设计理念，支持多国语言(英语、中文简体、中文繁体、日本语、韩国语)，多种操作系统(Windows、Solaris、Linux、IBM AIX、Macintosh、HP-UNIX)，多种文字集合代码(GBK、GB18030、Big5、ISO-8859-1、KS X1001、Shift_JIS、WINDOWS31J、EUC-JP、ISO-10646-UCS-2、ISO-10646-UCS-4、UTF-16、UTF-8 等)。提供了多种形式的 API 功能接口(文件格式识别函数、文本抽出函数、文件属性抽出函数、页抽出函数、设定 User Password 的 PDF 文件的文本抽出函数等)，便于用户方便使用。用户可以十分便利地将本产品组装到自己的应用程序中，进行二次开发。通过调用本产品提供的 API 功能接口，实现从多种文档格式的数据中快速抽出纯文本数据。

本 章 小 结

文本数据是最典型的非结构化数据。在大数据处理中，文本大数据的分析有非常广泛的应用，如文本分类、舆情监测、主题分析、情感分析、观点分析等。因其涉及到自然语言处理(NLP)等人工智能领域中相对困难的研究方向，目前的文本大数据技术还有非常大的改进空间。本章主要介绍了文本大数据分析技术的主要应用场景和技术难点、文本大数据分析的主要流程、深度学习在文本分析中的应用及其主要模型，最后给出了一个文本分类的实例。

思 考 题

1.文本大数据有哪些典型特征？
2.文本大数据分析的主要应用场景有哪些？
3.文本大数据分析的主要技术难点是什么？
4.简述文本大数据分析的主要流程。
5.列举常用的文本特征模型。
6.深度学习文本分类模型中，TextCNN 和 TextRNN 有何不同？

参 考 文 献

王树辰. 2013. 基于海量舆情信息的话题检测系统的设计与实现. 广州: 中山大学.

程学旗, 兰艳艳. 2015. 网络大数据的文本内容分析. 大数据, 1(3): 62-71.

袁书寒, 向阳, 鄂世嘉. 2015. 基于特征学习的文本大数据内容理解及其发展趋势. 大数据, 1(3): 72-81.

张清辰. 2015. 面向大数据特征学习的深度计算模型研究. 大连: 大连理工大学.

李金海, 何有世, 熊强. 2014. 基于大数据技术的网络舆情文本挖掘研究. 情报杂志, 33(10): 1-6+13.

Collobert R, Weston J, Bottou L, et al. 2011. Natural language processing (Almost) from scratch. Journal of Machine Learning Research, 12 (1): 2493-2537.

Conneau A, Schwenk H, Barrault L, et al. 2017. Very deep convolutional networks for text classification. Proceedings of the 15th Conference of the European Chapter of the Association for Computational Linguistics.

Levy O, Goldberg Y, Dagan I. 2015. Improving distributional similarity with lessons learned from word embeddings. Transactions of the Association for Computational Linguistics, 3: 211-225.

Mikolov T, Sutskever I, Chen K, et al. 2013. Distributed representations of words and phrases and their compositionality. Advances in Neural Information Processing Systems. 26: 3111-3119.

Pennington J, Socher R, Manning C. 2014. Glove: global vectors for word representation. Proceedings of the 2014 conference on empirical methods in natural language processing (EMNLP), 1532-1543.

Phil B, Grefenstette E, Kalchbrenner N. 2014. A convolutional neural network for Modelling sentences. Proceedings of the 52nd Annual Meeting of the Association for Computational Linguistics.

Yang Z C. 2016. Hierarchical attention networks for document classification. Proceedings of the 2016 Conference of the North American Chapter of the Association for Computational Linguistics: Human Language Technologies.

Yoon K. 2014. Convolutional neural networks for sentence classification. Proceedings of the 2014 Conference on Empirical Methods in Natural Language Processing (EMNLP).

Zhao Z, Liu T, Li S, et al. 2017. Ngram2vec: Learning Improved Word Representations from Ngram Co-occurrence Statistics//Proceedings of the 2017 Conference on Empirical Methods in Natural Language Processing, 244-253.

第9章　图像大数据分析技术

图像视频大数据的分析与理解已经成为计算机学科相关研究中的热点，其具体研究涵盖理论和关键技术两方面。随着采集设备的普及，全球图像视频数据正在呈现爆炸式增长。目前互联网图片的上传量每天多达数亿张。各种信息载体数据量的爆炸性突破促成了大数据的产生。

图像视频大数据在智能监控、考勤安检、机器人、遥感测绘、网络信息过滤、公安刑侦等领域有广泛的应用，因此，它具有很大的发展潜力和广阔的应用前景，同时也面临重大挑战。中国国家工信部发布的物联网发展规划明确提出要把图像视频智能分析以及海量数据存储、数据挖掘等作为关键技术创新工程。

在图像处理过程中大数据技术凭借自身强大的功能优势，为图像处理提供了技术支持。尤其是其图像变换、图像编码压缩、图像分割、图像描述等各项功能作用的发挥更是极大的提高了大数据技术在图像处理过程中应用的可行性。并且，现阶段大数据图像处理技术已经被广泛应用在农业、纺织业、交通行业、工业等领域的图像处理过程中。大数据技术在图像处理中的应用不仅能够提高图像处理水平，而且对大数据图像处理技术的发展有着深刻意义。

本章将介绍图像大数据分析的主要技术原理、流程和应用场景。

9.1　图像分析技术简介

9.1.1　图像分析技术简介

图像分析一般利用数学模型并结合图像处理的技术来分析底层特征和上层结构，从而提取具有一定智能性的信息。模式识别和人工智能方法对物景进行分析、描述、分类和解释的技术，又称景物分析或图像理解。20 世纪 60 年代以来，在图像分析方面已有许多研究成果，从针对具体问题和应用的图像分析技术逐渐向建立一般理论的方向发展。图像分析同图像处理、计算机图形学等研究内容密切相关，而且相互交叉重叠。但图像处理主要研究图像传输、存储、增强和复原；计算机图形学主要研究点、线、面和体的表示方法以及视觉信息的显示方法；图像分析则着重于构造图像的描述方法，更多地是用符号表示各种图像，而不是对图像本身进行运算，并利用各种有关知识进行推理。图像分析与关于人的视觉的研究也有密切关系，对人的视觉机制中的某些可辨认模块的研究可促进计算机视觉能力的提高。

9.1.2 图像分析的四个基本过程

1.传感器输入

把实际物景转换为适合计算机处理的表达形式，对于三维物景也是把它转换成二维平面图像进行处理和分析。

2.分割

从物景图像中分解出物体和它的组成部分，组成部分又由图像基元构成。把物景分解成这样一种分级构造，需要应用关于物景中对象的知识。一般可以把分割看成是一个决策过程，它的算法可分为像点技术和区域技术两类。像点技术是用阈值方法对各个像点进行分类，例如通过像点灰度和阈值的比较求出文字图像中的笔划。区域技术是利用纹理、局部地区灰度对比度等特征检出边界、线条、区域等，并用区域生长、合并、分解等技术求出图像的各个组成成分。此外，为了进一步考察图像整体在分割中的作用，还研究出了松弛技术等方法。

3.识别

对图像中分割出来的物体给以相应的名称，如自然物景中的道路、桥梁、建筑物或工业自动装配线上的各种机器零件等。一般可以根据形状和灰度信息用决策理论和结构方法进行分类，也可以构造一系列已知物体的图像模型，把要识别的对象与各个图像模型进行匹配和比较。

4.解释

用启发式方法或人机交互技术结合识别方法建立物景的分级构造，说明物景中有些什么物体，物体之间存在什么关系。在三维物景的情况下，可以利用物景的各种已知信息和物景中各个对象相互间的制约关系的知识。例如，从二维图像中的灰度阴影、纹理变化、表面轮廓线形状等推断出三维物景的表面走向；也可根据测距资料，或从几个不同角度的二维图像进行景深的计算，得出三维物景的描述和解释。

9.2 边缘检测

9.2.1 边缘检测的简述

边缘检测是图像处理、图像分析、图像模式重组和计算机视觉技术中的基本步骤之一。边缘给图像提供了突出的结构信息，因此保留边缘是非常重要的。边缘检测技术是识别图像中明显的不连续点。图像中的不连续点被定义为描述图像对象边界的像素强度的突变。

一些传统的边缘检测方法涉及到将图像与一个二维滤波器算子进行卷积，该滤波器对图像中的大梯度非常敏感。有多个边缘检测算子，它们适合于对某些类型的边缘敏感。

边缘检测算子的选择涉及的参数包括：①边缘方向：由对边缘最敏感的算子的几何形状决定的特征方向。对操作符进行优化，搜索水平、垂直和对角的边。②噪声环境：图像存在噪声时，由于噪声和边缘均含有高频内容，难以实现边缘检测。我们可以减少整个图像中模糊和扭曲边缘的噪声，因为在有噪声的图像上使用的操作符通常范围更大，它们可以平均和过滤足够的数据来减少这些有噪声的像素。此操作可能导致检测到的边缘的定位不准确。③边缘结构：并非所有边缘的强度都有阶梯式变化。在由强度逐渐变化确定边界的物体中，折射或聚焦效果差可能会得到结果。

在理想的情况下，对图像应用边缘检测器的结果可能会导致一组连接曲线，这些曲线表示物体的边界、表面标记的边界以及在表面方向上与不连续点相对应的曲线。因此，对图像应用边缘检测算法可以显著减少需要处理的数据量，从而可以过滤掉被认为不太相关的信息，同时保留图像的重要结构属性。如果边缘检测步骤成功，那么随后解释原始图像信息内容的任务就可以大大简化。然而，从中等复杂度的现实生活图像中获得这样的理想边缘并不总是可能的。

边缘检测方法有很多种，但大多数都可以分为基于梯度和基于零交叉两大类。

基于梯度的方法首先通过计算边缘强度的度量(通常是梯度幅值等一阶导数表达式)来检测边缘，然后通过计算边缘的局部方向估计(通常是梯度方向)来搜索梯度幅值的局部方向最大值。Sobel、Prewitt、Robert 都是基于梯度的算法。另一种重要的基于梯度的边缘检测方法是 Canny 算法，该算法解决了边缘检测的优化问题。

基于零交叉的方法在从图像计算得到的二阶导数表达式中搜索零交叉，以找到边缘，通常是拉普拉斯算子的零交叉或非线性微分表达式的零交叉。作为边缘检测的预处理步骤，平滑阶段，通常是高斯平滑，几乎总是被应用。由于存在噪声、低对比度等因素，前面提到的边缘检测算法没有给出合适的结果，意味着不相关特征的边缘可能被检测到。因此，为了减少这种影响，需要像过滤、阈值化、细化等预处理。

9.2.2　边缘检测算子

1.Sobel

Sobel 算子是像素图像边缘检测中最重要的算子之一，在机器学习、数字媒体、计算机视觉等信息科技领域起着举足轻重的作用。在技术上，它是一个离散的一阶差分算子，用来计算图像亮度函数的一阶梯度之近似值。在图像的任何一点使用此算子，将会产生该点对应的梯度矢量或是其法矢量。

该算子包含两组 3×3 的矩阵，分别为横向及纵向，将之与图像作平面卷积，即可分别得出横向及纵向的亮度差分近似值。如果以 A 代表原始图像，G_x 及 G_y 分别代表经横向及纵向边缘检测的图像，其公式如下：

$$G_x = \begin{bmatrix} -1 & 0 & +1 \\ -2 & 0 & +2 \\ -1 & 0 & +1 \end{bmatrix} \times A \tag{9.1}$$

$$G_y = \begin{bmatrix} -1 & -2 & -1 \\ 0 & 0 & 0 \\ +1 & +2 & +1 \end{bmatrix} \times A \tag{9.2}$$

图像的每一个像素的横向及纵向梯度近似值可用以下的公式结合，进而计算梯度的大小：

$$G = \sqrt{G_x^2 + G_y^2} \tag{9.3}$$

可用以下公式计算梯度方向：

$$\theta = \arctan\left(\frac{G_y}{G_x}\right) \tag{9.4}$$

在以上例子中，如果角度θ等于零，即代表图像该处拥有纵向边缘，左方较右方暗。

2.Canny

Canny 边缘检测算子是 John F.Canny 于 1986 年开发出来的一个多级边缘检测算法。同时，Canny 创立了边缘检测计算理论(computational theory of edge detection)解释这项技术如何工作。

通常情况下边缘检测的目的是在保留原有图像属性的情况下，显著减少图像的数据规模。目前有多种算法可以进行边缘检测，虽然 Canny 算法年代久远，但可以说它是边缘检测的一种标准算法，而且仍在研究中广泛使用。

Canny 的目标是找到一个最优的边缘检测算法，最优边缘检测的含义是：

(1)最优检测：算法能够尽可能多地标识出图像中的实际边缘，漏检真实边缘的概率和误检非边缘的概率都尽可能小。

(2)最优定位准则：检测到的边缘点的位置距离实际边缘点的位置最近，或者是由于噪声影响引起检测出的边缘偏离物体的真实边缘的程度最小。

(3)检测点与边缘点一一对应：算子检测的边缘点与实际边缘点应该是一一对应。

为了满足这些要求，Canny 使用了变分法(calculus of variations)，这是一种寻找优化特定功能的函数的方法。最优检测使用四个指数函数项表示，但是它非常近似于高斯函数的一阶导数。

3.Prewitt

Prewitt 算子(图 9.1)是一种一阶微分算子的边缘检测，利用像素点上下、左右邻点的灰度差，在边缘处达到极值，去掉部分伪边缘，对噪声具有平滑作用。其原理是在图像空间利用两个方向模板与图像进行邻域卷积，这两个方向模板一个检测水平边缘，一个检测垂直边缘。

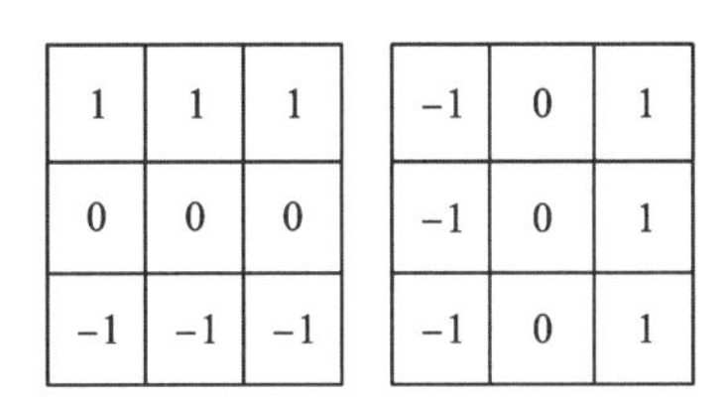

图 9.1　Prewitt 算子

对数字图像 $f(x, y)$，Prewitt 算子的定义如下：

$G(i)=|[f(i-1, j-1)+f(i-1, j)+f(i-1, j+1)]-[f(i+1, j-1)+f(i+1, j)+f(i+1, j+1)]|$

$G(j)=|[f(i-1, j+1)+f(i, j+1)+f(i+1, j+1)]-[f(i-1, j-1)+f(i, j-1)+f(i+1, j-1)]|$

则 $P(i, j)=\max[G(i), G(j)]$ 或 $P(i, j)=G(i)+G(j)$

经典 Prewitt 算子认为：凡灰度新值大于或等于阈值的像素点都是边缘点。即选择适当的阈值 T，若 $P(i, j)\geqslant T$，则 (i, j) 为边缘点，$P(i, j)$ 为边缘图像。这种判定是欠合理的，会造成边缘点的误判，因为许多噪声点的灰度值也很大，而且对于幅值较小的边缘点，其边缘反而丢失了。

4.Roberts

Roberts 算子是一种最简单的算子，是一种利用局部差分算子寻找边缘的算子。它采用对角线方向相邻两像素之差近似梯度幅值检测边缘。检测垂直边缘的效果好于斜向边缘，定位精度高，对噪声敏感，无法抑制噪声的影响。

1963 年，Roberts 提出了这种寻找边缘的算子。Roberts 边缘算子是一个 2×2 的模板，采用的是对角方向相邻的两个像素之差。从图像处理的实际效果来看，边缘定位较准，对噪声敏感。

9.3　图像分割

图像分割就是把图像分成若干个特定的、具有独特性质的区域并提出感兴趣目标的技术和过程。它是由图像处理到图像分析的关键步骤。从数学角度来看，图像分割是将数字图像划分成互不相交的区域的过程。图像分割的过程也是一个标记过程，即把属于同一区域的像素赋予相同的编号。

9.3.1　灰度阈值分割

灰度阈值分割法是一种最常用的并行区域技术，它是图像分割中应用数量最多的一类。阈值分割方法实际上是输入图像 f 到输出图像 g 的如下变换：

$$g(i,j)=\begin{cases}1 & f(i,j)\geqslant T \\ 0 & f(i,j)<T\end{cases} \tag{9.5}$$

其中，T 为阈值，对于物体的图像元素 $g(i, j)=1$，对于背景的图像元素 $g(i, j)=0$。

由此可见，阈值分割算法的关键是确定阈值，如果能确定一个合适的阈值就可准确地将图像分割开来。阈值确定后，将阈值与像素点的灰度值逐个进行比较，而且像素分割可对各像素并行地进行，分割的结果直接给出图像区域。

阈值分割的优点是计算简单、运算效率较高、速度快。在重视运算效率的应用场合(如用于硬件实现)，它得到了广泛应用。人们发展了各种各样的阈值处理技术，包括全局阈值、自适应阈值、最佳阈值等。

全局阈值是指整幅图像使用同一个阈值做分割处理，适用于背景和前景有明显对比的图像。它是根据整幅图像确定的：$T=T(f)$。但是这种方法只考虑像素本身的灰度值，一般不考虑空间特征，因而对噪声很敏感。常用的全局阈值选取方法有利用图像灰度直方图的峰谷法、最小误差法、最大类间方差法、最大熵自动阈值法以及其他一些方法。

在许多情况下，物体和背景的对比度在图像中的各处是不一样的，这时很难用一个统一的阈值将物体与背景分开。这时可以根据图像的局部特征分别采用不同的阈值进行分割。实际处理时，需要按照具体问题将图像分成若干子区域分别选择阈值，或者动态地根据一定的邻域范围选择每点处的阈值，进行图像分割。这时的阈值为自适应阈值。

阈值的选择需要根据具体问题来确定，一般通过实验来确定。对于给定的图像，可以通过分析直方图的方法确定最佳的阈值，例如当直方图明显呈现双峰情况时，可以选择两个峰值的中点作为最佳阈值。

9.3.2 区域分割

区域生长和分裂合并法是两种典型的串行区域技术，其分割过程后续步骤的处理要根据前面步骤的结果进行判断而确定。

1.区域生长

区域生长的基本思想是将具有相似性质的像素集合起来构成区域。具体先对每个需要分割的区域找一个种子像素作为生长的起点，然后将种子像素周围邻域中与种子像素有相同或相似性质的像素合并到种子像素所在的区域中。将这些新像素当作新的种子像素继续进行上面的过程，直到再没有满足条件的像素可被包括进来。这样一个区域就形成了。

区域生长需要选择一组能正确代表所需区域的种子像素，确定在生长过程中的相似性准则，制定让生长停止的条件或准则。相似性准则可以是灰度级、彩色、纹理、梯度等特性。选取的种子像素可以是单个像素，也可以是包含若干个像素的小区域。大部分区域生长准则使用图像的局部性质。生长准则可根据不同原则制定，而使用不同的生长准则会影响区域生长的过程。

区域生长法的优点是计算简单，对于较均匀的连通目标有较好的分割效果。它的缺点是需要人为确定种子点，对噪声敏感，可能导致区域内有空洞。另外，它是一种串行算法，当目标较大时，分割速度较慢，因此在设计算法时，要尽量提高效率。

2.区域分裂合并

区域生长是从某个或者某些像素点出发，最后得到整个区域，进而实现目标提取。分裂合并差不多是区域生长的逆过程：从整个图像出发，不断分裂得到各个子区域，然后再把前景区域合并，实现目标提取。分裂合并的假设是对于一幅图像，前景区域由一些相互连通的像素组成，因此，如果把一幅图像分裂到像素级，那么就可以判定该像素是否为前景像素。当所有像素点或者子区域完成判断以后，把前景区域或者像素合并就可得到前景目标。

在这类方法中，最常用的方法是四叉树分解法。设 R 代表整个正方形图像区域，P 代表逻辑谓词。基本分裂合并算法步骤如下：

(1) 对任一个区域，如果 $H(R_i)$=FALSE，就将其分裂成不重叠的四等份；

(2) 对相邻的两个区域 R_i 和 R_j，它们也可以大小不同(即不在同一层)，如果条件 $H(R_i \cup R_j)$=TRUE，就将它们合并起来；

(3) 如果进一步的分裂或合并都不可能，则结束。

分裂合并法的关键是分裂合并准则的设计。这种方法对复杂图像的分割效果较好，但算法较复杂，计算量大，分裂还可能破坏区域的边界。

3.边缘分割

图像分割的一种重要途径是通过边缘检测，即检测灰度级或者结构具有突变的地方，表明一个区域的终结，也是另一个区域开始的地方。这种不连续性称为边缘。不同的图像灰度不同，边界处一般有明显的边缘，利用此特征可以分割图像。

图像中边缘处像素的灰度值不连续，这种不连续性可通过求导数来检测到。对于阶跃状边缘，其位置对应一阶导数的极值点，对应二阶导数的过零点(零交叉点)。因此，常用微分算子进行边缘检测。常用的一阶微分算子有 Roberts 算子、Prewitt 算子和 Sobel 算子，二阶微分算子有 Laplace 算子和 Kirsh 算子等。在实际中各种微分算子常用小区域模板来表示，微分运算是利用模板和图像卷积来实现。这些算子对噪声敏感，只适合于噪声较小、不太复杂的图像。

边缘和噪声都是灰度不连续点，在频域均为高频分量，直接采用微分运算难以克服噪声的影响。因此，用微分算子检测边缘前要对图像进行平滑滤波。LoG 算子和 Canny 算子是具有平滑功能的二阶和一阶微分算子，边缘检测效果较好。其中 LoG 算子是采用 Laplacian 算子求高斯函数的二阶导数，Canny 算子是高斯函数的一阶导数，它在噪声抑制和边缘检测之间取得了较好的平衡。

4.直方图法

与其他图像分割方法相比，基于直方图的方法是非常有效的图像分割方法，因为它们通常只需要一个像素属性。在这种方法中，直方图是从图像中的像素出现的频率计算可能的边缘，直方图的波峰和波谷是用于定位图像中的簇，颜色和强度可以作为衡量。

这种技术的一种改进是递归应用直方图法统计簇中的像素以分成更小的簇。重复此操作，使用更小的簇直到没有更多的簇形成。

基于直方图的方法也能很快适应于多个帧的情况，且能同时保持它们的单通效率。直方图可以在多个帧被同时计算的时候采取多种方式。可以把同样的方法应用到多个帧再和之后的结果合并，山峰和山谷在以前很难识别，但现在很容易区分。直方图也可以在统计每一个像素的基础上，将得到的信息用来确定像素点的位置。这种方法部分基于主动对象和一个静态的环境，用于在不同类型的视频分割中提供对象跟踪。

9.4 目标检测与识别

图像大数据分析中，对图像中的目标物体进行检测与识别是最重要的分析目标之一。本节介绍两个最基本的算法：基于区域提名的目标检测与识别算法和端到端的目标检测算法。

9.4.1 基于区域提名的目标检测与识别算法

基于区域提名的目标检测与识别算法的主要步骤是：

(1)首先使用选择性搜索算法(selective search，SS)、Bing、Edge Boxes 生成一系列候选目标区域；

(2)然后通过深度神经网络提取目标候选区域的特征；

(3)最后用这些特征进行分类，以及目标真实边界的回归；

目前此类算法比较知名的有 R-CNN、SPP-net、Fast-R-CNN、Faster-R-CNN 四种方法。从顺序上，SPP-net 和 Fast-R-CNN 针对 R-CNN 的不足做了改进，而 Faster-R-CNN 对 Fast-R-CNN 做了改进，三者在非实时水平上，精度和速度明显改善。下面具体介绍这几个算法。

1.R-CNN

R-CNN 是 Region-based Convolutional Neural Networks 的缩写，中文翻译是“基于区域的卷积神经网络”，是一种结合区域提名(region proposal)和卷积神经网络(CNN)的目标检测方法。它是基于区域提名方法的目标检测算法系列的开山之作，其先进行区域搜索，然后再对候选区域进行分类。

在 R-CNN 中，选用 SS 方法来生成候选区域，这是一种启发式搜索算法。它先通过简单的区域划分算法将图片划分成很多小区域，然后通过层级分组方法按照一定相似度合并它们，最后剩下的就是候选区域，它们可能包含一个物体。

对于一张图片，以下是 R-CNN 的主要步骤：

(1)区域提名：通过 SS 从原始图片提取 2000 个左右的区域候选框。

(2)区域大小归一化：把所有侯选框缩放成固定大小(采用 227×227)。

(3)特征提取：送入一个 CNN 模型中，最后得到一个 4096-d 的特征向量。

(4)分类与回归：在特征层的基础上添加两个全连接层。

使用 SVM 分类器预测出候选区域中所含物体属于每个类的概率值，每个类别训练一个 SVM 分类器，从特征向量中推断其属于该类别的概率。为提升定位准确性，再用线性回归来微调边框位置与大小，其中每个类别单独训练一个边框回归器。

其中目标检测系统的结构如图 9.2 所示，注意，图中的第 2 步对应步骤中的(1)、(2)步，即包括区域提名和区域大小归一化。

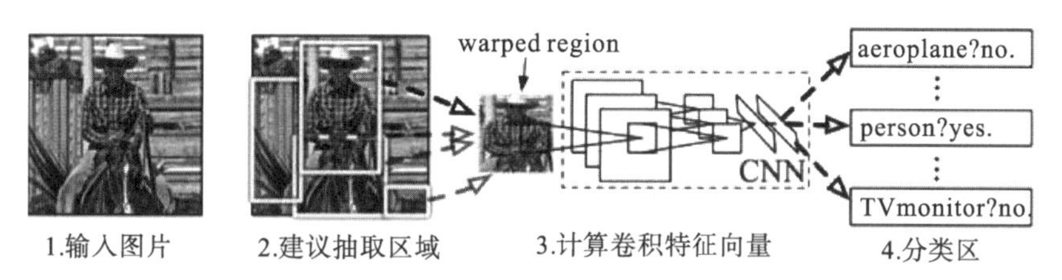

图 9.2　R-CNN 框架

训练样本为(P, G)，其中$P=(P_x, P_y, P_w, P_h)$为候选区域，而$G=(G_x, G_y, G_w, G_h)$为真实框，G是与P的 IoU 最大的真实框(只使用 IoU 大于 0.6 的样本)，回归器的目标值定义为

$$t_x=(G_x-P_x)/P_w,\ t_y=(G_y-P_y)/P_h \tag{9.6}$$

$$t_w=\log(G_w/P_w),\ t_h=\log(G_h/P_h) \tag{9.7}$$

在做预测时，利用上述公式可以反求出预测框的修正位置。R-CNN 对每个类别都训练了单独的回归器，采用最小均方差损失函数进行训练。

R-CNN 模型(图 9.3)的训练是多管道的，CNN 模型首先使用 2012ImageNet 中的图像分类竞赛数据集进行预训练。然后在检测数据集上对 CNN 模型进行微调(finetuning)，其中那些与真实框的 IoU 大于 0.5 的候选区域作为正样本，剩余的候选区域是负样本(背景)。共训练两个版本，第一个版本使用 2012PASCAL VOC 数据集，第二个版本使用 2013ImageNet 中的目标检测数据集。最后，对数据集中的各个类别训练 SVM 分类器，注意 SVM 训练样本与 CNN 模型的微调不太一样，只有 IoU 小于 0.3 的才被看成负样本。

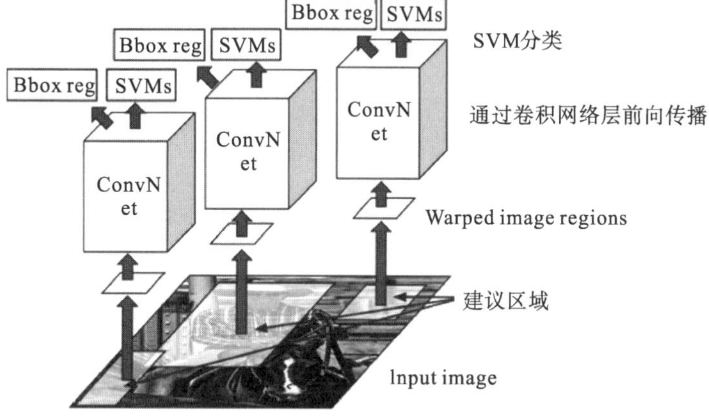

图 9.3　R-CNN 模型结构图

总体来看，R-CNN 是非常直观的，就是把检测问题转化为分类问题，并且采用了 CNN 模型进行分类，但是效果却很好。最好的 R-CNN 模型在 2012PASCAL VOC 数据集的 mAP 为 62.4%（比第二名高出了 22 个百分点），在 2013ImageNet 上的 mAP 为 31.4%（比第二名高出 7.1 个百分点）。

事实上，R-CNN 有很多缺点：

(1) 重复计算：R-CNN 虽然不再是穷举，但依然有两千个左右的候选框，这些候选框都需要进行 CNN 操作，计算量依然很大，其中有不少其实是重复计算。

(2) SVM 模型：是线性模型，在标注数据不缺的时候显然不是最好的选择。

(3) 训练测试分为多步：区域提名、特征提取、分类、回归都是断开的训练的过程，中间数据还需要单独保存。

(4) 训练的空间和时间代价很高：卷积出来的特征需要先存在硬盘上，这些特征需要几百 G 的存储空间。

(5) 慢：前面的缺点最终导致 R-CNN 出奇的慢。

2.SPP-net

SPP-net（spatial pyramid pooling in deep convolutional networks for visual recognition）(He et al.，2014) 的提出是为了解决图像分类中要求输入图片固定大小的问题，但是 SPP-net 中所提出的空间金字塔池化层（spatial pyramid pooling layer，SPP）可以和 R-CNN 结合在一起并提升其性能。

为何要引入 SPP 层，采用深度学习模型解决图像分类问题时，往往需要图像的大小固定（比如 224×224），这并不是 CNN 层的硬性要求，主要原因在于 CNN 层提取的特征图最后要送入全连接层（如 softmax 层），对于变大小图片，CNN 层得到的特征图大小也是变化的，但是全连接层需要固定大小的输入，所以必须要将图片通过 resize、crop 或 wrap 等方式固定大小（训练和测试时都需要）。但是实际上真实图片的大小是各种各样的，一旦固定大小可能会造成图像损失，从而影响识别精度。

传统的解决方案是进行不同位置的裁剪，但是这些裁剪技术都可能会导致一些问题出现，比如 crop 操作会导致物体不全，warp 导致物体被拉伸后形变严重，为了解决这个问题，SSP-net 在 CNN 层与全连接层之间插入了空间金字塔池化层来解决这个矛盾（图 9.4）。

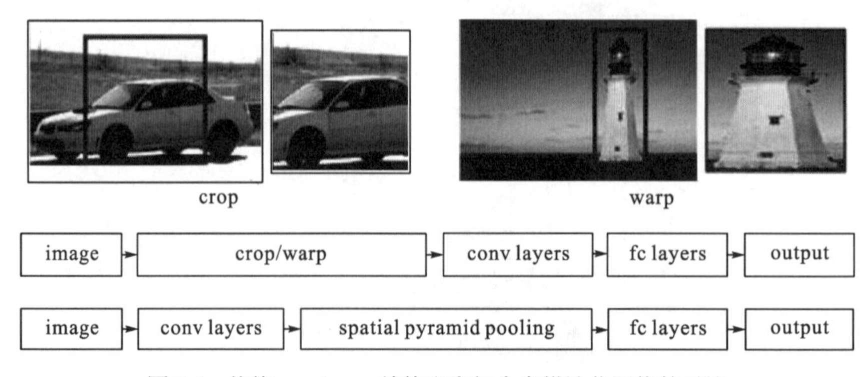

图 9.4　传统 crop/warp 结构和空间金字塔池化网络的对比

SPP 对整图提取固定维度的特征，再把图片均分成 4 份，每份提取相同维度的特征，再把图片均分为 16 份，以此类推。可以看出，无论图片大小如何，提取出来的维度数据都是一致的，这样就可以统一送至全连接层了。SPP 思想在后来的 R-CNN 模型中也被广泛用到。

SPP-net 的网络结构如图 9.5 所示，实质是在最后一层卷积层后加了一个 SPP 层，将维度不一的卷积特征转换为维度一致的全连接输入。

假定 CNN 层得到的特征图大小为 $a \times a$(随输入图片大小而变化)，设定的金字塔尺度为 $n \times n$ bins(对于不同大小图片是固定的)，那么 SPP 层采用一种滑动窗口池化，窗口大小 win_size=$\lceil a/n \rceil$，步为 stride=$\lfloor a/n \rfloor$，采用 max pooling，本质上将特征图均分为 $n \times nn \times n$ 个子区域，然后对各个子区域进行最大池化处理，这样不论输入图片大小，经过 SPP 层之后得到的是固定大小的特征。一般设置多个金字塔级别，文中使用了 4×4、2×2 和 1×1 三个尺度。每个金字塔都有一个特征，将它们连接在一起送入后面的全连接层即可，这样就解决了变大小图片输入的问题了。

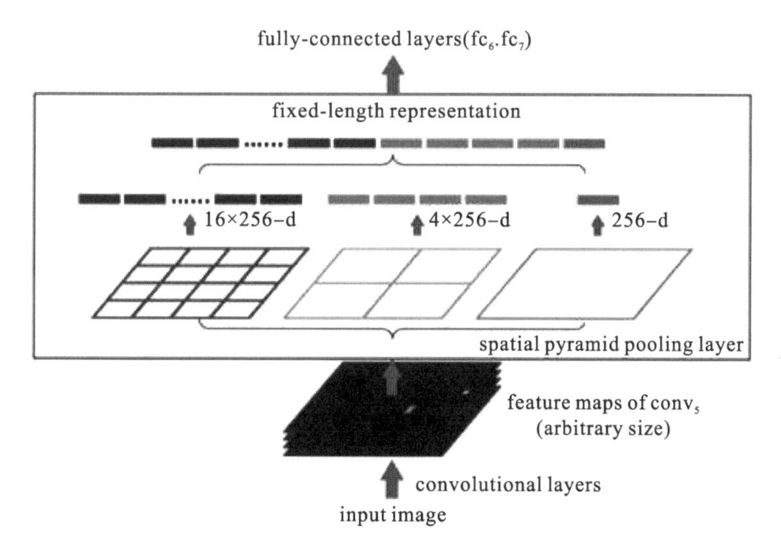

图 9.5　SPP-net 网络结构

SPP-net 做目标检测的主要步骤为

(1) 区域提名：用 selective search 从原图中生成 2000 个左右的候选窗口。

(2) 区域大小缩放：SPP-net 不再做区域大小归一化，而是缩放到 min(w，h)=s，即统一长宽的最短边长度，s 选自{480，576，688，864，1200}中的一个，选择的标准是使得缩放后的候选框大小与 224×224 最接近。

(3) 特征提取：利用 SPP-net 网络结构提取特征。

(4) 分类与回归：类似 R-CNN，利用 SVM 基于上面的特征训练分类器模型，用边框回归来微调候选框的位置。

在 R-CNN 中，由于每个候选区域大小不同，所以需要先重置成固定大小才能送入 CNN

网络，SPP-net 正好可以解决这个问题。

继续前一步，就是 R-CNN 每次都要挨个使用 CNN 模型计算各个候选区域的特征，这是极其费时的，不如直接将整张图片送入 CNN 网络，然后抽取候选区域的对应的特征区域，采用 SPP 层，这样可以大大减少计算量，并提升速度。

基于 SPP 层的 R-CNN 模型在准确度上提升不是很大，但是速度却比原始 R-CNN 模型快 24～102 倍。这也正是接下来 Fast R-CNN 所改进的方向。

3.Fast R-CNN

Fast R-CNN(fast region-based convolutional network)的提出主要是为了减少候选区域使用 CNN 模型提取特征向量所消耗的时间，其主要借鉴了 SPP-net 的思想。Faster R-CNN 可以看成是 RPN 和 Fast R-CNN 模型的组合体，即 Faster R-CNN=RPN+Fast R-CNN。

在 R-CNN 中，每个候选区域都要单独送入 CNN 模型计算特征向量，这是非常费时的，而对于 Fast R-CNN，其 CNN 模型的输入是整张图片，然后结合 RoIs(region of interests) Pooling 和 selective search 方法从 CNN 得到的特征图中提取各个候选区域所对应的特征。

Fast R-CNN 就是解决 R-CNN 两千个左右候选框带来的重复计算问题，大大提了检测速度。其主要思想为：

(1)使用一个简化的 SPP 层——RoI Pooling 层，操作与 SPP 类似。

(2)训练和测试：不再分多步、不再需要额外的硬盘来存储中间层的特征，梯度能够通过 RoI Pooling 层直接传播；此外，分类和回归用 Multi-task 的方式一起进行。

(3)SVD：使用 SVD 分解全连接层的参数矩阵，压缩为两个规模小很多的全连接层。

如图 9.6 所示，Fast R-CNN 的主要步骤如下：

(1)特征提取：以整张图片为输入，利用 CNN 得到图片的特征层。

(2)区域提名：通过 selective search 等方法从原始图片提取区域候选框，并把这些候选框一一投影到最后的特征层。

(3)区域归一化：针对特征层上的每个区域候选框进行 RoI Pooling 操作，得到固定大小的特征表示。

(4)分类与回归：通过两个全连接层，分别用 softmax 多分类做目标识别，用回归模型对边框位置与大小进行微调。

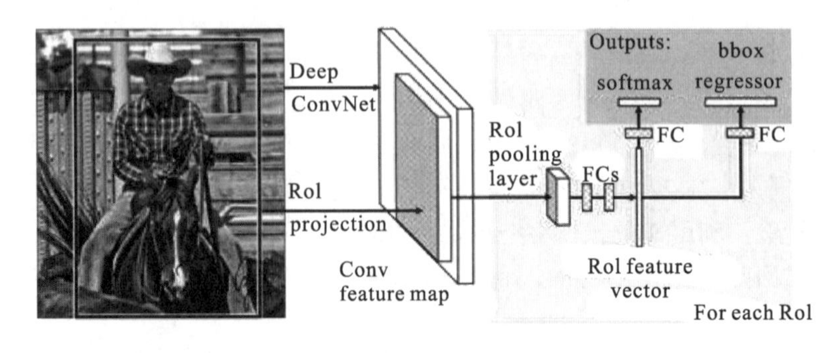

图 9.6 Fast R-CNN 框架

Fast R-CNN 的运行速度要比 R-CNN 快的多，因为在一幅图像上它只能训练一个 CNN。但是，选择性搜索算法生成区域提名仍然要花费大量时间。

Faster R-CNN 中的 RPN(region proposal network)结构如图 9.7 所示。

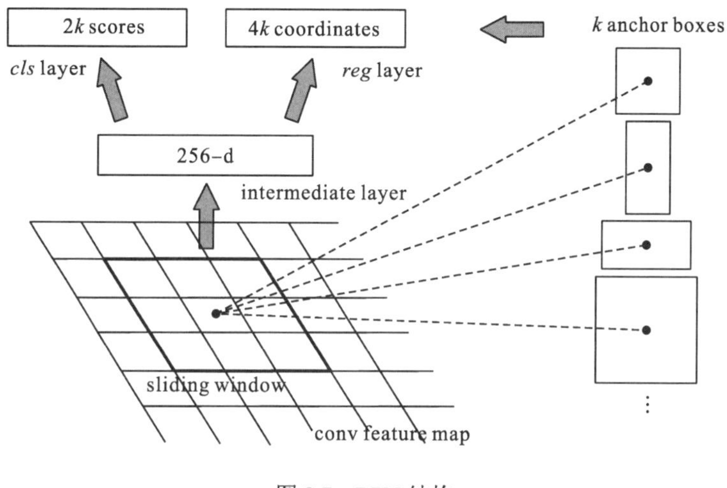

图 9.7　RPN 结构

总之，Faster R-CNN 抛弃了 selective search，引入了 RPN 网络，使得区域提名、分类、回归一起共用卷积特征，从而得到了进一步的加速。但是，Faster R-CNN 需要对两万个 Anchor Box 先判断是否是目标(目标判定)，然后再进行目标识别，即分成了两步。

值得注意的是，虽然之后的模型在提高检测速度方面做了很多工作，但很少有模型能够大幅度的超越 Faster R-CNN。换句话说，Faster R-CNN 可能不是最简单或最快速的目标检测方法，但仍然是性能最好的方法之一。

9.4.2　端到端的的目标检测与识别算法

本小节介绍端到端(End-to-End)的目标检测方法，这些方法无需区域提名，包括 YOLO 和 SSD。

1.YOLO

YOLO 的全拼是 You Only Look Once，顾名思义就是只看一次，进一步把目标判定和目标识别合二为一，所以识别性能有了很大提升，达到每秒 45 帧，而在快速版 YOLO(Fast YOLO，卷积层更少)中，可以达到每秒 155 帧。

网络的整体结构如图 9.8 所示，针对一张图片，YOLO 的处理步骤为：

(1)把输入图片缩放到 448×448 大小；

(2)运行卷积网络；

(3)对模型置信度卡阈值，得到目标位置与类别。

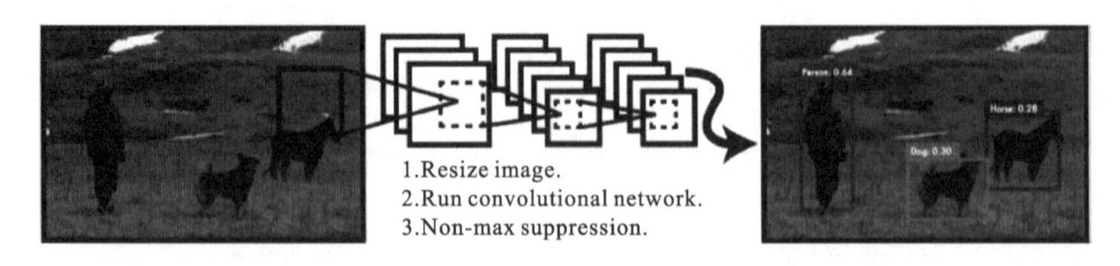

图 9.8　YOLO 检测系统

网络的模型如图 9.9 所示，将 448×448 大小的图切成 $S×S$ 的网格，目标中心点所在的格子负责该目标的相关检测，每个网格预测 B 个边框及其置信度，以及 C 种类别的概率。YOLO 中 S=7，B=2，C 取决于数据集中物体类别数量，比如 VOC 数据集中 C=20。对 VOC 数据集来说，YOLO 就是把图片统一缩放到 448×448，然后每张图平均划分为 7×7=49 个小格子，每个格子预测 2 个矩形框及其置信度，以及 20 种类别的概率。

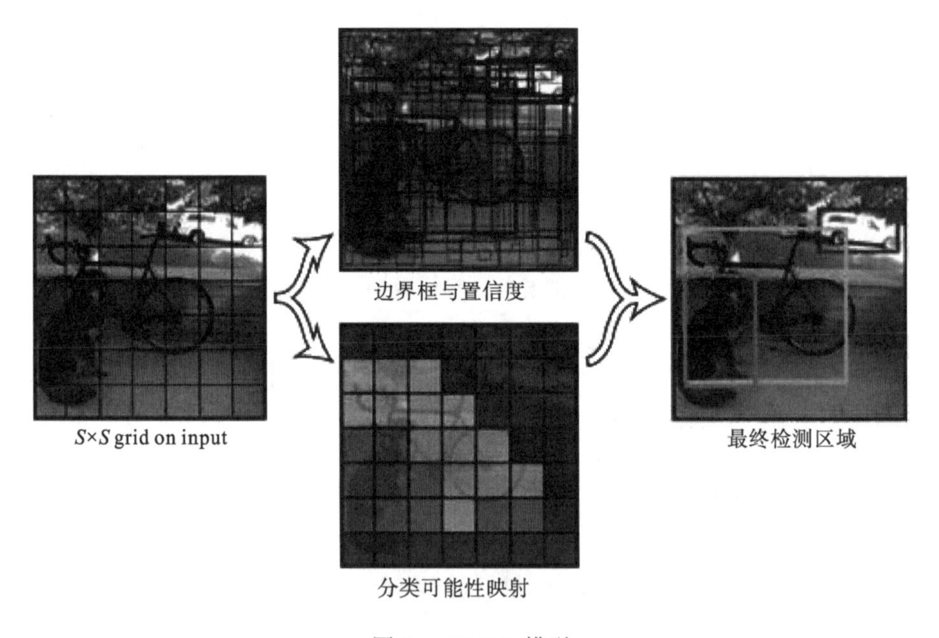

图 9.9　YOLO 模型

YOLO 简化了整个目标检测流程，速度的提升也很大，但是 YOLO 还是有不少可以改进的地方，比如 $S×S$ 的网格就是一个比较启发式的策略，如果两个小目标同时落入一个格子中，模型也只能预测一个；另一个问题是 Loss 函数对不同大小的 bbox 未做区分。

2.SSD

SSD 的全称是 Single Shot MultiBox Detector，是冲着 YOLO 的缺点来的。SSD 的框架如图 9.10 所示，(a)表示带有两个 Ground Truth 边框的输入，(b)和(c)分别表示 8×8 网格和 4×4 网格，显然前者适合检测小的目标，比如图片中的猫，后者适合检测大的目标，比如图片中的狗。在每个格子上有一系列固定大小的 Box(有点类似前面提到的 Anchor

Box)，这些在SSD称为Default Box，用来框定目标物体的位置，在训练的时候Ground Truth会赋予给某个固定的Box，比如(b)中的蓝框和(c)中的红框。

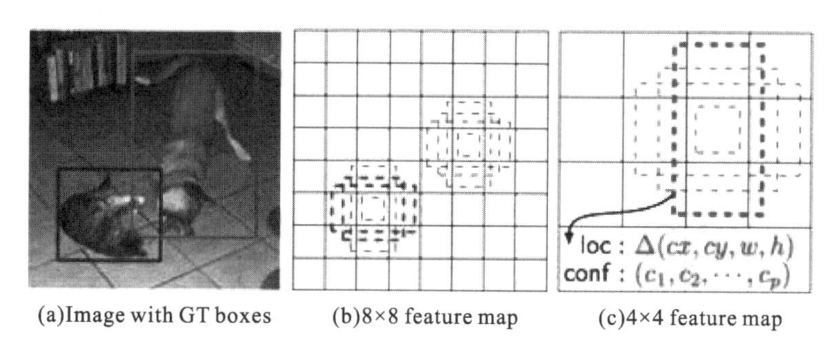

(a)Image with GT boxes (b)8×8 feature map (c)4×4 feature map

图9.10 SSD框架

SSD的网络分为两部分，前面的是用于图像分类的标准网络(去掉了分类相关的层)，后面的网络是用于检测的多尺度特征映射层，可检测不同大小的目标。

SSD在保持YOLO高速的同时效果也提升了很多，主要是借鉴了Faster R-CNN中的Anchor机制，同时使用了多尺度。但是从原理依然可以看出，Default Box的形状以及网格大小是事先固定的，那么对特定的图片小目标的提取会不够好。

9.5 图像大数据分析典型应用——人脸识别

人脸识别，是基于人的脸部特征信息进行身份识别的一种生物识别技术。用摄像机或摄像头采集含有人脸的图像或视频流，并自动在图像中检测和跟踪人脸，进而对检测到的人脸进行脸部识别的一系列相关技术，通常也叫作人像识别、面部识别。

人脸识别系统成功的关键在于拥有尖端的核心算法，并使识别结果具有实用化的识别率和识别速度；"人脸识别系统"集成了人工智能、机器识别、机器学习、模型理论、专家系统、视频图像处理等多种专业技术，同时需结合中间值处理的理论与实现，是生物特征识别的最新应用，其核心技术的实现，展现了弱人工智能向强人工智能的转化。

9.5.1 人脸识别技术流程

1.人脸图像采集及检测

人脸图像采集：不同的人脸图像都能通过摄像镜头采集下来，比如静态图像、动态图像、不同的位置、不同表情等方面都可以得到很好的采集。当用户在采集设备的拍摄范围内时，采集设备会自动搜索并拍摄用户的人脸图像。

人脸检测：人脸检测在实际中主要用于人脸识别的预处理，即在图像中准确标定出人脸的位置和大小。人脸图像中包含的模式特征十分丰富，如直方图特征、颜色特征、模板特征、结构特征及 Haar 特征等。人脸检测就是把这其中有用的信息挑出来，并利用这些特征实现人脸检测。

主流的人脸检测方法基于以上特征采用 Adaboost 学习算法，Adaboost 算法是一种用来分类的方法，它把一些比较弱的分类方法合在一起，组合出新的很强的分类方法。

人脸检测过程中使用Adaboost算法挑选出一些最能代表人脸的矩形特征(弱分类器)，按照加权投票的方式将弱分类器构造为一个强分类器，再将训练得到的若干强分类器串联组成一个级联结构的层叠分类器，有效地提高分类器的检测速度。

2.人脸图像预处理

对于人脸的图像预处理是基于人脸检测结果，对图像进行处理并最终服务于特征提取的过程。系统获取的原始图像由于受到各种条件的限制和随机干扰，往往不能直接使用，必须在图像处理的早期阶段对它进行灰度校正、噪声过滤等图像预处理。对于人脸图像而言，其预处理过程主要包括人脸图像的光线补偿、灰度变换、直方图均衡化、归一化、几何校正、滤波以及锐化等。

3.人脸图像特征提取

人脸识别系统可使用的特征通常分为视觉特征、像素统计特征、人脸图像变换系数特征、人脸图像代数特征等。人脸特征提取就是针对人脸的某些特征进行的。人脸特征提取，也称人脸表征，它是对人脸进行特征建模的过程。人脸特征提取的方法归纳起来分为两大类：一种是基于知识的表征方法；另外一种是基于代数特征或统计学习的表征方法。

基于知识的表征方法主要是根据人脸器官的形状描述以及它们之间的距离特性来获得有助于人脸分类的特征数据，其特征分量通常包括特征点间的欧氏距离、曲率和角度等。人脸由眼睛、鼻子、嘴、下巴等局部构成，对这些局部和它们之间结构关系的几何描述，可作为识别人脸的重要特征，这些特征被称为几何特征。基于知识的人脸表征主要包括基于几何特征的方法和模板匹配法。

4.人脸图像匹配与识别

提取的人脸图像的特征数据与数据库中存储的特征模板进行搜索匹配，通过设定一个阈值，当相似度超过这一阈值，则把匹配得到的结果输出。人脸识别就是将待识别的人脸特征与已得到的人脸特征模板进行比较，根据相似程度对人脸的身份信息进行判断。这一过程又分为两类：一类是确认，是一对一进行图像比较的过程；另一类是辨认，是一对多进行图像匹配对比的过程。

9.5.2 识别算法

一般来说，人脸识别系统包括图像摄取、人脸定位、图像预处理以及人脸识别(身份确认或者身份查找)。系统输入一般是一张或者一系列含有未确定身份的人脸图像，以及人脸数据库中的若干已知身份的人脸图像或者相应的编码，而其输出则是一系列相似度得分，表明待识别人脸的身份。

1.SIFT 算法

SIFT 算法是图像匹配领域中一个主流的算法，它属于一种基于区域特征的检索算法，是一种有效的提取特征点算法，在实际应用中取得了非常好的效果。SIFT 的基本思想是将图像看作是一组形态各异的特征的集合。而这些特征具有尺度不变性和旋转不变性，同时相对部分地对光源和 3D 摄影角度保持不变性。这些特征在空间上和频率上都保持比较好的一致性，减轻了噪声扰动对图像识别率的影响。正是因为这些特征具有以上的特点，所以在图像匹配中可以通过寻找两幅图中对应特征点来进行图像匹配。

SIFT 算法也存在着一定的缺陷，最主要的是算法非常耗时。它选择使用高斯核构造多尺度的差分高斯金字塔模型，然后检测极值点作为特征点，经过筛选和剔除冗余备选特征点后，计算每个特征点的区域梯度直方图作为特征描述子。每个特征描述子由一个 4×4×8 的 128 维向量来表述。Lowe 在原始的 SIFT 算法论文中提出了一种相对简单的特征点匹配算法，算法一一比较待测图像和数据库图像的每一个特征点之间的欧氏距离来确定两个特征点是否匹配。在人脸数据库库存庞大的情况下，采用 SIFT 算法的人脸识别方案非常耗时，检索速度低，在如今人脸识别对实时性的要求越来越高的情况下，有必要寻找替代方案或者对 SIFT 算法进行改进。

(1) 尺度空间极值检测：算法首先通过使用差分高斯函数 (difference-of-Gaussian) 搜索所有尺度下图像的极值点。因此极值点具有尺度不变性和方向不变性。

(2) 特征点的定位：对每一个候选的极值点，去除掉不显著点和边缘点，进行去伪存真的处理。留下稳定性好，质量高的候选特征点。

(3) 指定特征点的方向：通过计算梯度方向，为每一个特征点指定一个或多个方向，从而使得特征描述子具有旋转不变性。

(4) 建立特征点描述子：为每一个特征点计算梯度和朝向，特征点通过一个 128 维的向量来表征，这个向量叫做特征点描述子，因为已经去除了尺度、旋转的影响，这个特征点描述子有相对稳定的鲁棒性和相对低的光照敏感度。

2.AdaBoost 算法

AdaBoost 算法的前身是 Boosting 算法。Valiant 提出了一种叫 PAC (probably approximately correct) 的模型。在 PAC 模型中定义了弱学习与强学习这两个基本概念。

假设我们给定一个训练数据集 $S=(x_1,y_1),(x_2,y_2),\cdots,(x_m,y_m)$，其中 $x_i \in X$，x 是训练样本，y_i 为样本类别标签。现在介绍普通的二类分类 AdaBoost 算法。样本类别仅有正负两类。其中，$i=-1$ 时训练样本 x_i 为负样本，i=+1 时训练样本 x_i 为正样本。

AdaBoost 算法的训练过程分以下步骤：

(1) 首先初始化训练样本 x_i 的权重 $D_1(i)$,其中$i=1,\cdots,N$。

(a) 如果正负样本的数目一致，则

$$D_1(i)=\frac{1}{N} \tag{9.8}$$

(b) 如果正负样本的数目分别为 N_+、N_-，则分别赋值正负样本：

$$D_1(i)=\frac{1}{2N_+}、D_1(i)=\frac{1}{2N_-} \tag{9.9}$$

(2) for $m=1,\cdots,M$。

(a) 训练弱分类器：

$$f_m(x)=L(D,d_m)\in(-1,+1) \tag{9.10}$$

(b) 对弱分类 $f_m(x)$ 的分类错误率 e_m 进行计算：

$$e_m=\frac{1}{2}\sum_{i=1}^{N}D_m(i)\cdot|f_m(x_i)-y_i|(e_m<0.5) \tag{9.11}$$

(3) 根据分类错误率对弱分类 $f_m(x)$ 的权重进行赋值计算：

$$c_m=\log\frac{1-e_m}{e_m} \tag{9.12}$$

(4) 更新训练样本权重：

$$D_{m+1}(i)=D_m(i)\cdot\exp[c_m\cdot 1_{(f_m(x_i)\neq y_i)}] \tag{9.13}$$

$$D_{m+1}(i)=\begin{cases}D_m(i), & f_m(x_i)=y_i\\ D_m(i)\cdot\dfrac{1-e_m}{e_m}, & f_m(x_i)\neq y_i\end{cases} \tag{9.14}$$

(5) 归一化处理：

$$D_{m+1}(i)\leftarrow\frac{D_{m+1}(i)}{\sum_{j=1}^{N}D_m+1(j)} \qquad (i=1,\cdots,N) \tag{9.15}$$

(6) 合成最终强分类器：

$$H(x)=\mathrm{sgn}[\sum_{m=1}^{M}C_m f_m(x)] \tag{9.16}$$

9.5.3 人脸识别技术的优势和困难

1.优势

自然性是指该识别方式同人类（甚至其他生物）进行个体识别时所利用的生物特征相同。例如人脸识别，人类也是通过观察比较人脸区分和确认身份的。另外，具有自然性的识别还有语音识别、体形识别等，而指纹识别、虹膜识别等都不具有自然性，因为人类或者其他生物并不通过此类生物特征区别个体。

不被被测个体察觉会使该识别方法不令人反感，并且因为不容易引起人的注意而不容易被欺骗。人脸识别就具有这方面的特点，它完全利用可见光获取人脸图像信息，而不同于指纹识别或者虹膜识别，需要利用电子压力传感器采集指纹，或者利用红外线采集虹膜图像，这些特殊的采集方式很容易被人察觉，从而更有可能被伪装欺骗。

2.困难

不同个体之间的区别不大，所有人脸的结构都相似，甚至人脸器官的结构外形都很相似。这样的特点对于利用人脸进行定位是有利的，但是对于利用人脸区分人类个体是不利的。

人脸的外形很不稳定，人可以通过脸部的变化产生很多表情，而在不同观察角度，人脸的视觉图像也相差很大。另外，人脸识别还受光照条件(例如白天和夜晚，室内和室外等)、人脸的很多遮盖物(例如口罩、墨镜、头发、胡须等)、年龄等多方面因素的影响。

在人脸识别中，第一类变化应该放大而作为区分个体的标准，而第二类变化应该消除，因为它们可以代表同一个个体。通常称第一类变化为类间变化(inter-class difference)，而称第二类变化为类内变化(intra-class difference)。对于人脸，类内变化往往大于类间变化，从而使在受类内变化干扰的情况下利用类间变化区分个体变得异常困难。

9.6　图像大数据分析其他应用

9.6.1　“看图说话”

“看图说话”(image captioning)旨在对一张图像产生对其内容一两句话的文字描述。这是视觉和自然语言处理两个领域的交叉任务。

编码-解码网络(encoder-decoder networks)是看图说话网络设计的基本思想，其借鉴于自然语言处理中的机器翻译思路。将机器翻译中的源语言编码网络替换为图像的 CNN 编码网络以提取图像的特征，之后用目标语言解码网络生成文字描述(图 9.11)。

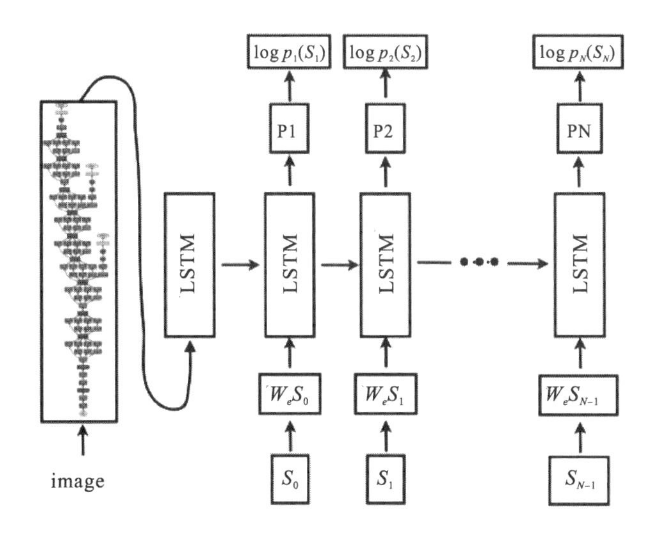

图 9.11　编码-解码网络

注意力(attention)机制(图 9.12)是机器翻译中用于捕获长距离依赖的常用技巧，也可以用于看图说话。在解码网络中，每个时刻，除了预测下一个词外，还需要输出一个二维注意力图，用于对深度卷积特征进行加权汇合。使用注意力机制的一个额外的好处是可以对网络进行可视化，以观察在生成每个词的时候网络注意到图像中的哪些部分。

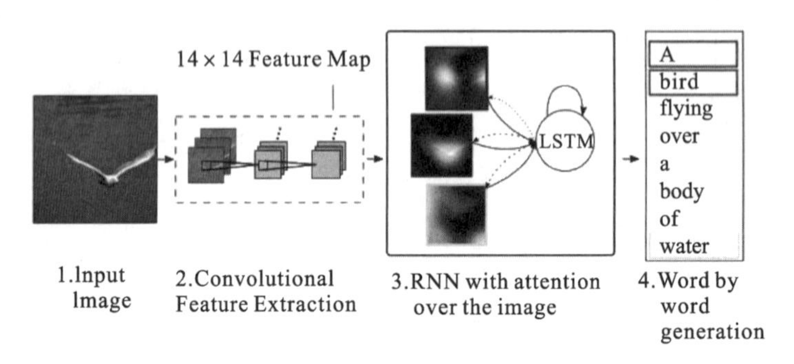

图 9.12　注意力机制

之前的注意力机制会对每个待预测词生成一个二维注意力图[图 9.13(a)]，但对于像 the、of 这样的词实际上并不需要借助来自图像的线索，并且有的词可以根据上文推测出，也不需要图像信息。该工作扩展了 LSTM，提出“视觉哨兵”机制以判断预测当前词时应更关注上文语言信息还是更关注图像信息[图 9.13(b)]。此外，和之前工作利用上一时刻的隐层状态计算注意力图不同，该工作使用当前隐层状态。

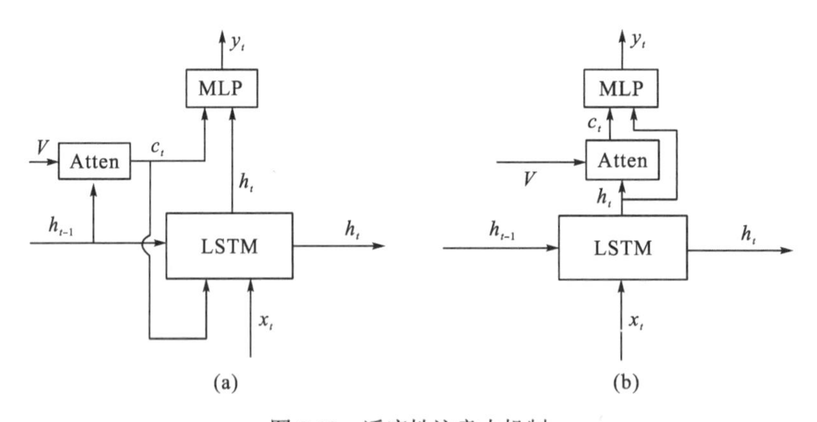

图 9.13　适应性注意力机制

9.6.2　视觉问答

给定一张图像和一个关于该图像内容的文字问题，视觉问答(visual question answering)旨在从若干候选文字回答中选出正确的答案。其本质是分类任务，也有工作是用 RNN 解码来生成文字回答。视觉问答也是视觉和自然语言处理两个领域的交叉任务。

基本思路是使用 CNN 从图像中提取图像特征，用 RNN 从文字问题中提取文本特征，之后设法融合视觉和文本特征，最后通过全连接层进行分类。该任务的关键是如何融合这两个模态的特征。直接的融合方案是将视觉和文本特征拼成一个向量、或者让视觉和文本特征向量逐元素相加或相乘。

注意力机制和“看图说话”相似，使用注意力机制也会提升视觉问答的性能(图 9.14)。注意力机制包括视觉注意力(“看哪里”)和文本注意力(“关注哪个词”)。HieCoAtten 可同时或交替产生视觉和文本注意力。DAN 将视觉和文本的注意力结果映射到一个相同的空间，并据此同时产生下一步的视觉和文本注意力。

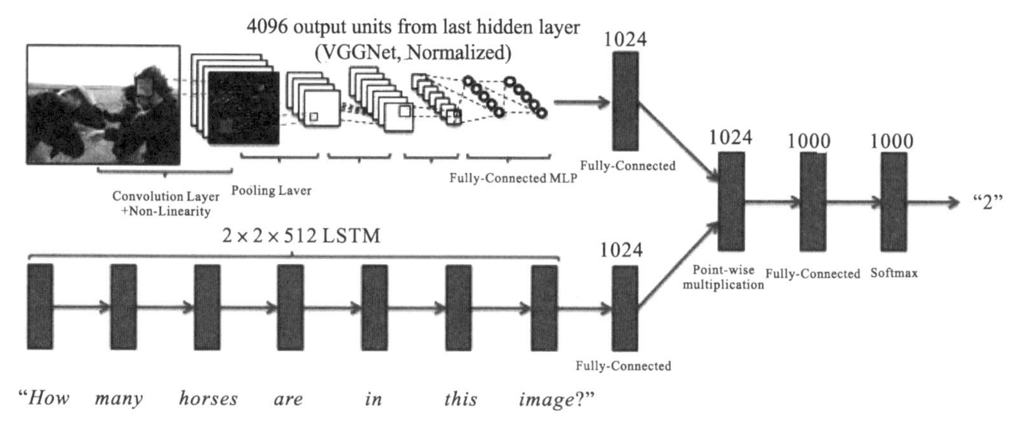

图 9.14　视觉问答的注意力机制

双线性融合通过视觉特征向量和文本特征向量的外积，可以捕获这两个模态特征各维之间的交互关系(图 9.15、图 9.16)。为避免显式计算高维双线性汇合结果，细粒度识别中的精简双线性汇合思想也可用于视觉问答。例如，MFB 采用了低秩近似思路，并同时使用了视觉和文本注意力机制。

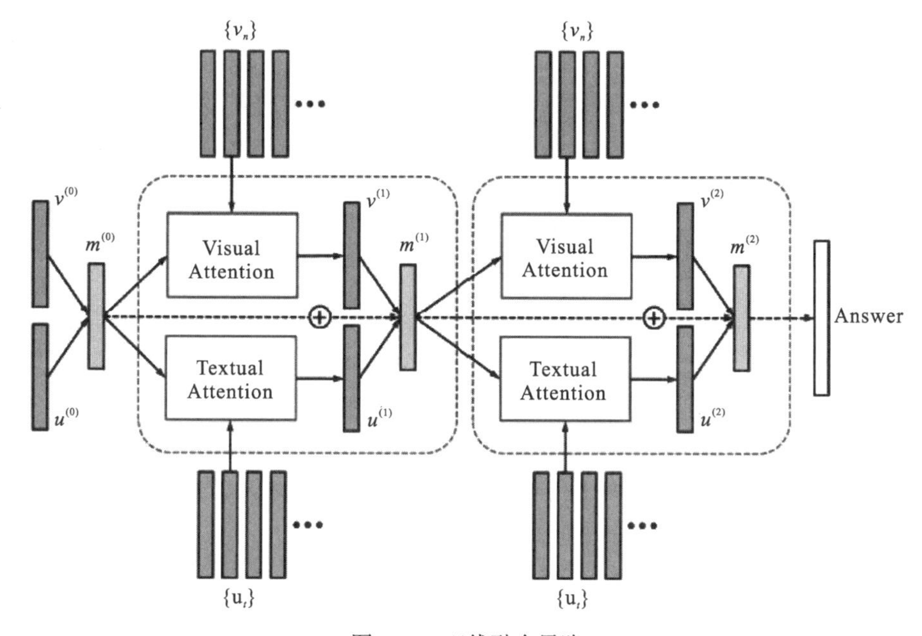

图 9.15　双线性融合思路

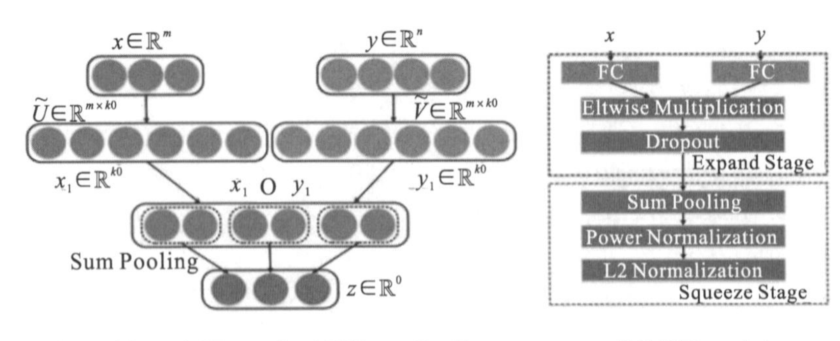

(a)Multi-modal Factorized Bilinear Pooling (b)MFB module

图 9.16 双线任何层次

9.6.3 网络可视化和网络理解

这些方法旨在提供一些可视化的手段以理解深度卷积神经网络。

直接可视化第一层滤波器由于第一层卷积层的滤波器直接在输入图像中滑动，我们可以直接对第一层滤波器进行可视化。可以看出，第一层权重关注特定朝向的边缘以及特定色彩组合。这和生物的视觉机制是符合的。但高层滤波器并不直接作用于输入图像，直接可视化只对第一层滤波器有效。

t-SNE 对图像的 fc7 或 pool5 特征进行低维嵌入，比如降维到 2 维使得可以在二维平面画出(图 9.17)。具有相近语义信息的图像应该在 t-SNE 结果中距离相近。和 PCA 不同的是，t-SNE 是一种非线性降维方法，保留了局部之间的距离。图 9.18 是直接对 MNIST 原始图像进行 t-SNE 的结果。可以看出，MNIST 是比较容易的数据集，属于不同类别的图像聚类十分明显。

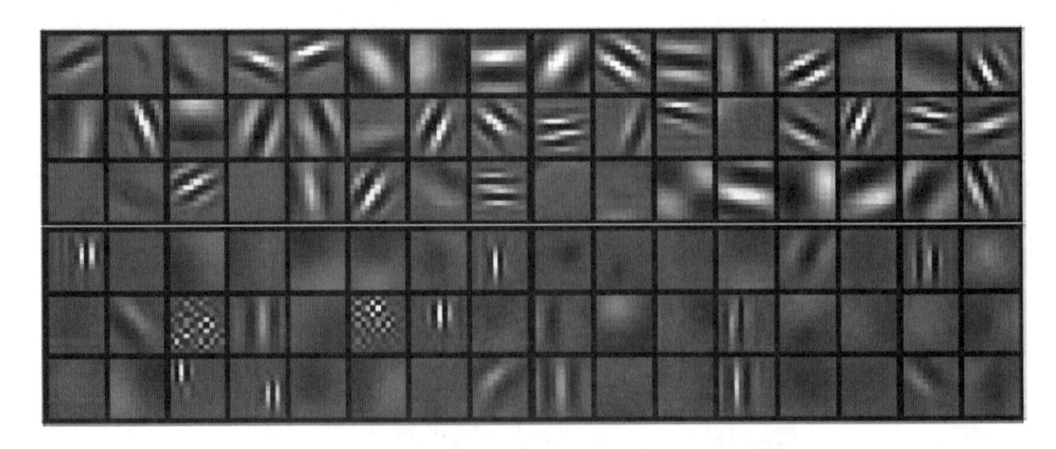

图 9.17 降维图

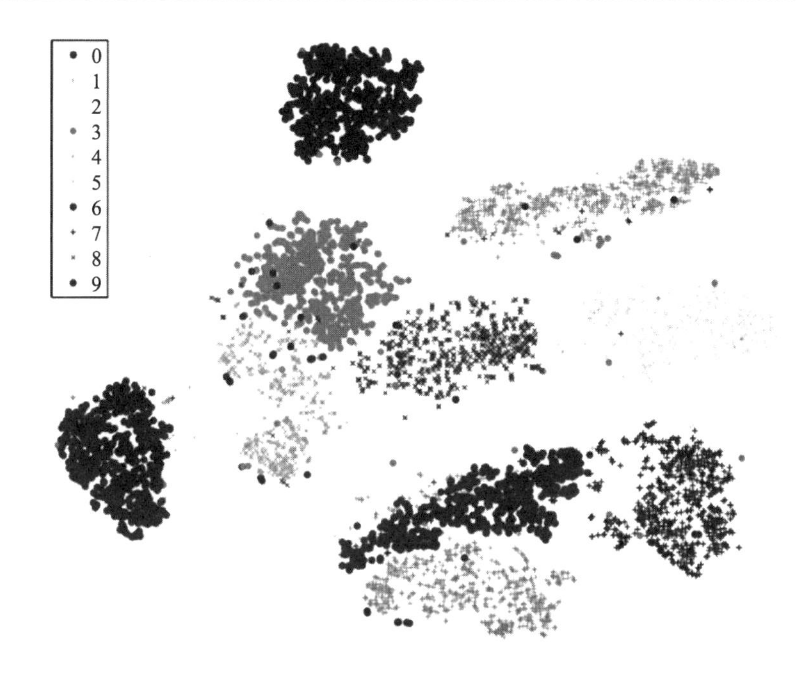

图 9.18 t-SNE

可视化中间层激活值。对特定输入图像，画出不同特征图的响应。观察发现，即使 ImageNet 中没有人脸或文字相关的类别，网络也会学习识别这些语义信息，以辅助后续的分类。

最大响应图像区域。选择某一特定的中间层神经元，向网络输入许多不同的图像，找出使该神经元响应最大的图像区域，以观察该神经元用于响应哪种语义特征。是“图像区域”而不是“完整图像”的原因是中间层神经元的感受是有限的，没有覆盖到全部图像。

输入显著性图。对给定输入图像，计算某一特定神经元对输入图像的偏导数。其表达了输入图像不同像素对该神经元响应的影响，即输入图像的不同像素的变化会带来怎样的神经元响应值的变化。Guided backprop 只反向传播正的梯度值，即只关注对神经元正向的影响，这会产生比标准反向传播更好的可视化效果。

梯度上升优化。如图 9.19 所示，选择某一特定的神经元，计算某一特定神经元对输入图像的偏导数，对输入图像使用梯度上升进行优化，直到收敛。此外，我们需要一些正则化项使得产生的图像更接近自然图像。除了在输入图像上进行优化，我们也可以对 fc6 特征进行优化并生成需要的图像。

遮挡实验(occlusion experiment)。如图 9.20 所示，用一个灰色方块遮挡住图像的不同区域，之后前馈网络，观察其对输出的影响。对输出影响最大的区域即对判断该类别最重要的区域。从下图可以看出，遮挡住狗的脸对结果影响最大。

Deep Dream。如图 9.21 所示，选择一张图像和某一特定层，优化目标是通过对图像的梯度上升，最大化该层激活值的平方。实际上，这是在通过正反馈放大该层神经元捕获到的语义特征。可以看出，生成的图像中出现了很多猫的图案，这是因为 ImageNet 数据集 1000 类别中有 200 类关于猫，因此，神经网络中有很多神经元致力于识别图像中的狗。

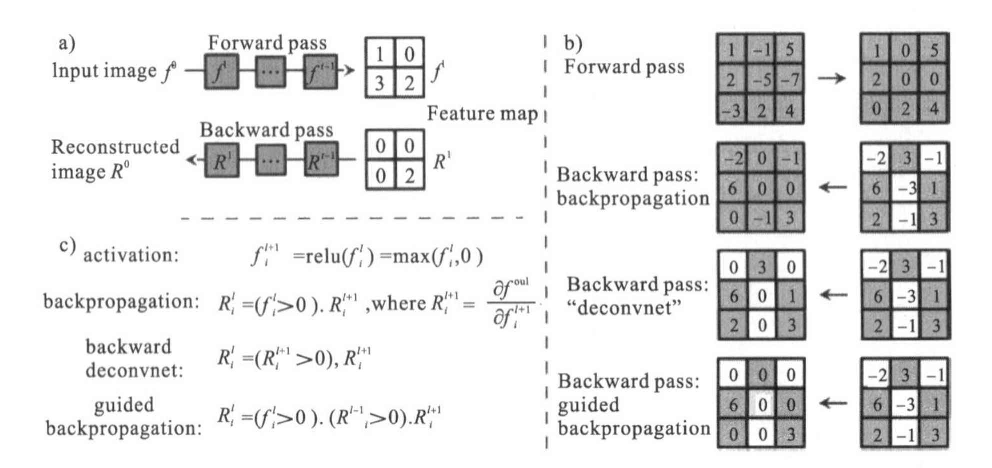

图 9.19 梯度上升

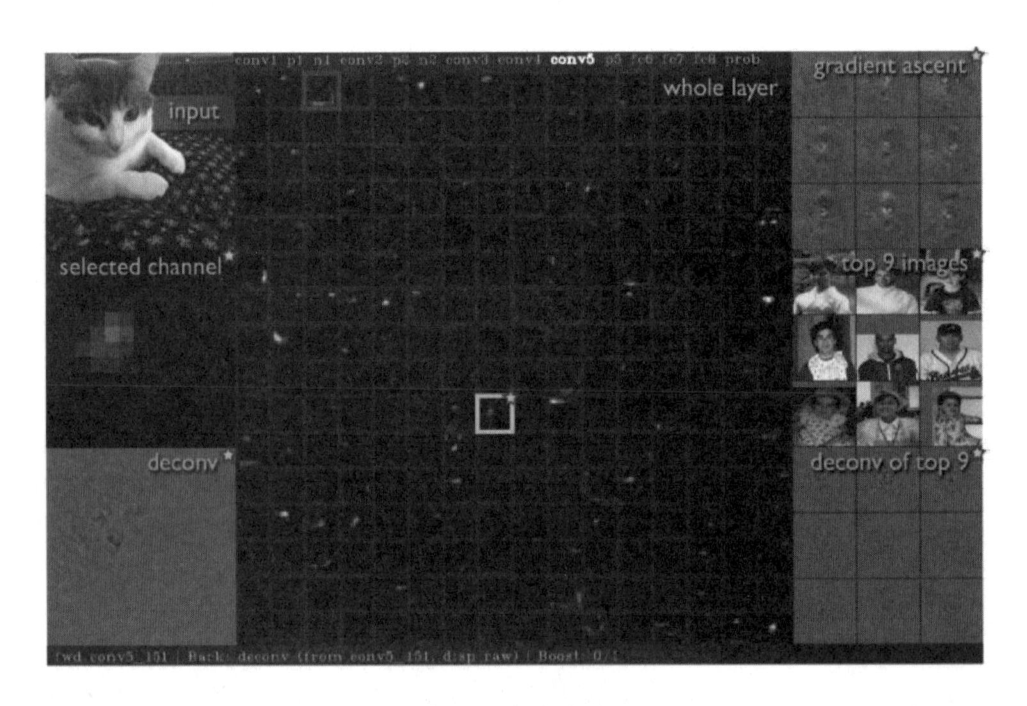

图 9.20 遮挡实验

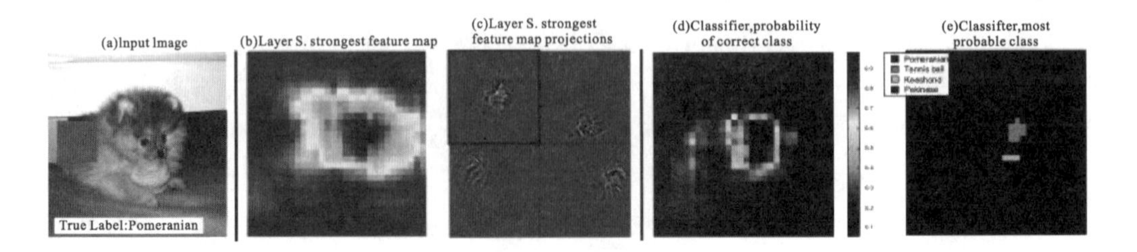

图 9.21 Deep dream

对抗样本(Adversarial Examples)。如图 9.22 所示，选择一张图像和一个不是它真实标记的类别，计算该类别对输入图像的偏导数，对图像进行梯度上升优化。实验发现，在对图像进行难以察觉的微小改变后，就可以使网络以相当大的信心认为该图像属于哪个错误的类别。实际应用中，对抗样本将会对金融、安防等领域产生威胁。有研究认为，这是由于图像空间非常高维，即使有非常多的训练数据，也只能覆盖该空间的很小一部分。只要输入稍微偏离该流形空间，网络就难以得到正常的判断。

图 9.22　对抗样本

9.6.4　特征逆向工程

给定一个中间层特征，我们希望通过迭代优化，产生一个特征和给定特征接近的图像。此外，特征逆向工程(feature inversion)也可以告诉我们中间层特征中蕴含了多少图像中的信息。可以看出，低层的特征中几乎没有损失图像信息，而高层尤其是全连接特征会丢失大部分的细节信息。从另一方面讲，高层特征对图像的颜色和纹理变化更不敏感。

Gram 矩阵。给定 $D\times H\times W$ 的深度卷积特征，我们将其转换为 $D\times(HW)$ 的矩阵 X，则该层特征对应的 Gram 矩阵(图 9.23)定义为 $G=XX^{\mathrm{T}}$。通过外积，Gram 矩阵捕获了不同特征之间的共现关系。

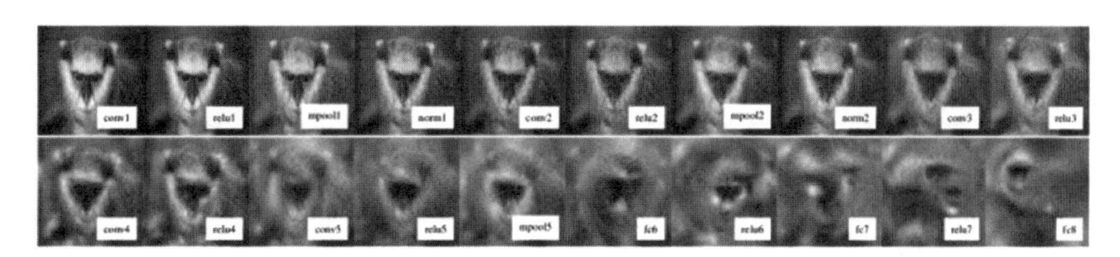

图 9.23　Gram 矩阵

纹理生成基本思路。如图 9.24 所示，对给定纹理图案的 Gram 矩阵进行特征逆向工程。使生成图像的各层特征的 Gram 矩阵接近给定纹理图像的各层 Gram。低层特征倾向于捕获细节信息，而高层特征可以捕获更大面积的特征。

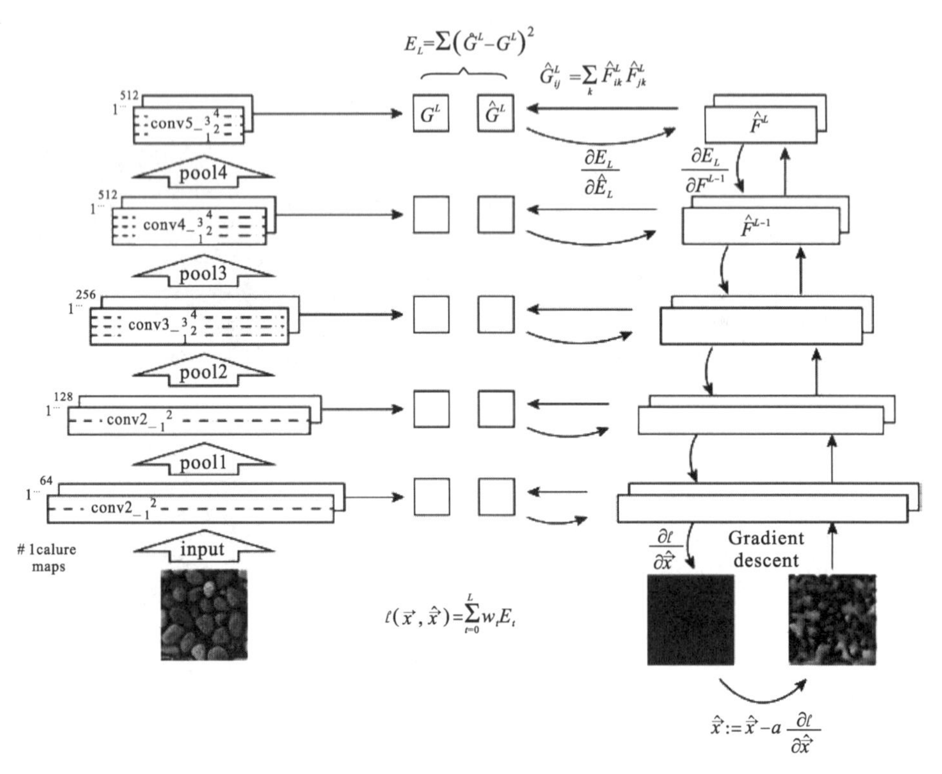

图 9.24　纹理生成基本思路

风格迁移基本思路。优化目标包括两项：使生成图像的内容接近原始图像内容；使生成图像风格接近给定风格。风格通过 Gram 矩阵体现，而内容则直接通过神经元激活值体现。

直接生成风格迁移的图像。上述方法的缺点是需要多次迭代才能收敛。该工作提出的解决方案是训练一个神经网络来直接生成风格迁移的图像(图 9.25)。一旦训练结束，进行风格迁移只需前馈网络一次，十分高效。在训练时，将生成图像、原始图像、风格图像三者前馈一固定网络以提取不同层特征用于计算损失函数。

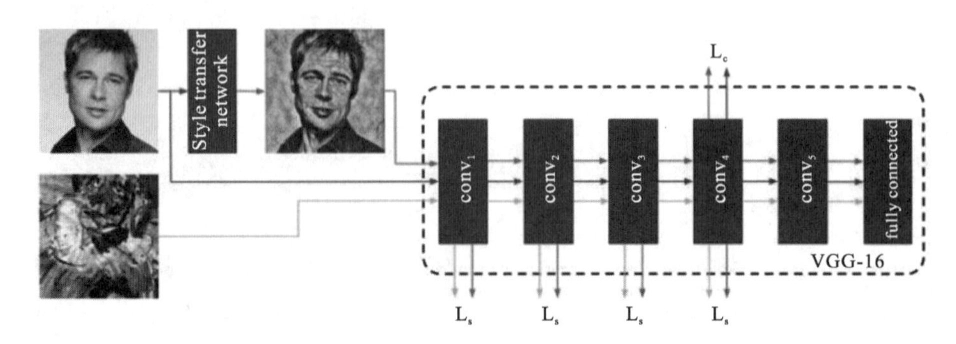

图 9.25　生成风格迁移的图像

9.6.5 图像检索

给定一个包含特定实例(例如特定目标、场景、建筑等)的查询图像，图像检索(image retrieval)旨在从数据库图像中找到包含相同实例的图像。但由于不同图像的拍摄视角、光照或遮挡情况不同，如何设计出能应对这些类内差异的有效且高效的图像检索算法仍是一项研究难题。

图像检索的典型流程：首先，设法从图像中提取一个合适的图像的表示向量。其次，对这些表示向量用欧式距离或余弦距离进行最近邻搜索以找到相似的图像。最后，可以使用一些后处理技术对检索结果进行微调。可以看出，决定一个图像检索算法性能的关键在于提取的图像表示的好坏。

1.无监督图像检索

无监督图像检索旨在不借助其他监督信息，只利用 ImageNet 预训练模型作为固定的特征提取器来提取图像表示(图 9.26)。

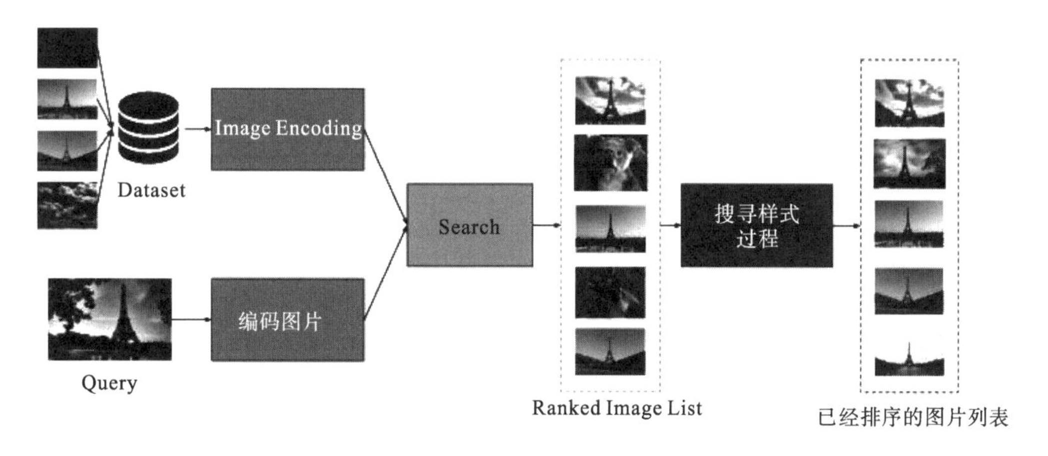

图 9.26　无监督图像检索

由于深度全连接特征提供了对图像内容高层级的描述，且是“天然”的向量形式，一个直觉的思路是直接提取深度全连接特征作为图像的表示向量。但是，由于全连接特征旨在进行图像分类，缺乏对图像细节的描述，该思路的检索准确率一般。

由于深度卷积特征具有更好的细节信息，并且可以处理任意大小的图像输入，因此目前的主流方法是提取深度卷积特征，并通过加权全局求和汇合(sum-pooling)得到图像的表示向量。其中，权重体现了不同位置特征的重要性，可以有空间方向权重和通道方向权重两种形式。

CroW 深度卷积特征是一个分布式的表示。虽然一个神经元的响应值对判断对应区域是否包含目标用处不大，但如果多个神经元同时有很大的响应值，那么该区域很有可能包含该目标。因此，CroW 把特征图沿通道方向相加，得到一张二维聚合图，将其归一化并根号规范化的结果作为空间权重。CroW 的通道权重根据特征图的稀疏性定义，其类似于自然语言处理中 TF-IDF 特征中的 IDF 特征，用于提升不常出现但具有判别能力的特征。

Class Weighted Features 该方法试图结合网络的类别预测信息，从而使空间权重更具判别能力。具体来说，其利用 CAM 来获取预训练网络中对应各类别的最具代表性区域的语义信息，进而将归一化的 CAM 结果作为空间权重。

PWA 发现，深度卷积特征的不同通道对应于目标不同部位的响应。因此，PWA 选取一系列有判别能力的特征图，将其归一化之后的结果作为空间权重进行汇合，并将其结果级联起来作为最终图像表示。

2.有监督图像检索

有监督图像检索首先将 ImageNet 预训练模型在一个额外的训练数据集上进行微调，之后再从这个微调过的模型中提取图像表示。为了取得更好的效果，用于微调的训练数据集通常和要用于检索的数据集比较相似。此外，可以用候选区域网络提取图像中可能包含目标的前景区域。

孪生网络(siamese network)和人脸识别的思路类似，使用二元或三元输入，训练模型使相似样本之间的距离尽可能小，而不相似样本之间的距离尽可能大。

本 章 小 结

随着互联网、物联网的快速发展，各种数字化设备的普及以及大规模存储设备的不断改进，以各种形式产生的数字图像的数量正在以惊人的速度增长。大量使用的数字图像构成了娱乐、商业、教育、政府、公共安全等应用的基础。图像大数据是典型的非结构化数据，其分析处理成为大数据领域最重要的应用之一。本章介绍了图像分析技术及其基本过程。对边缘检测、图像分割、目标检测与识别等图像分析的关键技术作了介绍。最后对人脸识别等典型的图像大数据分析应用做了详细描述。

图像大数据分析仍然是当前的研究前沿，从图像大数据的传输、存储到具体的分析算法均不断地演进、更新。在未来有望取得更多新的突破。

思 考 题

1.试描述图像分析的四个基本过程。

2.常用的边缘检测算子有哪些？各有什么特点？

3.区域分割技术有哪些？

4.试描述 Faster R-CNN 算法的原理。

5.人脸识别技术的难点在哪里？

6.描述图像大数据分析的主要应用场景。

参 考 文 献

吴辉群, 翁霞, 王磊, 等. 2016. 医学影像大数据的存储与挖掘技术研究. 中国数字医学, 11(2): 2-6.

张晶, 冯林, 王乐, 刘胜蓝. 2014. MapReduce 框架下的实时大数据图像分类. 计算机辅助设计与图形学学报, 26(8): 1263-1271.

Batmanghelich N K, Taskar B, Davatzikos C. 2012. Generative-discriminative basis learning for medical imaging. IEEE Trans Med Imaging, 31(1): 51-69.

Brunelli R, Mich O. 2000. Image retrieval by examples. IEEE Transactions on Multimedia, 2(3): 164-171.

Diaz M. 2000. Wavelet features for color image classification. Imaging and Geospatial Information Society. 2000 Annual Conference, Orlando.

Friston K J, Penny W D, Phillips C, et al. 2002. Classical and Bayesian Inference in Neuroimaging: Theory. NeuroImage 16(2): 465-483.

Gong Y. 1996. Image indexing and retrieval using color histograms. Multimedia Tools and Applications, (2): 1332 156.

HuangJ, KumarS R, Mitra M, et al. 1997. Image indexing using color correlograms. IEEE Conference on Computer Vision and Pattern Recognition. Puerto Rico: 762-768.

Lin K, Lu J, Chen C S, et al. 2016. Learning compact binary descriptors with unsupervised deep neural networks//IEEE Conference on Computer Vision and Pattern Recognition(CVPR). IEEE.

Lin K, Lu J, Chen C S, et al. 2016. Learning compact binary descriptors with unsupervised deep neural networks. Proceedings of the IEEE Conference on Computer Vision and Pattern Recognition.

Loupias E, Bres S. 2001. Key point-based indexing for pre-attentive similarities: the kiwi system. Pattern Analysis and Applications, 4(2/3): 200-214.

Magnin B, Mesrob L, Kinkingnéhun S, et al. 2009. Support vector machine-based classification of Alzheimer's disease from whole-brain anatomical MRI. Neuroradiology, 51(2): 73-83.

ManjunathB S, Ma W Y. 1996. Texture features for browsing and retrieval of image data. IEEE Transactions on Pattern Analysis and Machine Intelligence, 18(8): 837-842.

Sabuncu M, Balci S K, Shenton M E, et al. 2009. Image-driven population analysis through mixture modeling. IEEE Transactions in Medical Imaging, 28(9): 1473-1487.

StrickerM, OrengoM. 1995. Similarity of color images. Proc. SPIE storage and retrieval for image and video databases. San Jose CA USA, 2420: 381-392.

Vleugels J, Veltkamp R. 2002. Efficient image retrieval through vantage objects. Pattern Recognition, 35(1): 69-80.

Wang Y, Fan Y, Bhatt P, et al. 2010. High-dimensional pattern regression using machine learning: from medical images to continuous clinical variables. Neuroimage, 50(4): 1519-35.

第 10 章　视频大数据分析技术

视频大数据分析又称智能视频分析，指的是通过算法，高效处理海量非结构化的视频图像数据，实现对数据的快速检索、智能识别和理解。近年来，视频数据的价值逐渐得到重视。目前，视频大数据分析技术逐渐在政府、金融、商业等领域得到应用，甚至成为了无人机、VR、机器人等新兴领域的关键技术。

但是，技术的难度显而易见。视频数据除了具备一般大数据的典型特征，还具有数据维度更多、数据量更大、非结构化等问题。尽管计算机具有比人类大脑更好的记忆力，但是分析能力远远落后于人类。一个二三岁的小孩，我们只需要一个场景或者一张照片就可以教会他识别小狗，他下次碰到一条正常的狗，一般就能识别出来。但是，我们要让计算机学习“什么是狗”却是一件非常难的事情。在视频数据分析时，计算机需要区分视频图像里面的目标、识别出其行为特征甚至对其未来的行为进行预判，本质上是让计算机具有人类“眼睛”和“大脑”的功能，技术难度非常大。

一般而言，视频大数据分析技术主要集中于计算机视觉(computer vision)领域，而在2013 年以后，深度学习算法的进步极大地提升了计算机视觉技术，使得视频数据分析有了更强大的工具。反过来，视频大数据也为机器训练提供了丰富的资源。目前国内外专注于计算机视觉技术的团队主要来自于科研院所。

视频大数据分析技术在政府、金融、商业、机器人、无人机、无人驾驶汽车等领域均有巨大的应用前景。单就安保领域来讲，未来对视频数据分析软件的投入预计为 200 亿～300 亿元。如果算上其他领域的需求，预计行业空间在千亿元以上。

本章将介绍视频大数据分析的关键技术、应用领域与发展趋势。

10.1　视频大数据应用的主要驱动

10.1.1　累积的视频数据价值量巨大

从量的角度看，视频监控数据和互联网视频内容数据近年来有了大幅增加，为数据挖掘提供了丰富资源。据 IDC 的 *The Digital Universe in* 2020 报告，2012 年全球有分析价值的数据中有一半是监控视频数据，这个比例在 2016 年上升到 65%(图 10.1)。在国内，大约有 3000 万台监控摄像机，每月将生成 60EB 的视频数据，中国已经成为世界最主要的视频监控市场。

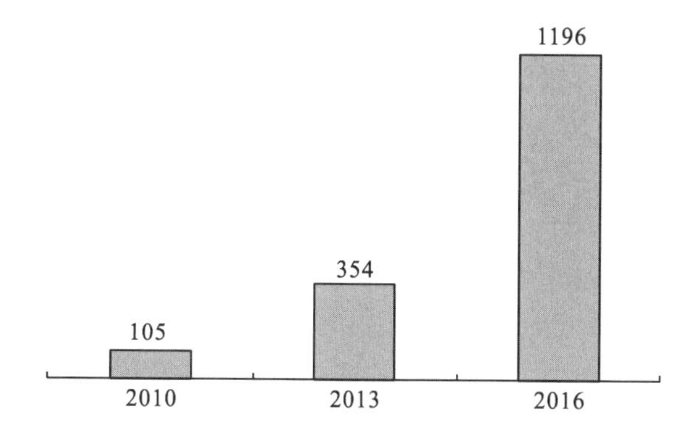

图 10.1　全球视频监控数据增长迅速(单位：EB)

随着移动互联网的快速发展，多媒体视频与图像应用越来越广泛。这些视频应用每时每刻都会产生海量的视频数据，目前已约占人们通信数据量的 80%，仅 YouTube 一个视频网站就拥有 10 亿用户，每分钟有 300 小时视频被上传，5000 万小时视频被观看。在国内，网络视频用户超过 5 亿，其中手机视频用户有 4.1 亿(图 10.2)。如果以 25Mbps 的 1080i 高清 HD 视频观看，5 分钟 1GB，每个月的数据 1.38EB 可以观看 14000 年。

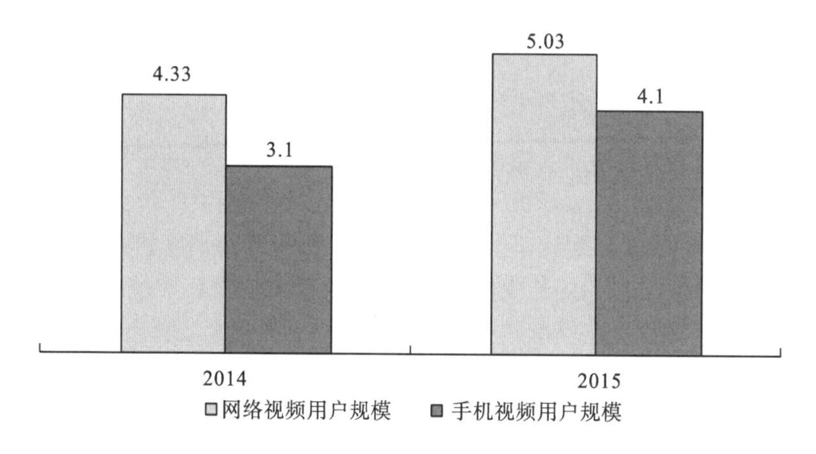

图 10.2　2014～2015 年国内网络视频/手机视频用户规模(单位：亿人)

从质的角度看，随着监控技术往高清化、网络化、智能化发展，高分辨率和高帧率已成为视频监控主流需求。视频数据的质量越高，其分析价值越大。

10.1.2　技术的成熟

以深度学习算法为基础的计算机视觉技术的进步，为视频大数据分析提供了强大的计算和分析工具。反过来，巨量的视频数据也为机器训练提供了丰富的素材，视频大数据成为人工智能的“燃料”。视频大数据分析的总体框架如图 10.3 所示。

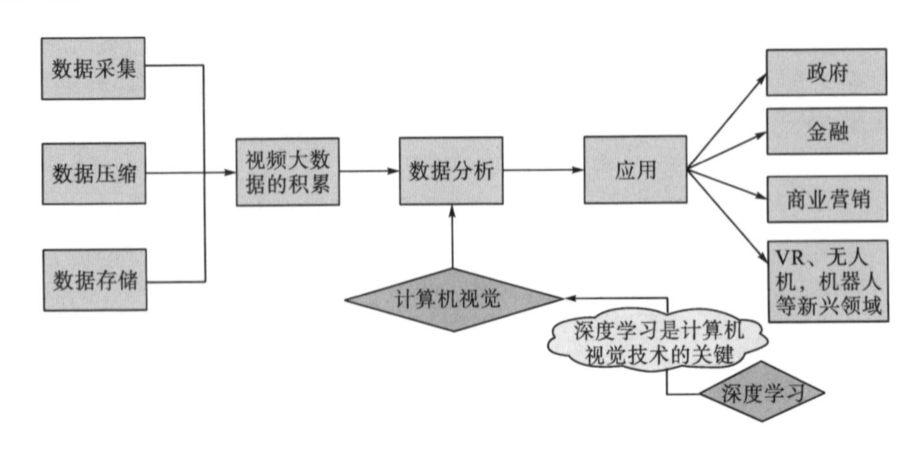

图 10.3　视频大数据分析的总体框架

10.1.3　政策的推动

近年来，在平安城市的建设框架下，摄像头等硬件设备的普及率明显上升，后台监控平台软件也得到了一定程度的应用。但是，目前阶段，仍然存在数据分散、分析不到位的问题，大部分数据仍然躺在角落里而没有被利用，视频数据的价值没有得到充分的挖掘和利用。

政府已经意识到数据的价值，希望能够使用视频数据降低人工投入，提高社会管理的能力。目前，政府正大力推进“大联网”战略。“大联网”战略的第一步是公安系统的视频图像联网：2012 年，公安部发布《安全防范视频监控联网系统信息传输、交换、控制技术要求》，要求到 2015 年实现全国公安机关视频图像联网调度和资源共享。公安系统的监控来源一般分为公安部门的治安监控摄像机、交警部门道路监控摄像机、城管部门的城管监控摄像机等，公安大联网就是要求公安系统里面的各个监管来源能够统一起来。

同时，随着硬件和基础软件平台渗透率的不断提升，用户对视频监控系统的关注点已经从单纯的系统建设，向运营、管理、应用，尤其是实战应用方面发展，要从现在的“看得见”进步到“看得懂”。从客户类型结构看，原来平安城市更多是来源于交警部门和公安部门的建设需求，未来政府的其他部门如刑侦、交通运输部门、司法等行业在视频监控管理与应用上的需求也会涌现。例如，公安部 2015 年 6 月发布的《全国公安刑事技术视频侦查装备项目建设任务书》中对视频侦查领域进行了规划及管理。任务书明确将视频侦查纳入继网侦、刑侦、技侦之后公安机关的第四大侦查手段。

10.2　视频大数据分析基础

原始视频可看作是图片序列，视频中的每张有序图片被称为“帧”(frame)。压缩后的视频，会采取各种算法减少数据的容量。先认识几个基本概念：

码率：数据传输时单位时间传送的数据位数，通俗一点的理解就是取样率，单位时间取样率越大，精度就越高，即分辨率越高。

帧率：每秒传输的帧数，fps，全称为 frames per second。

分辨率：每帧图片的分辨率。

清晰度：平常看片中，有不同清晰度，实际上就对应着不同的分辨率。

IPB：在网络视频流中，并不是把每一帧图片全部发送到客户端来展示，而是传输每一帧的差别数据，客户端对其进行解析，最终补充每一帧完整图片。

10.2.1 视频数据采集

视频数据往往是通过摄像机采集的。这一领域目前处于较为成熟的阶段，趋势是向高清化、网络化、真实化的方向发展。清晰度的高低往往决定了视频数据的价值大小，较高的清晰度可以降低视频处理和分析的难度。在实际应用当中，基本上都是通过不同种类的摄像机来获取数据，然后发送给服务端(AI 服务器)进行处理，分类有：网络摄像机、模拟摄像机、行业摄像机、超快动态摄像机、红外摄像机、热成像摄像机、智能摄像机、工业摄像机等。

10.2.2 视频数据压缩

视频压缩的目的是为了保证在维持一定质量的前提下最大化视频压缩比。目前，全球视频数据总量每两年翻一番，但视频压缩效率每隔十年才提高一倍，所以迫切需要更有效的视频压缩方法以解决视频传输与存储等问题。目前，主要通过编码技术减少数据冗余的方式，最大化压缩比。现有高效视频编码的主要研究方向可以归结为两类优化：一是如何进一步提高编码效率；二是如何有效降低编码复杂度。

10.2.3 视频数据存储

在视频监控领域，常见的视频存储设备有硬盘录像机(digital video recorder，DVR)、网络视频录像机(network video recorder，NVR)以及存储区域网络(SAN)。其中，DVR 适用于小型监控系统；NVR 适用于远距离监控；SAN 具有很强的存储扩展能力和故障隔离能力，适用于大规模监控网络的视频数据集中存储。

视频存储的发展方向是采用云存储系统来保存海量的视频数据。常用的云存储系统采用 Hadoop 的 HDFS 文件系统。HDFS 可以把一个完整的视频文件按固定大小分割为若干块，然后将各个文件块保存在不同主机的硬盘上，且提供数据块多机备份机制，提高了数据安全性。云存储系统能将异构存储设备组建成一个巨大的虚拟存储池，按需动态扩张存储容量，满足海量视频存储需求，提供 TB 级的视频输出带宽，而且由于云存储和云计算的紧密结合，可在视频大数据之上构建各种服务与应用。

10.2.4 视频大数据分析的关键技术

视频大数据分析需要解决三个层次的问题：一是目标检测；二是目标识别；三是行为识别。其总体流程如图 10.4 所示。

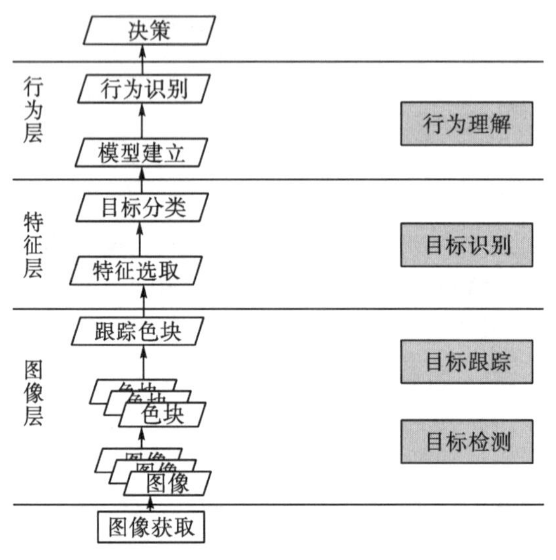

图 10.4 视频大数据分析总体流程

(1) 目标检测：从背景中找出我们关心的物体，可以不知道“是什么”。高级的目标检测就是目标识别，因为其不仅把目标检测出来了，还知道了目标“是什么”。同时，检测出目标后，就可以通过其他技术手段实现目标跟踪。

(2) 目标识别：解决的是“是什么”的问题。我们经常说的人脸识别就属于该层次。

(3) 行为识别：解决的是“干什么”、“将要干什么”的问题，是一种高层次的识别。

设想这样一个情景，在一帧视频内容里，我们首先需要把人从周围环境中分离出来(目标检测)，然后分析出这个人是谁(目标识别)，最后通过对其肢体动作的分析，得到他在干什么的结论，甚至推理出他将要干什么(行为理解)。

可见，这三个层次是依次递进的，目标检测是目标识别的基础，而行为识别是目标识别的高级阶段，这三个层次总体构成了摄像机智能过滤的功能。

其中视频目标检测和跟踪具有很强的实用价值，主要应用在视频监控、智能交通、人机交互、机器人导航等领域。

10.3 目 标 检 测

目标检测指的是从图像中将运动变化区域分割提取出来。比如，图像中有个人在走动，我们关心的是这个人而不是旁边的建筑物、身后的天空等背景，所以需要进行目标检测，识别出图像中哪块区域是人的区域(图 10.5)。一般的检测方法有背景减除法、时间差分法、光流法等。目标检测技术的关键在于动态复杂场景中背景模型的建立、保持与更新，例如，图像中人在走动，但是旁边的树木因为风吹的原因其叶子也在动，同时因为有阳光而出现人的阴影，这就导致了摇动的树叶与运动阴影也可能会被检测为人。

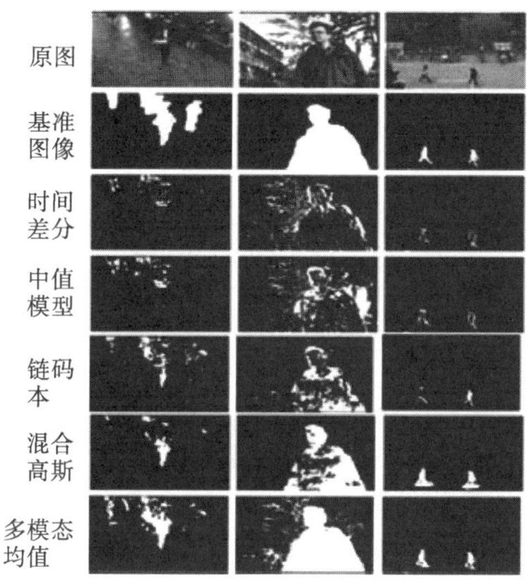

图 10.5　不同目标检测方法的结果对比

根据目标的颜色、纹理和形状等信息来确定其在视频不同帧中出现的位置和区域。

近年来有很多目标检测算法出现，如卡尔曼滤波、动态贝叶斯网络、粒子滤波器、基于光流的 Kanade-Lucas-Tomasi(KLT)算法等。

影响目标跟踪的主要因素有目标自身阴影、目标之间相互遮挡或目标被背景中物体遮挡、多个目标之间具有较大相似性。目标遮挡仍是目前智能视频监控技术中较难处理的问题，特别是目标长时间被遮挡的情况(图 10.6)。当出现遮挡现象时，目标只有部分可见，如何设计一个理想的遮挡模式下的跟踪模型是需要进一步研究的问题。

图 10.6　目标遮挡

以下是几种常用的动态视频目标检测方法。

10.3.1 背景差分法

背景差分法是一种很常用的技术，主要用于背景不动的情况下提取前景。该方法原理简单、易于实现，所以一直是研究的热点。它主要的原理是在当前帧和背景做减法，然后使用 threshold 进行二值化得到前景掩码。图 10.7 是背景差分法的示意图。

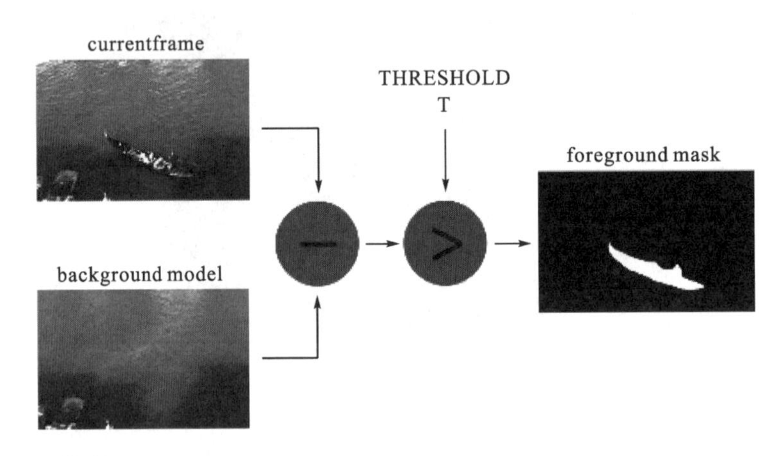

图 10.7　背景差分法示意图

背景差分法主要包含以下步骤：

(1) 产生一个合适的背景图像；

(2) 进行当前帧与背景图像的差分运算；

(3) 选择一个合适的阈值，对差分图像进行二值化。

背景差分法是目前运动检测中最常用的一种方法，它是利用当前图像与背景图像的差分来检测出运动区域的一种技术。背景差分法的效果很大程度上取决于背景的建模，它一般能够提供最完全的特征数据，但对于动态场景的变化，如光照和外来无关事件的干扰等特别敏感。

该算法首先选取背景中的一幅或几幅图像的平均作为背景图像，然后把以后的序列图像当前帧和背景图像相减，进行背景消去。若所得到的像素数大于某一阈值，则判定被监控场景中有运动物体，从而得到运动目标。

良好的背景模型能消除或减少背景动态变化对运动目标检测带来的影响。目前研究比较多的是基于统计模型的方法，包括混合高斯分布模型、非参数化模型、隐含马尔可夫模型、码本建模、卡尔曼滤波建模以及基于这些算法的改进算法等。

1.背景差分法实现思路

背景差分法是静止背景下运动目标识别和分割的另一种思路。如不考虑噪声 $n(x, y, t)$ 的影响，由背景图像 $b(x, y, t)$ 和运动目标 $m(x, y, t)$ 可以组成视频帧图像：

$$I(x,y,t)=b(x,y,t)+m(x,y,t) \tag{10.1}$$

从而可得运动目标：

$$m(x,y,t)=I(x,y,t)-b(x,y,t) \tag{10.2}$$

而在实际中，由于噪声的影响，式(10.2)不能得到真正的运动目标，而是由运动目标区域和噪声组成的差分图像，即

$$d(x,y,t)=I(x,y,t)-b(x,y,t)+n(x,y,t) \tag{10.3}$$

得到运动目标需要依据某一判断原则进一步处理，最常用的方法为阈值分割的方法：

$$m(x,\ y,\ t)=\begin{cases} I(x,\ y,\ t), & d(x,\ y,\ t)\geqslant T \\ 0, & d(x,\ y,\ t)<T \end{cases} \tag{10.4}$$

式中，T 为一阈值。图 10.8 为背景差分法的流程图。

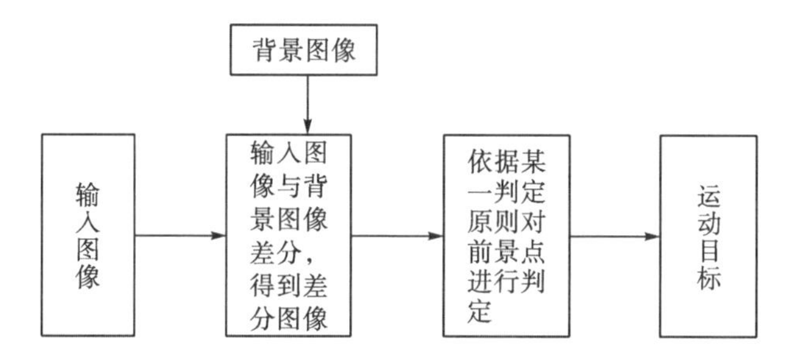

图 10.8　背景差分法的流程图

背景差分法较帧差法更能准确地提取运动目标，帧差法如果不与其他方法进行结合只能提取运动变化区域，包括真正的运动目标、被覆盖和显露的背景，而不能直接提取运动目标。然而，当我们运用背景减法时还要考虑很多问题：

(1)要得到背景图像 $b(x,\ y,\ t)$，最简单的方法就是将第一帧没有运动目标的图像帧作为背景图像。然而在实际环境中随着时间的推移背景图像是不断变化的，引起背景变化的因素很多，如：光线的变化、环境的变化等。因此不能简单的将一帧没有运动目标的图像帧作为背景而不进行更新。

(2)可能在场景中有很多干扰，比如场景中有树枝和叶子在风中晃动、水面的波动等，这些运动不能简单的判断为运动目标。

(3)照明的变化和天气的变化都可能影响检测的结果。

(4)背景的变化，比如一辆汽车从原先背景中离开，物体改变了放置的位置，而这些情况下不能将其认为是真正的运动目标。

(5)运动目标影子的影响。

由这些需要考虑的问题可以得出在背景差分法中需要对背景图像进行及时更新，这样才能保证检测结果的正确性。背景更新的方法很多，下面详细论述。

2.背景更新的方法

1)基于单个高斯模型的背景构建

基于单个高斯模型的背景构建方法，该方法假定连续视频帧中每个像素均是独立的，并且其灰度值遵循高斯分布，随着新的视频帧到来，要更新每个像素点所遵循的相应高斯分布中的参数，其中均值定义为

$$\mu_t = \alpha I_t + (1-\alpha)\mu_{t-1} \tag{10.5}$$

式中，I_t 是该像素当前灰度值；μ_{t-1} 是前几帧该像素灰度值的均值；α 是一个经验值，它决定背景更新的快慢，当 α 很小的时候，背景更新缓慢，反之，更新较快。方差 σ^2 用它的无偏估计来代替，当 $|I_t - \mu_t| > k\sigma_t$ 时，该像素为运动目标点，否则就属于背景。

Koller 等指出上述方法不能很适当的更新背景，原因是在计算 μ_t 时，属于运动目标的像素点也参加了计算，这会将运动目标的像素点叠加到背景中，因此，Koller 等提出了以下定义：

$$\mu_t = M\mu_{t-1} + (1-M)\left[\alpha I_t + (1-\alpha)\mu_{t-1}\right] \tag{10.6}$$

式中，参数 M=0(上一次计算中属于背景的像素)或 1(属于运动目标)。

2)基于混合高斯模型的背景构建

混合高斯模型是指用多个高斯分布来共同描述一个像素点的像素值分布，Stauffer 等提出了一种自适应的混合高斯模型背景构建的方法，每个像素点的灰度值分布都由多个高斯分布混合表示。

设一个像素点的像素观察值为$\{X_1, \cdots, X_t\}$，则当前像素值的概率可表示为

$$P(X_t) = \sum_{i=1}^{K} w_{i,t} * \eta(X_t, \mu_{i,t}, \textstyle\sum_{i,t}) \tag{10.7}$$

其中，K 为用来表示像素值的高斯分布的个数；$w_{i,t}$ 表示 t 时刻第 i 个高斯分布的权值 $(\sum_{i=1}^{K} w_{i,t} = 1)$；$\mu_{i,t}$ 表示第 i 个高斯分布的均值；$\sum_{i,t}$ 表示第 i 个高斯分布的协方差矩阵。而第 i 个高斯分布函数 $\eta(X_t, \mu_{i,t}, \sum_{i,t})$ 的表达式为

$$\eta(X_t, \mu_{i,t}, \textstyle\sum_{i,t}) = \dfrac{1}{(2\pi)^{\frac{n}{2}} \left|\sum_{i,t}\right|^{1/2}} \mathrm{e}^{-\frac{1}{2}(x_t-\mu_t)^T \sum_{i,t}^{-1}(x_t-\mu_t)} \tag{10.8}$$

其中，n 为自由变量的个数；K 的值一般取 3～5，协方差矩阵可表示为

$$\textstyle\sum_{i,t} = \sigma_i^2 I \tag{10.9}$$

用第一幅图像每点的像素值作为该点对应混合高斯分布的均值，并给每个高斯模型赋一个较大的方差和较小的权值。当新的图像到来的时候，要对各个像素点的混合高斯模型的参数进行更新，理想的情况是在每一时刻 t，用包含新的观察数据的一段时间内的数据，采用 K 均值算法来近似估算混合高斯模型的参数，但是这种匹配算法计算比较复杂，不能达到实时计算的要求，因此用一种近似算法，即把 K 个高斯分布按权值和标准差之比 (ω/σ) 从大到小进行排列，然后选择均值 $\mu_{i,t-1,k}$ 和 $X_{i,t}$ 最接近的高斯模型，并且满足：

$$(X_{i,t} - \mu_{i,t-1}) / \sigma_{i,t-1} < 2.5 \tag{10.10}$$

如果找到某个高斯模型 η_k 与 $X_{i,t}$ 匹配，则用下列公式更新 η_k 的各个参数：

$$\mu_{i,t} = (1-\alpha)\mu_{t-1} + \alpha X_{i,t} \tag{10.11}$$

$$\sigma_{i,t}^2=(1-\alpha)\sigma_{i,t-1}^2+\alpha(X_{i,t}-\mu_{i,t})^T(X_{i,t}-\mu_{i,t}) \tag{10.12}$$

对所有高斯分布的权值用下面的公式进行更新：

$$w_{i,k,t}=(1-\alpha)w_{i,k,t-1}+\alpha M_{i,t,k} \tag{10.13}$$

式中，$M_{i,t,k}$ 对于匹配的高斯模型取 1，没有匹配的高斯模型取 0。如果没有一个高斯模型与 $X_{i,t}$ 进行匹配，将 (w/σ) 值最小的高斯模型用均值为 $X_{i,t}$、方差较高、权值较低的新构造的高斯模型代替。

算法的最后一步是进行景物模型的构造，在每一时间，从每一点的多个高斯分布中选择一个或几个作为背景模型，其他均表示前景模型，如果当前值与背景模型匹配，则把该点判定为背景，否则判定为前景。

选择背景模型的方法：首先将每一点的混合高斯模型按权值和标准差的比值(即：w/σ)按从大到小的顺序排列，根据下式选择前 B 个模型作为背景模型：

$$B=\arg\min_b\left(\sum_{k=1}^{b}w_k>T\right) \tag{10.14}$$

式中，T 表示作为背景中的点，它的像素值保持不变的概率，如果 T 选择过小，则背景通常为单峰，这种情况下采用单一高斯模型的背景构造方法更简单，如果 T 选择过大，则背景通常为多峰，这样采用混合高斯模型的背景构造方法更适合处理这种有重复运动的背景，比如树枝的摇动、水面的波动等。

3) 基于 Kalman 滤波器的背景构造

WU 等使用 Kalman 滤波器来对背景进行不断的更新，一阶 Kalman 滤波器的背景更新公式为

$$B_{k+1}(p)=B_k(p)+g^*[I_k(p)-B(p)] \tag{10.15}$$

其中增益因子

$$g=\alpha_1[1-M_k(p)]+\alpha_2M_k(p) \tag{10.16}$$

如果

$$\begin{aligned}&\left|I_k(p)-B_k(p)\right|>s_k(p)\Rightarrow M_k(p)=1\\&\left|I_k(p)-B_k(p)\right|\leqslant s_k(p)\Rightarrow M_k(p)=0\end{aligned} \tag{10.17}$$

其中，$I_k(p)$ 表示当前帧图像中 p 点像素值；$B_k(p)$ 表示背景图像中 p 点的像素值；$M_k(p)$ 为运动目标的二值图像中的 p 点的像素值。如果 p 点属于运动目标则像素值为 1，否则为 0；$s(p)$ 为像素点 p 的阈值。将运动目标分离出来，α_1、α_2 为权值系数，决定了序列背景图像的自适应性，α_2 必须足够小，才能从背景序列图像中有效的分割出运动目标，α_1 必须大于或等于 $10\alpha_2$，但如果 α_1 太大，越来越多的运动变化将存储于序列背景图像中，将会丧失算法的去噪特性。式中的 $s_k(p)$ 可由自适应阈值选取方法得到。

4) 基于核函数密度估计的背景模型构造

基于核函数密度估计的背景模型构造方法与以上的背景构造方法不同，该方法无需事先假定背景模型函数，也无需估计模型参数和对参数进行优化。Elgammal 等提出了能处理复杂背景的基于核函数密度估计的背景模型构造方法，选用的核函数为高斯函数，假定 $X_1,\cdots,X_N$ 为一像素点的 N 个连续的采样值，在 t 时刻得到该点像素值为 X_t 的概率可用核

函数的密度估计来计算：

$$
p(X_t)=\frac{1}{N}\sum_{i=1}^{N}K_h(X_t-X_i)
$$
$$
K_h(X_t-X_i)=\eta(X_t-X_i,\textstyle\sum_i) \tag{10.18}
$$

式中，K_h 表示窗口宽度为 h 的核函数；N 表示样本的个数。

核估计首先需要得到待估计量的一个训练样本集，Elgammal 等直接将视频序列中的像素值作为样本，但是视频序列中可能包含运动目标，这样做势必会将属于运动目标的像素作为背景来计算，这样就会产生误差，因此可以将视频序列中相邻两帧的差分作为样本：

$$
S_t(x,\ y)=\begin{cases} I_t(x,\ y) & ,\ \ |I_t(x,\ y)-I_{t-1}(x,\ y)|<T \\ S_{t-1}(x,\ y) & ,\ \ |I_t(x,\ y)-I_{t-1}(x,\ y)|>T \end{cases} \tag{10.19}
$$

式中，S 为背景样本；I 为视频帧图像；T 为阈值，如果两帧图像的差小于某一阈值则视为背景样本，否则不参与运算。假定取得 M 个背景样本，核函数为高斯函数的背景估计为

$$
p[I_t(x,\ y)]=\frac{1}{M}\sum_{j=1}^{M}\frac{1}{\sqrt{2\pi h^2}}\mathrm{e}^{\frac{(I_t-S_t)^2}{2h^2}} \tag{10.20}
$$

根据 $p[I_t(x,\ y)]$，利用下式来判断某一像素是否属于运动目标：

$$
M_t(x,y)=\begin{cases} 1 & ,\ \ p(I_t(x,y))<T_p \\ 0 & ,\ \ p(I_t(x,y))>T_p \end{cases} \tag{10.21}
$$

$M_t(x,\ y)$ 为 0 则说明该点属于背景点，为 1 则属于运动目标。

为了使背景不断更新，背景样本需不断更新，背景样本的更新可使用队列先进先出的形式，并且不断使用核密度函数估计公式不断更新背景。

10.3.2 帧间差分法

摄像机采集的视频序列具有连续性的特点。如果场景内没有运动目标，则连续帧的变化很微弱，如果存在运动目标，则连续的帧和帧之间会有明显地变化。

帧间差分法(temporal difference)就是借鉴了上述思想。由于场景中的目标在运动，目标的影像在不同图像帧中的位置不同。该类算法对时间上连续的两帧或三帧图像进行差分运算，不同帧对应的像素点相减，判断灰度差的绝对值，当绝对值超过一定阈值时，即可判断为运动目标，从而实现目标的检测功能。

该方法对于动态环境具有较强的自适应性，对环境的光线变化不敏感、运算速度快，但是无法检测静止对象，且一般不能完全提取出所有相关的特征像素点，检测结果易出现轮廓不完整、内部有空洞等现象。

在实际应用中，常采用多帧差分累加以及隔帧差分等方法。针对背景与前景灰度交叉的情况可以用局部阈值的方法来提高算法的自适应性，主要有基于假设检验的帧差法和高次统计法。

优点：

(1)帧间差分方法简单、运算量小且易于实现。

(2) 帧间差分方法进行运动目标检测可以较强地适应动态环境的变化，有效地去除系统误差和噪声的影响，对场景中光照的变化不敏感而且不易受阴影的影响。

缺点：

(1) 不能完全提取所有相关的特征像素点，也不能得到运动目标的完整轮廓，只能得到运动区域的大致轮廓；

(2) 检测到的区域大小受物体的运动速度制约：对快速运动的物体，需要选择较小的时间间隔，如果选择不合适，当物体在前后两帧中没有重叠时，会被检测为两个分开的物体；对于慢速运动的物体，应该选择较大的时间差，如果时间选择不适当，当物体在前后两帧中几乎完全重叠时，则检测不到物体。

(3) 容易在运动实体内部产生空洞现象。

1.帧间差分法实现思路

帧间差分法是一种通过对视频图像序列的连续两帧图像做差分运算获取运动目标轮廓的方法。当监控场景中出现异常目标运动时，相邻两帧图像之间会出现较为明显的差别，两帧相减，求得图像对应位置像素值差的绝对值，判断其是否大于某一阈值，进而分析视频或图像序列的物体运动特性。其数学公式描述如下：

$$D(x,\ y)=\begin{cases}1, & \left|I(t)-I(t-1)\right|>T\\ 0, & 其他\end{cases} \tag{10.22}$$

式中，$D(x,y)$ 为连续两帧图像之间的差分图像；$I(t)$ 和 $I(t-1)$ 分别为 t 和 t-1 时刻的图像；T 为差分图像二值化时选取的阈值；$D(x,y)=1$ 表示前景，$D(x,y)=0$ 表示背景。

2.两帧差分法

两帧差分法的运算过程如图 10.9 所示。记视频序列中第 n 帧和第 n−1 帧图像分别为 f_n 和 f_{n-1}，两帧对应像素点的灰度值记为 $f_n(x,\ y)$ 和 $f_{n-1}(x,\ y)$，按照式(10.23)将两帧图像对应像素点的灰度值进行相减，并取其绝对值，得到差分图像 D_n：

$$D_n(x,\ y)=\left|f_n(x,\ y)-f_{n-1}(x-y)\right| \tag{10.23}$$

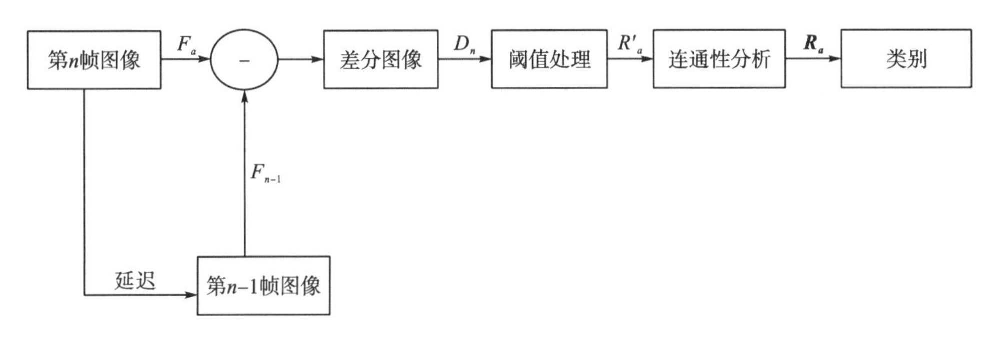

图 10.9　两帧差分法的运算过程

设定阈值 T，按照式(10.24)逐个对像素点进行二值化处理，得到二值化图像 R_n'。其中，灰度值为255的点即为前景(运动目标)点，灰度值为0的点即为背景点；对图像 R_n' 进行连通性分析，最终可得到含有完整运动目标的图像 R_n。

$$R_n'(x, y)=\begin{cases}255, & D_n(x, y)>T \\ 0, & \text{其他}\end{cases} \tag{10.24}$$

3.三帧差分法

两帧差分法适用于目标运动较为缓慢的场景，当运动较快时，由于目标在相邻帧图像上的位置相差较大，两帧图像相减后并不能得到完整的运动目标，因此，人们在两帧差分法的基础上提出了三帧差分法。

三帧差分法的运算过程如图10.10所示。记视频序列中第 $n+1$ 帧、第 n 帧和第 $n-1$ 帧的图像分别为 f_{n+1}、f_n 和 f_{n-1}，三帧对应像素点的灰度值记为 $f_{n+1}(x, y)$、$f_n(x, y)$ 和 $f_{n-1}(x, y)$，按照式(10.23)分别得到差分图像 D_{n+1} 和 D_n，对差分图像 D_{n+1} 和 D_n 按照式(10.25)进行与操作，得到图像 D_n'，然后再进行阈值处理、连通性分析，最终提取出运动目标。

$$D_n'(x, y)=|f_{n+1}(x, y)-f_n(x, y)|\cap|f_n(x, y)-f_{n-1}(x, y)| \tag{10.25}$$

在帧间差分法中，阈值 T 的选择非常重要。如果阈值 T 选取的值太小，则无法抑制差分图像中的噪声；如果阈值 T 选取的值太大，又有可能掩盖差分图像中目标的部分信息；而固定的阈值 T 无法适应场景中光线变化等情况。为此，有人提出了在判决条件中加入对整体光照敏感的添加项的方法，将判决条件修改为

$$\operatorname*{Max}_{(x, y)\in A}\left|f_n(x, y)-f_{n-1}(x, y)\right|>T+\lambda\frac{1}{N_A}\sum_{(x, y)\in A}|f_n(x, y)-f_{n-1}(x, y)| \tag{10.26}$$

其中，N_A 为待检测区域中像素的总数目；λ 为光照的抑制系数；A 可设为整帧图像。添加项 $\lambda\frac{1}{N_A}\sum_{(x, y)\in A}|f_n(x, y)-f_{n-1}(x, y)|$ 表达了整帧图像中光照的变化情况。如果场景中的光照变化较小，则该项的值趋向于零；如果场景中的光照变化明显，则该项的值明显增大，导致式(10.26)右侧判决条件自适应地增大，最终的判决结果为没有运动目标，这样就有效地抑制了光线变化对运动目标检测结果的影响。

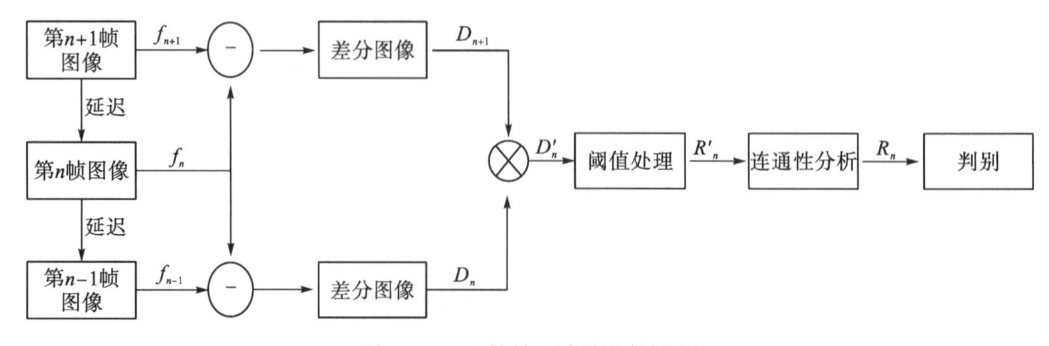

图10.10 三帧差分法的运算过程

4.两帧差分和三帧差分的比较

图 10.11 是采用帧间差分法对自拍序列 lab 序列进行运动目标检测的实验结果，(b)图是采用两帧差分法的检测结果，(c)图是采用三帧差分法的检测结果。lab 序列中的目标运动较快，在这种情况下，运动目标在不同图像帧内的位置明显不同，采用两帧差分法检测出的目标会出现“重影”的现象，采用三帧差分法，可以检测出较为完整的运动目标。

(a)lab序列第157帧　(b)两帧差分　(c)三帧差分

图 10.11　两帧差分和三帧差分的比较

综上所述，帧间差分法的原理简单，计算量小，能够快速检测出场景中的运动目标。但由实验结果可以看出，帧间差分法检测的目标不完整，内部含有“空洞”，这是因为运动目标在相邻帧之间的位置变化缓慢，目标内部在不同帧图像中相重叠的部分很难检测出来。帧间差分法通常不单独用在目标检测中，往往与其他的检测算法结合使用。

10.3.3　光流法

1950 年 Gibson 首先提出了光流(optical flow)的概念，光流法是空间运动物体在观测成像面上的像素运动的瞬时速度。物体在运动的时候，它在图像上对应点的亮度模式也在做相应的运动，这种图像亮度模式的表观运动就是光流。光流的研究就是利用图像序列中像素的强度数据的时域变化和相关性来确定各自像素位置的“运动”。光流表达了图像的变化，因此可被观察者用来确定目标的运动情况。一般情况下，光流由相机运动、场景中目标运动或两者的共同运动产生。

光流场是由光流引申出来的，它指的是景物中可见像素点的三维速度矢量在成像表面投影形成的二维瞬时速度场。空间中的运动场转移到图像上就表示为光流场，光流场反映了图像上每一点的灰度变化趋势。光流场包含了被观察物体的运动信息以及有关景物丰富的三维结构的信息，它是如今计算机视觉及有关研究领域中的一个重要组成部分。

光流法是基于运动目标随时间变化的光流特性来进行目标检测和提取。

光流场反映了图像上每一点灰度的变化趋势，可看成是带有灰度的像素点在图像平面上运动而产生的瞬时速度场，是一种对真实运动场的近似估计。光流法通过光流场近似计算视频图像中不能直接得到的运动场，根据运动场的特征对目标进行检测。

其优点是在所摄场所运动存在的前提下也能检测出独立的运动目标。大多数的光流计算方法相当复杂，且抗噪性能差，如果没有特别的硬件装置则不能被应用于全帧视频流的实时处理。

1.光流法实现思想

光流法检测运动目标，其基本思想是赋予图像中的每一个像素点一个速度矢量，从而形成了该图像的运动场。图像上的点和三维物体上的点在某一特定的运动时刻是一一对应的，根据各像素点的速度矢量特征对图像进行动态的分析。若图像中不存在运动目标，那么光流矢量在整个图像区域则是连续变化的，而当物体和图像背景中存在相对运动时，运动物体所形成的速度矢量则必然不同于邻域背景的速度矢量，从而将运动物体的位置检测出来。

光流不能由运动图像的局部信息来唯一的确定，例如，亮度等值线上的点或者亮度比较均匀的区域都无法唯一的确定其点的运动对应性，但是运动可以进行观察得到。由此说明运动场和光流不一定是唯一对应的，即光流不一定是由物体运动产生的，反之如果物体发生了运动也不一定就能产生光流。但是一般情况下，表观运动和物体真实运动之间的差异是可以忽略的，可以用光流场代替运动场来分析图像中的运动目标及其相关的运动参数。

可以证明动能场不仅仅是分块连续的，并且其间断点恰好为物体的边缘。如此，我们便可以利用图像每一帧的运动场，在动能变化矩阵中提取极值点，便可以得到运动物体的边缘。可将动能大致相同的点归于同一物体，进而对图像序列进行分割，从而检测出多个运动目标。这样，我们就将运动目标检测问题，借助光流场转换为静态图像的区域分割问题。

算法步骤如下：

(1)令 i=1，获得第 i 帧图像 $I(x, i)$；

(2)获得第 i+1 帧图像 $I(x, i+1)$；

(3)对图像去噪，得到去噪后图像 $I'(x, i)$ 和 $I'(x, i+1)$；

(4)利用 $I'(x, i)$ 和 $I'(x, i+1)$ 计算得到光流场；

(5)计算得到局部动能场 $K(i)$；

(6)利用边缘检测算法(如基于小波的方法)计算局部动能场，并分割图像得到不同的运动单元(也理解为一个运动单元)；

(7)由于目标一般比背景小，故提取出体积运动单元作为检测目标；

(8)计算其质心作为目标位置；

(9)置 i=i+1，重复(2)～(8)，直至检测结束。

基于光流场分析的运动目标检测方法，不仅包含了被观察物体的运动信息，而且携带了三维结构的丰富信息，因此它不仅可以用于运动目标检测，还可以直接应用于运动目标跟踪，能够很精确地计算出运动目标的速度，同时在摄像机存在运动的情况下也能够检测出运动目标。而在实际的应用中，由于存在多光源、遮挡性、噪声和透明性等多方面的原因，光流场基本方程中的灰度守恒这个假设条件是得不到满足的，因此不能求解出正确的光流场，同时由于其采用的是迭代的求解计算方法，故需要的计算时间比较长，从而无法满足实时的要求，并且该方法受噪声的影响较大，因而该方法多适用于目标运动速度不大、图像噪声比较小的情况。

2.Lucas-Kanade 算法

这个算法是最常见、最流行的。它计算两帧在时间 t 到 $t+\delta t$ 之间每个像素点位置的移动。由于它是基于图像信号的泰勒级数，因此这种方法称为差分，即对于空间和时间坐标使用偏导数。

图像约束方程可以写为

$$I(x,\ y,\ z,\ t)=I(x+\delta x,\ y+\delta y,\ z+\delta z,\ t+\delta t) \tag{10.27}$$

式中，$I(x,\ y,\ z,\ t)$ 为在 $(x,\ y,\ z)$ 位置的体素。

假设移动足够小，那么对图像约束方程使用泰勒公式，可以得到：

$$I(x+\delta x,y+\delta y,z+\delta z,t+\delta t)=I(x,y,z,t)+\frac{\partial I}{\partial x}\delta x+\frac{\partial I}{\partial y}\delta y+\frac{\partial I}{\partial z}\delta z+\frac{\partial I}{\partial t}\delta t+\text{H.O.T.} \tag{10.28}$$

式中，H.O.T.指更高阶，在移动足够小的情况下可以忽略。从这个方程中可以得到：

$$\frac{\partial I}{\partial x}\delta x+\frac{\partial I}{\partial y}\delta y+\frac{\partial I}{\partial z}\delta z+\frac{\partial I}{\partial t}\delta t=0 \tag{10.29}$$

或者

$$\frac{\partial I}{\partial x}\frac{\delta x}{\delta t}+\frac{\partial I}{\partial y}\frac{\delta y}{\delta t}+\frac{\partial I}{\partial z}\frac{\delta z}{\delta t}+\frac{\partial I}{\partial t}\frac{\delta t}{\delta t}=0 \tag{10.30}$$

从而得到

$$\frac{\partial I}{\partial x}V_x+\frac{\partial I}{\partial y}V_y+\frac{\partial I}{\partial z}V_z+\frac{\partial I}{\partial t}=0 \tag{10.31}$$

式中，V_x、V_y、V_z 分别是 $I(x,\ y,\ z,\ t)$ 的光流向量中 x、y、z 的组成；$\frac{\partial I}{\partial x}$、$\frac{\partial I}{\partial y}$、$\frac{\partial I}{\partial z}$ 和 $\frac{\partial I}{\partial t}$ 则是图像在 $(x,\ y,\ z,\ t)$ 这一点向相应方向的差分。

所以

$$I_xV_x+I_yV_y+I_zV_z=-I_t \tag{10.32}$$

写作

$$\nabla I^T\cdot\vec{V}=-I_t \tag{10.33}$$

这个方程有三个未知量，尚不能被解出，这也就是所谓光流算法的光圈问题。那么要找到光流向量则需要另一套解决方案。而 Lucas-Kanade 算法是一个非迭代的算法：假设流 $(V_x,\ V_y,\ V_z)$ 在一个大小为 $m\times m\times m\ (m>1)$ 的小窗中是一个常数，那么从像素 $1,\cdots,n,n=m^3$ 中可以得到下列一组方程：

$$\begin{cases} I_{x1}V_x+I_{y1}V_y+I_{z1}V_z=-I_{t1} \\ I_{x2}V_x+I_{y2}V_y+I_{z2}V_z=-I_{t2} \\ \qquad\qquad\vdots \\ I_{xn}V_x+I_{yn}V_y+I_{zn}V_z=-I_{tn} \end{cases}$$

三个未知数但是有多于三个的方程，这个方程组自然是个超定方程，也就是说方程组内有冗余，方程组可以表示为

$$\begin{bmatrix} I_{x1} & I_{y1} & I_{z1} \\ I_{x2} & I_{y2} & I_{z2} \\ \vdots & \vdots & \vdots \\ I_{xn} & I_{yn} & I_{zn} \end{bmatrix} \begin{bmatrix} V_x \\ V_y \\ V_z \end{bmatrix} = \begin{bmatrix} -I_{t1} \\ -I_{t2} \\ \vdots \\ -I_{tn} \end{bmatrix}$$

记作：$A\vec{v} = -b$。

为了解决这个超定问题，我们采用最小二乘法：

$$A^{\mathrm{T}} A\vec{v} = A^{\mathrm{T}}(-b) \tag{10.34}$$

或

$$\vec{v} = (A^{\mathrm{T}} A)^{-1} A^{\mathrm{T}}(-b) \tag{10.35}$$

得到：

$$\begin{bmatrix} V_x \\ V_y \\ V_z \end{bmatrix} = \begin{bmatrix} \sum I_{xi}^2 & \sum I_{xi}I_{yi} & \sum I_{xi}I_{zi} \\ \sum I_{xi}I_{yi} & \sum I_{yi}^2 & \sum I_{yi}I_{zi} \\ \sum I_{xi}I_{zi} & \sum I_{yi}I_{zi} & \sum I_{zi}^2 \end{bmatrix}^{-1} \begin{bmatrix} -\sum I_{xi}I_{ti} \\ -\sum I_{yi}I_{ti} \\ -\sum I_{zi}I_{ti} \end{bmatrix}$$

其中的求和是从 1 到 n。

这也就是说寻找光流可以通过在四维上图像导数的分别累加得出。我们还需要一个权重函数$W(i, j, k)(i, k, j \in [1, m])$来突出窗口中心点的坐标。高斯函数做这项工作是非常合适的，这个算法的不足在于它不能产生一个密度很高的流向量，例如在运动的边缘和很大的同质区域中的微小移动方面流信息会很快的褪去。它的优点在于对噪声存在的容忍性较好。

10.4 目 标 识 别

目标识别主要是判断视频的内容是什么，如通过人脸识别技术达到判定目的。目标识别的过程是将待识别的目标与指定的目标库中的特征进行比较，以确定是否与该库中的某一目标相匹配。

图像目标识别任务在过去三年的时间取得了巨大的进展，识别性能得到明显提升。但在视频监控、车辆辅助驾驶等领域，基于视频的目标识别有着更为广泛的需求。由于视频中存在运动模糊，遮挡、形态变化多样性、光照变化多样性等问题，仅利用图像目标识别技术识别视频中的目标并不能得到很好的识别结果。如何利用视频中的目标时序信息和上下文等信息成为提升视频目标识别性能的关键。

对于视频目标识别来说，一个好的识别器不仅要保证在每帧图像上识别准确，还要保证识别结果具有一致性/连续性，即对于一个特定目标，优秀的识别器应持续识别此目标并且不会将其与其他目标混淆，称之为视频目标识别时序一致性。

视频目标识别算法目前主要使用了如下的框架：

(1)将视频帧视为独立的图像，利用图像目标识别算法获取识别结果；

(2)利用视频的时序信息和上下文信息对识别结果进行修正；

(3)基于高质量识别窗口的跟踪轨迹对识别结果进行进一步修正。

10.4.1　单帧图像目标识别

此阶段通常将视频拆分成相互独立的视频帧来处理，通过选取优秀的图像目标识别框架以及各种提高图像识别精度的技巧来获取较为鲁棒的单帧识别结果。

1.训练数据选取

需要注意，同一个视频片段背景单一，相邻多帧的图像差异较小。所以要训练现有目标识别模型，训练集可能存在大量数据冗余，并且数据多样性较差，有必要对其进行扩充。

2.网络结构选取

不同的网络结构对于识别性能也有很大影响。同样的训练数据，基于 ResNet101 的 Faster R-CNN 模型的识别精度比基于 VGG16 的 Faster R-CNN 模型的识别精度高 12%左右。

10.4.2　改进分类损失

目标在某些视频帧上会存在运动模糊、分辨率较低、遮挡等问题，即便是目前最好的图像目标检算法也不能很好地识别目标。幸运的是，视频中的时序信息和上下文信息能够帮助我们处理这类问题。比较有代表性的方法有 T-CNN 中的运动指导传播(motion-guided propagation，MGP)和多上下文抑制(multi-context suppression，MCS)。

1.MGP

单帧识别结果存在很多漏检目标，而相邻帧图像识别结果中可能包含这些漏检目标。所以我们可以借助光流信息将当前帧的识别结果前向后向传播，经过 MGP 处理可以提高目标的召回率。如图 10.12 所示，将 T 时刻的识别窗口分别向前向后传播，可以很好地填补 $T-1$ 和 $T+1$ 时刻的漏检目标。

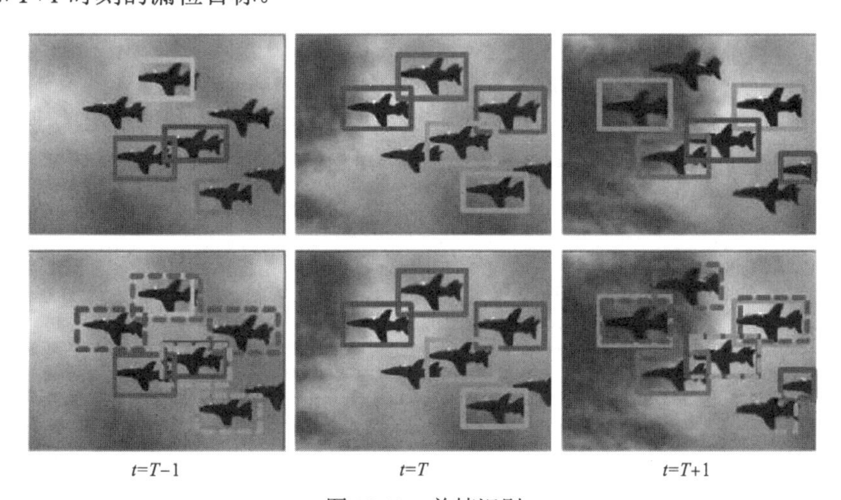

图 10.12　单帧识别

2.MCS

使用图像识别算法将视频帧当作独立的图像来处理并没有充分利用整个视频的上下文信息。虽然说视频中可能出现任意类别的目标，但对于单个视频片段，只会出现比较少的几个类别，而且这几个类别之间有共现关系，例如出现船只的视频段中可能会有鲸鱼，但基本不可能出现斑马。所以，可以借助整个视频段上的识别结果进行统计分析：对所有识别窗口按得分排序，选出得分较高的类别，剩余那些得分较低的类别很可能是误检，需对其得分进行压制。经过 MCS 处理后的识别结果中正确的类别靠前，错误的类别靠后，从而提升目标识别的精度。

10.4.3 利用跟踪信息修正

上文提到的 MGP 可以填补某些视频帧上漏检的目标，但对于多帧连续漏检的目标不是很有效，而目标跟踪可以很好地解决这个问题。

(1)从中选取识别得分最高的目标作为跟踪的起始锚点；

(2)基于选取的锚点向前向后在整个视频片段上进行跟踪，生成跟踪轨迹；

(3)从剩余目标中选择得分最高的进行跟踪，需要注意的是，如果此窗口在之前的跟踪轨迹中出现过，那么直接跳过，选择下一个目标进行跟踪；

(4)算法迭代执行，可以使用得分阈值作为终止条件。

得到的跟踪轨迹既可以用来提高目标召回率，也可以作为长序列上下文信息对结果进行修正。

10.4.4 网络选择与训练技巧

对于视频目标识别，除了要保证每帧图像的识别精度，还应该保证长时间稳定地跟踪每个目标。

图像目标识别(mAP)评测对象是每个识别窗口是否精准，而视频时序一致性评测对象是目标跟踪轨迹是否精准。图像目标识别中如果识别窗口跟 Ground Truth 类别相同，窗口 IoU 大于 0.5 就认定为正例。而评价时序一致性时，如果识别得到的跟踪轨迹和 Ground Truth(目标真实跟踪轨迹)是同一个目标(trackId 相同)，并且其中识别出的窗口与 Ground Truth 窗口的 IoU 大于 0.5 的数量超过一定比例，那么认为得到的跟踪轨迹是正例；跟踪轨迹的得分是序列上所有窗口得分的平均值。分析可知，如果一个目标的轨迹被分成多段或者一个目标的跟踪轨迹中混入其他的目标都会降低一致性。

那么如何保证视频识别中目标的时序一致性呢？

(1)保证图像识别阶段每帧图像识别的结果尽量精准；

(2)对高质量识别窗口进行跟踪并保证跟踪的质量，尽量降低跟踪中出现的漂移现象；

(3)前面两步获取到的跟踪结果会存在重叠或者临接的情况，需针对性地进行后处理。

ITLab-Inha 团队提出了基于变换点识别的多目标跟踪算法，该算法首先识别出目标，然后对其进行跟踪，并在跟踪过程中对跟踪轨迹点进行分析处理，可以较好地缓解跟踪时的漂移现象，并能在轨迹异常时及时终止跟踪。

针对视频目标识别的一致性问题，提出了基于识别和跟踪的目标管道生成方法(图 10.13)。

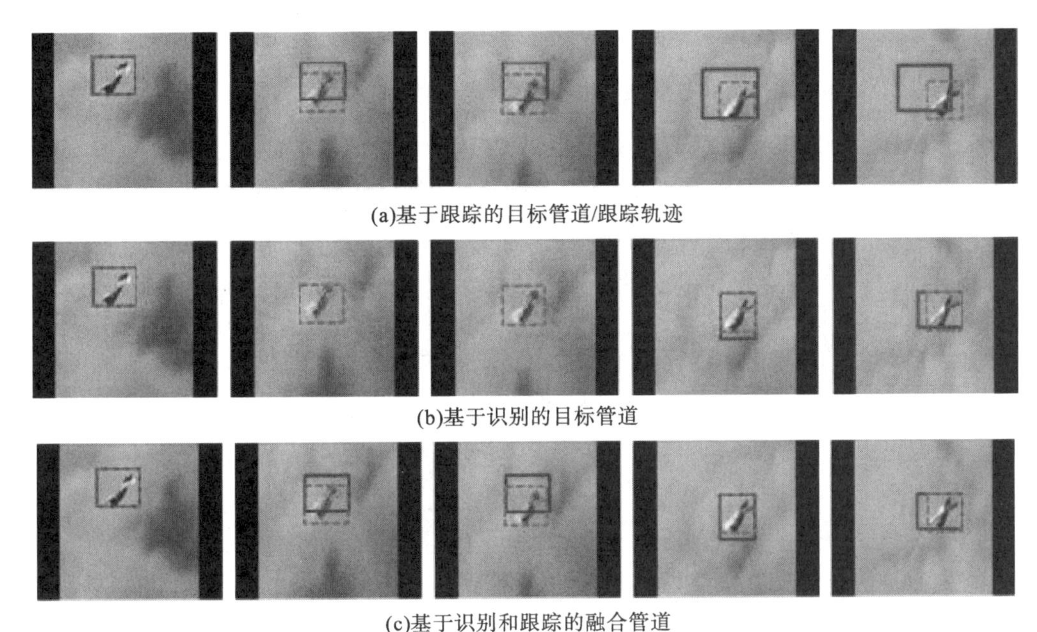

(a)基于跟踪的目标管道/跟踪轨迹
(b)基于识别的目标管道
(c)基于识别和跟踪的融合管道

图 10.13　基于识别/跟踪/识别+跟踪管道示意图

在图 10.13 中，图(a)表示使用跟踪算法获取到的目标管道(红色包围框)，绿色包围框代表目标的 Ground Truth。可以看到随着时间推移，跟踪窗口逐渐偏移目标，最后甚至可能丢失目标。MCG-ICT-CAS 提出了基于识别的目标管道生成方法，如图(b)所示，基于识别的管道窗口(红色包围框)定位较为准确，但由于目标的运动模糊使识别器出现漏检。从上面分析可知：跟踪算法生成的目标管道召回率较高，但定位不准；而基于识别窗口生成的目标管道目标定位较为精准，但召回率相对较低。由于两者存在互补性，所以 MCG-ICT-CAS 进一步提出了管道融合算法，对识别管道和跟踪管道进行融合，融合重复出现的窗口并且拼接间断的管道。

10.5　行 为 识 别

10.5.1　目标识别与行为识别的差异

目标识别(又称目标分类)，主要是判断视频的内容是什么，如图 10.14 所示，在低层次的识别中，计算机会告诉我们“这是马，这是人，这是狗”(目标识别)。但是，这样的识别远远不够，设想下如果是某个人看到这图片，大脑不会刻板地分门别类识别，它的反映是“一个人骑在一匹马上，他的狗坐在马前面”，特别是，大脑还识别出了人和狗的情绪。所以，高级别的识别需要我们对目标行为进行理解，它需要计算机告诉我们“在一个阳光明媚的下午，一个穿着牛仔衣服的年轻小伙坐在一匹健壮的马上，他的爱犬坐在马的前面”。

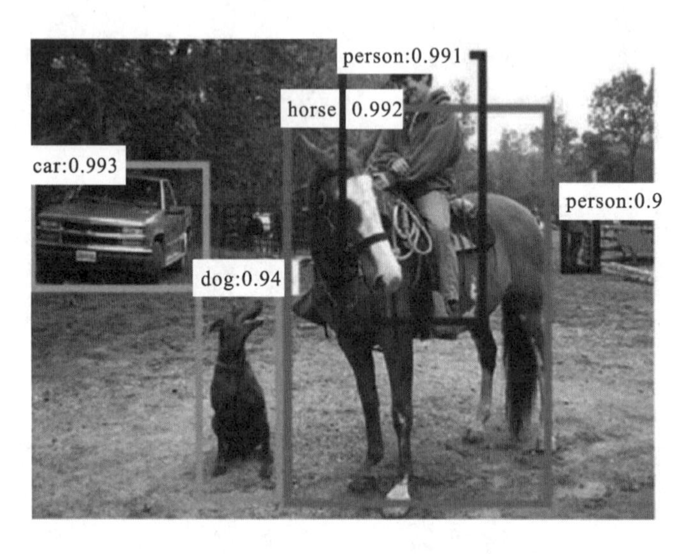

图 10.14　行为识别是更深层次的目标识别

行为识别对数据分析结果的应用极其重要，因为其回答了目标“将要干什么”的问题，可以基于理解的结果进行预判。例如，在地铁、广场等公共场所，在各种光照变化、人群遮挡等复杂环境下，相关机构可以通过视频数据分析，估计人群数量和密度，同时检测人群过密、异常聚集、滞留、逆行、混乱等多种异常现象。实现重大活动、重要区域的人流统计与控制(图 10.15)，并提供实时报警功能。

图 10.15　重要区域人群统计与控制

行为识别(action recognition)主要目标是判断一段视频中人的行为的类别。虽然这个问题是针对视频中人的动作，但基于这个问题发展出来的算法，大都不特定针对人，也可以用于其他类型视频的分类。

为了简化问题，一般使用的数据库都先将动作分割好，一个视频片断中包含一段明确的动作，时间较短(几秒钟)且有唯一确定的标签。所以也可以看作是输入为视频、输出为动作标签的多分类问题。此外，动作识别数据库中的动作一般都比较明确，周围的干扰也相对较少。有点像图像分析中的图像分类任务。

10.5.2　常用数据库

行为识别的数据库比较多，这里主要介绍两个最常用的数据库，也是近年这个方向的论文必做的数据库。

UCF101：来源为 YouTube 视频，共计 101 类动作，13320 段视频。共有 5 个大类的动作：

(1)人-物交互；

(2)肢体运动；

(3)人-人交互；

(4)弹奏乐器运动；

(5)数据库主页。

HMDB51：来源为 YouTube 视频，共计 51 类动作，约 7000 段视频。在 Actioin Recognition 中，实际上还有一类骨架数据库，比如 MSR Action3D、HDM05、SBU Kinect Interaction Dataset 等。这些数据库已经提取了每帧视频中人的骨架信息，基于骨架信息判断运动类型。

10.5.3　传统方法

iDT(improved dense trajectories)算法是行为识别领域中非常经典的一种算法，在深度学习应用于该领域前也是效果最好的算法。由 INRIA 的 IEAR 实验室于 2013 年发表于 ICCV。目前基于深度学习的行为识别算法效果已经超过了 iDT 算法，但与 iDT 的结果做集成学习还是能获得一些提升。所以这几年好多论文的最优效果都是 iDT 和其他算法的集成形式。

基本思路：DT 算法的基本思路为利用光流场来获得视频序列中的一些轨迹，再沿着轨迹提取 HOF、HOG、MBH、trajectory 4 种特征，其中 HOF 基于灰度图计算，另外几个均基于 dense optical flow 计算。最后利用 FV(fisher vector)方法对特征进行编码，再基于编码结果训练 SVM 分类器。而 iDT 改进的地方在于它利用前后两帧视频之间的光流以及 SURF 关键点进行匹配，从而消除/减弱相机运动带来的影响。

图 10.16 所示即为算法的基本框架，包括密集采样特征点、特征点轨迹跟踪和基于轨迹的特征提取几个部分。后续的特征编码和分类过程则没有在图中画出。

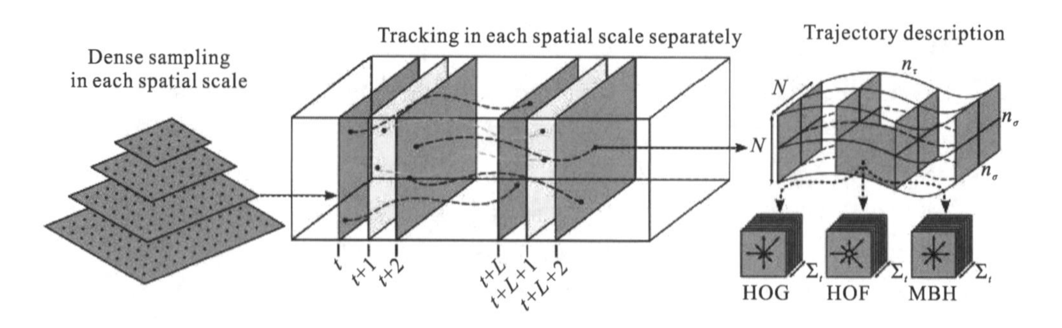

图 10.16 算法基本框架

1.密集采样

DT 方法通过网格划分的方式在图片的多个尺度上分别密集采样特征点。在多个空间尺度上采样能保证采样的特征点覆盖了所有空间位置和尺度，通常 8 个空间尺度已经足够，若图像很大，可以适当增加。后续的特征提取也是在各个尺度上分别进行的。特征点采样的间隔(即网格的大小) W 通常取 5。

下一步的目标即在时间序列上跟踪这些特征点，但在缺乏变化的区域(比如一块白色墙壁中间的点)中跟踪特征点是无法实现的。因此在进行跟踪前要先去除一些特征点。此处的方法是计算每个像素点自相关矩阵的特征值，并设置阈值去除低于阈值的特征点。阈值由下式决定：

$$T = 0.001 \times \max_{i \in I} \min\left(\lambda_i^1, \lambda_i^2\right) \tag{10.36}$$

式中，$\left(\lambda_i^1, \lambda_i^2\right)$ 是图像 I 中像素点 i 的特征值；0.001 为实验确定的一个比较合适的值。图 10.17 即为密集采样的一个示例效果图片。

图 10.17 效果图

2.轨迹与轨迹描述子(trajectories)

设上一步中密集采样到的某个特征点的坐标为 $P_t=(x_t,\ y_t)$，则我们可以用下式来计算该特征点在下一帧图像中的位置。

$$P_{t+1}=\left(x_{t+1},y_{t+1}\right)=\left(x_t,y_t\right)+\left(M*\omega_t\right)\Big|_{x_t,y_t} \tag{10.37}$$

式中，$\omega_t=\left(u_t,v_t\right)$ 为密集光流场，是由 I_t 和 I_{t+1} 计算得到的；u 和 v 分别代表光流的水平和垂直分量；M 则代表中值滤波器，尺寸为 3×3。故该式子是通过计算特征点邻域内的光流中指来得到特征点的运动方向的。

某个特征点在连续的 L 帧图像上的位置即构成了一段轨迹 $(P_t,\ P_{t+1},\cdots,\ P_{t+L})$，后续的特征提取即沿着各个轨迹进行。由于特征点的跟踪存在漂移现象，故长时间的跟踪是不可靠的，所以每 L 帧要重新密集采样一次特征点，重新进行跟踪。在 DT/iDT 算法中，选取 L=15。

此外，轨迹本身也可以构成轨迹形状特征描述子。对于一个长度为 L 的轨迹，其形状可以用 $\left(\Delta P_t,\cdots,\Delta P_{t+L-1}\right)$ 来描述，其中位移矢量 $\Delta P_t=\left(P_{t+1}-P_t\right)=\left(x_{t+1}-x_t,y_{t+1}-y_t\right)$。在进行正则化后就可以得到轨迹特征描述子了。正则化方式为

$$T=\frac{\left(\Delta P_t,\cdots,\Delta P_{t+L-1}\right)}{\sum_{j=t}^{t+L-1}\left\|\Delta P_j\right\|} \tag{10.38}$$

故最终得到的轨迹特征为 15×2=30 维向量。

3.运动/结构描述子

除了轨迹形状特征，我们还需要更有力的特征来描述光流，DT/iDT 中使用了 HOF、HOG 和 MBH 三种特征。

首先对这几种特征提取的通用部分进行介绍。沿着某个特征点长度为 L 的轨迹，在每帧图像上取特征点周围的大小为 $N\times N$ 的区域，则构成了一个时间-空间体(volume)，如图 10.16 的右半部分所示。对于这个时间-空间体，再进行一次网格划分，空间上每个方向上分为 n_σ 份，时间上则均匀选取 n_τ 份。故在时间-空间体中共分出 $n_\sigma\times n_\sigma\times n_\tau$ 份区域用作特征提取。在 DT/iDT 中，取 N=32，n_σ=2，n_τ=3。接下来对各个特征的提取细节进行介绍。

(1) HOG 特征：HOG 特征计算的是灰度图像梯度的直方图。直方图的 bin 数目取为 8。故 HOG 特征的长度为 96(2×2×3×8)。

(2) HOF 特征：HOF 计算的是光流(包括方向和幅度信息)的直方图。直方图的 bin 数目取为 8+1，前 8 个 bin 与 HOG 相同，额外的一个 bin 用于统计光流幅度小于某个阈值的像素。故 HOF 的特征长度为 108(2×2×3×9)。

(3) MBH 特征：MBH 计算的是光流图像梯度的直方图，也可以理解为在光流图像上计算的 HOG 特征。由于光流图像包括 x 方向和 y 方向，故分别计算 MBH_x 和 MBH_y。MBH 总的特征长度为 192(2×96)。

在计算完后，还需要进行特征的归一化，DT 算法中对 HOG、HOF 和 MBH 均使用 L2 范数归一化。

4.特征编码—Bag of Features

对于一段视频，存在着大量的轨迹，每段轨迹都对应着一组特征(trajectory，HOG，HOF，MBH)，因此需要对这些特征组进行编码，得到一个定长的编码特征来进行最后的视频分类。

DT 算法中使用 Bag of Features 方法进行特征的编码。在训练码书时，DT 算法随机选取了 100000 组特征进行训练。码书的大小则设置为 4000。在训练完码书后，对每个视频的特征组进行编码，就可以得到视频对应的特征。

5.分类-SVM

在得到视频对应的特征后，DT 算法采用 SVM(RBF−χ2RBF−χ2 核)分类器进行分类，采用 one-against-rest 策略训练多类分类器。

6.提升的密集轨迹算法(iDT 算法)

iDT 算法的基本框架和 DT 算法相同，其主要改进在于对光流图像的优化、特征正则化方式的改进以及特征编码方式的改进。这几处改进使得算法的效果有了巨大的提升，在 UCF50 数据集上的准确率从 84.5%提高到了 91.2%，在 HMDB51 数据集上的准确率从 46.6%提高到了 57.2%。

10.5.4 深度学习方法

双流(two stream)方法的基本原理：对视频序列中每两帧计算密集光流，得到密集光流的序列(即 temporal 信息)；然后对视频图像(spatial)和密集光流(temporal)分别训练 CNN 模型，两个分支的网络分别对动作的类别进行判断；最后直接对两个网络的类得分(class score)进行融合(fusion)，包括直接平均和 SVM 两种融合方法，得到最终的分类结果。注意，对两个分支使用了相同的 2D CNN 网络结构，其网络结构见图 10.18。

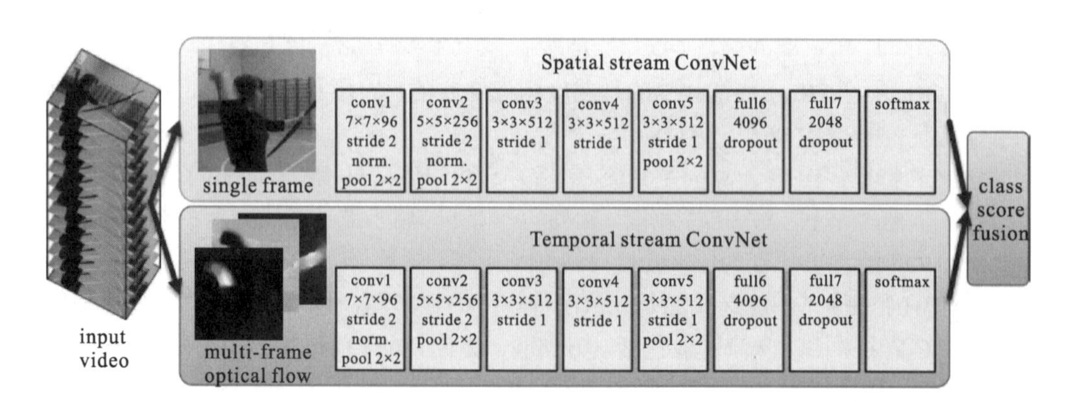

图 10.18 视频分类的双流网络架构

在 Two Stream Network 的基础上，将基础的 Spatial 和 Temporal 网络都换成了 VGG-16network。利用 CNN 网络进行 Spatial 以及 Temporal 的融合，可以进一步提高效果。

TSN 网络也算是 Spaital+Temporal Fusion，结构图见图 10.19。可以从以下几方面进一步提高 Two Stream 方法的效果：

(1) 输入数据的类型：RGB+optical flow+warped optical flow 的组合。

(2) 网络结构：BN-Inception。

(3) 训练策略：跨模态预训练、正则化、数据增强等。其训练过程如图 10.20 所示。

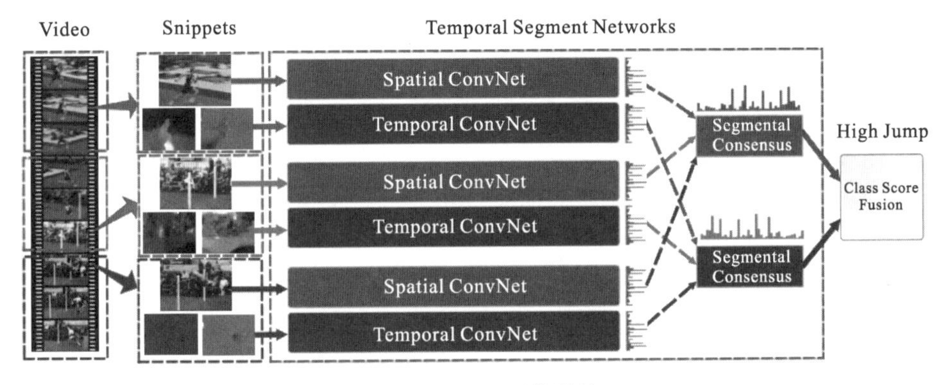

图 10.19 TSN 网络结构

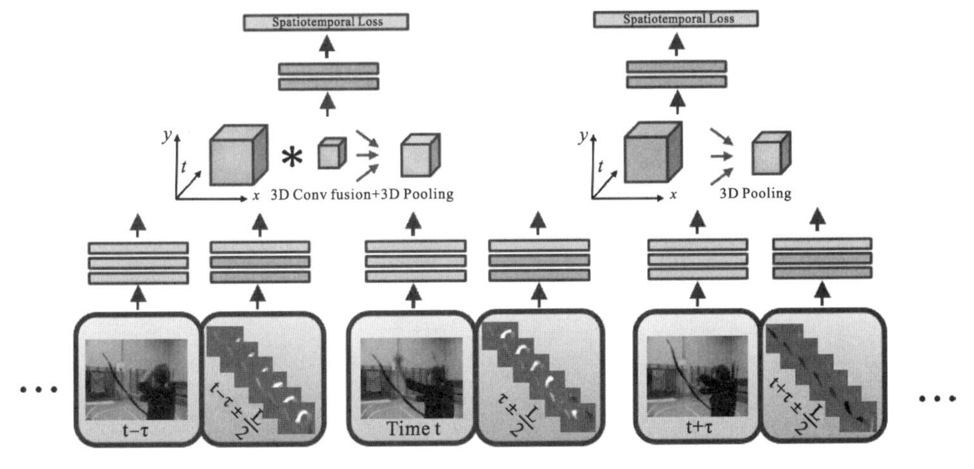

图 10.20 TSN 网络训练过程

1) C3D Network

C3D 是 Facebook 的一个工作，采用 3D 卷积和 3D Pooling 构建网络。通过 3D 卷积，C3D 可以直接处理视频(或者说是视频帧的 volume)。C3D 中的网络结构为自己设计的简单结构，如图 10.21 所示。C3D 的最大优势在于其速度快，有着很好的应用前景。

Conv1a 64	Pool1	Conv2a 128	Pool2	Conv3a 256	Conv3b 256	Pool3	Conv4a 512	Conv4b 512	Pool4	Conv5a 512	Conv5b 512	Pool5	fc6 4096	fc7 4096	softmax

图 10.21 C3D Network

2)其他方法

深度时序线性编码网络(deep temporal linear encoding networks，DTLEN)先进行关键帧的学习，再在关键帧上进行CNN模型的建立有助于提高模型效果(图10.22)。93%的正确率为目前最高。

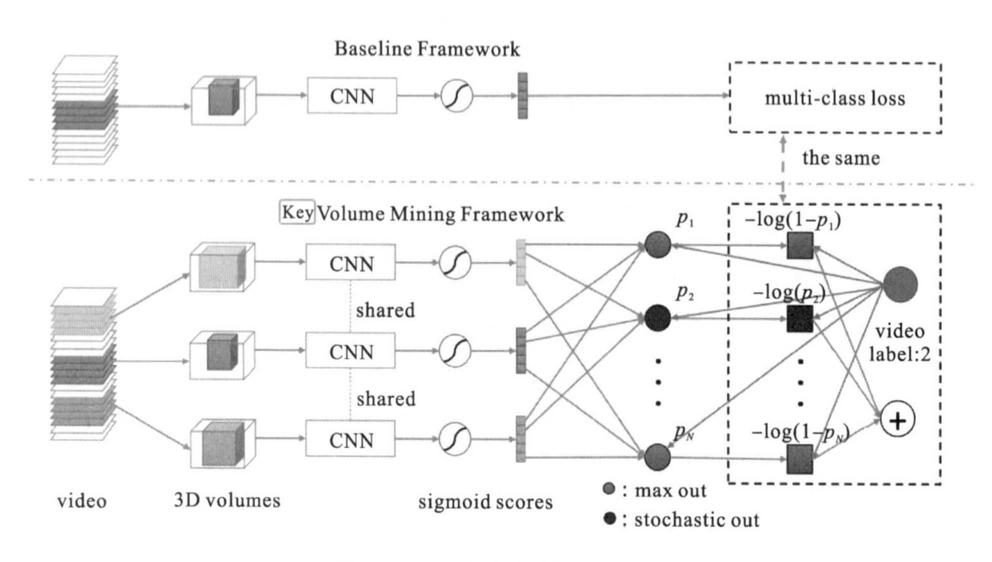

图10.22 深度时序线性编码网络

时序线性编码层主要对视频中不同位置的特征进行融合编码。至于特征提取则可以使用各种方法，例如，Two Stream 以及 C3D 两种网络来提取特征的实验效果为UCF101-95.6%，HMDB51-71.1%。

10.6 视频大数据分析的主要应用领域

10.6.1 政府行业视频大数据分析应用

政府对视频智能分析的需求一方面体现在平安城市框架下安防和案件侦查对存量和更新视频数据分析的迫切需求，另一方面体现在交管领域对车牌识别、违章行为识别的分析需求(图10.23)。

安防和案件侦查利用视频大数据分析可以大大降低公安干警的人力投入，提高办案效率。在以往的一些案件中，警方可能会动用了上千的公安干警进行原始的视频数据人眼搜索，严重影响公安部门破案的进度和效率。而通过计算机自动查找、识别视频信息的优势显而易见，相关技术在该领域的应用前景非常巨大。目前国内的上市公司如东方网力等均在尝试用视频大数据技术帮助客户更好、更加智能地进行监控，更加快速地利用视频数据找到目标。

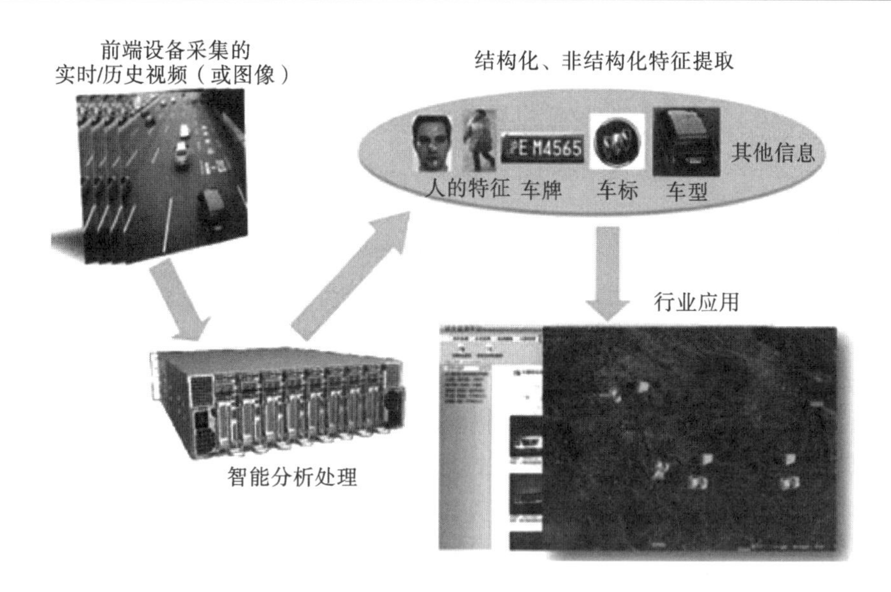

图 10.23　视频大数据分析应用于安防交管领域

交管领域对视频大数据分析的需求同样迫切。例如，一线城市普遍实行了限行措施，这就需要靠计算机对车牌信息进行自动识别(图 10.24)。再比如，深圳最近在某些主干道实现多人乘车专用道路，只有副驾驶座上有乘客的车辆才能在规定时间行驶在专用车道上，这个时候就需要摄像机能够识别副驾驶座上的人员信息。在实际操作中，经常会出现强光照、大侧角、模糊等极难条件，准确识别车牌关键信息、实现各种场景下车型的精准识别都具有一定的技术挑战。

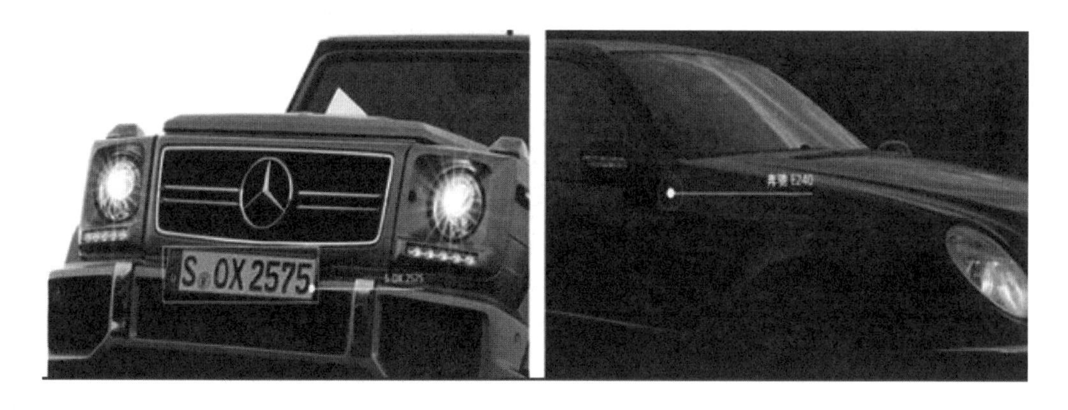

图 10.24　视频大数据分析用于车牌(左)、车型(右)识别

10.6.2　金融行业视频大数据分析应用

大数据在金融领域的应用主要体现在两点：一方面是银行监控，需要计算机主动提前识别网点的异样信息，这与政府领域的安防监控应用类似；另一方面是人脸识别在银

行、证券远程开户上的应用。在远程开户时，金融机构可以通过智能终端在线上进行身份鉴权验证，使用人脸识别技术开户可以极大提升业务办理的安全性、时效性，并节省大量人力。

10.6.3 商业视频大数据分析应用

1.零售门店

在零售门店里，视频大数据技术可用于客流统计、消费者心理和行为分析。通过客流统计数据，分析不同区域、通道的客流和顾客滞留时间，与销售业绩报表结合，可以分析顾客购买行为、顾客性别年龄组成(图 10.25)。同时，还可以对顾客进行初步面部表情分析，初步了解客户的喜好特征，使得商家能够制定对应的营销策略。

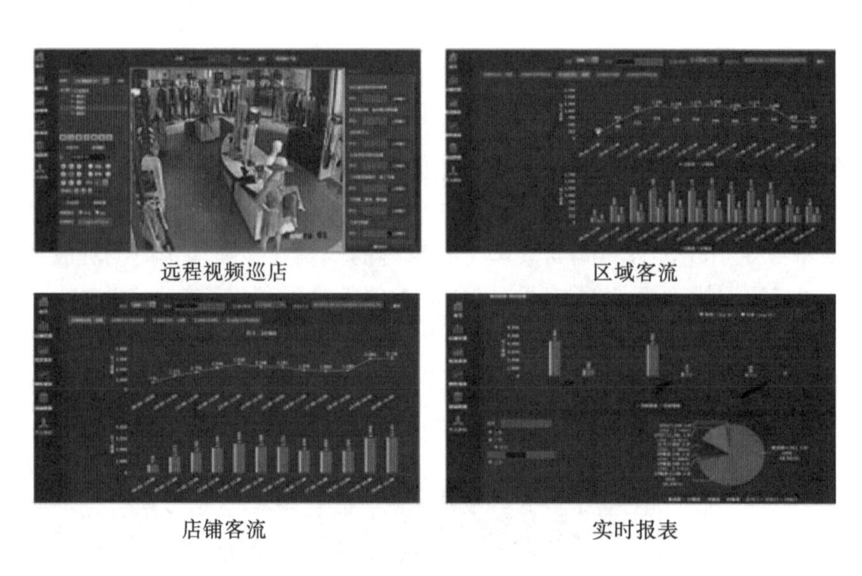

图 10.25 视频大数据技术用于零售门店

2.广告营销

视频大数据分析技术可以实现广告与客户需求更加精准的匹配。目前庞大的视频大数据资源已经吸引了包括 BAT 在内的国内外顶尖视频网站。阿里与优酷、土豆的边看边买，百度和爱奇艺的随视购，以及腾讯视频、搜狐视频，芒果 TV 都陆续开始在视频画面中植入广告。通过大数据挖掘自动分析视频中的画面内容，并自动在视频中产生信息、标签、商品等内容(图 10.26)，从而实现更精确的广告精准匹配，增加广告投放，实现将流量转换成营收的目标。同时还可以进行广告效果的监测，获得视频里面品牌曝光的次数、时长等。

图 10.26　视频与广告的跨界组合

3.互联网视频数据筛查

同样，视频大数据技术在网络黄暴盗版信息监测上也会节省大量的人力。2016 年 3 月全国“扫黄打非”办公室、中央网信办、公安部、工业和信息化部、国家新闻出版广电总局等五部门联合下发通知，集中时间、集中力量全面开展打击利用云盘传播淫秽色情信息的专项整治行动，着力治理利用云盘传播淫秽色情信息的违法行为。目前在百度云盘、微盘、360 云盘等云存储平台上，视频图像数据的存储量巨大，通过人工审核黄暴等信息会是一个非常消耗时间和人力的任务。通过视频大数据技术，可以精准识别出这些平台的色情、暴恐、小广告等违规图片或视频，能帮助开发者团队降低运营风险和法律风险，节省大量审核人力。例如图普科技就是基于深度学习图像识别技术，推出图像识别云服务，为企业提供各种图片/视频审核、增值、搜索服务。迅雷通过接入图普科技的图像识别云平台，超过 98%的色情视频被机器过滤，复审量低于 2%，节省了超过 98%的人力成本。

10.6.4　机器人等新兴行业视频大数据分析应用

目前，在机器人、无人驾驶汽车、无人机、VR 等新兴领域，智能视频分析技术正作为重要工具得到广泛应用。随着这些领域的发展壮大，视频大数据分析的应用场景会不断丰富。

家用机器人需要在密布的家居中实现自动清扫等功能，则需要依赖对周围的目标检测，避开障碍物，获取行动路径，完成系列动作(图 10.27)。在更高级的阶段，需要通过相关算法，识别家庭成员的身份、面部表情、情绪变化，以此实现自主互动和情感交流。

图 10.27　家用机器人利用视频分析算法识别周围环境

视频大数据技术可应用到超市机器人上(图 10.28)，例如超市智能跟随机器人不仅可以根据用户的年龄和性别进行精准的商品推荐、广告推送、优惠券推送、打折信息推送，跟随功能还可以彻底解放人们的双手。

图 10.28　超市智能跟随机器人

10.6.5　无人机行业视频大数据分析应用

无人机和视频大数据的结合可以作为一个数据采集和数据重构平台：无人机在高空中采集丰富的图像信息，如地理信息、图形信息、图片、视频、光谱等，这个数据量非常巨大，利用视频大数据技术可以对采集的数据进行重构、识别等。

一方面，两者的结合可以用于真实地理目标构建和地图搭建。例如，无人机数据处理软件提供商 Pix4D 曾联合了无人机制造商 Aeryon Labs 以及巴西里约 PUC 大学，利用无人机为里约高达 30m 的基督像进行高精度 3D 立体扫描，建立基督像的 3D 数字模型，有着非常高的精确度，误差在 2～5cm(图 10.29)。这类复杂场景高精度三维重建技术可以用于建筑古迹修复工作、大型建筑物 3D 数字模型建构，甚至是电影特殊场景的呈现。

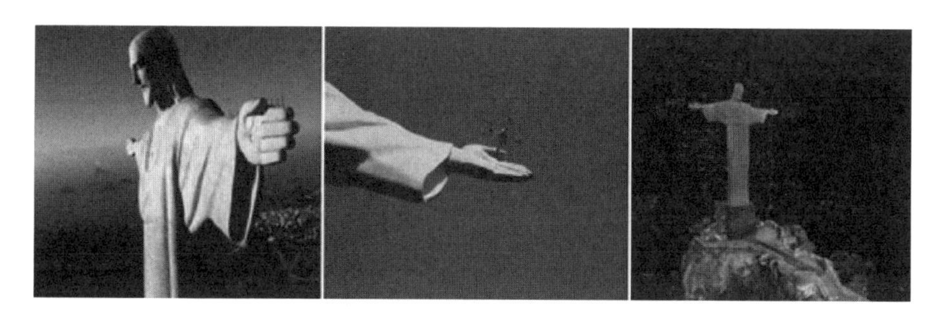

图 10.29　复杂场景高精度 3D 模型重建

另一方面，视频分析技术可以帮助无人机确定周围环境的基本属性和大致情况，避开障碍物，避免在高速情况下同其他无人机或飞机发生碰撞。目前亚马逊已经开展快递无人机项目，目标是 30 分钟在 15 英里范围内交付重量低于 5 磅(约合 2kg)的包裹，在 2016 年 5 月，亚马逊收购了一支由 12 名计算机视觉专家组成的团队，帮助解决无人机送货所面临的一些难题(图 10.30)。

图 10.30　亚马逊 Prime Air 无人机投递快递

10.6.6　无人驾驶汽车行业视频大数据分析应用

在无人驾驶汽车领域，视频大数据分析技术可以帮助汽车通过视频摄像头感知和识别行驶的车道上周边的物体，辨别车道和交通信号，检测出车辆、行人、树木等运动目标，防止事故的发生。

10.7　视频大数据的三大发展趋势

10.7.1　系统集成下的技术融合

智能视频分析计算本身就是一个非常耗计算资源的过程，利用分布式计算平台的并行计算能力及云平台的计算资源弹性分配机制，可以有效利用平台的计算资源提高视频处理能力。同时，视频分析算法也需要不断提升和优化执行效率。通过两者的结合和技术的融合不断提升视频处理能力，为视频大数据平台提供活水泉源。

10.7.2 多维数据的碰撞融合

大数据的核心是通过数据的碰撞分析挖掘数据深度价值。视频大数据只有实现多维数据的接入和融合分析，才能消除数据孤岛，发挥视频监控数据的最大效能与数据本身的应用价值。

我们将目前接触到的数据定义分为3类：

(1) 音视频图像数据；

(2) 感知采集数据；

(3) 公安信息化系统生产数据。

未来的数据融合趋势，就是旨在通过这3类多维数据的综合分析，由现阶段的事后追查逐步发展到事前的预察预知预警。

10.7.3 平台架构和业务应用的开放

安防领域的视频大数据是一个系统工程，中间涉及众多的专业技术和专家知识，平台需要提供一个开放的技术框架和服务接口，打造一个开放的生态环境，才能实现业务应用的百鸟争鸣和百花齐放，为用户提供更多更好的应用服务。

企业视频大数据领域设计开发的产品包括3类：

(1) 基于视频图片的结构化分析服务产品；

(2) 视频大数据平台；

(3) 贴合公安行业业务实战的视频大数据综合应用平台——图像解析系统。

以明景科技的视频结构化大数据平台为例，它是一款面向公安、国安等多个行业用户，提供海量视频中的人、车特征信息结构化提取，RFID和Wi-Fi等感知数据清洗汇聚、基于GIS的可视化检索、关系推演分析、缉查布控等功能，并由事后检索分析逐步向事前预警防控提供大数据服务、预测服务支撑的开放式专业视频大数据分析工具产品。

现今大数据在各个领域都已有了较为成熟的应用，视频大数据解决方案在打击犯罪、治安防范、社会管理、服务民生等方面发挥着越来越积极的作用

本章小结

视频大数据分析被广泛应用于政府、金融、商业、无人机、自动驾驶等多个行业，具有非常广阔的应用前景。

本章介绍了视频大数据应用的主要驱动力、视频大数据分析的基础和关键技术。最后介绍了其主要应用领域和发展趋势。

视频大数据分析需要解决三个层面的问题，一是目标检测和跟踪，二是目标识别，三是行为识别。设想一下，在一帧视频内容里，我们首先要把人从周围环境中分离出来(目标检测)，然后分析出这个人是谁(目标识别)，最后通过对其肢体动作进行分析，得到他在干什么(停留还是徘徊，或者其他行为)的结论，甚至推理出他将要干什么(行为理解)。

可见，这三个层次是依次递进的，目标检测是目标识别的基础，而行为识别是目标识别的高级阶段，这三个层次总体构成了摄像机智能过滤的功能。其中视频目标检测和跟踪具有很强的实用价值，主要应用在视频监控、智能交通、人机交互、机器人导航等领域。

目标识别主要是判断视频的内容，如通过人脸识别技术达到判断目的。目标识别的过程是将待识别的目标与指定的目标库中的特征进行比较，以确定是否与该库中的某一目标相匹配。其方法主要有：几何特征法、神经网络法、隐马尔可夫模型法、利用人脸侧面像的轮廓进行识别等。

行为识别即行为理解，它对数据分析结果的应用极其重要，因为其回答了目标“将要干什么”的问题，可以基于理解的结果进行预判。例如，在各种光照变化、人群遮挡等复杂环境下，相关机构可以通过视频数据分析估计人群数量和密度，同时检测人群过密、异常聚集、滞留、逆行、混乱等多种异常现象，实现重大活动、重要区域的人流统计与控制，并提供实时报警功能。

在视频大数据分析的三个层次中，目前研究热点主要集中在目标识别和行为理解两大领域。学术界和产业界最终的目的是让计算机具备人类眼睛和大脑的功能，“看到”并“领会”到图像和视频上的信息。在具体技术手段上，业内往往采用计算机视觉技术，特别是以深度学习为基础的计算机视觉技术近年来在视频分析中得到了广泛应用。

思　考　题

1.视频大数据有什么特点？视频大数据分析的主要驱动力是什么？

2.视频大数据分析的关键技术有哪些？

3.光流法检测运动目标的主要原理是什么？

4.目标识别与行为识别的差异是什么？

5.描述 iDT 算法的基本原理。

6.视频大数据分析的主要应用领域有哪些？

参 考 文 献

李英. 2010. 新一代智能视频分析系统中目标提取算法的研究与实现. 成都：电子科技大学.

刘君亮. 2012. 基于 TMS320DM365 的音视频传输及智能视频分析系统的设计与实现. 南京：南京邮电大学.

He K, Zhang X, Ren S, et al. Deep residual learning for image recognition//2016 IEEE Conference on Computer Vision and Pattern Recognition (CVPR). IEEE Computer Society.

Krizhevsky A, Sutskever I, Hinton G. 2012. ImageNet classification with deep convolutional neural networks//NIPS. Curran Associates Inc.

Razavian A S, Azizpour H, Sullivan J, et al. 2014. CNN features off-the-shelf: an astounding baseline for recognition//2014 IEEE conference on computer vision and pattern recognition workshops. IEEE.

Simonyan K, Zisserman A. 2015. Very deep convolutional networks for large-scale image recognition. In: ICLR.

Szegedy C, Liu W, Jia Y, et al. 2015. Going deeper with convolutions. Going deeper with convolutions. In: CVPR.

Zha S, Luisier F, Andrews W, et al. 2015. Exploiting image-trained cnn architectures for unconstrained video classification. In: BMVC.

第 11 章　大数据领域应用解决方案

大数据已经成为这几年大部分行业的游戏规则，行业领袖、学者和其他知名的利益相关者都同意这一点，随着大数据继续渗透到我们的日常生活中，围绕大数据的炒作正在转向实际使用中的价值。

虽然了解大数据的价值仍然是一个挑战，但其他实践中的挑战包括资金投入和投资回报率以及相关技能的学习仍然在大数据行业的挑战中排名前列。Gartner 调查显示，75%以上的公司正在投资或计划在未来投资大数据。

一般来说，大多数公司都希望有几个大数据项目，公司的主要目标是增强客户体验，其他目标包括降低成本、更有针对性地进行营销，并使现有流程更有效率。近来，数据泄露也使安全性成为大数据项目需要解决的重要问题。

然而，更重要的是，当涉及大数据时，你所在的位置是在哪里，你很可能会发现你处于以下几种情况之一：

(1) 想要弄清楚大数据中是否存在真正的价值；

(2) 评估市场机会的规模；

(3) 开发使用大数据的新服务和产品；

(4) 已经使用大数据解决方案重新定位现有的服务和产品以利用大数据；

(5) 已经使用大数据解决方案。

11.1　大数据应用趋势

当下，大数据不单单是时代发展的趋势，也是革命技术的创新。大数据对于行业的用户也越来越重要。掌握了核心数据，不单单可以进行智能化的决策，还可以在竞争激烈的行业当中脱颖而出，所以对于大数据的战略布局引起了越来越多企业的重视，并重新定义了自己在行业的核心竞争。

在当前的互联网领域，大数据的应用已十分广泛，尤其以企业为主，企业成为大数据应用的主体。随着企业开始利用大数据，我们每天都会看到大数据新的奇妙的应用，帮助人们真正从中获益。当前，大数据的应用已广泛深入我们生活的方方面面，涵盖医疗、交通、金融、教育、体育、零售等各行各业。

无论是重新思考数据的存储还是数据管理，或是利用新的技术与工具对数据进行分析与挖掘，各家所言其长，让人眼花缭乱。而作为大数据领域的领导者，IBM、微软、Oracle、英特尔、SAP 等国际巨头在全球范围内已经将大数据与分析带进各行各业，并开花结果。

面对中国大数据市场的蓬勃发展和实际需求，IBM 不断加大对中国市场的投入，以领先的大数据与分析技术促进大数据在零售、银行、电信、医疗、制造和互联网等诸多行业落地，这与企业对大数据应用的热情形成良性互动，加速了最有说服力的、实打实的案例的涌现。

Google、亚马逊、百度、腾讯、阿里等互联网巨头也正着手建立完善的大数据服务基础架构及商业化模式，从数据的存储、挖掘、管理、计算等方面提供一站式服务，将各行各业的数据孤岛打通互联。2017 年，百度大脑依托大数据在高考作文预测中命中了全国 18 卷中其中 12 卷的作文方向，淘宝数据魔方用大数据技术锁定了用户喜好，等等。大数据的市场前景广阔，对各行各业的贡献也将是巨大的。目前来看，大数据技术能否达到预期的效果，关键是在于能否找到适合信息社会需求的应用模式。无论是在竞争还是合作的过程中，如果没有切实的应用，大数据于企业而言依然只是海市蜃楼，只有找到盈利与商业模式，大数据产业才可持续。大数据已经渗透到各个行业和业务职能领域，成为重要的生产因素，大数据的演进与生产力的提高有着直接的关系。随着网速的大幅提升，数据也将迎来爆发式增长，快速获取、处理、分析海量、多样化的交易数据、交互数据与传感数据，从而实现信息再价值化，对大数据的利用将成为企业提高核心竞争力和抢占市场先机的关键。大数据因其巨大的商业价值正在成为推动信息产业变革的新引擎。

此前，互联网周刊发布了《大数据应用案例 TOP100》。该榜单也是互联网周刊历年推出的大数据应用案例评选中最前沿、最全面、最精致的榜单系列之一，将引领推动创新的价值取向贯穿始终，以行业创新突破为宗旨，强有力的见证大数据的应用之路。通过表单，对大数据应用的几大热门行业进行分类汇总。通过图 11.1 可以看出，大数据应用在各行业所占的比例较大的分别是零售(24%)、金融(17%)、城市(14%)、医疗(8%)、体育(6%)、教育(4%)、电信(4%)，当然还有航空制造业、社交娱乐、影视、农业等(其他)领域。

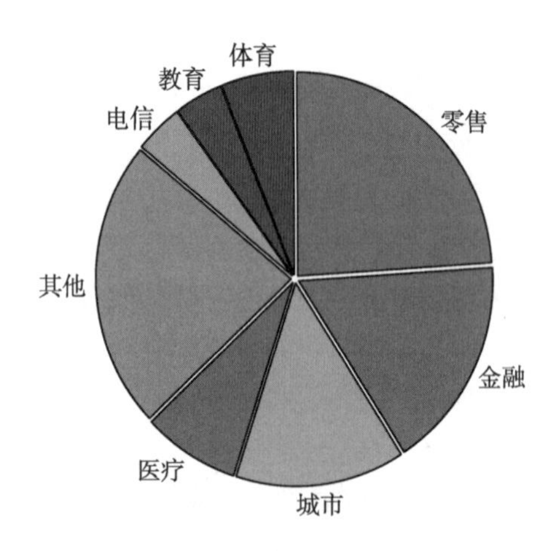

图 11.1　大数据应用案例 TOP100 分行业汇总占比

11.2　大数据平台整体规划方案

1.大数据平台目标架构及定位

通用大数据平台架构如图 11.2 所示。

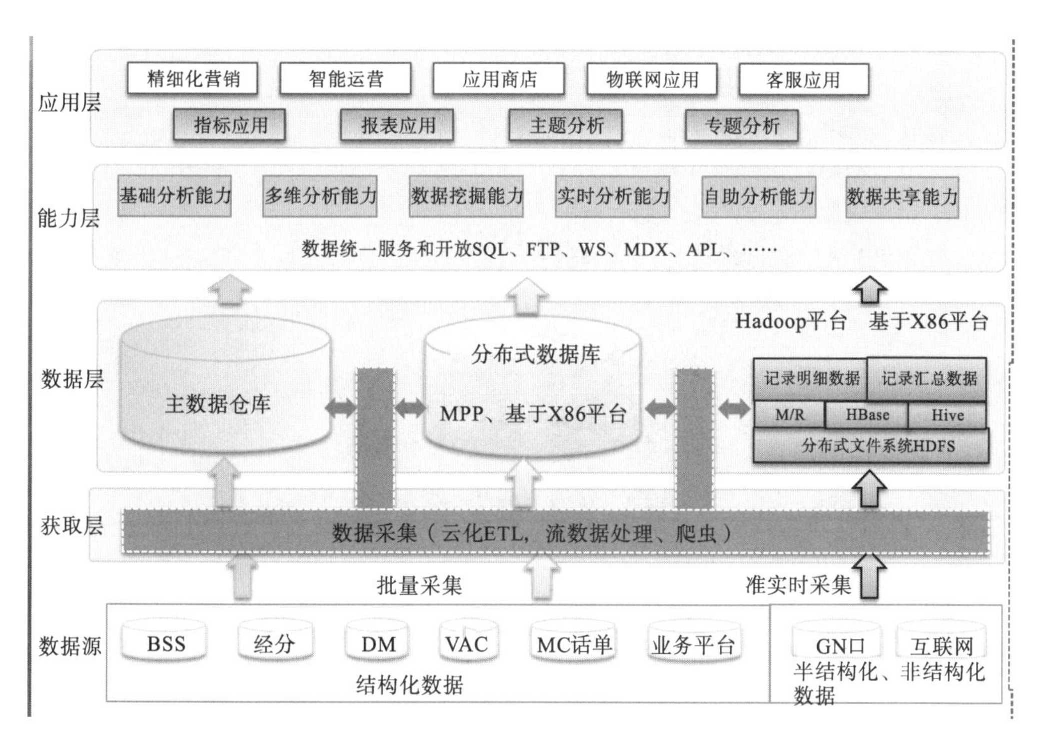

图 11.2　通用大数据平台架构图

1) 数据采集(ETL)

ETL 负责源数据的采集、清洗、转换和加载，包括：

(1) 把原始数据加载到 Hadoop 平台；

(2) 把加工后的数据加载到分布式数据库和主数据仓库；

2) Hadoop 云平台

Hadoop 云平台负责存储海量的流量话单数据，提供并行的计算和非结构化数据的处理能力，实现低成本的存储和低时延、高并发的查询能力。

3) 分布式数据库(MPP)

MPP 存储加工、关联、汇总后的业务数据，并提供分布式计算，支撑数据深度分析和数据挖掘能力，向主数据仓库输出 KPI 和高度汇总数据。

4) 主数据仓库(与 MPP 合设)

主数据仓库存储指标数据、KPI 数据和高度汇总数据。

5)数据开放接口

数据开放接口向大数据应用方提供大数据平台的能力。

2.分布式数据库

分布式数据库为无共享架构(share nothing)，依靠软件架构上的创新和数据多副本机制，实现系统的高可用性和可扩展性，如图11.3所示。它负责深度分析、复杂查询、KPI计算、数据挖掘以及多变的自助分析应用等，支持PB级的数据存储。

分布式数据库的特点：

(1)基于开放平台x86服务器；

(2)大规模的并发处理能力；

(3)无单点故障，可线性扩展；

(4)多副本机制保证数据安全；

(5)支撑PB级的数据量；

(6)支持SQL，开放灵活。

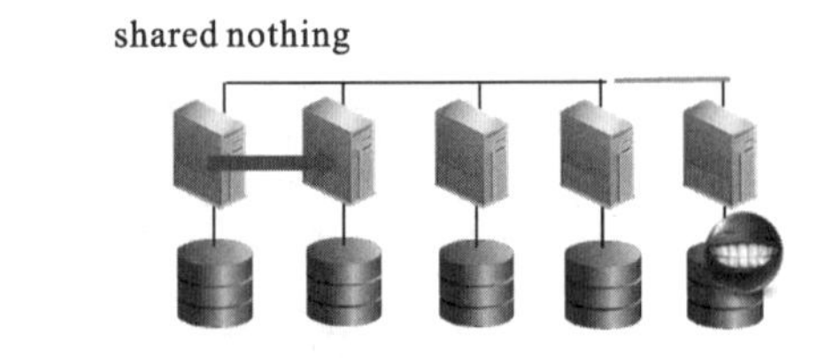

代表数据库：GreenPlum、Vertica、Teradata

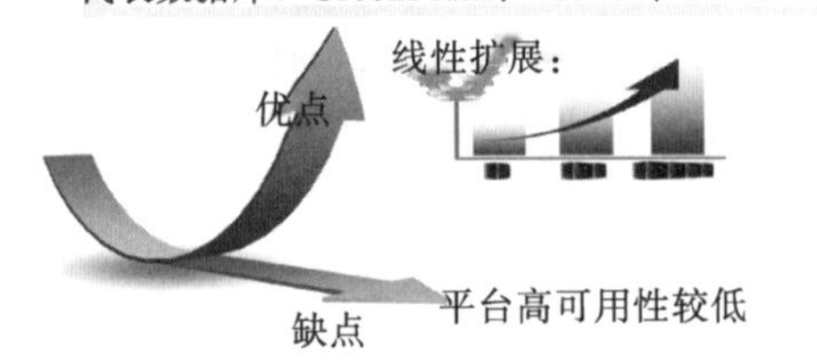

图11.3 分布式数据库架构图

3.数据融合与分级存储方式

数据生命周期中在线数据对高性能存储的需求，以及随着数据生命周期的变更，逐渐向一般性能的存储迁移，是分级存储管理的一条主线。同时兼顾其他分级原则，共同作用影响数据迁移机制。

数据融合方法，如图11.4所示。

(1)将核心模型(即中度汇总的模型)通过改造融入到现有主数据仓库的核心模型中，减少数据冗余，提升数据质量。

(2)将主数据仓库中的历史数据和清单数据迁移到低成本分布式数据库，减轻主数据仓库的计算与存储压力并支撑深度数据分析。

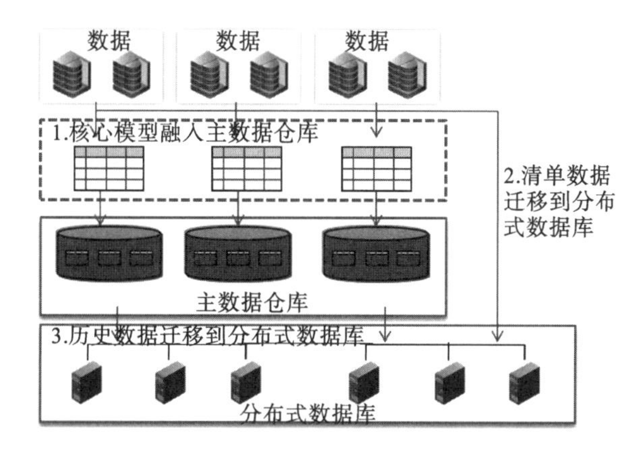

图 11.4　数据融合示意图

4.数据分层

数据分层示意图如图 11.5 所示。

应用层：应用系统的私有数据、应用的业务数据，由大数据平台提供数据支撑。

信息子层：报表数据、多维数据、指标库等数据来源于汇总层。

汇总层：主题域之间进行关联、汇总计算。汇总数据服务于信息子层，目的是节约信息子层数据计算成本和计算时间。

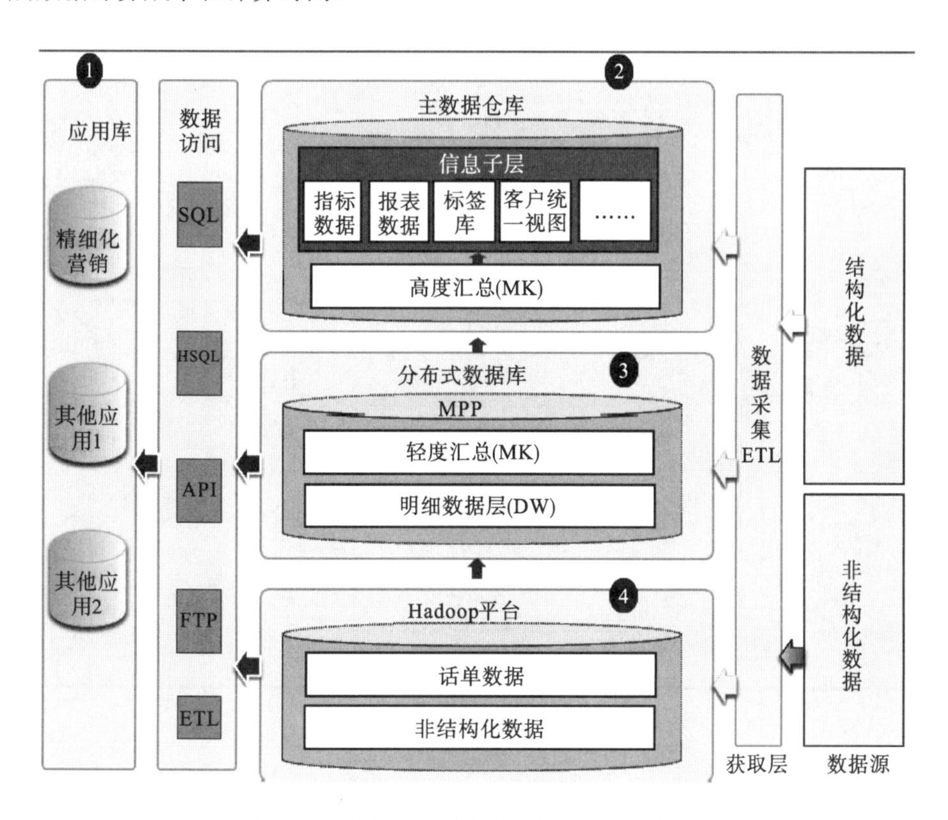

图 11.5　数据处理过程中的数据分层示意图

轻度汇总层：主题域内部基于明细层数据，进行多维度的、用户级的汇总。

明细数据层：主题域内部进行拆分、关联。是对 ODS 操作型数据按照主题域划分规则进行的拆分及合并。

ODS 层：数据来源于各生产系统，通过 ETL 工具对接口文件数据进行编码替换和数据清洗转换，不做关联操作。未来也可用于准实时数据查询。

5.数据处理流程

数据处理流程如图 11.6 所示。

(1)源数据导入 ETL，进行数据的清洗、转换和入库；

(2)基础数据加载到主数据仓库，并可以设置保存时间；

(3)清洗、转换后的 ODS 加载到分布式数据库规划保存 1+1 月，在分布式数据库内完成明细数据和轻度汇总数据加工生成，规划保存 2 年；

(4)ODS 数据和非结构化数据，如爬到的网页数据 ftp 到 Hadoop 平台做长久保存；

(5)非结化数据分析处理在 Hadoop 平台完成，产生的结果加载到分布式数据库；

(6)生成 KPI 和高度汇总数据加载到主数据仓库；

(7)业务应用通过数据访问接口获取所需数据。

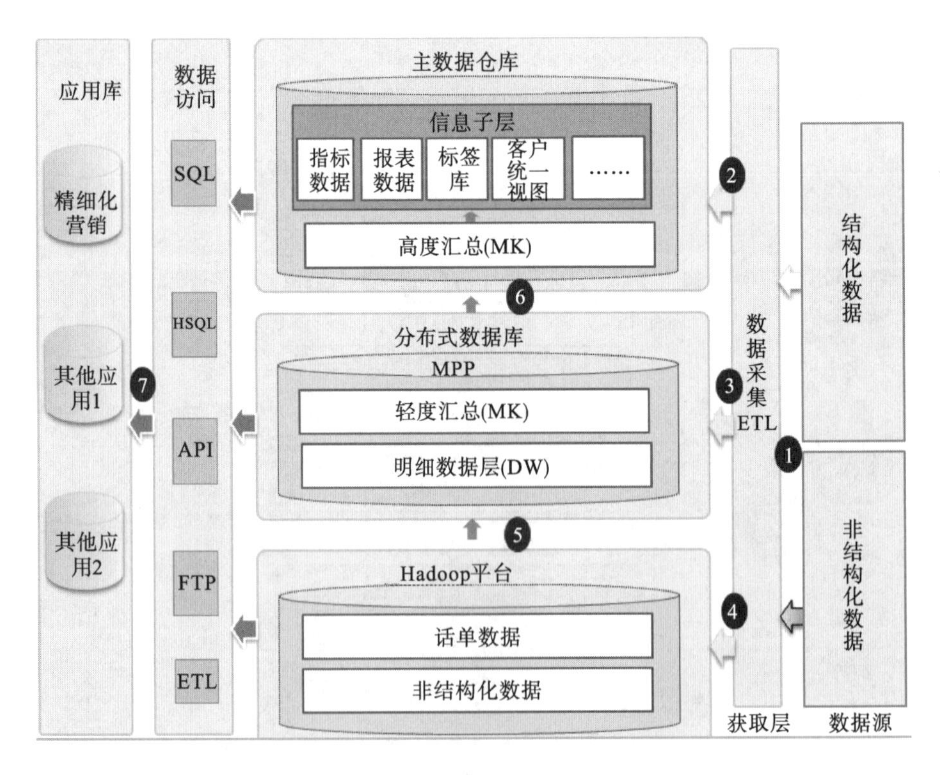

图 11.6 数据处理流程图

11.3　行业大数据应用解决方案

11.3.1　金融大数据应用解决方案

在当前大数据技术潮流中，各行各业都在不断的探索如何应用大数据技术解决企业面临的问题。目前国内已有不少金融机构开始尝试通过大数据来驱动相关金融业务的运营。

按照我们的经验，企业面向消费者的应用大致可以分为运营、服务和营销三大类，在金融行业中这三类应用的典型例子有：

(1)运营类：历史记录管理、多渠道数据整合分析、产品定位分析、客户洞察分析、客户全生命周期分析等。

(2)服务类：个性化坐席分配、个性化产品推荐、个性化权益匹配、个性化产品定价、客户体验优化、客户挽留等。

(3)营销类：互联网获客、产品推广、交叉销售、社会化营销、渠道效果分析等。

大数据技术在这些应用中都可以发挥价值，其核心是通过一系列的技术手段，采集、整合和挖掘用户全方位的数据，为每个用户建立数据档案，也就是常说的“用户画像”。

1.大数据应用于金融行业

在风险管理领域，大数据可以应用于实时反欺诈、反洗钱，实时风险识别、在线授信等场景；

在渠道方面，大数据可以应用于全渠道实时监测、资源动态优化配置等场景；

在用户管理和服务领域，大数据可以应用于在线和柜面服务优化、客户流失预警及挽留、个性化推荐、个性化定价等场景；

在营销领域，大数据可以应用于(基于互联网用户行为的)事件式营销、差异化广告投放与推广等场景。

2.大数据在金融业统计分析类应用中的优势

大数据在数据量、多种数据源、多种数据结构、复杂计算任务方面都优于传统的数据仓库技术，这里仅举两个例子：

(1)大量数据的运算，例如两张 Oracle 里面表数据分别是 1000 多万和 800 多万做 8 层 join，放在大数据平台运算比在 Oracle 里面运算至少快 2 倍；

(2)对于跨数据库类型的表之间的 join，例如一张 Oracle 的表和一张 sqlserver 的表，在传统的数据仓库中是没有办法 join 的。可以将数据通过 sqoop 等工具放到 HDFS 上面。利用 hive、pig、impala、spark 等进行更快的处理。

3.金融大数据平台设计方案

大数据平台建设中，Hadoop 体系所包含的生态系统(如：Hbase、Hive、snoop、pig、

spark 等子系统)如何根据各自的特性，通过组合方式来适应实际需求并应用到具体场景中呢？我们的最佳实践是利用互联网+大数据的技术架构，如图 11.7 所示。

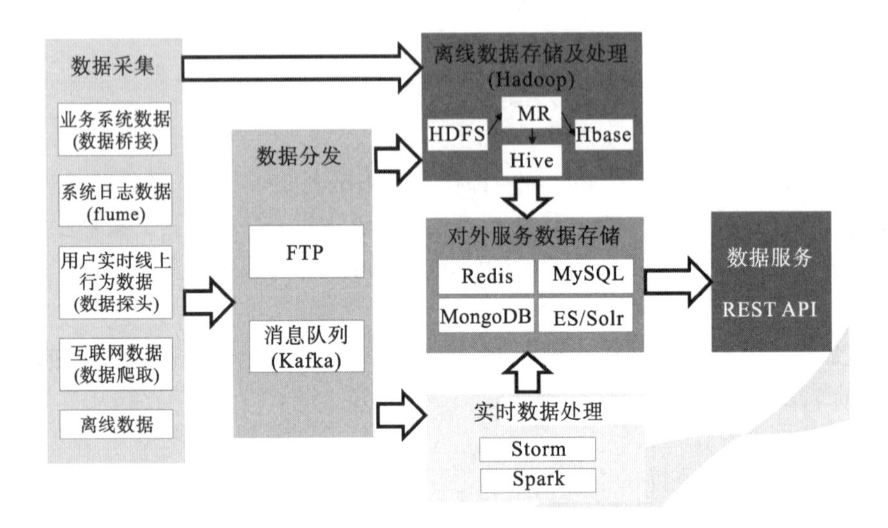

图 11.7 金融大数据技术架构图

1)数据采集

(1)传统业务系统数据库和数据集市、数据仓库的数据，均可以通过 Sqoop 等数据桥接的方式接入大数据平台，同时可以将数据库日志、系统日志等非结构化文本数据通过 Flume 等组件接入大数据平台。

(2)银行线上渠道(网站、APP 应用、微信公众号等)中的用户行为可以通过数据探头技术，Web 端及 H5 通过 JS，移动端通过 SDK 部码，采集用户行为数据；银行线下渠道(柜面、ATM 等)的用户行为数据需从线下接入的系统数据中解构分析。

(3)互联网公开数据，如论坛、微博、媒体等，通过数据爬取技术进行数据采集。

(4)也可以利用各种 API 接口接入其他合作方、第三方等的在线或离线数据。

2)数据分发

通过 FTP 或 Kafka 消息队列将数据实时分发，分发后分为实时数据处理、离线数据存储和处理两条线，形成“人”字型的 Lamda 架构。

3)离线数据存储及处理

基于 Hadoop 平台和 MpReduce 技术的离线数据处理，常用的是 HBase 列式数据库。

4)实时数据处理

利用 Storm 或 Spark 技术的实时数据处理，例如 Storm 是实时流式处理，Spark(Spark Streaming)是基于内存的实时批处理。

5)数据存储

不同的数据类型、不同的业务场景，需要不同的数据存储服务，在我们的产品中应用了 Redis、MongoDB、MySQL、ElasticSearch 等多种存储服务。

4.百分点基于此架构为银行提供服务的典型应用场景

(1)用户行为采集分析：数据探头(JS、SDK，Nginx、ICE)、数据分发(Kafka)、离线数据存储及处理(HBase)、运营分析结果展现(MySQL)。

(2)跨部门数据整合：数据桥接(Sqoop)、日志接入(Flume)、数据分发(FTP)、离线数据存储存储及处理(HBase、ES)。

(3)离线用户画像和用户洞察(支持营销)：离线数据存储存储及处理(HBase、ES)。

(4)实时用户画像及推荐：实时数据处理(Storm、Spark)、数据存储(Redis、MongoDB)。

(5)实时反欺诈：数据接口(API)、数据分发(MQ)、实时数据处理(Storm)。

11.3.2　旅游大数据应用解决方案

全国旅游市场增长较快，节假日期间旅游景区普遍出现拥堵现象，随着“旅游+互联网”的发展，旅游也越来越个性化。而与旅游业整体快速增长相比，大数据环境下，旅游业也需要进行改革和发展。2016～2017 年国家发布的旅游业相关数据统计如图 11.8 所示，从图 11.8 中的统计结果可以看出，国内大数据旅游业目前的特点是：数据总量大、增长快、层次低。

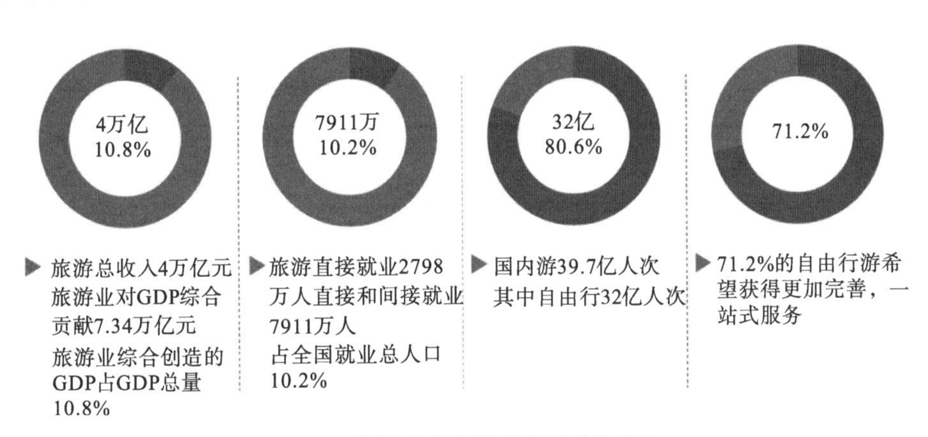

图 11.8　国内大数据旅游业目前的特点

通过利用旅游大数据资源打造快速且高效的旅游大数据平台，通过对游客信息进行多维度的精准分析和有效预测，可以为用户提供舆情分析、事件预警，同时可以通过有效整合旅游监管数据、旅游业数据，为政府、旅游企业定制宣传营销策略提供有效的数据支撑。

1.旅游大数据平台需求分析

(1)产品定位。基于运营商级的海量数据挖掘的游客行为分析、应急预警和精准旅游信息发布系统，包括旅游大数据分析子系统及景区信息发布子系统。

(2)目标客户及用户。各地旅游局以及有舆情分析需求的政府部门、各地电信运营商。

(3)用户目标。各地旅游局及相关政府部门，各大旅行社、酒店、景区等旅游产业链中的企业用户。

(4)景区分析。实时流量分析显示和客流预测。

(5)城市分析。热门线路分析、接待统计(旅游天数、人流量)等。

(6)信息发布。实时发布入境欢迎、舆情预警、拥堵、灾害预警等。

通过打造一站式的旅游大数据解决方案，实现真正的“智慧”旅游。其优势在于，把旅游大数据分析和应急信息、微信推送等进行联动结合，有效提升旅游业的发展和政府对旅游业的监管水平。

2.旅游大数据平台整体架构

构建的大数据平台应是融合的、共享的、开放的、创新的，整体架构设计如图 11.9 所示。

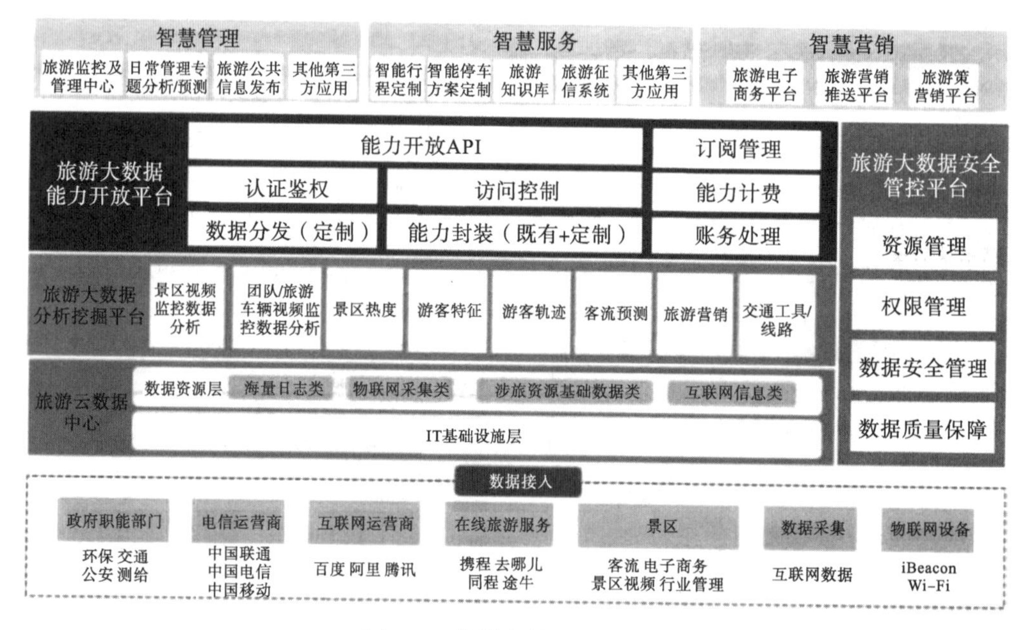

图 11.9 旅游大数据平台架构

通过一个中心、三个核心平台，构建开放、共享的“互联网+旅游”生态环境。同时，引入大众应用开发者，利用融合的旅游大数据资源，面向游客、景区、涉旅企业(酒店、OTA 在线旅游电商平台等)、政府等提供智慧服务、智慧管理、智慧营销三大方向性的创新应用。

1)一个中心：旅游云数据中心

旅游云数据中心，是构建旅游大数据平台的基石，负责接收采集到的数据，并以合适的方式进行存储，按需支持数据交换和共享。通过多种方式及多角色间的通力配合，对联动厅局、各级旅游部门、电信运营商、互联网等大数据与旅游行业基础数据进行采集、整合与存储。

2)三个核心平台

(1)旅游大数据挖掘分析平台。基于底层接入的不同数据源和数据类型，结合上层应用的数据分析需求，提供常规主题挖掘分析和定制主题挖掘分析服务。支持常用的数据挖掘语言和工具，支持常见的模型和算法，并实现挖掘结果的报表展示或多种可视化效果呈现，为应用提供数据支撑。

● 常规主题挖掘分析：主要结合旅游局日常管理、监控、统计、信息发布、趋势预测等需求，兼顾重点景区游客特征分析、客流监控分析，景区 / 交通 / 住宿客流预测等需求，定期针对重要主题进行挖掘分析。

● 定制主题挖掘分析：主要结合智慧管理、智慧营销、智慧服务等方面大数据应用的个性化需求，进行定制主题的挖掘分析。

(2) 旅游大数据能力开放平台。根据应用需求，一方面，可为应用提供数据分发服务，将旅游云数据中心内部存储的数据进行脱敏过滤(按需)后，分发给应用(自有应用或合作级别高的第三方应用)。另一方面，可将通用的数据服务进行抽象及组合打包，封装成能力，向订阅该能力的第三方应用进行开放，使其利用该能力构建更优质的应用场景，提供更智能的服务。在数据分发和能力开放过程中，通过制定标准接口，方便应用调用。

大数据能力开放平台支持对数据分发服务和能力开放服务的发布，并可对其进行定价和计费。应用需在大数据能力开放平台完成注册，并订阅其所需的数据服务或开放能力。大数据能力开放平台对应用及其订购关系进行管理，在其调用数据服务或开放能力时，进行认证鉴权和访问控制，并根据其调用情况进行计费和账务处理。

(3) 旅游大数据安全管控平台。针对接入云数据中心的数据进行质量保障，对数据在其生命周期的各个阶段可能引发的质量问题，进行识别、度量、监控、预警等一系列管理活动，在完整性、规范性、一致性、准确性、关联性等方面提高数据质量。同时.对数据在存储、挖掘分析、开放共享等环节存在的数据泄露、隐私保护等安全问题进行管理。另外，支持与数据相关的各类权限管理、数据中心资源管理等功能，全面管控旅游大数据平台的安全。

3.旅游大数据平台应用场景

1) 景区 LED 客流量引导系统

景区 LED 客流量引导图如图 11.10 所示。

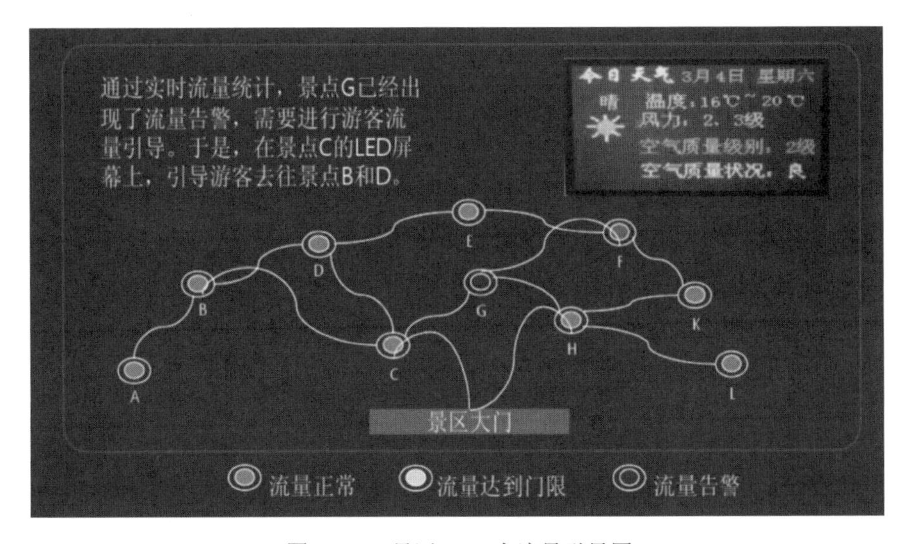

图 11.10　景区 LED 客流量引导图

2）行业客户数据分析

行业客户数据分析示意图如图 11.11 所示。

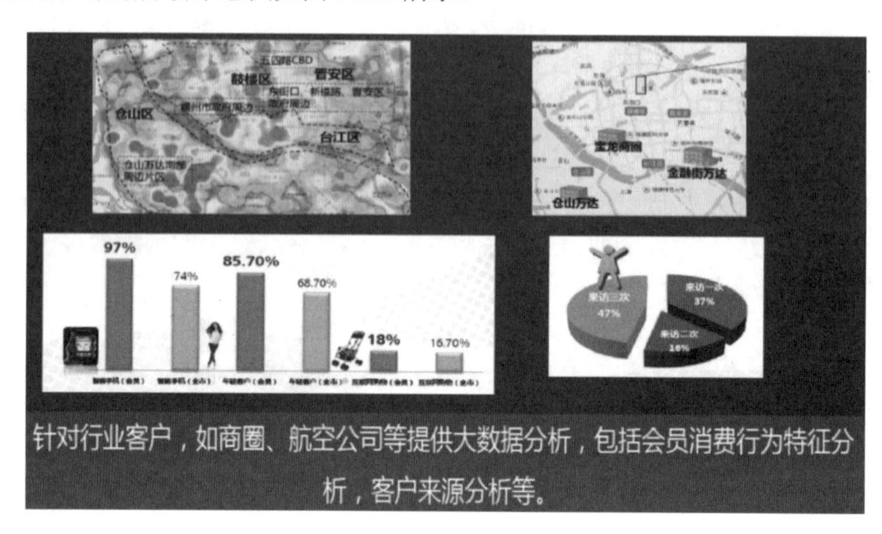

图 11.11　旅游行业客户数据分析示意图

11.3.3　高校大数据应用解决方案

近年来，随着智慧校园理念的提出，越来越多的高校认识到了信息化建设的重要性，增加财力、人力、技术投入，加速建设信息化。在信息化建设的过程中，发现：已有系统重复开发；系统功能不完善，不能适应新的需求；各个系统之间数据冗余；数据不统一，不能实现数据共享，存在“信息孤岛”等现象。

1.高校中的大数据

高校数字化校园中包含大量有价值的数据。师生在校生命周期内产生大量数据，如学习数据、教学数据、科研数据、奖惩数据等，这些组成了高校大数据的基础。这些海量数据中既包含常规管理型业务产生的如人事、教学、财务数据等结构化数据，又包含了大量的由服务与管理所产生的非结构化数据(如多媒体教学资源等)。

在建设智慧校园的过程中，非常有必要建立数据中心和大数据平台，采集各个业务系统中的数据，进行数据整合，并进行大数据分析和挖掘。

2.高校大数据平台架构设计

高校大数据分布式计算系统分为业务系统数据源、数据采集清洗整合、分布式数据存储、数据分析、Hadoop 平台管理、API 接口、应用部分。整个平台架构图如图 11.12 所示。

数据源，包括现运行的高校各个业务系统及校园论坛、文件系统、视频监控等数据。它包括结构化数据和非结构化数据。结构化数据主要存储在 Oracle、Sqlserver 等数据库中，各个业务系统中的数据基本以结构化数据为主；非结构化数据有些以 blob 存储在数据库中或直接存储在文件系统中。

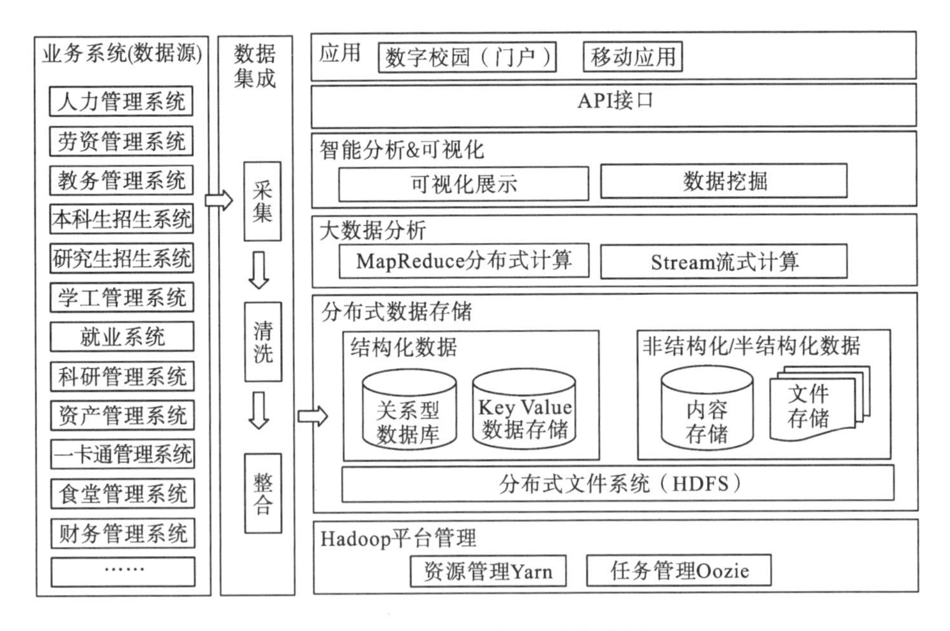

图 11.12　高校大数据平台架构图

数据集成。数据集成包括数据采集、数据清洗以及数据整合，实现从数据源中抽取数据到 Hadoop 平台进行数据分析。数据采集中可以利用 Sqoop 将关系型数据库(例如：MySQL、Oracle、Postgres 等)中的数据导入到 Hadoop 的 HDFS 中或 Hive 中。

分布式数据存储。对于结构化数据，可以以表格的格式存储在 Hive 中，或者转换为 Key-value 的方式存储到 HBase，也可以以文件的方式存储到 HDFS 中。对于非结构化数据，以目录和文件的组织方式存储到 HDFS 中。抽取业务系统的数据，以学生、教师、资产、财务、消费等为核心组织数据。

大数据分析。Hadoop 生态系统中提供多种数据处理和分析的框架，常用的主要包括 MapReduce 和 Spark。根据不同的应用场景，选择合适的框架和模型对数据进行离线分析或流式计算。例如，编写 MapReduce 程序统计分析学生一卡通的消费情况、学生行为分析、科研情况分析、监控视频分析等。

智能分析和可视化。利用机器学习、数据挖掘算法进行深层次的分析。通过数据展示以图表、导航仪等方式，将数据的分析结果转化为可视图形或文字，使这些数据分析的结果更容易被理解。常见的数据展示工具有 Tableau、D3，以及 Flot 等。各种业务数据的分析结果可以在学校门户或移动 App 程序中以图形方式展示。

API 接口及应用。所有处理的数据及分析的结果，都可以以 API 接口的方式被门户网站或移动 APP 等调用。大数据分析处理的结果可以在其他系统中展示和应用。

基于 Hadoop 的高校大数据平台设计充分考虑了分布式计算、内存流式计算、数据分析、机器学习等方面，基于开放架构，具备较好的扩展处理能力，并能为智慧校园的多种数据来源提供全面可靠的处理。

3.应用场景

1) 建立校园用户个人数据中心

在对共享库中的数据进行了规范和集成后，建立统一的用户个人数据的核心条件已经成熟。校园用户可以通过统一的入口，方便地查看自己所有相关数据。同时通过大数据处理技术，可以看到数据分析和整理的各项结果，为用户了解自己在校的学习、教学、科研情况提供依据。在此基础上，应逐步建立一个统一的校级个人信息填报入口，将填报服务与管理流程分离，减少用户重复填报信息的操作，驱动用户主动去维护、完善个人信息。

2) 提供数据驱动的决策支撑

大数据技术应用的核心之一是预测。高校大数据中，包括了大到学校总体情况，小到学生使用校车频率、借阅图书情况等数据。通过对这些数据的挖掘、分析和预测，可以更全面地认识各类人员活动和物资配置、使用之间的关联，为学校管理者了解学校情况、制定学校发展规划等提供决策支持。例如，对学校专业招生情况、就业情况等数据进行分析，可以帮助学校预测专业后续招生趋势和改进专业培养计划等；对各类实验仪器的购买、使用情况和实验成果进行分析，可以辅助相关部门制定实验仪器的购买计划、优化配置；对师生乘坐校车频率、各时间段乘车密度等数据进行分析，可以帮助后勤管理部门合理安排校车班次。

如图 11.13 所示，高校总体情况数据展示，可以为学校管理者在相应的决策、规划工作中提供数据支撑。

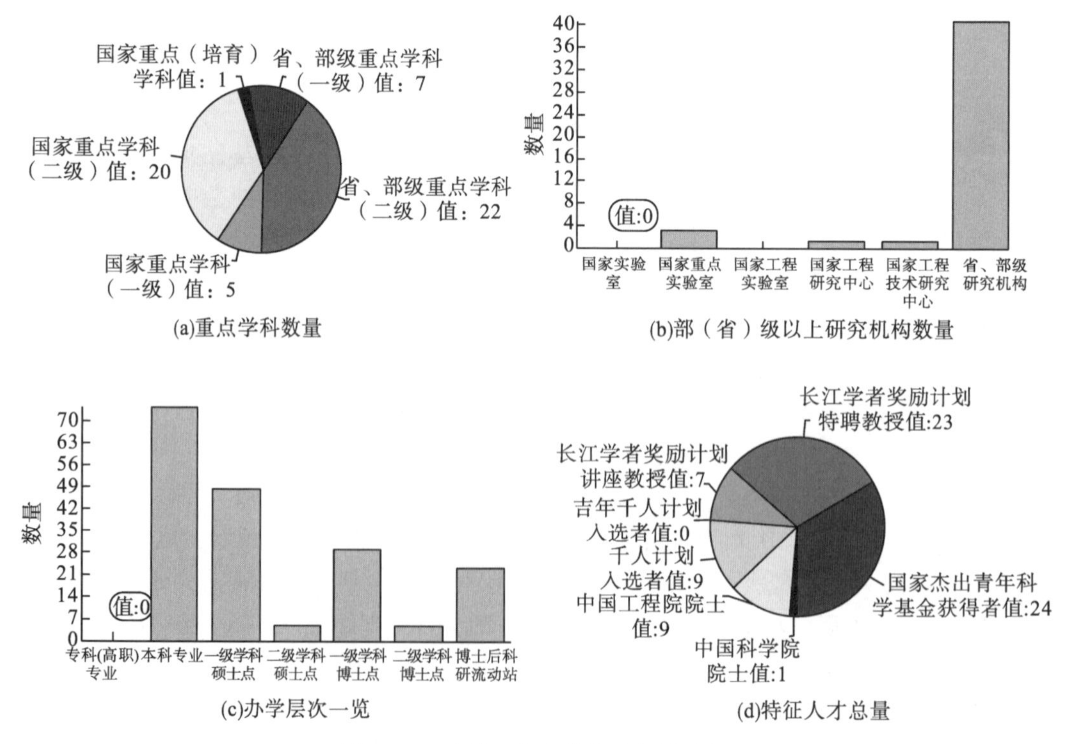

(a)重点学科数量　(b)部（省）级以上研究机构数量

(c)办学层次一览　(d)特征人才总量

图 11.13　高校大数据分析结果示意图

3)个性化学习、教学

大数据分析挖掘技术也可以应用于教学质量的提升。高校共享数据库中关于教学方面的数据是海量而丰富的，将这些数据有效地利用起来，可以促进教学效果优化，促进信息技术与教育教学深度融合。

例如：可以将课件、视频等课程资源挂在学习资源网站上，让学生自行下载或在线观看学习。通过对学生点击率、下载量以及在线观看时重点停顿地方等数据的分析挖掘，可得到课程教学重点、难点等信息，为教师教学方式方法的改进提供依据。

同时，大数据技术也可以为学生的个性化学习提供帮助。在线学习系统可以根据学生的成绩、学习资源访问情况、学习进展、互动信息等数据为学生制定个性化的学习指导，帮助学生完善知识结构，挖掘自身兴趣爱好和特长。随着多种个性化学习终端的不断革新，采集到的学生学习、兴趣发展的数据越来越丰富，甚至可能为学生提供更多的未来职业发展方向的指导。

4)校园用户行为分析

高校校园内类型丰富的终端传感器设施，如门禁考勤、图书借阅刷卡机、消费 POS 机等，采集了丰富的校园用户个人行为习惯数据。由此可以有针对性的对校园用户行为进行分析，将分析结果用于评估、指导学生的日常生活。例如，可以参考学生校园卡消费情况进行贫困生评选的辅助筛选；可以参考学生上网时间、图书馆刷卡记录等数据，为学习困难生分析学习习惯的不足，帮助其改进。

高校大数据亦可在预防学校疾病灾害传播方面提供帮助。例如在爆发传染性疾病的季节，通过分析已患病学生的饮食情况、就医情况、活动场所范围等数据，对传染病进行跟踪，防范传染病的蔓延，辅助确诊和治疗。

5)舆情分析，提高思想政治教育水平

随着高校网络的迅猛发展，网络舆情已成为当前影响大学生思想和行为的新兴力量。网络时代的高校舆情主要存在于校园 BBS、微博、微信和各种即时交流软件上，这些是典型的大数据。高校网络舆情具有强烈的互动性，学生们对某一个社会或校园热点事件，通过多种途径发表自己的观点、诉求、情绪等，有理性的表达，也有偏激的宣泄。因此，在大数据技术背景下，准确快速的掌握网络舆情动向、合理引导学生正确的表达观点、不被别有用心的份子煽动利用等，都给高校思想政治工作提出了新的挑战。

11.4　十大行业大数据应用浅析

大数据不只是应用于企业和政府，同样也适用生活当中的每个人。我们可以利用穿戴的装备(如智能手表或者智能手环)生成最新的数据，这让我们可以根据自身热量的消耗以及睡眠模式来进行追踪。而且还可以利用大数据分析来寻找属于我们的爱情，大多数时候交友网站就是大数据应用工具，帮助需要的人匹配合适的对象。本书分析 10 个使用大数据的垂直行业，分析这些行业面临的挑战以及大数据如何解决这些问题。

11.4.1 银行业与证券业

一项研究对 10 个顶级投资和零售业务银行的 16 个项目进行了调查，结果显示：行业的挑战包括：证券欺诈预警、超高频金融数据分析、信用卡欺诈检测、审计跟踪归档、企业信用风险报告、贸易可见度、客户数据转换、交易的社会分析、IT 运营分析和 IT 策略合规性分析等。

证券交易委员会使用大数据来监控金融市场活动。他们目前使用网络分析和自然语言处理器来捕捉金融市场的非法交易活动。金融市场的零售商、大银行、对冲基金和其他所谓的“大男孩”使用大数据进行高频交易，进行交易前决策支持分析、情绪测量、预测分析等方面的交易分析。该行业还严重依赖大数据进行风险分析，包括反洗钱、企业风险管理、“了解你的客户”和减少欺诈。

11.4.2 通信、媒体和娱乐

通信、媒体和娱乐行业的一些重大数据挑战包括：

(1) 收集、分析和利用消费者信息；

(2) 利用移动和社交媒体内容；

(3) 了解实况，媒体内容使用情况。

该行业的企业同时分析客户数据以及行为数据，以创建详细的客户资料，可用于：

(1) 为不同的目标受众创建内容；

(2) 根据需要推荐内容；

(3) 衡量内容效果。

例如，温布尔登网球锦标赛，利用大数据实时对电视、移动和网络用户观看网球比赛时的详细情绪进行分析。Spotify 是按需音乐服务，使用 hadoop 大数据分析，从全球数百万用户收集数据，然后使用分析的数据向个人用户提供个性化的音乐推荐。亚马逊 Prime 通过在一站式商店中提供视频、音乐和 Kindle 书籍，为客户提供良好的体验。

11.4.3 医疗保健

医疗保健部门获得了大量的数据，但一直没能使用数据来遏制医疗保健成本的上升、提高医疗保健收益、提高系统效率。这主要是因为电子数据不足或不可用。另外，保存健康相关信息的医疗保健数据库很难与医疗领域有用模式的数据链接起来。

其他与大数据相关的挑战包括：将患者排除在决策过程之外，以及使用来自不同渠道的容易获得的传感器的数据。以色列贝斯的一些医院正在使用数百万病人从手机应用收集到的数据，让医生可以使用循证医学，而不是像传统医院一样，对病人进行医疗/实验室检测。有些测试是有效的，但大部分是昂贵的并且通常是低效的。

佛罗里达大学使用免费公共卫生数据和 Google 地图创建视觉数据，可以更快速地识别和有效分析医疗信息，用于跟踪慢性病的传播。奥巴马医保方案也以多种方式利用了大量数据。

11.4.4　教育行业

从技术角度来看，教育行业面临的一个重大挑战是将不同来源和供应商的大数据整合，并将其用于一个数据平台。从实践的角度来看，教育从业者和机构必须学习新的数据管理和分析工具。在技术方面，整合不同来源的数据，不同平台和原本不相互合作的不同供应商都面临挑战。

在政治上，与用于教育目的的大数据相关的隐私和个人数据保护问题是一个挑战。大数据在高等教育中的应用相当显着。例如，塔斯马尼亚大学，一个拥有 26000 多名学生的澳大利亚大学，它部署了一个学习和管理系统，学生登录系统，系统追踪学生花费的时间以及学生的整体进度等。在教育中使用大数据的不同案例中，它也用于衡量教师教学的有效性，以确保学生和教师的良好体验。教师的表现可以根据学生人数、学科人数、学生期望、行为分类和其他几个变量进行微调和衡量。

在政府层面上，美国教育部的教育技术办公室正在使用大数据来开发分析数据，以帮助纠正选错在线课程的学生，点击模式也被用来检测学生学习时的无聊程度。

11.4.5　制造业和自然资源开采业

人们对石油、农产品、矿产、天然气、金属等自然资源的需求日益增加，导致数据量的增加，因此数据的复杂性和数据处理的速度对我们是一个挑战。同样，来自制造业的大量数据尚未得到开发。这种信息利用的不足阻碍了产品质量提高、能源效率和可靠性的提升，以及更好的利润率。

在自然资源行业，通过大数据可以利用地理空间数据、图形数据、文本和时间数据，从中提取和整合大量数据建立预测模型，帮助做出决策，应用的领域包括：地震解释和油藏表征。大数据也被用于解决当今制造业所面临的挑战，以获得竞争优势。

11.4.6　政府

在政府中，最大的挑战是不同政府部门和附属机构大数据的整合和互操作性。在公共服务方面，大数据应用范围非常广泛，包括能源勘探、金融市场分析、欺诈检测、健康相关研究和环境保护。

一些更具体的例子如下：

(1) 大数据用于分析社会保障局提供的非结构化数据的大量社会残疾索赔；用于快速有效地处理医疗信息，以加快决策速度，并检测可疑或欺诈性声明。

(2) 食品和药物管理局正在使用大量数据来检测和研究食物相关疾病和疾病的模式，从而做出更快的反应，提供更快的治疗，减少死亡率。

(3)国土安全部对大数据的使用分为几种不同的用例。不同政府机构对大数据的使用，以及用于保护国家安全的数据。

11.4.7 保险业

保险业主要挑战包括缺乏个性化服务、缺乏个性化定价和缺乏针对新细分市场和特定细分市场的服务。在由 Marketforce 进行的调查中，保险业专业人士确定的挑战包括数据不足带来的利润损失，以及渴望更好的洞察力。业界已经在使用大数据，通过从社交媒体、支持 GPS 的设备和监控录像中得到的数据分析和预测客户行为，为透明和简单的产品提供客户洞察。大数据还可以保护公司更好的提高客户留存。

在索赔管理方面，大数据的预测分析已被用于提供更快的服务，因为大量的数据可以在承保阶段进行特别分析；欺诈检测也得到了加强。通过数字渠道和社交媒体的大量数据，索赔周期、索赔实时监控已被用于为保险公司提供帮助。

11.4.8 零售和批发贸易

从传统的实体零售商和批发商到现在的电子商务，行业已经收集了大量的数据。来自客户会员卡、POS 扫描仪、RFID 等的数据并没有被用于整体上改善客户体验。所有改变和改进都相当缓慢。来自客户忠诚度的数据、POS、商店库存、本地人口统计数据的大数据将继续由零售和批发商店收集。

在纽约大展零售贸易大会上，像微软、思科和 IBM 这样的公司表示，零售行业需要利用大数据进行分析，包括：

(1)通过购物模式、本地活动等数据优化员工配置；

(2)减少欺诈；

(3)及时分析库存。

社交媒体的使用也具有很大的潜在用途，并且将以缓慢的速度被实体店采用。社交媒体还用于客户探索、客户保留、产品推广等。

11.4.9 交通行业

政府、私人机构和个人的一些大数据应用包括：

(1)政府使用大数据：交通管制、路线规划、智能交通系统、拥堵管理(预测交通状况)；

(2)私营部门在运输中使用大数据：收入管理、技术改进、物流和竞争优势(通过整合出货量和优化货运)；

(3)个人使用大数据：路线规划节省燃料和时间、旅游安排等。

11.4.10　能源与公用事业

智能电表成为主流，而消费者要求更多的控制和了解能源消耗。智能电表读取器允许几乎每 15 分钟收集一次数据，而不是每天用旧的读表器收集数据。这种细粒度数据被用于更好地分析实用程序的消耗，这可用于改进客户反馈和更好地控制公用事业对电的使用。在公用事业公司，使用大数据还可以提供更好的资产和人力资源管理，这对于识别错误和在失败之前尽快进行纠正是有用的。

智能电网在欧洲已经做到了终端，也就是所谓的智能电表。在德国，为了鼓励利用太阳能，会在家庭安装太阳能，除了卖电，当你的太阳能有多余电的时候还可以买回来。通过电网每隔五分钟或十分钟收集一次数据，收集来的这些数据可以用来预测客户的用电习惯等，从而推断出在未来 2～3 个月时间里，整个电网大概需要多少电。有了这个预测后，就可以向发电或者供电企业购买一定数量的电。因为电类似于期货，如果提前买就会比较便宜，买现货就比较贵。通过预测，可以降低采购成本。

维斯塔斯风力系统，依靠的是 BigInsights 软件和 IBM 超级计算机，然后对气象数据进行分析，找出安装风力涡轮机和整个风电场最佳的地点。利用大数据，以往需要数周的分析工作，现在仅需要不足 1 小时便可完成。

11.5　大数据应用未来的聚焦点

未来大数据的应用场景主要集中于以下四个方面：

(1) 利用大数据实现客户交互改进：电信、零售、旅游、金融服务和汽车等行业将快速抓取客户信息，从而了解客户需求，这被列为它们的首要任务。

(2) 利用大数据实现运营分析优化：制造、能源、公共事业、电信、旅行和运输等行业要时刻关注突发事件，通过监控提升运营效率并预测潜在风险。

(3) 利用大数据实现 IT 效率和规模效益：企业需要增强现有数据仓库基础架构，实现大数据传输、低延迟和查询的需求，确保有效利用预测分析和商业智能实现性能的扩展。

(4) 利用大数据实现智能安全防范：政府、保险等行业亟待利用大数据技术补充和加强传统的安全解决方案。

当然，不论是哪个行业的大数据分析和应用场景，都有一个典型的特点，即无法离开以人为中心所产生的各种用户行为数据、用户业务活动和交易记录、用户社交数据，这些核心数据的相关性再加上可感知设备的智能数据采集就构成一个完整的大数据生态环境。

当下，大数据在金融、电信、智慧城市、电商及社交娱乐等行业已经出现规模化应用，中国大数据市场将进入高速发展时期。大数据真正的价值体现在从海量且多样的内容中提取用户行为、用户数据、特征并转化为数据资源，对数据资源进一步加以挖掘和分析，增强用户信息获取的便利性，实现从产品价值导向到以客户体验价值为中心导向的转换，客户体验的提升也正是激发信息消费的根本原因。

中国信息消费市场规模量级巨大，增长迅速。在网络能力的提升、居民消费升级和四化加快融合发展的背景下，新技术、新产品、新内容、新服务、新业态不断激发新的消费需求，而作为提升信息消费体验的重要手段，大数据将在行业领域获得更广泛的应用。

本章小结

本章介绍了大数据处理技术是如何解决实际问题的。通过前面10章的学习，对各种大数据处理技术已经有了深入的了解，但是这些技术是如何应用的呢？根据不同的行业需求需要设计不同的大数据处理框架，本章首先介绍了通用大数据平台规划方案，它为解决行业大数据问题提供了一种通用的解决方案。然后，本章也提供了三种较为完整的行业大数据解决方案。最后，本章对十大主要行业中大数据的应用进行了简要的分析，并对大数据应用未来的聚焦点进行了分析。

思考题

1.大数据在金融业统计分析类应用中有何优势？

2.旅游大数据平台有哪些主要用途？

3.高校智慧校园是如何应用大数据技术的？

4.你能举几个身边大数据成功应用的例子吗？

参考文献

半青，安歌. 2017. 2016大数据应用解决方案提供商TOP100. 互联网周刊，(3)：47-49.

朝乐门，卢小宾. 2017. 数据科学及其对信息科学的影响. 情报学报，(8)：761-771.

陈吉荣，乐嘉锦. 2013. 基于Hadoop生态系统的大数据解决方案综述. 计算机工程与科学，35(10)：25-35.

李德有，赵立波，解晨光. 2015. Hadoop构建的银行海量数据存储系统研究. 哈尔滨理工大学学报，(4)：60-65.

李文海，许舒人. 2014. 基于Hadoop的电子商务推荐系统的设计与实现. 计算机工程与设计，35(1)：130-136.

刘广一，朱文东，陈金祥，等. 2016. 智能电网大数据的特点、应用场景与分析平台. 南方电网技术，(5)：102-110.

马建光，姜巍. 2013. 大数据的概念、特征及其应用. 国防科技，(2)：10-17.

王元卓，靳小龙，程学旗. 2013. 网络大数据：现状与展望. 计算机学报，36(6)：1125-1138.

王振. 2014. 基于Hadoop的大数据处理关键技术研究. 南京：南京邮电大学.

王铮. 2014. 基于Hadoop的分布式系统研究与应用. 长春：吉林大学.

文乾. 2018. 2018最具活力的大数据应用解决方案提供商TOP100. 互联网周刊，668(14)：60-63.

夕拾. 2017. 2017 最具活力的大数据应用解决方案提供商 TOP100. 互联网周刊, (12): 46-47.

张引, 陈敏, 廖小飞. 2013. 大数据应用的现状与展望//中国计算机学会 CCF 大数据学术会议: 216-233.

赵波, 郭瑞. 2017. Hadoop 框架核心技术在高校大数据教学系统中的应. 无线互联科技, (18): 88-89.

第12章 大数据集成

当前，各领域都在产生和使用大数据，包括数据驱动的科学、电信、社交媒体、大型电子商务、病历等。由于不同数据进行链接和融合会使数据的价值爆炸性地增大，因而大数据集成(big data integration，BDI)问题是在各领域内实现大数据美好愿景的关键。

例如，最近有很多工作通过挖掘万维网抽取出实体、关系以及本体等，以构建通用知识库，如 Freebase、Google 知识图谱、ProBase 和 Yago 等。这些工作均显示，使用集成的大数据可以改善 Web 搜索和 Web 规模的数据分析。

另一个重要的例子是，近年来产生了大量有地理参照的数据，如有地理标记的 Web 对象(如照片、视频、推文)、在线登记(如 Foursquare)、WiFi 日志、车辆的 GPS 轨迹(如出租车)以及路边传感器网络等。这些集成的大数据为刻画大规模人类移动提供了契机，并对公共卫生、交通工程和城市规划等领域产生了影响。

一般企业的计算环境总是由上百甚至上千离散并且不断变化的计算系统组成的，这些系统通过构建或其他方式获得。这些系统的数据需要集成到一起，用于各种分析和处理。当数据从旧系统迁移到新系统时格式可能需要转换，因此有效地管理数据之间的传输是需要面对的重要挑战。

绝大多数数据管理都集中在存储于数据结构中的数据，只有极少数关注不同的数据结构存储之间流动的数据。在实际工作中，并不是每个系统都需要和其他系统进行交互，对于拥有 100 个应用的组织来说，传统的点到点的集成方案有大概 5000 个接口，如果在组织开发接口的时候，没有一个企业级的数据集成策略，则会导致大量接口管理的麻烦。

在新兴领域，相对于在分析之前将数据进行归并的方案，大数据集成是一个更好的解决方案。因为它将大量的数据原封不动的保存在原地，而处理过程则是进行一个适当分配。这是一个并行处理的过程。

需要外部虚拟服务器方案、数据复制以及数据容错方案的云计算框架同样也依赖数据集成。基础设施和服务器虚拟化在很多组织中得到广泛应用，但在某些情况下需进行调整，如企业总线技术。内存数据结构和处理技术可以带来性能上若干个数量级的提升，同样也需要很多数据集成技术，但这些技术需要充分发挥内存效能。

数据虚拟化功能代表了近 20 年数据集成经验的巅峰，同时它也是成千上万小时的各类数据集成技术的提炼与升华。综合各种益处，数据虚拟化可视为基于数据仓库、商务智能以及非常关键的数据集成技术经验和和原则基础上的一项重要成就。

大数据环境下的数据集成问题要困难得多。其目标通常不是集成一个组织内的数据，而是集成 Web 上的结构化数据，表现为深网(deep web)数据、Web 表格或列表。所以，要集成的数据源从成百计增长到成百万计；数据的模式也在不断变化。大数据的海量性和高速性同时也极大地增加了数据的多样性，因而需要新的技术和基础架构来解决模式的异构性。

本章将介绍大数据集成的基本概念、大数据集成的方法、模式和架构。

12.1　大数据集成基本概念

由于大数据巨大的量、类型多样化以及对数据存取速度的要求，大数据集成技术不同于传统数据集成，既需要与外部数据集成，又需要集成不同类型的数据，还需要考虑数据集成的速度。

12.1.1　与外部数据集成

很多外部组织的数据可以与组织内部数据集成后运用。很多资源也许以前是可用的，至少以打印的形式可用，而现在这些变得极其简单，而且很多都是免费的，访问 PB 级的外部资源相关信息使得这些信息成为每个组织必要的利用资源。

政府联盟拥有巨大的可用数据资源，例如美国联邦政府的data.gov，社会媒介如Google这样的资讯公司也拥有大量数据。由如 LexisNexis 和 Dun&Bradstreet 等公司出售的大量数据也值得运用，为了能胜过免费数据，出售数据的含金量在不断提高。

对这些大量可用的外部数据的整合问题变得日益突出：将外部数据拷入内部所需的时间、网络带宽，以及硬盘空间使得这变成一件具有挑战的事。对数据的处理无法提交到外部服务器上，因为那是其他组织自有的。因此，一般来说，需要读取并处理外部数据，并转换成组织使用所需要的格式，仅保留与内部数据集成所需要的信息。对外部数据来说，数据生命周期的判定非常关键：需要多少？需要保存吗？需要保留多久？当然这些问题对于内部数据一样存在，但是通常内部数据的默认设置并不能作为外部数据的参考。

12.1.2　集成不同类型的数据

集成不同类型数据的关键是使用元数据“标签”对非结构化数据那些可以被链接的属性进行标记。因此，越来越多的“非结构化数据”（例如图片）使用元数据“标签”定义，例如图片是关于什么的，或者图片或音频文件里的人是谁等，以及数据是什么时间、在哪里产生的、在哪里更新的。被访问的文档和电子邮件可以基于文字、语法以及文档里或者相关数据里的名字创建索引。信息的逻辑组织是通过分类法和本体形成的。这些非结构化数据上的“标签”可以链接到数据库中的主键和索引，从而将结构化数据和非结构化数据融合。

举一个综合不同类型数据的例子：对一个客户，公司拥有和这个客户的合同的影像文件；数据库里存放着联系信息和交易数据；邮箱里跟那个客户相关的邮件；音频文件里记录的客户的要求和服务电话；客户访问公司时的视频文件。所有这些跟客户相关的信息可以被集成并在客户致电公司时提供给客户服务代表。

12.1.3 集成流式大数据

因为很多设备(例如传感器、移动电话以及 GPS)正越来越便宜并广泛使用，这些信息被记录并加以运用才变为可能。通过无线电标记库存和资产，持续追踪物理设备上的位置信息。不仅数据越来越快地向我们袭来，能够立刻运用数据做决策的希望更迫切。大数据对速度定位不仅指产生数据的速度，还包括运用期望的速度。

1.流式数据

如今，来自内外部各种资源上的数据流对每个组织者是可用的，包括免费的和收费的。尽管磁盘空间的费用比起以往已经很低了，但是用来存储这么庞大的数据的费用仍然无法估算。每个组织需要对各个可用数据流上需要保留的片段做出决策。对于不存在机密或者私人信息的数据，定义好数据流冗余度和存储计划，云存储解决方案可以提供一个暂时的、便宜的存储。

2.传感器和 GPS 数据

来自人们身体的各种传感器或者实物资产的内部数据可能是有用的，例如库存和卡车的数据。实时传感器数据可以用作实时决策，例如通过快捷清单和类似产品支持更高优先级的工作或问题。历史性的传感器数据用来提升处理如标准传递路线、汽油损耗以及生产力等问题。这种类型的内部数据对大部分组织来说都是有用的。常规传感器数据以及个别行业的特定传感器数据的可用性使得创建一个潜在的数据分析黄金时代变成可能。

12.1.4 数据转换

一般情况下，集成数据时最复杂和最困难的问题就是将数据转换为统一的格式。理解需要整合的数据以及需要整合成的数据结构，需要在技术和业务上很好地把握这两类数据，唯有做到这一点，才能定义如何转换数据。

图 12.1 中，来自多个不同数据源的不同格式的数据被转换为统一的目标数据集。很多数据转换可以简单地通过技术上改变数据格式而实现，但更常见的情况是，需要提供一些额外的信息，以便在将源数据值转换为目标数据时便于查找。

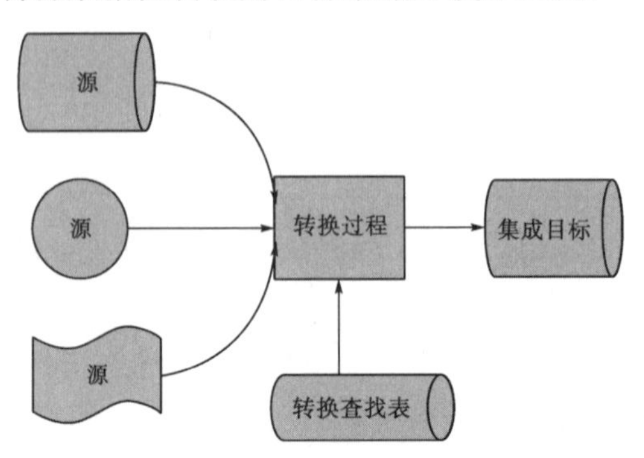

图 12.1 将数据转换为通用格式

12.1.5　数据的迁移

当出现使用新系统替换旧系统时，则需要将数据移到新的应用中，如果新应用还没有正式使用，就需要给予空数据结构以增加这些新增数据。

如图 12.2 所示：若数据转换的过程中同时与源和目标应用系统打交道，将按原系统的技术格式定义的数据移动并转换为目标系统所需要的格式和结构。这仅需要代码进行更新操作。然而，也有不少情况下，数据迁移进程直接与源或者目标数据结构交互，而不是通过应用接口。

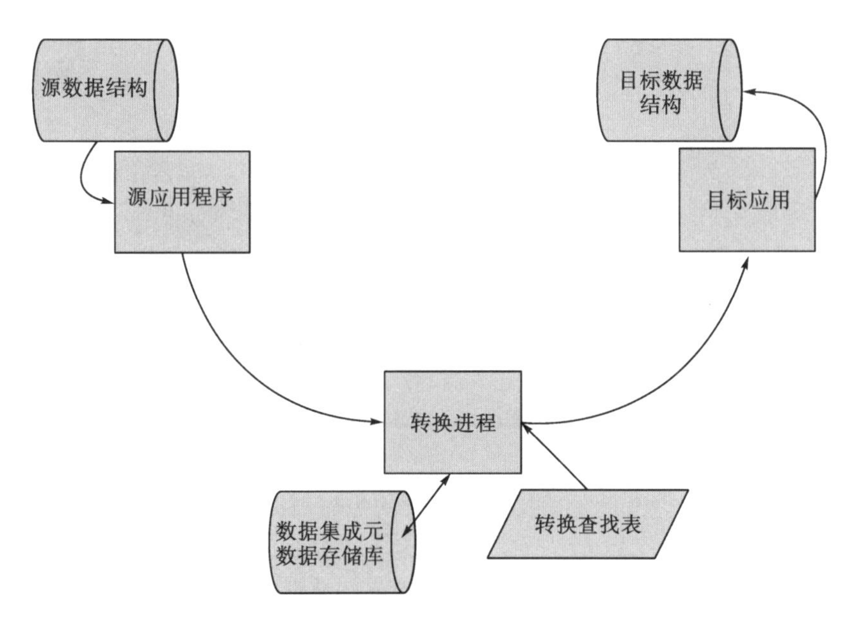

图 12.2　将数据从一个应用迁移到另外一个应用

12.1.6　非结构化数据的抽取

结构化数据指列入存储数据库中的表，对某一实体的各个属性进行描述。非结构化数据是指结构化数据之外的数据，如文档、电子邮件、网站、社会化媒体、音频等数据。

将各种不同类型和格式的数据进行集成通常需要使用到与非结构化的数据相关联的键或标签，而非结构化的数据通常包含了与客户、产品、雇员或者其他主数据相关的信息。通过分析包含了文本信息的非结构化，就可以将非结构化数据与客户或者产品相关联。

例如，一封邮件可能包含对客户和产品的引用，这可以通过对其包含的文本信息进行分析识别出来，并据此对该邮件加上标签，进而与客户信息建立关联。对于非结构化数据和集成数据来说，元数据和主数据是非常重要的概念。

如图 12.3 所示，存储在数据库外部的数据，如文档、电子邮件、音频、视屏文件，可以通过客户、产品、雇员或者其他主数据引用进行搜索。主数据应用作为元数据标签加到非结构化数据上，在此基础上就可以实现与其他数据源和其他类型的数据进行集成。

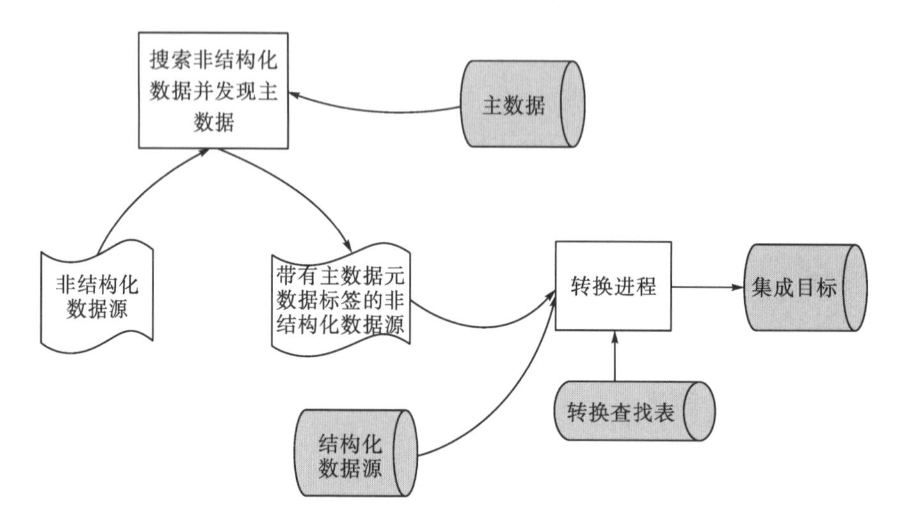

图 12.3　从非结构化数据中提取信息

12.1.7　数据集成开发生命周期

开发一个新的系统之间的数据接口所遵循的生命周期与开发一个其他数据相关的项目很相似。成功的关键是比较准确地分析所要移动的数据源和目标两端的实际数据。虽然按图 12.4 中从实施到操作的方向看去，每个步骤都是顺序执行，并且区分很明显，但是事实上，这些步骤迭代和相互重叠的地方要比能够展示出来的要多很多，借助分析工具和原型工具，对假设和设计的测试会尽早展开。

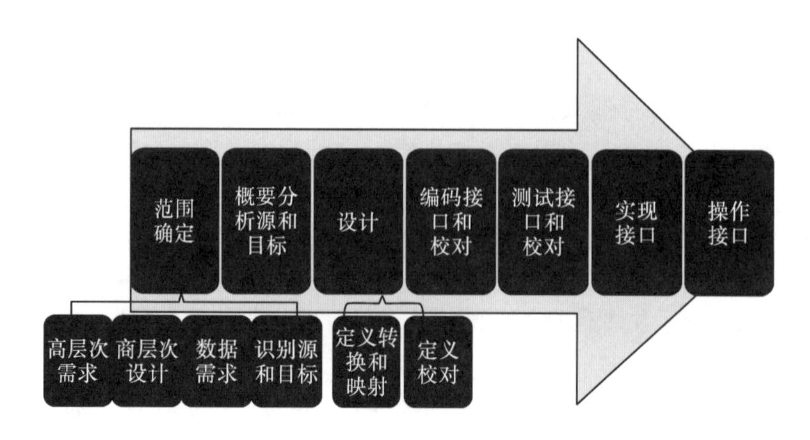

图 12.4　数据集成生命周期

图 12.4 描述了数据集成项目的生命周期。第一个部分就是确定项目的范围，包括：高层次需求、高层次设计、数据需求、识别源和目标。整个过程起始于高层次的需求：哪些是必须满足的数据移动的基本需求？可能是需要在整个企业内部同步的客户数据、需要在内部使用的某个外部组织的数据、报表中所需要使用的额外数据，为了预测分析而需要使用的社会化媒体数据或者为数众多的其他可能的数据移动需求。然后，就可以对一些基本设计概念做出规定：这个需要以批处理的方式或者实时的方式每天处理一次？是不是已经有马上可用的数据集成平台？还需要哪些额外的东西？另外一轮详细的需求分析和设计应当识别出需要哪些数据、可能涉及的数据源和目标。

生命周期的第二个部分常常会被忽略，即概要分析。因为数据集成被视作一门技术活，而组织通常会对授权访问生产数据比较敏感，因此，为了开发数据接口而对当前存储于可能的源和目标系统的数据进行分析可能是件比较困难的事情。所以，对实际数据进行概要分析往往成为决定成败的关键。几乎每个数据集成项目都会发现存在于源和目标系统中的实际数据的一些问题，而这些问题往往很大程度上影响了方案的设计。例如：数据是不是包含了没有预料到的内容、缺少某些内容或者很差的数据质量，甚至在需要某些数据的时候这些数据根本不存在。和数据拥有者以及安全团队之间的谈判将会持续到达成一个可以接受的方案，可以据此对涉及的源和目标数据进行概要分析。

所有的数据集成方案都应当包括一些校对过程，这个过程将在数据接口投入使用的时候周期性地执行，用以确保来自数据源的数据成功地整合到目标应用中。数据校对应当通过数据接口以外的其他方式执行，比如可以在源和目标系统上执行同样的报表，并对结果进行比较。校对过程对于数据转换项目来说是必不可少的，而且对所有的数据集成项目都是重要的组成部分。

12.2　大数据集成方法

12.2.1　批处理数据集成

1.什么是批处理数据集成

绝大多数系统间的接口通常以这种方式存在，即周期性(每天、每周或者每月)地将大数据文件从一个系统传输到另外一个系统。文件的内容是结构一致的数据记录，发送系统和接收系统必须理解文件的格式并达成一致。这个处理过程就是所谓的批处理模式，因为数据被组织成“批”并周期性地发送，而不是以个体的方式实时发送。图 12.5 描述了这个标准的批处理数据集成过程。在两个系统之间传送数据，即发送系统将数据传输到目标接收系统，这也称为“点对点”方式。

对于非常大量数据的集成来说，这种批处理的方式依然是合适并且高效的，比如数据转换，以及将快照数据周期性地加载到数据仓库。通过调整，可以将这个过程变得异常快速，使之在需要将大量数据快速加载的场合比较有用。批处理也称为“紧耦合”，因为两个系统必须就数据文件的格式达成一致，并且只有在两个系统都同步实施变更时，才能对文件格式进行变更。替换发送或者接收系统通常需要为另一个系统重新编写接口。通常不会在数据集成的主题下提及数据备份和恢复，所以本书也不会讨论这两个方面的内容。数据备份和恢复通常需要借助特殊的硬件与软件工具来进行处理，这些工具一般是存储数据的数据结构所专有的，并且往往为了高效而经过高级优化。特定的数据结构和存储供应商会在业务连续性的主题下讨论这些问题。

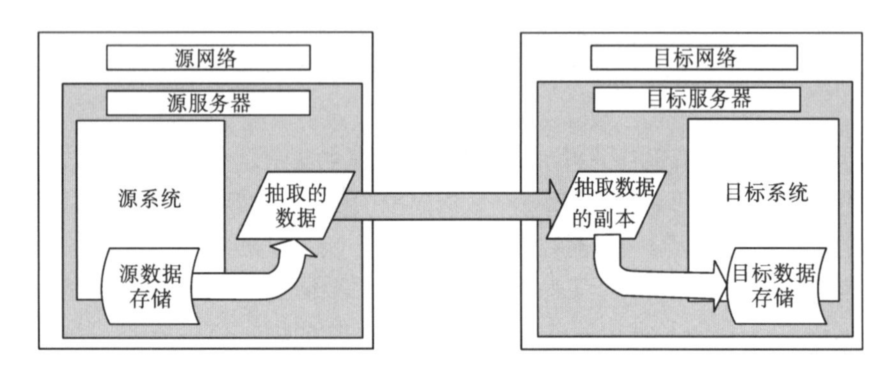

图 12.5　ETL 数据流程

2.批处理数据集成生命周期

批处理数据集成开发的生命周期和其他与数据有关的项目很相似，但与不是以数据处理为中心的项目有一些细微的不同之处。在开始开发批处理数据集成流程或者批处理接口之前，必须定义接口的范围，即对所涉及的数据源和目的，以及需要包含哪些属性有个初步的了解。为了判断批处理集成是否是合适的方案，范围定义应该包括高层次需求分析和设计。

初步定义在接口中需要设计哪些数据，包括哪些属性需要导人目标系统，并据此推测哪些属性需要从数据源中抽取出来以决定它们在目标系统中合适的值。对于成功构建数据接口来说，强烈推荐的最佳实践之一就是对源和目标系统数据结构中的实际数据进行概要分析。对生产数据的概要分析，有助于理解目标数据应该被设计成什么样，以及应当从哪些源中寻找合适的属性。基本的概要分析包括了解所设计的数据结构的不同方面，而不仅仅是那些文档记录下来或者凭空想象的东西，例如唯一性、密度(空和空白)、格式，以及有效的数据。定义从源数据格式到目标数据格式之间所需要的转换时，需要业务和技术两个方面的综合知识。具有这两方面知识的人员应当根据高层次的需求和概要分析结果，评审和批准关于数据转换的设计。

数据接口的开发应当包括某些数据校对过程，周期性地运行这些过程以验证从源系统中提取的数据与传输到目标系统中的数据是一致的。图 12.6 给出了这一连串步骤的概况，实践中，最好采用迭代、敏捷或者原型的方式去开发数据接口，这样就不需要在设计和测试数据迁移的过程中花费大量的时间或精力。

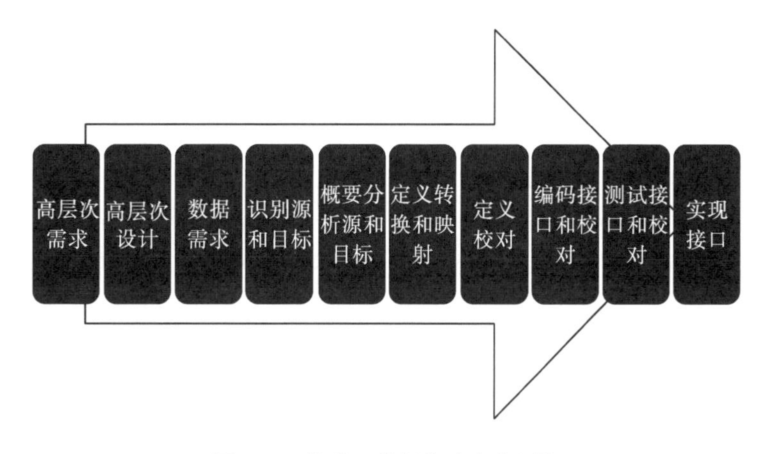

图 12.6　批处理数据集成生命周期

12.2.2　实时数据集成

1.实时数据集成简介

为了完成一个业务事务处理而需要即时地贯穿多个系统的接口就是所谓的“实时”接口。一般情况下，这类接口需要以“消息”的形式传送比较小的数据量。大多数实时接口依然是点对点的，发送系统和接收系统是紧耦合的，因为发送系统和接收系统需要对数据的格式达成特殊的约定，所以任何改变都必须在两个系统之间同步实施。实时接口通常也称为同步接口，因为事务处理需要等待发送方和接口都完成各自的处理过程。

实时数据集成的最佳实践突破了点对点方案和紧耦合接口设计所带来的复杂性问题：多种不同的逻辑设计方案可以用不同的技术去实现，但是如果没有很好地理解底层的设计问题，这些技术在实施时也同样会导致比较低效的数据集成。

实时数据集成的必要性：对于大多数据集成需求来说，因为要隔一夜，所以批处理的数据移动方式可能不可接受。一笔业务交易发生之后，要到第二天才能看到，这是难以接受的。同样不能被接受的是某个客户和组织新设立了一个账户之后，却不能够在当天办理业务。

在应用系统之间的实时数据交互通常称为接口，其含义与应用系统之间的批处理交互一样。组织的应用系统组合管理，这即使对于一个拥有上百万个活动应用的组织来说也可能是让人望而却步的。有时候应用系统之间的接口复杂性可能会让人奔溃。

处理实时数据集成所用到的技术要比批处理集成稍微复杂一些。一些基本步骤，如抽取、转换，以及加载仍然存在。当然，它们是以一种实时的方式在业务交易层面进行处理。对应用系统之间或者“点对点”的实时接口进行管理，相对于一个应用组合之内的所有必要交互的管理来说要稍微低一些。因此，为了管理接口，每个组织拥有一个企业级数据集成架构和管理能力就显得相当重要。否则，事情很快就会变得不可思议的复杂。

2.实时数据集成架构和元数据

与实时数据集成有关的元数据和批处理数据集成非常相似。元数据可以分为 3 类：业务、技术以及操作。

实时数据集成的业务元数据包括对将要在组织内部和企业之间移动和集成的数据的业务定义。安全访问信息，例如哪些应用程序和用户可以访问哪些数据，可以归为业务元数据，虽然其中包含了不少技术和操作型的信息。

和实时数据集成相关的技术元数据包含了逻辑和物理模型、源数据布局、目标数据，以及中间规范化模型。它还包括了源、目标以及中间模型和物理实现之间的转换和映射。与批处理接口调度相比，行为的调度需要对哪些数据以及变化进行监控，当某个事件发生时采取什么行动属于技术元数据。技术元数据提供了在屏幕上、报表中，以及字段中所显示的数据来源的“世系”信息以及转换信息。

从实时数据集成的执行过程中产生的操作型源数据，对于业务用户、技术用户、作者以及监管者来说都是极具价值的。技术元数据提供了诸如数据是什么时候产生的，以及如何变化的等“世系”信息。操作型元数据还提供了谁在什么时候访问并修改了数据之类的信息。

12.2.3 数据虚拟化

数据虚拟化需要使用多种数据集成技术以对多种数据源和技术的数据进行实时整合，而不仅仅结构化数据。“数据仓库”作为数据管理的实践之一，以一致的格式将多个不同操作型系统中的数据复制到一个持久化数据存储中用以做报表和分析。这一实践被用于跨越多个历史数据快照的数据分析，相对而言，比较难利用活跃的操作型数据，即使用于分析的是当前数据。报表和分析架构通常需要一些持久化数据存储，比如“数据集市”，因为，根据以往经验，实时集成和综合来自其他多个数据源的数据对于即时数据利用来说实在是过于缓慢了。但是，新的数据虚拟化技术让针对数据分析的实时数据集成变得可行，特别是在和数据仓库技术结合的情况下。新兴的内存数据存储技术以及其他虚拟化方法则让快速数据集成方案成为可能，并且不再依赖于数据仓库和数据集市等中间形式的数据存储。

12.2.4 云数据集成

云解决方案好像对管理来说具有非常大的吸引力：不再需要管理所有这一切的基础设施，管理上可以按照需求迅速增加或者减少。

然而，在使用云架构的时候，组织应当关注由于数据的物理分布所带来的延迟，更重要的是，关注存储在云端的数据的安全性。云解决方案可能要慢于本地解决方案，因为数据需要往来于云服务供应关注商的物理站点而导致的延迟，以及穿过额外的安全层次访问云中的数据所付出的额外时间。在公共云方案中存储的数据有多安全？将数据存储在云供应商的地缘政治域中，关于隐私方面会带来哪些法律衍生问题？

总体上说，由于对数据的访问通常是通过虚拟地址进行的，因此公共云或者私有云中的数据集成方案与本地数据集成是一样的(图 12.7)。只要数据使用者能够完全访问云中的数据，那么除了需要增加一些关于延迟和安全方面的考虑之外，数据集成方案和本地数据是一样的。

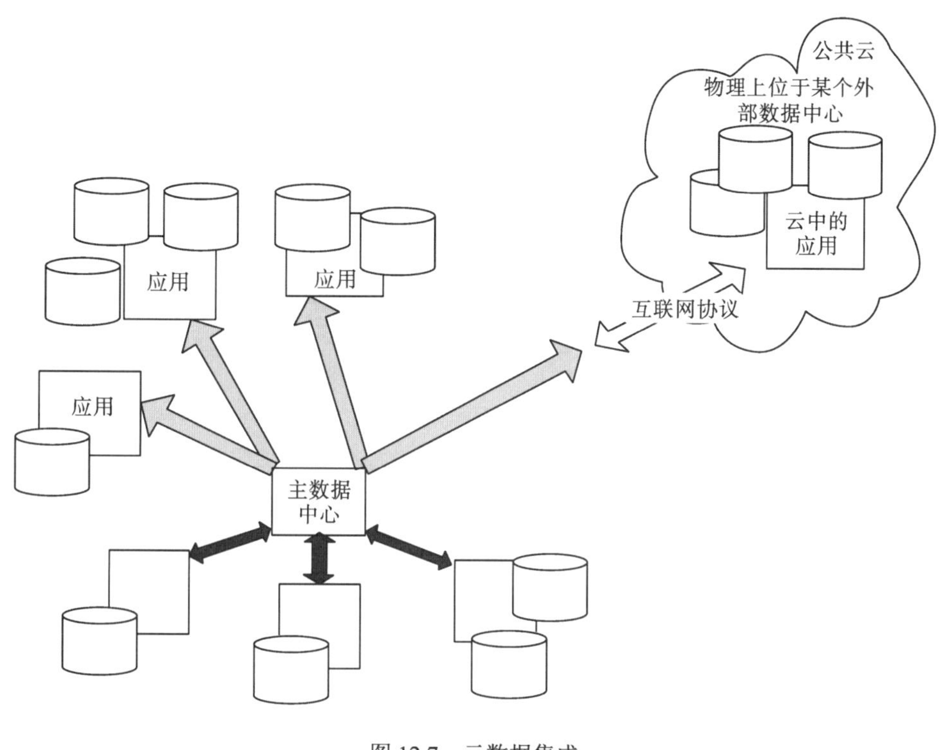

图 12.7　云数据集成

12.3　大数据集成模式

12.3.1　交互模式

虽然数据集成看起来是纯粹面向技术的，但是最重要的实践却往往不是技术，而是关于集成的设计和模式。通过开发此类管理系统中数据的技巧，可以减少复杂性，应对变化并提供一定的可扩展性。这些不是技术，而是协调数据移动的方法，虽然可能不那么直观，但相对于传统接口开发技术来说，具有明显的优势。

12.3.2　松耦合

在设计应用以及组织之间的接口时，最佳实践之一就是将连接设计得越“松散”越好。这意味着一个系统的失效不会必然导致另一个系统的失效，任何一个系统都可以在保持另一个系统不标准的情况下可以被替换。系统之间的传统的实时接口通常往往趋于“紧密耦合”在一起，尤其当接口的代码是指定于这两个系统之间的连接的时候，替换任何一个系统都需要重新编写接口。

要将系统之间的接口设计成松耦合，通常至少需要对方交互的一方的 API(应用程序编程接口)有清晰的定义。API 确切的定义了如何对信息进行格式化，以便对这个应用的某项功能发出请求：提供信息、存储信息或者执行其他操作。这就等同于调用程序里的某个过程或者函数。如果应用系统的 API 被定义的相当好，那么可能在不改变另一端应用系统的情况下替换参与交互的任何一方。这里的重点是有一个明确定义的交互过程，而不必知道任何用以实现的特定技术。

松耦合的接口往往“接近实时”而不是实时，原因在于，某个应用系统可以不可用，或者可以至少暂时不可用，但不会两个应用系统同时不可用。因此，将接口设计为不需要相互等待对方。某些情况下，这是不可能的，比如一个应用需要另一个应用的数据方能继续运行，或者操作之间存在的依赖关系。

12.3.3 中心-节点模式

架构一个实时数据集成方案时，最值得注意并且最重要的模式就是数据交互设计的“中心-节点”(星型)模式，这一模式应当用于设计和实现一个组织的实时数据集成方案，甚至对于中等规模的组织也适用。否则，系统之间的接口将变得极度复杂和难以管理。

传统的接口设计采用一种“点对点”的方式，每个系统直接与需要和它共享数据的系统进行交互。因此，在任何两个需要数据交互的系统之间，至少要设计和构建一个接口。因此，在任何两个需要数据交互的系统之间，至少要设计和构建一个接口，通过这个接口转换数据，并从一个系统传输到另一个系统。这种接口的设计如图 12.8 所示，图中只显示了应用组合中的 5 个应用。数据转换，以及什么时候以何种方式进行数据传输都必须被定义，然后在两端编码实现。如果只有两个系统需要共享数据，那么只需要编写一个接口。如果有 4 个需要共享的数据，那么就需要 6 个接口。如果系统的数量是 n，那么计算点对点的方式需要开发的接口数量是$[n(n-1)]/2$。

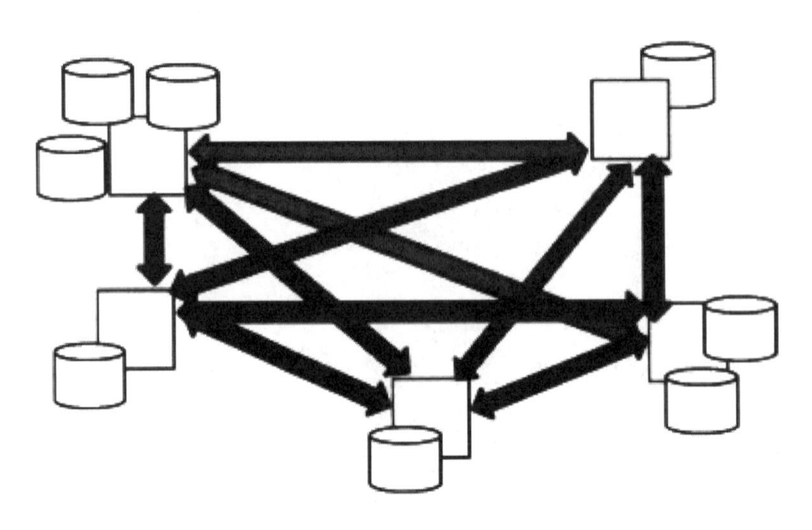

图 12.8 点对点集成模式

以上的公式只是估算，因为组织里的每个系统不可能都需要和其他所有的系统交互。但是通常在任何两个系统之间都不止存在一个接口，以共享不同类型的数据。这个公式本质上是指数级的，因此，接口的数量会很快变得不可思议。即使是中等规模的公司，通常也会存在超过 100 个系统。在 1000 个系统之间交互时，需要的接口数量几乎是 50 万个。每当向应用组合中加入一个新系统时，需要开发的接口数量就是 n 乘以组织中现有的系统数量。

毫无疑问，管理一个应用组合的复杂性大多数来自于接口的管理。正如前面所说，当前的过程，即使在可能的情况下购买商业软件包加入应用组合也只会让情况更糟糕，因为每个软件包都有自己的一组表或者文件，而这些都需要和其他系统中的表或者文件保持同步。

现代数据架构技术都会创建中央数据库以便于主数据的管理、商务智能和数据仓库服务，这样做也阐明了哪些数据源应用于特定的目的或者用途。但是这并不是“中心-节点”中所指的节点，中心-节点式数据集成技术应用于实时数据交互时是非常高效的，而且不需要替换所有现存的生产环境下的接口，就可以降低复杂性，达到可以管理的水平。采用中心-节点模式时，对于 n 个系统来说，所需要的接口数量就是 n。每当新的系统加入应用组合时，只需要开发一个接口将新系统连接到“中心”。这个技巧可以将一个组织所需要的接口数量从一个不可管理的指数级数量减少到一个更为合理的线性的数量。“中心-节点”模式如图 12.9 所示。

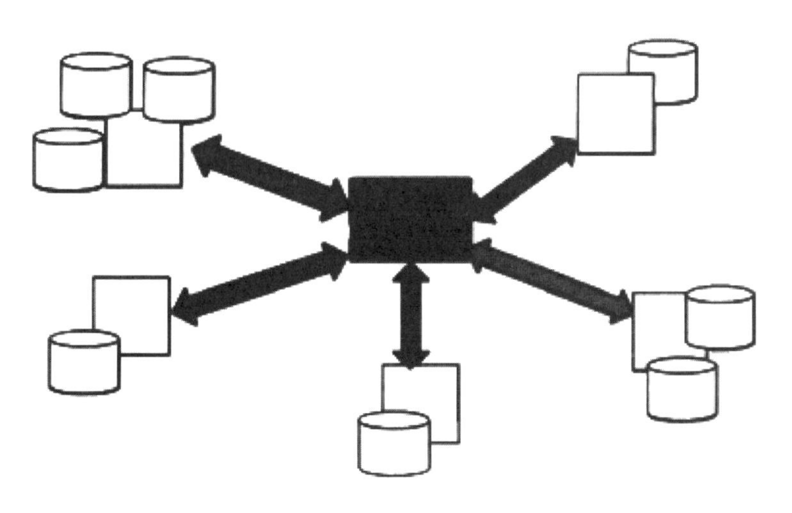

图 12.9　采用中心-节点式接口设计的线性接口数量

12.4　大数据集成架构

为什么需要数据集成架构，因为随着需要管理的数据量和复杂性的飞速增长，每一个组织都应当有一个数据集成策略。如果没有数据管理策略，应用之间接口天然的复杂性将很快变得无法管理。数据集成策略可以是数据管理策略的一部分或者简单地作为技术战略的一部分，但这个策略都应当包括批处理、实时，以及大数据集成管理。

随着数据和应用系统在组织内部的实施，数据集成开发必须确保总体的数据集成架构、每个单一的数据集成架构，以及所有的数据集成开发过程都支持组织在安全和隐私方面的政策、标准，以及最佳实践。

12.4.1 ETL 引擎

对于批处理数据集成，由于需要支持数据仓库、数据归档、数据转换以及其他任务，组织可能需要运行不止一个 ETL 引擎。这是因为组织可能拥有多个数据仓库，而这些数据仓库可能是分别开发的，并且基于不同的 ETL 技术方案，或者是将相同的技术方案应用于不同的实例。如图 12.10 描述了由 ETL 引擎支持的基础的批处理数据集成架构。

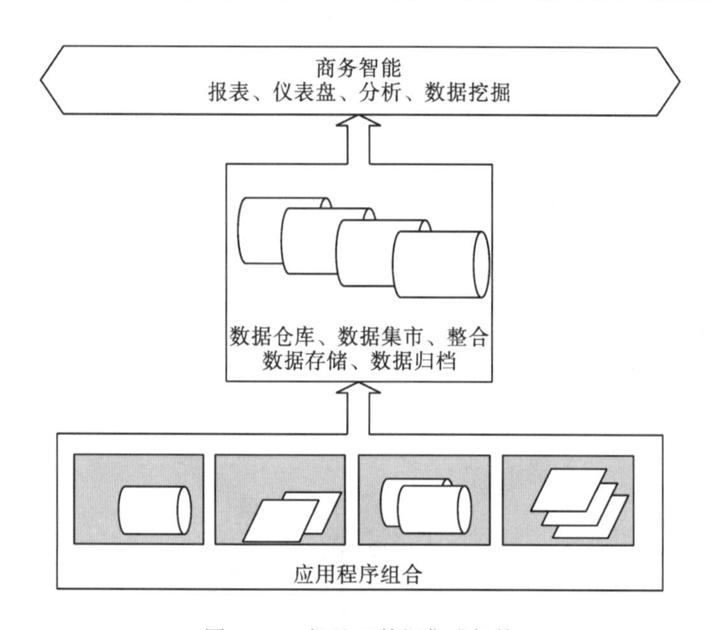

图 12.10　批处理数据集成架构

批处理 ETL 引擎大多数用于将数据装载到数据仓库以及从数据仓库中抽取数据用于商务智能、分析，以及报表工具。

12.4.2 企业服务总线

通常会使用企业服务总线(enterprise service bus，ESB)来协调应用和系统之间的交互，从而实现实时接口。

实时接口通常用于支持主数据管理(以实时的方式将数据移人或者移出主数据中心)，以及在应用之间同步业务数据的更新。如图 12.11 展示了基于企业服务总线的实时数据集成架构。

企业服务总线实现了应用之间的数据移动，以及将多种特定的源应用数据格式转换为通用的规范化模型格式，并转换为目标系统格式。企业服务总线支持“订阅和发布”和“请求和响应”的交互模式。

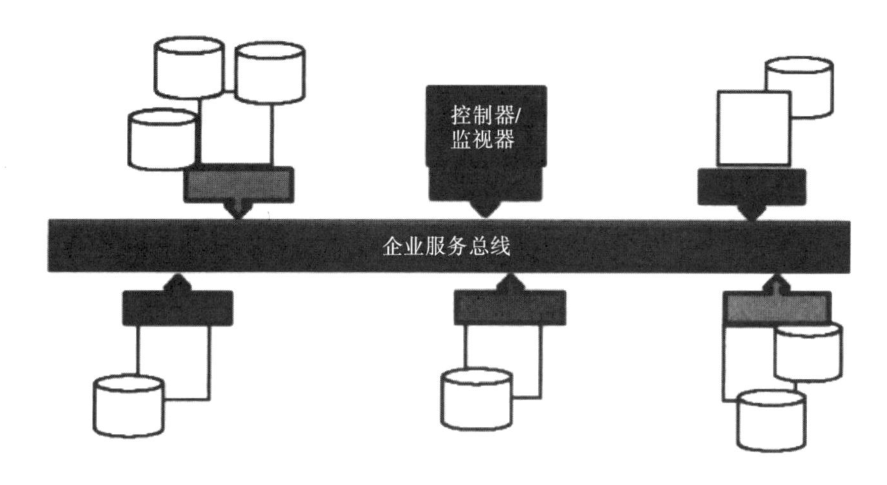

图 12.11　实时数据集成架构

支持企业服务总线需要使用一些本地工具以处理数据移动、事件监控，以及业务处理中间件。

12.4.3　数据集成中心

通过数据中心来管理数据集成有助于简化组织的接口管理。数据中心可以将接口的数据量由应用数量的指数函数转变为应用数量的线性函数。主数据、数据仓库以及数据归档等面向业务的数据中心能够对组织应用组合接口的管理提供强有力的支持。数据中心结构在各个不同的业务部门广为所知，这一点与实时数据集成的中心-节点方式不同，后者更多的是一种接口管理的技术方法，因此可能在信息技术部门之外鲜有所闻。

对于客户、产品、员工、供应商、财务会计，以及参考数据等部门来说，主数据是至关重要的关键数据。主数据中心为组织内部的主数据管理和获取提供了中央存储。基于批处理数据集成的主数据中心可以为商务智能和报表提供必要的支持，但是通常必须使用实时数据集成的方式来管理主数据以将主数据的更新提供给操作型应用。

数据仓库是一个集成的数据中心，可以用于支持业务分析和报告。实际上，很多组织会实施多个数据仓库以支持组织内部多个位于不同地理位置或者不同功能的部门。再强调一下，数据仓库通过提供一个用于报表和分析的集中式数据中心，从而让组织内部的数据集成变得易于管理。所有需要使用数据的用户都可以从一个单一的地方获得，而不需要直接访问多个不同的操作型应用。

一般采用批处理数据集成的方式对数据仓库进行更新。但是，如果需要使用实时整合的信息时，可能就需要创建一个操作型数据存储，并采用实时数据集成的方式整合操作型应用中的数据。

企业内容管理中非结构化数据对象，例如文档、图片、音频以及视频可以通过一个集中的企业内容管理库进行管理。这种类型的存储库通过整合管理整个组织内部的很多不同类型的非结构化数据，从而提供了与结构化数据中心同样的功能。

当某些数据不再为操作型处理过程所用时，将某个时间跨度内的数据转存到相对便宜的数据存储上可能是更为经济的一种做法，直到可以确定组织不再需要这些数据。当某个应用系统被废弃或者替换时，数据归档就是必需的。

数据备份一般特定于某个应用系统、技术或者模式，并且当数据结构发生变化或者应用系统不再使用的时候就很难恢复。因此，提供一个集中式的数据存储来管理归档数据并让其可以在整个组织内部所用是更为有效和灵活的做法。

12.4.4 数据转换

在实现一个新的应用系统，或者将操作从某个应用系统改变到另外一个应用系统时，就有必要搞清楚新应用系统的数据结构。某些情况下，新应用系统的数据结构是空的。其他一些情形下，当合并应用程序时，新的数据结构中早已经有了一些数据，因此需要将数据增加到新系统。

1.数据转换生命周期

与其他任何应用系统开发一样，与数据转换项目相关的系统开发生命周期围绕着以下活动而展开，即计划、分析、需求、开发、测试以及实现。但这并不意味着必须是纯粹的“瀑布”方法。和其他数据相关的项目一样，在分析阶段的活动应当包含对源和目标系统中数据结构的概要分析。在需求阶段应当试着加载少量的数据，以验证做出的那些假设是否正确。与应用系统开发不同的地方在于，在数据转换生命周期中不存在支持阶段，除非需要在后期向目标应用中加载更多的源数据，例如随着时间的推移，需要合并多个系统，数据在不同的阶段需要从一个系统移动到另外一个系统，或者发生了一些组织层面的合并。

2.数据转换分析

对于数据转换来说，计划和分析应当尽早开始，一旦完成了对新系统使用的分析和计划之后就立即开始。很多时候，有人认为数据转换是一种快速的、可以在最后时刻实施的活动。这种想法会导致整个应用系统实现的延期以及转换后的数据存在问题。某些情况下，还会将问题强加给原应用系统，从而导致严重的客户服务问题。事实上，一个新应用系统的实现，必须开始于数据转换计划。如果数据转换活动开始的时间足够早，那么数据转换过程就可以为所有的测试阶段提供数据，而不仅仅是最后的用户测试阶段(必须包含转换数据的阶段)。

12.4.5　数据归档

1.什么是数据归档

到目前为止，在数据管理中还没有重点强调的就是数据生命周期的末端，即数据被归档或者归档之后被删除。这样做的原因在于，通常人们希望在技术方案的能力范围之内存储尽可能多的数据，如果没有办法保存所有的数据时，就只有备份旧数据之后删除。现在，在大数据时代，所产生的数据以指数级增长，因此，将数据进行归档并恢复的能力就尤为重要。而且，更加重要的是，由于通常不能提供选择性恢复的功能，数据备份通常并不能完全承担数据归档的责任，同时，在当前数据结构发生改变或者应用系统及技术核被淘汰时，备份的数据将失去其有效性。

数据归档假设将数据移动到成本低廉(可能访问也受限)的平台上，并且这个平台可以提供数据的后继恢复或者访问——将数据恢复到原来的应用程序，或者在归档环境下直接访问数据。

对于所有的组织来说，数据归档都是一个需要关注的重要领域。而在发生合并和并购、系统整合，以及应用程序替换的场合下，数据归档就更显得特别重要。对于不能被转换到新环境的那些数据转换，数据归档也比较重要，特别是那些高度监管的行业。

非结构化数据，如电子邮件和文档，通常需要大量使用归档技术，这是因为，大量数据一旦过期之后就很少会被再次访问，同时也没有一个数据删除的策略。电子邮件和文档管理系统通常都内置了数据归档和恢复功能，也有一些第三方工具致力于归档非结构化数据。

2.归档数据选择

识别出哪些数据需要归档，这通常是基于包含了法规要求的组织策略而自动做出的。选择的条件可能和数据的年龄有关系，例如数据何时创建，或者更有可能的是最近一次更新或者访问发生在何时。法规的要求一般规定了数据需要保持的最短时间。例如，客户贷款数据必须在某次贷款被拒绝或者完成之后的 7 年以内可用，如果组织的策略是保持数据的在线时间比较短，那么可能要求将数据归档。

在为某个数据集确定了适当的策略之后，选择和归档数据通常由归档系统自动去调度并执行。如同其他的自动化业务规则一样，数据归档规则也应当经过业务人员的评审，这些业务人员通常负责保持数据与组织及法规政策要求的同步。这些规则还应当经过测试，以确保正确归档数据。

1)已归档数据可以恢复吗

相对于实时事务处理应用来说，归档数据的数据存储通常没有那么昂贵，访问速度也没有那么快，并且一般是以压缩的格式进行存储。

如果仅仅要求可以访问归档数据，而不是要求将其重新装入应用程序环境，将这些归档数据转换为一个通用的格式就可能是比较有用的一个做法。例如，可以将所有数据归档环境下的数据存储于同一个数据库管理系统。但是，在数据归档环境下创建一个单一的逻辑数据模型，并将归档数据转换为这个格式，成本过高，风险也非常大。企业数据仓库可以基于一个单一的逻辑数据模型对组织的数据进行分析，企业服务总线也能在整个组织内部移动数据，但是这些成本都比较高，而且目标也可能与数据归档大相径庭。在将数据从其原始格式转换为数据归档环境中的数据格式的过程中，会产生错误，同时某些数据的意义也会丢失。

2) 灵活的数据结构

非常关键的一点就是将要归挡的数据，以及对数据的含义和历史进行解释的源数据一起归挡。在以独立于应用程序的访问方式去访问归档数据的情况下，最好使用一种可以同时保存数据和元数据的数据结构或者存储方案，这样可以比较灵活地修改数据结构。基于XML 的方案允许修改数据结构、相关的元数据，同时依然可以允许对来自于同一个应用的归档数据进行查询，即使源数据结构发生了变化。新兴的大数据方案通常主要被程序员和技术人员或者专家所使用。

12.4.6 数据虚拟化

数据虚拟化方案可以让一个组织做到为他们的数据使用者(人或者系统)提供一个实时集成的数据视图，这个数据视图将来自不同地方和技术的数据整合在一起并转换成所需要的格式。

这并不是一个新的业务需求，进一步说，只是因为过去的技术方案速度太慢以致没有办法实现有用的实时转换和整合。创建数据仓库的主要目的就是作为集成的数据视图的实例，但是由于没有办法做到实时，因此难以为业务分析提供一个有用的响应时间。数据虚拟化最令人兴奋的一点就是集成的信息既包括了传统的商务智能中的结构化数据，也包括了非结构化数据。

数据虚拟化是过去二十多年中所有的数据集成、商务智能技术和技能逐渐完善的一个集大成者。数据虚拟化并不是为了代替数据仓库，而是构建于数据仓库之上，以实时的方式集成历史数据和当前数据。这些数据具有不同类型的数据结构，可以是本地的、远程的、结构化的、非结构化的以及临时的。在集成之后再以一种实时的方式，按照应用程序或者用户所要求的格式展现。

如图 12.12 所示，数据集成服务器连接了各种不同来源的数据存储和技术，将数据转换和集成为一个通用的视图，然后将这些数据以一种适当的格式按照期望的形式提供给应用、工具或者人员。

数据虚拟化服务器可以访问从公共云中的远程数据存储到非常本地化的每个文件中的数据，也可以访问从大型机索引文件到文档、Web 内容以及数据表等各种不同技术产生的数据。数据虚拟化服务器可以利用数据集成所有的经验教训，以一种最高效的方式访问不同的数据源并将这些数据转换为一个通用的视图，然后在此集成商构建企业内容管理和元数据管理以集成结构化和非结构化数据。组织的各种不同的数据仓库、文档管理系统，以及 Hadoop 文件也属于数据集成服务器的输入源。

使用这些来自数据集成服务器的集成视图数据的使用者不仅仅是单个的人，更多情况下是需要使用集成数据以做实时决策的应用系统，或者是那些将集成数据展现在大屏幕和报表中的商务智能工具。从数据集成服务器上获取的数据可以以最适合的格式提供给用户、应用或者工具，例如：Web 服务、关系数据库视图、XML 文件、数据表等。

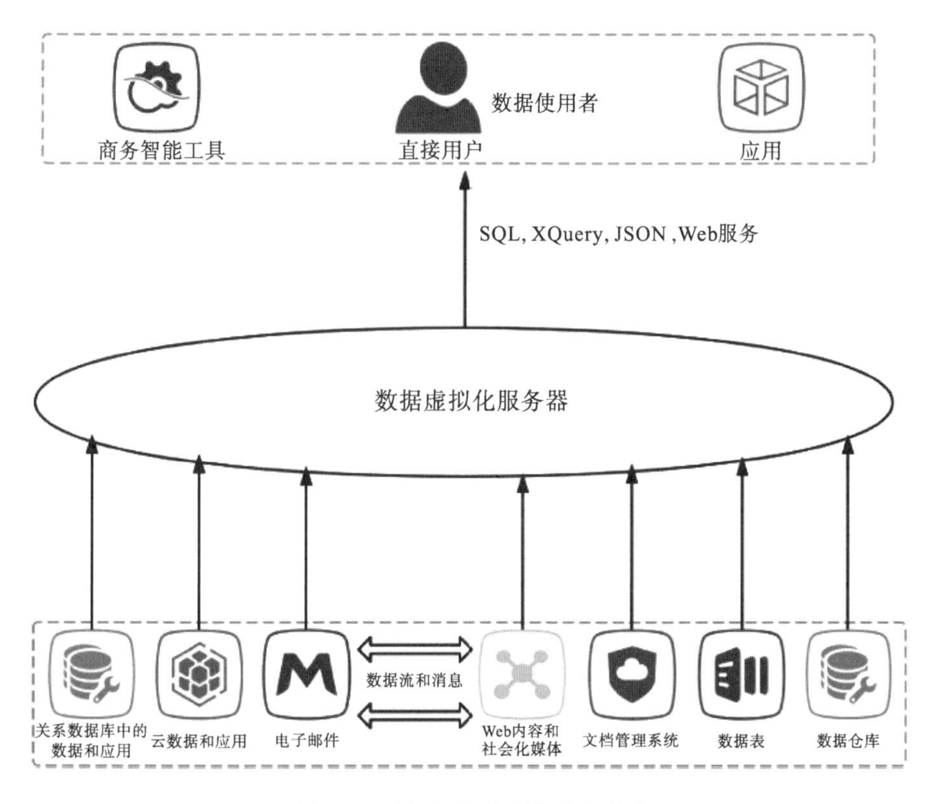

图 12.12 数据虚拟化的输入和输出

1.源和适配器

数据虚拟化服务器架构需要包含与不同数据源的连接以访问数据。数据虚拟化服务器产品针对不同类型的数据源提供不同的适配器：关系数据库、文件、文档、Web 内容等。数据虚拟化服务器需要知道访问的每个特定的数据源，并且导入和集成相关的元数据。

2.映射、模型和视图

针对每一个数据源，必须规定其到定义在数据虚拟化服务器上通用集成模型或者虚拟视图的映射，即规范化模型。这样就定义了如何转换和重新格式化每个源系统中的数据，以便实现数据集成。

定义通用的集成数据模型，或者规范化模型非常重要也比较困难。这是组织的集成数据经过认可的通用虚拟视图。定义组织的规范化数据模型以及定义源到规范化模型之间的映射都需要从业务上和技术上理解数据。

在虚拟化服务器上采用一个通用的虚拟视图以支持整个组织的所有需求将是非常强大的，但是也可以使用多个不同的虚拟视图在虚拟服务器上表示数据，如图 12.13 所示。

在将不同技术产生的数据集成到一个单一的视图时，需要把非结构化数据的元数据属性(或者标记)，以及结构化数据的键或者索引映射到数据虚拟化服务器上的虚拟视图的公共属性上。

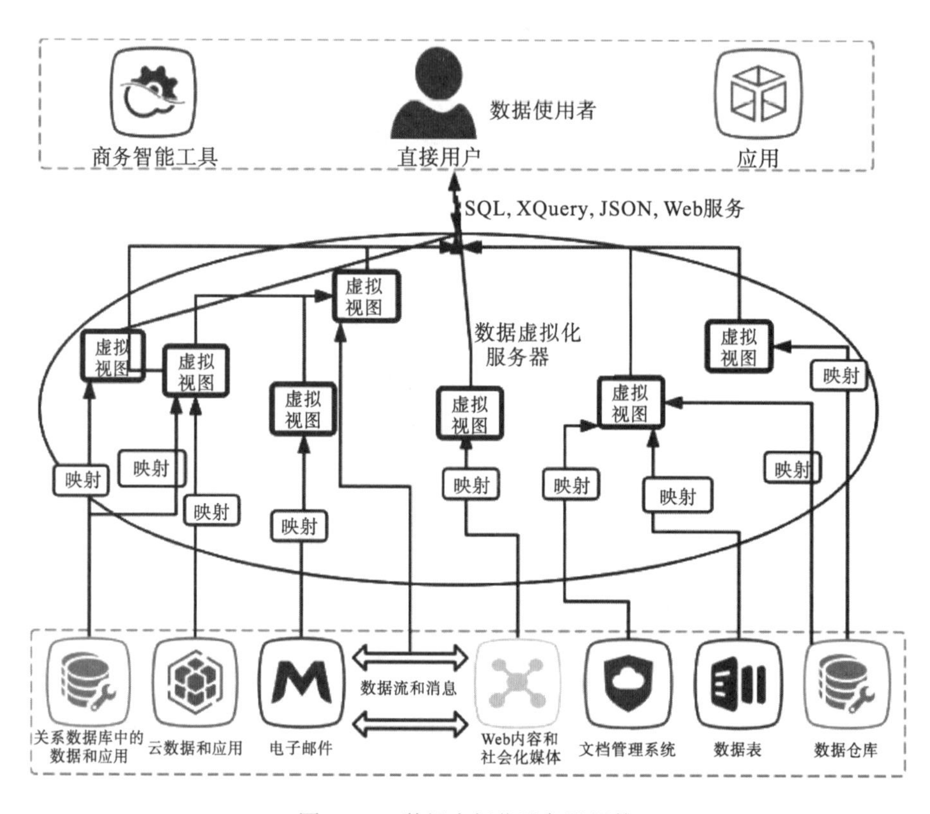

图 12.13 数据虚拟化服务器组件

3.转换和展现

通过虚拟化服务器上的虚拟视图或者虚拟表，就可以将集成后的数据以适当的格式提供给使用者。如果数据使用者是应用，可以将数据通过应用程序编程接口(API)或者 Web 服务(面向服务架构的服务)的格式提供给应用。如果数据使用者是商务智能工具或者查询数据库的应用，可以将数据以结构化查询语言(SQL)或者多维表达式(MDX)的格式提供。类似地，数据可以被表示成 XML 或者 JSON 的格式，如果这是数据使用者们期望的格式的话。为了展现而对数据所做的必要的转换只是技术上的重新格式化，因此相对于转换为通用规范化数据模型来说这更容易自动执行。

本章小结

作为数据管理技术的领域之一，数据集成常常会在某种程度上被忽略。这是可以理解的，因为数据集成方案需要在不同的责任域之间进行操作，即在不同的应用之间操作，因此，很难识别出谁应该对应用之间以及组织之间的接口负责。事实上，大数据应用项目中，数据集成的工作占工作量的 70%以上。如果没有数据集成策略，那么组织的接口数量将很快变得难以管理，而且疲于奔命。因此，对于每一个组织来说，使用数据中心以及规范化数据模型对数据集成进行集中计划是非常重要的，这可以更为合理地管理组织应用组合内部的接口以及与外部组织的接口。

本章介绍了大数据集成的概念、集成方法、集成模式和集成架构。特别是数据虚拟化是面向未来的大数据集成架构，是大数据集成的主要趋势。

思考题

1.大数据集成为什么重要？

2.描述数据集成开发的生命周期。

3.大数据集成方法包括哪些？

4.批处理数据集成和实时数据集成有什么不同？

5.试分析比较不同的数据集成模式。

6.数据虚拟化技术的特点是什么？在大数据集成架构中处于什么地位？

参考文献

Reeve A. 2014. 大数据管理：数据集成的技术、方法与最佳实践. 余水清，潘黎萍，译. 北京：机械工业出版社.

白如江，冷伏海. 2014. “大数据”时代科学数据整合研究. 情报理论与实践, 37(1): 94-99.

窦万春，江澄. 2013. 大数据应用的技术体系及潜在问题. 中兴通讯技术, 19(4): 8-16.

李亢，李新明，刘东. 2015. 多源异构装备数据集成研究综述. 中国电子科学研究院学报, 10(2): 162-168.

李文杰. 2014. 面向大数据集成的实体识别关键技术研究. 沈阳：东北大学.

李学龙，龚海刚. 2015. 大数据系统综述. 中国科学：信息科学, 45(1): 1-44.

刘婵，谭章禄. 2016. 大数据条件下企业数据共享实现方式及选择. 情报杂志, 35(8): 169-174.

孟小峰，慈祥. 2013. 大数据管理：概念、技术与挑战. 计算机研究与发展, 50(1): 146-169.

杨刚，杨凯. 2016. 大数据关键处理技术综述. 计算机与数字工程, 2016, 44(4): 694-699.

赵国锋，葛丹凤. 2016. 数据虚拟化研究综述. 重庆邮电大学学报(自然科学版), 28(4): 494-502.

第 13 章　大数据治理

在大数据时代，拥有数据规模和应用数据能力成为企业之间竞争的关键；有效利用大数据资源也成为国家竞争力的重要影响因素。但是，大数据资源是一把双刃剑，既存在巨大价值，又蕴含着巨大风险。大数据应用必须追求风险与价值的平衡，这正是大数据治理所蕴含的理念。从大数据资源中持续获取价值应追求风险和收益的均衡，这需要建立相应的治理体系，实现相关利益主体之间的权利、责任和利益相互制衡。

现在大数据已经被认为是一种重要的资源，大数据资源治理的研究也引起了众多学者的关注。企业管理领域最早关注大数据应用，大数据治理与数据治理、IT 治理和公司治理有着密切的联系。但是大数据具有“4V”特征，与人、财、物等有形资源具有显著差异，甚至与数据资源相比也存在明显的差异，如大数据的多源特征导致大数据资源价值的产生更侧重于组织内外资源的融合，强调流通所产生的价值，并且涉及个人、企业、社会、政府等众多利益相关者，这已经突破了单独企业组织的范围，拓展到产业甚至公共管理领域，从而使大数据治理的研究不但关注企业层面与大数据资源有关的所有权和经营权的分离问题，而且需要从整个经济社会发展的角度，强调众多利益相关者之间的权利、责任和利益的协调。此外，大数据具有随着时间的推移价值快速衰减等特质，这使大数据治理的研究面临前所未有的复杂性，需要借鉴企业管理、公共管理等多领域的成果，同时也需要开创性的探索。大数据治理的研究将推动企业挖掘数据资源的价值，同时也将促进整体经济社会的发展。

13.1　数据治理概述

数据治理不仅仅是数据管理或主数据管理。这些术语中的每一个都经常与数据治理相结合，甚至代替数据治理。实际上，它们是某些企业数据治理计划的组成部分。它们是重要的组件，但它们仅仅是组件。

数据治理的核心是正式管理整个企业的重要数据，从而确保从中获取价值。尽管成熟度水平因企业而异，但数据治理通常通过人员和流程的组合来实现，其中技术用于简化和自动化流程的各个方面。

以安全为例。即使是基本的治理级别，也需要保护企业的重要敏感数据资产。程序必须防止对敏感数据的未经授权的访问，并将这些数据的全部或部分暴露给具有合法访问权的用户。开发者必须确定谁应该或不应该访问某些类型的数据。身份管理系统和权限管理功能等技术可简化和自动化这些任务的关键方面。

我们还应该认识到，随着数据的速度和数量的增加，人类(例如，数据管理员或安全分析师)几乎不可能及时对这些数据进行分类。企业有时被迫将新数据锁定在保留单元中，直到有人对其进行适当分类并将其展现给最终用户。有价值的数据可能随着时间就丢失了。

13.1.1　数据治理

数据治理(data governance)是对企业中使用的数据的可用性、完整性和安全性的整体管理。健全的数据治理计划包括理事机构或理事会，一套明确的程序和执行这些程序的计划。

企业受益于数据治理，因为它可确保数据的一致性和可信赖性。这一点至关重要，因为越来越多的组织依靠数据来制定业务决策、优化运营、创建新产品和服务，并提高盈利能力。

13.1.2　数据治理实施

实施数据治理框架的第一步涉及定义企业中数据资产的所有者或保管人。此角色称为数据管理。

然后必须定义一套流程以有效地涵盖数据的存储、存档、备份和保护，以防止意外、盗窃或攻击。必须制定一套标准和程序，定义授权人员如何使用数据。此外，必须实施一系列控制和审计程序，以确保持续遵守内部数据政策和外部政府法规，并确保数据在多个企业应用程序中以一致的方式使用。

一旦确定了总体战略并确定了数据所有者和监管人，就会形成数据治理团队来实施处理数据的政策和程序。这些团队可以包括业务经理、数据管理员和员工，以及熟悉组织内相关数据域的最终用户。致力于推广此类数据治理流程最佳实践的协会包括数据治理研究所、数据管理协会和数据治理专业人员组织。

通常，数据治理工作的早期步骤可能是最困难的，因为对不同的部门而言，看待关键的企业数据实体(例如客户信息或产品信息)会有不同观点。作为数据治理流程的一部分，数据治理必须有效地解决这些差异。如果数据治理对数据的处理方式施加限制，那么它在企业中就会引起争议。

13.2　大数据治理

全球各地的组织都在投资能够以先前无法想象的方式容纳和处理数据的系统。在某些情况下，企业甚至会根据这些新系统重新构建现有的 IT 环境。这些大数据系统产生了切实的成果：增加收入和降低成本。然而积极的结果远未得到保证。要真正从一个人的数据中获取价值，必须管理这些新平台。

13.2.1 大数据治理需求

目前大数据平台的突出问题主要体现在以下四方面(图 13.1)：

(1)数据不可知：用户不知道大数据平台中有哪些数据，也不知道这些数据和业务的关系是什么，虽然意识到了大数据的重要性，但不知道平台中有没有能解决自己所面临业务问题的关键数据，也不知道该到哪里寻找这些数据？

(2)数据不可控：数据不可控是从传统数据平台开始就一直存在的问题，在大数据时代表现得更为明显。没有统一的数据标准导致数据难以集成和统一，没有质量控制导致海量数据因质量过低而难以被利用，没有能有效管理整个大数据平台的管理流程。

(3)数据不可取：用户即使知道自己业务所需要的是哪些数据，也不能便捷自助地拿到数据，相反，获取数据需要很长的开发过程，导致业务分析的需求难以被快速满足，而在大数据时代，业务追求的是针对某个业务问题的快速分析，这样漫长的需求响应时间是难以满足业务需求的。

(4)数据不可联：大数据时代，企业拥有着海量数据，但企业数据知识之间的关联还比较弱，没有把数据和知识体系关联起来，企业员工难以做到对数据与知识之间的快速转换，不能对数据进行自助的探索和挖掘，数据的深层价值难以体现。

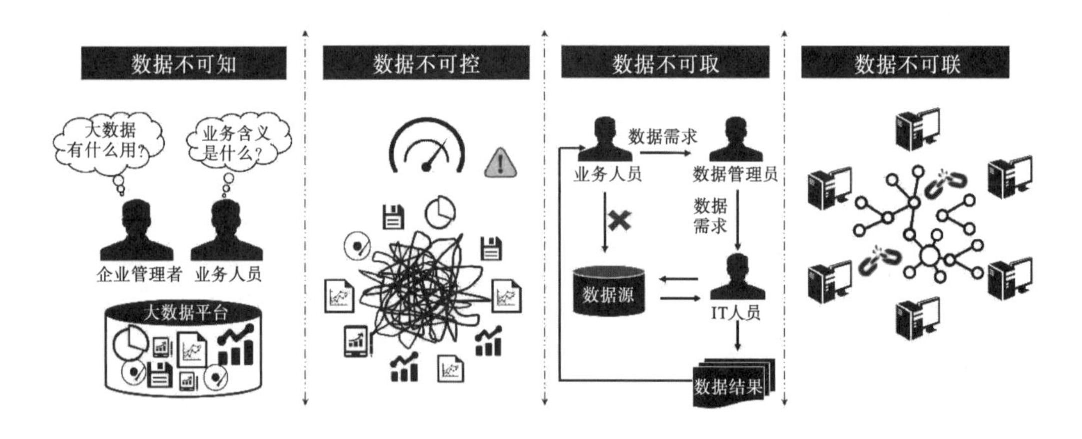

图 13.1 大数据平台的四种问题

通过分析以上四类问题，我们发现传统数据平台面临的问题，在大数据时代不仅没有消失，还不断涌现出新的问题。传统的数据治理需要提升能力，来解决大数据平台建设过程中的这些问题。

在传统数据平台阶段，数据治理的目标主要是做管控，为数据部门建立一个的治理工作环境，包括标准、质量等。在大数据平台阶段，用户对数据的需求持续增长，用户范围从数据部门扩展到全企业，数据治理不能再只是面向数据部门了，需要成为面向全企业用户的工作环境，需要以全企业用户为中心，从给用户提供服务的角度，管理好数据的同时为用户提供自助获得大数据的能力，帮助企业完成数字化转型。

在这二十多年的时间里，国内数据平台实施者可以说是受尽折磨，数据项目一直不受待见，是出了名的脏活累活。可以说，忽视数据治理给数据平台建设带来了不少问题。随处可见的数据不统一、难以提升的数据质量、难以完成的数据模型梳理等源源不断的基础性数据问题，限制了数据平台发展，导致数据应用不能在商业上快速展示效果。举一个典型商业智能应用的例子，很多人都知道管理驾驶舱，很多企业建设了管理驾驶舱，但是建设完之后往往成为摆设，只有当领导需要看的时候，大家才去拼命改数据。为什么数据平台的建设遇到这么多"坎"，而且难以真正发挥其商业价值？其实核心问题还是数据本身不统一，数据内容准确度不高。

我国最早意识到数据治理重要性的行业是金融行业。由于对数据的强依赖，金融业一直非常重视数据平台的建设，经过几代数据平台的验证，发现数据治理是平台建设的主要限制因素，而且随着投资和建设的投入增加，对数据治理的重要性的认识也越来越深刻。

人民银行与银监会也非常重视数据治理，从 2008 年开始，在全国银行业推行统一的数据标准，控制行业的数据质量。中国工商银行、中国建设银行、国家开发银行等大型银行，对数据治理都非常重视。图 13.2 展示的就是国开银行针对数据全生命周期的数据管控。

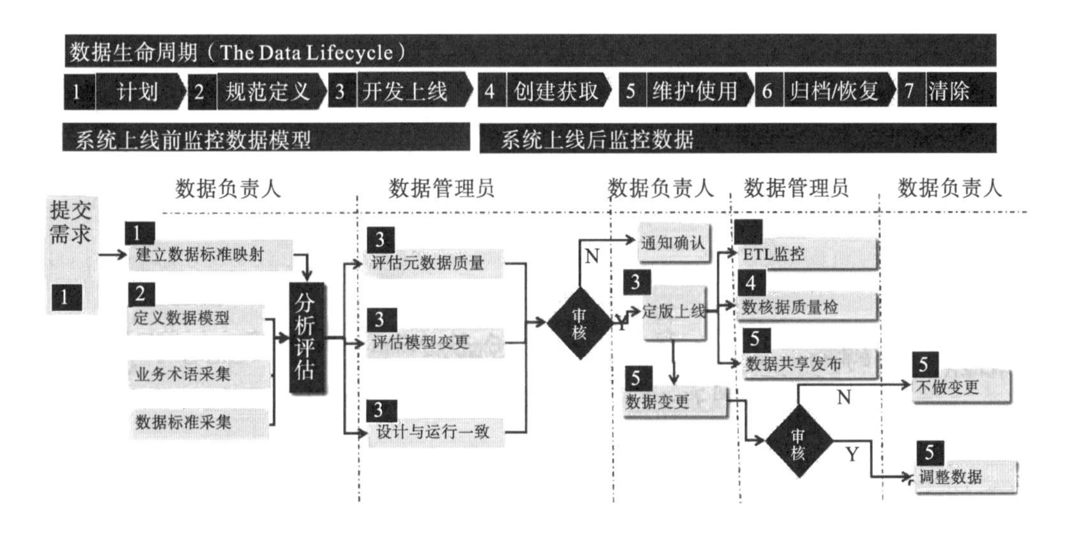

图 13.2　国开银行针对数据全生命周期的数据管控

如今各行业都开始了大数据平台的建设，希望利用大数据的能力，来实现数字化转型。大数据平台的建设本质上还是数据的建设，传统数据平台碰到的所有问题大数据平台都有可能碰到，由于数据量级的变化，大数据平台必然还会产生新的问题。

阻止企业实现其数据资产全部潜力的最大障碍是广泛的数据混乱。公司迅速积累了大量数据，并采用大数据环境来存储它。虽然价值可能隐藏在所有原始数据中，如果没有人知道它来自何处、如何找到它、它意味着什么，或者它们是否可以信任它，那么它将无法被开发。

为防止数据资产成为数据负债，企业越来越认识到需要实施数据治理框架，以建立数据理解基准并设置数据质量基准，以确保数据的完整性、可用性和价值。

13.2.2 大数据治理在大数据环境中的整体作用

数据治理是人员、流程和技术的正式协调，使企业能够将数据用作企业资产。原始数据在很大程度上没有价值，但是当它被细化和理解时，它可以成为组织最重要的资产。然后，它可用于生成关键决策，改善整个企业的业务决策，从而增加收入、降低风险并提高竞争优势。

无论数据环境如何，数据治理都是实现此转换的机制。然而，考虑到非结构化和半结构化数据的优势，大数据环境特别容易受到数据质量的影响。简而言之，数据治理为业务用户提供了将原始数据转换为真实情报所需的数据质量和结构。

大数据治理是一个多方面的概念，但它提供了工具和流程，以促进整个企业的数据理解。它是一个综合性计划，而不是一个项目，应该包括一套核心解决方案，以提供适当的治理基础。这些解决方案包括业务术语表、数据字典和数据沿袭，用于定义数据、术语、业务属性、数据源、用法、关系和相互依赖性。数据治理还应明确分配数据利益相关者，管理者和所有者之间的问责制和所有权，以及管理查询和解决问题的机制。

大数据治理越来越重要，不仅是因为数据量和速度的增加以及大数据环境的出现，还因为监管复杂性的增加以及保证数据质量以产生高质量结果的不懈挑战。现在的业务领导者需要利用数据和分析来获得竞争优势并提高盈利。

我们正在经历数据的民主化，因为数据不再仅仅是 IT 的关注点，资源限制和业务需求通过自助服务功能推动了对业务用户授权需求的不断增长。企业需要掌握数据才能解决业务问题。

这就是大数据治理在大数据时代如此重要的原因。数据的需求和使用越来越多地掌握在业务用户手中，这意味着需要一个可靠的框架来定义数据及其利用的所有方面。

13.2.3 正确的大数据治理方法

成功的治理需要面向业务的集中式数据治理模型，该模型侧重于组织范围内对整个企业中数据资产的理解。当与适当的工具结合使用时，企业可以促进对其数据的广泛和全面的了解，使数据所有者、数据管理员和数据使用者能够管理和应用数据，从而有效地提取最大的业务价值。

在应用程序，集成和接口之间交换和使用数据，必须通过跨所有业务、细节和依赖关系的有效数据管理和数据治理来指导这个过程。使用社区方法汇集了两个最关键的业务资产：人员和数据。

通过弥合业务和技术鸿沟，可以在数据生产者、推动者和消费者之间建立合作伙伴关系，明确概述每个人的角色和职责，并建立对组织数据资产的所有方面的完全透明度。

从历史上看，大数据治理与确保合法性密切相关，但在大数据时代，大数据治理的作用更为广泛。例如，元数据管理是治理的关键部分，元数据在组织发现、分析洞察力方面发挥着重要作用。数据治理在数据质量工作中也起着至关重要的作用。

大数据环境是数据价值的潜在宝库，但如果没有适当的治理、问责制、组织协作和支持，它们可能成为未使用数据的黑洞。管理这些环境的关键是在整个数据供应链中管理和定义数据，这一努力始于数据被吸收到企业中并进入任何内部环境，在整个数据供应链中，都有需要解决的关键问题，这些问题包括：

(1)透明度和可追溯性。通过元数据和数据沿袭来跟踪的关键要素，数据来自何处、通过组织内部移动的流程和系统，以及如何进行转换。

(2)数据质量。这是个持续关注的问题，因为数据被考虑用于分析。通过潜在的转换，我们对这些数据了解多少？它准确、一致且可靠吗？企业用户能否依靠它来生成准确的分析和见解？

(3)可访问性和可理解性。这是业务用户的基础，如果没有它们，就像拥有一个装满设备和材料的仓库，但门没有钥匙，也没有关于如何使用的指示，没有任何东西可以建造，或者建造什么。有哪些数据？它是如何在内部使用的？它是如何定义的？它的相关业务术语是什么？这些定义在业务部门或部门之间是否有所不同？数据应明确分类，组织并可供用户使用，并且定义明确，以便为正确的任务选择正确的数据。

(4)所有权和协作。这是至关重要的一条。仅知道数据的来源和内容是不够的，这些资产需要持续的责任和问责制。必须明确定义数据所有者和管理员，以便业务用户有资源转向，以了解有关使用和适用性的问题。

全面的大数据治理计划将回答所有这些问题，并提供可靠的框架，以便提取的组织数据可靠、易懂和可用。如果不这样做，可能会导致基于不良或不完整数据的业务决策，这可能会导致收入和声誉损失，错失机会。

13.3　大数据治理中的关键概念

13.3.1　元数据管理

元数据是“关于数据的数据”(data about data)，它通常定义数据对象的内容。数据治理实践中的元数据主要负责启用策略和提供数据访问。包括数据定义、数据使用、数据安全等。元数据将有助于数据的业务和技术实例化，使其成为数据治理实践的一套非常强大的工具。

元数据提供业务需求或期望(策略)与信息或数据值之间的链接。元数据的有效管理是数据管理者在治理实践中的基本活动之一，从而实现数据管理策略和信息访问。元数据管理是指与确保在数据创建时创建/捕获元数据相关的活动，并且收集最广泛的元信息组合，存储在存储库中供多个应用程序使用，并控制删除不一致和冗余。简而言之，数据治理使用元数据管理来强制管理数据的收集和控制。

元数据管理是指与确保正确创建、存储和控制元数据相关联的活动，以便在整个企业中一致地定义数据。该定义应指出元数据管理在治理实践中的重要性，因为治理创建了在组织内适当使用数据的策略。将元数据存储在公共存储库中可增强其可用性。对任何资源的智能管理意味着能够跨应用程序查看和共享该资源，这是管理元数据的逻辑方法。元数据管理并不总是需要物理集中化，并且在组织的体系结构中可能是不合需要的。但是，在计划开始时，不应忽略存储库体系结构的方法，因为最佳体系结构可能不会立即显现。IT 治理是数据治理的配套，它将确定如何实现元数据的逻辑组织，以实现整个组织的持续利益。

元数据的数据管理包括：

(1)创建和记录主题领域的实体和属性的数据定义；

(2)识别对象之间的业务和架构关系；

(3)证明内容的准确性、完整性和及时性；

(4)建立和记录内容的背景(数据遗产和血统)；

(5)为越来越多样化的数据用户提供一系列的上下文理解，包括可靠的合规数据、内部控制和更好的决策；

(6)提供技术专业人员可能需要的一些物理实现信息。

元数据管理是任何强大的数据治理实践的关键组成部分，元数据是创建和维护组织数据完整业务价值的基础贡献者之一。

13.3.2 大数据隐私

大数据隐私属于广泛的大数据治理范畴，是 IT 战略的重要组成部分。

随着新的基于隐私的法规(如 HIPAA 和 Sarbanes-Oxley)的出现，越来越多的组织有更明确的业务需求来保护数据隐私。随着数据领域的发展，新的焦点是跟踪信息来源(也称为血统)。了解与个人隐私和行业标准相关的实际信息的质量和信息的使用也很重要。随着数据成为组织和消费者的资产，这变得更加复杂。与任何其他隐私或安全问题一样，必须平衡大数据隐私问题与业务目标。对于电子商务或在线客户体验，客户在整个浏览过程中更容易看到这些数据。因此，数据可能会对对方产生更直接的影响。毕竟，如果没有良好的电子商务经验，客户可能会选择去其他地方。同样，糟糕的在线交互可能会导致流失率增加。

这种“透明度”带来了一些风险。与客户进行更多自助式互动意味着您正在收集和打包其有关账户、购买和偏好的更多客户信息。更多数据可以带来更好的客户体验，但也可能使企业面临风险，个人或机密信息暴露的风险更大。

在规划大数据隐私工作时，首要任务是了解数据来源以及如何使用这些数据。众所周知，这种对话很快就会朝着我们应该或不应该使用或利用数据的方向发展。然而，存在避免如何支持个人隐私以及如何在日益数字化的世界中保护数据的微妙主题的趋势。当然，无论是在组织内部还是在整个市场中，都会围绕治理、安全和信任进行辩论。无论细节如何，实施大数据隐私都至关重要。

13.3.3　数据管理

数据管理者的一个基本特征是对数据的各个部分负责。此类数据治理的主要目标是在准确性、可访问性、一致性、完整性和更新方面确保数据质量。

通常形成数据管理员团队以指导实施实际的数据治理。这些团队可能包括熟悉组织内数据特定方面的数据库管理员，业务分析师和业务人员。数据管理员与位于整个数据生命周期中的个人合作，以帮助确保数据使用符合公司的数据治理策略。

13.3.4　数据质量

数据质量是大多数数据治理活动背后的驱动力。数据源的准确性、完整性和一致性是成功的关键标志。

数据清理是数据质量计划中的一个常见步骤，因为它可以识别、关联和删除相同数据点的重复实例。数据编辑器、数据挖掘工具、数据链接工具以及版本控制，工作流程和项目管理系统都包含在帮助企业获得更好数据质量的软件类型中。

13.3.5　主数据管理

数据治理几乎涉及数据管理的每个方面，但与数据治理流程密切相关的一个数据管理领域是主数据管理(master data management，MDM)。主数据管理用于确保大型组织内部一致地使用数据。

保存数据的元数据存储库通常用于在 MDM 程序中建立参考数据。产品和客户数据是 MDM 系统的重点。与数据治理一样，主数据管理项目也可能在组织内遇到争议，因为公司中的不同产品组或业务线对如何最佳地呈现数据提出了不同的看法。

随着企业计算包括更多外部生成的数据(通常通过 Web 或云收集)，主数据管理的范围得到了扩展。这些数据中的大部分都是非结构化的，并且与传统上作为 MDM 焦点的结构化关系数据的性质不同。这是一些 MDM 工具开始利用支持更复杂数据相互关系描述的图形数据存储的原因之一。

13.4　大数据质量管理

信息时代，数据已经慢慢成为一种资产，数据质量成为决定资产优劣的一个重要方面。随着大数据的发展，越来越丰富的数据给数据质量的提升带来了新的挑战和困难。提出一种数据质量策略，从建立数据质量评价体系、落实质量信息的采集分析与监控、建立持续改进的工作机制和完善元数据管理 4 个方面，多方位优化改进，最终形成一套完善的质量管理体系，为信息系统提供高质量的数据支持。

13.4.1 信息系统数据质量

信息由数据构成，数据是信息的基础，数据已经成为一种重要资源。对于企业而言，进行市场情报调研、客户关系维护、财务报表展现、战略决策支持等，都需要信息系统进行数据的搜集、分析、知识发现，为决策者提供充足且准确的情报和资料。对于政府而言，进行社会管理和公共服务，影响面更为宽广和深远，政策和服务能否满足社会需要，是否高效地使用了公共资源，都需要数据提供支持和保障，因而对数据的需求显得更为迫切，对数据质量的要求也更为苛刻。

作为信息系统的重要构成部分，数据质量问题是影响信息系统运行的关键因素，直接关系到信息系统建设的成败。根据“垃圾进，垃圾出”的原理，为了使信息系统建设取得预期效果，达到数据决策的目标，就要求信息系统提供的数据是可靠的，能够准确反应客观事实。如果数据质量得不到保证，即使数据分析工具再先进，模型再合理，算法再优良，在充满“垃圾”的数据环境中也只能得到毫无意义的垃圾信息，系统运行的结果、做出的分析就可能是错误的，甚至影响到后续决策的制定和实行。高质量的数据来源于数据收集，是数据设计以及数据分析、评估、修正等环节的强力保证。因此，信息系统数据质量管理尤为重要，这就需要建立一个有效的数据质量管理体系，尽可能全面发现数据存在的问题并分析原因，以推动数据质量的持续改进。

13.4.2 大数据环境下数据质量管理面临的挑战

大数据时代下的数据与传统数据呈现出了重大差别，直接影响到数据在流转环节中的各个方面，给数据存储处理分析性能、数据质量保障都带来了很大挑战。

由于以上特性，大数据的信息系统更容易产生数据质量问题：

(1) 在数据收集方面，大数据的多样性决定了数据来源的复杂性。来源众多、结构各异、大量不同的数据源之间存在着冲突、不一致或相互矛盾的现象。在数据获取阶段保证数据定义的完整性、数据质量的可靠性尤为必要。

(2) 由于规模大，大数据获取、存储、传输和计算过程中可能产生更多错误。采用传统数据的人工错误检测与修复或简单的程序匹配处理，远远处理不了大数据环境下的数据问题。

(3) 由于高速性，数据的大量更新会导致过时数据迅速产生，也更易产生不一致数据。

(4) 由于发展迅速、市场庞大、厂商众多，直接产生的数据或者产品产生的数据标准不完善，使得数据有更大的可能产生不一致和冲突。

(5) 由于数据生产源头激增，产生的数据来源众多，结构各异，以及系统更新升级加快和应用技术更新换代频繁，使得不同的数据源之间、相同的数据源之间都可能存在着冲突、不一致或相互矛盾的现象，再加上数据收集与集成往往由多个团队协作完成，期间增大了数据处理过程中产生问题数据的概率。

13.4.3　数据质量管理策略

为了改进和提高数据质量，必须从产生数据的源头开始抓起，从管理入手，对数据运行的全过程进行监控，密切关注数据质量的发展和变化，深入研究数据质量问题所遵循的客观规律，分析其产生的机理，探索科学有效的控制方法和改进措施；必须强化全面数据质量管理的思想观念，把这一观念渗透到数据生命周期的全过程。

传统数据仓库中ETL的环节在大数据应用中会根据实际业务需求在不同的环节存在，分别进行粗细粒度不等的数据抽取、转换和加载，以适应容纳处理不同规模、不同结构、不同流量的数据。

结合大数据的参考框架及数据处理实际需求情况，数据质量管理可以从多方面着手，以多方协作改进，最终实现系统数据处于持续高效可用的状态。

13.4.4　建立数据质量评价体系

评估数据质量，可以从如下 4 个方面来考虑：①完整性：数据的记录和信息是否完整，是否存在缺失情况；②一致性：数据的记录是否符合规范，是否与前后及其他数据集保持统一；③准确性：数据中记录的信息和数据是否准确，是否存在异常或者错误信息；④及时性：数据从产生到可以查看的时间间隔，也叫数据的延时时长。

有了评估方向，还需要使用可以量化、程序化识别的指标来衡量。通过量化指标，管理者才可能了解到当前数据质量，以及采取修正措施之后数据质量的改进程度。而对于海量数据，数据量大、处理环节多，获取质量指标的工作不可能由人工或简单的程序来完成，而需要程序化的制度和流程来保证，因此，指标的设计、采集与计算必须是程序可识别处理的。

通过建立数据质量评价体系，对整个流通链条上的数据质量进行量化指标输出，后续进行问题数据的预警，使得问题一出现就可以暴露出来，便于进行问题的定位和解决，最终可以实现在哪个环节出现就在哪个环节解决，避免了将问题数据带到后端，使其质量问题扩大。

13.4.5　落实数据质量信息的采集、分析与监控

有评价体系作为参照，还需要进行数据的采集、分析和监控，为数据质量提供全面可靠的信息。在数据流转环节的关键点上设置采集点，采集数据质量监控信息，按照评价体系的指标要求，输出分析报告。

在此流程中，会有一系列的数据采集点。根据系统对数据质量的要求，配置相应的采集规则，通过在采集点处进行质量数据采集并进行统计分析，就可以得到采集点处的数据分析报告。通过对来源数据的质量分析，可以了解数据和评价接入数据的质量；通过对上下采集点的数据分析报告的对比，可以评估数据处理流程的工作质量。配合数据质量的持续改进工作机制，进行质量问题原因的定位、处理和跟踪。

13.4.6 建立数据质量的持续改进工作机制

通过质量评价体系和质量数据采集系统，可以发现问题，之后还需要对发现的问题及时作出反应，追溯问题原因和形成机制，根据问题种类采取相应的改进措施，并持续跟踪验证改进之后的数据质量提升效果，形成正反馈，达到数据质量持续改良的效果。在源头建立数据标准或接入标准，规范数据定义，在数据流转过程中建立监控数据转换质量的流程和体系，尽量做到在哪发现问题就在哪解决问题，不把问题数据带到后端。

导致数据质量产生问题的原因很多。有研究表示，从问题的产生原因和来源，可以分为四大问题域：信息问题域、技术问题域、流程问题域和管理问题域。

(1)信息问题域：由于对数据本身的描述、理解及其度量标准偏差而造成的数据质量问题。产生这类数据质量问题的主要原因包括：数据标准不完善、元数据描述及理解错误、数据度量得不到保证和变化频度不恰当等。

(2)技术问题域：由于在数据处理流程中数据流转的各技术环节异常或缺陷而造成的数据质量问题，它产生的直接原因是技术实现上的某种缺陷。技术类数据质量问题主要产生在数据创建、数据接入、数据抽取、数据转换、数据装载、数据使用和数据维护等环节。

(3)流程问题域：由于数据流转的流程设计不合理、人工操作流程不当造成的数据质量问题。所有涉及到数据流转流程的各个环节都可能出现问题，比如接入新数据缺乏对数据检核、元数据变更没有考虑到历史数据的处理、数据转换不充分等各种流程设计错误、数据处理逻辑有缺陷等问题。

(4)管理问题域：由于人员素质及管理机制方面的原因造成的数据质量问题。比如数据接入环节由于工期压力而减少对数据检核流程的执行和监控、缺乏反馈渠道及处理责任人、相关人员缺乏培训和过程资产继承随之带来的一系列问题等。

了解问题产生的原因和来源后，就可以对每一类问题建立起识别、反馈、处理、验证的流程和制度。比如数据标准不完善导致的问题，这就需要有一整套数据标准问题识别、标准修正、现场实施和验证的流程，确保问题的准确解决，不带来新的问题。比如缺乏反馈渠道和处理责任人的问题，则属于管理问题，则需要建立一套数据质量的反馈和响应机制，配合问题识别、问题处理、解决方案的现场实施与验证、过程和积累等多个环节和流程，保证每一个问题都能得到有效解决并有效积累处理的过程和经验，形成越来越完善的有机运作体。

13.4.7 完善元数据管理

数据质量的采集规则和检查规则本身也是一种数据，在元数据中定义。元数据按照官方定义，是描述数据的数据。面对庞大的数据种类和结构，如果没有元数据来描述这些数据，使用者无法准确地获取所需信息。正是通过元数据，海量的数据才可以被理解、使用，才会产生价值。

元数据可以按照其用途分为 3 类：技术元数据、业务元数据和管理元数据。技术元数据：存储关于信息仓库系统技术细节的数据，适用于开发和管理数据而使用的数据。主要包括数据仓库结构的描述，包括对数据结构、数据处理过程的特征描述，存储方式和位置覆盖整个涉及数据的生产和消费环节。业务元数据：从业务角度描述了数据仓库中的数据，提供了业务使用者和实际系统之间的语义层。主要包括业务术语、指标定义、业务规则等信息。管理元数据：描述系统中管理领域相关概念、关系和规则的数据。主要包括人员角色、岗位职责、管理流程等信息。由此可见，这里的所有东西都需要元数据管理系统的支持。良好的元数据管理系统能为数据质量的采集、分析、监控、改进提供高效、有力的强大保障。同时，良好的数据质量管理系统也能促进元数据管理系统的持续改进，互相促进完善，共同为一个高质量和高效运转的数据平台提供支持。

13.5　主数据管理

13.5.1　主数据和主数据管理的概念

企业主数据可以包括很多方面，除了常见的客户主数据之外，不同行业的客户还可能拥有其他各种类型的主数据，例如：对于电信行业客户而言，电信运营商提供的各种服务可以形成其产品主数据；对于航空业客户而言，航线、航班是其企业主数据的一种。对于某一个企业的不同业务部门，其主数据也不同，例如市场销售部门关心客户信息，产品研发部门关心产品编号、产品分类等产品信息，人事部门关心员工机构、部门层次关系等信息。

如图 13.3 所示，企业数据管理的内容及范畴通常包括交易数据、主数据以及元数据。

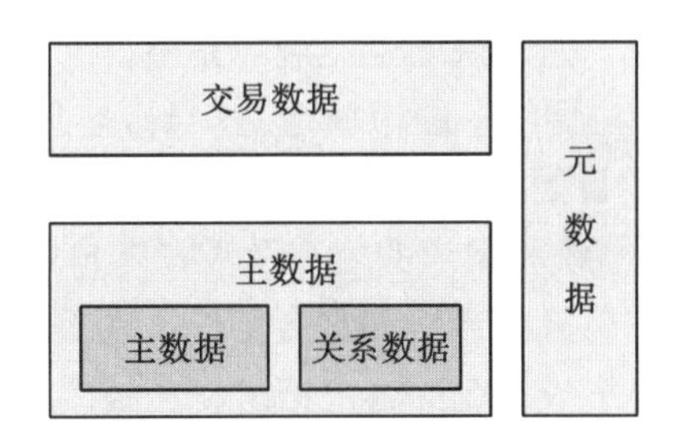

图 13.3　数据管理的范畴

交易数据：用于纪录业务事件，如客户的订单，投诉记录，客服申请等，它往往用于描述在某一个时间点上业务系统发生的行为。

主数据：主数据则定义企业核心业务对象，如客户、产品、地址等，与交易流水信息不同，主数据一旦被记录到数据库中，需要经常对其进行维护，从而确保其时效性和准确性。主数据还包括关系数据，用以描述主数据之间的关系，如客户与产品的关系、产品与地域的关系、客户与客户的关系、产品与产品的关系等。

元数据：即关于数据的数据，用以描述数据类型、数据定义、约束、数据关系、数据所处的系统等信息。

主数据管理是指一整套的用于生成和维护企业主数据的规范、技术和方案，以保证主数据的完整性、一致性和准确性。主数据管理的典型应用有：客户数据管理和产品数据管理。

一般来说，主数据管理系统从 IT 建设的角度而言都会是一个相对复杂的系统，它往往会和企业数据仓库/决策支持系统以及企业内的各个业务系统发生关系，技术实现上也会涉及到 ETL、EAI、EII 等多个方面。

主数据有几个鲜明的特点：首先，它是准确的、集成的；其次，它是跨业务部门的；最后，它是在各个业务部门被重复使用的。

13.5.2 主数据管理的意义

主数据管理要做的就是从企业的多个业务系统中整合最核心的、最需要共享的数据（主数据），集中进行数据的清洗和丰富，并且以服务的方式把统一的、完整的、准确的、具有权威性的主数据分发给全企业范围内需要使用这些数据的操作型应用和分析型应用，包括各个业务系统、业务流程和决策支持系统等。

主数据管理使得企业能够集中化管理数据，在分散的系统间保证主数据的一致性，改进数据合规性、快速部署新应用、充分了解客户、加速推出新产品的速度。从 IT 建设的角度，主数据管理可以增强 IT 结构的灵活性，构建覆盖整个企业范围内的数据管理基础和相应规范，并且更灵活地适应企业业务需求的变化。

以客户主数据为例，客户主数据是目前企业级客户普遍面临的一个问题，在大多数企业中，客户信息通常分散于 CRM 等各个业务系统中，而每个业务系统中都只有客户信息的片断，即不完整的客户信息，但却缺乏企业级的完整、统一的单一客户视图，结果导致企业不能完全了解客户，无法协调统一的市场行为，导致客户满意度下降，市场份额减少。因此，建立客户主数据系统的目的在于：

(1) 整合并存储所有业务系统和渠道的客户及潜在客户的信息：一方面，从相关系统中抽取客户信息，并完成客户信息的清洗和整合工作，建立企业级的客户统一视图；另一方面，客户主数据管理系统将形成的统一客户信息以广播的形式同步到其他各个系统，从而确保客户信息的一致。

(2) 为相关的应用系统提供联机交易支持，提供客户信息的唯一访问入口点，为所有应用系统提供及时和全面的客户信息；服务于 OCRM 系统，充分利用数据的价值，在所有客户接触点上提供更多具有附加价值的服务。

(3) 实现 SOA 的体系结构：建立客户主数据系统之前，数据被锁定在每一个应用系统和流程中，建立主数据管理系统之后，数据从应用系统中被释放出来，并且被处理成为一组可重用的服务，被各个应用系统调用。

13.5.3　主数据管理系统与数据仓库系统的关系

主数据管理系统和数据仓库二者之间存在很多不同：

(1) 处理类型不同：主数据管理(MDM)系统是偏交易型的系统，它为各个业务系统提供联机交易服务，系统的服务对象是呼叫中心、B2C、CRM 等业务系统；数据仓库是属于分析型的系统，面向的是分析型的应用，是在大量历史交易数据的基础上进行多维分析，系统的使用对象是各层领导和业务分析、市场销售预测人员等。

(2) 实时性不同：与传统的数据仓库方案的批量 ETL 方式不同，主数据管理系统在数据初始加载阶段要使用 ETL，但在后续运行中要大量依赖实时整合的方式来进行主数据的集成和同步。

(3) 数据量不同：数据仓库存储的是大量的历史数据和各个维度的汇总数据，可能会是海量的，而 MDM 存储的仅仅是客户和产品等信息。

虽然主数据管理系统和数据仓库系统异同共存，但是二者却有着紧密的联系，并且可以互为促进、互为补充。举例而言，数据仓库系统的分析结果可以作为衍生数据输入到 MDM 系统，从而使 MDM 系统能够更好地为操作型 CRM 系统服务。

13.5.4　主数据管理解决方案

目前业界比较常见的主数据管理解决方案主要可以分为三类：

(1) 依托专业套装软件来实现主数据管理，这类方案是作为套装软件的一部分，主要是为套装软件的其他模块提供服务，因此，通常功能都缺乏完善性。

(2) 侧重于分析型应用的主数据管理，这类方案在数据实时同步以及面向交易型应用时通常缺乏整体方案的完整性。

(3) 专注于主数据管理的中立的、完整的解决方案，这一类应用独立于套装软件，不仅具有整体架构的完整性和先进性，从功能上讲往往也最为完善，除了具有比较完整的数据模型之外，还会提供广泛的集成性，具备先进的机制实现数据同步，并且可以对外提供多种预置的主数据服务被外部交易系统调用，从而使系统具有很强的实时操作性，同时还强调主数据管理、主数据质量控制以及主数据维护的手段和规范性。

在一个完整的主数据管理解决方案中，除了主数据管理的核心服务组件之外通常还会涉及到企业元数据管理、企业信息集成、ETL、数据分析和数据仓库以及 EAI/ESB 等其他各种技术和服务组件。

13.6　数据生命周期管理

信息生命周期管理的六个阶段分别是：数据创建阶段、数据保护阶段、数据访问阶段、数据迁移阶段、数据归档阶段和数据回收(销毁)阶段。

13.6.1 数据创建阶段

随着信息技术的不断发展和普及，新的数据量快速增长。所产生的数据需要存储环境以利于及时的处理、管理和保护。因而需要稳定、可靠、高可扩展能力的存储设备。不同的应用和数据，需要不同容量、功能和价格的存储系统，以满足合理的成本和投资回报。

数据的价值通常会随着时间逐渐降低，因此所有数据在创建时都应当获得一个由数据的类型、数据的价值和相关法规的要求决定的删除日期。系统将定期清除到期的数据。除非对过期数据的创建进行正确的控制，否则对相关数据的搜索将会导致运营效率的不断降低。信息生命周期管理就是要根据应用的要求、数据提供的时间及数据和信息服务的等级，提供相适应的数据产生、存储、管理等条件，以保障数据的及时供应。

13.6.2 数据保护阶段

今天很多企业的经济效益都与信息的连续可用性、完整性和安全性息息相关。随着越来越多的信息以数字化的格式出现，企业面临着如何以相同或者更少的资源管理迅速增长的信息和存储的挑战。同时，企业的各项业务需要找到和获取所需要的信息。信息可用性的降低，或者信息的丢失，对企业而言，都意味着时间的浪费、生产率的降低或灾难。

电子数据处理产生以来，对于数据保护的需求一直没有发生变化：需要防止数据受到无意或者有意的破坏。一系列事件使得数据保护和灾难恢复问题成为了人们关注的焦点，越来越多的组织都意识到从他们的数据中心所遭受的重大损失中恢复所需要的努力和时间，以及制定相应计划的重要性。这个解决方案是一系列技术和流程的组合：备份、远程复制和其他数据保护技术。它们需要与一组流程和步骤组合，确保及时的恢复。

当前，很多需要大量存储的应用，尤其是电子商务、CRM 和 ERP 等，都需要“24×7”的运作和在线。系统的可用性在一定的程度上取决于数据的可用性：即使在技术上服务器和网络都是可用的，但是如果应用系统不能访问到正确的数据，用户将认为它不可用。在此情况下，即便是事先安排的停机，如备份时间、升级时间等也是无法接受的。企业已经对很多可以帮助他们减少计划性停机和意外停机的技术投入了大量的资金，例如实时数据复制技术、计算机群集系统，以及远程数据复制技术等。

信息生命周期管理将按照数据和应用系统的等级，采用不同的数据保护措施和技术，以保证各类数据和信息得到及时的和有效的保护。

13.6.3 数据访问阶段

信息生命周期管理的主要目标是确保信息可以支持业务决策和为企业提供长期的价值。因此，信息必须便于访问，最好可以在一个企业的多个业务环节和业务应用之间共享，以提供最大限度的业务价值。此外，信息必须可以支持多种业务流程。因此这个阶段将成为信息生命周期管理与业务流程管理的交叉点。

成功的数据访问和管理是通过深入地了解数据在企业中扮演的重要角色而实现的。要做到这一点，首先要问：“这些数据的真正价值是什么？”换句话说，它对于业务的成功运行具有什么重要意义？这可以帮助企业在制定一项数据存储战略时集中精力。

另外一个应当考虑的问题是：“这些数据被访问的频率是多少？”数据存储基本上可以分为三类。①每天都需要访问的数据；②需要随时访问，但访问频率和访问速度要求不高的数据；③偶尔需要查询或访问的数据。这三种分类体现为在线、近线和离线三种访问方式。

(1) 在线方式。在线存储之所以非常重要，是因为它可以在网络中提供对信息的即时访问。在线存储为业务系统提供日常业务处理所需要的数据和信息。因而，在线存储要求高的性能、大的容量、高的扩充能力，以保证业务系统的快速处理。

(2) 近线方式。需要定期但访问频率和访问速度要求不高的数据应当以近线方式保存。通过这种方式，可以实现较为及时的并且成本较低的数据访问。近线存储设备的价格要比在线存储要低，而且数据访问的速度要慢一些。

(3) 离线方式。对那些访问速度要求不高、存放的时间较长、访问的频率更低的数据，可以将其存放在价格更低的存储介质和设备上，当数据需要被访问时，才将其恢复到在线存储设备中，使企业的数据存储的成本进一步降低。

13.6.4　数据迁移阶段

信息技术发展是如此快速，以至信息技术的设备在比较短的时期内就要实现一定程度上的更新。在当前信息应用的环境中，保持应用系统的全天候运作已是必须条件。

即使是事先计划的、为了对系统进行升级或对系统配置改变而进行的停机对许多客户来说也是无法接受的事件。因此，越来越多的变动必须在运行系统上进行。数据迁移就是其中一个事例：将数据从一个存储设备转移到另外一个存储设备，而且不影响系统的正常运行。

过去，企业通常需要手动地将数据迁移到新的存储系统。其过程复杂而且影响业务的正常运作，而信息生命周期管理(ILM)考虑到了这类需求，采用必要的技术加以配合，使数据的迁移简单，自动化而且不影响业务的运作。

13.6.5　数据归档阶段

维持一个数据备份和归档系统可以从多个方面支持企业的业务运作。它可以提供交易和决策记录，以及关于决策时的周边环境的所有信息；它可以防止这些记录被无意破坏；它能确保那些仍然对于一个组织具有一定作用的数据可以得到妥善的保存，即使它不再具有立即的相关性(例如用作参考的数据)。可以从生产系统中清除使用率很低的数据，降低总拥有成本。

企业已经意识到备份其数据的重要性。这些数据让企业可以在原始信息因为某种原因被损坏或破坏时进行恢复。数据备份是企业数据存储战略的重要组成部分。由于对备份数据访问的频率和速度要求不是很高，因而价格低、容量大的存储介质和系统成为最佳选择。

13.6.6 数据回收(销毁)阶段

许多数据总会在一段时期后，没有再继续保存的价值。这时，企业必须要制定相关的政策，对没有保留或保存必要的数据进行销毁或回收。被销毁或回收的数据将从活动和非活动系统，以及数据仓库等系统中清除。对一些数据，不能轻率地进行销毁操作。企业必须确保其销毁的数据不会与企业和政府的条例和法规相违背，对企业正在进行的诉讼案子或者其他政策无关。企业应当建立科学、明确的数据回收(销毁)规则。

13.7 大数据治理实例

13.7.1 浙江电网大数据治理

很多企业经过一段时间的摸索，已经看到了用户对大数据治理的需求，大数据治理也持续在各行业的大数据平台建设中得到关注。

国家电网在大数据平台的建设中就非常重视大数据治理的建设，也取得了很多成绩。国家电网在浙江电力公司进行数据治理建设试点。融合国网数据管理服务平台、浙江公司数据管理平台等国网公司现有的数据管理工具建设成果，以元数据为基础，实现了贯穿数据设计、产生、存储、迁移、使用、归档等环节的数据全生命周期管理，以及数据从源端到数据中心，再到应用端的全过程的管理，做到了以用户为中心，通过大数据治理，为用户提供了更便捷、更灵活、更准确地获得企业大数据资产的能力(图 13.4)。

数据全生命周期管理

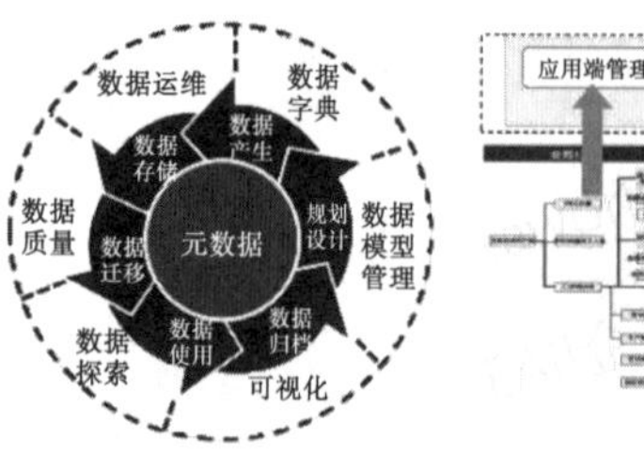

数据全过程管理

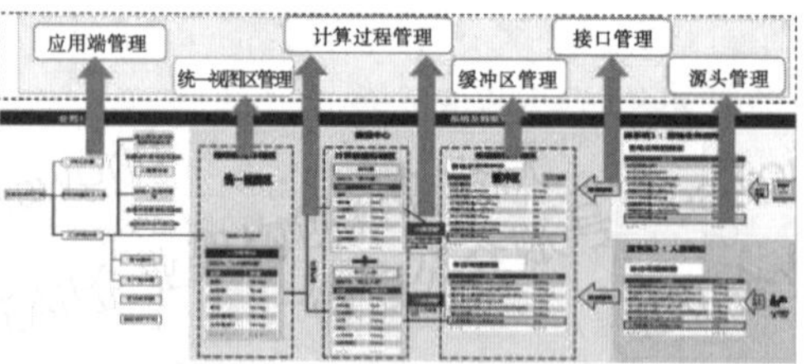

- 统一数据规范和数据定义
- 打通业务模型与技术模型
- 提升数据质量
- 挖掘企业数据资产价值
- 帮助业务人员更便捷、灵活地使用数据

图 13.4 数据全过程管理(一)

浙江电力的大数据治理以元数据为基础，构建数据资产管理体系。从用户的视角说明白企业数据有哪些，哪些用户能够使用。在浙江电力的数据资产定义过程中，我们选择了贴近业务用户的数据分类方案，梳理和识别企业运营数据资源(图 13.5)。

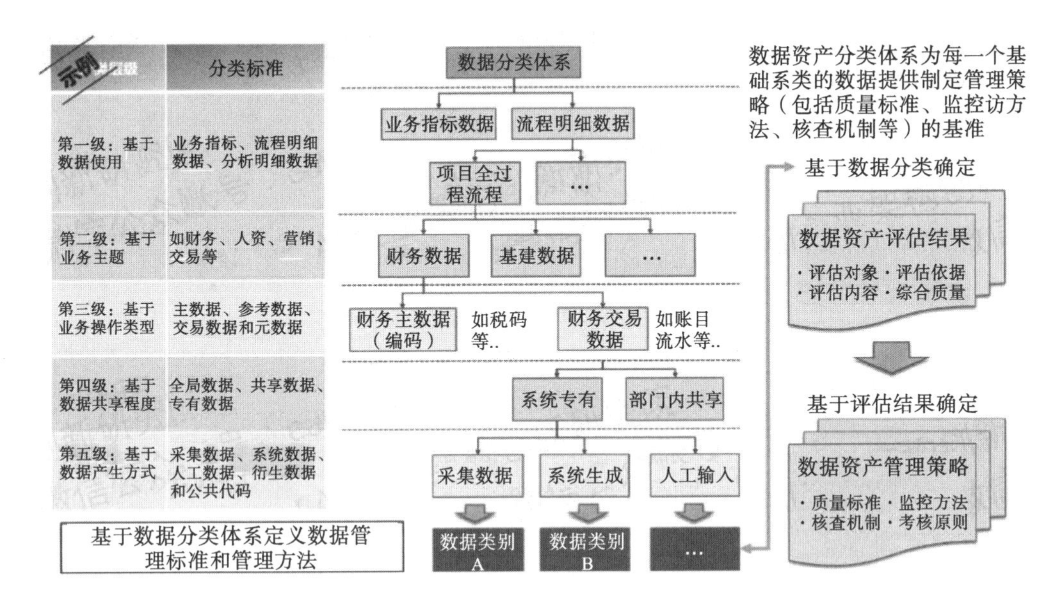

图 13.5　数据全过程管理(二)

基于第一步形成的数据分类管理体系框架，梳理、整合各级各类数据资源，建立了数据资产树，按照不同数据细类制定相应的工作模板，对指标数据和明细数据进行梳理和归并(图 13.6)。

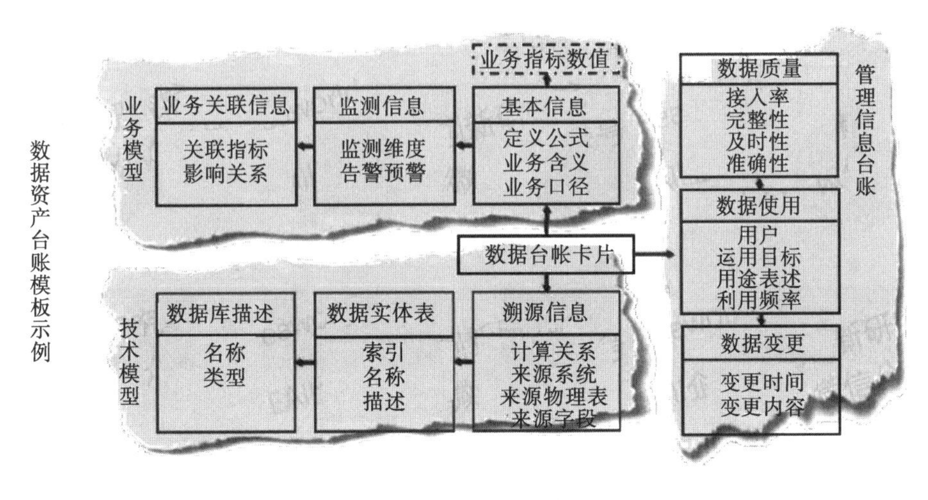

图 13.6　数据资产台账模板示例

所有资产梳理和控制的最终目标都是为了用户能够使用数据，我们通过 L0–L1–L2 三个层次的定义(图 13.7)，以业务驱动为导向提高数据查询的实用性。

L0：按照电网业务域–业务主题–业务活动的结构化方法，对查询进行分类导航。

L1：依据业务和数据源中的数据资源情况，按业务主题对数据进行预处理和定义。

L2：将数据库表字段等技术元数据转换为业务人员可以理解的业务元数据。

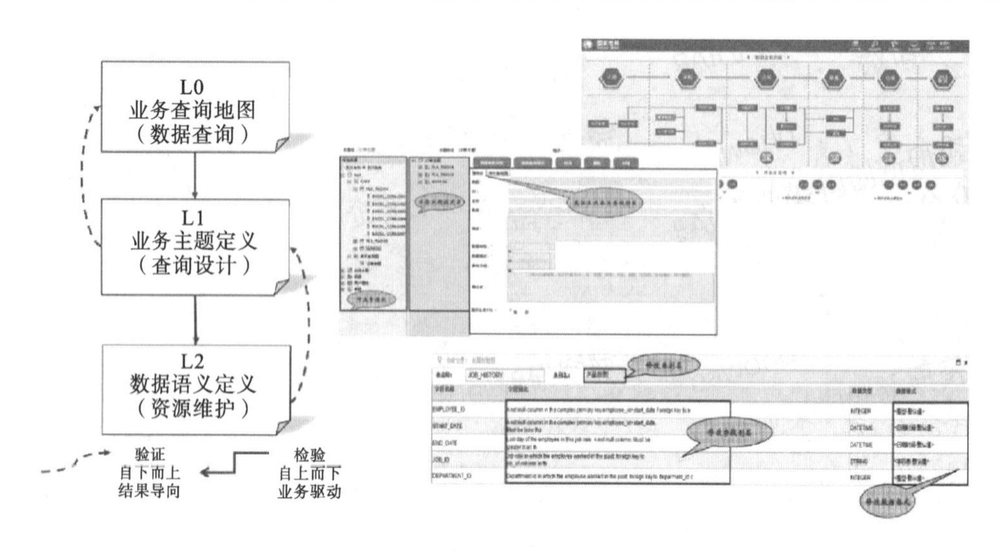

图 13.7　三层定义

浙江电力的大数据治理，通过梳理数据、管理数据、提供数据、关联业务，形成了一整套以用户为中心的大数据治理方案，最终为用户直接使用数据提供了帮助，从而使数据治理完成了从以管控为中心到以业务为中心的转变。

13.7.2　浙江电网大数据治理的四个阶段

大数据治理的四个阶段如图 13.8 所示。

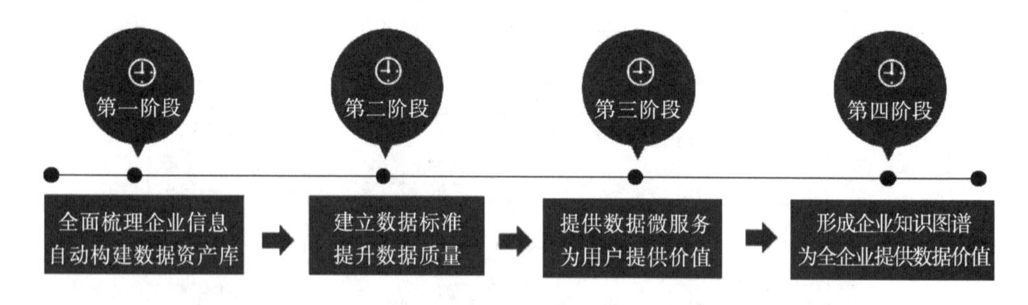

图 13.8　四个阶段

第一阶段：全面梳理企业信息，自动化构建企业的数据资产库(图 13.9)。

在第一阶段，主要是对企业大数据的梳理，从而全面掌握企业大数据的情况，主要有以下三个方面。

(1)梳理全企业数据架构，对企业的数据模型、数据关系、数据处理有清晰化的认识。

(2)对数据资产形成统一的自动化管理，形成企业的元数据库。

(3)对企业数据资产形成多种视图，使数据资产能够对不同用户有不同视角的展示。

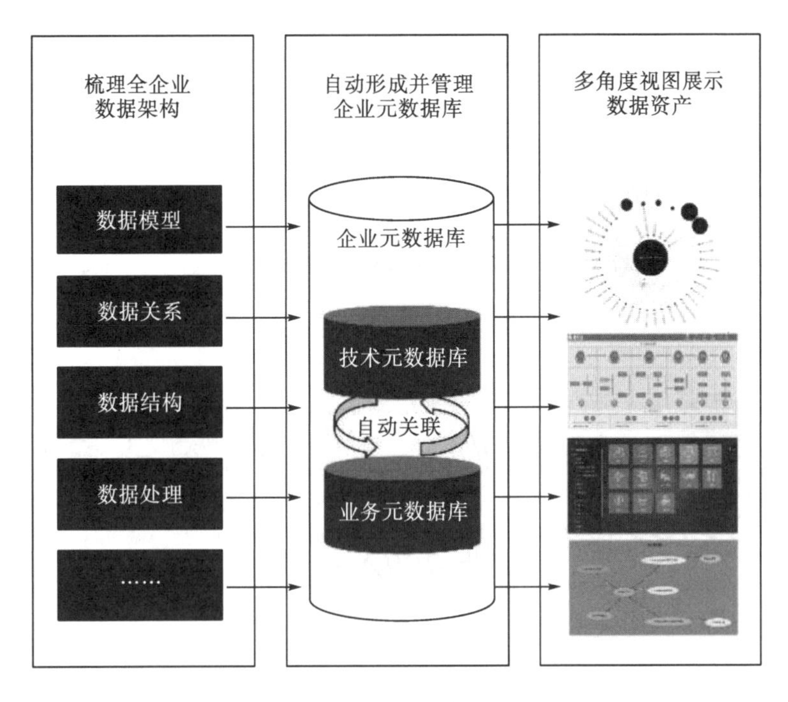

图 13.9　第一阶段

第二阶段：建立管理流程，落地数据标准，提升数据质量(图 13.10)。

在第二阶段，需要建立大数据管控能力，包括从业务的角度梳理企业数据质量问题，形成质量控制能力，形成核心数据标准，并抓标准落地。针对关键问题，建立数据的管理流程，少而精，控制核心问题。

在这个阶段主要是为数据部门形成一套管理大数据的能力，同时为数据部门形成数据管理的工作环境。

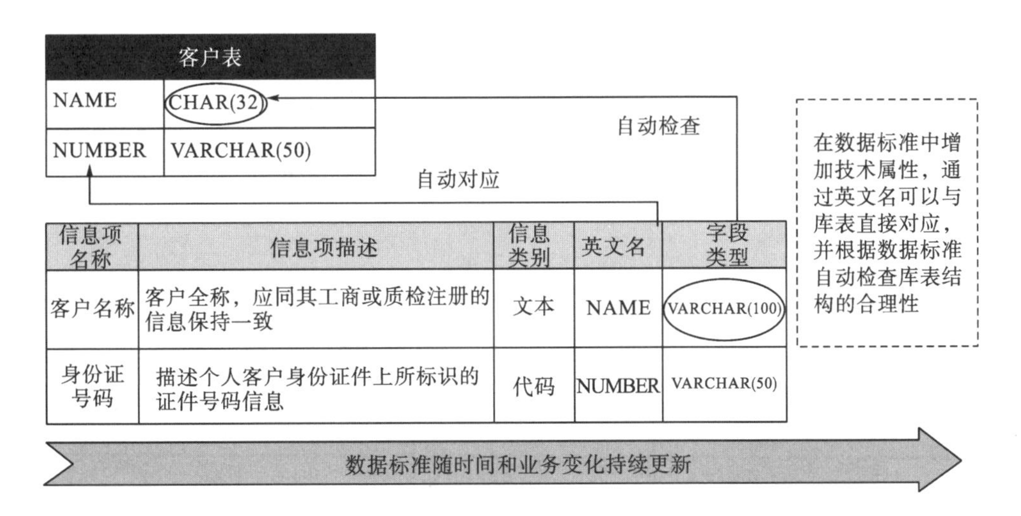

图 13.10　第二阶段

第三阶段：直接为用户提供价值，向用户提供数据微服务(图 13.11)。

通过前两个阶段，企业能够建立基本的数据治理的能力，在此基础上，还需要以用户为中心，为用户提供直接获取数据的能力。第三阶段依赖于前两个阶段能力的建设，其目标是向用户提供自助化的数据服务，使用户能够自助地获取和使用数据，并且在用户的使用过程中再反过去进一步落地标准、控制质量。

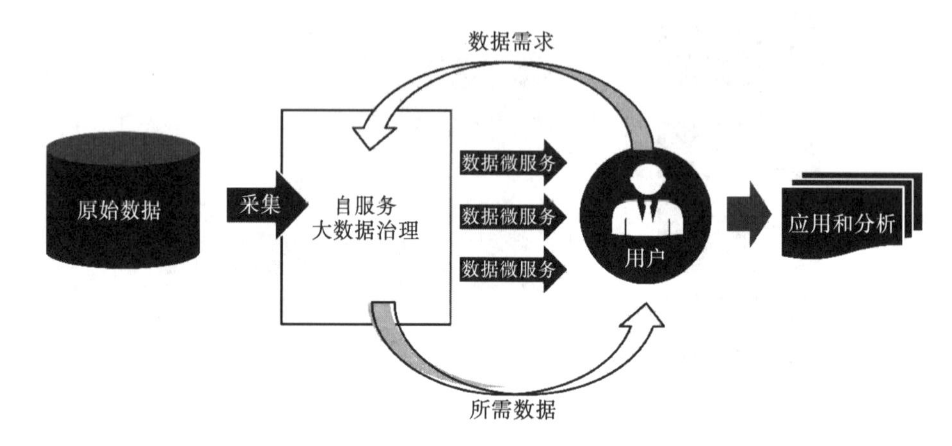

图 13.11　第三阶段

第四阶段：智能化企业知识图谱，为全企业提供数据价值(图 13.12)。

最后一个阶段是将数据沉淀为知识，形成企业的知识图谱，提供从“关系”的角度去分析问题的能力。

人进行数据搜索是通过业务术语(知识)来搜索的，而知识之间是有相互联系的，例如水果和西红柿是上下位关系(后者是前者的具体体现)，好的搜索除了要列出直接结果，还需要显示与之关联的知识，这就要建立知识图谱。

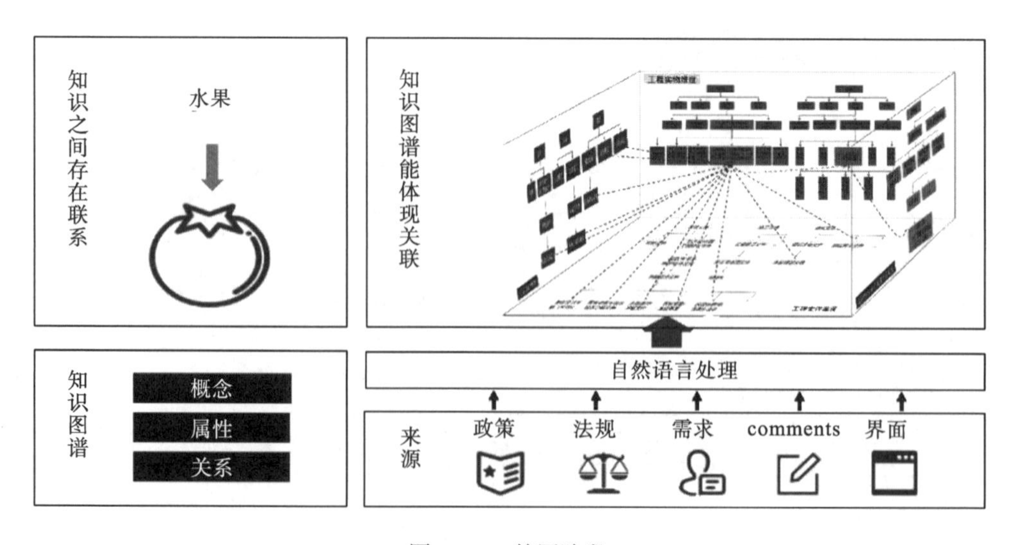

图 13.12　第四阶段

简单说知识图谱就是概念、属性以及概念之间的关联关系，这个关系可以手工建立，也能通过自然语言处理等方法，对政策、法规、需求、数据库、界面等多种来源进行分析，自动化建立起企业知识图谱。从而使数据治理成为整个企业的数据工作环境，强化企业数据与知识体系之间的关联，加快企业员工数据与知识之间的转换效率，让数据的深层价值得以体现。

通过这四个阶段的建设，使数据治理平台由数据部门的工作环境，转变成为全企业的数据工作环境，以用户为中心，让用户能够直接使用大数据，并通过用户的使用来管理数据，持续优化数据质量，在达到治理数据目标的同时，也最大限度发挥了数据的价值。

13.7.3　面向用户的自服务大数据治理架构

以用户为中心的自服务大数据治理技术架构包括五部分(图 13.13)：数据资产管理、数据监控管理、数据准备平台、数据服务总线，消息与流数据管理。

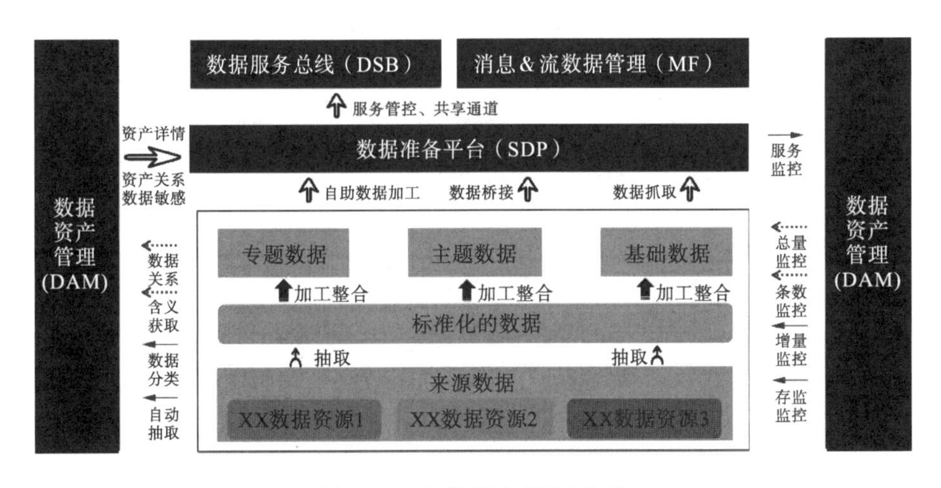

图 13.13　大数据治理技术架构

整个平台分为五块核心能力：数据资产、数据准备、数据服务总线、消息&流数据管理、数据监控管理。

数据资产管理是对企业数据信息统一管理，也是整个平台的基础。数据准备平台是资产服务化的加工厂，它不但能将原始数据通过服务形式以用户能看懂的方式提供，也可以通过在线数据模型设计实现最终数据产品的发布，起到承上启下的作用。

数据服务总线和消息&流数据管理的价值层次是一致的，只是从数据时效性上面对数据进行了区分，去适应用户不同的管理和应用诉求。包括数据通道和安全管理两个核心内容。

数据监控管理有别于大数据中的数据节点管理，它从数据管理的视角切入对数据的结构的变化、关系的变化进行管理和控制，是数据持续发挥价值的监管者。

13.8 大数据治理工具—Apache Atlas

为寻求数据治理的开源解决方案，Hortonworks 公司联合其他厂商与用户于 2015 年发起了数据治理倡议，包括数据分类、集中策略引擎、数据血缘、安全和生命周期管理等方面的内容。Apache Atlas 项目就是这个倡议的结果，社区伙伴持续地为该项目提供新的功能和特性。该项目用于管理共享元数据、数据分级、审计、安全性以及数据保护等方面，努力与 Apache Ranger 整合，用于数据权限控制策略。

13.8.1 Apache Atlas 简介

Atlas 是一个可扩展的核心基础治理服务集(图 13.14)，使企业能够高效地满足 Hadoop 中的合规性要求，并允许与整个企业数据生态系统集成。

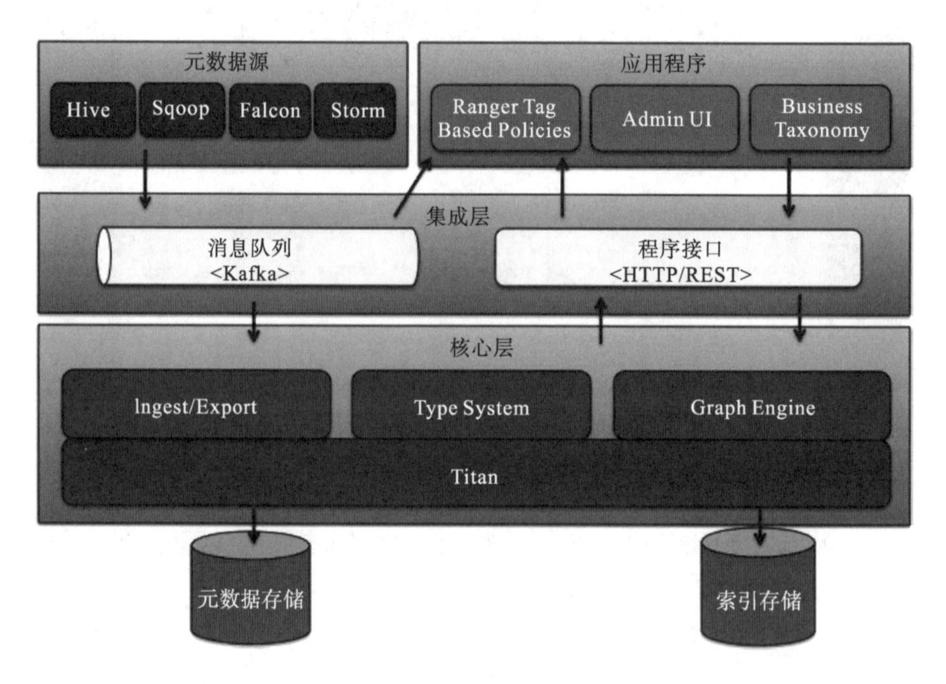

图 13.14 Apache Atlas 架构

13.8.2 Atlas 的组件构成

1.Core

此类别包含实现 Atlas 功能核心的组件，包括：

(1) Type System。Atlas 允许用户为他们想要管理的元数据对象定义一个模型。该模型由称为“类型”的定义组成。“类型”的实例被称为“实体”，表示被管理的实际元数据对象。类型系统是一个组件，允许用户定义和管理类型和实体。由 Atlas 管理的所有元数据对象(例如 Hive 表)都使用类型进行建模，并表示为实体。要在 Atlas 中存储新类型的元数据，需要了解类型系统组件的概念。

需要注意的一个关键点是，Atlas 中建模的通用性质允许数据管理员和集成者定义技术元数据和业务元数据。也可以使用 Atlas 的特征来定义两者之间的丰富关系。

(2) Ingest/Export。Ingest 组件允许将元数据添加到 Atlas。类似地，Export 组件暴露由 Atlas 检测到的元数据更改，以作为事件引发，消费者可以使用这些更改事件来实时响应元数据更改。

(3) Graph Engine。在内部，Atlas 通过使用图形模型管理元数据对象。以实现元数据对象之间的巨大灵活性和丰富的关系。图形引擎是负责在类型系统的类型和实体之间进行转换的组件，以及基础图形模型。除了管理图形对象之外，图形引擎还为元数据对象创建适当的索引，以便有效地搜索它们。

(4) Titan。目前，Atlas 使用 Titan 图数据库来存储元数据对象。Titan 使用两个存储：默认情况下元数据存储配置为 HBase；索引存储配置为 Solr。也可以通过构建相应的配置文件将元数据存储作为 BerkeleyDB 和 Index 存储于 ElasticSearch。元数据存储用于存储元数据对象本身，并且索引存储用于存储元数据属性的索引，其允许高效搜索。

2.Integration

用户可以使用两种方法管理 Atlas 中的元数据：

(1) API。Atlas 的所有功能通过 REST API 提供给最终用户，允许创建、更新和删除类型和实体。它也是查询和发现通过 Atlas 管理的类型和实体的主要方法。

(2) Messaging。除了 API 之外，用户还可以选择使用基于 Kafka 的消息接口与 Atlas 集成。这对于将元数据对象传输到 Atlas 以及从 Atlas 使用可以构建应用程序的元数据更改事件都非常有用。如果希望使用与 Atlas 更松散耦合的集成，这可以获得更好的可扩展性、可靠性等，消息传递接口是特别有用的。Atlas 使用 Apache Kafka 作为通知服务器用于钩子和元数据通知事件的下游消费者之间的通信。事件由钩子和 Atlas 写到不同的 Kafka 主题。

3.元数据源

Atlas 支持与许多元数据源的集成。将来还会添加更多集成。目前，Atlas 支持从以下来源获取和管理元数据：

(1) Hive；

(2) Sqoop；

(3) Falcon (有限支持)；

(4) Storm (有限支持)。

与其他元数据源集成意味着两件事：有一些元数据模型；Atlas 定义本机来表示这些组件的对象。Atlas 提供了从这些组件中通过实时或批处理模式获取元数据对象的组件。

4.Apps

由 Atlas 管理的元数据各种应用程序的使用满足许多治理用例。

(1) Atlas Admin UI。该组件是一个基于 Web 的应用程序，允许数据管理员和科学家发现和注释元数据。这里最重要的是搜索界面和 SQL 样的查询语言，可以用来查询由 Atlas 管理的元数据类型和对象。管理 UI 使用 Atlas 的 REST API 来构建其功能。

(2) Tag Based Policies。Apache Ranger 是针对 Hadoop 生态系统的高级安全管理解决方案，与各种 Hadoop 组件具有广泛的集成。通过与 Atlas 集成，Ranger 允许安全管理员定义元数据驱动的安全策略，以实现有效的治理。Ranger 是由 Atlas 通知的元数据更改事件的消费者。

(3) Business Taxonomy。从元数据源获取到 Atlas 的元数据对象主要是一种技术形式的元数据。为了增强可发现性和治理能力，Atlas 提供了一个业务分类界面，允许用户首先定义一组代表其业务域的业务术语，并将其与 Atlas 管理的元数据实体相关联。业务分类法是一种 Web 应用程序，目前是 Atlas Admin UI 的一部分，并且使用 REST API 与 Atlas 集成。

5.Type System

Atlas 允许用户为他们想要管理的元数据对象定义一个模型。该模型由被称为“类型”的定义组成。被称为“实体”的“类型”实例表示被管理的实际元数据对象。类型系统是一个组件，允许用户定义和管理类型和实体。由 Atlas 管理的所有元数据对象(例如 Hive 表)都使用类型进行建模，并表示为实体。要在 Atlas 中存储新类型的元数据，需要了解类型系统组件的概念。

Atlas 中的“类型”定义了如何存储和访问特定类型的元数据对象。类型表示了所定义元数据对象的一个或多个属性集合。具有开发背景的用户可以将“类型”理解成面向对象的编程语言的“类”定义或关系数据库的“表”模式。

Atlas 本地定义的类型的示例是 Hive 表。Hive 表用这些属性定义：

```
Name：hive_table
MetaType：Class
SuperTypes：DataSet
Attributes：
    Name：String (name of the table)
    db：Database object of type hive_db
    owner：String
    createTime：Date
    lastAccessTime：Date
    comment：String
    retention：int
    sd：Storage Description object of type hive_storagedesc
```

partitionKeys：Array of objects of type hive_column
aliases：Array of strings
columns：Array of objects of type hive_column
parameters：Map of String keys to String values
viewOriginalText：String
viewExpandedText：String
tableType：String
temporary：Boolean

从上面的例子可以注意到以下几点：

(1) Atlas 中的类型由“Name”唯一标识。

(2) 具有元类型。元类型表示 Atlas 中此模型的类型。Atlas 有以下几种类型：

a.基本元类型：int、String、Boolean 等。

b.枚举元类型。

c.集合元类型：例如 Array，Map。

d.复合元类型：Class、Struct、Trait。

(3) 类型可以从被称为“supertype”的父类型“extend”，凭借这一点，它包含在“supertype”中定义的属性。这允许模型在一组相关类型之间定义公共属性。这类似于面向对象语言如何定义类的超类的概念。Atlas 中的类型也可以从多个超类型扩展[在该示例中，每个 Hive 表从预定义的超类型(称为"DataSet")扩展]。

(4) 具有“Class”、“Struct”或“Trait”的元类型的类型可以具有属性集合。每个属性都有一个名称(例如"name")和一些其他关联的属性。可以使用表达式 type_name.attribute_name 来引用属性。还要注意，属性本身是使用 Atlas 元类型定义的(在这个例子中，hive_table.name 是一个字符串，hive_table.aliases 是一个字符串数组，hive_table.db 引用一个类型的实例称为 hive_db，等等)。

(5) 在属性中键入引用(如 hive_table.db)。使用这样的属性，我们可以在 Atlas 中定义两种类型之间的任意关系，从而构建丰富的模型。注意，也可以收集一个引用列表作为属性类型(例如 hive_table.cols，它表示从 hive_table 到 hive_column 类型的引用列表)。

Atlas 中的“实体”是类“类型”的特定值或实例，因此表示真实世界中的特定元数据对象。回顾面向对象编程语言的类比，“实例”是某个“类”的“对象”。

实体的示例将是特定的 Hive 表。“Hive”在“默认”数据库中有一个名为“customers”的表。此表将是类型为 hive_table 的 Atlas 中的“实体”。通过作为类类型的实例，它将具有作为 Hive 表“类型”的一部分的每个属性的值，例如：

id："9ba387dd-fa76-429c-b791-ffc338d3c91f"
　typeName："hive_table"
　values：
　　name："customers"
　　db："b42c6cfc-c1e7-42fd-a9e6-890e0adf33bc"
　　owner："admin"

createTime："2016-06-20T06：13：28.000Z"
lastAccessTime："2016-06-20T06：13：28.000Z"
comment：null
retention：0
sd："ff58025f-6854-4195-9f75-3a3058dd8dcf"
partitionKeys：null
aliases：null
columns：["65e2204f-6a23-4130-934a-9679af6a211f",
"d726de70-faca-46fb-9c99-cf04f6b579a6"，...]
parameters：{"transient_lastDdlTime"："1466403208"}
viewOriginalText：null
viewExpandedText：null
tableType："MANAGED_TABLE"
temporary：false

从上面的例子可以注意到以下几点：

(1)作为 Class Type 实例的每个实体都由唯一标识符 GUID 标识。此 GUID 由 Atlas 服务器在定义对象时生成，并在实体的整个生命周期内保持不变。在任何时间点，可以使用其 GUID 来访问该特定实体(在本示例中，默认数据库中的"customers"表由 GUID"9ba387dd-fa76-429c-b791-ffc338d3c91f"唯一标识)。

(2)实体具有给定类型，并且类型的名称与实体定义一起提供(在这个例子中，"customers"表是一个"hive_table")。

(3)此实体的值是所有属性名称及其在 hive_table 类型定义中定义的属性的值的映射。

(4)属性值将根据属性的元类型取值。

a.基本元类型：整数、字符串、布尔值。例如。‘name’=‘customers’，‘Temporary’=‘false’。

b.集合元类型：包含元类型的值的数组或映射。例如：parameters={"transient_lastDdlTime"："1466403208"}。

c.复合元类型：对于类，值将是与该特定实体具有关系的实体。例如。Hive 表"customers"存在于被称为"default"的数据库中。

表和数据库之间的关系通过"db"属性捕获。因此，"db"属性的值将是一个唯一标识 hive_db 实体的 GUID，称为"default"。对于实体的这个想法，我们现在可以看到 Class 和 Struct 元类型之间的区别。类和结构体都组成其他类型的属性。但是，类类型的实体具有 ID 属性(具有 GUID 值)并且可以从其他实体引用(如 hive_db 实体从 hive_table 实体引用)。Struct 类型的实例没有自己的身份，Struct 类型的值是在实体本身内嵌的属性的集合。

我们已经看到属性在复合元类型(如 Class 和 Struct)中的定义。但是我们简单地将属性称为具有名称和元类型值。然而，Atlas 中的属性还有一些属性，它们定义了与类型系统相关的更多概念。

属性具有以下属性：

name：string，
dataTypeName：string，
isComposite：boolean，
isIndexable：boolean，
isUnique：boolean，
multiplicity：enum，
reverseAttributeName：string

以上属性具有以下含义：

(1) name：属性的名称。

(2) dataTypeName：属性的元类型名称(本机，集合或复合)。

(3) isComposite：是否复合。

a.此标志指示建模的一个方面。如果一个属性被定义为复合，它意味着不能有一个生命周期与它所包含的实体无关。这个概念的一个很好的例子是构成 hive 表一部分的一组列。列在 hive 表之外没有意义，它们被定义为组合属性。

b.必须在 Atlas 中创建复合属性及其所包含的实体，即必须与 hive 表一起创建 hive 列。

(4) isIndexable：是否索引。

此标志指示此属性是否应该索引，以便可以使用属性值作为谓词来执行查找，并且可以有效地执行查找。

(5) isUnique：是否唯一。

此标志再次与索引相关。如果指定为唯一，这意味着为 Titan 中的此属性创建一个特殊索引，允许基于等式的查找。

具有此标志的真实值的任何属性都被视为主键，以将此实体与其他实体区分开。因此，应注意确保此属性在现实世界中模拟独特的属性。

例如，考虑 hive_table 的 name 属性。孤立地，名称不是 hive_table 的唯一属性，因为具有相同名称的表可以存在于多个数据库中。如果 Atlas 在多个集群中存储 hive 表的元数据，即使一对(数据库名称，表名称)也不是唯一的。只有集群位置、数据库名称和表名称可以在物理世界中被视为唯一。

(6) multiplicity：指示此属性是必需的/可选的/可以是多值的。如果实体的属性值的定义与类型定义中的多重性声明不匹配，则这将是一个约束违反，并且实体添加将失败。因此，该字段可以用于定义元数据信息上的一些约束。

使用上面的内容，我们可以扩展下面的 hive 表的属性之一的属性定义。让我们看看“db”的属性，它表示 hive 表所属的数据库。

db：

    "dataTypeName"："hive_db"，
    "isComposite"：false，
    "isIndexable"：true，
    "isUnique"：false，

"multiplicity"："required"，

"name"："db"，

"reverseAttributeName"：null

注意多重性的"multiplicity"="required"约束。如果没有 db 引用，则不能发送表实体。

columns：

"dataTypeName"："array<hive_column>"，

"isComposite"：true，

"isIndexable"：true，

“isUnique"：false，

"multiplicity"："optional"，

"name"："columns"，

"reverseAttributeName"：null

Atlas 提供了一些预定义的系统类型。我们在前面的章节中看到了一个例子(DataSet)。在本节中，我们将看到所有这些类型并了解它们的意义。

Referenceable：此类型表示可使用名为 qualifiedName 的唯一属性搜索所有实体。

Asset：此类型包含名称、说明和所有者等属性。名称是必需属性(multiplicity=required)，其他是可选的。

Infrastructure：此类型扩展了可引用和资产，通常可用于基础设施元数据对象(如群集，主机等)的常用超类型。

DataSet：此类型扩展了可引用和资产。在概念上，它可以用于表示存储数据的类型。在 Atlas 中，hive 表、Sqoop RDBMS 表等都是从 DataSet 扩展的类型。扩展 DataSet 的类型可以期望具有模式，它们将具有定义该数据集的属性。例如，hive_table 中的 columns 属性。另外，扩展 DataSet 的实体类型的实体参与数据转换，这种转换可以由 Atlas 通过 lineage(或 provenance)生成图形。

Process：此类型扩展了可引用和资产。在概念上，它可以用于表示任何数据变换操作。例如，将原始数据的 hive 表转换为存储某个聚合的另一个 hive 表的 ETL 过程可以是扩展过程类型的特定类型。流程类型有两个特定的属性：输入和输出。输入和输出都是 DataSet 实体的数组。因此，Process 类型的实例可以使用这些输入和输出来反映 DataSet 的 lineage 如何演变。

本 章 小 结

本章首先介绍了数据治理，包括数据治理的实施、数据管理、数据质量、主数据管理、数据治理用例。然后介绍了大数据世界中的数据治理，这一部分主要包括大数据治理与传统数据治理的区别和大数据治理对大数据环境至关重要的原因。其次，介绍了一些大数据治理准则，包括元数据、大数据隐私、大数据质量、主数据管理和数据生命周期管理。再次，介绍了大数据治理实例，包括大数据治理的四个阶段和面向用户的自服务大数据治理的关键技术。最后，介绍了一个大数据治理项目 Apache Atlas。

大数据资源是一把双刃剑，既存在巨大价值，又蕴含着巨大风险。大数据应用必须追求风险与价值的平衡。在大数据治理中，我们应该遵守大数据治理准则，与实际应用行业紧密结合，建立更加完善的大数据治理体系，从大数据资源中持续获取价值应追求风险和收益的均衡，实现相关利益主体之间的权利、责任和利益相互制衡。

思　考　题

1.什么是数据治理？为什么需要对大数据进行治理？
2.什么是正确的大数据治理方法？
3.大数据治理中元数据管理的概念是什么？起什么作用？
4.主数据管理的意义是什么？
5.数据生命周期管理包含哪些阶段？
6.Atlas 的组件构成包括哪几部分？

参 考 文 献

陈国青. 大数据的管理喻意. 2014. 管理学家: 实践版, 7(2): 36-41.

甘似禹, 车品觉, 杨天顺, 等. 2018. 大数据治理体系. 计算机应用与软件, 35(6): 1-8+69.

高垣, 侣洁. 2018. 大数据治理中的安全问题分析. 无线互联科技, 15(6): 126-127.

龚晓晓, 周建鹏. 2018. 大数据时代下社会治理困境及其路径研究. 文化创新比较研究, 2(49): 12-13+15.

雷斌, 陆保国. 2018. 面向大数据的治理框架研究. 电子质量, 75(6): 1-3+7.

李国杰, 程学旗. 2012. 大数据研究: 未来科技及经济社会发展的重大战略领域—大数据的研究现状与科学思考. 中国科学院院刊, 7(6): 647-657.

梁芷铭. 2015. 大数据治理: 国家治理能力现代化的应有之义. 吉首大学学报(社会科学版), 36(2): 34-41.

索雷斯. 2014. 大数据治理. 匡斌, 译. 北京: 清华大学出版社.

徐宗本, 冯芷艳, 郭迅华, 等. 2014. 大数据驱动的管理与决策前沿课题. 管理世界, 30(11): 158-163.

张绍华, 潘蓉, 宗宇伟. 2015. 大数据治理与服务. 上海: 上海科学技术出版社.

郑大庆, 黄丽华, 张成洪, 等. 2017. 大数据治理的概念及其参考架构. 研究与发展管理, 29(4): 65-72.

Malik P. 2013. Governing big data: principles and practices. IBM Journal of Research and Development, 57(3/4): 1-13.

Walker R. 2015. From Big Data to Big Profits: Success with Data and Analytics. New York: Oxford University Press.

第 14 章　大数据安全

大数据时代，社会信息化和网络化的发展导致数据爆炸式增长，全球数据量大约每两年翻一番。大数据技术，悄然渗透到各个行业，逐渐成为一种生产要素，发挥着重要作用。然而，大数据技术使得产率提高和生活方式发生改变的同时，随之而来的安全挑战已无法忽视。

没有数据安全，就没有可持续的大数据开发使用。2010 年“震网”病毒定向入侵，破坏了伊朗核设施；2015 年的乌克兰电网遭恶意代码攻击，大规模断电；2017 年美国国家安全局网络武器库泄露的“永恒之蓝”病毒，肆虐全球；2018 年 3 月，脸书(Facebook)超过 5000 万用户信息数据被一家名为“剑桥分析”的公司泄露。无数惨痛的教训，敲响了大数据安全的警钟，也一次次告诫人们：数据安全的威胁影响国家关键基础设施的正常运转和社会稳定发展，已经成为国家安全治理的新前沿和各国战略博弈的新领域，必须引起格外关注和高度重视。

善战者，在其势而利导。“安全第一”尽人皆知，然而“安全”二字早已超出了原有的范畴。随着云计算、物联网和移动互联网等新一代信息技术的飞速发展，大数据应用规模日趋扩大，数据采集、存储、开放共享等方面的安全隐患逐渐上升，风险性越来越高、破坏力越来越大，亟待我们坚持总体安全观，进行总体谋划，制定好应对各种风险的防范措施，紧急应变、从容应对，维护好国家安全秩序，维护好网络安全。

“你永远都无法借别人的翅膀，飞上自己的天空。”无论是支撑大数据的关键信息基础设施，还是无数利用或提供数据的信息终端或物联网终端，如果其核心技术严重依赖国外，供应链的“命门”掌握在别人手里，那就好比在别人的墙上砌房子，再大再漂亮也经不起风雨。为此，我们大力实施网络强国战略、国家大数据战略、“互联网＋”行动计划，推动新技术、新产业、新业态、新模式呈现蓬勃发展的同时，必须突破、立足于自主创新，下好先手棋、打好主动仗，全面消除核心技术受制于人的这个最大的大数据安全隐患，真正掌握竞争发展的主动权。

大数据连着你我他，每个公民都在自己制造的数据洪流之中，用好了就是“阿里巴巴宝库”，点亮美好生活；用不好就是“潘多拉魔盒”，放出万千魔怪。面对高悬的数据安全“达摩克利斯之剑”，人人都应当从自身做起，发挥群体的力量，共同维护国家安全秩序。只有做到“千人”的数据不泄露，“万物”的运行和数据不被随意操纵，才能切实实现“千人千面”和“万物互联”。

14.1　大数据安全现状

随着网络大数据应用的深入发展，数据安全成为十分重大的问题。商业网站的海量用户数据是企业的核心资产，成为黑客甚至国家级攻击的重要对象。重点企业数据安全管理面临更高的要求，必须建立严格的安全能力体系，需要确保对用户数据进行加密处理，对数据的访问权限进行精准控制，并为网络破坏事件、应急响应建立弹性设计方案，与监管部门建立应急沟通机制。表 14.1 是 2016 年世界上发生的十大数据泄漏事件。

表 14.1　2016 年世界上发生的十大数据泄漏事件

序号	涉及的国家/企业	时间	用户数量
1	美国时代华纳	2016 年 1 月	32 万
2	土耳其政府	2016 年 4 月	5000 万
3	Tumblr	2016 年 5 月	6500 万
4	领英职业社交网站 linked	2016 年 5 月	1.67 亿
5	谷歌、Yahoo！、微软	2016 年 5 月	2.723 亿
6	Myspace	2016 年 6 月	4.27 亿
7	美国反恐资料库	2016 年 6 月	220 万
8	美国国家安全局	2016 年 8 月	不详
9	雅虎 Yahoo!	2016 年 9 月	5 亿、10 亿
10	中国网易	2016 年 10 月	1 亿

2014 年是我国大数据快速发展的一年，在这个快速发展的过程中也出现了许多安全方面的案例。

1) 12306 网站数据泄露

2014 年 12 月 25 日，大量 12306 用户数据在网络上疯狂传播。12306 网站之所以被“撞库”得手，根本原因是其账号安全体系存在缺陷。12306 手机 APP 的登录接口存在漏洞，黑客可以轻易绕过账号安全防护措施，无限次尝试自动登录。此前网上流传的 13 万余条 12306 用户密码都是由黑客“撞库”获取，如此巨大的登录请求数量，12306 都没有及时发现并屏蔽。很多用户在不同网站使用的是相同的账号密码，因此黑客可以通过获取用户在 A 网站的账户从而尝试登录 B 网站，这就可以理解为“撞库”攻击。

2) 上海疾控中心出“内鬼”，买卖数十万新生儿信息

2014 年初至 2016 年 7 月，上海市疾病预防控制中心工作人员韩某利用其工作便利，窃取中心每月更新的全市新生婴儿信息(每月约 1 万余条)，并出售给黄浦区疾病预防控制中心工作人员张某某。直至案发，韩某、张某某、范某某非法获取新生婴儿信息共计 30 万余条。

2015年初至2016年7月期间，范某某出售上海新生婴儿信息共计25万余条。2015年6月、7月，吴某某从大犀鸟公司秘密窃取7万余条上海新生婴儿信息。2015年5月至2016年7月期间，龚某某通过微信、QQ等联系方式，向吴某某出售新生婴儿信息8000余条，向其他人出售新生儿信息共计7000余条。2017年2月8日，上海市浦东新区法院以侵犯公民个人信息罪，分别判处韩某等8人有期徒刑七个月至两年三个月不等。

3)雅虎遭黑客攻击，10亿用户账户信息泄露

2016年9月21日，全球互联网巨头雅虎宣布有至少5亿用户账户信息在2014年遭人窃取，盗取内容包括用户姓名、邮件地址、电话号码、生日、密码等，甚至还包括加密或未加密的安全问题及答案。2016年12月14日，雅虎再次发布声明，宣布在2013年8月，未经授权的第三方盗取了超过10亿用户的账户信息。2013年和2014年这两起黑客袭击事件有着相似之处，即黑客攻破了雅虎用户账户保密算法，窃得用户密码。

4)美国职业社交网站LinkedIn数据泄露1.67亿个用户的信息

2016年5月19日，美国职业社交网站LinkedIn宣布一名叫“peace”的黑客组织在黑市上以5比特币的售价公开销售1.67亿个用户登录信息。这些数据来自2012年LinkedIn发生的一次大范围的数据泄露事件，其中有1.17亿包括电子邮件和密码。当时公司方面曾花费100万美元展开调查，但未真正意识到问题的严重性，才在几年之后造成十分恶劣的影响。事后LinkedIn已经给用户发送了电子邮件要求更改密码，并对从2012年起就从未修改密码的用户要求强制修改密码。

通过这些案例可以看出，大数据技术和大数据安全管理的每个环节对大数据安全都显得尤为重要。

大数据安全管理包括技术、管理、法律三个方面。目前的情况是，技术、管理与法律都滞后于应用。应该先从管理入手，再解决技术与法律的问题，实行分级保护、等级保护，加强专业的网络安全与数据安全管理人员的培养。大数据安全主要表现在以下四个方面：

(1)网络安全：大数据与网络密不可分，针对大数据的网络犯罪行为日益猖獗，目前我国针对大数据的网络安全防护不够，无论是软件还是硬件大多使用国外的产品或技术，容易造成信息泄露。

(2)系统安全：在大数据时代，云平台是大数据汇集和存储的主要载体，云平台数据安全是保证数据安全的重要环节；去旅游，住宿饭店，上社交网络、购物等都可能泄露个人信息。

(3)终端安全：数据的搜集、存储、访问、传输必不可少地需要借助PC、移动等终端设备，攻击终端设备可能获得操作大数据的权限。

(4)数据安全：大数据时代，看似无用的数据，经过大数据分析技术极有可能转化为有高价值的信息资产。这种信息一旦泄露，将严重威胁个人隐私安全，甚至对国家经济走势、政治稳定产生影响。

因为数据是资产，是宝贵的资源，加强数据安全管理，一是要明确数据安全治理目标，解决“云、管、端”三类数据的违规监控和泄漏防护问题，对涉及敏感内容的数据存储、传输、使用过程进行全方位监控、审计、实时防护，防止敏感数据泄露、丢失，确保数据

的价值实现、运营合规和风险可控。

二是要建立数据安全治理的保障机制，包括确立数据安全治理的战略，健全数据安全治理的组织机制，明确数据安全管理的角色和责任，建立满足业务战略的数据架构和架构管理策略；识别政策、法律、法规要求，跟踪相关标准规范的进展并采取措施予以积极落实。

三是要采取相关技术措施，加强对敏感数据的管控。首先要开展数据分级分类，对敏感数据进行识别定义，为采用技术手段实现对敏感数据的安全管控提供基础；在数据分级分类基础上，建设数据安全管控系统，对传统环境和云计算环境下的数据进行深度内容识别，并通过展示界面，实时、动态展示敏感信息分布态势、传输态势、使用态势及整体安全风险态势；还要对涉及敏感内容的数据存储、传输、使用过程实现全方位监控、审计和实时防护。

14.2　大数据安全面临的挑战与机遇

大数据技术的发展赋予了大数据安全区别于传统数据安全的特殊性。在大数据时代新形势下，数据安全、隐私安全乃至大数据平台安全等均面临新威胁与新风险，做好大数据安全保障工作面临严峻挑战。

14.2.1　大数据处理平台出现安全问题的原因

通过对当前典型大数据应用场景以及大数据产业发展现状进行调研分析，可知大数据安全挑战是由于其他差异而产生的。大数据环境和传统数据环境之间的差异包括：

(1) 大数据收集，汇总和分析；

(2) 用于存储和容纳大数据的基础架构；

(3) 应用于分析结构化和非结构化大数据的技术。

由于优先考虑的是为大量数据提供速度，所以安全性通常放在最后考虑：因为没有对数据进行特定的分类存储和传输。从而导致不同技术的整合引入了新的安全挑战，产生了安全隐患。在大数据系统支持关键基础设施的情况下，安全必须考虑在内。由于大数据系统是复杂且异构的，所以安全保障必须是整体性的，以确保服务的可用性和连续性。

如图 14.1 所示，在整个大数据平台建设过程中，从大数据应用中产生的各种问题，我们总结了下文中的各个需求，具体情况如下：

(1) 运维入口：开发人员账号混用、操作无详细记录、高危险误操作无法控制、敏感数据泄露。

(2) 应用入口：敏感数据泄露、数据访问无详细记录、应用冒名访问开放接口。

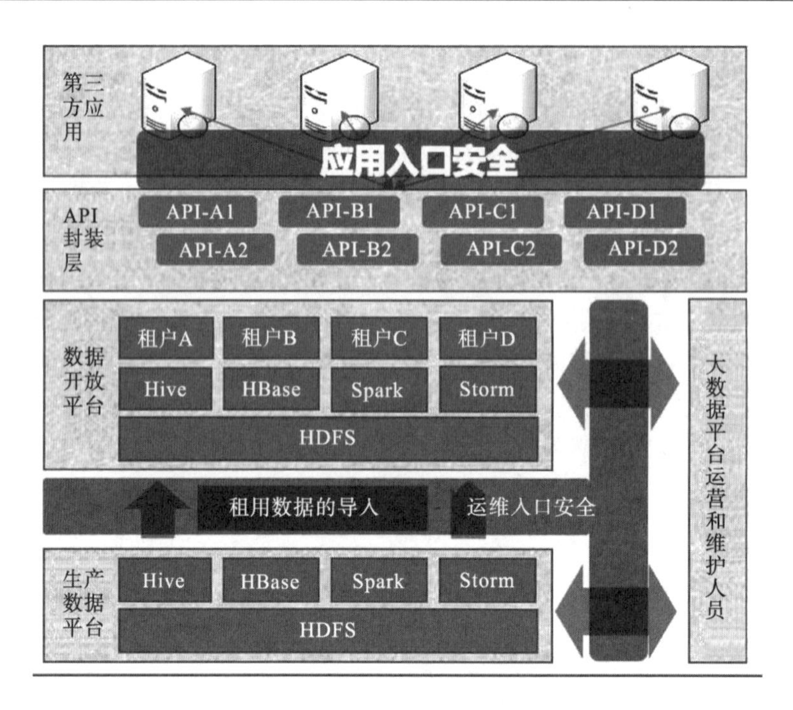

图 14.1 大数据平台安全建设示意图

14.2.2 大数据安全面临的安全挑战

1.隐私泄露风险

从个人隐私的角度而言，用户在互联网中产生的数据具有累积性和关联性，单点信息可能不会暴露隐私，但如果采用大数据关联性抽取和集成有关该用户的多点信息并进行汇聚分析，其隐私泄露风险将大大增加，其关联性利用类似于现实生活中的“人肉搜索”将某人或事物暴露。

从企业、政府等大的角度而言，大数据安全标准体系尚不完善，隐私保护技术和相关法律法规尚不健全，加之大数据所有权和使用权出现分离，使得数据公开和隐私保护很难做到友好协调，数据的合法使用者在利用大数据技术收集、分析和挖掘有价值信息的同时，攻击者也同样可以利用大数据技术最大限度地获取他们想要的信息，这无疑增加了企业和政府敏感信息泄露的风险。

从大数据基础技术的角度而言，无论是被公认为大数据标准开源软件的 Hadoop，还是大数据依托的数据库基础 NOSQL，其本身均存在数据安全隐患。Hadoop 作为一个分布式系统架构对数据的汇聚增加数据泄露风险的同时，作为一个云平台也存在着云计算面临的访问控制问题，其派生的新数据也面临加密问题。NOSQL 技术将不同系统、不同应用和不同活动的数据进行关联，加大了隐私泄露风险，又由于数据的多元非结构化，使得企业很难对其中的敏感信息进行定位和保护。

2.大数据成为黑客攻击的目标和手段

大数据自身规模大且集中的特点使得其在网络空间中无疑是一个更易被“发现”“命中”的大目标，低成本、高收益的攻击效果对黑客而言是充满诱惑力的。

此外，大数据也成为黑客的攻击手段，黑客除了获取用户或其他组织机构的敏感信息之外，也可以对这些信息进行篡改、伪造、重放，通过控制关键节点放大攻击效果，或控制大量傀儡机发起传统单点攻击不具备的高数量级僵尸网络攻击。更甚者，利用大数据价值密度低的特征，将大数据作为 APT 攻击的载体，稀释 APT 攻击代码携带的安全分析工具所需的价值点，或误导安全厂商或安全分析工具进行安全监测的方向。若将该手段与 0day 漏洞结合利用，后果将不堪设想。

3.大数据对信息安全的合规性要求

大数据时代，出现数据拥有权和使用权分离，数据经常脱离数据拥有者的控制范围活跃着，这就对数据需求合规性和用户授权合规性提出了新的要求，包括数据形态和转移方式的合规性。数据需求方为精准开展一个业务要求数据拥有者提供原始敏感数据或未脱敏的统计类数据，显然这有违背信息安全的本意。就算数据需求遵循最小级原则，对数据的提供未超出合理范围，用户授权仍是数据服务的前提，包括转移数据使用的目的、范围、方式以及授权信息的保存等各个环节。

在对信息安全提出合规性要求的同时，引入第三方的标准符合性审查服务似乎也很必要。如通过针对数据提供者和接受者双方的审查，包括文档资料安全规范的审查、技术辅助现场审查，在供方和需方之间做扫描和数据检测，提供第三方公平的数据安全审查服务。

4.大数据时代下数据安全保护需求外延扩展

首先，大数据时代，数据被众多联网设备、应用软件所采集，数据来源广泛，数据种类多样，如何保证所采集的数据真实可信以及对输入数据进行完整性校验，变得至关重要，若利用虚假数据进行分析处理，将影响结果的正确性，甚至造成重大决策失误。其次，海量多源数据在大数据平台汇聚，来自多个用户的数据可能存储在同一个数据池中，并分别被不同用户使用，要在看不见他人数据内容的前提下对数据进行加工利用，即实现数据“可用不可见”，必须强化数据隔离和访问控制，否则将引发数据泄露风险。再者，大数据技术促使数据生命周期由传统的单链条逐渐演变成为复杂多链条形态，增加了共享、交易等环节，且数据应用场景和参与角色愈加多样化，使得数据安全需求外延扩展。此外，利用大数据技术对海量数据进行挖掘分析所得结果可能包含涉及国家安全、经济运行、社会治理等敏感信息，需要对分析结果的共享和披露加强安全管理，一旦泄露，将威胁国家安全与社会稳定。

5.大数据技术应用使隐私保护和公民权益面临严重威胁

大数据场景下无所不在的数据收集技术、专业多样的数据处理技术，使用户很难确保自己的个人信息被合理收集、使用与清除，进而削弱了用户对其个人信息的自决权利。同时，大数据资源开放和共享的诉求与个人隐私保护存在天然矛盾，为追求最大化数据价值，滥用个人信息几乎是不可避免的，使个人隐私处于危险境地。此外，利用大数据技术进行深度关联分析、挖掘，可以从看似与个人信息不相关的数据中获得个人隐私，个人信息的概念就此泛化，保护难度直线上升。进一步，大数据技术可能引发自动化决策带来的“数字歧视”等社会公平性问题，例如针对特定个人施加标签以划分等级或进行价格歧视等差别化待遇，侵害公民合法权益。

6.大数据技术创新演进使传统网络安全技术面临严峻挑战

首先，大数据存储、计算和分析等关键技术的创新演进带动信息系统软硬件架构的全新变革，可能在软件、硬件、协议等多方面引入未知的漏洞隐患，而现有安全防护技术无法抵御未知漏洞带来的安全风险。其次，现有大数据平台大多基于 Hadoop 框架进行二次开发，缺乏有效的安全机制，其安全保障能力仍然比较薄弱。再者，传统网络环境下，网络安全边界相对清晰，而由于大数据技术采用底层复杂、开放的分布式存储和计算架构，使得大数据环境下安全边界变模糊，传统基于边界的安全防护技术不再适用。此外，大数据技术发展催生出新型高级的网络攻击手段，例如针对大数据平台的高级持续性威胁(advanced persistent threat，APT)攻击和大规模分布式拒绝服务(distributed denial of service，DDoS)攻击时有发生，导致传统检测、防御技术无法有效抵御外界攻击。

14.2.3 电子政务大数据安全面临的挑战

政务大数据覆盖行业范围广泛、数据结构多样、关联关系复杂，而且涉及大量个人隐私数据、国家敏感数据等重要数据，因此在开展政务大数据应用的同时，数据和平台安全尤为重要。电子政务大数据面临的安全风险和挑战主要包括：

1.平台安全

大数据平台是政府使用数据资源的基础平台，平台安全是保障政府安全可靠利用数据资源的基础。大数据平台除了面临传统的恶意代码、攻击软件套件、物理损坏与丢失等安全威胁外，由于自身架构要根据政府业务需求和安全要求变化不断改进，因而产生传统的身份认证、数据加密手段适用性问题。

2.服务安全

构建基于互联网的一体化公共服务平台，面向公众提供基于大数据的便民服务，是落实国家推进国家治理体系和治理能力现代化、建设服务型政府要求的重要任务。基于互联网建设的政务在线服务窗口，是政务大数据为社会公众服务的重要组成部分，便捷的互联网应用环境下，在提质增优公共服务的同时也为便民服务带来严峻的安全挑战，需要应对基于 Web 的攻击、Web 应用程序攻击/注入攻击、拒绝服务攻击、网络钓鱼、用户身份盗窃等威胁，抵御信息泄露、网络瘫痪、服务中断等安全风险。

3.数据安全

各部门在开展业务和对政务大数据进行开发利用的同时，数据自身安全非常重要，涉及数据生命周期各阶段相关的数据采集、数据传输、数据存储、数据处理、数据交换、数据销毁等活动。政府部门数据公开、行业间以及行业内部数据平台化共享时的数据安全，是迫切需要解决的问题，是大数据资源实现开放共享、相关“数据掘金”应用得以发展的关键。

4.数据确权问题

政务数据的所有权、使用权、管理权涉及多个部门，特别是政府授权社会资本方搭建的公共服务系统所产生的数据，涉及个人隐私、国家经济命脉，在进行大数据分析中，必须做到权责分明，厘清数据权属关系，防止数据流通过程中的非法使用，保障数据安全流通。但是，目前数据权属仍缺乏法律支撑，数据使用尤其跨境流动所产生的安全风险日益凸显。

5.APT 攻击防御

APT 是黑客针对客户所发动的网络攻击和侵袭行为，是一种蓄谋已久的“恶意网络间谍威胁”。这种行为往往经过长期地经营与策划，并具备高度的隐蔽性。APT 攻击以窃取核心资料为目的，对政府部门大数据应用产生重大安全威胁，因此必须在政务大数据中高度防范此类攻击。

14.2.4　健康医疗大数据安全面临的挑战

作为典型的实践科学，医学中有很多知识来源于经验积累。而目前经验积累的最直接、客观的体现就是“数据”。因此，利用健康医疗过程中产生的海量数据，开发其潜在价值，使其助力健康医疗事业的发展，成为医疗行业、技术研发领域等相关有识之士共同努力的目标。健康医疗大数据在促进业务发展的同时，面临的安全挑战主要表现在：

1.数据权属不清

健康医疗大数据起源于个人患者本身，那么数据权属到底是属于个人还是产生数据的医疗机构一直没有定论；另外，第三方机构在原始数据基础上挖掘延伸出的新数据，其归属权也没有明确规定。

2.应用复杂性高

目前各地区和机构在进行健康医疗领域信息化建设时大都根据自身需求建立独立的信息系统，这些信息系统架构各异、数据格式不同，导致数据在安全共享、交换和处理时的复杂度大幅提升。

3.个人隐私保护难

健康医疗数据中包含特别敏感的个人隐私信息，必须依法进行管控和保护；对涉及健康医疗数据的管理要以相应的法律法规做指导，在进行健康医疗数据的收集、存储、挖掘等应用时，需要解决个人隐私保护的难题。

14.2.5 电商行业大数据安全面临的挑战

电商行业作为基于互联网技术衍生的新型业务，积累了大量商家数据、买家数据、商品数据，以及在买卖交易过程中产生的订单数据、交易数据和用户行为数据等。借助大数据技术发展契机，电商行业也开始了大数据时代的转型。电商行业基于长期积累的海量数据，开始在不同业务方向利用大数据技术分析、挖掘数据价值。电商行业大数据在促进业务发展的同时，相应的安全挑战也随之浮现，主要表现在：

1.数据权属不清

电商业务的开展主要包括电商平台、商家和消费者三方，电商业务产生的数据如何划分其所有权、控制权和使用权，是在电商业务中合理使用数据的前提。当前电商业务的大数据应用中，通常利用电商平台对数据进行分析，也存在商家或商家授权独立软件提供商使用商家数据进行分析的情况，在权利归属不明确的情况下，责任的归属也难以界定，相关数据安全难以保障。

2.大数据聚合分析风险

电商业务的大数据应用涉及对消费者相关的数据分析，虽然可以通过隐私保护政策、用户授权协议的形式获取相关数据的使用合法授权，而且在对电商业务分析的过程中也会采用匿名化处理的方式，保证用户的个人信息安全。但是，在对大数据加工计算的过程中，如何保障不因为大数据的聚合分析而再次出现“去匿名化”，即敏感隐私数据会“复现”，这依然是亟待解决的难题。

3.数据版权保护

电商生态圈内的数据流动和共享较为普遍，目前主要通过法律协议方式约束对数据的使用。但由于缺乏有效的数据版权保护技术手段及措施，难以甄别是否存在超出范围的数据扩散或使用问题。

4.数据跨境安全

目前国家大力支持跨境电商业务，而跨境电商业务必然涉及数据的跨境问题。不同国家和地区的数据保护法规对数据跨境流动的要求存在差异性，比如俄罗斯明确提出俄罗斯公民的数据应在俄罗斯境内更新后方可传到海外进行处理；欧盟则扩大了数据保护法律适用的管辖范围。这些法规将给跨境电商企业带来高昂的合规成本，制约了跨境电子商务的发展。如何处理数据跨境安全合规与跨境电商战略发展的矛盾，是亟待解决的难题。

14.2.6　电信行业大数据安全面临的挑战

电信运营商拥有大量的数据资源，如网络信息、用户终端信息、用户位置信息等，同时电信行业近年来利用大数据进行深度挖掘分析，将丰富的网络、用户等数据资源加工抽取后封装为服务，向客户提供。大数据给电信行业带来新的发展机遇，电信运营商借助已有的数据积累优势，不断发展大数据应用，但同时数据的集中管理、数据对外开放等新技术特点和业务新形态应用，也使电信行业大数据面临新的安全风险和挑战，主要包括：

1.供应链安全

通信数据在移动网络设备中产生，而这些设备是由多家供应商提供。同时，存在大数据平台系统第三方供给代建设、代维护等问题，在特定阶段，部分设备的操作权在供应商手中，这意味着供应链的各环节存在安全风险。

2.数据集中管理

在大数据业务应用发展的驱动下，电信运营商的数据由原来的各系统分散存储转变为大数据平台集中存储模式，大数据资源的安全风险更加集中，一旦发生安全事件将涉及海量客户信息及公司数据资产。

3.平台组件开源

大数据平台多使用开源软件，这些软件设计初衷主要考虑高效数据处理，缺乏安全性保障，滞后于电信业务发展的安全防护能力，存在安全隐患。

4.敏感数据共享

在电信运营商内部信息系统建设相对分散，敏感数据跨部门、跨系统共享留存比较常见，其中一旦存在系统安全防护措施不当，均可能发生敏感数据泄漏，造成“一点突破，全网皆失”的严重后果。

14.2.7　大数据安全面临的机遇

1.大数据为基于异常的入侵检测提供支撑

传统的入侵检测机制基于签名库，即黑名单，显然该机制不可检测 0day 漏洞，而基于异常即白名单的检测机制将有效弥补该缺陷。异常的鉴定需借助机器学习，而大量数据的机器学习则需要大数据技术对海量多元数据进行分析和处理从而更高效地刻画网络异常。大数据为基于异常的入侵检测提供新的可能性。

2.大数据技术为信息安全提供新支撑

2012 年 Gartner 安全和风险管理峰会上，Gartner 公司副总裁 Neil Mac Donald 预测，到 2016 年，40%的企业(以银行、保险、医药和国防行业为主)将积极地对至少 10TB 数据进行分析，以找出潜在危险的活动。Gartner 还认为，由于 APT 攻击崛起，大数据分析成为很多企业信息安全部门迫切需要解决的问题。传统安全防御措施很难检测高级持续性攻击，因为这种攻击与之前的恶意软件模式完全不同。

不过，事情总有两面性，大数据便于黑客攻击的同时，智能分享平台和大数据分析应对 APT 攻击的方式在安全厂商中的声音越来越响。

既然 APT 攻击很难被检测出来，企业必须先确定正常、非恶意的活动，才能尽早确定企业的网络和数据是否受到了攻击。这需要颠覆很多以往关于网络和信息安全的观念，例如，搞清楚攻击是如何发起的，会造成什么影响，继而根据分析结果建立安全模型并非易事，要建立合理的模型进行检测和记录。APT 攻击建模不只是针对一个攻击包或者某一个威胁架构，而是针对大范围的数据；为了精准地描述威胁特征，建模的过程可能耗费几个月甚至几年时间，企业需要耗费大量人力、物力、财力成本，才能达到目的。大数据分析将作为解决各种高端攻击的有效方法，例如，针对大数据潜伏时间长、难以被检测的问题，安全厂商不只进行单点检测，而对一段时间内的数据进行关联检测。针对 0day 漏洞的攻击可能在当时无法被发现，但是通过检测能力的不断提升，在二次检测的时候便能够被检测出来。再如，弗雷斯特研究公司创建的零信任安全模型，基于安全访问、准入控制和全程检测记录三大原则，预先在企业部署网络分析与可见性工具，可以有效提高发现此类攻击的能力。

对大数据进行分析的数据仓库需要具备高度可扩展性、高性能、高度容错性、支持易购环境、较低分析延迟、成本较低、易于兼容等特性，基本目标是要以低投入获得高效分析的能力。

大数据对于安全问题是一把双刃剑，结果取决于技术的使用者及其目的。大数据的安全问题是一种自身的对抗与博弈，这也是安全问题本身固有的特点。

14.3 大数据安全的应对策略

面对大数据时代严峻复杂的安全问题，亟需采取针对性的手段措施，构建大数据安全保障体系，为大数据产业健康发展保驾护航。

1.加强大数据安全立法，明确数据安全主体责任

推动出台电信和互联网行业数据安全保护指导意见，严格规范网络数据的收集、存储、使用和销毁等行为，落实数据生命周期各环节的安全主体责任。立足大数据技术和业务发展现状，进一步细化完善个人信息保护规定，并从严制定相关具体规定或条款，以有效应对当前大数据应用引发的个人信息安全风险。

2.抓住数据利用和共享合作等关键环节，加强数据安全监管执法

定期开展数据安全监督检查，督促企业加强数据安全风险评估，对发现的问题及时整改。对企业的个人信息开发利用、数据外包服务的使用、数据共享合作等行为加强安全监管，推行合同范本明确相关主体安全义务和责任。督促企业加强数据安全监测预警，提升突发事件应急处置能力。加大数据安全事件行政执法力度，依法依规对相关涉事企业违法行为进行严厉处罚。

3.强化技术手段建设，构建大数据安全保障技术体系

基于大数据时代形势特点，建立健全数据安全防护体系，加强数据防攻击、防泄露、防窃取等安全防护技术手段建设，强化数据安全监测、预警、控制和应急处置能力，构建大数据安全保障技术体系。鼓励企业、机构研究开发同态加密、多方安全计算等前沿数据安全保护技术，同时推动数据脱敏、数据审计、数据备份等技术手段在大数据环境下的增强应用，提升大数据环境下数据安全保护水平。

4.建立信息系统安全事件监测机制，及时发现信息系统安全问题

在运维阶段，诸如如何及时发现异常行为、如何判断该用户是否被控制或穿了马甲、如何处理服务器出现的大量外连上传行为等问题很频繁。因此，政企用户需要建立一套有效的安全事件监控和预警措施，以能够在信息系统即将遭到攻击或已经遭到攻击时，快速、准确地发现攻击行为，并迅速启动处置和应急机制；同时可以对信息系统的安全事件进行综合分析，了解当前整体系统的安全态势，为整体网络与信息安全规划提供有效的数据支持。

5.预先防范，提前做好安全性检查，全面提升主动检测能力

Web 应用的安全性成为越来越需要关注的问题，有近 40%的入侵是由于 Web 应用的问题造成的。Applied Research 发表的一份调查报告表明，企业反馈超过一半的最频繁的攻击是针对 Web 应用的。这些攻击中有一半都出现在著名的“OWASP 十大威胁”名单中。面对这些持续而频繁的攻击，政企用户需要进行定期的安全检查，及时主动发现信息系统中存在的安全漏洞及潜在威胁。

6.提高安全事件的响应和处理能力

监控中发现的问题，以及在安全检查中对自身脆弱性的了解，为应急响应的处理提供了依据，同时依据自身及行业特点，建立安全知识库。鉴于目前多数政企单位并不具备独立处理安全事件的技术实力，政府单位需要专业安全服务厂商提供安全事件的预警、响应和必要的技术支持，以提高政企单位信息部门的安全事件响应与处理能力。

7.通过强大的综合分析能力，为信息部门提供数据参考和决策支持

应随时了解信息系统的运行情况和安全状况、安全态势，在海量数据的基础上，对安

全事件和安全态势进行综合分析，得出宏观的规律和各类不同事件相互联系的规律，为信息部门提供强有力的数据参考和决策支持。

14.4 大数据平台安全解决方案

14.4.1 Hadoop 大数据平台安全问题分析

最初的 Hadoop 在开发时考虑的是功能优先，因此没有过多的考虑安全问题，没有安全管控方案，没有用户/服务的身份认证，也没有数据的隐私考虑，而且集群中的任意用户均可以向集群提交作业任务。随着业务发展的需求，Hadoop 增加了审计和授权的机制(主要是 HDFS 文件的访问权限和 ACL)，但因为依旧缺乏身份验证机制，所以早期的安全方案很容易被恶意用户使用身份伪装的方式轻易绕过，大数据平台的安全一直令人顾虑。相对于庞大的 Hadoop 集群，传统的安全管控方案愈发显得不足，主要存在以下问题。

(1)善意的用户偶尔也会犯错(如：误操作导致大量数据被删除)。

(2)任意用户、程序均可以通过 Hadoop 客户端或编程方式访问到 Hadoop 集群内的全部数据，因为 HDFS 中用户身份可以随意申明而且无检查机制，如图 14.2 所示。

```
[hack@edgeNode3 ~]$ HADOOP_USER_NAME=hdfs hadoop fs -rm -r /some/important/data
```

图 14.2 HDFS 中用户身份可随意申明

(3)任意用户均可以向集群提交任务、查看其他人的任务状态、修改任务优先级甚至强行“杀死”别人正在运行的程序，因为 MapReduce 任务没有身份验证和授权的概念。

随着 Hadoop 大数据平台应用的广泛性和重要性日渐提高，安全问题又被众多组织机构提上议程，然而 Hadoop 大数据平台的安全确实是相当复杂的问题，因为涉及的组件非常之多、技术非常之复杂，以及数据量、计算规模都非常大，Hadoop 大数据平台需要的是一个能满足众多组件且能横向扩展的安全管控方案。

2009 年，Yahoo 在 Hadoop 安全管控上提出了系统而全面的解决思路，作出了实质性的贡献；2013 年，Intel 牵头启动了开源项目“Project Rhino”，致力于为 Hadoop 生态组件安全和数据安全提供增强能力的保证。通过 Hadoop 社区众多贡献者的共同努力，目前已经提供了一套可以解决上述问题的基本解决方案，主要是通过引入 Kerberos，配置防火墙、基础的 HDFS 权限和 ACLS 实现。Kerberos 其实并不是建设 Hadoop 集群必备，而是更贴近操作系统层面的一套身份验证系统，且其搭建以及与 Hadoop 服务整合的配置工作还是非常复杂的，因而在易用性方面一直没有能够获得比较好的效果，这也使得该 Hadoop 的安全管控方案在行业内实践依旧很少。缺少有效身份验证的安全解决方案(Kerberos)而只剩下防火墙、HDFS 权限和 ACLS 的管控方案是不足以提供安全保证的，恶意用户只要可以穿透防火墙，就可以使用身份伪装的方式任意读取集群中的数据，这些安全隐患包括但不限于以下 9 条。

(1) 未授权的用户可以通过 RPC 或 HTTP 访问 HDFS 上的文件，并可以在集群内执行任意代码。

(2) 未授权的用户可以直接使用相应的流式数据传输协议直接对 DataNode 中的文件块进行读写操作。

(3) 未授权的用户可以私下为自己授权从而可以向集群的任意队列提交任务、修改其他用户任务的优先级，甚至删除其他用户的任务。

(4) 未授权的用户可以通过 HTTP shuffle protocol 直接访问一个 Map 任务的中间输出结果。

(5) 一个任务可以通过操作系统的接口访问其他正在运行的任务，或直接访问运行任务所在节点(一般是一台 DataNode)的本地磁盘数据。

(6) 未授权用户可以截获其他用户客户端和 DataNode 通信的数据包。

(7) 一个程序或节点可以伪装成 Hadoop 集群内部的服务，如：NameNode、DataNode 等。

(8) 恶意用户可以使用其他用户身份向 Oozie 提交任务。

(9) 由于 DataNode 自身没有文件概念(只有数据块的概念)，恶意用户可以无视集群的 HDFS 文件权限和 ACLS 而直接读取 DataNode 中的任意数据块。

综上所述，传统的 Hadoop 平台建设优先考虑的是功能和性能，对于安全问题没有重点考虑，这给恶意用户留下了利用安全漏洞的机会，对于善意用户也留下了错误操作影响超预期的隐患。虽然 Hadoop 行业领先企业、开源社区都提出了一些安全管控的方案，但实际上工业界普及率仍然很低，安全问题依旧需要引起重视。

14.4.2　Hadoop 大数据平台安全问题解决方法

Hadoop 是一个分布式系统，它允许我们存储大量的数据，还可以并行处理数据。因为支持多租户服务，不可避免地会存储用户相关的敏感数据，如个人身份信息或财务数据。对于企业用户而言，其 Hadoop 大数据平台存储的海量数据往往也包含了用户相关的敏感数据，这些数据仅可以对有权限的真实用户可见，因此需要强大的认证和授权。

Hadoop 生态系统由各种组件组成，需要保护所有其他 Hadoop 生态系统组件。这些 Hadoop 组件一般都会被最终用户直接访问或被 Hadoop 核心组件内部(HDFS 和 Map-Reduce)访问。2009 年，Yahoo 团队选择使用 Kerberos 作为 Hadoop 平台的身份验证方案，为 Hadoop 大数据平台的安全管控方案提供了坚实的基础，从此 Hadoop 生态系统的安全管控突飞猛进。我们尝试着将每个生态系统组件的安全性和每个组件的安全解决方案做一次系统的梳理，每个组件都有自己的安全挑战，需要采取特定的方案并根据需求进行正确配置才可以确保安全。

Hadoop 大数据平台安全问题主要在两方面有体现：第一，对内部 Hadoop 大数据平台需要支持多租户安全，确保用户的身份是可信的且具备细粒度的访问权限控制，保证操作不能相互影响，数据是安全隔离的；第二，对外部 Hadoop 大数据平台需要支持禁止匿名用户访问，禁止恶意窃取用户信息，确保用户的操作都是被审计的，有据可查，保证用户数据是被加密的，避免泄露数据导致信息被窃取。针对上述 Hadoop 大数据平台安全的两大方面的问题，解决时需要针对其全部组件，并从身份验证、访问授权、数据加密和操作审计四个方向给出解决方案。

1.身份验证

身份验证指验证访问系统的用户标识。Hadoop 提供 Kerberos 作为主身份验证。最初，SASL/GSSAPI 用于实现 Kerberos，并通过 RPC 连接相互验证用户、应用程序和 Hadoop 服务。Hadoop 还支持 HTTP Web 控制台的“Pluggable”身份验证，意味着 Web 应用程序和 Web 控制台的实现者可以为 HTTP 连接实现自己的身份验证机制，这包括但不限于 HTTPSPNEGO 身份验证。Hadoop 组件支持 SASL 框架，RPC 层可以根据需要选择 SASLDigest-MD5 认证或 SASLGSSAPI/Kerberos 认证，详细如下：

(1) HDFS：NameNode 和 DataNode 之间的通信通过 RPC 连接，并在它们之间执行相互 Kerberos 认证。

(2) YARN：支持 Kerberos 身份验证、SASLDigestMD5 身份验证以及 RPC 连接上的委派令牌身份验证。

(3) HBase：支持通过 RPC、HTTP 的 SASLKerberos 客户端安全认证。

(4) Hive：支持 Kerberos 和 LDAP 认证，也支持通过 ApacheKnox 的认证。

(5) Pig：使用用户票据将作业提交到 Hadoop，因此，不需要任何额外的 Kerberos 安全认证，但在启动 Pig 之前，用户应该使用 KDC 进行身份验证并获取有效的 Kerberos 票据。

(6) Oozie：可以为 Web 客户端提供 KerberosHTTP 简单和受保护的 GSSAPI 协商机制 (SPNEGO) 身份验证，当客户端应用程序想要向远程服务器进行身份验证，但不能确定要使用的身份验证协议时，将使用 SPNEGO 协议。

(7) ZooKeeper：在 RPC 连接上支持 SASLKerberos 身份验证。

(8) Hue：提供 SPENGO 身份验证、LDAP 身份验证，现在还支持 SAMLSSO 身份验证。

Hadoop 认证涉及多个数据流：KerberosRPC 认证机制用于用户认证、应用程序和 Hadoop 服务；HTTPSPNEGO 认证用于 Web 控制台，以及使用委托令牌。委托令牌是用户和 NameNode 之间用于认证用户的双方认证协议，它比 Kerberos 使用的三方协议更加简单而且运行效率更高，Oozie、HDFS、MapReduce 均支持委托令牌。

2.访问授权

授权是为用户或系统指定访问控制权限的过程。Hadoop 中，访问控制是遵循 UNIX 权限模型的、基于文件的权限模型来实现的，具体如下：

(1) HDFS：NameNode 基于用户、用户组的文件权限对 HDFS 中文件进行访问控制。

(2) YARN：为作业队列提供 ACL，定义哪些用户或组可以将作业提交到队列，以及哪些用户或组可以更改队列属性。

(3) HBase：提供对表和列族的用户授权，使用协处理器来实现用户授权。协处理器就像 HBase 中的数据库触发器，它们在前后拦截了对表的任何请求，目前 HBase 还支撑对单元级别超细粒度访问控制。

(4) Hive：可以依赖 HDFS 的文件权限进行控制，也可以使用类似于 SQL 的方式实现对数据库、数据表甚至字段级别超细粒度的访问控制。

(5) Pig：使用 ACL 为作业队列提供授权。

(6) Oozie：提交的任务的权限依赖 YARN 定义的任务队列提交的权限控制。

(7) ZooKeeper：提供使用节点 ACL 的授权。

(8) Hue：通过文件系统权限提供访问控制；它还提供作业队列的 ACL。

尽管 Hadoop 可以设置为通过用户和组权限和访问控制列表(ACL)执行访问控制，但这可能不足以满足每个企业的需要，因为各个组件均有自己的一套管控体系导致管控入口分散，各个组件管控的具体操作方式也各异，导致运维实施操作时复杂度高。因此一般的会采用一些集成的解决方案，将访问授权以集中的、可视化的方式封装起来，降低运维操作的复杂度，提升效率，这些解决方案包括：ApacheRanger、ClouderaSentry 等。

3.数据加密

加密确保用户信息的机密性和隐私性，并且保护 Hadoop 中的敏感数据。Hadoop 是在不同的机器上运行的分布式系统，这意味着数据在网络上定期传输是不可避免的，而且对于数据挖掘的需求会要求这些数据持续不断地写入到集群。数据写入或读出集群时，称为运动的数据，数据保存在集群内部时，称为静止的数据，全面的数据加密方案需要同时兼顾运动的数据加密和静止的数据加密，常见的数据加密保护策略包括以下两条：

(1) 运动的数据加密保护策略：在数据传输到 Hadoop 系统和从 Hadoop 系统读出数据时，可以使用简单认证和安全层(SASL)认证框架用于在 Hadoop 生态系统中加密运动中的数据。SASL 安全性保证客户端和服务器之间交换的数据，并确保数据不会被“中间人”读取。SASL 支持各种身份验证机制，例如 DIGESTMD5、CRAM-MD5 等。

(2) 静止的数据加密保护策略：静止的数据可以通过两种方案加密。方案一：在数据存储到 HDFS 之前，首先对整个数据文件进行加密，然后再将加密后的文件写入 HDFS 中。在这种方法中，每个 DataNode 中的数据块不能被单独解密，只有全部 DataNode 中全部的数据块被读取出来后，才可以进行解密。方案二：在 HDFS 层面对每一个数据块进行加密，这个操作对于文件写入方是无感知的，是 HDFS 底层静默进行加密处理的。

Hadoop 组件对于数据加密的支持如下：

(1) HDFS：支持各种通道的加密功能，如 RPC、HTTP 和数据传输协议等，可支持对运动的数据进行加密保护；Hadoop 也支持对于静止数据的加密保护，可以通过 Hadoop 加密编解码器框架和加密编解码器实现。

(2) YARN：不存储数据，因此不涉及数据加密。

(3) HBase：支持使用基于 SASL 框架的 RPC 操作提供对运动的数据进行加密；目前暂不提供对静止数据加密的解决方案，但可以通过定制加密技术或第三方工具来实现。

(4) Hive：目前官方暂不提供数据加密解决方案的数据，但可以通过定制加密技术或第三方工具来实现。

(5) Pig：支持使用 SASL 对运动的数据进行加密；目前暂不提供对静止数据加密的解

决方案，但可以通过定制加密技术或第三方工具来实现。

(6) Oozie：支持使用 SSL/TLS 对运动的数据进行加密；目前暂不提供对静止数据加密的解决方案，但可以通过定制加密技术或第三方工具来实现。

(7) ZooKeeper：目前官方暂不提供数据加密解决方案的数据，但可以通过定制加密技术或第三方工具来实现。

(8) Hue：支持使用 HTTPS 对运动的数据进行加密，目前暂不提供对静止数据加密的解决方案，但可以通过定制加密技术或第三方工具来实现。

4.操作审计

Hadoop 集群托管敏感信息，此信息的安全对于企业安全使用大数据至关重要。即便做了比较完善的安全管控，但仍然存在未经授权的访问或特权用户的不适当访问而发生安全漏洞的可能性。因此为了满足安全合规性要求，我们需要定期审计整个 Hadoop 生态系统，并部署或实施一个执行日志监视的系统，详细如下：

(1) HDFS：提供对用户访问 HDFS 执行操作行为的审计支持。

(2) YARN：提供对用户任务提交、资源用量和资源队列操作等行为的审计支持。

(3) HBase：提供对用户访问 HBase 执行操作行为的审计支持。

(4) Hive：通过 Metastore 提供对用户访问 Hive 执行操作行为的审计支持。

(5) Pig：目前官方暂不提供审计的功能，但可以通过定制加开发或第三方工具来实现。

(6) Oozie：通过 Oozie 日志文件提供对用户执行的分布式任务调度信息的审计支持。

(7) ZooKeeper：目前官方暂不提供审计的功能，但可以通过定制开发或第三方工具来实现。

(8) Hue：通过 Hue 日志文件提供对用户使用 Hue 执行操作行为的审计支持。

对于官方不提供内置审计日志记录的 Hadoop 组件，行业内一般通过自定义开发日志记录并结合日志采集工具(例如：Flume、Scribe 和 LogStash 等开源工具)实现审计日志数据接入到大数据平台中，然后依托于按需采集的日志，搭建适合企业内部的日志管理系统，用以支持集中式日志记录和审核。

综上所述，Hadoop 安全问题目前在身份验证、访问授权、数据加密和操作审计四个主要方向上均有可用解决方案或待实现的解决思路，对于大数据平台用户应该合理分析自己的应用场景来明确安全保障等级，对于平台使用到的组件不应该存在安全短板，具体的：在多租户场景下，用户的身份验证和访问授权是至关重要的；在数据敏感场景下，数据传输中的动态加密和数据存储时的静态加密均需考虑；在有问题追责体系或用量计量需求时，操作审计是必需具备的安全管控能力，但在实际生产环境中实践显示操作审计对于性能有一定的影响，且审计日志体量较大，需要做好评估和优化设计。

14.4.3 Hadoop 大数据平台安全技术方案

大数据平台的开源社区在致力于开发更高性能、更稳定的大数据组件的同时，也致力于解决平台安全这个重要问题，随着发行版 Hadoop 的日趋成熟，目前行业领先的 Cloudera

和 Hortonworks 等 Hadoop 发行厂商也支持开源社区并输出了一些比较成熟而先进的组件产品和技术方案。

这些 Hadoop 平台安全技术方案正致力于覆盖更全面的 Hadoop 平台组件，均从大数据平台安全管控的身份验证、访问授权、数据加密和操作审计这四个方向对应设计出了安全管控产品，具备安全能力保障和安全能力易用两大特性。具体的，这些技术方案可分如下几类：

(1) Hadoop 平台安全技术管控核心：集中化的安全管控。

(2) Hadoop 平台安全技术对平台应用方更友好的封装：集群边界安全管控。

(3) Hadoop 平台安全技术对平台运维方更友好的封装：自动化安全管控。

1.集中化安全管控

早期没有集中化安全管控工具时，Hadoop 大数据平台的安全管理问题对于运维团队相当不友好(图 14.3)。

(1) 管控入口零散：不同的技术组件具备不同的管控指令和语法，管控工作繁琐且效率低。

(2) 缺少可视化界面：全部的技术组件仅支持命令行式的配置、查询操作方式，管控工作复杂且出错概率高。

```
[hdfsOp@adminNode ~]$ hdfs dfs -setfacl /hdfs/path/to/file ... ...
[hbaseOp@adminNode ~]$ grant user <permissions> table ... ...
[hiveOp@adminNode ~]$ GRANT <priv_type> ON <table_name> TO USER <username>
```

图 14.3　传统大数据平台安全管控方式

通过集中化安全管控组件，可以大幅度降低大数据平台安全管控的复杂度和工作量。

1) ApacheSentry

ApacheSentry 是 Cloudera 公司发布的一个 Hadoop 开源组件，它提供了细粒度级、基于角色的授权以及多租户的管理模式。该项目于 2016 年 3 月孵化成果，目前属于 Apache 顶级项目之一。ApacheSentry 目前是 Cloudera 发行版 Hadoop(CDH)使用的集中化安全管控组件。其定位为集中化提供 Hadoop 大数据平台的组件权限管控，设计目标为：

(1) 为授权用户对于数据和元数据的访问需求提供细粒度的、基于角色的控制(RBAC，role-basedaccesscontrol)；

(2) 企业级别的大数据安全管控标准；

(3) 提供统一的权限策略管控方式；

(4) 插件化和高度模块化。

截止到版本 v1.7.0 已经支持的组件包括：HDFS、Hive、其他(Solr、Kafka、Impla)。ApacheSentry 架构设计上支持高可用，单点故障不影响正常服务。但是目前 ApacheSentry 支持的 Hadoop 相关组件数量仍然不多，不支持基于属性标签的权限控制方案，不支持 Hadoop 相关组件的操作行为审计。

2) ApacheRanger

ApacheRanger 是 Hortonworks 发布的一个 Hadoop 开源组件，它解决了 Hadoop 平台各个服务安全管理各自为政的现状，打造了一个集中统一的管理界面，为所有服务提供权限管理、日志审计等。ApacheRanger 目前是 Hortonworks 发行版 Hadoop(HDP)使用的集中化安全管控组件。其定位为集中化提供 Hadoop 大数据平台的组件权限管控并为相关组件提供审计能力，设计目标为：

(1)通过 WebUI 或 RESTAPIs 的方式提供集中化的安全管控能力；

(2)集中式的管理工具提供细粒度的操作和使用行为管控；

(3)对于 Hadoop 相关技术组件提供标准化的授权管理方案；

(4)增强支持不同的权限管控方案，如：基于角色的管控和基于属性标签(Tag)的管控；

(5)支持 Hadoop 相关技术组件的用户操作和维护行为的集中审计。

截止到版本 0.7.0 已经支持的组件包括：YARN、HDFS、Hive、HBase、其他(Solr、Kafka、Knox、Storm、NiFi)。ApacheRanger 目前支持的组件较为丰富，且提供了统一的审计能力。但是目前 ApacheRanger 的高可用能力暂不完善，单点故障时虽然不影响 Hadoop 相关组件的权限判断和用户使用，但此时是无法提供访问权限变更服务的。

2.集群边界安全管控

大数据平台的安全解决方案虽然可以显著提升集群的安全性，但对于运维团队来说面向多租户场景的运维存在一定的复杂性和工作量，对于开发团队来说，基于 Kerberos 的身份验证也存在着一些编程开发的门槛。因此集群边界安全管控方案被提出，对于运维团队仅须关注集群内部，无须将部署细节对外公布，对于开发团队来说，通过边界网管集中式访问各种 Hadoop 相关服务，大幅度简化了开发的复杂性。

1) ApacheKnox

ApacheKnox 是一个开源的 HadoopGateway，其目的是简化和标准化发布和实现安全的 Hadoop 集群，对于 Kerberos 化的集群，它可以对使用者屏蔽与复杂的 Kerberos 交互，只需要专注于通过集中式的 RESTAPIs 访问 Hadoop 相关的服务。具体的，ApacheKnox 支持用户身份验证、单点登录、服务级别的授权控制和审计功能，配合合理配置的网络安全策略和 Kerberos 化的 Hadoop 集群，ApacheKnox 可以提供企业级别的 RESTAPIGateway 服务。

(1)可与企业现有的用户身份管理方案快速集成；

(2)保护集群的部署细节，对终端用户无须保留集群的主机、端口号等信息，减少安全隐患；

(3)简化开发团队需要交互的服务数量，无须和众多 Hadoop 相关组件直接交互，仅需要与 ApachKnox 交互即可。

截止到版本 0.12.0 已经支持的组件包括：

(1)服务：Ambari、HDFS、HBase、HCatalog、Oozie、Hive、YARN、Storm；

(2) WebUI：NameNodeUI、JobHistoryUI、OozieUI、HBaseUI、YARNUI、SparkUI、AmbariUI、RangerAdminConsole。

ApacheKnox 还处于快速发展的过程中，Hortonworks 发行版 Hadoop(HDP)已经对其提供了较为完善的支持，可以支持一键安装，其余 Hadoop 发行版使用时仍需自行做相关适配工作。

3.自动化安全管控

1)ApacheAmbari

ApacheAmbari 是一个用于创建、管理、监视 Hadoop 集群的开源工具，它是一个让 Hadoop 以及相关的大数据软件更容易使用的一个工具；Ambari 对于大数据平台的安全支持良好，提供了一键式、可视化的 Kerberos 化 Hadoop 集群的功能。截止到版本 2.5.0，对于安全管控方面，ApacheAmbari 提供了以下功能。

(1)可视化、自动化的 Kerberos 化 Hadoop 集群操作；

(2)ApacheRanger 一键安装和配置；

(3)ApacheKnox 一键安装和配置。

ApacheAmbari 主要由 Hortonworks、IBM、Pivotal、Infosys 等公司支持开发，得益于开源社区的力量，其发展速度相当之快，目前是相当成熟的 Hadoop 集群管控工具。目前主要存在的问题是界面友好性较弱，在自动化部署配置时错误日志显示不精确(不便于定位到问题根本原因)，出现问题后缺少自动回滚能力(停留在配置中间状态需要人工修复)。

2)ClouderaManager

ClouderaManager 是一个定位与 ApacheAmbari 一致的产品，是 Cloudera 公司开发的用于支持其自有发行版 Hadoop(CDH)的管理工具，其开发投产时间要早于 ApacheAmbari 约 3 年，因此在产品的完善程度、用户界面友好程度较为领先。

截止到版本 5.10.1，对于安全管控方面，ClouderaManager 提供了以下功能：

(1)可视化、自动化的 Kerberos 化 Hadoop 集群操作；

(2)ApacheSentry 一键安装和配置。

ClouderaManager 为 Cloudera 公司闭源开发的产品，仅支持与其发行版 Hadoop 配套使用，由于没有采用开源路线，对于缺陷、新功能、修改意见等均无法像 ApacheAmbari 那样得到快速响应，使用时需要为 License 付费且不支持二次开发。目前主要存在的问题是缺少集群边界安全管控的支持。

综上所述，目前工业界和开源社区已经具备基本可用的 Hadoop 安全技术方案，可以实现基本的安全管控能力。在构建安全的大数据平台时，建议选择集中化安全管控工具和自动化安全管控工具来实现安全管控，对于希望降低大数据平台用户使用门槛和运维管理维护工作量的需求，可以考虑引入集群边界安全管控工具。但总体而言，目前的安全技术方案在开箱即用能力、稳定性和易用性上并不完善，一般需要投入一定的定制化开发、适配工作，并在平台的运营管理流程方面需要有针对性地做好规范，避免平台运维者和使用者之间因分工模糊、流程紊乱而产生冲突和问题。

14.4.4 在 Hadoop 中保护大数据安全的 9 个技巧

1.在启动大数据项目之前要考虑安全问题

不应该等到发生数据突破事件之后再采取保证数据安全的措施。组织的 IT 安全团队和参加大数据项目的其他人员在向分布式计算(Hadoop)集群安装和发送大数据之前应该认真地讨论安全问题。

2.考虑要存储什么数据

在计划使用 Hadoop 存储和运行要提交给监管部门的数据时，可能需要遵守具体的安全要求。即使所存储的数据不受监管部门的管辖，也要评估风险，如果个人身份信息等数据丢失，造成的风险将包括信誉损失和收入损失。

3.责任集中

现在，企业的数据可能存在于多个机构的竖井之中和数据集中。集中的数据安全的责任可保证在所有这些竖井中强制执行一致的政策和访问控制。

4.加密静态和动态数据

在文件层增加透明的数据加密。SSL(安全套接层)加密能够在数据在节点和应用程序之间移动时保护大数据。安全研究与顾问公司 Securosis 的首席技术官和分析师阿德里安·莱恩(Adrian Lane)称，文件加密解决了绕过正常的应用安全控制的两种攻击方式。在恶意用户或者管理员获得数据节点的访问权限和直接检查文件的权限以及可能窃取文件或者不可读的磁盘镜像的情况下，加密可以起到保护作用。这是解决一些数据安全威胁的节省成本的途径。

5.把密钥与加密的数据分开

把加密数据的密钥存储在加密数据所在的同一台服务器中等于是锁上大门，然后把钥匙悬挂在锁头上。密钥管理系统允许组织安全地存储加密密钥，把密钥与要保护的数据隔离开。

6.使用 Kerberos 网络身份识别协议

企业需要明确什么人和流程可以访问存储在 Hadoop 中的数据。这是避免流氓节点和应用进入集群的一种有效的方法。莱恩说，这能够帮助保护网络控制接入，使管理功能很难被攻破。我们知道，设置 Kerberos 比较困难，验证或重新验证新的节点和应用可以发挥作用。但是，没有建立双向的信任，欺骗 Hadoop 允许恶意应用进入这个集群或者接受引进的恶意节点是很容易的。这个恶意节点以后可以增加、修改或者提取数据。Kerberos 协议是可以控制的最有效的安全控制措施。Kerberos 建立在 Hadoop 基础设施中，因此，建议使用它。

7.使用安全自动化

企业是在处理一个多节点环境，因此，部署的一致性是很难保证的。Chef 和 Puppet 等自动化工具能够帮助企业更好地使用补丁、配置应用程序、更新 Hadoop 栈、收集可信赖的机器镜像、证书和平台的不一致性等信息。事先建立这些脚本需要一些时间，但是，以后会得到减少管理时间的回报，并且额外地保证每一个节点都有基本的安全。

8.向 Hadoop 集群增加记录

大数据很自然地适合收集和管理记录数据。许多网站公司开始使用大数据专门管理记录文件。为什么不向现有的集群增加记录呢？这会让企业观察到什么时候出现的故障或者是否有人以为企业已经被黑客攻破了。记录 MR 请求和其他集群活动是很容易并且可以稍微提高存储和处理需求的一项措施。并且，当有需要的时候，这些数据是不可或缺的。

9.节点之间以及节点与应用之间采用安全通信

要做到这一点，需要部署一个 SSL/TLS(安全套接层/传输层安全)协议保护企业的全部网络通信，而不是仅仅保护一个子网。就像许多云服务提供商一样，Cloudera 等 Hadoop 提供商已经在做这件事。如果设置上没有这种能力，就需要把这些服务集成到应用栈中。

本 章 小 结

本章介绍了大数据安全所面临的问题和解决方案。大数据安全关乎个人、企业乃至国家的信息安全。通过本章的学习，可以对大数据安全有全面的了解，以及如何应对不同行业的大数据安全问题。本章着重介绍了大数据平台安全解决方案，通过提升大数据处理平台的安全机制，从而在大数据处理过程中有效的保护数据的安全。大数据安全是大数据处理技术生命周期中时刻重视的问题，只有提升大数据的安全性，才能实现对大数据的可持续开发和利用。

思 考 题

1.试描述大数据安全的现状。
2.大数据安全面临哪些威胁？
3.电子政务大数据安全面临哪些挑战？
4.大数据安全的应对策略是什么？
5.Hadoop 大数据平台怎么解决安全问题？

参 考 文 献

柴黄琪, 苏成. 2010. 基于 HDFS 的安全机制设计. 计算机安全, (12): 22-25.

陈丽, 黄晋, 王锐. 2018. Hadoop 大数据平台安全问题和解决方案的综述. 计算机系统应用, 27(1): 1-9.

陈文捷, 蔡立志. 2016. 大数据安全及其评估. 计算机应用与软件, 33(4): 34-38.

邓谦. 2013. 基于 Hadoop 的云计算安全机制研究. 南京: 南京邮电大学.

范艳. 2016. 大数据安全与隐私保护. 电子技术与软件工程, (1): 227.

冯登国, 张敏, 李昊. 2014. 大数据安全与隐私保护. 计算机学报, 37(1): 246-258.

金松昌, 方滨兴, 杨树强, 等. 2010. 基于 Hadoop 的网络安全日志分析系统的设计与实现//全国计算机安全学术交流会论文集・第二十五卷.

李英. 2016. Hadoop 保护大数据安全 9 个技巧. 计算机与网络, 42(1): 59.

王建民, 金涛, 叶润国. 2017. 《大数据安全标准化白皮书(2017)》解读. 信息技术与标准化, (8): 40-43.

王倩, 朱宏峰, 刘天华. 2013. 大数据安全的现状与发展. 计算机与网络, 39(16): 66-69.

王玉龙, 曾梦岐. 2014. 面向 Hadoop 架构的大数据安全研究. 信息安全与通信保密, (7): 83-86.

魏凯敏, 翁健, 任奎. 2016. 大数据安全保护技术综述. 网络与信息安全学报, 2(4): 1-11.

吴世忠. 2016. 把握大数据安全 推动大数据发展. 中国信息安全, (5): 65-67.

Adluru P, Datla S S, Zhang X. 2015. Hadoop ecosystem for big data security and privacy//Systems, Applications and Technology Conference. IEEE: 1-6.

Kshetri N. 2014. Big data's impact on privacy, security and consumer welfare. Telecommunications Policy, 38(11): 1134-1145.

Walker S J. 2014. Big data: a revolution that will transform how we live, work, and think. Mathematics & Computer Education, 47(17): 181-183.

Zhao J, Wang L, Jie T, et al. 2014. A security framework in G-Hadoop for big data computing across distributed Cloud data centres. Journal of Computer & System Sciences, 80(5): 994-1007.

第15章　应 用 案 例

15.1　日 志 分 析

Web 日志包含着网站最重要的信息，通过日志分析，我们可以知道网站的访问量、哪个网页访问人数最多、哪个网页最有价值等。一般中型的网站(10W 的 PV 以上)每天会产生 1G 以上 Web 日志文件。大型或超大型的网站，可能每小时就会产生 10G 的数据量。对于日志的这种规模的数据，用 Hadoop 进行日志分析，是最适合不过的了。

15.1.1　日志分析概述

Web 日志由 Web 服务器产生，可能是 Nginx、Apache、Tomcat 等。从 Web 日志中，我们可以获取网站每类页面的 PV 值(PageView，页面访问量)、独立 IP 数；稍微复杂一些的，可以计算得出用户所检索的关键词排行榜、用户停留时间最高的页面等；更复杂的，构建广告点击模型、分析用户行为特征等。

在 Web 日志中，每条日志通常代表着用户的一次访问行为，例如图 15.1 是一条 nginx 日志。

```
222.68.172.190--[18/Sep/2013：06：49：57+0000]“GET/images/my.jpg HTTP/1.1”20019939
“http：//www.angularjs.cn/A00n”“Mozilla/5.0(Windows NT6.1)
AppleWebKit/537.36(KHTML，like Gecko)Chrome/29.0.1547.66Safari/537.36”
```

图 15.1　一条日志示例

拆解为以下 8 个变量

(1)remote_addr：记录客户端的 ip 地址，222.68.172.190。

(2)remote_user：记录客户端用户名称。

(3)time_local：记录访问时间与时区，[18/Sep/2013：06：49：57+0000]。

(4)request：记录请求的 url 与 http 协议，“GET/images/my.jpg HTTP/1.1”。

(5)status：记录请求状态，成功是(200，200)。

(6)body_bytes_sent：记录发送给客户端文件主体内容大小，19939。

(7)http_referer：记录从哪个页面链接访问过来的，“http：//www.angularjs.cn/A00n”。

(8)http_user_agent：记录客户浏览器的相关信息，“Mozilla/5.0(Windows NT6.1) AppleWebKit/537.36(KHTML，like Gecko)Chrome/29.0.1547.66Safari/537.36”。

当数据量每天以 10G、100G 增长的时候，单机处理能力已经不能满足需求。我们就需要增加系统的复杂性，用计算机集群、存储阵列来解决。在 Hadoop 出现之前，海量数据存储和海量日志分析都是非常困难的。只有少数一些公司，掌握着高效的并行计算、分步式计算、分步式存储的核心技术。

Hadoop 的出现，大幅度地降低了海量数据处理的门槛，让小公司甚至是个人都能够搞定海量数据。并且，Hadoop 非常适用于日志分析系统。

15.1.2 需求分析

某电子商务网站，在线团购业务。每日 PV 数 100w，独立 IP 数 5w。通常在工作日上午 10：00～12：00 和下午 15：00～18：00 访问量最大。日间主要是通过 PC 端浏览器访问，休息日及夜间通过移动设备访问较多。网站搜索流量占整个网站的 80%，PC 用户中不足 1%的用户会消费，移动用户中有 5%会消费。

通过简短的描述，我们可以粗略地看出这家电商网站的经营状况，并认识到愿意消费的用户从哪里来，有哪些潜在的用户可以挖掘，网站是否存在倒闭风险等。

15.1.3 算法模型

并行算法的设计(图 15.2)：找到第一节有定义的 8 个变量。

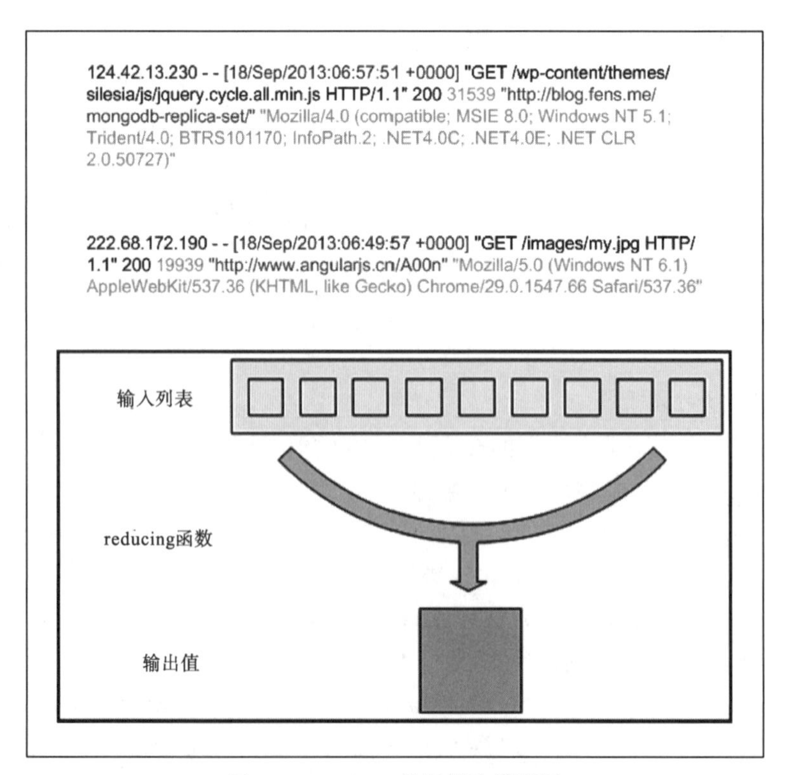

图 15.2 Hadoop 并行算法模型图

✧ PV(PageView)：页面访问量统计

Map 过程{key：$request，value：1} Reduce 过程{key：$request，value：求和(sum)}

✧ IP：页面独立 IP 的访问量统计

Map：{key：$request，value：$remote_addr} Reduce：{key：$request，value：去重再求和(sum(unique))}

✧ Time：用户每小时 PV 的统计

Map：{key：$time_local，value：1} Reduce：{key：$time_local，value：求和(sum)}

✧ Source：用户来源域名的统计

Map：{key：$http_referer，value：1} Reduce：{key：$http_referer，value：求和(sum)}

✧ Browser：用户的访问设备统计

Map：{key：$http_user_agent，value：1} Reduce：{key：$http_user_agent，value：求和(sum)}

15.1.4　架构设计

图 15.3 中，左边是 Application 业务系统，右边是 Hadoop 的 HDFS，MapReduce。

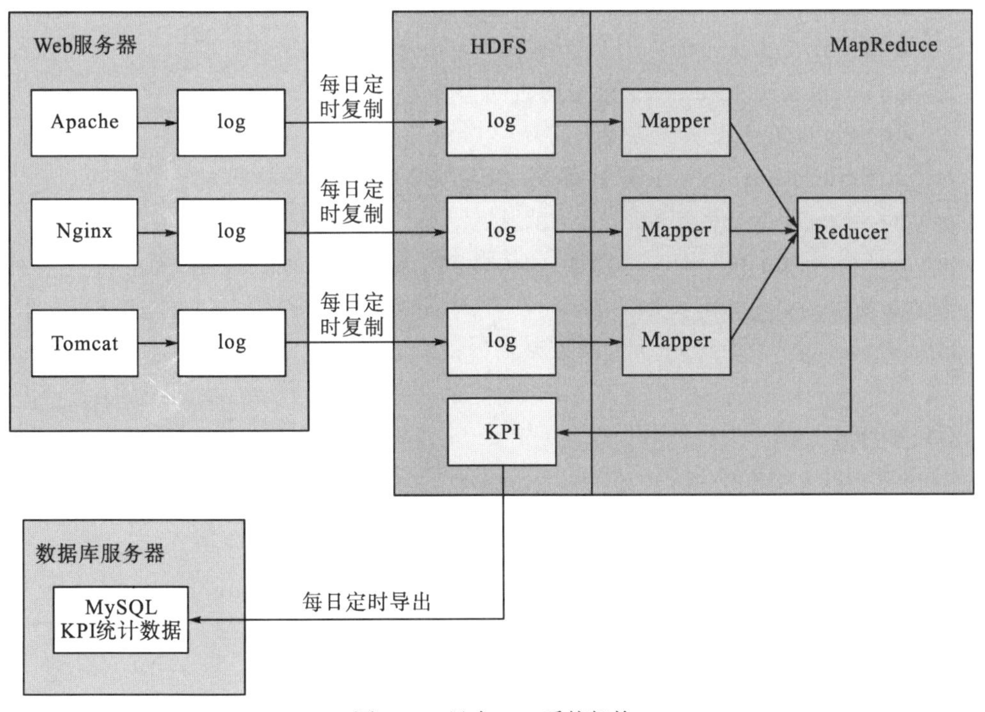

图 15.3　日志 KPI 系统架构

(1)日志是由业务系统产生的，我们可以设置 Web 服务器每天产生一个新的目录，目录下面会产生多个日志文件，每个日志文件 64M。

(2)设置系统定时器 CRON，夜间在 0 点后，向 HDFS 导入昨天的日志文件。

(3)完成导入后，设置系统定时器，启动 MapReduce 程序，提取并计算统计指标。

(4)完成计算后，设置系统定时器，从 HDFS 导出统计指标数据到数据库，方便以后的及时查询。

从图 15.3 中，我们可以清楚地看到，数据是如何流动的。蓝色背景的部分是在 Hadoop 中的，接下来我们的任务就是完成 MapReduce 的程序实现。

15.1.5 模型实现

- 用 Maven 构建 Hadoop 项目。
- MapReduce 程序实现。

(1)对日志行的解析；

(2)Map 函数实现；

(3)Reduce 函数实现；

(4)启动程序实现。

部分代码：

```
public class KPI{
    private String remote_addr; //记录客户端的 ip 地址
    private String remote_user; //记录客户端用户名称，忽略属性”-”
    private String time_local; //记录访问时间与时区
    private String request; //记录请求的 url 与 http 协议
    private String status; //记录请求状态；成功是 200
    private String body_bytes_sent; //记录发送给客户端文件主体内容大小
    private String http_referer; //用来记录从那个页面链接访问过来的
    private String http_user_agent; //记录客户浏览器的相关信息
    private boolean valid=true; //判断数据是否合法

    @Override
    public String toString() {
        StringBuilder sb=new StringBuilder();
        sb.append(“valid: ”+this.valid);
        sb.append(“\nremote_addr: ”+this.remote_addr);
        sb.append(“\nremote_user: ”+this.remote_user);
        sb.append(“\ntime_local: ”+this.time_local);
```

```
        sb.append( “\nrequest： ” +this.request)；
        sb.append( “\nstatus： ” +this.status)；
        sb.append( “\nbody_bytes_sent： ” +this.body_bytes_sent)；
        sb.append( “\nhttp_referer： ” +this.http_referer)；
        sb.append( “\nhttp_user_agent： ” +this.http_user_agent)；
        return sb.toString()；
    }

    public static void main(String args[]) {
            String line= “222.68.172.190--[18/Sep/2013：06：49：57+0000]\” GET/images
/my.jpg HTTP/1.1\” 20019939\” http：//www.angularjs.cn/A00n\” \” Mozilla/5.0(Windows
NT6.1)AppleWebKit/537.36(KHTML，like Gecko)Chrome/29.0.1547.66Safari/537.36\” “；
            System.out.println(line)；
            KPI kpi=new KPI()；
            String[]arr=line.split( “ “)；

            kpi.setRemote_addr(arr[0])；
            kpi.setRemote_user(arr[1])；
            kpi.setTime_local(arr[3].substring(1))；
            kpi.setRequest(arr[6])；
            kpi.setStatus(arr[8])；
            kpi.setBody_bytes_sent(arr[9])；
            kpi.setHttp_referer(arr[10])；
            kpi.setHttp_user_agent(arr[11]+ “ “+arr[12])；
            System.out.println(kpi)；

            try{
                SimpleDateFormat df=new SimpleDateFormat( “yyyy.MM.dd：HH：mm：
ss” ，Locale.US)；
                System.out.println(df.format(kpi.getTime_local_Date()))；
                System.out.println(kpi.getTime_local_Date_hour())；
                System.out.println(kpi.getHttp_referer_domain())；
            }catch(ParseException e) {
                e.printStackTrace()；
            }
        }
}
```

下面将分别介绍 MapReduce 的实现类：

PV：org.conan.myhadoop.mr.kpi.KPIPV.java.

IP：org.conan.myhadoop.mr.kpi.KPIIP.java.

Time：org.conan.myhadoop.mr.kpi.KPITime.java.

Browser：org.conan.myhadoop.mr.kpi.KPIBrowser.java.

✧ 以 PV 指标为例，新建文件 org.conan.myhadoop.mr.kpi.KPIPV.java

```
public class KPIPV{

    public static class KPIPVMapper extends MapReduceBase implements Mapper{
        private IntWritable one=new IntWritable(1);
        private Text word=new Text();

        @Override
        public void map(Object key, Text value, OutputCollector output, Reporter
reporter) throws IOException{
            KPI kpi=KPI.filterPVs(value.toString());
            if(kpi.isValid()){
                word.set(kpi.getRequest());
                output.collect(word, one);
            }
        }
    }

    public static class KPIPVReducer extends MapReduceBase implements Reducer{
        private IntWritable result=new IntWritable();

        @Override
        public void reduce(Text key, Iterator values, OutputCollector output, Reporter
reporter) throws IOException{
            int sum=0;
            while(values.hasNext()){
                sum+=values.next().get();
            }
            result.set(sum);
            output.collect(key, result);
        }
```

```
    }

    public static void main(String[] args) throws Exception{
        String input= "hdfs: //192.168.1.210: 9000/user/hdfs/log_kpi/" ;
        String output= "hdfs: //192.168.1.210: 9000/user/hdfs/log_kpi/pv" ;

        JobConf conf=new JobConf(KPIPV.class);
        conf.setJobName( "KPIPV" );
        conf.addResource( "classpath: /hadoop/core-site.xml" );
        conf.addResource( "classpath: /hadoop/hdfs-site.xml" );
        conf.addResource( "classpath: /hadoop/mapred-site.xml" );

        conf.setMapOutputKeyClass(Text.class);
        conf.setMapOutputValueClass(IntWritable.class);

        conf.setOutputKeyClass(Text.class);
        conf.setOutputValueClass(IntWritable.class);

        conf.setMapperClass(KPIPVMapper.class);
        conf.setCombinerClass(KPIPVReducer.class);
        conf.setReducerClass(KPIPVReducer.class);

        conf.setInputFormat(TextInputFormat.class);
        conf.setOutputFormat(TextOutputFormat.class);

        FileInputFormat.setInputPaths(conf, new Path(input));
        FileOutputFormat.setOutputPath(conf, new Path(output));

        JobClient.runJob(conf);
       System.exit(0);
    }
}
```

✧　在程序中会调用 KPI 类的方法

```
KPI kpi=KPI.filterPVs(value.toString());
```

通过 filterPVs 方法，我们可以实现对 PV 更多的控制。

✧ 在 KPK.java 中，增加 filterPVs 方法

```
/**
 *按 page 的 pv 分类
 */
public static KPI filterPVs(String line){
    KPI kpi=parser(line);
    Set pages=new HashSet();
    pages.add("/about");
    pages.add("/black-ip-list/");
    pages.add("/cassandra-clustor/");
    pages.add("/finance-rhive-repurchase/");
    pages.add("/hadoop-family-roadmap/");
    pages.add("/hadoop-hive-intro/");
    pages.add("/hadoop-ZooKeeper-intro/");
    pages.add("/hadoop-mahout-roadmap/");

    if(! pages.contains(kpi.getRequest())){
        kpi.setValid(false);
    }
    return kpi;
}
```

在 filterPVs 方法中，我们定义了一个 pages 的过滤，就是只对这个页面进行 PV 统计。

✧ 用 hadoop 命令查看 HDFS 文件

```
hadoop fs-cat/user/hdfs/log_kpi/pv/part-00000

/about          5
/black-ip-list/         2
/cassandra-clustor/         3
/finance-rhive-repurchase/         13
/hadoop-family-roadmap/         13
/hadoop-hive-intro/         14
/hadoop-mahout-roadmap/         20
/hadoop-ZooKeeper-intro/         6
```

这样我们就得到了刚刚日志文件中指定页面的 PV 值。指定页面，就像网站的站点地图一样，如果没有指定则所有访问链接都会被找出来，通过“站点地图”的指定，后面，其他的统计指标的提取思路和 PV 的实现过程都是类似的，可以更容易地找到我们所需要的信息。

15.2　电影推荐系统

推荐算法的目的之一就是利用用户的一些行为，通过一些数学算法，推测出用户可能喜欢的东西。

随着电子商务规模的不断扩大，商品数量和种类不断增长，用户对于检索和推荐提出了更高的要求。由于不同用户在兴趣爱好、关注领域、个人经历等方面的不同，以满足不同用户的不同推荐需求为目的、不同人可以获得不同推荐为重要特征的个性化推荐系统应运而生。

推荐系统成为一个相对独立的研究方向一般被认为始于 1994 年明尼苏达大学 GroupLens 研究组推出的 GroupLens 系统。该系统有两大重要贡献：一是首次提出了基于协同过滤(collaborative filtering)来完成推荐任务的思想；二是为推荐问题建立了一个形式化的模型。基于该模型的协同过滤推荐引领了推荐系统在今后十几年的发展方向。

目前，推荐算法已经被广泛集成到了很多商业应用系统中，比较著名的有 Netflix 在线视频推荐系统、Amazon 网络购物商城等。实际上，大多数的电子商务平台尤其是网络购物平台，都不同程度地集成了推荐算法，如淘宝、京东商城等。Amazon 发布的数据显示，亚马逊网络书城的推荐算法为亚马逊每年贡献近三十个百分点的创收。

15.2.1　常用的推荐算法

(1)基于人口统计学的推荐(demographic-based recommendation)：该方法所基于的基本假设是“一个用户有可能会喜欢与其相似的用户所喜欢的物品”。当我们需要对一个 User 进行个性化推荐时，利用 User Profile 计算其他用户与其之间的相似度，然后挑选出与其最相似的前 K 个用户，之后利用这些用户的购买和打分信息进行推荐。

(2)基于内容的推荐(content-based recommendation)：该方法所基于的基本假设是“一个用户可能会喜欢和他曾经喜欢过的物品相似的物品”。

(3)基于协同过滤的推荐(collaborative filtering-based recommendation)是指收集用户过去的行为以获得其对产品的显式或隐式信息，即根据用户对物品或者信息的偏好，发现物品或者内容本身的相关性，或用户的相关性，然后再基于这些关联性进行推荐。基于协同过滤的推荐可以分为基于用户的推荐(user-based recommendation)、基于物品的推荐(item-based recommendation)、基于模型的推荐(model-based recommendation)等子类。

15.2.2　ALS 算法

ALS 是 alternating least squares 的缩写，意为交替最小二乘法。该方法常用于基于矩阵分解的 A 推荐系统中。例如，将用户(user)对商品(item)的评分矩阵分解为两个矩阵：一个是用户对商品隐含特征的偏好矩阵，另一个是商品所包含的隐含特征的矩阵。在这个矩阵分解的过程中，评分缺失项得到了填充，也就是说我们可以基于这个填充的评分来给用户推荐商品。

由于评分数据中有大量的缺失项，传统的矩阵分解 SVD(奇异值分解)不方便处理这个问题，而 ALS 能够很好地解决这个问题。对于 $R(m\times n)$的矩阵，ALS 旨在找到两个低维矩阵 $X(m\times k)$和矩阵 $Y(n\times k)$，来近似逼近 $R(m\times n)$，即：$\tilde{R}=XY$，其中，$X\in R^{m\times d}$，$Y\in R^{d\times n}$，d 表示降维后的维度，一般 $d\ll r$，r 表示矩阵 R 的秩，$r\ll \min(m, n)$。

为了找到低维矩阵 X，Y 最大限度地逼近矩分矩阵 R，最小化下面的平方误差损失函数：

$$L(X,Y)=\sum_{u,i}(r_{ui}-x_u^{\mathrm{T}}y_i)^2 \tag{15.1}$$

为防止过拟合给式(15.1)加上正则项，公式改写为

$$L(X,Y)=\sum_{u,i}(r_{ui}-x_u^{\mathrm{T}}y_i)^2+\lambda(|x_u|^2+|y_i|^2) \tag{15.2}$$

其中，$X_u\in R^d$；$y_i\in R^d$；$1\leqslant u\leqslant m$；$1\leqslant i\leqslant n$；λ 是正则项的系数。

MLlib 的实现算法中有以下一些参数：

numBlocks 用于并行化计算的分块个数(-1 为自动分配)
rank 模型中隐藏因子的个数，也就是上面的 r
iterations 迭代的次数，推荐值：10～20
lambda 惩罚函数的因数，是 ALS 的正则化参数，推荐值：0.01
implicitPrefs 决定了是用显性反馈 ALS 的版本还是用适用隐性反馈数据集的版本
alpha 是一个针对于隐性反馈 ALS 版本的参数，这个参数决定了偏好行为强度的基准

15.2.3　隐性反馈 vs 显性反馈

基于矩阵分解的协同过滤的标准方法一般将用户商品矩阵中的元素作为用户对商品的显性偏好。在现实生活中的很多场景中，我们常常只能接触到隐性的反馈(例如游览、点击、购买、喜欢、分享等)。在 MLlib 中所用到的处理这种数据的方法来源于文献：*Collaborative filtering for implicit feedback datasets*(Hu et al.，2008)。本质上，这个方法将数据作为二元偏好值和偏好强度的一个结合，而不是对评分矩阵直接进行建模。因此，评价就不是与用户对商品的显性评分，而是和所观察到的用户偏好强度关联了起来。然后，这个模型将尝试找到隐语义因子来预估一个用户对一个商品的偏好。

以上的介绍带着浓重的学术气息，需要阅读更多的背景知识才能了解这些算法的奥秘。Spark MLlib 为我们提供了很好的协同算法的封装。当前 MLlib 支持基于模型的协同过滤算法，其中 user 和 product 对应上面的 user 和 item，user 和 product 之间有一些隐藏因子。MLlib 使用 ALS 来学习/得到这些潜在因子。

下面我们就以实现一个豆瓣电影推荐系统为例看看如何使用 Spark 实现此类推荐系统。以此类推，读者也可以尝试实现豆瓣图书、豆瓣音乐、京东电器商品推荐系统。

15.2.4　豆瓣数据集

一般学习 Spark MLlib ALS 会使用 movielens 数据集。这个数据集保存了用户对电影的评分。但是这个数据集对于国内用户来说有点不接地气，事实上国内有一些网站可以提供这样的数据集，比如豆瓣。但是豆瓣并没有提供一个公开的数据集，所以本书抓取了一些数据做测试。

✧ hot_movies.csv：这个文件包含了热门电影的列表，一共 166 个热门电影。格式为<movieID>，<评分>，<电影名>，如数据集分为两个文件：

```
1  20645098，8.2，小王子
2  26259677，8.3，垫底辣妹
3  11808948，7.2，海绵宝宝
4  26253733，6.4，突然变异
5  25856265，6.7，烈日迷踪
6  26274810，6.6，侦探：为了原点
```

✧ user_movies.csv：这个文件包含用户对热门电影的评价，格式为<userID>：<movieID>：<评分>

```
1  adamwzw，20645098，4
2  baka_mono，20645098，3
3  iRayc，20645098，2
4  blueandgreen，20645098，3
5  130992805，20645098，4
6  134629166，20645098，5
7  wangymm，20645098，3
```

可以看到，用户名并不完全是整数类型的，但是 MLlib ALS 算法要求 user、product 都是整型的，所以我们在编程的时候需要处理一下。有些用户只填写了评价，并没有打分，文件中将这样的数据记为-1。在 ALS 算法中，把它转换成 3.0，也就是及格的

60 分。虽然可能和用户的实际情况不相符，但是为了简化运算，本书在这里做了简化处理。用户的评分收集了大约 100 万条，实际用户大约 22 万。这个矩阵还是相当的稀疏。

◆ 注意这个数据集完全基于豆瓣公开的网页，不涉及任何个人的隐私。

15.2.5 模型实现

本系统使用 Scala 实现。首先读入这两个文件，得到相应的弹性分布数据集 RDD(第 7 行和第 8 行)。

第 10 行调用 preparation 方法，这个方法主要用来检查分析数据，得到数据集的一些基本的统计信息，还没有到协同算法那一步。

```
1object DoubanRecommender{
2   def main(args: Array[String]): Unit={
3     val sc=new SparkContext(new SparkConf().setAppName("DoubanRecommender"))
4     //val base="/opt/douban/"
5     val base=if(args.length>0) args(0) else "/opt/douban/"
6     //获取 RDD
7     val rawUserMoviesData=sc.textFile(base+"user_movies.csv")
8     val rawHotMoviesData=sc.textFile(base+"hot_movies.csv")
9     //准备数据
10    preparation(rawUserMoviesData, rawHotMoviesData)
11    println("准备完数据")
12    model(sc, rawUserMoviesData, rawHotMoviesData)
13  }
14  ......
15}
```

✧ 第 5 行和第 6 行打印 RDD 的 statCounter 的值，主要是最大值、最小值等。

✧ 第 9 行输出热门电影的第一个值。

```
1def preparation(rawUserMoviesData: RDD[String],
2                    rawHotMoviesData: RDD[String])={
3  val userIDStats=rawUserMoviesData.map(_.split(',')(0).trim).distinct().zipWithUniq
ueId().map(_._2.toDouble).stats()
4  val itemIDStats=rawUserMoviesData.map(_.split(',')(1).trim.toDouble).distinct().stats()
5  println(userIDStats)
```

```
6  println(itemIDStats)
7  val moviesAndName=buildMovies(rawHotMoviesData)
8  val(movieID，movieName)=moviesAndName.head
9  println(movieID+ “-> “+movieName)
10}
```

输出结果如下：

```
1(count：223239，mean：111620.188663，stdev：64445.607152，max：223966.000000，
min：0.000000)
2(count：165，mean：20734733.139394，stdev：8241677.225813，max：26599083.000000，
min：1866473.000000)
3  6866928->进击的巨人真人版：前篇
```

- 方法 buildMovies 读取 rawHotMoviesData，因为 rawHotMoviesData 的每一行是一条类似“20645098，8.2，小王子”的字符串，需要按照“，”分割，得到第一个值和第三个值。
-

```
1def buildMovies(rawHotMoviesData：RDD[String])：Map[Int，String]=
2  rawHotMoviesData.flatMap{line=>
3     val tokens=line.split('，')
4     if(tokens(0).isEmpty){
5        None
6     }else{
7        Some((tokens(0).toInt，tokens(2)))
8     }
9  }.collectAsMap()
```

我们使用这个 Map 可以根据电影的 ID 得到电影实际的名字。下面就重点看看如何使用算法建立模型：

```
1def model(sc：SparkContext,
2              rawUserMoviesData：RDD[String],
3              rawHotMoviesData：RDD[String])：Unit={
4     val moviesAndName=buildMovies(rawHotMoviesData)
5     val bMoviesAndName=sc.broadcast(moviesAndName)
6     val data=buildRatings(rawUserMoviesData)
```

```
7	val userIdToInt：RDD[(String，Long)]=
8	  data.map(_.userID).distinct().zipWithUniqueId()
9	val reverseUserIDMapping：RDD[(Long，String)]=
10	  userIdToInt map{case(l，r)=>(r，l)}
11	val userIDMap：Map[String，Int]=userIdToInt.collectAsMap().map{case(n，l)=>(n，l.toInt)}
12	val bUserIDMap=sc.broadcast(userIDMap)
13	val ratings：RDD[Rating]=data.map{r=>Rating(bUserIDMap.value.get(r.userID).
get，r.movieID，r.rating)}.cache()
14	//使用协同过滤算法建模
15	//val model=ALS.trainImplicit(ratings，10，10，0.01，1.0)
16	val model=ALS.train(ratings，50，10，0.0001)
17	ratings.unpersist()
18	println(“输出第一个 userFeature”)
19	println(model.userFeatures.mapValues(_.mkString(“，“)).first())
20	for(userID<-Array(100，1001，10001，100001，110000)){
21	checkRecommenderResult(userID，rawUserMoviesData，bMoviesAndName，reverse
UserIDMapping，model)
22	}
23	unpersist(model)
24	}
```

- 第 4 行到第 12 行是准备辅助数据，第 13 行准备好 ALS 算法所需的数据 RDD[Rating]。
- 第 16 行设置一些参数训练数据。这些参数可以根据下一节的评估算法挑选一个较好的参数集合作为最终的模型参数。
- 第 21 行是挑选几个用户，查看这些用户看过的电影，以及这个模型推荐给他们的电影。

```
1def checkRecommenderResult(userID：Int，rawUserMoviesData：RDD[String]，bMovies
AndName：Broadcast[Map[Int，String]]，reverseUserIDMapping：RDD[(Long，String)]，
model：MatrixFactorizationModel)：Unit={
2	val userName=reverseUserIDMapping.lookup(userID).head
3	val recommendations=model.recommendProducts(userID，5)
4	//给此用户的推荐的电影 ID 集合
5	val recommendedMovieIDs=recommendations.map(_.product).toSet
6	//得到用户点播的电影 ID 集合
7	val rawMoviesForUser=rawUserMoviesData.map(_.split('，')).
```

```
8        filter{case Array(user，_，_)=>user.trim==userName}
9     val existingUserMovieIDs=rawMoviesForUser.map{case Array(_，movieID，_)=>
movieID.toInt}.
10       collect().toSet
11    println(“用户”+userName+“点播过的电影名”)
12    //点播的电影名
13    bMoviesAndName.value.filter{case(id，name)=>existingUserMovieIDs.contains
(id)}.values.foreach(println)
14    println(“推荐给用户”+userName+“的电影名”)
15    //推荐的电影名
16    bMoviesAndName.value.filter{case(id，name)=>recommendedMovieIDs.contains
(id)}.values.foreach(println)
17  }
```

比如用户 yimiao 曾经点评过以下的电影：《有一个地方只有我们知道》《澳门风云 2》，则该模型为该用户推荐的电影有：《王牌特工》《速度与激情 7》。可以发现推荐的电影也均为爱情类和喜剧动作类。

15.2.6　模型应用

```
1def recommend(sc：SparkContext，
2                rawUserMoviesData：RDD[String]，
3                rawHotMoviesData：RDD[String]，
4                base：String)：Unit={
5     val moviesAndName=buildMovies(rawHotMoviesData)
6     val bMoviesAndName=sc.broadcast(moviesAndName)
7     val data=buildRatings(rawUserMoviesData)
8     val userIdToInt：RDD[(String，Long)]=
9        data.map(_.userID).distinct().zipWithUniqueId()
10    val reverseUserIDMapping：RDD[(Long，String)]=
11       userIdToInt map{case(l，r)=>(r，l)}
12    val userIDMap：Map[String，Int]=
13       userIdToInt.collectAsMap().map{case(n，l)=>(n，l.toInt)}
14    val bUserIDMap=sc.broadcast(userIDMap)
15    val bReverseUserIDMap=sc.broadcast(reverseUserIDMapping.collectAsMap())
16    val ratings：RDD[Rating]=data.map{r=>
17       Rating(bUserIDMap.value.get(r.userID).get，r.movieID，r.rating)
```

```
18    }.cache()
19    //使用协同过滤算法建模
20    //val model=ALS.trainImplicit(ratings, 10, 10, 0.01, 1.0)
21    val model=ALS.train(ratings, 50, 10, 0.0001)
22    ratings.unpersist()
23    //model.save(sc, base+" model")
24    //val sameModel=MatrixFactorizationModel.load(sc, base+ "model")
25    val allRecommendations=model.recommendProductsForUsers(5) map{
26       case(userID, recommendations)=>{
27         var recommendationStr= " "
28         for(r<-recommendations){
29           recommendationStr+=r.product+ ": " +bMoviesAndName.value.getOrElse(r.
product, " ")+ ", "
30         }
31         if(recommendationStr.endsWith( ", " ))
32           recommendationStr=recommendationStr.substring(0, recommendationStr.length-1)
33         (bReverseUserIDMap.value.get(userID).get, recommendationStr)
34         }
35    }
36    allRecommendations.saveAsTextFile(base+ "result.csv")
37    unpersist(model)
38  }
39
```

这里将推荐结果写入文件中，更实际的情况是把它写入 HDFS 中，或者将这个 RDD 写入关系型数据库中，如 Mysql、Postgresql，或者 NoSQL 数据库中，如 MongoDB、cassandra 等。这样我们就可以提供接口为指定的用户提供推荐的电影。

查看本例生成的推荐结果，下面是其中的一个片段，第一个字段是用户名，后面是五个推荐的电影(电影 ID：电影名字)

```
1 (god8knows，25986688：流浪者年代记，26582787：斗地主，24405378：王牌特工：特工学院，22556810：猛龙特囧，25868191：极道大战争)
2 (60648596，25853129：瑞奇和闪电，26582787：斗地主，3445457：无境之兽，3608742：冲出康普顿，26297388：这时对那时错)
3 (120501579，25856265：烈日迷踪，3608742：冲出康普顿，26275494：橘色，26297388：这时对那时错，25868191：极道大战争)
```

4 （xrzsdan，24405378：王牌特工：特工学院，26599083：妈妈的朋友，10440076：最后的女巫猎人，25868191：极道大战争，25986688：流浪者年代记）
5 （HoldonBoxer，10604554：躲藏，26297388：这时对那时错，26265099：白河夜船，26275494：橘色，3608742：冲出康普顿）
6 （46896492，1972724：斯坦福监狱实验，26356488：1944，25717176：新宿天鹅，26582787：斗地主，25919385：长寿商会）
7 （blankscreen，24405378：王牌特工：特工学院，26599083：妈妈的朋友，25955372：1980 年代的爱情，25853129：瑞奇和闪电，25856265：烈日迷踪）
8 （linyiqing，3608742：冲出康普顿，25868191：极道大战争，26275494：橘色，25955372：1980 年代的爱情，26582787：斗地主）
9 （1477412，25889465：抢劫，25727048：福尔摩斯先生，26252196：卫生间的圣母像，26303865：维多利亚，26276359：酷毙了）
10 （130875640，24405378：王牌特工：特工学院，25856265：烈日迷踪，25986688：流浪者年代记，25868191：极道大战争，25898213：军犬麦克斯）
11 （49996306，25919385：长寿商会，26582787：斗地主，26285777：有客到，25830802：对风说爱你，25821461：旅程终点）
12 （fanshuren，10604554：躲藏，26582787：斗地主，25856265：烈日迷踪，25843352：如此美好，26275494：橘色）
13 （sweetxyy，26582787：斗地主，25868191：极道大战争，3608742：冲出康普顿，25859495：思悼，22556810：猛龙特囧）

15.3　职位推荐系统

15.3.1　框架概述及需求分析

Mahout 框架包含了一套完整的推荐系统引擎、标准化的数据结构、多样的算法实现、简单的开发流程。Mahout 推荐的推荐系统引擎是模块化的，分为 5 个主要部分组成：数据模型、相似度算法、近邻算法、推荐算法、算法评分器。

案例介绍：

互联网某职业社交网站，主要产品包括个人简历展示页、人脉圈、微博及分享链接、职位发布、职位申请、教育培训等。

用户在完成注册后，需要完善自己的个人信息，包括教育背景、工作经历、项目经历、技能专长等信息。然后，告诉网站是否想找工作。当选择“是”（求职中），网站会从数据库中为你推荐你可能感兴趣的职位。

通过简短的描述，我们可以粗略地看出这家职业社交网站的定位和主营业务。核心点有 2 个：

(1)用户：尽可能多地保存有效完整的用户资料。

(2)服务：帮助用户找到工作，帮助猎头和企业找到员工。

因此，职位推荐引擎将成为这个网站的核心功能。

KPI 指标设计：

通过推荐带来的职位浏览量：职位网页的 PV(Page View)。

通过推荐带来的职位申请量：职位网页的有效转化。

15.3.2 算法模型设计

(1)2 个测试数据集：

✧ pv.csv：职位被浏览的信息，包括用户 ID、职位 ID。

(1)2 列数据：用户 ID、职位 ID(userid，jobid)。

(2)浏览记录：2500 条。

(3)用户数：1000 个。用户 ID：1～1000。

(4)职位数：200 个。职位 ID：1～200。

部分数据展示：

```
1，11
2，136
2，187
3，165
3，1
3，24
4，8
4，199
5，32
5，100
6，14
7，59
7，147
8，92
9，165
9，80
9，171
10，45
10，31
10，1
```

```
10，152
```

✧　job.csv：职位基本信息，包括职位 ID、发布时间、工资标准。

(1) 3 列数据：职位 ID、发布时间、工资标准(jobid，create_date，salary)。

(2) 职位数：200 个。职位 ID：1～200。

部分数据展示：

```
1，2013-01-24，5600
2，2011-03-02，5400
3，2011-03-14，8100
4，2012-10-05，2200
5，2011-09-03，14100
6，2011-03-05，6500
7，2012-06-06，37000
8，2013-02-18，5500
9，2010-07-05，7500
10，2010-01-23，6700
11，2011-09-19，5200
12，2010-01-19，29700
13，2013-09-28，6000
14，2013-10-23，3300
15，2010-10-09，2700
16，2010-07-14，5100
17，2010-05-13，29000
18，2010-01-16，21800
19，2013-05-23，5700
20，2011-04-24，5900
```

为了完成 KPI 的指标，我们把问题用“技术”语言转化一下：我们需要让职位的推荐结果更准确，从而增加用户的点击。

(1) 组合使用推荐算法，选出“评估推荐器”验证得分较高的算法。

(2) 人工验证推荐结果。

(3) 职位有时效性，推荐的结果应该是发布半年内的职位。

(4) 工资的标准，应不低于用户浏览职位工资平均值的 80%。

我们选择 UserCF、ItemCF、SlopeOne 3 种推荐算法，进行 7 种组合的测试。

```
userCF1：LogLikelihoodSimilarity+NearestNUserNeighborhood+GenericBooleanPrefUser
```

BasedRecommender
userCF2：CityBlockSimilarity+NearestNUserNeighborhood+GenericBooleanPrefUserBasedRecommender
userCF3：UserTanimoto+NearestNUserNeighborhood+GenericBooleanPrefUserBasedRecommender
itemCF1：LogLikelihoodSimilarity+GenericBooleanPrefItemBasedRecommender
itemCF2：CityBlockSimilarity+GenericBooleanPrefItemBasedRecommender
itemCF3：ItemTanimoto+GenericBooleanPrefItemBasedRecommender
slopeOne：SlopeOneRecommender

15.3.3 架构设计

图 15.4 中，左边是 Application 业务 3 系统，右边是 Mahout，下边是 Hadoop 集群。

(1)当数据量不太大，并且算法复杂时，直接选择用 Mahout 读取 CSV 或者 Database 数据，在单机内存中进行计算。Mahout 是多线程的应用，会并行使用单机所有系统资源。

(2)当数据量很大时，选择并行化算法(ItemCF)，首先将业务系统的数据导入到 Hadoop 的 HDFS 中，然后用 Mahout 访问 HDFS 实现算法，这时算法的性能与整个 Hadoop 集群有关。

(3)计算后的结果保存到数据库中，方便查询。

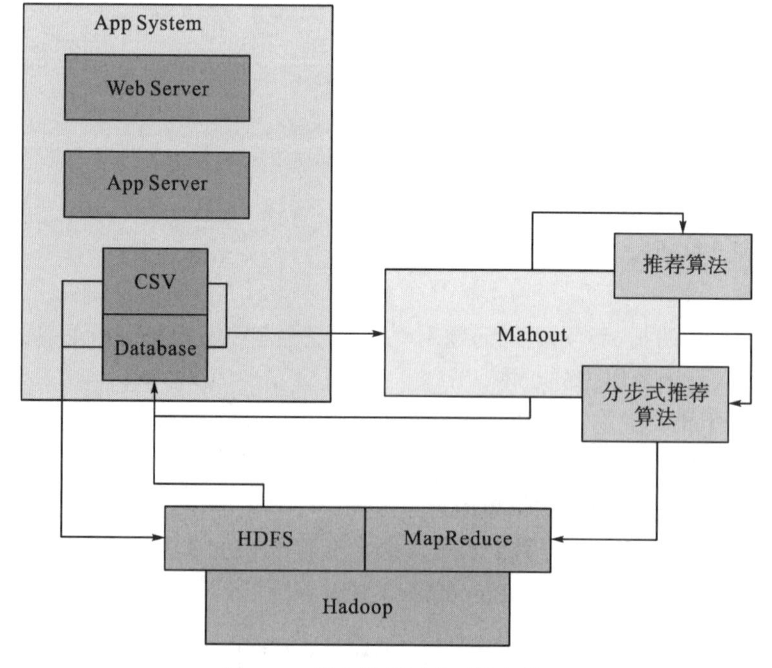

图 15.4 职位推荐引擎系统架构

15.3.4　基于 Mahout 的推荐算法实现

开发环境 mahout 版本为 0.8。新建 Java 类：

(1) RecommenderEvaluator.java，选出“评估推荐器”验证得分较高的算法。

```
public class RecommenderEvaluator{
    final static int NEIGHBORHOOD_NUM=2;
    final static int RECOMMENDER_NUM=3;
    public static void main(String[]args) throws TasteException, IOException{
        String file= "datafile/job/pv.csv";
        DataModel dataModel=RecommendFactory.buildDataModelNoPref(file);
        userLoglikelihood(dataModel);
        userCityBlock(dataModel);
        userTanimoto(dataModel);
        itemLoglikelihood(dataModel);
        itemCityBlock(dataModel);
        itemTanimoto(dataModel);
        slopeOne(dataModel);
    }
    }
```

运行结果，控制台输出：

```
userLoglikelihood
AVERAGE_ABSOLUTE_DIFFERENCE Evaluater Score: 0.2741487771272658
Recommender IR Evaluator: [Precision: 0.6424242424242422, Recall: 0.4098360655737705]
userCityBlock
AVERAGE_ABSOLUTE_DIFFERENCE Evaluater Score: 0.575306732961736Recommender
IR Evaluator: [Precision: 0.919580419580419, Recall: 0.4371584699453552]
userTanimoto
AVERAGE_ABSOLUTE_DIFFERENCE Evaluater Score: 0.5546485136181523
Recommender IR Evaluator: [Precision: 0.6625766871165644, Recall: 0.41803278688524603]
itemLoglikelihood
AVERAGE_ABSOLUTE_DIFFERENCE Evaluater Score: 0.5398332608612343
Recommender IR Evaluator: [Precision: 0.26229508196721296, Recall: 0.26229508196721296]
itemCityBlock
```

```
AVERAGE_ABSOLUTE_DIFFERENCE Evaluater Score：0.9251437840891661
Recommender IR Evaluator：[Precision：0.02185792349726776，Recall：0.02185792349726776]
itemTanimoto
AVERAGE_ABSOLUTE_DIFFERENCE Evaluater Score：0.9176432856689655
Recommender IR Evaluator：[Precision：0.26229508196721296，Recall：0.26229508196721296]
slopeOne
AVERAGE_ABSOLUTE_DIFFERENCE Evaluater Score：0.0
Recommender IR Evaluator：[Precision：0.01912568306010929，Recall：0.01912568306010929]
```

可视化“评估推荐器”输出如图 15.5 所示，UserCityBlock 算法评估的结果是最好的，基于 UserCF 的算法比 ItemCF 都要好，SlopeOne 算法几乎没有得分。

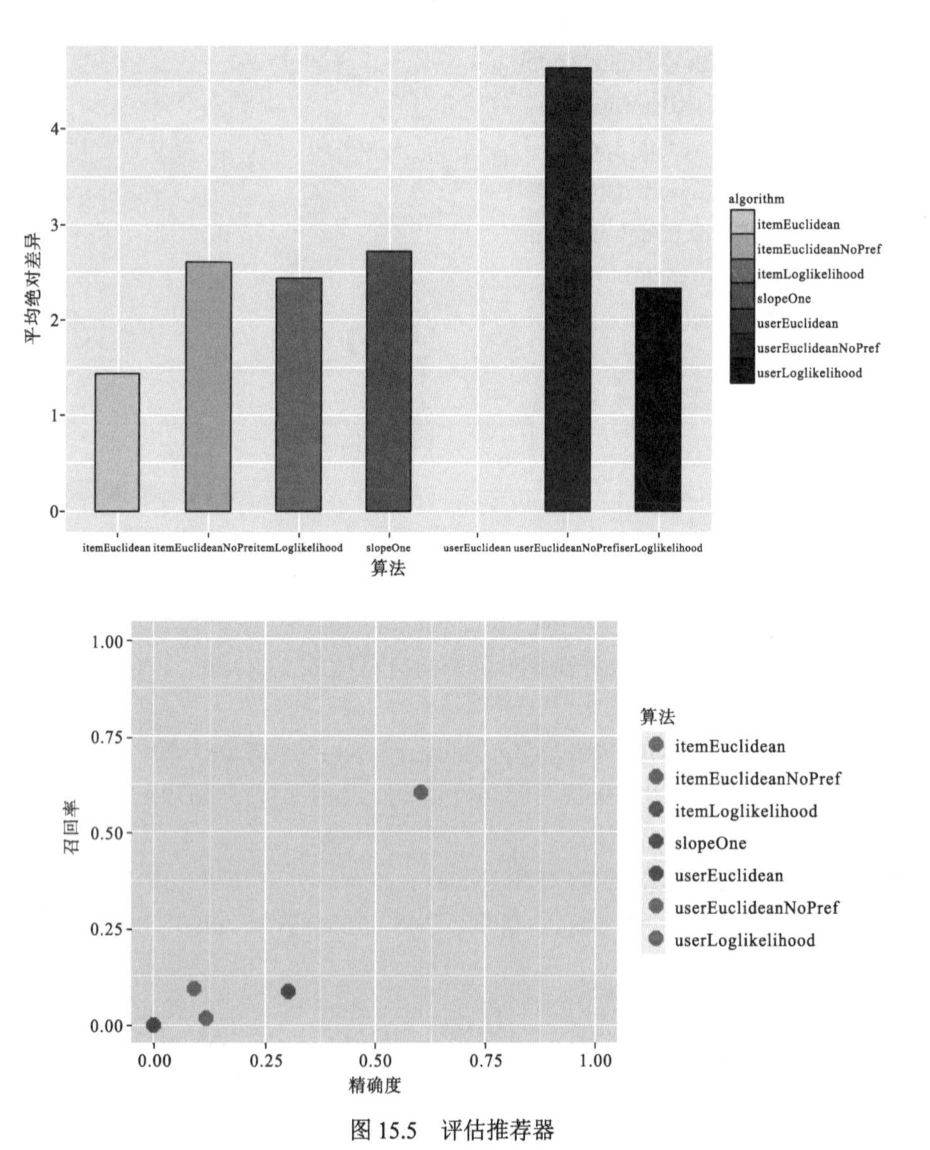

图 15.5 评估推荐器

(2) RecommenderResult.java，对指定数量的结果进行人工比较，为得到差异化结果，我们分别取 UserCityBlock、itemLoglikelihood，对推荐结果进行人工比较。

```
public class RecommenderResult{
    final static int NEIGHBORHOOD_NUM=2;
    final static int RECOMMENDER_NUM=3;
    public static void main(String[] args) throws TasteException, IOException{
        String file= "datafile/job/pv.csv" ;
        DataModel dataModel=RecommendFactory.buildDataModelNoPref(file);
        RecommenderBuilder rb1=RecommenderEvaluator.userCityBlock(dataModel);
        RecommenderBuilder rb2=RecommenderEvaluator.itemLoglikelihood(dataModel);
        LongPrimitiveIterator iter=dataModel.getUserIDs();
        while(iter.hasNext()){
            long uid=iter.nextLong();
            System.out.print( "userCityBlock=> ");
            result(uid, rb1, dataModel);
            System.out.print( "itemLoglikelihood=> ");
            result(uid, rb2, dataModel);
        }
    }
    public static void result(long uid, RecommenderBuilder recommenderBuilder, DataModel
dataModel) throws TasteException{
        List    list=recommenderBuilder.buildRecommender(dataModel).recommend(uid ,
RECOMMENDER_NUM);
        RecommendFactory.showItems(uid, list, false);
    }
}
```

查看 uid=974 的用户推荐信息：

a) 搜索 pv.csv：

```
>pv[which(pv$userid==974), ]
     userid jobid
2426        974        106
2427        974        173
2428        974        82
2429        974        188
```

```
2430        974        78
```

b）搜索 job.csv：

```
>job[job$jobid%in%c(145, 121, 98, 19), ]
  jobid create_date salary
19      19      2013-05-23      5700
98      98      2010-01-15      2900
121     121     2010-06-19      5300
145     145     2013-08-02      6800
```

上面两种算法，推荐的结果都是 2010 年的职位，这些结果并不是太好，接下来我们要排除过期职位，只保留 2013 年的职位。

（3）RecommenderFilterOutdateResult.java，排除过期职位。

```
public class RecommenderFilterOutdateResult{
    final static int NEIGHBORHOOD_NUM=2;
    final static int RECOMMENDER_NUM=3;
    public static void main(String[] args) throws TasteException, IOException{
        String file= "datafile/job/pv.csv";
        DataModel dataModel=RecommendFactory.buildDataModelNoPref(file);
        RecommenderBuilder rb1=RecommenderEvaluator.userCityBlock(dataModel);
        RecommenderBuilder rb2=RecommenderEvaluator.itemLoglikelihood(dataModel);
        LongPrimitiveIterator iter=dataModel.getUserIDs();
        while(iter.hasNext()){
            long uid=iter.nextLong();
            System.out.print( "userCityBlock=> ");
            filterOutdate(uid, rb1, dataModel);
            System.out.print( "itemLoglikelihood=> ");
            filterOutdate(uid, rb2, dataModel);
        }
    }
}
```

我们查看 uid=994 的用户推荐信息：

a）搜索 pv.csv：

```
>pv[which(pv$userid==974), ]
     userid jobid
2426        974        106
2427        974        173
2428        974        82
2429        974        188
2430        974        78
```

b)搜索 job.csv：

```
>job[job$jobid%in%c(19, 145, 89), ]
   jobid create_date salary
19          19          2013-05-23          5700
89          89          2013-06-15          8400
145         145         2013-08-02          6800
```

排除过期的职位比较，我们发现 userCityBlock 结果都是 19，itemLoglikelihood 的第 2、第 3 的结果被替换为了得分更低的 89 和 19。

(4)RecommenderFilterSalaryResult.java，排除工资过低的职位，我们查看 uid=994 的用户浏览过的职位。

```
ob[job$jobid%in%c(106, 173, 82, 188, 78), ]
   jobid create_date salary
78          78          2012-01-29          6800
82          82          2010-07-05          7500
106         106         2011-04-25          5200
173         173         2013-09-13          5200
188         188         2010-07-14          6000
```

平均工资为 6140 元，我们假设用户一般不会看比自己现在工资低的职位，因此设计算法，排除工资低于平均工资 80%的职位，即排除工资小于 4912 元的推荐职位(6140×0.8=4912)。

15.4　文本情感分析

文本情感分析是指对具有人为主观情感色彩的文本材料进行处理、分析和推理的过程。文本情感分析主要的应用场景是对用户关于某个主题的评论文本进行处理和分析。比如，人们在打算去看一部电影之前，通常会去看豆瓣电影板块上的用户评论，再决定是否去看这部电影。另外，电影制片人会通过对专业论坛上的用户评论进行分析，了解市场对于电影的总体反馈。本文中文本分析的对象为网络短评，为非正式场合的短文本语料，在只考虑正面倾向和负面倾向的情况下，实现文本倾向性的分类。

15.4.1 文本情感分析概述

文本情感分析主要涉及如下四个技术环节：

(1)收集数据集：以分析电影《疯狂动物城》的用户评论为例子，采集豆瓣上关于《疯狂动物城》的用户短评和短评评分作为样本数据，通过样本数据训练分类模型来判断微博上的一段话对该电影的情感倾向。

(2)设计文本的表示模型：让机器“读懂”文字，是文本情感分析的基础，而这首先要解决的问题是文本的表示模型。通常，文本的表示采用向量空间模型，也就是说采用向量表示文本。向量的特征项是模型中最小的单元，可以是一个文档中的字、词或短语，一个文档的内容可以看成是它的特征项组成的集合，而每一个特征项依据一定的原则都被赋予权重。

(3)选择文本的特征：当可以把一个文档映射成向量后，那如何选择特征项和特征值呢？通常的做法是先进行中文分词(本书使用 jieba 分词工具)，把用户评论转化成词语后，可以使用 TF-IDF(term frequency-inverse document frequency，词频-逆文档频率)算法来抽取特征，并计算出特征值。

(4)选择分类模型：常用的分类算法有很多，如：决策树、贝叶斯、人工神经网络、K-近邻、支持向量机等。在文本分类上使用较多的是贝叶斯和支持向量机，本书中也以这两种方法来进行模型训练。

15.4.2 架构设计

本节描述了一个基于 Spark 构建的认知系统，即文本情感分析系统，分析和理解社交论坛的非结构化文本数据。

以 Spark 的 Python 接口为例，介绍如何构建一个文本情感分析系统。采用 Python3.5.0，Spark1.6.1 作为开发环境，使用 Jupyter Notebook 编写代码。Jupyter Notebook 是由 IPython Notebook 演化而来，是一套基于 Web 的交互环境，允许大家将代码、代码执行、数学函数、富文档、绘图以及其他元素整合为单一文件。在运行 pyspark 之前，需要指定一下 pyspark 的运行环境，如图 15.6 所示。

```
export PYSPARK_PYTHON=ipython3PYSPARK_DRIVER_PYTHON_OPTS=“notebook”
```

图 15.6 指定 pyspark 的运行环境

在大规模的文本数据的情况下，有所不同的是文本的特征维度一般都是非常巨大的。试想一下所有的中文字、词数量，再算上其他的语言和所有能在互联网上找到的文本，那么文本数据按照词的维度就能轻松的超过数十万、数百万维，所以需要寻找一种可以处理极大维度文本数据的方法。

本节将依次按照基于 Spark 做数据预处理、文本建模、特征提取、训练分类模型、实现待输入文本分类展开讨论。系统的上下文关系如图 15.7 所示，系统的功能架构图如图 15.8 所示。

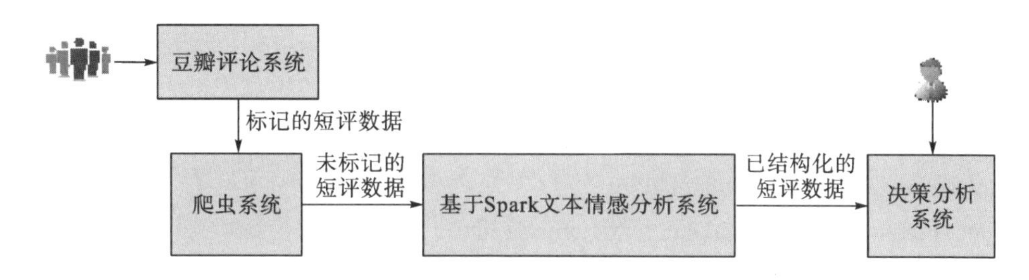

图 15.7　基于 Spark 文本情感分析系统上下文

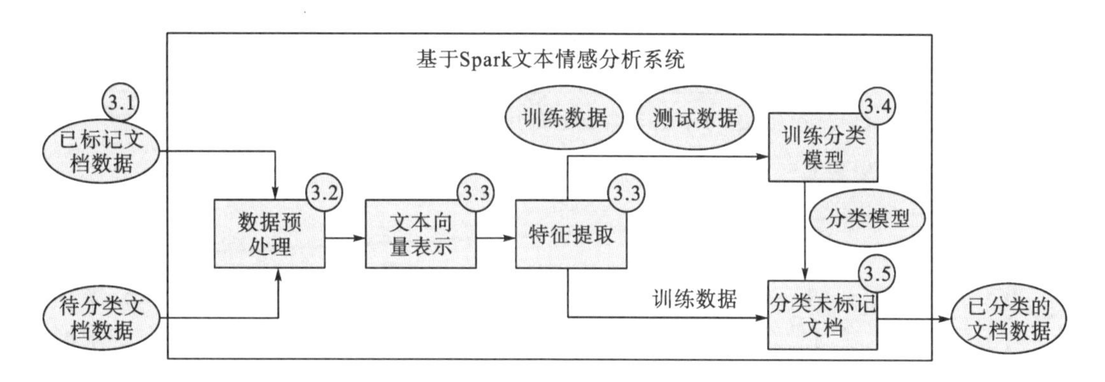

图 15.8　基于 Spark 文本情感分析系统功能架构图

15.4.3　数据预处理

在该子系统中的输入为爬虫的数据，输出为包含相同数量好评和坏评的 Saprk 弹性分布式数据集。在对数据处理之前，首先需要获取数据，我们爬取了豆瓣网络上《疯狂动物城》的短评和评分，示例数据如表 15.1 所示。

表 15.1　文本情感分析数据示例

评分	评论文本
5	做冰棍那机智的不像话！！！全片最爱！！！想吃！！！
5	不要看任何影评，如果可以预告片都别看，直接买票就好了。你要啥这电影里有啥！
3	最精彩的动画是用想象力拍出真实世界难以实现的故事，而不是用动物化填充一段如果是真人就普通到不能再普通的烂俗故事。笑料有，萌趣有，但更有的是莫名其妙的主旋律和政治正确，恐怕没有评分所体现的那么出色。

✧ 数据说明：表格中每一行为一条评论数据，按照“评分，评论文本”排放，中间以制表符切分，评分范围为1～5分，这样的数据共采集了116567条。

Spark 数据处理主要是围绕 RDD(Resilient Distributed Datasets)弹性分布式数据集对象展开，本书首先将爬虫数据载入到 Spark 系统，抽象成为一个 RDD。可以用 distinct 方法对数据去重。数据转换主要是用了 map 方法，它接受传入的一个数据转换的方法并按步行执行该方法，从而达到转换的操作。它只需要用一个函数将输入和输出映射好，就能完成转换。数据过滤使用 filter 方法，它能够保留判断条件为真的数据。可以用下面这个语句，将每一行文本变成一个 list，并且只保留长度为 2 的数据。

✧ 数据预处理

```
originData=sc.textFile(' YOUR_FILE_PATH')
originDistinctData=originData.distinct()
rateDocument=originDistinctData.map(lambda line: line.split(' \t')).\
filter(lambda line: len(line)==2)
```

✧ 统计数据基本信息

```
fiveRateDocument=rateDocument.filter(lambda line: int(line[0])==5)
fiveRateDocument.count()
```

五分的数据有30447条，4分、3分、2分、1分的数据分别有11711条、123条、70条。打五分的毫无疑问是好评；考虑到不同人对于评分的不同偏好，对于打四分的数据，本书无法得知它是好评还是坏评；对于打三分及三分以下的是坏评。

下面就可以将评分数据转化成为好评数据和坏评数据，为了提高计算效率，本书将其重新分区。

✧ 合并负样本数据

```
negRateDocument=oneRateDocument.union(twoRateDocument).\
union(threeRateDocument)
negRateDocument.repartition(1)
```

通过计算得到，好评和坏评分别有30447条和2238条，属于非平衡样本的机器模型训练。本书只取部分好评数据，使好评和坏评的数量一样，这样训练的正负样本就是均衡的。最后把正负样本放在一起，并把分类标签和文本分开，形成训练数据集。

✧　生成训练数据集

```
posRateDocument=sc.parallelize(fiveRateDocument.take(negRateDocument.count())).
repartition(1)
allRateDocument=negRateDocument.union(posRateDocument)
allRateDocument.repartition(1)
rate=allRateDocument.map(lambda s: ReduceRate(s[0]))
document=allRateDocument.map(lambda s: s[1])
```

15.4.4　文本向量化与特征提取

这一节中，主要介绍如何做文本分词，如何用 TF-IDF 算法抽取文本特征。将输入的文本数据转化为向量，让计算能够“读懂”文本。

解决文本分类问题，最重要的就是要让文本可计算，用合适的方式来表示文本，其中的核心就是找到文本的特征和特征值。与英文相比，中文多了一个分词的过程。本书首先用 jieba 分词器将文本分词，这样每个词都可以作为文本的一个特征。jieba 分词器有三种模式的分词：

(1) 精确模式，试图将句子精确地切开，适合文本分析；

(2) 全模式，把句子中所有的可以成词的词语都扫描出来，速度非常快，但是不能解决歧义；

(3) 搜索引擎模式，在精确模式的基础上，对长词再次切分，提高召回率，适合用于搜索引擎分词。

✧　文本分词

```
words=document.map(lambda w: " /".\
join(ji, eba.cut_for_search(w))).\
map(lambda line: line.split("/"))
```

出于对大规模数据计算需求的考虑，spark 的词频计算是用特征哈希(HashingTF)来计算的。特征哈希是一种处理高维数据的技术，经常应用在文本和分类数据集上。普通的 *k* 分之一特征编码需要在一个向量中维护可能的特征值及其到下标的映射，而每次构建这个映射的过程本身就需要对数据集进行一次遍历。这并不适合上千万甚至更多维度的特征处理。

特征哈希是通过哈希方程对特征赋予向量下标的，所以在不同情况下，同样的特征就能够得到相同的向量下标，这样就不需要维护一个特征值的向量。

要使用特征哈希来处理文本，需要先实例化一个 HashingTF 对象，将词转化为词频，为了高效计算，可以将后面会重复使用的词频缓存。

✧ 词频统计

```
text=words.flatMap(lambda w：w)
wordCounts=text.map(lambda word：(word，1))\
.reduceByKey(lambda a，b：a+b).\
sortBy(lambda x：x[1]，ascending=False)
wordCounts.take(10)
```

通过观察，选择出现次数比较多，但是对于文本情感表达没有意义的词，作为停用词，构建停用词表。然后定义一个过滤函数，如果该词在停用词表中，那么需要将这个词过滤掉。

✧ 去停用词

stopwords=set([“”，“的”，“了”，“是”，“就”，“吧”，……])

```
def filterStopWords(line)：
  for i in line：
  if i in stopwords：
  line.remove(i)
return line
words=words.map(lambda w：filterStopWords(w))
```

✧ 训练词频矩阵

```
hashingTF=HashingTF()
tf=hashingTF.transform(words)
tf.cache()
```

词频是一种抽取特征的方法，但是它还有很多问题，比如“这几天的天气真好，项目组的老师打算组织大家一起去春游”，这句话中的“的”相比于“项目组”更容易出现在人们的语言中，“的”和“项目组”同样只出现一次，但是“项目组”对于这句话来说更重要。

本书采用TF-IDF作为特征提取的方法，它的权重与特征项在文档中出现的频率成正相关，与在整个语料中出现该特征项的文档成反相关。下面依据tf来计算逆词频idf，并计算出TF-IDF。

✧ 计算TF-IDF矩阵

```
idfModel=IDF().fit(tf)
tfidf=idfModel.transform(tf)
```

至此，本书就抽取出了文本的特征，并用向量去表示了文本。

15.4.5　训练分类模型

本节介绍如何用 Spark 训练分类模型，这一流程的输入是文本的特征向量及已经标记好的分类标签。在这里本书得到的是分类模型及文本分类的正确率。

现在，有了文本的特征项及特征值，也有了分类标签，需要用 RDD 的 zip 算子将这两部分数据连接起来，并将其转化为分类模型里的 LabeledPoint 类型。随机将数据分为训练集和测试集，60%作为训练集，40%作为测试集。

✧　生成训练集和测试集合

```
zipped=rate.zip(tfidf)
data=zipped.map(lambda line：LabeledPoint(line[0]，line[1]))
training，test=data.randomSplit([0.6，0.4]，seed=0)
```

✧　训练朴素贝叶斯分类模型

```
NBmodel=NaiveBayes.train(training，1.0)
predictionAndLabel=test.map(lambda p：(NBmodel.predict(p.features)，p.label))
accuracy=1.0*predictionAndLabel.filter(lambda x：1.0\
if x[0]==x[1]else0.0).count()/test.count()
```

用训练数据来训练贝叶斯模型，得到 NBmodel 模型来预测测试集的文本特征向量，并且计算出各个模型的正确率，这个模型的正确率为 74.83%。可以看出贝叶斯模型最后的预测模型并不高，但是基于本书采集的数据资源有限，特征提取过程比较简单直接，所以还有很大的优化空间。

由于在不进行深入优化的情况下，SVM 往往有着比其他分类模型更好的分类效果。所以在相同的条件下，选用 SVM 作为分类模型。

✧　训练支持向量机分类模型

```
SVMmodel=SVMWithSGD.train(training，iterations=100)
predictionAndLabel=test.map(lambda p：(SVMmodel.predict(p.features)，p.label))
accuracy=1.0*predictionAndLabel.filter(lambda x ： 1.0if
x[0]==x[1]else0.0).count()/test.count()
```

在相同的条件下，运用 SVM 模型训练，最后得到的正确率为 78.59%。

15.5 构建用户画像

15.5.1 用户画像构建原则

构建用户画像的目的有两个：第一，必须从业务场景出发，解决实际的业务问题。之所以进行用户画像，要么是获取新用户，或者是提升用户体验，或者是挽回流失用户等，有明确的业务目标。第二，根据用户画像的信息做产品设计，必须要清楚知道用户长什么样子，有什么行为特征和属性，这样才能为用户设计产品或开展营销活动。

一般常见的错误想法是画像维度的数据越多越好，画像数据越丰富越好，费了很大的力气进行画像后，却发现只剩下了用户画像，和业务相差甚远，没有办法直接支持业务运营，投入精力巨大但是回报微小，可以说得不偿失。鉴于此，我们的画像的维度和设计原则都是紧紧跟着业务需求去推动。

15.5.2 构建用户画像数据仓库

用户画像作为“大数据”的核心组成部分，在众多互联网公司中一直有其独特的地位。我们以去哪儿网作为研究对象，作为国内旅游 OTA 的领头羊，去哪儿网也有着完善的用户画像平台体系。目前用户画像广泛用于个性化推荐、猜你喜欢等；针对旅游市场，去哪儿网更将其应用于“房型排序”“机票排序”“客服投诉”等诸多特色领域。本节将从目的、架构、组成等几方面，带你了解去哪儿网在该领域的实践。

1.数据源的集成

如图 15.9 所示，目前去哪儿网用户画像数据仓库中的数据源来自业务数据库的数据和用户行为日志数据，数据仓库中基本涵盖了机票、酒店、火车票以及保险等业务系统的数据，可以全方位地了解去哪儿网的一个用户的画像。

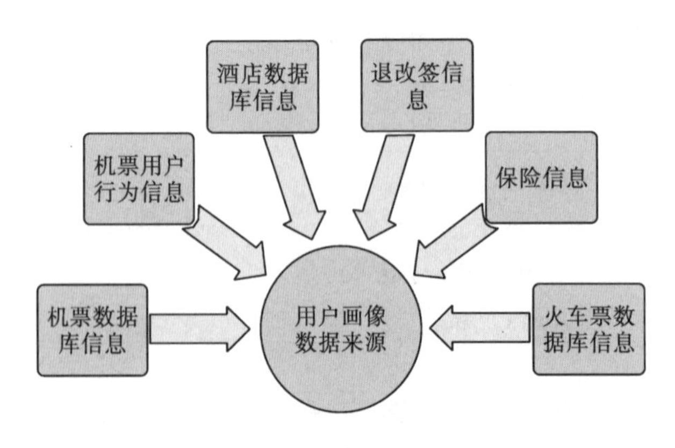

图 15.9 数据源的集成

2.数据维度

用户画像数据维度如图 15.10 所示。

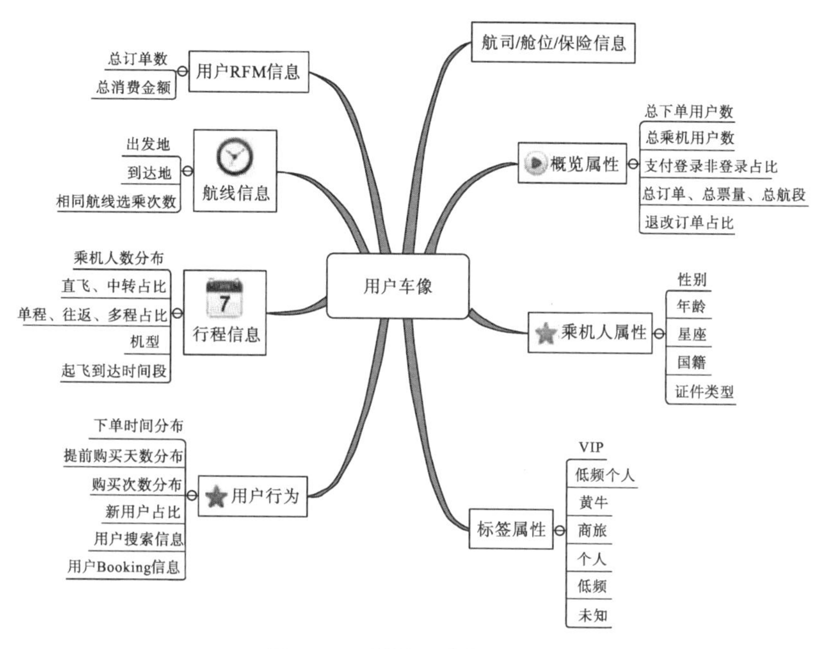

图 15.10　用户画像数据维度

3.数据仓库

目前，我们画像数据仓库的构建都是基于 Qunar 基础数据仓库进行的，并按照维度进行划分(图 15.11)。

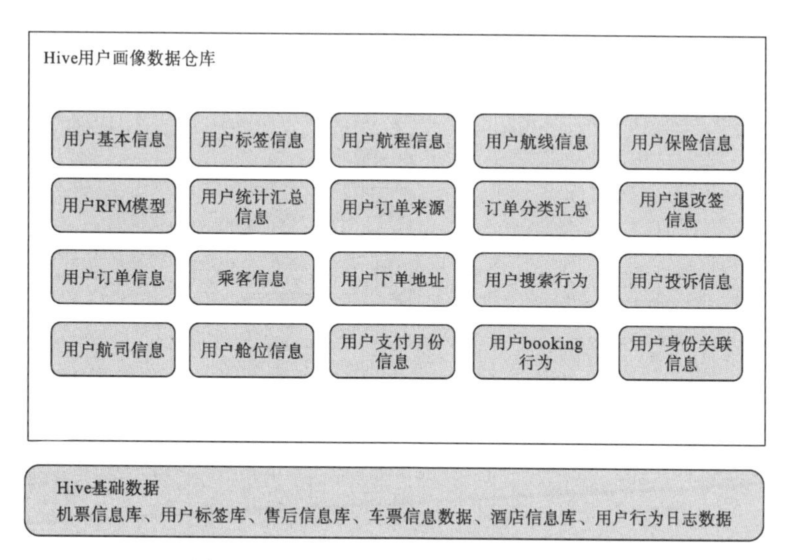

图 15.11　基于 hive 的用户画像数据仓库

目前，数据仓库中包括的信息：画像数据仓库表 20 个、画像数据仓库、国内和国际 2 年+数据、标签数据每日增量、基本数据、业务数据、搜索、租赁。

4.用户唯一标识设计

用户唯一标识是整个用户画像的核心，它把从用户开始使用 App 到下单再到售后所有的用户行为轨迹进行关联，可以更好地去跟踪和描绘一个用户的特征，如图 15.12 所示。

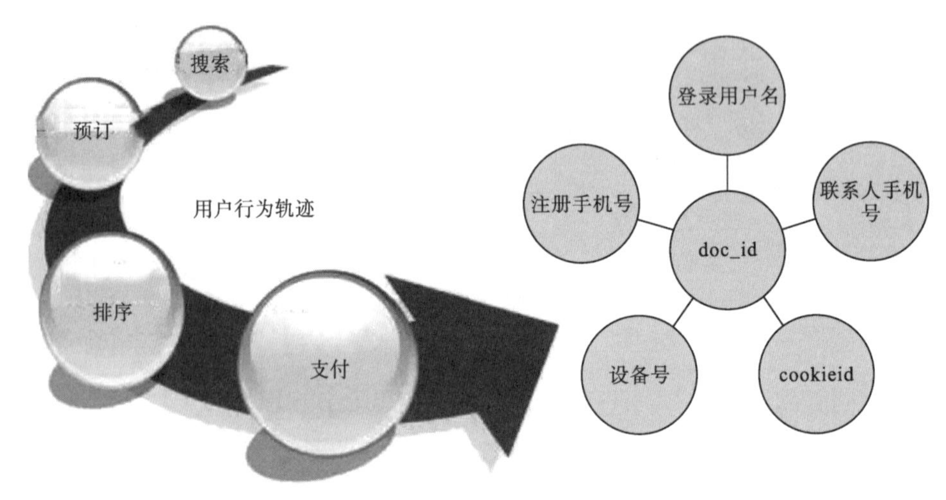

图 15.12　用户唯一标识设计

5.ETL 过程设计

ETL 过程设计包括两部分：调度系统和任务执行。调度系统分为依赖数据平台调度系统、定时触发和 Job 依赖触发两种模式。如图 15.13 所示，ETL 的任务执行过程主要是对数据源中的数据进行清洗，并以每天更新增量的方式保存到数据仓库表的过程。

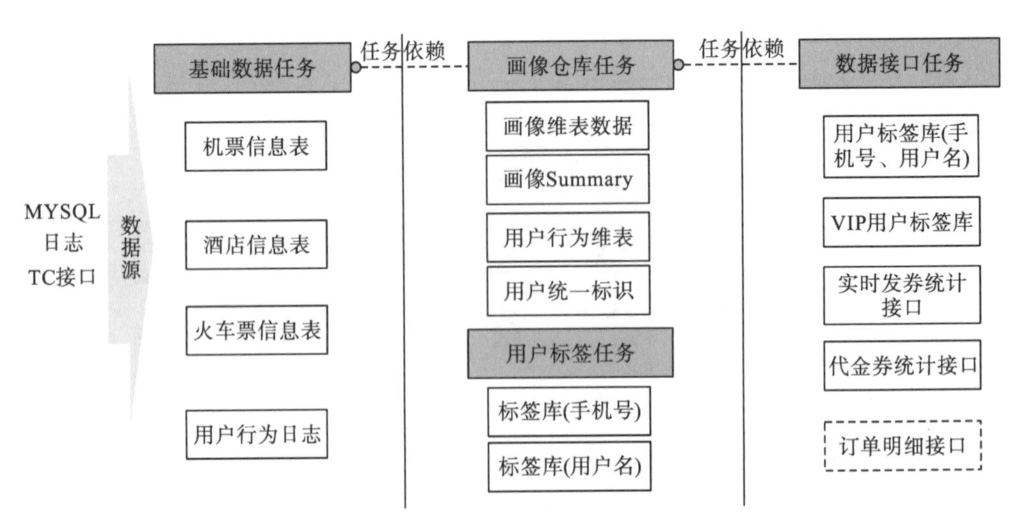

图 15.13　ETL 过程设计

6.用户主题分析及数据挖掘

有了丰富的画像数据后，产品和运营人员可以根据用户主题进行数据分析和数据挖掘相关的工作。用户主题立方体的定义如表 15.2 所示。

表 15.2　用户主题立方体的定义

Measure： –订单数量 –订单金额 –搜索次数 –租赁次数
Dimension： –下单时间 –出发时间 –航司信息 –舱位信息 –航班(出发地、目的地) –基本信息(年龄、性别等自然属性)

15.5.3　用户画像标签构建策略

1.用户标签特征属性

用户的特征属性可以是事实的，也可以是抽象的；可以是自然属性，比如性别、年龄、星座等；可以是社会属性，比如职业，社交，出生地等；还可以是财富状况，比如是否为高收入人群，是否有豪车豪宅等固定资产；对于机票用户来讲位置特征也是比较重要的属性，比如常驻地、常出差地、老家等。这些属性都可以清楚地描绘一个用户的画像特征，如图 15.14 所示。

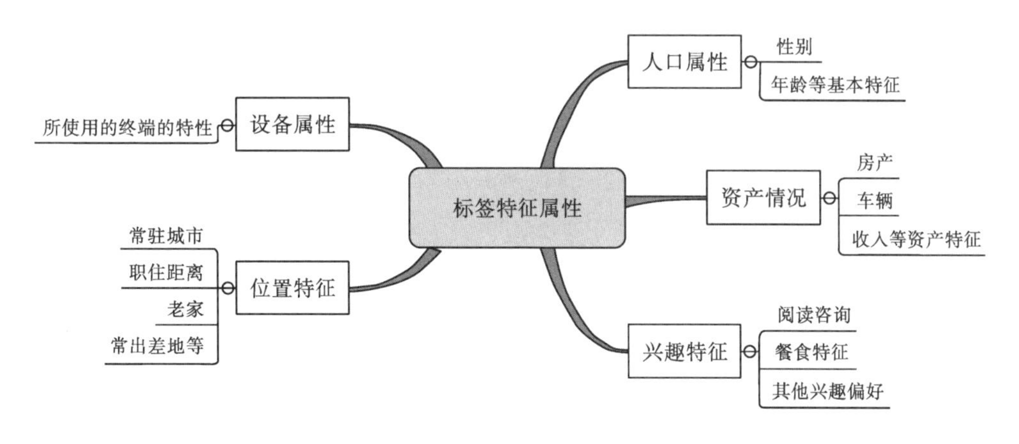

图 15.14　用户标签特征属性

画像标签一般根据公司的业务体系来设计，存储有 HDFS、HBASE、ES。标签的更新频率：每日更新，每周、每月更新。标签的生命周期：有的数据随时间衰减迭代。

2.用户标签分类及特征项

提到用户画像就不得不提一个词，即“标签”。标签是表达人的基本属性、行为倾向、兴趣偏好等某一个维度的数据标识，它是一种相关性很强的关键字，可以简洁地描述和分类人群。标签的定义来源于业务目标，基于不同的行业，不同的应用场景，同样的标签名称可能代表了不同的含义，也决定了不同的模型设计和数据处理方式。我们给机票用户画像打标签，分为两大类，即基础类标签和个性化标签(图 15.15)。这些标签可以有重复，但是都是通过不同的角度去定义和刻画一个用户，来满足不同的业务营销需求。

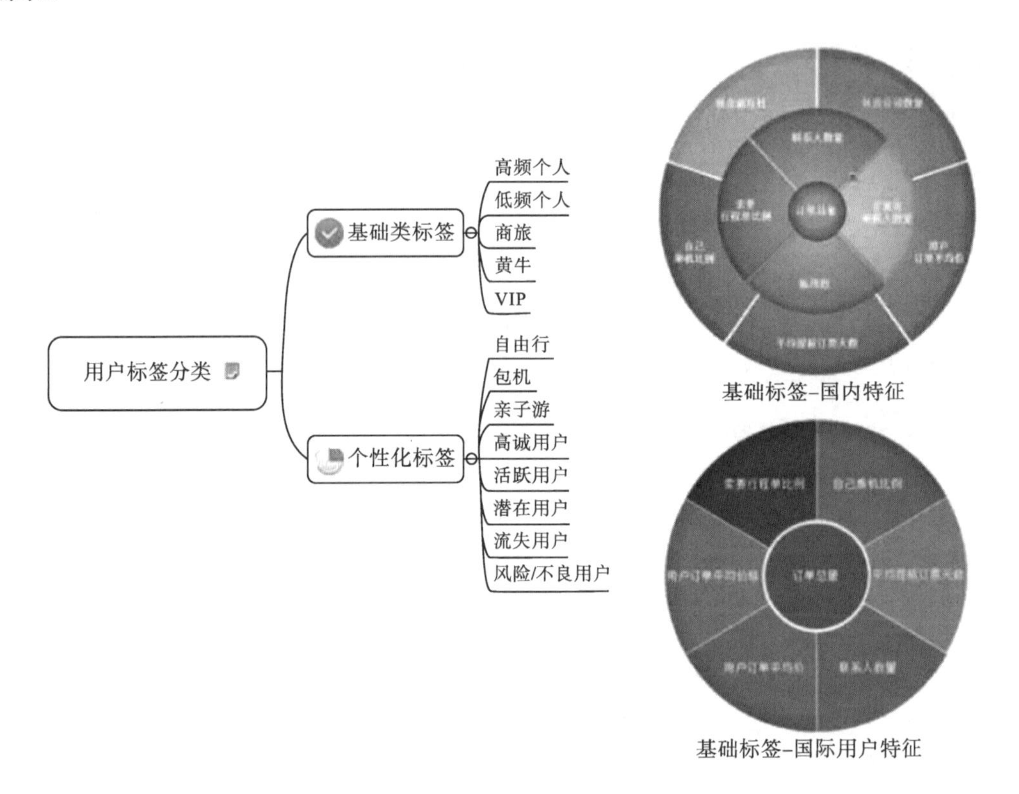

图 15.15 用户标签分类及特征项

15.5.4 用户画像应用实践

1.用户群体特征分析

设计目标(图 15.16)：根据条件可选项，输出筛选用户群体；图形展示用户群体属性特征。

应用场景：如果筛选的用户群组满足业务的要求，将筛选条件形成参数；根据参数提供接口查询。

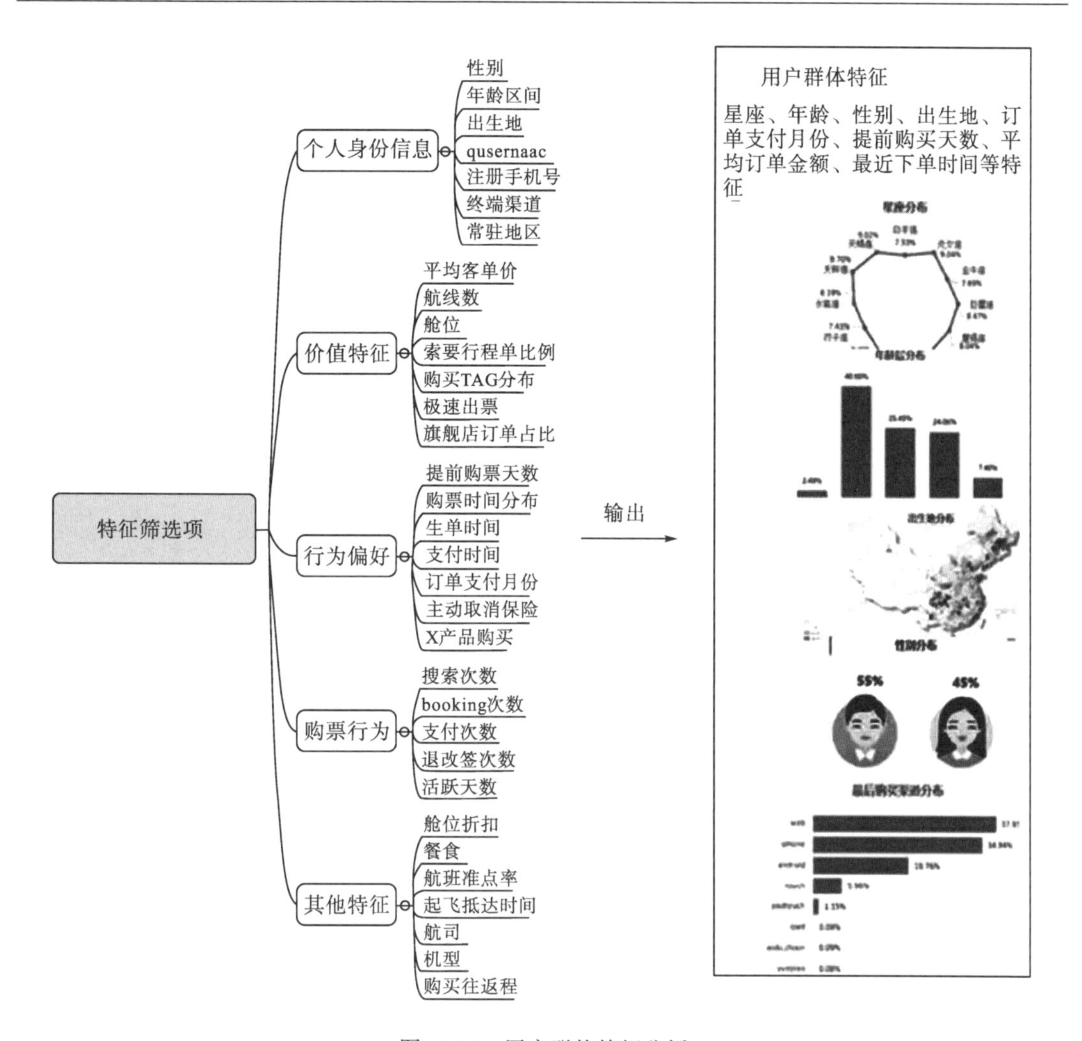

图 15.16　用户群体特征分析

2.客户行为预测

客户行为预测(图 15.17)建立步骤:

(1)建模数据准备;

(2)客户流失节点判断;

(3)模型应用变量确定;

(4)模型构建;

(5)模型应用;

(6)模型验证。

可以对用户流失做及时预测，指导用户，维系运营。

行为预测
- 流失用户预测
- 用户拉新
- 沉默用户分析（代金券发放）
- 非活跃用户（促销消息推送）

个性化推荐
- 个性化产品推荐
- 低价航班排序
- 搜索排序推荐
- X产品搭售

用户体验
- 忠诚用户（享受极速退款服务，提高用户满意度）
- 根据用户特点（适当搭售，提升用户购票体验）

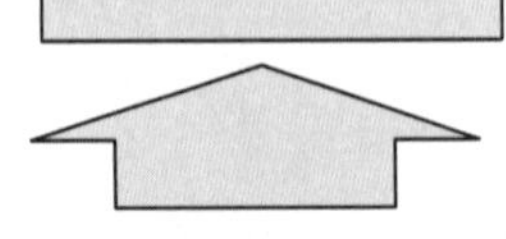

用户画像仓库基础服务（数据统计分析、基础数据处理）

图 15.17　客户行为预测

3.数据和业务在一起

用户画像与业务产品互相依赖，相辅相成。用户画像标签库丰富，通过数据分析+机器学习+模型训练的方式快速提供数据服务。

用户画像作为大数据的根基，它完美地描述了一个用户的信息全貌，可为进一步精准、快速地分析用户行为、消费等重要信息。用户画像仓库同时也提供了足够的数据基础，让 Qunar 更好地为用户提供高价值的服务，满足用户智慧出行的需要。

本 章 小 结

本章介绍了 5 种实际的应用案例，通过对这 5 种应用案例的实战学习，可以对数据挖掘技术如何在实际项目中应用有更加深入的了解。希望读者能通过这 5 个案例的学习，把前面所学到的各种大数据处理技术消化吸收、融会贯通，并能够学以致用、举一反三。

思 考 题

1.日志分析还可以应用到哪些领域？

2.参考电影推荐系统和文本情感分析，设计一个基于电影情感分析的推荐系统。

参 考 文 献

陈飞宏. 2011. 基于向量空间模型的中文文本相似度算法研究. 成都: 电子科技大学.

陈克寒, 韩盼盼, 吴健. 2013. 基于用户聚类的异构社交网络推荐算法. 计算机学报, 36(2): 349-359.

陈志明, 胡震云. 2017. UGC 网站用户画像研究. 计算机系统应用, 26(1): 24-30.

杜文亚. 2015. 基于 Hadoop 的微博热点话题情感分类系统的研究与实现. 广州: 暨南大学.

高文尧. 2016. 基于协同过滤的推荐算法研究. 广州: 华南理工大学.

郭豪. 2018. 基于神经网络模型的文本情感分析系统的研究与实现. 北京: 北京邮电大学.

黄莹, 宋伟伟, 邓春玲, 等. 2015. 协同过滤算法在电影推荐系统中的应用. 软件导刊, 14(8): 92-93.

焦东俊. 2014. 基于 Mahout 的电影推荐系统研究和实现. 北京: 北京邮电大学.

李冰, 王悦, 刘永祥. 2016. 大数据环境下基于 K-means 的用户画像与智能推荐的应用. 现代计算机, (24): 11-15.

刘永增, 张晓景, 李先毅. 2011. 基于 Hadoop/Hive 的 web 日志分析系统的设计. 广西大学学报(自然科学版), 36(s1): 314-317.

马宁. 2013. 基于 Mahout 的推荐系统的研究与实现. 兰州: 兰州大学.

潘燕红. 2015. 基于 Hadoop 平台和 Mahout 框架的推荐系统研究与实现. 杭州: 浙江大学.

宋强. 2016. 基于协同过滤的推荐算法研究. 北京: 中国科学院大学.

田瑞, 闫丹凤. 2012. 针对特定主题的短文本向量化. 软件, 33(11): 202-205.

王继民, 陈翀, 彭波. 2004. 大规模中文搜索引擎的用户日志分析. 华南理工大学学报(自然科学版), 32(s1): 1-5.

王晓霞, 刘静沙, 许丹丹. 2018. 运营商大数据用户画像实践. 电信科学, 34(5): 133-139.

王洋, 丁志刚, 郑树泉, 等. 2018. 一种用户画像系统的设计与实现. 计算机应用与软件, (3): 8-14.

杨锋英, 刘会超. 2014. 基于 Hadoop 的在线网络日志分析系统研究. 计算机应用与软件, 31(8): 311-316.

尤方圆. 2013. 电影推荐系统的设计与实现. 武汉: 华中科技大学.

于兆良, 张文涛, 葛慧, 等. 2016. 基于 Hadoop 平台的日志分析模型. 计算机工程与设计, 37(2): 338-344.

余慧佳, 刘奕群, 张敏, 等. 2006. 基于大规模日志分析的网络搜索引擎用户行为研究//学生计算语言学研讨会: 109-114.

张春生, 郭长杰, 尹兆涛. 2016. 基于大数据技术的 IT 基础设施日志分析系统设计与实现. 微型电脑应用, 32(6): 49-52.

张光卫, 李德毅, 李鹏, 等. 2007. 基于云模型的协同过滤推荐算法. 软件学报, 18(10): 2403-2411.

张哲. 2015. 基于微博数据的用户画像系统的设计与实现. 武汉: 华中科技大学.

赵妍妍, 秦兵, 刘挺. 2010. 文本情感分析. 软件学报, 21(8): 1834-1848.

第 16 章　大数据处理技术发展趋势

关于大数据的概念，当前比较普遍使用的定义是：大数据，指的是所涉及的资料量规模巨大到无法透过目前主流软件工具，在合理时间内达到撷取、管理、处理、并整理成为帮助企业经营决策更积极目的的资讯。而这类定义的一个明显的局限是仅仅从大数据的计算机处理视角给出的关于大数据的一个特点描述。

“大数据”更多体现的是一种认知和思维。从内涵来看大数据的四个 V 的特性体现出来的是大量的“零金碎玉”，相互之间还有关联性和作用力，但是局部看都非常零散、价值不明显。所以有了数据，不等于就有价值、出智慧，出智慧的关键在“集”。大数据中包括的全部事实、经验、信息都是“集”的对象和内容。采集到的原始数据往往没有什么逻辑，不一定能直接用现在掌握的科学技术解释，需要集成融合各个侧面的数据，才能挖掘出前人未知的价值。每一种数据来源都有一定的局限性和片面性，事物的本质和规律隐藏在各种原始数据的相互关联之中。只有融合、集成各方面的原始数据，才能反映事物的全貌，开展大数据研究和应用。因此，大数据不仅仅是一类资源、一类工具，更是一种战略、认知和文化，要大力推广和树立“数据方法论”和“数据价值观”。

16.1　关于中国大数据生态环境的基础问题思考

1.建立良性生态环境的目标

针对国家安全、社会经济等领域的数据化生存与竞争的需求，需要切实解决网络化数据社会与现实社会缺乏有机融合、互动以及协调机制的难题，形成大数据感知、管理、分析与应用服务的新一代信息技术架构和良性增益的闭环生态系统，达到大幅度提高数据消费指数、数据安全指数，降低数据能耗指数等目标。建立良性的大数据生态系统是有效应对大数据挑战的关键问题，需要科技界、产业界以及政府部门在国家政策的引导下共同努力，通过转变认识、消除壁垒、建立平台、突破技术瓶颈等途径，建立可持续、和谐的大数据生态系统。

2.提出考量大数据生态的三大指数

1）数据消费指数

数据消费指数是指使用或者消费的数据占产生的数据的比例，旨在衡量数据消费的能力。当前由大数据引发的新产品、新服务、新业态大量涌现，不断激发新的消费需求，成为日益活跃的消费热点。然而，数据消费指数受到多方面发展状态的制约，包括数据开放和互通程度、大数据分析技术、智能访问终端的普及、数据服务基础设施的建设、数据服务新兴产业的发展等。当前大数据消费指数低，美国 NSA 声称只是扫描 1.6%的全球网络流量(约 29.21PB)，分析其中 0.025%的数据来支持其分析和决策。我国数据消费面临基础设施支撑能力有待提升、产品和服务创新能力弱、市场准入门槛高、行业壁垒严重、机制不适应等问题，亟需采取措施予以解决。

2)数据能效指数

数据能效指数是指大数据处理中的价值能耗比例，是衡量大数据价值获取的绿色指数。当前面对大数据，通常采取基于数据中心的粗放式的分析处理和价值提炼方式，导致数据能效低下。一方面，由于缺乏适应大数据的计算模式，往往采取集中式全量处理方式，导致数据处理效率低，获取单位价值所需的数据规模非常庞大，形成了大数据价值密度低的现象；另一方面，为了适应大数据爆炸式的增长，数据中心存储系统的容量、扩展能力、传输瓶颈等方面面临巨大挑战，直接结果就是数据中心的能耗越来越大。有关调查显示在过去 5 年全球数据中心的能耗增长率是 56%，我国对数据中心流量处理能力的需求增长更快，数据中心能耗的问题就更加突出。目前国内数据中心的 PUE(能源使用效率)平均值基本都在 2.5 以上，与欧美地区的 PUE 普遍值在 1.8 以下相比还存在着较大的差距。且目前其全球的数据中心 50%是完全用自然冷却的，前十大数据中心的 PUE 都在 1.2 以下。因此数据能效指数是在大数据发展中必须面对的，关乎国家能源消耗的重要指数。

3)数据安全指数

数据安全指数包括了数据从创建、传输、存储到分析的全生命周期的安全指标，旨在衡量数据安全、隐私保护等方面的能力。数据安全是一个囊括个人、企业和国家的全方位的大数据安全体系。从个人层面，大数据对于隐私将是一个重大挑战。哈佛大学近期的一项研究显示，只要知道一个人的年龄、性别和邮编，从公开的数据库中便可识别出该人 87%的身份。对于企业，数据作为一种资产，其安全保护问题十分重要，随着大数据的不断增加，对数据存储的物理安全性要求会越来越高，从而对数据的多副本与容灾机制提出更高的要求。而在国家层面，来自外部的威胁在大数据时代显然比以往更加突出和危险。举世瞩目的“维基解密”和“棱镜”事件都昭示着大数据面临的严酷挑战。“维基解密”几次泄露美国军事外交等机密，规模之大，影响之广，震惊全球。“棱镜”事件向全世界曝光出网络空间内国家与个人、国家与国家之间的安全对抗。因此评估数据安全指数，有利于推动大数据安全体系的完善，提升国家、社会和个人的信息安全。

3.建立支撑数据密集型科学发现新范式的基础设施

这包括了建立一系列通用的工具，以支撑从数据采集、验证到管理、分析和长期保存等整个流程，支持跨工具、跨项目、跨领域的数据共享与整合，将是支持数据密集型科学发现的基础问题。

4.建立数据全生命周期的计算模型

研究以数据为中心的新型计算架构，将计算推送到数据从获取、存储、处理、交换到服务的全生命周期的各个部分，研究数据全生命周期中不同计算之间的关联、互动和共享机制，在提高数据消费能力的同时有效降低数据计算能耗，形成数据安全体系，这是大数据计算的关键问题。

5.完成数据资产化和形成数据资产流转体系

亟需建立数据资产化的基本标准，让不同机构、不同领域的数据形成规范化资产；建立数据资产访问、连接和共享机制，搭建数据资产交易平台，形成数据流转的层次化体系结构；研究数据资产的所有权、使用权以及价值评估体系，通过市场化模式保障数据资产流转的可行性。

16.2 大数据处理技术生态演变趋势

大数据的基本处理流程与传统数据处理流程并无太大差异，主要区别在于：由于大数据要处理大量、非结构化的数据，所以在各处理环节中都可以采用并行处理。目前，Hadoop、MapReduce 和 Spark 等分布式处理方式已经成为大数据处理各环节的通用处理方法。

Hadoop 是一个由 Apache 基金会开发的大数据分布式系统基础架构。用户可以在不了解分布式底层细节的情况下，轻松地在 Hadoop 上开发和运行处理大规模数据的分布式程序，充分利用集群的能力高速运算和存储。Hadoop 是一个数据管理系统，作为数据分析的核心，汇集了结构化和非结构化的数据，这些数据分布在传统的企业数据栈的每一层。Hadoop 也是一个大规模并行处理框架，拥有超级计算能力，定位于推动企业级应用的执行。Hadoop 又是一个开源社区，主要为解决大数据的问题提供工具和软件。虽然 Hadoop 提供了很多功能，但仍然应该把它归类为多个组件组成的 Hadoop 生态圈，这些组件包括数据存储、数据集成、数据处理和其他进行数据分析的专门工具。Hadoop 的生态系统，主要由 HDFS、MapReduce、Hbase、ZooKeeper、Oozie、Pig、Hive 等核心组件构成，另外还包括 Sqoop、Flume 等框架，用来与其他企业融合。同时，Hadoop 生态系统也在不断增长，新增 Mahout、Ambari、Whirr、BigTop 等内容，以提供更新功能。

低成本、高可靠、高扩展、高有效、高容错等特性让 Hadoop 成为最流行的大数据分析系统，然而其赖以生存的 HDFS 和 MapReduce 组件却让其一度陷入困境——批处理的工作方式让其只适用于离线数据处理，在要求实时性的场景下毫无用武之地。因此，各种基于 Hadoop 的工具应运而生。为了减少管理成本，提升资源的利用率，有当下众多的资源统一管理调度系统，例如 Twitter 的 Apache Mesos、Apache 的 YARN、Google 的 Borg、腾讯搜搜的 Torca、Facebook Corona(开源)等。Apache Mesos 是 Apache 孵化器中的一个开源项目，使用 ZooKeeper 实现容错复制，使用 Linux Containers 来隔离任务，支持多种资源计划分配(内存和 CPU)；提供高效、跨分布式应用程序和框架的资源隔离和共享，支持 Hadoop、MPI、Hypertable、Spark 等。YARN 又被称为 MapReduce2.0，借鉴 Mesos，YARN 提出了资源隔离解决方案 Container，提供 Java 虚拟机内存的隔离。对比 MapReduce1.0，开发人员使用 ResourceManager、ApplicationMaster 与 NodeManager 代替了原框架中核心的 JobTracker 和 TaskTracker。在 YARN 平台上可以运行多个计算框架，如 MR、Tez、Storm、Spark 等。

基于业务对实时的需求，有支持在线处理的 Storm、Cloudar Impala，支持迭代计算的 Spark 及流处理框架 S4。Storm 是一个分布式的、容错的实时计算系统，由 BackType 开发，后被 Twitter 捕获。Storm 属于流处理平台，多用于实时计算并更新数据库。Storm 也可被用于“连续计算”(continuous computation)，对数据流做连续查询，在计算时就将结果以流的形式输出给用户。它还可被用于“分布式 RPC”，以并行的方式运行昂贵的运算。Cloudera Impala 由 Cloudera 开发，是一个开源的 Massively Parallel Processing(MPP)查询引擎。与 Hive 有相同的元数据、SQL 语法、ODBC 驱动程序和用户接口(HueBeeswax)，可以直接在 HDFS 或 HBase 上提供快速、交互式 SQL 查询。Impala 是在 Dremel 的启发下开发的，不再使用缓慢的 Hive+MapReduce 批处理，而是通过与商用并行关系数据库中类似的分布式查询引擎(由 Query Planner、Query Coordinator 和 Query Exec Engine 这 3 部分组成)，可以直接从 HDFS 或者 HBase 中用 SELECT、JOIN 和统计函数查询数据，从而大大降低了延迟。

Hadoop 社区正努力扩展现有的计算模式框架和平台，以便解决现有版本在计算性能、计算模式、系统构架和处理能力上的诸多不足，这正是 Hadoop2.0 版本“YARN”的努力目标。各种计算模式还可以与内存计算模式混合，实现高实时性的大数据查询和计算分析。混合计算模式之集大成者当属 UC Berkeley AMP Lab 开发的 Spark 生态系统。Spark 是开源的类 Hadoop MapReduce 的通用的数据分析集群计算框架，用于构建大规模、低延时的数据分析应用，建立于 HDFS 之上。Spark 提供强大的内存计算引擎，几乎涵盖了所有典型的大数据计算模式，包括迭代计算、批处理计算、内存计算、流式计算(Spark Streaming)、数据查询分析计算(Shark)以及图计算(GraphX)。Spark 使用 Scala 作为应用框架，采用基于内存的分布式数据集，优化了迭代式的工作负载以及交互式查询。与 Hadoop 不同的是，Spark 和 Scala 紧密集成，Scala 像管理本地 collective 对象那样管理分布式数据集。Spark 支持分布式数据集上的迭代式任务，实际上可以在 Hadoop 文件系统上与 Hadoop 一起运行(通过 YARN、Mesos 等实现)。另外，基于性能、兼容性、数据类型的研究，还有 Shark、Phoenix、Apache Accumulo、Apache Drill、Apache Giraph、Apache Hama、Apache Tez、Apache Ambari 等开源解决方案。预计未来相当长一段时间内，主流的 Hadoop 平台改进后将与各种新的计算模式和系统共存，并相互融合，形成新一代的大数据处理系统和平台。

16.3 大数据采集技术发展趋势

在大数据的生命周期中，数据采集处于第一个环节。数据集是大数据挖掘和分析的基础。因此一个有效的数据采集方案对大数据挖掘研究具有重要意义。目前常用的采集技术有形码技术、射频识别技术(RFID)、视频监控技术、智能录播技术与情感识别技术、点阵数码笔技术、移动 APP 技术与网络爬虫采集技术等。根据 MapReduce 产生数据的应用系统分类，大数据的采集主要有 4 种来源：管理信息系统、Web 信息系统、物理信息系统、科学实验系统。对于不同的数据集，可能存在不同的结构和模式，如文件、XML 树、关系表等，表现为数据的异构性。对多个异构的数据集，需要做进一步集成处理或整合处理，将来自不同数据集的数据收集、整理、清洗、转换后，生成到一个新的数据集，为后续查询和分析处理提供统一的数据视图。针对管理信息系统中异构数据库集成技术、Web 信息系统中的实体识别技术和 DeepWeb 集成技术、传感器网络数据融合技术已经有很多研究工作，取得了较大的进展，已经推出了多种数据清洗和质量控制工具。

数据采集是所有数据系统必不可少的，随着大数据越来越被重视，数据采集的挑战也变得尤为突出，包括：数据源多种多样、数据量大、变化快；如何保证数据采集的可靠性、高性能，如何避免重复数据，如何保证数据的质量。

十几年前，网站日志是提供给开发人员和网站管理人员解决网站的问题，如今，网站日志数据可能包含了大量的业务和与客户相关的有价值信息，成为大数据分析的源数据。大数据采集首先是从网站日志收集开始的，之后进入了广阔的领域，本章以日志采集作为实例讲解大数据采集。正如我们所阐述的，将数据存储到 HDFS 并不是难事，只需要使用一条“hadoop fs”命令即可，但是，这些网站一直在产生大量的日志(一般为流式数据)。那么，使用上述命令批量加载到 HDFS 中的频率是多少？每小时？每隔 10 分钟？虽然批量处理模式能够满足一部分用户的需求，但是很多用户需要我们使用类似流水线的模式来实时采集(这样就保证了采集和后续处理之间的延迟非常小)，就出现了 messagebroker，即：以一个实施的模式从各个数据源采集数据到大数据系统上，为后续的近实时的在线分析系统和离线分析系统服务，对于这个模式，主要使用 Flume 和 Kafka 等工具，基于这些工具，一些企业实现了大数据采集平台，完成了下面的目标：

(1)高性能：处理大数据的基本要求，如每秒处理几十万条数据。

(2)海量式：支持 TB 级甚至是 PB 级的数据规模。

(3)实时性：保证较低的延迟时间，达到秒级别，甚至是毫秒级别。

(4)分布式：支持大数据的基本架构，能够平滑扩展。

(5)易用性：能够快速进行开发和部署。

(6)可靠性：能可靠的处理数据。

数据采集是各种不同数据源的数据进入大数据系统的第一步，这个步骤的性能将会直接决定在一个给定的时间段内大数据系统能够处理的数据量的能力。数据采集过程中的一些常见步骤是：解析步骤去重；数据转换；并将其存储到某种持久层。涉及数据采集过程的逻辑。

采集到的大数据保存到一个持久层中，如 HDFS、HBase 等系统上。下面是一些提高性能的常用技巧：

(1)来自不同数据源的传输应该是异步的，可以使用文件来传输，或者使用消息中间件实现。由于数据采集过程的吞吐量可以大大高于大数据系统的处理能力，异步数据传输同样可以在大数据系统和不同的数据源之间进行解耦。大数据基础架构设计使得其很容易进行动态伸缩，数据采集的峰值流量对于大数据系统来说必须是安全的。

(2)如果数据是直接从外部数据库中抽取的，确保拉取数据使用的是批量的方式。

(3)如果数据是从文件解析，请务必使用合适的解析器。例如：如果从一个 XML 文件中读取，则有不同的解析器，如 JDOM、SAX、DOM 等，类似的，对于 CSV、JSON 和其他格式的文件，也有相应的解析器和 API 可供选择。

(4) 优先使用成熟的验证工具。大多数解析/验证工作流程通常运行在服务器环境中，大部分的场景基本上都有现成的标准校验工具。这些标准的现成的工具一般来说要比自己开发的工具性能要好得多。比如：如果数据是 XML 格式的，优先使用 XML 用于验证。尽量提前过滤掉无效数据，以便后续的处理流程不用在无效数据上浪费过多的计算能力。处理无效数据的一个通用做法是将它们存放在一个专门的地方，这部分的数据存储占用额外的的开销。

(5) 如果来自数据源的数据需要清洗，例如去掉一些不需要的信息，尽量保持所有数据源的抽取程序版本一致，确保一次处理的是一个大批量的数据，而不是逐条记录地来处理。一般来说数据清洗需要进行数据关联，数据清洗中需要进行数据关联一次，并且一次处理一个大批量数据就能够大幅度提高数据处理效率。

(6) 来自多个元的数据可以视不同的格式、优势、需要进行数据转换，实际收到的数据从多种格式转化成一种或一组标准格式。

(7) 一旦所有的数据采集完成后，转换后的数据通常存储在某些持久层，以便以后分析处理。有不同的持久系统，如 NOSQL 数据库、分布式文件系统等。要特别指出的是，数据清洗是很重要的一步，许多的数据分析最后失败，原因就是要分析的数据存在严重的质量问题，或者数据中某些因素使分析产生偏见，或使得数据科学家得出根本不存在的规律。许多初级的数据科学家往往急于求成，对数据草草处理便进行下一步分析工作，等到运行算法时，才发现数据有严重的质量问题，无法得出合理的的分析结果。总之，一定要防止“垃圾进垃圾出”

16.4　大数据存储技术发展趋势

传统的数据存储和管理以结构化数据为主，因此关系数据库系统(relational database management system，RDBMS)可以满足各类应用需求。大数据往往是以半结构化和非结构化数据为主、结构化数据为辅，而且各种大数据应用通常是对不同类型的数据内容检索、交叉比对、深度挖掘与综合分析。面对这类应用需求，传统数据库无论在技术上还是功能上都难以为继。因此，近几年出现了 oldSQL、NoSQL 与 NewSQL 并存的局面。总体上，按数据类型的不同，大数据的存储和管理采用不同的技术路线，大致可以分为三类。第一类主要面对的是大规模的结构化数据。针对这类大数据，通常采用新型数据库集群。它们通过列存储或行列混合存储以及粗粒度索引等技术，结合 MPP(massive parallel processing)架构高效的分布式计算模式，实现对 PB 量级数据的存储和管理。这类集群具有高性能和高扩展性特点，在企业分析类应用领域已获得广泛应用。第二类主要面对的是半结构化和非结构化数据。应对这类应用场景，基于 Hadoop 开源体系的系统平台更为擅长。它们通过对 Hadoop 生态体系的技术扩展和封装，实现对半结构化和非结构化数据的存储和管理。第三类面对的是结构化和非结构化混合的大数据，因此采用 MPP 并行数据库集群与Hadoop集群的混合来实现对PB量级、EB量级数据的存储和管理。一方面，用MPP来管理计算高质量的结构化数据，提供强大的SQL和OLTP型服务；另一方面，用Hadoop实现对半结构化和非结构化数据的处理，以支持诸如内容检索、深度挖掘与综合分析等新型应用。这类混合模式将是大数据存储和管理未来发展的趋势。

互联网的数据“大”是不争的事实，现在分析一下数据处理技术面临的挑战。目前除了互联网企业外，数据处理领域还是传统关系型数据库(RDBMS)的天下。传统RDBMS的核心设计思想基本上是三十几年前形成的。过去三十几年脱颖而出的无疑是Oracle公司。全世界数据库市场基本上被Oracle、IBM/DB2、Microsoft/SQL Server垄断，其他几家市场的份额都比较小。SAP去年收购了Sybase，也想成为数据库厂商。有份量的独立数据库厂商现在就剩下Oracle和Teradata。开源数据库主要是MySQL、PostgreSQL，除了互联网领域外,其他行业用得很少。这些数据库当年主要是面向OLTP交易型需求设计、开发的,是以开发人机会话应用为主的。这些传统数据库底层的物理存储格式都是行存储,比较适合对数据进行频繁的增删改操作,但对于统计分析类的查询,行存储其实效率很低。

人们说现在是大数据时代了，其实是数据来源发生了质的变化。在互联网出现之前，数据主要是人机会话方式产生的，以结构化数据为主。所以大家都需要传统的RDBMS来管理这些数据和应用系统。之前的数据增长缓慢、系统都比较孤立，用传统数据库基本可以满足各类应用开发。

互联网的出现和快速发展，尤其是移动互联网的发展，加上数码设备的大规模使用，今天数据的主要来源已经不是人机会话了，而是通过设备、服务器、应用自动产生的。传统行业的数据同时也多了起来，这些数据以非结构、半结构化为主，而真正的交易数据量并不大，增长并不快。机器产生的数据正在呈几何级增长，比如基因数据、各种用户行为数据、定位数据、图片、视频、气象、地震、医疗等。

所谓的“大数据应用”主要是对各类数据进行整理、交叉分析、比对，对数据进行深度挖掘，对用户提供自助的即席、迭代分析能力。还有一类就是对非结构化数据的特征提取，以及半结构化数据的内容检索、理解等。

传统数据库对这类需求和应用无论在技术上还是功能上都几乎束手无策。这样其实就给类似Hadoop的技术和平台提供了很好的发展机会和空间。互联网公司自然会选择能支撑自己业务的开源技术，反过来又推动了开源技术的快速发展。

大数据存储技术路线最典型的共有三种：

第一种是采用MPP架构的新型数据库集群，重点面向行业大数据，采用Shared Nothing架构，通过列存储、粗粒度索引等多项大数据处理技术，再结合MPP架构高效的分布式计算模式，完成对分析类应用的支撑，运行环境多为低成本PC Server，具有高性能和高扩展性的特点，在企业分析类应用领域获得极其广泛的应用。

这类MPP产品可以有效支撑PB级别的结构化数据分析，这是传统数据库技术无法胜任的。对于企业新一代的数据仓库和结构化数据分析，目前最佳选择是MPP数据库。

第二种是基于Hadoop的技术扩展和封装，围绕Hadoop衍生出相关的大数据技术，应对传统关系型数据库较难处理的数据和场景，例如针对非结构化数据的存储和计算等，充分利用Hadoop开源的优势，伴随相关技术的不断进步，其应用场景也将逐步扩大，目前最为典型的应用场景就是通过扩展和封装 Hadoop 来实现对互联网大数据存储、分析的支撑。这里面有几十种 NoSQL 技术，也在进一步的细分。对于非结构、半结构化数据处理、复杂的 ETL 流程、复杂的数据挖掘和计算模型，Hadoop 平台更擅长。

第三种是大数据一体机，这是一种专为大数据的分析处理而设计的软、硬件结合的产品，由一组集成的服务器、存储设备、操作系统、数据库管理系统以及为数据查询、处理、分析用途而特别预先安装及优化的软件组成，高性能大数据一体机具有良好的稳定性和纵向扩展性。

基于列存储+MPP 架构的新型数据库在核心技术上跟传统数据库有巨大差别，是为面向结构化数据分析设计开发的，能够有效处理 PB 级别的数据量。在技术上为很多行业用户解决了数据处理性能问题。新型数据库是运行在 x-86PC 服务器之上的，可以大大降低数据处理的成本(1 个数量级)。

未来趋势：新型数据库将逐步与 Hadoop 生态系统结合混搭使用，用 MPP 处理 PB 级别的、高质量的结构化数据，同时为应用提供丰富的 SQL 和事务支持能力；用 Hadoop 实现半结构化、非结构化数据处理。这样可同时满足结构化、半结构化和非结构化数据的处理需求。

16.5　大数据分析技术发展趋势

在大数据时代，人们迫切希望在由普通机器组成的大规模集群上实现高性能的以机器学习算法为核心的数据分析，为实际业务提供服务和指导，进而实现数据的最终变现。与传统的在线联机分析处理 OLAP 不同，对大数据的深度分析主要基于大规模的机器学习技术，一般而言，机器学习模型的训练过程可以归结为最优化定义于大规模训练数据上的目标函数并且通过一个循环迭代的算法实现。基于机器学习的大数据分析具有自己独特的特点：

(1)迭代性：由于优化问题通常没有闭式解，因而对模型参数确定并非一次能够完成，需要循环迭代多次逐步逼近最优值点。

(2)容错性：机器学习的算法设计和模型评价容忍非最优值点的存在，同时多次迭代的特性也允许在循环的过程中产生一些错误，模型的最终收敛不受影响。

(3)参数收敛的非均匀性：模型中一些参数经过少数几轮迭代后便不再改变，而有些参数则需要很长时间才能达到收敛。

这些特点决定了理想的大数据分析系统的设计和其他计算系统的设计有很大不同，直接应用传统的分布式计算系统应用于大数据分析，很大比例的资源都浪费在通信、等待、协调等非有效的计算上。

传统的分布式计算框架 MPI(message passing interface，信息传递接口)虽然编程接口灵活、功能强大，但由于编程接口复杂且对容错性支持不高，无法支撑在大规模数据上的复杂操作，研究人员转而开发了一系列接口简单、容错性强的分布式计算框架服务于大数据分析算法。

分布式计算框架 MapReduce 将对数据的处理归结为 Map 和 Reduce 两大类操作，从而简化了编程接口，并且提高了系统的容错性。但是 MapReduce 受制于过于简化的数据操作抽象，而且不支持循环迭代，因而对复杂的机器学习算法支持较差，基于 MapReduce 的分布式机器学习库 Mahout 需要将迭代运算分解为多个连续的 Map 和 Reduce 操作，通过读写 HDFS 文件方式将上一轮次循环的运算结果传入下一轮完成数据交换。在此过程中，大量的训练时间被用于磁盘的读写操作，训练效率非常低。为了解决 MapReduce 上述问题，Spark 基于 RDD 定义了包括 Map 和 Reduce 在内的更加丰富的数据操作接口。不同于 MapReduce 的是 Job 中间输出和结果可以保存在内存中，从而不再需要读写 HDFS，这些特性使得 Spark 能更好地适用于数据挖掘与机器学习等需要迭代的大数据分析算法。基于 Spark 实现的机器学习算法库 MLLIB 已经显示出了其相对于 Mahout 的优势，在实际应用系统中得到了广泛的使用。

近年来，随着待分析数据规模的迅速扩张，分析模型参数也快速增长，对已有的大数据分析模式提出了挑战。例如在大规模话题模型 LDA 中，人们期望训练得到百万个以上的话题，因而在训练过程中可能需要对上百亿甚至千亿的模型参数进行更新，其规模远远超出了单个节点的处理能力。为了解决上述问题，研究人员提出了参数服务器(parameter server)的概念，如图 16.1 所示。在参数服务器系统中，大规模的模型参数被集中存储在一个分布式的服务器集群中，大规模的训练数据则分布在不同的工作节点(worker)上，这样每个工作节点只需要保存它计算时所依赖的少部分参数即可，从而有效解决了超大规模大数据分析模型的训练问题。

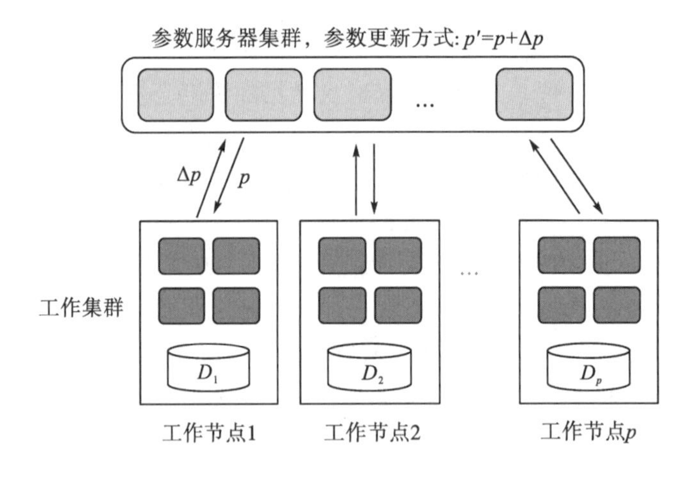

图 16.1　参数服务器工作原理

16.6　大数据可视化技术发展趋势

大数据可视化的多样性和异构性(结构化、半结构化和非结构化)是一个大问题。高速是大数据分析的要素。在大数据中，设计一个新的可视化工具并具有高效的索引并非易事。

云计算和先进的图形用户界面更有助于发展大数据的扩展性。

可视化系统必须与非结构化的数据形式(如图表、表格、文本、树状图还有其他的元数据等)相抗衡，而大数据通常是以非结构化形式出现的。由于宽带限制和能源需求，可视化应该更贴近数据，并有效地提取有意义的信息。可视化软件应以原位的方式运行。由于大数据的容量问题，大规模并行化成为可视化过程的一个挑战。而并行可视化算法的难点则是如何将一个问题分解为多个可同时运行的独立的任务。

高效的数据可视化是大数据时代发展进程中关键的一部分。大数据的复杂性和高维度催生了几种不同的降维方法。然而，它们可能并不总是那么适用。高维可视化越有效，识别出潜在的模式、相关性或离群值的概率越高。

大数据可视化还有以下几个问题：

(1) 视觉噪声：在数据集中，大多数对象之间具有很强的相关性。用户无法把它们分离作为独立的对象来显示。

(2) 信息丢失：减少可视数据集的方法是可行的，但是这会导致信息的丢失。

(3) 大型图像感知：数据可视化不仅受限于设备的长宽比和分辨率，也受限于现实世界的感受。

(4) 高速图像变换：用户虽然能观察数据，却不能对数据强度变化做出反应。

(5) 高性能要求：在静态可视化几乎没有这个要求，因为可视化速度较低，性能的要求也不高。

可感知的交互的扩展性也是大数据可视化面临的挑战。可视化每个数据点都可能导致过度绘制而降低用户的辨识能力，通过抽样或过滤数据可以删去离群值。查询大规模数据库的数据可能导致高延迟，降低交互速率。

在大数据的应用程序中，大规模数据和高维度数据会使进行数据可视化变得困难。当前大多数大数据可视化工具在扩展性、功能和响应时间上表现非常糟糕。可视化分析过程中，不确定性的可视化过程是巨大挑战。

可视化和大数据面临许多的挑战，下面是一些可能的解决方法：

(1) 满足高速需要：一是改善硬件，可以尝试增加内存和提高并行处理的能力；二是许多机器会用到的，将数据存储好并使用网格计算方法。

(2) 了解数据：请合适的专业人士解读数据。

(3) 访问数据质量：通过数据治理或信息管理确保干净的数据十分必要。

(4) 显示有意义的结果：将数据聚集到一个更高层的视图，在这里小型数据组和数据可以被有效地可视化。

(5) 处理离群值：将数据中的离群值剔除或为离群值创建一个单独的图表。

在大数据时代，可视化操作究竟是如何进行的呢？首先可视化会为用户提供一个总的概览，再通过缩放和筛选，为人们提供其所需的更深入的细节信息。可视化的过程在帮助人们利用大数据获取较为完整的客户信息时起到了关键性作用。而错综的关系是众多大数据场景中的重要一环，社交网络或许就是最显著的例子，想要通过文本或表格的形式理解其中的大数据信息是非常困难的；相反，可视化却能够将这些网络的趋势和固有模式展现得更为清晰。在形象体现社交网络用户之间的关系时，通常使用的是基于云计算的可视化方法。通过相关性模型来描绘社交网络中用户节点的层次关系，这种方法能够直观地展示用户的社会关系。此外，它还能借助云技术将可视化过程并行化，从而加快社交网络的大数据收集。

大数据可视化可以通过多种方法来实现，比如多角度展示数据、聚焦大量数据中的动态变化，以及筛选信息(包括动态问询筛选，星图展示，和紧密耦合)等。以下一些可视化方法是按照不同的数据类型(大规模体数据、变化数据和动态数据)来进行分析和分类的：

(1)树状图式：基于分层数据的空间填充可视化方法。

(2)圆形填充式：树状图式的直接替代。它使用圆形作为原始形状，并能从更高级的分层结构中引入更多的圆形。

(3)旭日型：在树状图可视化基础上转换到极坐标系统。其中的可变参量由宽和高变成半径和弧长。

(4)平行坐标式：通过可视化分析，将不同维度的多重数据因素拓展开来。

(5)蒸汽图式：堆叠区域图的一种，数据围绕一条中轴线展开，并伴随流动及有机形态。

(6)循环网络图式：数据围绕一个圆形排列，并按照它们自身的相关性比率由曲线相互连接。通常用不同的线宽或色彩饱和度测量数据对象的相关性。

传统的数据可视化工具不足以被用来处理大数据。以下列举了几种将交互式大数据可视化的方法。首先，利用一个由可扩展的直观数据摘要群组成的设计空间可以将多种类型的变化数据可视化，这些直观的数据摘要通过数据简化(如聚合或抽样)的方法得出，被应用于特定区间的交互查询方法(比如关联和更新技术)，因此通过结合多元数据块和并行查询而被开发出来。而更先进的方法被运用在一个基于浏览器的视觉分析系统——imMens上，来处理数据以及对GPU(图像处理器)进行渲染。

很多大数据可视化工具都是在Hadoop的平台上运行的。该平台里的常用模块有：Hadoop Common、HDFS(Hadoop Distributed File System)、Hadoop YARN和Hadoop MapReduce。这些模块能够高效地分析大数据信息，但是却缺乏足够的可视化过程。下面是一些具备可视化功能并实现交互式数据可视化的软件：

(1)Pentaho：一款支持商业智能(BI)功能的软件，如分析、控制面板、企业级报表以及数据挖掘。

(2)Flare：实现在Adobe视频播放器中运行的数据可视化。

(3)JasperReports：拥有能够从大数据库中生成报告的全新软件层。

(4)Dygraphs：快速弹性的开放源Java描述语言图表集合，能发现并处理不透明数据。

(5)Datameer Analytics Solution and Cloudera：同时使用Datameer和Cloudera两个软件，能使我们在使用Hadoop平台时更快捷、更容易。

(6)Platfora：将Hadoop中的原始大数据转换成交互式数据处理引擎。Platfora还有把内存数据引擎模块化的功能。

(7)ManyEyes：IBM公司开发的可视化工具。它可供用户上传数据并实现交互式可视化的公共网站。

(8)Tableau：一款商业智能(BI)软件，支持交互式和直观数据分析，内置内存数据引擎来加速可视化处理。

Tableau 系列软件在处理大规模数据集时主要是依靠以下三种产品：Tableau Desktop、Tableau Sever 和 Tableau Pubilc。此外，Tableau 还能内嵌入 Hadoop 的基础设备之中，利用 Hive(基于 Hadoop 的一个数据仓库工具)将查询结构化并为内存分析缓存信息。通过缓存信息，Hadoop 集群延迟的可能性会大大减小。因此，Tableau 软件为用户与大数据应用提供了一个交互互动机制。

大数据分析工具可以轻而易举地处理 ZB(十万亿亿字节)和 PB(千万亿字节)数据，但它们往往不能将这些数据可视化。如今，主要的大数据处理工具有 Hadoop、High Performance Computing and Communications、Storm、Apache Drill、RapidMiner 和 Pentaho BI。数据可视化工具有 NodeBox、R、Weka、Gephi、Google Chart API、Flot、D3 等。一种在 RHadoop 基础上形成的大数据可视化算法分析整合模型已经被提出，用来处理 ZB 级和 PB 级数据并以可视化的方式为我们提供较高价值的分析结果。它还与 ZB 级和 PB 级数据并行算法的设计相切合。

交互式可视化集群分析是我们用来探寻集群模式最直接的方法。其中最具有挑战性的一点是可视化多维数据，可视化多维数据的目的是便于用户交互式分析数据和认识集群结构。如今我们已经开发出优化的星型坐标可视化模型，来有效分析大数据交互集群，它与其他多维可视化方法(如平行坐标和散点图矩阵)相比，极可能是最具备扩展性的大数据可视化技术：

(1) 平行坐标和散点图矩阵通常被用来分析十个维度以内的数据，而星型坐标则可以处理数十个维度。

(2) 在基于密度代表的帮助下，星型坐标使可视化自身得以扩展。

(3) 基于星型坐标的集群可视化并非是用于计算数据记录中的两两距离，而是利用潜在映射模型的性能部分地保持这个位置关系。这一点在处理大数据上十分有用。

将大数据源直接可视化既不可能也没有效，因此通过分析数据减少大数据的量和降低其复杂程度就显得十分重要。所以将可视化和分析相互整合才能使效能最大化。IBM 公司开发的 RAVE 软件已经能够将可视化运用到商业分析领域去分析并解决问题。RAVE 和可拓展的可视化性能让我们能够利用有效的可视化更好地理解大数据。同时，其他的一些 IBM 产品，例如 IBM®InfoSphere®BigInsights™和 IBM SPSS®Analytic Catalyst，也同 RAVE 一起，利用交互可视化丰富用户对大数据的使用。例如 InfoSphere BigInsights 能够帮助分析并发现隐藏在大数据中的商业信息，SPSS Analytic Catalyst 使得大数据的准备工作自动化，加之选取合适的分析过程，最后通过交互式可视化呈现最终结果。

目前，在沉浸式 VR(虚拟现实)平台上进行科学数据可视化还在研究阶段，其中包括软件和便宜的商品硬件也在研究阶段。这些具备潜在价值和创新力的多维数据可视化工具无疑为合作式数据可视化提供了便利。沉浸式可视化与传统的“桌面式”可视化相比具备明显的优势，因为它可以更好地展现数据景观结构并进行更直观的数据分析。它还是我们探索更高维度、更抽象大数据的基点之一。人类固有的认知模式(或者说是视觉认知)技能能够通过使用与沉浸式 VR 相关的新型数据实现最大化。

可视化既可以是静态的，也可以是动态的。交互式可视化通常引领着新的发现，并且比静态数据工具能够更好地进行工作。所以交互式可视化为大数据带来了无限前景。在可视化工具和网络(或者说是 Web 浏览器工具)之间互动的关联和更新技术助推了整个科学进程。基于 Web 的可视化使我们可以及时获取动态数据并实现实时可视化。

一些传统的大数据可视化工具的延伸并不具备实际应用性。针对不同的大数据应用，我们应该开发出更多新的方法。本书介绍了一些最新的大数据可视化方法并对这些软件进行了 SWOT 分析，以帮助我们能够再此基础上创新。大数据分析和可视化，二者的整合也让大数据应用更好地为人们所用。此外能够有效帮助大数据可视化过程的沉浸式 VR，也是我们处理高维度和抽象信息时强有力的新方法。

2018 年以来，大数据技术发展出现了以下趋势：

(1)数据可视化将成为企业必备的手段。如今的组织正在接受分析文化，需要数据来支持他们的一举一动。然而，传统的商业智能(BI)方法往往无法释放数据的力量，因为它们往往太复杂、太僵化、速度太慢。

数据可视化或商业智能仪表盘将会得到越来越广泛的应用，因为它们可以帮助人们快速接受和消化最相关的信息。将图形和图表与功能强大且易于使用的业务分析相结合，意味着每个部门的用户不仅可以看到他们的组织如何实时执行，而且还可以采取必要的行动，防止小问题变成更大的问题，并挖掘新的机会。

(2)数据可视化将清理“脏数据”。由于数据来源越来越多，企业还将重点放在开发和驱动业务和营销战略上，清洁数据的需求越来越重要。但是，根据调查机构 W8Data 的研究发现，只有 35%的组织定期进行数据清理。而很多企业还保留了大量的不完整的、不正确的、不一致的，以及重复的数据，而这些数据将会导致企业利益受损、浪费营销工作、做出错误的决策，以及企业声誉受损。

(3)数据安全性将会提高。数据只在可访问时才有用，但数据访问和安全性之间必须保持平衡。工作人员可能使组织的数据安全面临最大风险，其责任将超越其领导团队。随着黑客转向利用工作人员使用自助服务数据进行攻击，企业将再次成为网络攻击的对象。

企业会采取传统的商业智能方法，严格控制数据和报表，但这会导致分析的采用率降低，从而导致不明智的决策。现代商业智能将越来越受到青睐，因为它促进了数据治理，并有助于为自助式分析创建安全可靠的环境，从而产生准确、可访问和审核的仪表板和报告。

(4)首席数据官将被裁减。虽然有些人声称首席数据官(CDO)将会兴起，但人们可能会看到相反的情况。随着所有人都可以通过商业智能仪表盘进行数据分析，首席数据官(CDO)可能会变得多余。

数据可视化工具不仅易于提取和学习，还可以根据个人需求定制数据，因此每个成员可以关注部门至关重要的细节，节省了时间和精力。每个获得这些工具的用户都可以在一个操作视图中实现报告和预测的自动化。以这种方式清楚地呈现信息，将使决策者能够深入了解他们所需要的信息，并用它来绘制绩效图，确定趋势，并帮助预测未来的机会或改变优先事项。

(5)大数据细分市场规模将进一步增大。大数据相关技术的发展，将会创造出一些新的细分市场。例如，以数据分析和处理为主的高级数据服务、基于社交网络的社交大数据分析等。

(6) 大数据一体机将陆续发布。在未来几年里，数据仓库一体机、NoSQL 一体机以及其他一些将多种技术结合的一体化设备将进一步快速发展。据了解，中国的华为、浪潮等公司将在大数据一体机上有更大的动作。华为 IT 服务器产品线总裁邱隆表示："华为服务器在自身高质量、创新、高性价比的基础上，致力提供一个开放的计算平台，通过和业界主流大数据厂家合作，面向客户提供最佳性价比的大数据解决方案。"

(7) 大数据与云计算将深度融合。云计算为大数据提供弹性可扩展的基础设施支撑环境以及数据服务的高效模式，大数据则为云计算提供新的商业价值，大数据技术与云计算技术必有更完美的结合。

阿里云计算有限公司总裁胡晓明表示，2018 年是云计算与产业深度结合的元年。人们将看到各国的基础设施越来越紧密地和云计算结合起来，更多的制造企业和金融机构开始用"云"，云计算将促进科技金融提高效益。

(8) 更智能的医疗方案将出现。现在，大数据被用来制定医疗方案，但或许也将重塑人们就医和支付医疗费用的方式。新的可穿戴技术能追踪用户的健康状况，使医院和诊所得以改善医疗质量。联网设备可以提醒患者服药、锻炼和注意血压的剧烈变化。

(9) 机器学习继续成为大数据智能分析的核心技术。大数据和机器学习是目前信息行业快速增长的两大热门领域。从过去的信息闭塞发展到现在数据爆炸，各个领域的数据量和数据规模都以惊人的速度增长。根据美国国家安全局的统计，互联网每天处理 1826PB 字节。

截至 2011 年，数字信息在过去五年已经增长了九倍，而到 2020 年这个数字会达到 35 万亿千兆字节。这种数字的数据规模带来了巨大的机遇和变革潜力，可以利用这些数据的完整性等优势在各行各业帮助我们更好地作出决策，在科学研究中为数据驱动的研究提供了很好的范例。

(10) 个人数据隐私会更加受重视。在互联网时代，我们一边享受着大数据带来的红利和人工智能技术带来的惊喜，一边也不免担忧，如隐私泄露事件频现。大数据挖掘个人隐私的边界在哪？在我国新出台的网络安全法当中，对于个人隐私数据的保护已经大大加强，例如规定基础设施运营者在中国境内运营时收集和产生的个人信息和重要数据，应当在境内存储。

本 章 小 结

本章对大数据处理技术的发展趋势进行了总结和展望，分别从前几章介绍的生态环境演变、大数据采集、大数据存储、大数据分析、大数据可视化等方向对技术的发展趋势进行了总结，对于各个环节研究的进展和亟待解决的问题进行了讨论，最后对当今大数据领域内的十大发展点进行了介绍。大数据时代的两个特点非常有利于中国信息产业跨越式发展。第一，大数据技术以开源为主，迄今为止，尚未形成绝对技术垄断，即便是 IBM、甲骨文等行业巨擘，也同样是集成了开源技术和该公司已有产品而已。开源技术对任何一个国家都是开放的，中国公司同样可以学习最先进的技术，但是需要以更加开放的心态、更加开明的思想正确地对待开源社区。第二，中国的人口和经济规模决定了中国的数据资产规模冠于全球。这在客观上为大数据技术的发展提供了演练场，也亟待政府、学术界、产业界、资本市场四方通力合作，在确保国家数据安全的前提下，最大程度地开放数据资产，促进数据关联应用，释放大数据的巨大价值。

思 考 题

1.大数据处理技术生态演变的趋势是什么？

2.概括总结大数据采集、存储、分析和可视化技术的发展趋势。

参 考 文 献

Assunção M D, Calheiros R N, Bianchi S, et al. 2015. Big data computing and clouds: trends and future directions. Journal of Parallel & Distributed Computing, 79-80: 3-15.

Bers L. 2013. Scalable sentiment classification for big data analysis using naïve bayes classifier//IEEE International Conference on Big Data. IEEE: 99-104.

Casado R, Younas M. 2015. Emerging trends and technologies in big data processing. Concurrency & Computation Practice & Experience, 27(8): 2078-2091.

Cecchinel C, Jimenez M, Mosser S, et al. 2014. An Architecture to Support the Collection of Big Data in the Internet of Things//2014 IEEE World Congress on Services(SERVICES). IEEE.

Chen M, Mao S, Zhang Y, et al. 2014. Big Data Storage//Big Data. Springer International Publishing: 33-49.

Cheng H, Rong C, Kai H, et al. 2015. Secure big data storage and sharing scheme for cloud tenants. China Communication, 12(6): 106-115.

Fan J, Fang H, Han L. 2014. Challenges of big data analysis. National Science Review, 1(2): 293-314.

Gog I, Giceva J, Schwarzkopf M, et al. 2015. Broom: sweeping out garbage collection from big data systems//Usenix Conference on Hot Topics in Operating Systems. USENIX Association: 2-2.

Gu M, Li X, Cao Y. 2014. Optical storage arrays: a perspective for future big data storage. Light Science & Applications, 3(5): e177.

Guo L, Ota K, Dong M, et al. 2017. A secure mechanism for big data collection in large scale internet of vehicles. IEEE Internet of Things Journal, (99): 1-1.

Kambatla K, Kollias G, Kumar V, et al. 2014. Trends in big data analytics. Journal of Parallel & Distributed Computing, 74(7): 2561-2573.

Lazer D, Kennedy R, King G, et al. 2014. The parable of Google Flu: traps in big data analysis. Science, 343(6176): 1203.

Liang K, Susilo W, Liu J K. 2015. Privacy-preserving ciphertext multi-sharing control for big data storage. IEEE Transactions on Information Forensics & Security, 10(8): 1578-1589.

Liu C, Chen J, Yang L T, et al. 2014. Authorized public auditing of dynamic big data storage on cloud with efficient verifiable fine-grained updates. IEEE Transactions on Parallel & Distributed Systems, 25(9): 2234-2244.

Minelli M, Chambers M, Dhiraj A. 2013. Big Data, Big Analytics: Emerging Business Intelligence and Analytic Trends for Today' s Businesses. New York: John Wiley & Sons, Inc.

Quwaider M, Jararweh Y. 2014. Cloudlet-based for big data collection in body area networks//Internet Technology and Secured Transactions. IEEE: 137-141.

Quwaider M, Jararweh Y. 2014. An efficient big data collection in Body Area Networks//International Conference on Information and Communication Systems. IEEE: 1-6.

Sandryhaila A, Moura J M F. 2014. Big data analysis with signal processing on graphs: representation and processing of massive data sets with irregular structure. IEEE Signal Processing Magazine, 31(5): 80-90.

Shim K. 2013. MapReduce Algorithms for Big Data Analysis[J]. Proceedings of the Vldb Endowment, 5(12): 2016-2017.

Sookhak M, Gani A, Khan M K, et al. 2017. WITHDRAWN: Dynamic remote data auditing for securing big data storage in cloud computing. Information Sciences, 380: 101-116.

Wang D, Sun Z. 2015. Big data analysis and parallel load forecasting of electric power user side. Proceedings of the Csee, 35(3): 527-537.

Wu M, Tan L, Xiong N. 2014. A Structure Fidelity Approach for Big Data Collection in Wireless Sensor Networks. Sensors, 15(1): 248.

Zhang Y, Chen M, Mao S, et al. 2014. CAP: community activity prediction based on big data analysis. Network IEEE, 28(4): 52-57.